中国国家标准汇编

448

GB 24794～24820

（2009 年制定）

中国标准出版社　编

中国标准出版社

北　京

图书在版编目(CIP)数据

中国国家标准汇编:2009 制定.448:GB 24794～24820/中国标准出版社编.—北京:中国标准出版社,2010

ISBN 978-7-5066-6053-2

Ⅰ.①中… Ⅱ.①中… Ⅲ.①国家标准-汇编-中国-2009 Ⅳ.①T-652.1

中国版本图书馆 CIP 数据核字(2010)第 170671 号

中国标准出版社出版发行
北京复兴门外三里河北街16号
邮政编码:100045

网址 www.spc.net.cn
电话:68523946 68517548
中国标准出版社秦皇岛印刷厂印刷
各地新华书店经销

*

开本 880×1230 1/16 印张 38.5 字数 1 115 千字
2010年10月第一版 2010年10月第一次印刷

*

定价 220.00 元

出 版 说 明

1.《中国国家标准汇编》是一部大型综合性国家标准全集。自1983年起，按国家标准顺序号以精装本、平装本两种装帧形式陆续分册汇编出版。它在一定程度上反映了我国建国以来标准化事业发展的基本情况和主要成就，是各级标准化管理机构，工矿企事业单位，农林牧副渔系统，科研、设计、教学等部门必不可少的工具书。

2.《中国国家标准汇编》收入我国每年正式发布的全部国家标准，分为"制定"卷和"修订"卷两种编辑版本。

"制定"卷收入上一年度我国发布的、新制定的国家标准，顺延前年度标准编号分成若干分册，封面和书脊上注明"20××年制定"字样及分册号，分册号一直连续。各分册中的标准是按照标准编号顺序连续排列的，如有标准顺序号缺号的，除特殊情况注明外，暂为空号。

"修订"卷收入上一年度我国发布的、修订的国家标准，视篇幅分设若干分册，但与"制定"卷分册号无关联，仅在封面和书脊上注明"20××年修订-1，-2，-3，……"字样。"修订"卷各分册中的标准，仍按标准编号顺序排列(但不连续)；如有遗漏的，均在当年最后一分册中补齐。需提请读者注意的是，个别非顺延前年度标准编号的新制定的国家标准没有收入在"制定"卷中，而是收入在"修订"卷中。

读者配套购买《中国国家标准汇编》"制定"卷和"修订"卷则可收齐上一年度我国制定和修订的全部国家标准。

3. 由于读者需求的变化，自1996年起，《中国国家标准汇编》仅出版精装本。

4. 2009年我国制修订国家标准共3 158项。本分册为"2009年制定"卷第448分册，收入国家标准GB 24794～24820的最新版本。

中国标准出版社

2010年8月

出 版 说 明

目　录

ICS 37.040.30
G 84

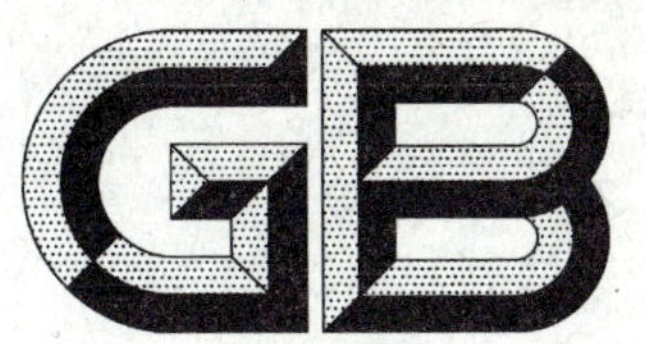

中华人民共和国国家标准

GB/T 24794—2009

照相化学品 有机物中微量元素的分析 电感耦合等离子体 原子发射光谱(ICP-AES)法

Photographic chemicals—Measurement methods of the trace elements in the organic compounds—Inductively coupled plasma atomic emission spectrometry (ICP-AES)

2009-12-15 发布 2010-06-01 实施

中华人民共和国国家质量监督检验检疫总局
中国国家标准化管理委员会 发布

前　言

本标准的附录 A、附录 B 为资料性附录。

本标准由中国石油和化学工业协会提出。

本标准由全国感光材料标准化技术委员会(SAC/TC 102)归口。

本标准起草单位:中国乐凯胶片集团公司。

本标准主要起草人:王君、李卫红、张红。

照相化学品 有机物中微量元素的分析 电感耦合等离子体 原子发射光谱(ICP-AES)法

警告

本试验方法中使用的部分化学试剂具有毒性和腐蚀性,一些实验过程可能导致危险情况,操作者应采取适当的安全和健康措施。

1 范围

本标准规定了照相有机物中钠(Na)、镁(Mg)、铝(Al)、钾(K)、钙(Ca)、铬(Cr)、锰(Mn)、铁(Fe)、钴(Co)、镍(Ni)、铜(Cu)、锌(Zn)、镉(Cd)、锡(Sn)、铅(Pb)和硅(Si)等16种微量元素的电感耦合等离子体原子发射光谱分析方法(以下简称ICP-AES)。

本标准适用于照相有机物中钠(Na)、镁(Mg)、铝(Al)、钾(K)、钙(Ca)、铬(Cr)、锰(Mn)、铁(Fe)、钴(Co)、镍(Ni)、铜(Cu)、锌(Zn)、镉(Cd)、锡(Sn)、铅(Pb)和硅(Si)等16种微量元素的分析。其他有机物上述微量元素的分析,也可参照本方法执行。

上述元素可同时被测量,如果样品稀释到适当浓度,测量范围可从10^{-7}～5%。

2 规范性引用文件

下列文件中的条款通过本标准的引用而成为本标准的条款。凡是注日期的引用文件,其随后所有的修改单(不包括勘误的内容)或修订版均不适用于本标准,然而,鼓励根据本标准达成协议的各方研究是否可使用这些文件的最新版本。凡是不注日期的引用文件,其最新版本适用于本标准。

GB/T 602 化学试剂 杂质测定用标准溶液的制备

GB/T 4470 火焰发射、原子吸收和原子荧光光谱分析法术语

GB/T 6682 化学试剂 分析实验室用水规则和试验方法(GB/T 6682—2008,ISO 3696:1987,MOD)

GB/T 12806 实验室玻璃仪器 单标线容量瓶(GB/T 12806—1991,eqv ISO 1042:1983)

GB/T 12808 实验室玻璃仪器 单标线吸量管(GB/T 12808—1991,eqv ISO 648:1977)

GB/T 14666 分析化学术语

HG/T 3921 化学试剂 采样及验收规则

JJG 768—2005 发射光谱仪检定规程

3 术语和定义

下列术语和定义适用于本标准,本标准中所使用的其他术语和定义在GB/T 4470和GB/T 14666中有明确的定义。

3.1

检出限 limit of detection

在元素的分析波长下空白溶液连续测量10次的标准偏差的3倍。

3.2

定量限 limit of quantitation

在元素的分析波长下空白溶液连续测量10次的标准偏差的10倍。

4 检出限和定量限

本标准中给出的检出限和定量限是推荐性的，仪器生产厂的不同、型号的不同、试验条件的不同以及仪器老化程度的不同，仪器的检出限和定量限也会有所不同。仪器的检出限和定量限应定期重新试验进行确认，当试验条件发生变化或出现异常情况时，还应即时对检出限和定量限进行确认。

4.1 体积分数为4%的氢氟酸溶液的检出限和定量限

体积分数为4%的氢氟酸溶液的检出限和定量限见表1。

表1

元素	检测波长/nm	检出限/(ng/mL)	定量限/(ng/mL)
铝(Al)	308.215	45.47	151.54
钙(Ca)	317.933	1.35	4.50
镉(Cd)	226.502	7.39	24.64
钴(Co)	228.616	1.73	5.78
铬(Cr)	267.716	0.88	2.94
铜(Cu)	324.754	0.62	2.05
铁(Fe)	238.204	1.27	4.22
钾(K)	766.490	4.94	16.47
镁(Mg)	279.077	0.27	0.90
锰(Mn)	257.610	0.11	0.38
钠(Na)	589.592	0.95	3.18
镍(Ni)	231.604	6.14	20.45
铅(Pb)	220.353	16.24	54.12
锡(Sn)	189.980	12.86	42.86
锌(Zn)	213.857	0.29	0.95
硅(Si)	251.611	93.10	310.34

4.2 体积分数为4%的盐酸溶液的检出限和定量限

体积分数为4%的盐酸溶液的检出限和定量限见表2。

表2

元素	检测波长/nm	检出限/(ng/mL)	定量限/(ng/mL)
铝(Al)	308.215	279.00	930.00
钙(Ca)	317.933	1.37	4.56
镉(Cd)	226.502	0.76	2.53
钴(Co)	228.616	0.47	1.57
铬(Cr)	267.716	0.52	1.73
铜(Cu)	324.754	0.68	2.26
铁(Fe)	238.204	0.47	1.57
钾(K)	766.490	5.65	18.85
镁(Mg)	279.077	3.61	12.03

表 2 (续)

元素	检测波长/nm	检出限/(ng/mL)	定量限/(ng/mL)
锰(Mn)	257.610	0.07	0.24
钠(Na)	589.592	19.36	64.53
镍(Ni)	231.604	1.65	5.51
铅(Pb)	220.353	5.74	19.15
锡(Sn)	189.980	13.56	45.19
锌(Zn)	213.857	0.19	0.62
硅(Si)	251.611	7.08	23.59

5 原理

称取少量样品置于高温炉中于 560 ℃或 460 ℃进行灰化,灰分用浓盐酸或氢氟酸(测 Si 时需用氢氟酸)溶解,随后用纯水稀释到一定体积,用 ICP-AES 测定已配制好的样品溶液。在测试之前应按照仪器操作说明书中的规定校准仪器。

6 试剂和材料

6.1 浓盐酸,优级纯。

6.2 氢氟酸,优级纯。

6.3 纯水,GB/T 6682 中规定的二级水。

6.4 元素标准溶液[钠(Na)、镁(Mg)、铝(Al)、钾(K)、钙(Ca)、铬(Cr)、锰(Mn)、铁(Fe)、钴(Co)、镍(Ni)、铜(Cu)、锌(Zn)、镉(Cd)、锡(Sn)、铅(Pb)和硅(Si)]。

单元素标准溶液可按 GB/T 602 中的规定进行配制,也可向国家认可的销售标准物质单位购买,其质量分数为 500 μg/mL 或 1 000 μg/mL。

6.5 体积分数为 4%的盐酸溶液

于 100 mL 的容量瓶中先加入一半体积的纯水,移入 4.0 mL 的浓盐酸(6.1),补纯水至刻度,混匀备用。

6.6 体积分数为 4%的氢氟酸溶液

于 100 mL 耐氢氟酸的塑料容量瓶中先加入一半体积的纯水,用耐氢氟酸的塑料移液管移入 4.0 mL 的氢氟酸(6.2),补纯水至刻度,混匀备用。

7 仪器设备

7.1 电感耦合等离子体发射光谱仪,该仪器应符合 JJG 768—2005 中的相关规定。

7.2 高温炉,可控温在 560 ℃±10 ℃或 460 ℃±10 ℃。

7.3 铂金坩埚,最小容量为 30 mL。

7.4 瓷坩埚,容量为 50 mL。

7.5 单标线玻璃容量瓶和单标线玻璃吸量管,符合 GB/T 12806 和 GB/T 12808 的规定。

7.6 耐氢氟酸的塑料容量瓶和吸量管。

8 ICP-AES 工作条件

ICP-AES 工作条件见表 3。

表 3

项目		要求
环境温度		15 ℃～30 ℃
环境相对湿度		20%～80%
观测方式		垂直观测或水平观测
气路控制	等离子体气流流速	15 mL/min
	辅助气流流速	0.2 mL/min
	喷雾气流流速	0.8 mL/min
	进样泵流速	1.5 mL/min
射频发生器功率		1 300 W
元素检测波长	铝(Al)	308.215 nm
	钙(Ca)	317.933 nm
	镉(Cd)	226.502 nm
	钴(Co)	228.616 nm
	铬(Cr)	267.716 nm
	铜(Cu)	324.754 nm
	铁(Fe)	238.204 nm
	钾(K)	766.490 nm
	镁(Mg)	279.077 nm
	锰(Mn)	257.610 nm
	钠(Na)	589.592 nm
	镍(Ni)	231.604 nm
	铅(Pb)	220.353 nm
	锡(Sn)	189.980 nm
	锌(Zn)	213.857 nm
	硅(Si)	251.611 nm

试验时，应根据不同的仪器对上述参数作适当的调整，以达到被测元素的最佳测定条件。

9 制作元素标准工作曲线

9.1 盐酸溶液为介质的元素标准工作溶液的配制

以体积分数为4%的盐酸溶液(6.5)作介质溶解并稀释Cd、Co、Cr、Cu、Fe、Mg、Mn、Ni、Pb、Sn、Zn、K等元素的标准溶液(6.4)，配制成浓度为0 μg/L、50 μg/L、100 μg/L、200 μg/L的元素标准工作溶液。

以体积分数为4%的盐酸溶液(6.5)作介质溶解并稀释Al、Ca、Na等元素的标准溶液(6.4)，配制成浓度为0 μg/L、100 μg/L、200 μg/L、400 μg/L的元素标准工作溶液。

9.2 氢氟酸溶液为介质的元素标准工作溶液的配制

以体积分数为4%的氢氟酸溶液(6.6)作介质溶解并稀释Cd、Co、Cr、Cu、Fe、Mg、Mn、Ni、Pb、Sn、Zn、K等元素的标准溶液(6.4)，配制成浓度为0 μg/L、50 μg/L、100 μg/L、200 μg/L的元素标准工作溶液。

以体积分数为4%的氢氟酸溶液(6.6)作介质溶解并稀释Si、Al、Ca、Na等元素的标准溶液(6.4)，配制成浓度为 0 μg/L、100 μg/L、200 μg/L、400 μg/L 的元素标准工作溶液。

9.3 绘制元素标准工作曲线

按照 11.2 分别测定 9.1 和 9.2 中的元素标准工作溶液，并分别绘制盐酸为介质和氢氟酸为介质的元素标准工作曲线。元素标准工作曲线的相关系数应大于或等于 0.999。

9.4 元素工作标准曲线的校准

用 9.1 和 9.2 配制的 100 μg/L 的元素标准工作溶液校准元素工作标准曲线，标定值应在±5%以内，否则应重新制作元素标准工作曲线。

10 取样、制样及样品保存

10.1 取样、制样

按照 HG/T 3921 中的规定进行取样。将样品容器震摇数次，使样品混合均匀。

10.2 样品保存

样品应密闭、避光保存。一般情况下样品可于常温下进行保存，需要低温保存的样品还应按照要求进行低温保存。

11 分析步骤

本试验过程的误差来源可参见附录 A。

本试验的精密度数据可参见附录 B。

11.1 试验溶液的制备

11.1.1 称取 1.00 g 样品，置于瓷坩埚（若有机物对瓷坩埚有腐蚀或测硅时应使用铂金坩埚）中，在通风柜中于电加热炉上缓缓加热，待样品完全碳化后，将坩埚转入高温炉中，于 560 ℃或 460 ℃的温度下进行灰化直至完全（温度 560 ℃时至少灰化 2 h，温度 460 ℃时灰化时间应适当延长）。从高温炉里取出坩埚盖好盖，冷却到室温。

11.1.2 用吸量管往每个坩埚中各加入 1 mL 的浓盐酸（6.1），以溶解灰分。若测硅，需用耐氢氟酸的吸量管往每个坩埚中各加入 1.0 mL 的氢氟酸（6.2）。加入氢氟酸前，应确保溶液冷却。

11.1.3 加入酸后，样品灰分应全部被溶解。若不能完全溶解，可温热进行溶解，若仍全溶不了，应重新进行碳化、灰化试验。

11.1.4 把溶解好的样品转移到 25 mL 的容量瓶中，用纯水冲洗坩埚 2 次，把冲洗液一并移到容量瓶中，然后用纯水定容。

11.1.5 制备样品空白溶液。

11.2 样品测定

11.2.1 按仪器操作说明书中的规定进行仪器操作。

11.2.2 按第 8 章中的规定设置 ICP-AES 工作条件。

11.2.3 吸入样品空白溶液及样品溶液，采集原始数据。

12 结果计算

由仪器的计算机系统自动完成计算，或按式(1)进行计算：

$$X = \frac{V(c_1 - c_2)}{m} \qquad \cdots\cdots\cdots\cdots (1)$$

式中：

X——被测元素的含量，单位为微克每克（μg/g）；

c_1——从元素工作标准曲线上查得的试验溶液中被测元素的浓度，单位为微克每毫升（μg/mL）；

c_2——从元素工作标准曲线上查得的样品空白溶液中被测元素的浓度，单位为微克每毫升（μg/mL）；

V——被测试验溶液的体积，单位为毫升（mL）；

m——样品的质量，单位为克(g)。

13 试验报告

13.1 试验结果小于检出限，报未检出。

13.2 试验结果大于检出限而低于定量限，报出实测数据，但需在括号内注明低于定量限。

13.3 试验报告应包括下列内容：

a) 试验报告应写明所用的方法及试验结果。

b) 试验报告也应提及本标准中没有规定的所有操作细节，或者被认为是可任选的操作细节，并说明任何有可能影响试验结果的事件的细节。

c) 试验报告应包括完成样品鉴定所需的所有资料。

14 仪器校准

应按照仪器说明书中的规定定期校准仪器。

附 录 A
（资料性附录）
误差来源

A.1 正误差

A.1.1 样品在制备过程中易被污染，所以要随时将样品盖好。

注意：锌污染来自于化妆品和护手霜，有时候在样品准备时引起正误差。

A.1.2 光谱干扰可造成结果偏差，在每一分析波长处应消除背景干扰。

A.1.3 坩埚没有被清洗干净。

A.1.4 瓷坩埚被样品灰分腐蚀或已破损。

A.1.5 在制备区域生锈时可能发生铁的污染。在任何时候都要保持排烟罩清洁和无灰尘。

A.1.6 元素污染可能总是来自于高温炉。来自炉罩的铁锈可引入铁，火砖灰尘在燃烧过程中可将铝引入样品中。

A.1.7 不洁的喷雾器，喷射室，挡板和炬管可引起正误差。

A.1.8 酸受到污染。

A.2 负误差

A.2.1 制备好的样品灰分应在室温或低于室温下加入氢氟酸，如温度过高可引起样品中的硅形成 SiF_4 挥发掉，使测得的硅浓度偏低。

A.2.2 在灰化过程中的样品溅失。应避免样品升温过快。

A.2.3 加入酸后，样品灰分没有全部溶解。若样品灰分没有全部溶解，可温热进行溶解，若仍全溶不了，应重新进行灰化。

附 录 B
（资料性附录）
精 密 度

不同的元素精密度不同，且与元素的含量有关。表B.1是一照相有机物样品微量元素多次试验数据的平均值、标准偏差、相对标准偏差（是用氢氟酸和铂金坩埚做的试验）。

表 B.1

元素	平均值/(μg/g)	标准偏差/(μg/g)	相对标准偏差/%
Al	5.817 9	0.367 4	6.3
Ca	7.386 6	0.314 8	4.3
Cd	5.066 0	0.113 6	2.2
Co	5.081 1	0.122 7	2.4
Cr	5.976 6	0.161 3	2.7
Cu	4.973 9	0.193 0	3.9
Fe	7.525 7	0.443 6	5.9
K	51.890	4.591	8.8
Mg	5.999 9	0.162 9	2.7
Mn	5.021 6	0.110 7	2.2
Na	8.416 5	0.939 6	11
Ni	5.581 6	0.138 6	2.5
Pb	4.970 6	0.280 9	5.7
Sn	4.746 4	0.250 9	5.3
Zn	5.643 7	0.178 5	3.2
Si	9.804 5	0.854 0	8.7

ICS 83.140.50
G 43

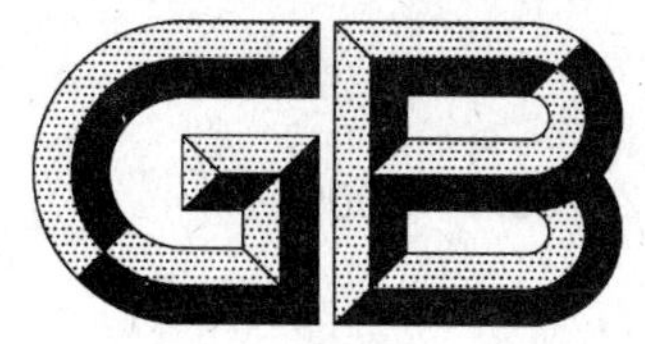

中华人民共和国国家标准

GB/T 24795.1—2009

商用车车桥旋转轴唇形密封圈 第1部分：结构、尺寸和公差

**Rotary shaft lip seals for commercial vehicle axle—
Part 1: The configurations, dimensions and tolerances**

2009-12-15 发布　　2010-06-01 实施

中华人民共和国国家质量监督检验检疫总局
中国国家标准化管理委员会　发布

前　言

GB/T 24795《商用车车桥旋转轴唇形密封圈》分为两个部分：

——第 1 部分：结构、尺寸和公差；

——第 2 部分：性能试验方法。

本部分为 GB/T 24795 的第 1 部分。

本部分的附录 A 为资料性附录。

本部分由中国石油和化学工业协会提出。

本部分由全国橡胶与橡胶制品标准化技术委员会密封制品分技术委员会（SAC/TC 35/SC 3）归口。

本部分起草单位：重庆杜克高压密封件有限公司、青岛开世密封工业有限公司。

本部分主要起草人：杜长春、陶素彬、高鉴明、李云飞、徐春跃、田永伏、唐梦婧。

商用车车桥旋转轴唇形密封圈
第1部分：结构、尺寸和公差

1 范围

本部分规定了商用车车桥旋转轴唇形密封圈的结构、密封圈的尺寸及公差，骨架、弹簧的基本要求，轴和腔体的基本要求。

本部分适用于工作压力不大于0.05 MPa的商用车车桥密封元件为橡胶材料的旋转轴唇形密封圈（以下简称“密封圈”）。

2 规范性引用文件

下列文件中的条款通过GB/T 24795的本部分的引用而成为本部分的条款。凡是注日期的引用文件，其随后所有的修改单（不包括勘误的内容）或修订版均不适用于本部分，然而，鼓励根据本部分达成协议的各方研究是否可使用这些文件的最新版本。凡是不注日期的引用文件，其最新版本适用于本部分。

GB/T 1031 产品几何技术规范（GPS） 表面结构 轮廓法 表面粗糙度参数及其数值

GB/T 1800.2 产品几何技术规范（GPS） 极限与配合 第2部分：标准公差等级和孔、轴极限偏差表（GB/T 1800.2—2009，ISO 286-2：1988，MOD）

GB/T 1958 产品几何量技术规范（GPS） 形状和位置公差 检测规定

3 字母代号

本部分采用的字母代号及其表示的尺寸参数如下：

d_1——轴的公称直径（密封圈的公称内径）；

D——腔体内孔公称直径（密封圈的公称外径）；

b——密封圈基本轴向宽度，它与腔体内孔深度有关；

b_1——密封圈总的轴向宽度；

d_2——轴导入倒角处的最小直径；

a——轴导入倒角；

B_s——腔体最小孔深；

b_0——倒角长度；

r_0——最大圆角半径；

D_1——外露骨架实测直径；

t——骨架厚度；

d_s——弹簧丝直径；

D_s——弹簧外径；

R_s——弹簧槽半径；

α——唇口至弹簧中心高度；

L_s——弹簧自由长度；

l_s——弹簧接头长度。

4 密封圈的结构

4.1 外露骨架型密封圈

外露骨架型密封圈基本结构见图1。

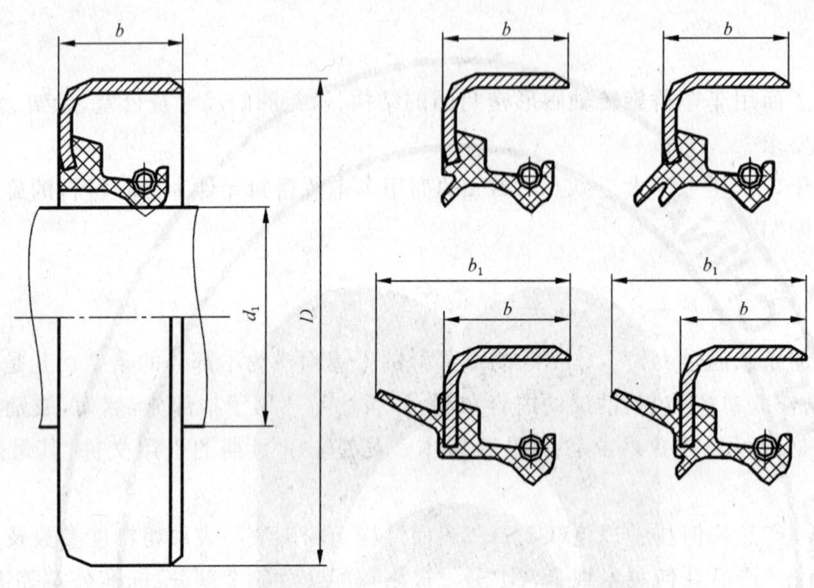

图 1 外露骨架型密封圈

4.2 内包骨架型密封圈

内包骨架型密封圈基本结构见图2。

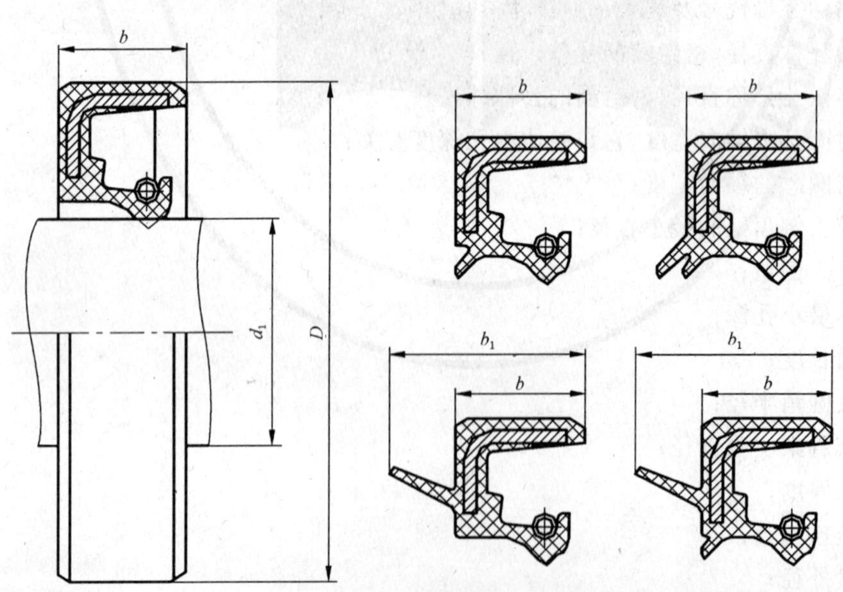

图 2 内包骨架型密封圈

4.3 半包骨架型密封圈

半包骨架型密封圈基本结构见图3。

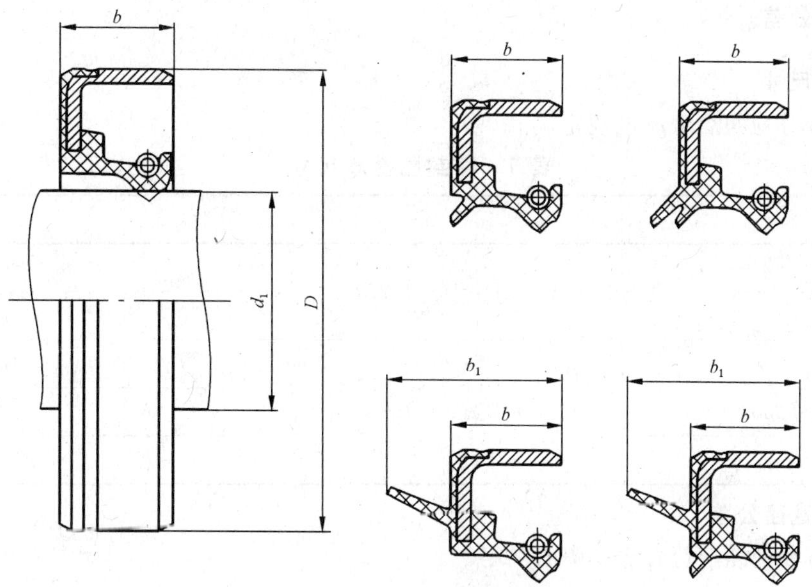

图 3 半包骨架型密封圈

4.4 装配式密封圈

装配式密封圈基本结构见图 4。

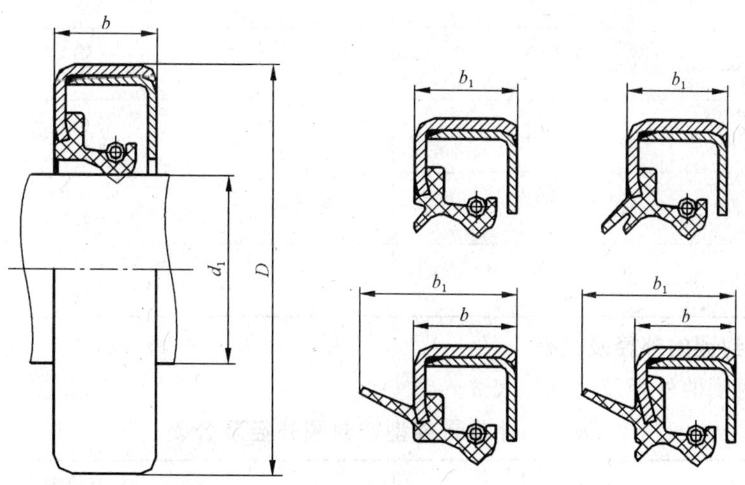

图 4 装配式密封圈

4.5 轴套组合式密封圈

轴套组合式密封圈基本结构见图 5。

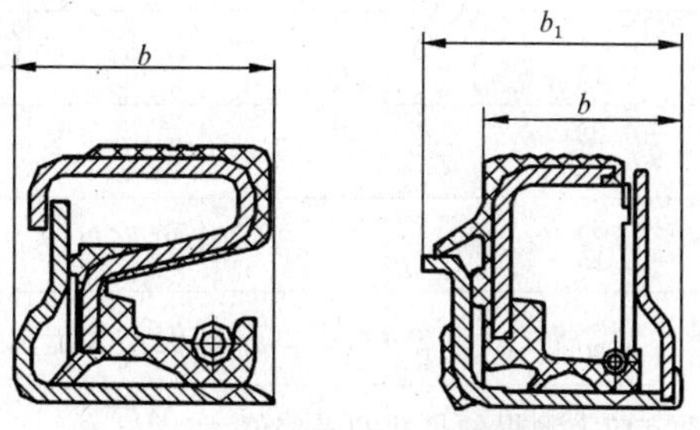

图 5 轴套组合式密封圈

5 密封圈尺寸及公差

5.1 密封圈基本尺寸

密封圈基本尺寸应符合表1的规定。

表1 密封圈基本尺寸

单位为毫米

d_1	D	b
$30<d_1\leqslant 60$	$D\geqslant 15+1.05d_1$	$\geqslant 7$
$60<d_1\leqslant 80$		$\geqslant 8$
$80<d_1\leqslant 130$	$D\geqslant 20+1.05d_1$	$\geqslant 10$
$130<d_1\leqslant 250$		$\geqslant 12$
$250<d_1\leqslant 400$		$\geqslant 15$

5.2 密封圈唇口直径公差

密封圈唇口直径公差应符合表2中的规定。

表2 密封圈唇口直径公差

单位为毫米

d_1	公　差
$30<d_1\leqslant 60$	$^{+0.4}_{-0.6}$
$60<d_1\leqslant 80$	$^{+0.4}_{-0.8}$
$80<d_1\leqslant 130$	$^{+0.4}_{-1.0}$
$130<d_1\leqslant 250$	$^{+0.4}_{-1.2}$
$250<d_1\leqslant 400$	$^{+0.4}_{-1.4}$

5.3 外露骨架型密封圈的外径及公差

外露骨架型密封圈的外径及公差见表3。

表3 外露骨架型密封圈外径及公差

单位为毫米

D	外径公差	形位公差	
		圆　度	同轴度
$D\leqslant 50$	$^{+0.20}_{+0.08}$	0.20	0.20
$50<D\leqslant 80$	$^{+0.23}_{+0.09}$	0.25	0.25
$80<D\leqslant 120$	$^{+0.25}_{+0.10}$	0.30	0.30
$120<D\leqslant 180$	$^{+0.28}_{+0.12}$	0.40	0.40
$180<D\leqslant 300$	$^{+0.35}_{+0.15}$	0.25%D	0.25%D
$300<D\leqslant 610$	$^{+0.45}_{+0.20}$	0.25%D但不大于1.50	0.25%D但不大于1.50
注1：外径等于在相互垂直的两个方向上测得的尺寸的平均值。 注2：圆度公差等于间距相同的三处或三处以上测得的最大直径和最小直径之差。 注3：同轴度公差按GB/T 1958规定的检测方法进行检测。			

5.4 内包骨架型密封圈的外径及公差

内包骨架型密封圈的外径及公差见表4。

表4 内包骨架型密封圈的外径及公差

单位为毫米

D	外径公差	形位公差	
		圆　度	同 轴 度
$D\leqslant 50$	$^{+0.30}_{+0.15}$	0.25	0.25
$50<D\leqslant 80$	$^{+0.35}_{+0.20}$	0.35	0.35
$80<D\leqslant 120$	$^{+0.40}_{+0.20}$	0.50	0.50
$120<D\leqslant 180$	$^{+0.45}_{+0.22}$	0.65	0.65
$180<D\leqslant 300$	$^{+0.50}_{+0.25}$	0.80	0.80
$300<D\leqslant 610$	$^{+0.60}_{+0.30}$	1.00	1.00

注1：外径等于在相互垂直的两个方向上测得的尺寸的平均值。

注2：圆度公差等于间距相同的三处或三处以上测得的最大直径和最小直径之差。

注3：密封圈外表面的橡胶部分可为波浪形结构，其外径最大轮廓尺寸的公差由外径公差值乘以1.1～1.2，也可由用户与密封圈生产厂家商定。

注4：同轴度公差按GB/T 1958规定的检测方法进行检测。

5.5 半包骨架型密封圈的外径及公差

半包骨架型密封圈的外径及公差见表5。

表5 半包骨架型密封圈的外径及公差

单位为毫米

D	半包骨架密封圈外圆橡胶部分要求			半包骨架密封圈外露骨架部分要求		
	外径公差	形位公差		外径公差	形位公差	
		圆　度	同轴度		圆　度	同轴度
$D\leqslant 50$	$^{+0.30}_{+0.15}$	0.25	0.25	$^{+0.20}_{+0.08}$	0.20	0.20
$50<D\leqslant 80$	$^{+0.35}_{+0.20}$	0.35	0.35	$^{+0.23}_{+0.09}$	0.25	0.25
$80<D\leqslant 120$	$^{+0.40}_{+0.20}$	0.50	0.50	$^{+0.25}_{+0.10}$	0.30	0.30
$120<D\leqslant 180$	$^{+0.45}_{+0.22}$	0.65	0.65	$^{+0.28}_{+0.12}$	0.40	0.40
$180<D\leqslant 300$	$^{+0.50}_{+0.25}$	0.80	0.80	$^{+0.35}_{+0.15}$	0.25%D	0.25%D
$300<D\leqslant 610$	$^{+0.60}_{+0.30}$	1.00	1.00	$^{+0.45}_{+0.20}$	0.25%D但不大于1.50	0.25%D但不大于1.50

注1：外径等于在相互垂直的两个方向上测得的尺寸的平均值。

注2：圆度公差等于间距相同的三处或三处以上测得的最大直径和最小直径之差。

注3：同轴度公差按GB/T 1958规定的检测方法进行检测。

5.6 密封圈的基本宽度公差

密封圈的基本宽度公差应符合表6的规定。

表6 密封圈的基本宽度公差

单位为毫米

b	公差
$b \leqslant 12$	±0.3
$12 < b \leqslant 15$	±0.4
$15 < b \leqslant 18$	±0.5
$18 < b \leqslant 20$	±0.6
$20 < b \leqslant 25$	±0.8
$25 < b \leqslant 30$	±1.0

6 骨架的基本要求

6.1 骨架结构型式

按密封圈结构型式可分为外露、内包、半包、装配和轴套组合骨架的骨架结构型式。

6.2 骨架厚度

推荐骨架厚度见表7。

表7 骨架厚度

单位为毫米

骨架结构型式	d_1	t
外露骨架（包括装配式的外骨架）	$30 < d_1 \leqslant 60$	0.8～1.2
	$60 < d_1 \leqslant 80$	1.0～1.5
	$80 < d_1 \leqslant 130$	1.2～2.2
	$130 < d_1 \leqslant 250$	1.5～2.5
	$250 < d_1 \leqslant 400$	2.2～3.5
内包骨架（包括装配式的内骨架）	$30 < d_1 \leqslant 60$	0.8～1.0
	$60 < d_1 \leqslant 80$	0.8～1.2
	$80 < d_1 \leqslant 130$	1.0～2.0
	$130 < d_1 \leqslant 250$	1.5～2.2
	$250 < d_1 \leqslant 400$	2.0～3.0
半包骨架	$30 < d_1 \leqslant 60$	0.8～1.2
	$60 < d_1 \leqslant 80$	1.0～1.5
	$80 < d_1 \leqslant 130$	1.2～2.2
	$130 < d_1 \leqslant 250$	1.5～2.5
	$250 < d_1 \leqslant 400$	2.2～3.5
注：装配式密封圈支撑骨架的厚度尺寸应是外骨架厚度尺寸的50%～70%。		

6.3 骨架材料

骨架宜采用08F钢板或类似的钢板制造。

6.4 外露骨架密封圈外周表面粗糙度

外周表面的粗糙度 Ra 应不大于0.8 μm。

7 弹簧的基本要求

7.1 弹簧型式

由弹簧丝绕制而成的螺线型圆柱状环形弹簧，其结构型式分为A型、B型，见图6。

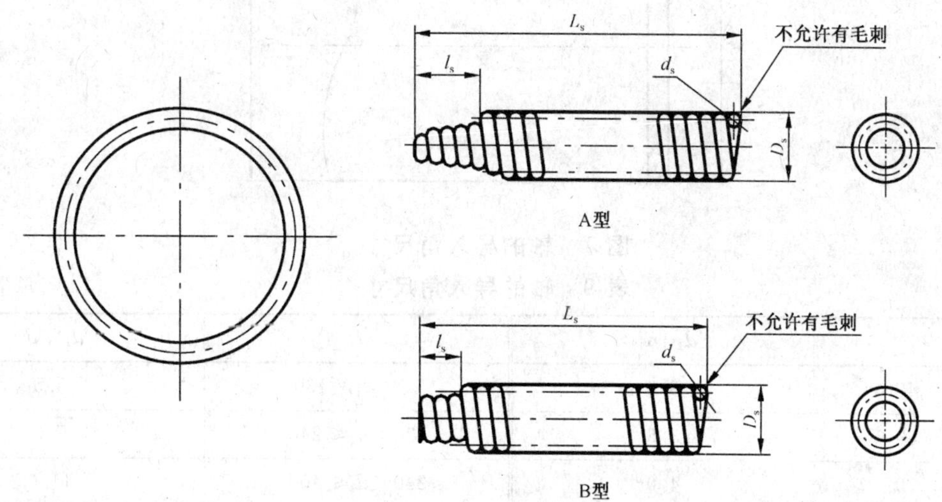

图6 紧箍弹簧结构型式

7.2 弹簧丝直径 d_s 依照弹簧槽半径 R_s 大小而变化，弹簧的 D_s 与 d_s 之比应在5～6范围内。

7.3 弹簧外径 D_s 应与弹簧槽半径 R_s 相一致，其他各参数应符合表8中的规定。

表8 紧箍弹簧基本尺寸

d_1/mm	d_s[a]/mm	D_s/mm	L_s[b]/mm		l_s[c]/mm	拉伸5%负荷/N
$5<d_1\leqslant30$	0.30±0.01	1.6±0.05	$\pi(d_1+\alpha)+l_s\pm2$	$\pm2d_s$	1.0～1.5	0.9～1.2
$30<d_1\leqslant60$	0.36±0.01	2.0±0.05			1.2～1.5	1.5～2.0
$60<d_1\leqslant80$	0.45±0.02	2.5±0.05			1.5～2.0	2.0～3.0
$80<d_1\leqslant130$	0.50±0.02	3.0±0.075			1.5～2.0	2.0～3.0
$130<d_1\leqslant250$	0.60±0.025	3.5±0.075			2.0～2.5	2.5～3.5
$250<d_1\leqslant400$	0.80±0.03	4.0±0.075			3.0～4.0	9.0～12.0

[a] $d_1\leqslant16$ mm时，d_s 取0.25 mm。

[b] L_s 的极限偏差为 $\pm2d_s$。

[c] 若采用A型弹簧时，l_s 应适当加长。

7.4 绕制的弹簧应进行低温退火和防锈处理。

7.5 绕制成的弹簧截成规定的长度后，首尾相连接，搭接部分 L_s 拧入部分尾部，要求连接牢固，不许松动。

7.6 必要时，可采用其他弹簧，其要求由用户与制造厂商定。

8 轴的基本要求

8.1 密封圈装配导入角

轴端装配导入角应符合图7和表9的规定，倒角上不应有毛刺、尖角，Ra 应不大于3.2 μm。

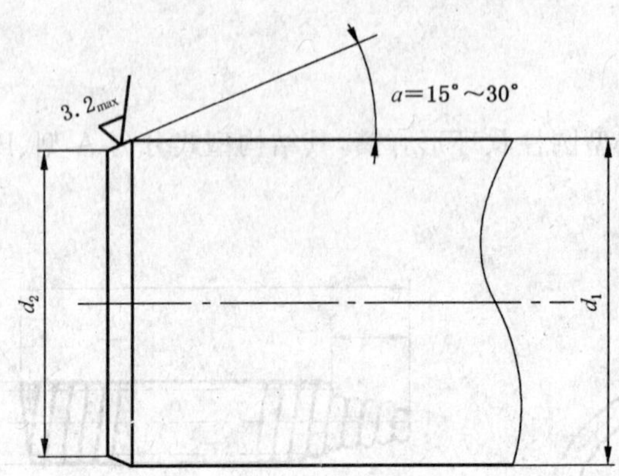

图 7　轴的导入角尺寸

表 9　轴的导入角尺寸

单位为毫米

d_1	d_1-d_2	d_1	d_1-d_2
$30<d_1\leqslant40$	3.0	$95<d_1\leqslant130$	5.5
$40<d_1\leqslant50$	3.5	$130<d_1\leqslant240$	7.0
$50<d_1\leqslant70$	4.0	$240<d_1\leqslant400$	11.0
$70<d_1\leqslant95$	4.5		
注：若轴端采用倒圆导入角，则倒圆的圆角半径不小于表中的 d_1-d_2 之值。			

8.2　**直径公差**

轴的直径公差按 GB/T 1800.2 选取，公差等级不低于 IT11。

8.3　**表面粗糙度**

8.3.1　轴的 Ra 应不大于 0.8 μm。

8.3.2　与密封圈接触的轴表面部位不允许有螺旋形加工痕迹及划痕。

8.4　**表面硬度**

轴的表面硬度推荐为 50 HRC～65 HRC(表面硬度层深度不小于 0.2 mm)。

9　腔体的基本要求

9.1　**内孔倒角**

腔体内孔倒角应符合图 8 和表 10 的规定，倒角交界处不允许有毛刺；腔体的内孔深度和圆角半径应符合图 8 和表 10 的规定。

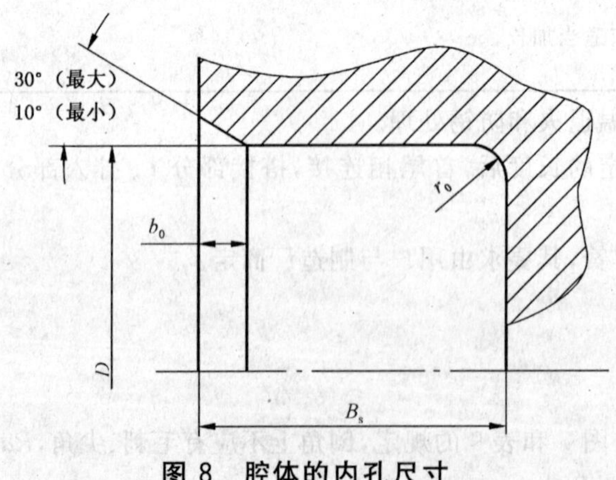

图 8　腔体的内孔尺寸

表 10 腔体的内孔尺寸

单位为毫米

b	B_s	b_0	r_0
$b \leqslant 12$	$b+1.0$	1.0～1.5	0.50
$12<b \leqslant 15$	$b+1.5$	1.5～2.0	0.50
$15<b \leqslant 18$	$b+2.0$	2.0～2.5	0.75
$18<b \leqslant 20$	$b+2.5$	2.5～3.0	0.75
$20<b \leqslant 25$	$b+3.0$	3.0～3.5	1.00
$25<b \leqslant 30$	$b+4.0$	3.5～4.0	1.00

9.2 内径公差

腔体的内孔公差按 GB/T 1800.2 的规定，公差等级不低于 IT8。

9.3 内孔表面粗糙度

腔体的内孔表面粗糙度按 GB/T 1031 规定，Ra 应不大于 3.2 μm，Ra_{max} 应不大于 6.3 μm。

10 标识

10.1 密封圈的规格代码

密封圈的规格代码分别由 d_1、D 和 b 的公称尺寸的各三位阿拉伯数字组成，见表 11 规定。

表 11 密封圈的规格代码

单位为毫米

d_1	D	b	规格代码
20	35	7	020035007
70	90	10	070090010
400	440	25	400440025

10.2 示例

密封圈的标识由密封圈的结构型式代号第一位英文字母、规格代码及标准号组成。如轴径为 30、孔径为 50、宽度为 8 的标准内包骨架型密封圈，其标识示例为：

B030050008 GB/T ××××××。

附 录 A
（资料性附录）
商用车车桥旋转轴唇形密封圈设计参数表

为了充分减少产品开发和批量生产期间可能产生的失误，保证设计前期的产品实现过程的策划（APQP）工作能够顺利进行，建议用户按表 A.1 的内容向密封圈生产厂家提供必要的数据，以保证密封圈生产厂家提供的密封圈能够充分满足使用要求，同时也便于用户对密封圈生产厂家提供的密封圈进行检测或质量控制。

表 A.1 商用车车桥旋转轴唇形密封圈设计参数表

商用车车桥旋转轴唇形密封圈设计参数表					
用户单位及部门：		填制人：		填制时间：	
主机名称及型号					
密封圈安装部位					
密封圈尺寸(轴径×外径×宽度)/(mm×mm×mm)					
轴	轴径和公差/mm				
	安装部位导入角度/(°)				
	动态跳动量/mm				
	静态跳动量/mm				
	轴向窜动量/mm				
	额定转速/(r/min)				
	转速范围/(r/min)				
	转动方向(从密封圈外侧方向看)				
	材质				
	表面硬度/HRC 或 HB				
	表面粗糙度/μm				
	表面精加工方法				
	轴承类型及规格				
腔体	孔径及公差/mm				
	孔相对轴的静偏心量/mm				
	孔深度及公差/mm				
	密封圈距轴承的轴向距离/mm				
	额定转速/(r/min)				
	转速范围/(r/min)				
	转动方向(从密封圈外侧方向看)				
	表面粗糙度/μm				
	表面硬度/HRC 或 HB				
	材质				

表 A.1（续）

<table>
<tr><td colspan="7">商用车车桥旋转轴唇形密封圈设计参数表</td></tr>
<tr><td colspan="3">用户单位及部门：</td><td colspan="2">填制人：</td><td colspan="2">填制时间：</td></tr>
<tr><td rowspan="11">使用及装配条件</td><td colspan="2">被密封介质名称、牌号及黏度</td><td></td><td></td><td></td><td></td></tr>
<tr><td colspan="2">工作温度范围/℃</td><td></td><td></td><td></td><td></td></tr>
<tr><td colspan="2">密封圈工作压力及变化范围/MPa</td><td></td><td></td><td></td><td></td></tr>
<tr><td colspan="2">密封圈唇口形式（单唇，双唇或其他）</td><td></td><td></td><td></td><td></td></tr>
<tr><td colspan="2">密封圈骨架型式（内包，外露或其他）</td><td></td><td></td><td></td><td></td></tr>
<tr><td colspan="2">密封圈装配方法（专用工具，手工或其他）</td><td></td><td></td><td></td><td></td></tr>
<tr><td colspan="2">正常工作寿命要求/h</td><td></td><td></td><td></td><td></td></tr>
<tr><td colspan="2">最大允许泄漏量/mL</td><td></td><td></td><td></td><td></td></tr>
<tr><td rowspan="3">密封圈入厂验收标准</td><td>温度/℃</td><td></td><td></td><td></td><td></td></tr>
<tr><td>转速/(r/min)</td><td></td><td></td><td></td><td></td></tr>
<tr><td>时间/h</td><td></td><td></td><td></td><td></td></tr>
<tr><td>用量</td><td colspan="2">只/a</td><td></td><td></td><td></td><td></td></tr>
</table>

ICS 71.100.40
G 71

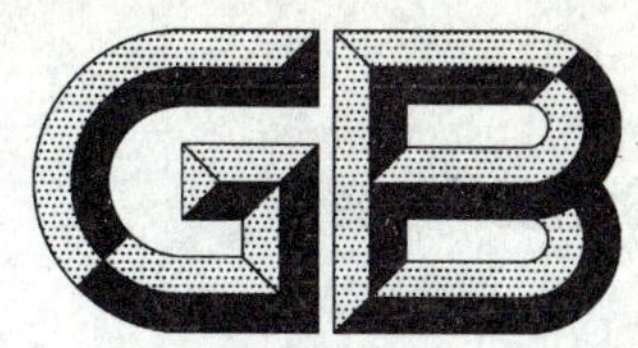

中华人民共和国国家标准

GB/T 24796—2009

环己基甲基二甲氧基硅烷

Cyclohexyl-methyl-di-methoxysilane

2009-12-15 发布　　　　2010-06-01 实施

中华人民共和国国家质量监督检验检疫总局
中国国家标准化管理委员会　发布

前言

本标准的附录A为资料性附录。

本标准由中国石油和化学工业协会提出。

本标准由全国橡胶与橡胶制品标准化技术委员会化学助剂分技术委员会归口。

本标准负责起草单位：江西师大化工有限公司。

本标准主要起草人：廖维林、熊斌、崔国娣、林春花、王甡。

环己基甲基二甲氧基硅烷

1 范围

本标准规定了环己基甲基二甲氧基硅烷的要求、试验方法、检验规则、标志、包装、运输和贮存。

本标准适用于以二氯氢硅、环己烯、氯代环己烷、甲基三氯硅烷或甲基三甲氧基硅烷等为主要原料经不同工艺而合成的环己基甲基二甲氧基硅烷。

分子式：$C_9H_{20}O_2Si$

结构式：

$$\text{C}_6\text{H}_{11}-\underset{\underset{\text{O}-\text{CH}_3}{|}}{\overset{\overset{\text{O}-\text{CH}_3}{|}}{\text{Si}}}-\text{CH}_3$$

相对分子质量：188.34(按 2007 年国际相对原子质量)

2 规范性引用文件

下列文件中的条款通过本标准的引用而成为本标准的条款。凡是注日期的引用文件，其随后所有的修改单(不包括勘误的内容)或修订版均不适用于本标准，然而，鼓励根据本标准达成协议的各方研究是否可使用这些文件的最新版本。凡是不注日期的引用文件，其最新版本适用于本标准。

GB 190　危险货物包装标志

GB/T 1664　增塑剂外观色度的测定

GB/T 4472—1984　化工产品密度、相对密度测定通则

GB/T 6283　化工产品中水分含量的测定　卡尔・费休法(通用方法)

GB/T 6488　液体化工产品　折光率的测定(20 ℃)

GB/T 6680　液体化工产品采样通则

GB/T 6682　分析实验室用水规格和试验方法(GB/T 6682—2008，ISO 3696:1987，MOD)

GB/T 8170　数值修约规则与极限数值的表示和判定

GB/T 9722　化学试剂　气相色谱法通则

3 要求

环己基甲基二甲氧基硅烷应符合表 1 所示的技术要求。

表 1　环己基甲基二甲氧基硅烷的技术要求

项　　目		指　　标
外观		无色透明液体
色度(铂-钴色号)	≤	10
纯度/%	≥	99.70
水分的质量分数/%	≤	0.10
甲醇含量/%	≤	0.01
折光率(20 ℃)		1.436 0～1.438 0
密度(d^{20})/(g/cm³)		0.942～0.947

4 试验方法

除非另有说明，在分析中仅使用确认为分析纯的试剂和 GB/T 6682 中规定的三级水。

本标准中试验数据的表示方法和修约规则应符合 GB/T 8170 中的有关规定。

警示：环己基甲基二甲氧基硅烷为易燃品，进行分析时应注意安全。

4.1 外观的测定

在自然光下目测。

4.2 色度的测定

按 GB/T 1664 之规定进行测定。

4.3 纯度及甲醇含量的测定

4.3.1 方法提要

用气相色谱法，在选定的工作条件下，样品经气化通过毛细管色谱柱，使其中各组分得到分离，用氢火焰离子化检测器(FID)检测，用校正面积归一化法计算各组分的含量。

4.3.2 试剂及材料

4.3.2.1 氮气：体积分数不低于 99.99%。

4.3.2.2 氢气：体积分数不低于 99.99%。

4.3.2.3 空气：经活性炭和分子筛净化。

4.3.3 仪器

4.3.3.1 气相色谱仪：配有氢火焰离子化检测器(FID)，整机灵敏度和稳定性应符合 GB/T 9722 中的有关规定。对样品中 0.001%(质量分数)的组分所产生的峰高应大于噪声的两倍。

4.3.3.2 色谱数据处理机或色谱工作站。

4.3.3.3 进样器：1 μL 或 10 μL 微量注射器。

4.3.4 色谱操作条件

色谱操作条件如表 2 规定。

表 2 色谱操作条件

色谱柱	OV-17 熔融石英毛细管柱
柱长×柱内径×液膜厚度	30 m×0.32 mm×0.5 μm
柱箱温度/℃	100
气化室温度/℃	200
检测器温度/℃	200
柱前压/kPa	120
燃气(氢气)流量/(mL/min)	40～50
助燃气(空气)流量/(mL/min)	500
补充气(氮气)流量/(mL/min)	10～30
载气流量/(mL/min)	1～1.5
分流比	(50～60)：1
进样量/μL	0.2～0.3

4.3.5 操作步骤

按照色谱操作条件调整仪器，基线稳定后，用微量注射器进样，测量各峰面积，按校正面积归一化法进行计算。

4.3.6 典型色谱图见图 1，各组分保留时间和推荐的校正因子见表 3。

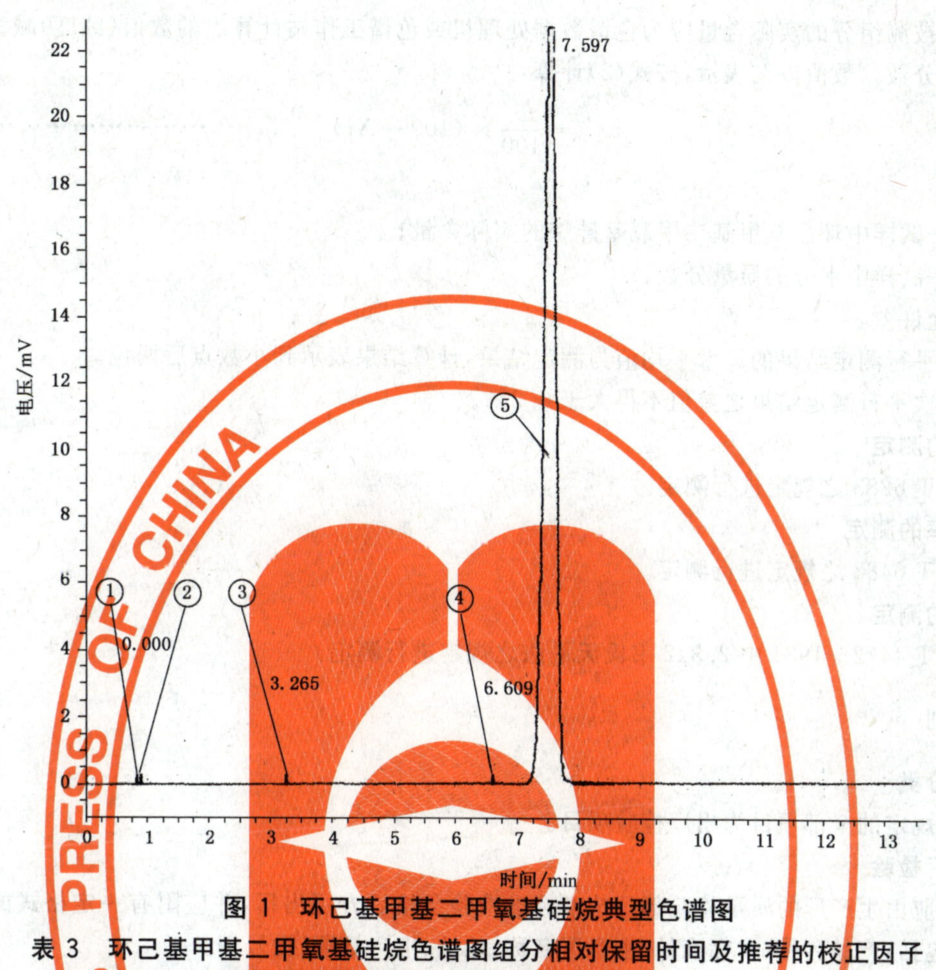

图 1　环己基甲基二甲氧基硅烷典型色谱图

表 3　环己基甲基二甲氧基硅烷色谱图组分相对保留时间及推荐的校正因子

（校正因子的测定参见附录 A）

峰号	相对保留时间/min	组分名	推荐的校正因子 （相对于环己基甲基二甲氧基硅烷）
1	0.83	甲醇	0.68
2	0.90	杂质	1
3	3.26	环己酮	1
4	6.60	三甲基甲氧基硅烷	1
5	7.59	环己基甲基二甲氧基硅烷	1

4.3.7　结果计算

4.3.7.1　计算公式

采用校正面积归一法，以质量分数 w_s 表示的被测组分含量，数值以%表示，按式(1)计算：

$$w_s = \frac{f_s A_s}{\sum f_i A_i} \times 100 \quad \cdots\cdots(1)$$

式中：

f_s——试样中被测组分的校正因子；

A_s——试样中被测组分的峰面积；

f_i——试样中各组分的校正因子；

A_i——试样中各组分的峰面积。

4.3.7.2　试样中被测组分实际含量的计算

试样中被测组分的实际含量应为色谱数据处理机或色谱工作站计算出的数值(纯度)减去试样中的水分的质量分数。数值以%表示,按式(2)计算:

$$w_s' = \frac{w_s}{100} \times (100 - X_1) \quad \cdots\cdots (2)$$

式中:

w_s'——试样中环己基甲基二甲氧基硅烷的实际含量;

X_1——试样中水分的质量分数。

4.3.7.3 允许差

取两次平行测定结果的算术平均值为测定结果,计算结果表示到小数点后两位。

纯度两次平行测定结果之差值不得大于0.2%。

4.4 水分的测定

按GB/T 6283之规定进行测定。

4.5 折光率的测定

按GB/T 6488之规定进行测定。

4.6 密度的测定

按GB/T 4472—1984中2.3.2韦氏天平法之规定进行测定。

5 检验规则

5.1 检验分类

表1中规定的全部项目为出厂检验项目。

5.2 生产厂检验

本产品应由生产厂的质量检验部门按本标准检验合格后方可出厂,并应附有一定格式的质量证明书,其内容包括:产品名称、本标准号、生产厂名称、地址、生产日期、批号等。

5.3 组批规则

本产品以同次精馏产品为一批。

5.4 采样

按GB/T 6680规定采样。取样量不得少于1 000 mL,分装于两个清洁干燥的玻璃瓶中,密封瓶口,贴标签并注明:产品名称、采样日期、批号、采样人。一瓶用于检验,另一瓶保存以备复查。

5.5 复检

出厂检验结果中如有一项指标不符合本标准要求时,应从同批产品中重新自两倍量的包装件中采样进行复检,复检结果中即使只有一项指标不符合本标准要求,也判该批产品为不合格产品。

6 标志、包装、运输和贮存

6.1 标志

本产品为易燃品,每个包装容器上应有清晰的符合GB 190中规定的易燃品标志。

每个包装容器上还应有清晰牢固的如下内容的标志:产品名称、生产厂名称、本标准号、生产日期、批号、净含量、商标、详细地址及联系电话。

6.2 包装

本产品应使用镀锌马口桶包装,每桶净含量180 kg。也可根据用户要求采用其他包装方式。本产品在灌装时应注意流速,并有接地装置,防止静电积聚。装完后充氮密封,隔绝空气。

6.3 运输

本产品在运输时应防止猛烈撞击,轻装、轻卸,防止包装及容器损坏。同时应防雨、防晒,应备有遮篷。

6.4 贮存

本产品应贮存于通风、阴凉、干燥的库房内，仓库温度不宜超过 30 ℃，防止阳光直射，远离火种及热源，保持容器密封，应与氧化剂分开存放。

在符合本标准规定的运输、贮存条件下，自生产之日起贮存期为 6 个月。

本产品超过贮存期后，按本标准规定检验合格后仍可使用。

附　录　A
（资料性附录）
环己基甲基二甲氧基硅烷相对校正因子的测定

A.1　方法提要

配制与产品成分接近的含甲醇的环己基甲基二甲氧基硅烷标准样品，按与测定样品相同的试验条件对标准样品进行测定，记录各组分的响应面积值。根据各组分的质量分数及各组分响应面积值计算甲醇相对于环己基甲基二甲氧基硅烷的响应值之比即为其相对质量校正因子。其他已知和未知组分相对校正因子均采用环己基甲基二甲氧基硅烷的相对校正因子。

A.2　试剂

A.2.1　甲醇[67-56-1]：色谱纯。

A.2.2　环己基甲基二甲氧基硅烷［17865-32-6]：蒸馏后纯度大于99.92%未检出甲醇的样品。

A.3　校正因子的测定

在已知质量的100 mL容量瓶中加入环己基甲基二甲氧基硅烷至标线附近，称量（精确至0.000 2 g）。再用微量注射器加入甲醇100 μL立即称量（精确至0.000 2 g），充分摇匀。配制成校准用标准样品，按与测定样品相同的试验条件进行测定。标准样品有效期为0.5 d。

A.4　校正因子的计算

甲醇相对于环己基甲基二甲氧基硅烷的校正因子按式（A.1）计算：

$$f'_i = \frac{m_i b_i A'_s}{m_s b_s A'_i} \qquad \cdots\cdots\cdots\cdots (A.1)$$

式中：

m_i——标准样品中甲醇的质量的数值，单位为克（g）；

b_i——甲醇的纯度；

A'_s——环己基甲基二甲氧基硅烷的峰面积；

m_s——标准样品中环己基甲基二甲氧基硅烷质量的数值，单位为克（g）；

b_s——环己基甲基二甲氧基硅烷的纯度；

A'_i——甲醇的峰面积。

A.5　校正因子的定期测定

校正因子应定期测定，按鉴定周期或仪器状态发生变化时更换。

ICS 83.060
G 35

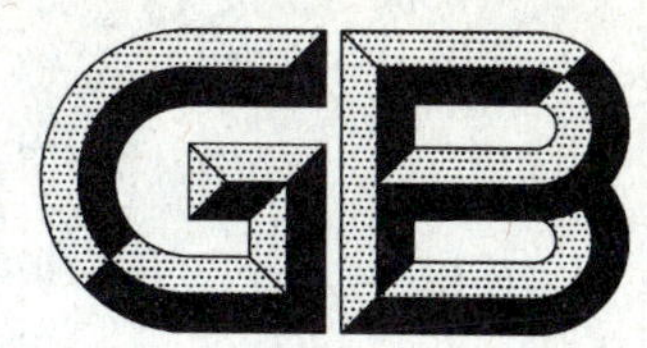

中华人民共和国国家标准

GB/T 24797.1—2009/ISO 20299-1:2006

橡胶包装用薄膜　第1部分：丁二烯橡胶(BR)和苯乙烯-丁二烯橡胶(SBR)

Film for wrapping rubber bales—
Part 1:Butadiene rubber(BR) and styrene-butadiene rubber(SBR)

(ISO 20299-1:2006,IDT)

2009-12-15 发布　　2010-06-01 实施

中华人民共和国国家质量监督检验检疫总局
中国国家标准化管理委员会　发布

前　言

GB/T 24797《橡胶包装用薄膜》共分三个部分：

——第1部分：丁二烯橡胶(BR)和苯乙烯-丁二烯橡胶(SBR)；

——第2部分：天然橡胶；

——第3部分：乙烯-丙烯-二烯烃橡胶(EPDM)，丙烯腈-丁二烯橡胶(NBR)，氢化丙烯腈-丁二烯橡胶(HNBR)，乙烯基丙烯酸橡胶(AEM)，丙烯酸橡胶(ACM)。

本部分为GB/T 24797的第1部分。

本部分等同采用国际标准ISO 20299-1:2006《橡胶包装薄膜 第1部分：丁二烯橡胶(BR)和苯乙烯-丁二烯橡胶(SBR)》(英文版)。

为便于使用，本部分做了下列修改：

——删除国际标准的前言；

——本部分规范性引用文件改为我国现行国家标准，技术内容与相应的国际标准一致；

——按照汉语语言习惯，对标准的文字进行了编辑性修改。

本部分由中国石油和化学工业协会提出。

本部分由全国橡胶与橡胶制品标准化技术委员会合成橡胶分技术委员会归口(SAC/TC 35/SC 6)。

本部分起草单位：中国石油天然气股份有限公司石油化工研究院兰州化工研究中心。

本部分主要起草人：孙丽君、王春龙、魏玉丽、方芳、陈吉豹。

引　言

通用合成橡胶大部分是由橡胶胶料经过干燥、压块制成，压块后的橡胶温度仍然在 60 ℃左右，橡胶块在自动化程序下覆盖包装薄膜并进行外包装。

包装用薄膜应该有足够的强度以承受在包装过程中所产生的力。在贮存过程中，橡胶会冷流，包装薄膜应能承受所产生的各种压力，如果薄膜破损将会导致橡胶与外包装发生粘连。

使用包装薄膜的目的是使橡胶的包与包之间在任何时候都处于分离状态，以便能够很容易地从包装中取出使用。由于从每一个橡胶包上剥去包装膜既困难又不经济，因此在橡胶混炼过程中这种包装薄膜应能够分散到橡胶中去，这就要求包装薄膜的熔点必须低于密炼过程所达到的温度，通常为 120 ℃～160 ℃。

目前还没有一个合适的方法用于直接测量分散性。

如果在开炼或密炼循环混炼过程中不能达到所需要的分散温度，则应考虑从橡胶包上剥去薄膜或者使用更低熔点的包装膜。

橡胶包装用薄膜　第1部分：丁二烯橡胶(BR)和苯乙烯-丁二烯橡胶(SBR)

警告——使用本标准的人员应该熟悉普通实验室操作。本标准没有对使用中可能出现的安全问题做任何陈述。使用者有责任建立适当的安全和健康机制并确保拥有国家正规实验室条件。

1　范围

本部分规定了包装通用合成橡胶所用的非剥离型薄膜的材料及其物理特性。该薄膜是为了确保橡胶在储存期间，每个橡胶包能够单独分离不相互粘连。

本部分适用于苯乙烯-丁二烯橡胶(SBR)和丁二烯橡胶(BR)。

某些应用或加工方法要求除去薄膜，本部分不针对可剥离型的薄膜。

2　规范性引用文件

下列文件中的条款通过GB/T 24797的本部分的引用而成为本部分的条款。凡是注日期的引用文件，其随后所有的修改单(不包括勘误的内容)或修订版均不适用于本部分，然而，鼓励根据本部分达成协议的各方研究是否可使用这些文件的最新版本。凡是不注日期的引用文件，其最新版本适用于本部分。

GB/T 1633—2000　热塑性塑料维卡软化温度(VST)的测定(idt ISO 306:1994)

GB/T 19466.3—2004　塑料　差示扫描量热法(DSC)　第3部分：熔融和结晶温度及热焓的测定(ISO 11357-3:1999,IDT)

GB/T 20220—2006　塑料薄膜和薄片　样品平均厚度、卷平均厚度及单位质量面积的测定　称量法(称量厚度)(ISO 4591:1992,IDT)

3　材料

包装薄膜应由以下材料之一制得：

——低密度聚乙烯(LDPE)；

——低密度聚乙烯与乙烯-醋酸乙烯酯聚合物(EVAC)的共混物；

——合适规格的EVAC。

注：薄膜中可以存在防老剂、爽滑剂和防粘剂。

4　物理特性

4.1　试样厚度

按照GB/T 20220—2006的称量法测定，薄膜的厚度应在0.035 mm～0.065 mm之间。

4.2　热性能

4.2.1　概要

一般情况满足下列规定的两种热性能之一即可。

4.2.2　维卡软化温度

按照GB/T 1633—2000中的方法A_{50}测定，维卡软化温度应小于或等于95 ℃。

4.2.3　差示扫描热量分析

按照GB/T 19466.3—2004测定，熔融峰温应低于113 ℃(维卡软化温度+18 ℃)。

5 试验报告

报告应包括以下内容：

a) 本部分的编号；

b) 有关样品的详细说明；

c) 测定过程中的任何异常现象；

d) 根据第4章的规定所得到的结果；

e) 试验日期。

ICS 27.160;83.140.50
G 43

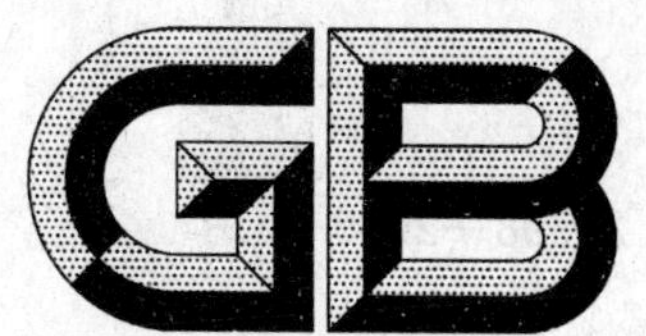

中华人民共和国国家标准

GB/T 24798—2009

太阳能热水系统用橡胶密封件

Rubber seals for solar water heating system

(ISO 9553:1997 Solar energy—Methods of testing preformed rubber seals and sealing compounds used in collectors, NEQ)

2009-12-15 发布　　2010-06-01 实施

中华人民共和国国家质量监督检验检疫总局
中国国家标准化管理委员会　发布

前 言

本标准对应于 ISO 9553:1997《太阳能 集热器用预成型橡胶密封件及密封胶料的试验方法》(英文版),本标准与 ISO 9553:1997 的一致性程度为非等效。

本标准的附录 A 为资料性附录。

本标准由中国石油和化学工业协会提出。

本标准由全国橡胶与橡胶制品标准化技术委员会密封制品分技术委员会(SAC/TC 35/SC 3)归口。

本标准起草单位:西北橡胶塑料研究设计院、中国标准化研究院、中国农村能源行业协会太阳能热利用专业委员会、山东临沂双丰橡塑制品有限公司、海宁久久胶塑有限公司、皇明太阳能集团。

本标准主要起草人:高静茹、贾铁鹰、霍志臣、许国甫、史贵芹、段淑珍。

太阳能热水系统用橡胶密封件

1 范围

本标准规定了太阳能热水系统用橡胶密封件的术语、要求、试验方法及真空管型太阳能热水系统用橡胶密封圈的命名与标识。

本标准适用于太阳能热水系统用的橡胶密封件。

2 规范性引用文件

下列文件中的条款通过本标准的引用而成为本标准的条款。凡是注日期的引用文件，其随后所有的修改单(不包括勘误的内容)或修订版均不适用于本标准，然而，鼓励根据本标准达成协议的各方研究是否可使用这些文件的最新版本。凡是不注日期的引用文件，其最新版本适用于本标准。

GB/T 528—2009 硫化橡胶或热塑性橡胶 拉伸应力应变性能的测定(ISO 37:2005,IDT)

GB/T 531.1 硫化橡胶或热塑性橡胶 压入硬度试验方法 第1部分:邵氏硬度计法(邵尔硬度)(GB/T 531.1—2008,ISO 7619-1:2004,IDT)

GB/T 1682 硫化橡胶低温脆性的测定 单试样法(GB/T 1682—1994,eqv ISO 812:1991)

GB/T 3512 硫化橡胶或热塑性橡胶 热空气加速老化和耐热试验(GB/T 3512—2001,eqv ISO 188:1998)

GB/T 3672.1 橡胶制品的公差 第1部分 尺寸公差(GB/T 3672.1—2002,idt ISO 3302-1:1996)

GB 4806.1 食品用橡胶制品卫生标准

GB/T 5719 橡胶密封制品 词汇

GB/T 5721 橡胶密封制品标志、包装、运输、贮存的一般规定

GB/T 7759 硫化橡胶、热塑性橡胶 常温、高温或低温下压缩永久变形测定(GB/T 7759—1996,eqv ISO 815:1991)

GB/T 7762—2003 硫化橡胶或热塑性橡胶 耐臭氧龟裂 静态拉伸试验(ISO 1431-1:1989,MOD)

GB/T 12936 太阳能热利用术语(GB/T 12936—2007,ISO 9488:1999,NEQ)

GB/T 16422.2 塑料实验室光源暴露试验方法 第2部分 氙弧灯(GB/T 16422.2—1999,idt ISO 4892-2:1994)

3 术语和定义

GB/T 12936 和 GB/T 5719 中确立的以及下列术语和定义适用于本标准。

3.1

内胆橡胶密封圈 rubber seals for container

用于真空管型太阳能热水系统中真空管与内胆之间，起密封作用的橡胶密封圈。

3.2

外筒橡胶密封圈 rubber seals for shells

用于真空管型太阳能热水系统中真空管与外筒之间，减少散热及密封作用的橡胶密封圈。

4 要求

4.1 材料

内胆橡胶密封圈及与水接触的橡胶密封件宜采用硅橡胶制造，与水接触的橡胶密封件还应符合GB 4806.1的规定，外筒橡胶密封圈及其他密封件宜采用硅橡胶或三元乙丙橡胶制造。

4.2 尺寸和公差

4.2.1 内胆橡胶密封圈的基本尺寸和公差

4.2.1.1 内胆橡胶密封圈的结构示意图及基本尺寸见图1，其基本尺寸包括：

D——公称最大内径或内胆公称外径；

d_2——公称内径；

d_3——公称槽径；

b——安装槽公称宽度；

d_1——前部外径；

d_4——后部外径；

a——前部高度；

h——高度。

4.2.1.2 内胆橡胶密封圈基本尺寸见表1，其他尺寸应符合图样的规定，其未注公差应符合GB/T 3672.1中M3级的要求，

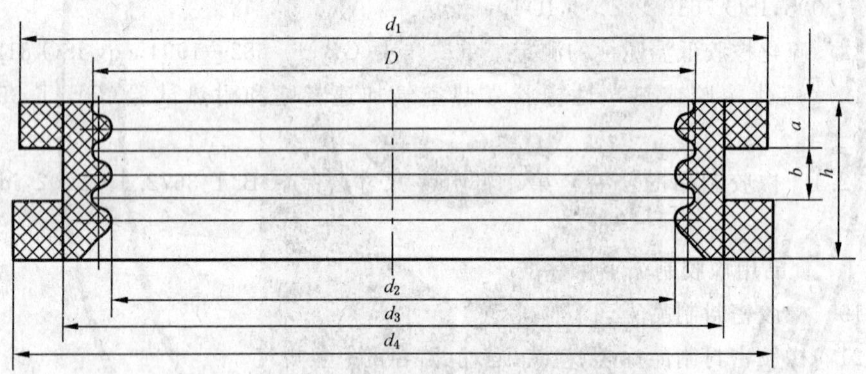

图1 内胆橡胶密封圈的典型结构和基本尺寸

表1 内胆橡胶密封圈的尺寸及公差 单位为毫米

D	d_2	d_3	b	d_1	d_4	a	h
47_d	44	52	5.5	$56^{+0.80}_{0}$	$58^{+0.80}_{0}$	$3.0^{+0.40}_{0}$	$13.5^{+0.60}_{0}$
47_s	44	52	4.0	$56^{+0.80}_{0}$	$58^{+0.80}_{0}$	$3.0^{+0.40}_{0}$	$12^{+0.60}_{0}$
58_d	54.5	63	5.5	$69^{+1.00}_{0}$	$70^{+1.00}_{0}$	$3.0^{+0.40}_{0}$	$13.5^{+0.60}_{0}$
58_s	54.5	63	4.0	$69^{+1.00}_{0}$	$70^{+1.00}_{0}$	$3.0^{+0.40}_{0}$	$12^{+0.60}_{0}$
注：内径D尺寸中下注角d为水箱内筒孔单翻边，下注角s为双翻边。							

4.2.2 外筒橡胶密封圈的尺寸和公差

4.2.2.1 外筒橡胶密封圈的结构示意图及基本尺寸见图2，其基本尺寸包括：

D——密封圈的公称内径；

d_1——外壁公称外径；

d_2——外缘外径；

h——高度。

4.2.2.2 外筒橡胶密封圈基本尺寸见表 2，其中 d_2 也可由供需双方协商确定，未注公差应符合 GB/T 3672.1 中 M3 级的要求，其他尺寸和公差应符合图样的规定。

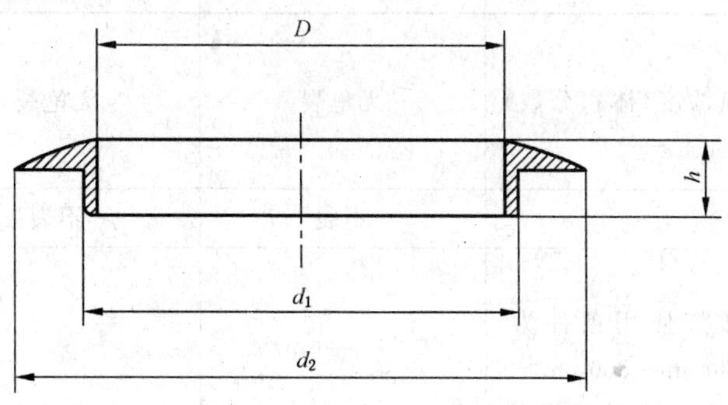

图 2 外筒橡胶密封圈的结构和基本尺寸

表 2 外筒橡胶密封圈的尺寸和公差

单位为毫米

真空管外径	D	d_1	d_2	h
47	45	48	59	$8.0^{+0.50}_{0}$
58	56	59	70	$8.0^{+0.50}_{0}$
注：宜注意到密封件热膨胀的影响因素，由于使用的温度范围大，密封件尺寸的变化将很大。				

4.3 外观质量

密封件不应有气泡、裂纹以及其他可能影响其密封性能的缺陷。

4.4 物理性能要求

密封件胶料应符合表 3 的要求。

表 3 密封件胶料的性能要求

性能	硅橡胶	三元乙丙	试验方法
硬度(邵尔 A)	48～56	48～56	5.2
拉伸强度(最小)/MPa	6	8	5.3
拉断伸长率(最小)/%	250	250	5.3
压缩永久变形，B 型试样(最大)/%			
180 ℃，24 h	30		5.4
150 ℃，24 h		30	
耐热			
(1) 180 ℃，72 h			
硬度变化(邵尔 A，最大)	+10		5.5.1
拉断伸长率变化率(最大)/%	−30		5.5.1
拉伸强度变化率(最大)/%	−20		5.5.1
挥发减量(最大)/%	1		5.5.2
挥发凝结(最大)/%	0.1		5.5.2
(2) 150 ℃，72 h			
硬度变化(邵尔 A，最大)		+10	5.5.1
拉断伸长率变化率(最大)/%		−30	5.5.1
拉伸强度变化率(最大)/%		−20	5.5.1
挥发减量(最大)/%		1	5.5.2
挥发凝结(最大)/%		0.1	5.5.2

表 3（续）

性能	硅橡胶	三元乙丙	试验方法
耐臭氧 伸长 20%，空气中的臭氧浓度（体积分数）200×10^{-8}，在 40 ℃下进行 96 h	无龟裂	无龟裂	5.6
脆性温度，在－40 ℃下	不裂	不裂	5.7
耐天候试验 暴露于氙弧灯下，氙弧灯使用条件为 550 W/m² ～1 000 W/m²、290 nm～800 nm， 黑板温度为 55 ℃ ± 3 ℃，条形试样拉伸 20%， 喷水时间 18 min， 喷水间隔 102 min， 试验总时间 480 h	无龟裂	无龟裂	5.8

5 试验方法

5.1 试样的制备

试样采用与产品的同批胶料，制备硫化程度相当的试样。

5.2 硬度

按 GB/T 531.1 的规定进行。

5.3 拉伸强度和拉断伸长率

按 GB/T 528—2009 的规定进行，采用其中的 2 型试样。

5.4 压缩永久变形

压缩永久变形按 GB/T 7759 的规定进行。

5.5 耐热

5.5.1 硬度变化、拉伸强度变化率、拉断伸长率变化率的测量

硬度变化、拉伸强度变化率、拉断伸长率变化率、按 GB/T 3512 的规定进行试验。

5.5.2 挥发减量和挥发凝结的测量

5.5.2.1 采用 3 个 25 mm×25 mm×2 mm 的试样。

5.5.2.2 试验试管约为 ϕ38 mm×300 mm，装有带双孔的耐热塞子，一个 ϕ9 mm×420 mm 的导入试管从底部 25 mm 处延伸出去，ϕ9 mm×380 mm 的导出试管伸出塞子大约 320 mm，并在试管的下半部有一个悬挂 3 个试样的支架。

5.5.2.3 老化前，测量每个试样耐热老化前的质量 m_1 和导出和导入试管的总质量 M_1。

5.5.2.4 将试样放入试验试管中，试验试管在相对应的试验温度的老化箱中放置 72 h。

5.5.2.5 耐热试验后，在标准实验室温度下将试样至少调节 16 h，在 96 h 内测量老化后的每个试样质量 m_2 和导出和导入试管的总质量 M_2。

5.5.2.6 按式(1)计算挥发减量：

$$\Delta m=\frac{m_2-m_1}{m_1}\times100 \qquad \cdots\cdots(1)$$

式中：

Δm——挥发减量，%；

m_1——耐热老化前试样的质量，单位为克(g)；

m_2——耐热老化后试样的质量,单位为克(g)。

结果取 3 个试样的平均值。

5.5.2.7 按式(2)计算挥发凝结:

$$\Delta M = \frac{M_2 - M_1}{M_3} \times 100 \qquad \cdots\cdots(2)$$

式中:

ΔM——挥发凝结,%;

M_1——耐热老化前导出和导入导管的总质量,单位为克(g);

M_2——耐热老化后导出和导入导管的总质量,单位为克(g);

M_3——耐热老化前三个试样的质量之和,单位为克(g)。

5.6 耐臭氧

按 GB/T 7762—2003 的方法 A 进行,伸长 20%,空气中的臭氧浓度 200×10^{-8},在 40 ℃下进行 96 h。

5.7 耐低温

按 GB/T 1682 进行。

5.8 耐天候

按 GB/T 16422.2 的规定进行。

6 质量保证规定

参见附录 A。

7 包装与贮存

产品的标识应标在包装箱的明显部位,贮存按 GB/T 5721 的规定进行。

8 真空管型太阳能热水系统用橡胶密封圈的命名与标识

8.1 命名内容

真空管型太阳能热水系统用橡胶密封圈的命名由如下六部分组成,各部分之间用"-"隔开:

示例:第一部分 - 第二部分 - 第三部分 - 第四部分 - 第五部分 - 第六部分

- 第六部分:表示橡胶密封圈适用单翻边或双翻边水箱内胆
- 第五部分:表示颜色
- 第四部分:表示水箱内胆或外筒橡胶密封圈
- 第三部分:表示橡胶密封圈材料
- 第二部分:表示橡胶密封圈公称直径
- 第一部分:表示真空管型太阳能热水系统

8.2 命名标记

第一部分——用汉语拼音字母 Z 表示真空管太阳能热水系统;

第二部分——用阿拉伯数字表示橡胶密封圈公称直径尺寸(毫米);

第三部分——分别用 Q 和 E 表示橡胶密封圈材料为硅橡胶和乙丙橡胶;

第四部分——用汉语拼音字母 N 表示内胆密封圈,W 表示外筒橡胶密封圈;

第五部分——用汉字表示橡胶密封圈颜色;

第六部分——用小写汉语拼音字母 d 和 s 分别表示适用于内胆单翻边和双翻边的橡胶密封圈。

8.3 命名示例

真空管太阳能热水系统公称直径为47 mm,硅橡胶材料、内胆用黑色单翻边橡胶密封圈。

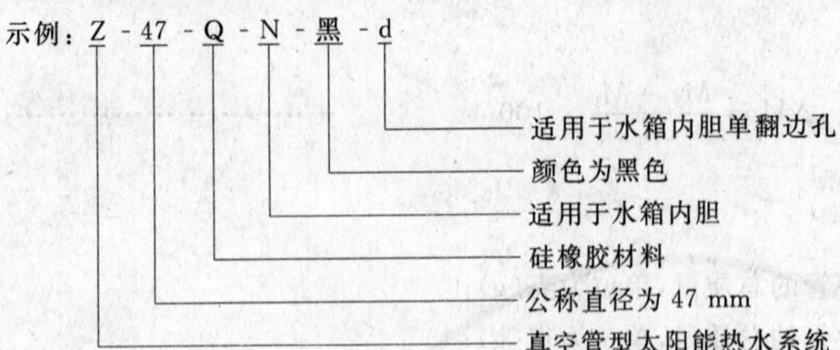

附　录　A
（资料性附录）
质量保证规定

A.1　型式检验

当有下列情况之一时，应对标准规定的技术要求进行全项检验：

a）　产品转厂生产或新产品定型鉴定时；

b）　正式生产后，如结构、材料，工艺有较大改变可能影响产品性能时；

c）　正常生产每一季度；

d）　产品停产三个月以上，恢复生产时；

e）　出厂检验结果与上次型式检验有较大差异时；

f）　国家质量监督机构提出进行型式检验的要求时。

A.2　控制试验

密封件应使用按 5.1 规定制备的试样进行下列试验。试验结果应符合表 3 的规定。

a）　硬度；

b）　拉伸强度；

c）　拉断伸长率；

d）　压缩永久变形。

A.3　产品控制试验的抽样

产品的控制试验宜在各批密封圈上进行，并采用下列抽样程序：

a）　对于计数检验，采用 GB/T 2828.1—2003，例如规定检验水平为 S-2，AQL 为 2.5%；

b）　对于计量检验，采用 GB/T 6378.1—2008，例如规定检验水平为 S-3，AQL 为 2.5%。

上述例子并不排除生产者使用 GB/T 2828.1—2003 和 GB/T 6378.1—2008 中更严格的检验水平和 AQL 值的组合。

参 考 文 献

[1] GB/T 2828.1—2003 计数抽样检验程序 第1部分:按接收质量限(AQL)检索的逐批检验抽样计划

[2] GB/T 6378.1—2008 计量抽样检验程序 第1部分:按接收质量限(AQL)检索的对单一质量特性和单个AQL的逐批检验的一次抽样方案

ICS 83.160.01
G 41

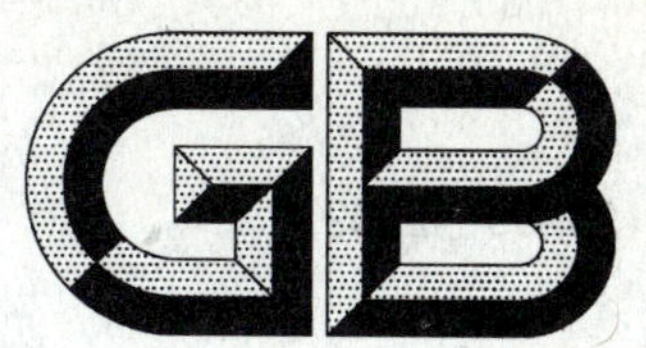

中华人民共和国国家标准

GB/T 24799—2009

轮胎用特种内胎

Special tyre tube

2009-12-15 发布 2010-06-01 实施

中华人民共和国国家质量监督检验检疫总局
中国国家标准化管理委员会 发布

前言

本标准由中国石油和化学工业协会提出。

本标准由全国轮胎轮辋标准化技术委员会(SAC/TC 19)归口。

本标准负责起草单位：杭州顺源轮胎制造有限公司、北京橡胶工业研究设计院。

本标准主要起草人：王宏海、徐丽红、沈仁元。

轮胎用特种内胎

1 范围

本标准规定了轮胎用特种内胎术语和定义、要求、试验方法、标志、包装、运输和贮存。

本标准适用于有防弹性能需求的轿车轮胎、轻型载重汽车轮胎用特种内胎(以下简称特种内胎)。

2 规范性引用文件

下列文件中的条款通过本标准的引用而成为本标准的条款。凡是注日期的引用文件,其随后所有的修改单(不包括勘误的内容)或修订版均不适用于本标准,然而,鼓励根据本标准达成协议的各方研究是否可使用这些文件的最新版本。凡是不注日期的引用文件,其最新版本适用于本标准。

GB 1796　轮胎气门嘴

GB/T 6326　轮胎术语及其定义(GB/T 6326—2005,ISO 4223-1:2002,Definitions of some terms used in tyre industry—Part 1:Pneumatic tyres,NEQ)

GB 7036.1　充气轮胎内胎　第1部分:汽车轮胎内胎

3 术语和定义

GB/T 6326 确立的术语和定义适用于本标准。

4 要求

4.1 厚度

特种内胎最薄允许厚度及厚度均匀性应符合 GB 7036.1 的规定。

4.2 规格尺寸

特种内胎规格尺寸应符合相应外胎的配套要求。

4.3 气门嘴

特种内胎气门嘴性能、尺寸、要求应符合 GB 1796 的规定。

4.4 性能

4.4.1 物理机械性能

特种内胎物理机械性能应符合 GB 7036.1 的规定。

4.4.2 气密性能

特种内胎的气密性应符合 GB 7036.1 的规定。

4.4.3 防弹性能

当轮胎胎侧射穿 3 处后,仍能以 40 km/h±10 km/h 的速度行驶至少 100 km。

4.5 外观质量

特种内胎的外观质量应符合 GB 7036.1 的规定。

5 试验方法

5.1 厚度、物理机械性能、气密性能

厚度、物理机械性能、气密性能按 GB 7036.1 的规定进行试验。对于胎体外轮廓为波浪形结构的特种内胎,测量厚度时均以对应部位外轮廓凸棱处尺寸为准,详见图 1。

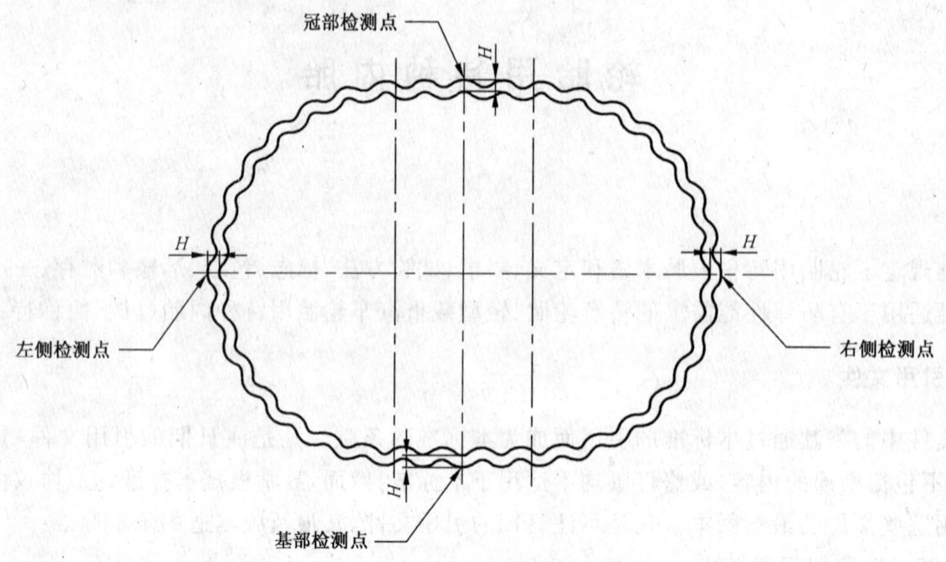

图 1　波浪形结构特种内胎厚度测量部位示意图

5.2　防弹性能

5.2.1　轮胎的装配

将特种内胎及相应外胎安装在配套轮辋上，并按规定的气压充气，在室温下至少停放 3 h 后，将气压重新调整至规定值。

5.2.2　子弹射击

将按 5.2.1 所装配好的轮胎，放在距枪口 10 m±0.5 m 处，用 79 式狙击步枪、直径 7.62 mm 步枪弹（钢芯），正对胎侧射穿胎体 3 处。

5.2.3　装车行驶

将按 5.2.2 规定射击后的轮胎轮辋组合体，立即装配在与之配套的车辆上，在二级以上的路面条件下，以 40 km/h±10 km/h 的速度行驶 100 km；试验结束后轮胎气压下降率不超过 30%。

6　标志、包装、运输、贮存

6.1　每条特种内胎胎侧应有“防弹内胎”字样。

6.2　特种内胎包装时应充适量空气，不应折叠，防止粘连。

6.3　其他标志、包装、运输、贮存的要求应符合 GB 7036.1 的要求。

ICS 71.100.70
Y 42

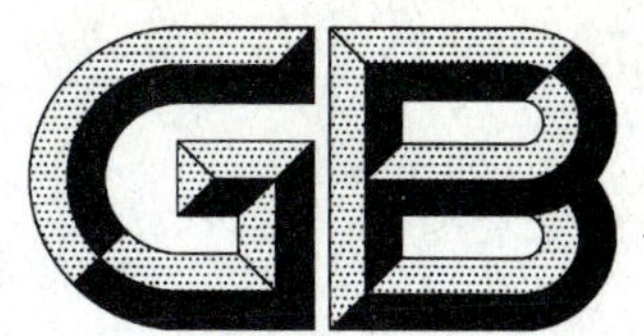

中华人民共和国国家标准

GB/T 24800.1—2009

化妆品中九种四环素类抗生素的测定 高效液相色谱法

Determination of 9 tetracyclines in cosmetics by high performance liquid chromatography method

2009-11-30 发布　　　　2010-05-01 实施

中华人民共和国国家质量监督检验检疫总局
中国国家标准化管理委员会　发布

前　　言

本标准的附录A为资料性附录。

本标准由中国轻工业联合会提出。

本标准由全国香料香精化妆品标准化技术委员会(SAC/TC 257)归口。

本标准负责起草单位:中国检验检疫科学研究院、上海市日用化学工业研究所、上海香料研究所。

本标准主要起草人:武婷、王超、马强、张庆、席广成、肖海清、李琼、崔俭杰。

引　言

本标准中的被测物质是我国《化妆品卫生规范》规定的禁用物质，不得作为化妆品生产原料即组分添加到化妆品中。如果技术上无法避免禁用物质作为杂质带入化妆品时，则化妆品成品应符合《化妆品卫生规范》对化妆品的一般要求，即在正常及合理的可预见的使用条件下，不得对人体健康产生危害。

目前我国尚未规定这些物质的限量值，本标准的制定，仅对化妆品中测定这些物质提供检测方法。

化妆品中九种四环素类抗生素的测定
高效液相色谱法

1 范围

本标准规定了化妆品中九种四环素类抗生素的高效液相色谱测定方法。

本标准适用于皮肤护理类化妆品中九种四环素抗生素的测定。

本标准二甲胺四环素的检出限为25 mg/kg,土霉素、四环素、去甲基金霉素的检出限为10 mg/kg,金霉素、美他环素、多西环素的检出限为5 mg/kg,差向脱水四环素和脱水四环素的检出限为2.5 mg/kg。

二甲胺四环素的定量限为50 mg/kg,土霉素、四环素、去甲基金霉素的定量限为25 mg/kg,金霉素、美他环素、多西环素的定量限为10 mg/kg,差向脱水四环素和脱水四环素的定量限为5 mg/kg。

2 原理

以甲醇为溶剂,超声提取、离心,0.45 μm的有机滤膜过滤,溶液注入配有二极管阵列检测器(DAD)的液相色谱仪检测,外标法定量。

3 试剂和材料

除另有规定外,试剂均为分析纯。

3.1 甲醇:色谱纯。

3.2 乙腈:色谱纯。

3.3 九种四环素,纯度不小于97.0%;土霉素,纯度不小于97.9%;金霉素,纯度不小于99.0%;多西环素,纯度不小于96.5%;美他环素,纯度不小于99.6%;去甲基金霉素,纯度不小于99.0%;二甲胺四环素,纯度不小于99.0%;脱水四环素,纯度不小于90.0%;差向脱水四环素,纯度不小于90.0%。

3.4 九种四环素类抗生素标准储备液:准确称取各类四环素(3.3)0.1 g,精确到0.000 1 g,分别置于50 mL烧杯中,加适量甲醇溶解,溶液定量移入100 mL容量瓶中,用甲醇稀释至刻度,混匀,即得浓度为1 000 mg/L的标准储备液。

九种四环素类抗生素混合标准储备液:分别移取上述标准储备液(3.4)各10 mL至100 mL容量瓶中,用甲醇定容至刻度,即得浓度为100 mg/L的标准混合储备液。

3.5 九种四环素类抗生素标准工作溶液:用甲醇将上述混合标准储备液(3.5)分别配成一系列浓度为1 mg/L、2 mg/L、5 mg/L、10 mg/L、20 mg/L、50 mg/L的标准工作溶液,冰箱冷藏保存,可使用一周。

3.6 0.01 mol/L草酸溶液:称取草酸($C_2H_2O_4 \cdot 2H_2O$)1.26 g,精确至0.001 g,于50 mL烧杯中,加水溶解后,移入1 000 mL容量瓶中,用水定容至刻度,混匀,即得0.01 mol/L的草酸溶液。

4 仪器

4.1 液相色谱仪,配有二极管阵列检测器。

4.2 微量进样器,10 μL。

4.3 超声波清洗器。

4.4 离心机,大于5 000 r/min。

4.5 溶剂过滤器和0.45 μm有机过滤膜。

4.6 具塞比色管,10 mL。

5 测定步骤

5.1 样品处理

称取化妆品试样约 0.2 g,精确到 0.001 g,于 10 mL 具塞比色管中,加入约 8 mL 甲醇,在超声波清洗器中超声振荡 30 min,冷却至室温后,加甲醇定容至刻度。取部分溶液放入离心管中,在离心机上于 5 000 r/min 离心 20 min,离心后的上清液经 0.45 μm 有机滤膜过滤,滤液供测定用。

5.2 测定

5.2.1 色谱条件

5.2.1.1 色谱柱:Kromasil C_{18} 柱(250 mm×4.6 mm(内径),5 μm,或相当者)。

5.2.1.2 流动相:A:甲醇与乙腈的混合溶液(1+3,V/V),B:0.01 mol/L 的草酸溶液(3.7),梯度洗脱条件见表 1。

表 1 方法的梯度洗脱条件

时间/min	A/%	B/%
0	22	78
3	42	58
6	42	58
12	60	40

5.2.1.3 流速:1.0 mL/ min。

5.2.1.4 检测波长:程序可变波长:0~4.00 min 为 350 nm,4.01 min~12.00 min 为 270 nm。

5.2.1.5 柱温:25 ℃。

5.2.1.6 进样量:10 μL。

5.2.2 标准工作曲线绘制

分别移取一系列浓度为 1.0 mg/L、2.0 mg/L、5.0 mg/L、10 mg/L、20 mg/L、50 mg/L 的标准工作溶液,按色谱条件(5.2.1)进行测定,记录色谱峰面积,以色谱峰的峰面积为纵坐标,对应的溶液浓度为横坐标作图,绘制标准工作曲线。

九种四环素的标准液相色谱图参见附录 A 的图 A.1。

5.2.3 试样测定

用微量注射器吸取试样溶液(5.1)注入液相色谱仪,按色谱条件(5.2.1)进行测定,记录色谱峰的保留时间和峰面积,由色谱峰的峰面积可从标准曲线上求出相应的浓度。样品溶液中的被测物响应值均应在仪器测定的线性范围之内。含量高的试样可取适量试样溶液用流动相稀释后进行测定。

5.2.4 定性确认

液相色谱仪对样品进行定性测定,进行样品测定时,如果检出四环素类抗生素的色谱峰的保留时间与标准品相一致,并且在扣除背景后的样品色谱图中,该物质的紫外吸收图谱与标准品的紫外吸收图谱相一致,则可初步确认样品中存在被测四环素类抗生素。必要时,阳性样品需用其他方法进行确认试验。

5.3 平行试验

按以上步骤,对同一试样进行平行试验测定。

5.4 空白试验

除不称取试样外,均按上述步骤进行。

6 结果计算

结果按式(1)计算(计算结果应扣除空白值):

$$X_i = \frac{c_i \cdot V}{m} \quad \cdots\cdots\cdots\cdots (1)$$

式中：

X_i——样品中被测四环素的质量浓度，单位为毫克每千克(mg/kg)；

c_i——标准曲线查得被测四环素的浓度，单位为毫克每升(mg/L)；

V——样品稀释后的总体积，单位为毫升(mL)；

m——样品质量，单位为克(g)。

7 方法检出限与定量限

二甲胺四环素的检出限为 25 mg/kg，土霉素、四环素、去甲基金霉素的检出限为 10 mg/kg，金霉素、美他环素、多西环素的检出限为 5 mg/kg，差向脱水四环素和脱水四环素的检出限为 2.5 mg/kg。

二甲胺四环素的定量限为 50 mg/kg，土霉素、四环素、去甲基金霉素的定量限为 25 mg/kg，金霉素、美他环素、多西环素的定量限为 10 mg/kg，差向脱水四环素和脱水四环素的定量限为 5 mg/kg。

8 回收率与精密度

在添加浓度 5 mg/kg～500 mg/kg 浓度范围内，回收率在 85%～110%之间，相对标准偏差小于 10%。

9 允许差

在重复性条件下获得的两次独立测定结果的绝对差值不应超过算术平均值的 10%。

附 录 A
（资料性附录）
标准物质的液相色谱图

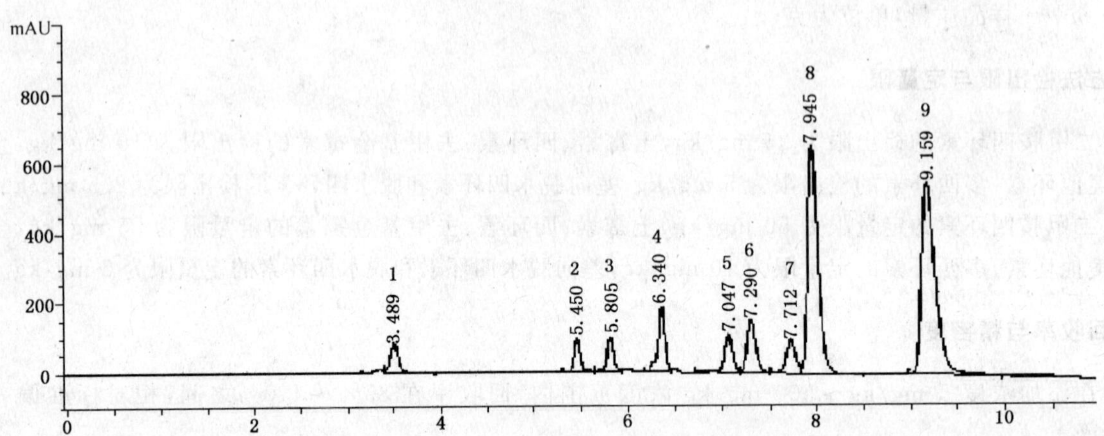

1——二甲胺四环素(3.489 min)；

2——土霉素(5.450 min)；

3——四环素(5.805 min)；

4——去甲基金霉素(6.340 min)；

5——金霉素(7.047 min)；

6——美他环素(7.290 min)；

7——多西环素(7.712 min)；

8——差向脱水四环素(7.945 min)；

9——脱水四环素(9.159 min)。

图 A.1 九种四环素的标准液相色谱图

ICS 71.100.70
Y 42

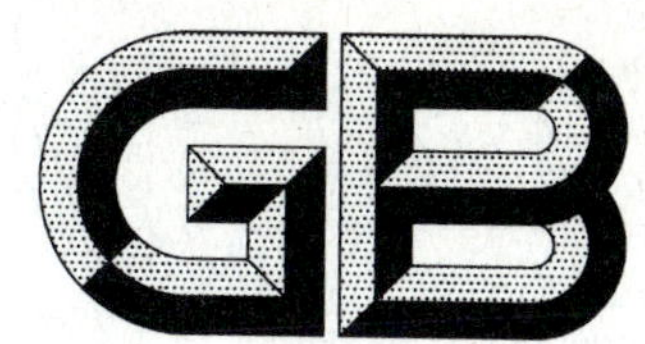

中华人民共和国国家标准

GB/T 24800.2—2009

化妆品中四十一种糖皮质激素的测定 液相色谱/串联质谱法和薄层层析法

Determination of 41 glucocorticoids in cosmetics by LC-MS-MS and TLC method

2009-11-30 发布

2010-05-01 实施

中华人民共和国国家质量监督检验检疫总局
中国国家标准化管理委员会 发布

前言

本标准的附录A、附录B和附录C为资料性附录。

本标准由中国轻工业联合会提出。

本标准由全国香料香精化妆品标准化技术委员会(SAC/TC 257)归口。

本标准起草单位:大连市产品质量监督检验所、大连标准检测技术研究中心、国家日化产品质量监督检验中心。

本标准主要起草人:潘炜、李鹏、毛希琴、王春燕、郑顺利、关成、于利军、董广彬。

引　言

本标准中的被测物质是我国《化妆品卫生规范》规定的禁用物质，不得作为化妆品生产原料即组分添加到化妆品中。如果技术上无法避免禁用物质作为杂质带入化妆品时，则化妆品成品应符合《化妆品卫生规范》对化妆品的一般要求，即在正常及合理的、可预见的使用条件下，不得对人体健康产生危害。

目前我国尚未规定这些物质的限量值，本标准的制定，仅对化妆品中测定这些物质提供检测方法。

化妆品中四十一种糖皮质激素的测定 液相色谱/串联质谱法和薄层层析法

1 范围

本标准规定了化妆品中41种糖皮质激素的液相色谱/串联质谱方法和薄层层析方法二种测定方法。

本标准液相色谱/串联质谱测定方法适用于化妆品中糖皮质激素的定量测定，其检出限为0.03 μg/g，定量限为0.1 μg/g。

本标准薄层层析方法适用于化妆品中糖皮质激素的定性筛选。点样量为10 mg时，其检出限为50 μg/g；点样量为20 mg时，其检出限可达25 μg/g。

2 规范性引用文件

下列文件中的条款通过本标准的引用而成为本标准的条款。凡是注日期的引用文件，其随后所有的修改单(不包括勘误的内容)或修订版均不适用于本标准，然而，鼓励根据本标准达成协议的各方研究是否可使用这些文件的最新版本。凡是不注日期的引用文件，其最新版本适用于本标准。

GB/T 6379.1 测量方法与结果的准确度(正确度与精密度) 第1部分：总则与定义(GB/T 6379.1—2004，ISO 5725-1:1994，IDT)

GB/T 6379.2 测量方法与结果的准确度(正确度与精密度) 第2部分：确定标准测量方法重复性与再现性的基本方法(GB/T 6379.2—2004，ISO 5725-2:1994，IDT)

GB/T 6682 分析实验室用水规格和试验方法(GB/T 6682—2008，ISO 3696:1987，MOD)

3 术语和定义

下列术语和定义适用于本标准。

3.1

糖皮质激素 glucocorticoids

糖皮质激素类药物属甾体类化合物，外用糖皮质激素的基本化学结构为氢化可的松结构。即含17个碳原子的环戊烷并多氢菲母核、C10和C13位上有甲基、C17位上有二碳侧链、C3位酮基和C4-C5位双键。在此基础上，进行C1-C2位脱氢、C6-α位甲基化、C9-α位氟化、C11位羟基化等修饰后，构成一类应用范围不同、效果强弱不同的糖皮质激素类药物。

4 液相色谱-串联质谱法

4.1 原理

膏霜类化妆品用饱和氯化钠溶液分散，精油类化妆品用正己烷分散，用乙腈从分散液中提取激素类药物，用亚铁氰化钾和醋酸锌从提取液中沉淀大分子基质，经固相萃取小柱净化，用反相高效液相色谱/串联质谱测定，外标法定量。

4.2 试剂与标准物质

4.2.1 甲醇：色谱纯。

4.2.2 乙腈：色谱纯。

4.2.3 乙酸：色谱纯。

4.2.4 正己烷：分析纯。

4.2.5 饱和氯化钠溶液。

4.2.6 10%亚铁氰化钾溶液:称量 115 g $K_4Fe(CN)_6 \cdot 3H_2O$ 固体,用水溶解定容至 1 L。

4.2.7 20%乙酸锌溶液:称量 239 g $C_4H_6O_4Zn \cdot 2H_2O$ 固体,用水溶解定容至 1 L。

4.2.8 Oasis HLB 固相萃取小柱[1]或相当者:60 mg,3 mL。

4.2.9 样品过滤器:有机膜,孔径 0.2 μm。

4.2.10 标准物质:41 种糖皮质激素标准物质的分子式、相对分子质量、CAS 登录号列于表 1,纯度不小于 99.0%。化学结构图参见附录 A 的图 A.1。

表 1 41 种糖皮质激素药物中文名称、英文名称、CAS 登录号、分子式、相对分子质量

序号	中文名称	英文名称	CAS 登录号	分子式	相对分子质量
1	曲安西龙	Triamcinolone	124-94-7	$C_{21}H_{27}FO_6$	394.179 2
2	泼尼松龙	Prednisolone	50-24-8	$C_{21}H_{28}O_5$	360.193 7
3	氢化可的松	Hydrocortisone	50-23-7	$C_{21}H_{30}O_5$	362.209 3
4	泼尼松	Prednisone	53-03-2	$C_{21}H_{26}O_5$	358.178 0
5	可的松	Cortisone	53-06-5	$C_{21}H_{28}O_5$	360.193 7
6	甲基泼尼松龙	Methylprednisolone	83-43-2	$C_{22}H_{30}O_5$	374.209 3
7	倍他米松	Betamethasone	378-44-9	$C_{22}H_{29}FO_5$	392.199 9
8	地塞米松	Dexamethasone	50-02-2	$C_{22}H_{29}FO_5$	392.199 9
9	氟米松	Flumethasone	2135-17-3	$C_{22}H_{28}F_2O_5$	410.190 5
10	倍氯米松	Beclomethasone	4419-39-0	$C_{22}H_{29}ClO_5$	408.170 4
11	曲安奈德	Triamcinolone acetonide	76-25-5	$C_{24}H_{31}FO_6$	434.210 5
12	氟氢缩松	Fludroxycortide	1524-88-5	$C_{24}H_{33}FO_6$	436.226 1
13	曲安西龙双醋酸酯	Triamcinolone diacetate	67-78-7	$C_{25}H_{31}FO_8$	478.200 3
14	泼尼松龙醋酸酯	Prednisolone 21-acetate	52-21-1	$C_{23}H_{30}O_6$	402.204 2
15	氟米龙	Fluorometholone	426-13-1	$C_{22}H_{29}FO_4$	376.205 0
16	氢化可的松醋酸酯	Hydrocortisone 21-acetate	50-03-3	$C_{23}H_{32}O_6$	404.220 0
17	地夫可特	Deflazacort	14484-47-0	$C_{25}H_{31}NO_6$	441.215 1
18	氟氢可的松醋酸酯	Fludrocortisone 21-acetate	514-36-3	$C_{23}H_{31}FO_6$	422.210 5
19	泼尼松醋酸酯	Prednisone 21-acetate	125-10-0	$C_{23}H_{28}O_6$	400.188 6
20	可的松醋酸酯	Cortisone 21-acetate	50-04-4	$C_{23}H_{30}O_6$	402.204 2
21	甲基泼尼松龙醋酸酯	Methylprednisolone 21-acetate	53-36-1	$C_{24}H_{32}O_6$	416.219 9
22	倍他米松醋酸酯	Betamethasone 21-acetate	987-24-6	$C_{24}H_{31}FO_6$	434.210 5
23	布地奈德	Budesonide	51372-29-3	$C_{25}H_{34}O_6$	430.235 5
24	氢化可的松丁酸酯	Hydrocortisone 17-butyrate	13609-67-1	$C_{25}H_{36}O_6$	432.251 2
25	地塞米松醋酸酯	Dexamethasone 21-acetate	1177-87-3	$C_{24}H_{31}FO_6$	434.210 5

1) Oasis HLB 固相萃取小柱是 Waters 公司产品的商品名称,给出这一信息是为了方便本标准的使用者。如果其他等效产品具有相同的效果,则可使用这些等效产品。

表 1（续）

序号	中文名称	英文名称	CAS 登录号	分子式	相对分子质量
26	氟米龙醋酸酯	Fluorometholone 17-acetate	3801-06-7	$C_{24}H_{31}FO_5$	418.215 6
27	氢化可的松戊酸酯	Hydrocortisone 17-valerate	57524-89-7	$C_{26}H_{38}O_6$	446.266 8
28	曲安奈德醋酸酯	Triamcinolone acetonide acetate	3870-07-3	$C_{26}H_{33}FO_7$	476.221 0
29	氟轻松醋酸酯	Fluocinonide	356-12-7	$C_{26}H_{32}F_2O_7$	494.211 6
30	二氟拉松双醋酸酯	Diflorasone diacetate	33564-31-7	$C_{26}H_{32}F_2O_7$	494.211 6
31	倍他米松戊酸酯	Betamethasone 17-valerate	2152-44-5	$C_{27}H_{37}FO_6$	476.257 4
32	泼尼卡酯	Prednicarbate	73771-04-7	$C_{27}H_{36}O_8$	488.241 0
33	哈西奈德	Halcinonide	3093-35-4	$C_{24}H_{32}ClFO_5$	454.192 2
34	阿氯米松双丙酸酯	Alclometasone dipropionate	66734-13-2	$C_{28}H_{37}ClO_7$	520.222 8
35	安西奈德	Amcinonide	51022-69-6	$C_{28}H_{35}FO_7$	502.236 7
36	氯倍他索丙酸酯	Clobetasol 17-propionate	25122-46-7	$C_{25}H_{32}ClFO_5$	466.192 2
37	氟替卡松丙酸酯	Fluticasone propionate	80474-14-2	$C_{25}H_{31}F_3O_5S$	500.184 4
38	莫米他松糠酸酯	Mometasone furoate	83919-23-7	$C_{27}H_{30}Cl_2O_6$	520.141 9
39	倍他米松双丙酸酯	Betamethasone dipropionate	5593-20-4	$C_{28}H_{37}FO_7$	504.252 3
40	倍氯米松双丙酸酯	Beclometasone dipropionate	5534-09-8	$C_{28}H_{37}ClO_7$	520.222 8
41	氯倍他松丁酸酯	Clobetasone 17-butyrate	25122-57-0	$C_{26}H_{32}ClFO_5$	478.192 2

4.2.11 标准贮备液（1 mg/mL）：准确称取标准物质（4.2.10）各 10.0 mg，用甲醇分别溶解定容至 10.0 mL，于－18 ℃下冷冻保存。

4.2.12 标准混合工作溶液：分别取（4.2.11）标准贮备液 1.0 mL 混合，用甲醇定容于 50 mL，制成浓度为 20 μg/mL 的标准混合储备溶液，于－18 ℃下冷冻保存。临用时用 40% 乙腈水溶液稀释成 0.05 μg/mL、0.10 μg/mL、0.20 μg/mL、0.40 μg/mL、0.80 μg/mL 系列浓度的标准混合工作溶液，用于制作标准曲线。

4.3 仪器

4.3.1 高效液相色谱-串联质谱检测器（ESI 源）。

4.3.2 分析天平：感量 0.1 mg；0.01 mg。

4.3.3 漩涡混合器。

4.3.4 离心机：转速 5 000 r/min，容量 10 mL；50 mL。

4.4 试样制备

4.4.1 提取

4.4.1.1 膏霜类化妆品

称取 0.2 g 样品（精确至 0.01 g）于 10 mL 具塞塑料离心管中，加入 3 mL 饱和氯化钠溶液（4.2.5），于漩涡混合器上混合使样品分散，准确加入 2 mL 乙腈，充分涡旋提取 2 min，5 000 r/min 离心 10 min，吸出上层清液于另一 50 mL 具塞塑料离心管中，下层氯化钠溶液用 2 mL 乙腈重复提取步骤一次，合并二次乙腈提取液，往提取液中准确加入 40 mL 高纯水，混匀，加入亚铁氰化钾溶液（4.2.6）0.2 mL，混匀，加入乙酸锌溶液（4.2.7）0.2 mL，混匀，5 000 r/min 离心 10 min，清液待进行固相萃取小柱净化。

4.4.1.2 精油类化妆品

称取 0.5 g 样品(精确至 0.01 g)于 20 mL 尖底具塞塑料离心管中,加入正己烷 4 mL,于漩涡混合器上混合至样品分散,准确加入 50%乙腈水溶液 4 mL,充分漩涡提取 2 min,5 000 r/min 离心 10 min,吸取下层提取液至一 50 mL 具塞塑料离心管中,上层正己烷用 4 mL 50%乙腈水溶液重复上述提取步骤一次,合并二次 50%乙腈提取液,往提取液中准确加入 36 mL 高纯水,混合,加入亚铁氰化钾溶液(4.2.6)0.1 mL,混匀,加入乙酸锌溶液(4.2.7)0.1 mL,混匀,5 000 r/min 离心 10 min,清液待进行固相萃取小柱净化。

4.4.1.3 爽肤水类、洗面奶类、面膜类等化妆品

按 4.4.1.1 的方法处理。

4.4.2 净化

Oasis HLB 固相萃取小柱(4.2.8)接上固相萃取装置,小柱上端紧密连接一 20 mL～50 mL 垫有滤纸的磨口漏斗,小柱预先依次用 5 mL 甲醇、10mL 水进行活化。将待净化的样品清液(4.4.1)倒入漏斗,经滤纸过滤后流经小柱,待样品溶液自然流尽后,用 10 %的乙腈水溶液 10 mL 清洗小柱,待清洗液自然流尽后,取下漏斗,用吸球吹出小柱中的残留液。在柱出口处接一 10 mL 具塞玻璃离心管,用 4 mL 甲醇淋洗小柱,待甲醇自然流尽后,用吸球吹出小柱中残留液。取下离心管,准确加入4.0 mL 高纯水,混合,经 0.2 μm 样品滤器过滤后作为测定液。也可将接收的 4 mL 甲醇用氮气吹干,根据需要的浓度用 50%的甲醇水溶液重新溶解定容后测定。

4.5 测定

4.5.1 液相色谱参考条件

以下为液相色谱参考条件:

a) 色谱柱:SB C_{18},50 mm×2.1 mm(内径),1.8 μm,或相当者;
b) 柱温:室温;
c) 液相色谱流动相及参考分离条件见表 2;
d) 进样体积:5 μL。

表 2 液相色谱流动相及参考分离条件

时间/min	流速/(mL/min)	流动相 A(水,含 0.1%乙酸)	流动相 B(乙腈,含 0.1%乙酸)
0	0.3	68	32
3	0.3	68	32
12	0.3	25	75
14	0.3	25	75
14.1	0.3	68	32
16	0.3	68	32

4.5.2 质谱参考条件

以下为质谱参考条件:

a) 电离方式:电喷雾电离,ESI(+);
b) 离子喷雾电压:4 kV;
c) 雾化气:氮气,38 Psi;
d) 干燥气:氮气,流速:12 L/min,温度:350 ℃;
e) 碰撞气:氮气。
f) 检测方式:多反应监测(MRM)。

41 种糖皮质激素药物的质谱测定参数见表 3。

表 3　41 种糖皮质激素药物的质谱测定参数

序号	药物名称	出峰时间	相对分子质量	母离子(锥孔电压)	子离子(碰撞能量)	
1	曲安西龙	0.86	394.179 2	395.2(140)	225.1(14)	357.1(8)
2	泼尼松龙	1.39	360.193 7	361.2(110)	146.9(20)	343.1(6)
3	氢化考的松	1.38	362.209 3	363.2(130)	121.0(24)	105.1(50)
4	泼尼松	1.47	358.178 0	359.2(110)	147.0(24)	341.1(6)
5	可的松	1.53	360.193 7	361.2(150)	163.1(20)	121.0(30)
6	甲基泼尼松龙	2.01	374.209 3	375.2(110)	357.1(6)	161.1(20)
7	倍他米松	2.26	392.199 9	393.2(130)	355.0(4)	146.8(24)
8	地塞米松	2.42	392.199 9	393.2(130)	355.0(4)	146.8(24)
9	氟米松	2.36	410.190 5	411.2(120)	253.0(10)	121.1(34)
10	倍氯米松	3.15	408.170 4	409.2(110)	391.1(6)	146.9(30)
11	曲安奈德	3.81	434.210 5	435.2(110)	338.9(10)	396.9(10)
12	氟氢缩松	3.55	436.226 1	437.2(160)	120.8(40)	180.9(30)
13	曲安西龙双醋酸酯	4.60	478.200 3	479.2(140)	321.0(10)	440.9(4)
14	泼尼松龙醋酸酯	4.79	402.204 2	403.2(110)	146.8(24)	384.9(6)
15	氟米龙	4.35	376.205 0	377.2(110)	278.9(10)	320.9(8)
16	氢化可的松醋酸酯	4.66	404.220 0	405.2(150)	309.1(12)	120.8(34)
17	地夫可特	5.35	441.215 1	442.2(180)	123.9(50)	141.9(36)
18	氟氢可的松醋酸酯	4.95	422.210 5	423.2(160)	238.9(22)	120.9(36)
19	泼尼松醋酸酯	5.64	400.188 6	401.2(120)	295.0(8)	146.8(24)
20	可的松醋酸酯	5.75	402.204 2	403.2(160)	162.8(24)	343.0(16)
21	甲基泼尼松龙醋酸	6.42	416.219 9	417.2(110)	399.2(6)	253.2(18)
22	倍他米松醋酸酯	6.50	434.210 5	435.2(110)	309.0(8)	337.0(8)
23	布地奈德	7.88	430.235 5	431.2(110)	413.1(6)	146.9(30)
24	氢化可的松丁酸酯	7.23	432.251 2	433.2(140)	120.8(24)	345.0(8)
25	地塞米松醋酸酯	6.95	434.210 5	435.2(110)	309.0(8)	337.0(8)
26	氟米龙醋酸酯	7.45	418.215 6	419.2(110)	279.0(10)	321.0(8)
27	氢化可的松戊酸酯	8.56	446.266 8	447.3(140)	120.8(30)	345.2(8)
28	曲安奈德醋酸酯	8.60	476.221 0	477.2(110)	320.8(12)	338.9(10)
29	氟轻松醋酸酯	8.48	494.211 6	495.2(120)	120.8(40)	337.0(12)
30	二氟拉松双醋酸酯	8.47	494.211 6	495.2(120)	316.8(8)	278.8(10)
31	倍他米松戊酸酯	9.45	476.257 4	477.3(110)	354.9(4)	278.8(14)
32	泼尼卡酯	10.28	488.241 0	489.2(120)	114.8(12)	380.9(6)
33	哈西奈德	9.66	454.192 2	455.2(160)	121.0(40)	104.9(48)
34	阿氯米松双丙酸酯	10.32	520.222 8	521.2(130)	301.0(10)	270.0(10)
35	安西奈德	10.29	502.236 7	503.2(110)	321.0(14)	338.9(10)

表 3（续）

序号	药物名称	出峰时间	相对分子质量	母离子（锥孔电压）	子离子（碰撞能量）	
36	氯倍他索丙酸酯	10.26	466.192 2	467.2(110)	354.9(8)	372.9(6)
37	氟替卡松丙酸酯	10.25	500.184 4	501.2(110)	292.9(10)	312.9(8)
38	莫米他松糠酸酯	10.65	520.141 9	521.1(120)	503.0(4)	263.0(24)
39	倍他米松双丙酸酯	10.68	504.252 3	505.2(110)	278.9(12)	318.9(10)
40	倍氯米松双丙酸酯	11.43	520.222 8	521.2(120)	319.0(10)	503.0(4)
41	氯倍他松丁酸酯	11.71	478.192 2	479.2(150)	278.9(14)	342.8(12)

4.5.3 测定结果

4.5.3.1 定性结果

在相同实验条件下测定标准溶液和样品溶液，如果样品溶液中检出的色谱峰的保留时间与标准溶液中的某种组分峰的保留时间一致，并且所选择的两对子离子的质荷比一致，样品定性离子相对丰度与浓度相当标准工作溶液的定性离子的相对丰度进行比较时，相对偏差不超过表 4 规定的范围，则可判定样品中存在该组分。

41 种糖皮质激素标准物质提取离子（定量）质谱图参见附录 B 的图 B.1。

4.5.3.2 定量结果

相同实验条件下测定标准溶液和样品溶液，制作标准曲线，样品中糖皮质激素的含量用外标法定量，按式(1)计算含量。

$$R_i = c_i \times V/m \qquad \cdots\cdots(1)$$

式中：

R_i——样品中某种组分含量，单位为微克每克(μg/g)；

c_i——由标准曲线得出的样液中某种组分的浓度，单位为微克每毫升(μg/mL)；

V——样液定容体积，单位为毫升(mL)；

m——样品质量，单位为克(g)。

4.6 精密度

本标准的精密度数据是按照 GB/T 6379.1 和 GB/T 6379.2 的规定确定的，重复性和再现性的值以 95%的可信度来计算。膏霜类和精油类化妆品重复性和再现性标准差的值参见附录 C 的表 C.1。

表 4 定性确定时相对离子丰度的最大允许偏差

相对离子丰度/%	>50	>20～50	>10～20	≤10
允许的相对偏差/%	±20	±25	±30	±50

5 薄层层析法

5.1 原理

化妆品中的糖皮质激素药物经提取、净化、浓缩后，点于高效硅胶板上，经展开、显色后与标准品的 Rf 值及显色特征进行比较，判断样品中是否存在糖皮质激素。

5.2 试剂与材料

除非另有说明，所用试剂均为分析纯，水为 GB/T 6682 中规定的一级水。与 4.2 相同的试剂与材料不再列出。

5.2.1 乙酸乙酯。

5.2.2 正己烷。

5.2.3 无水乙醇。

5.2.4 甲醇。

5.2.5 浓硫酸。

5.2.6 无水乙酸。

5.2.7 茴香醛(anisaldehyde):对甲氧基苯甲醛,CAS#[123-11-5]。

5.2.8 四氮唑蓝(blue tetrazolium):CAS#[1871-22-3]。

5.2.9 氢氧化钠。

5.2.10 12% NaOH 甲醇溶液:12 g NaOH 溶于 100 mL 的甲醇中。

5.2.11 标准混合工作溶液:分别取(4.2.11)标准贮备液各 0.5 mL,按表 5 分组分别混合至 10 mL 容量瓶中,用甲醇定容,浓度为 50 μg/mL。

5.2.12 薄层层析板:高效硅胶板 F254s[2)],100 mm×100 mm,涂层厚度 0.20 mm,使用前在 110 ℃烘箱中活化 1 h,置于干燥器中放冷至室温,备用。

5.2.13 展开剂:乙酸乙酯+正己烷(11+10,体积比)。

5.2.14 显色剂 1:在冰水浴中依次向 90 mL 的无水乙醇(5.2.3)中加入 5 mL 浓硫酸(5.2.5)和 1 mL 无水乙酸(5.2.6),待混合均匀冷却后再向其中加入 5 mL 的茴香醛(5.2.7),混合均匀,待用。

5.2.15 显色剂 2:称取 20 mg 的四氮唑蓝(5.2.8)溶于 10 mL 甲醇(5.2.4)溶液,再加入 10 mL 12% NaOH 甲醇溶液(5.2.10),现用现配。

5.3 仪器

5.3.1 薄层色谱展开槽。

5.3.2 微量注射器:20 μL。

5.3.3 玻璃喷雾器。

5.3.4 电吹风。

5.3.5 紫外灯:254 nm。

5.3.6 其他仪器同 4.3。

5.4 试样制备

5.4.1 非精油类化妆品

称取 0.2 g 样品(精确至 0.01 g)于 10 mL 具塞塑料离心管中,加入 3 mL 饱和氯化钠溶液(4.2.5),于涡旋混合器上混合至样品分散,准确加入 2 mL 乙腈,充分涡旋提取 2 min,5 000 r/min 离心 10 min,吸出上层清液于另一 50 mL 具塞塑料离心管中,下层氯化钠溶液用 2 mL 乙腈重复提取步骤一次,合并二次乙腈提取液,往提取液中准确加入 40 mL 高纯水,混匀,加入亚铁氰化钾溶液(4.2.6) 0.2 mL,混匀,加入乙酸锌溶液(4.2.7)0.2 mL,混匀,5 000 r/min 离心 10 min,清液待进行固相萃取小柱净化。

Oasis HLB 固相萃取小柱(4.2.8) 接上固相萃取装置,小柱上端紧密连接一 20 mL~50 mL 垫有滤纸的磨口漏斗,小柱预先依次用 5 mL 甲醇、10 mL 水进行活化。将待净化的样品溶液倒入漏斗,经滤纸过滤后流经小柱,待样品溶液自然流尽后,用 10%的乙腈水溶液 10 mL 清洗小柱,待清洗液自然流尽后,取下漏斗,用吸球吹出小柱中的残留溶液。在柱出口处接一 10 mL 具塞玻璃离心管,用 4 mL 甲醇淋洗小柱,待甲醇自然流尽后,用吸球吹出柱中残留甲醇。用氮气将洗脱液吹至近干后准确加入 0.1 mL 甲醇,混匀后用于点板。

5.4.2 精油类化妆品

称取 0.5 g 样品于 10 mL 具塞塑料离心管中,加入 0.5 mL 正己烷(5.2.2)混合均匀,准确加入 0.5 mL 甲醇(5.2.4),于漩涡混合器上充分提取 2 min,5 000 r/min 离心 5 min,甲醇层溶液直接用于点板。

---

2) 本标准使用的高效硅胶板 F254s 是 MERCK 公司的产品,商品编号为 1.15696。给出这一信息是为了方便本标准的使用者。如果其他等效产品具有相同的效果,则可使用这些等效产品。

5.5 薄层层析

5.5.1 预展

用微量注射器在距离薄层色谱板下端 1.0 cm 的位置点上 10.0 μL～20.0 μL 的点样液，同时在水平位置上点上标准溶液(5.2.11)作为对照。同时点两张层析板。把薄层层析板放入装有甲醇的展开槽中，按倾斜上行法展开 0.6 cm～1.0 cm，从展开槽中取出薄层板，用电吹风将展开剂吹干，放置到干燥器中冷至室温，备用。

5.5.2 展开及显色

将(5.5.1)项中预展后的薄层层析板放入预先用展开剂(5.2.13)蒸汽饱和 10 min 后的展开槽中，按倾斜上行法展开，当展开剂前沿到达薄层板顶端时，从展开槽中取出薄层板，用电吹风将展开剂完全吹干后，置于紫外灯(5.3.5)下观察，用铅笔记录可疑点。然后将显色剂 1(5.2.14)均匀喷雾在其中的一张层析板上，用电吹风把展开剂吹干后放入 100 ℃～110 ℃的恒温干燥箱中烘 7 min～10 min 使之显色，取出后立即目视观察显色结果。再将显色剂 2(5.2.15)均匀的喷雾在另一张层析板上，立即直接目视观察显色结果。

41 种糖皮质激素的参考 Rf 值、四氮唑蓝和茴香醛参考显色特征见表 5。

41 种糖皮质激素标准物质(5 组)及实测样品的参考薄层色谱图参见附录 D 的图 D.1。

注：显色结果需马上目视观察。

5.6 结果判定

在紫外灯下观察，若试样无与标准品 Rf 值相同的斑点，即可判定该样品中未检出 41 种糖皮质激素；

若试样中存在与标准品 Rf 值相同的斑点，且经四氮唑蓝和茴香醛显色后具有与标准品相同特征，即可判定该样品含有何种糖皮质激素；

若试样中存在与标准品相同 Rf 值的斑点，但经四氮唑蓝和茴香醛显色后与标准品显色特征有异，则需通过液相色谱/串联质谱法(第 4 章)进行确认。

表 5 41 种糖皮质激素的分组、Rf 值、四氮唑蓝及茴香醛的显色特征

分组	标准物质	Rf	四氮唑蓝显色	茴香醛显色
第Ⅰ组	泼尼松	0.09	紫色	黛紫
	曲安奈德	0.18	紫色	棕绿
	氢化可的松丁酸酯	0.23	紫色	黛紫
	氢化可的松戊酸酯	0.27	紫色	黛紫
	二氟拉松双醋酸酯	0.34	紫色	藏青
	氟轻松醋酸酯	0.45	紫色	棕绿
	泼尼卡酯	0.55	紫色	铜绿
第Ⅱ组	泼尼松龙	0.05	紫色	铜绿
	倍他米松	0.14	紫色	铜绿
	倍他米松戊酸酯	0.26	紫色	铜绿
	氟米龙	0.34	不显色	橙色
	倍他米松醋酸酯	0.43	紫色	铜绿
	倍他米松双丙酸酯	0.57	紫色	铜绿
	哈西奈德	0.63	驼色	驼色
	氟替卡松丙酸酯	0.73	紫色	铜绿

表5（续）

分组	标准物质	Rf	四氮唑蓝显色	茴香醛显色
第Ⅲ组	地夫可特	0.02	紫色	铜绿
	甲基泼尼松龙	0.06	紫色	铜绿
	地塞米松	0.14	紫色	豆绿
	布地奈德	0.27	紫色	铜绿
	甲基泼尼松龙醋酸酯	0.28	紫色	铜绿
	氢化可的松醋酸酯	0.29	紫色	绛紫
	地塞米松醋酸酯	0.43	紫色	豆绿
	安西奈德	0.44	紫色	黛紫
	莫米他松糠酸酯	0.56	紫色	铜绿
第Ⅳ组	氟米松	0.10	紫色	铜绿
	氟氢缩松	0.16	紫色	驼色
	泼尼松醋酸酯	0.21	紫色	豆绿
	曲安西龙双醋酸酯	0.25	紫色	豆绿
	氟米龙醋酸酯	0.31	不显色	铜绿
	曲安奈德醋酸酯	0.44	紫色	藏青
	阿氯米松双丙酸酯	0.48	紫色	铜绿
	氯倍他索丙酸酯	0.63	驼色	铜绿
	氯倍他松丁酸酯	0.69	紫色	驼色
第Ⅴ组	曲安西龙	0.05	紫色	铜绿
	氢化可的松	0.10	紫色	黛紫
	可的松	0.19	紫色	绛紫
	倍氯米松	0.20	紫色	铜绿
	泼尼松龙醋酸酯	0.27	紫色	铜绿
	可的松醋酸酯	0.32	紫色	绛紫
	氟氢可的松醋酸酯	0.45	紫色	藏青
	倍氯米松双丙酸酯	0.62	紫色	铜绿

附　录　A
（资料性附录）
41 种糖皮质激素的英文名称、分子式、相对分子质量、CAS 登录号及化学结构图

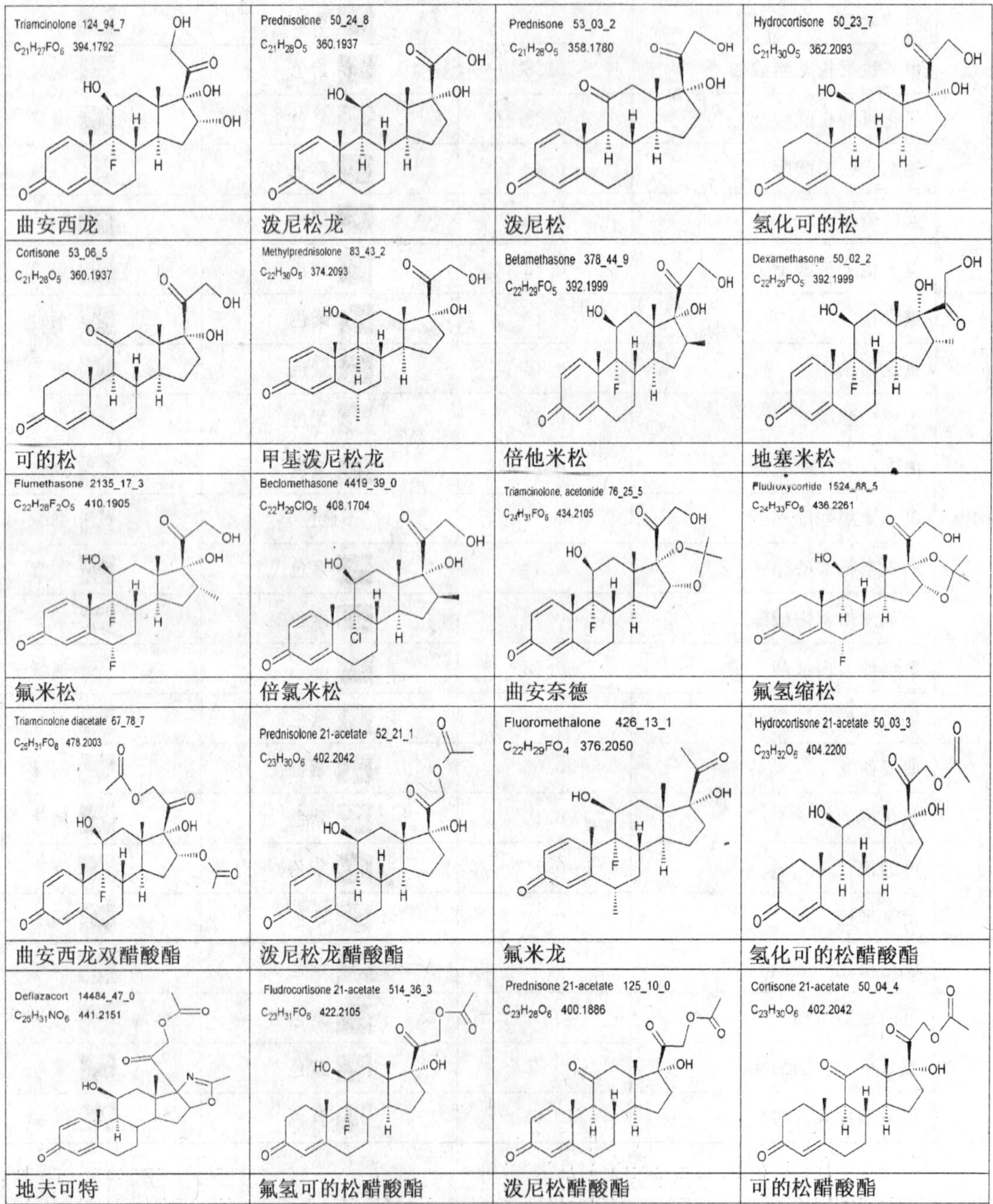

图 A.1　41 种糖皮质激素的英文名称、分子式、相对分子质量、CAS 登录号及化学结构图

Methylprednisolone 21-acetate 53_36_1
$C_{24}H_{32}O_6$ 416.2199
甲基泼尼松龙醋酸酯
Budesonide 51372_29_3
$C_{25}H_{34}O_6$ 430.2355
布地奈德
Betamethasone 21-acetate 987_24_6
$C_{24}H_{31}FO_6$ 434.2105
倍他米松醋酸酯
Dexamethasone 21-acetate 1177_87_3
$C_{24}H_{31}FO_6$ 434.2105
地塞米松醋酸酯
Hydrocortisone 17-butyrate 13609_67_1
$C_{25}H_{36}O_6$ 432.2512
氢化可的松丁酸酯
Fluorometholone 17-acetate 3801_06_7
$C_{24}H_{31}FO_5$ 418.2156
氟米龙醋酸酯
Hydrocortisone 17-valerate 57524_89_7
$C_{26}H_{38}O_6$ 446.2668
氢化可的松戊酸酯
Triamcinolone acetonide acetate 3870_07_3
$C_{26}H_{33}FO_7$ 476.2210
曲安奈德醋酸酯
Fluocinonide 356_12_7
$C_{26}H_{32}F_2O_7$ 494.2116
氟轻松醋酸酯
Diflorasone diacetate 33564_31_7
$C_{26}H_{32}F_2O_7$ 494.2116
二氟拉松双醋酸酯
Betamethasone 17-valerate 2152_44_5
$C_{27}H_{37}FO_6$ 476.2574
倍他米松戊酸酯
Prednicarbate 73771_04_7
$C_{27}H_{36}O_8$ 488.2410
泼尼卡酯
Halcinonide 3093_35_4
$C_{24}H_{32}ClFO_5$ 454.1922
哈西奈德
Alclomethasone dipropionate 66734_13_2
$C_{28}H_{37}ClO_7$ 520.2228
阿氯米松双丙酸酯
Amcinonide 51022_69_6
$C_{28}H_{35}FO_7$ 502.2367
安西奈德
Clobetasol 17-propionate 25122_46_7
$C_{25}H_{32}ClFO_5$ 466.1922
氯倍他索丙酸酯
Fluticasone propionate 80474_14_2
$C_{25}H_{31}F_3O_5S$ 500.1844
氟替卡松丙酸酯
Mometasone furoate 83919_23_7
$C_{27}H_{30}Cl_2O_6$ 520.1419
莫米他松糠酸酯
Betamethasone dipropionate 5593_20_4
$C_{28}H_{37}FO_7$ 504.2523
倍他米松双丙酸酯
Beclomethasone dipropionate 5534_09_8
$C_{28}H_{37}ClO_7$ 520.2228
倍氯米松双丙酸酯
Clobetasone 17-butyrate 25122_57_0
$C_{26}H_{32}ClFO_5$ 478.1922
氯倍他松丁酸酯

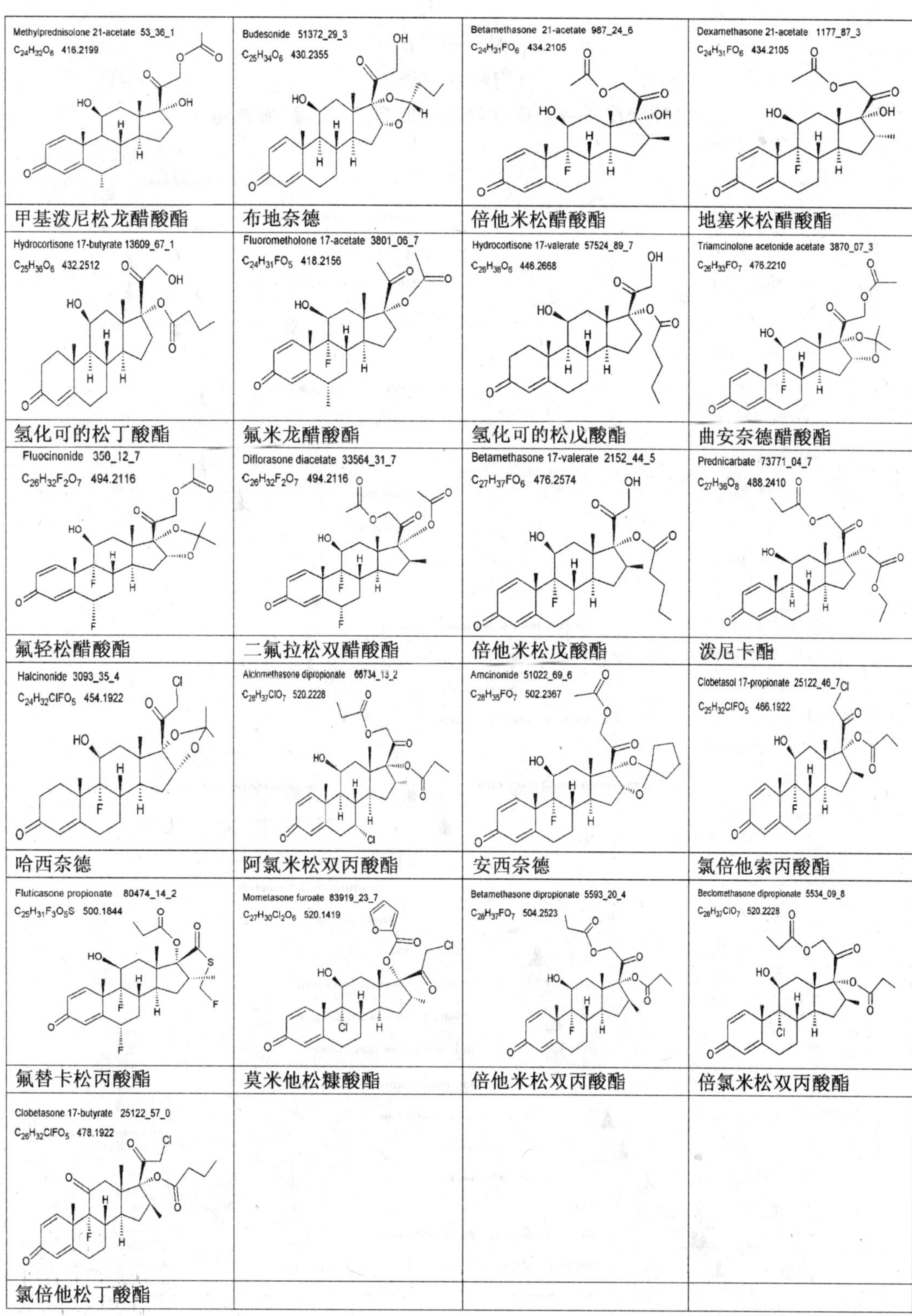

图 A.1（续）

附 录 B
（资料性附录）
41种糖皮质激素标准物质提取离子（定量）质谱图

图 B.1 41种糖皮质激素标准物质提取离子（定量）质谱图

附 录 C
（资料性附录）
膏霜类、精油类化妆品中糖皮质激素测定的重复性和再现性标准差

表 C.1 膏霜类、精油类化妆品中糖皮质激素含量重复性和再现性标准差

编号	名　　称	含量范围/(μg/g)	膏霜类		精油类	
			重复性标准差(S_r)	再现性标准差(S_R)	重复性标准差(S_r)	再现性标准差(S_R)
1	曲安西龙	0.5～5.0	S_r=0.034 5m +0.099 7	S_R=0.195 2m −0.057 0	S_r=0.056 1m +0.004 0	S_R=0.056 1m +0.004 0
2	氢化可的松	0.5～5.0	S_r=0.112 3m −0.049 7	S_R=0.233 8m −0.116 7	S_r=0.023 6m +0.006 1	S_R=0.056 7m −0.005 7
3	泼尼松龙	0.5～5.0	S_r=0.136 0m −0.076 8	S_R=0.275 0m −0.153 8	S_r=0.057 7m −0.002 2	S_R=0.110 3m −0.014 5
4	泼尼松	0.5～5.0	S_r=0.115 7m −0.025 4	S_R=0.250 5m +0.017 9	S_r=0.032 1m +0.000 3	S_R=0.057 3m +0.000 2
5	可的松	0.5～5.0	S_r=0.047 6m −0.001 5	S_R=0.230 7m −0.079 3	S_r=0.020 5m +0.010 3	S_R=0.032 7m +0.015 8
6	甲基泼尼松龙	0.5～5.0	S_r=0.125 6m −0.080 6	S_R=0.197 0m −0.088 7	S_r=0.025 7m +0.012 5	S_R=0.018 7m +0.009 9
7	倍他米松	0.5～5.0	S_r=0.021 7m +0.020 0	S_R=0.047 9m +0.031 4	S_r=0.034 1m +0.005 6	S_R=0.035 8m +0.006 6
8	地塞米松	0.5～5.0	S_r=0.021 7m +0.020 0	S_R=0.047 9m +0.031 4	S_r=0.043 2m −0.001 2	S_R=0.052 4m +0.001 1
9	氟米松	0.5～5.0	S_r=0.044 5m +0.011 0	S_R=0.176 3m −0.037 1	S_r=0.043 2m −0.001 2	S_R=0.052 4m +0.001 1
10	倍氯米松	0.5～5.0	S_r=0.087 2m −0.061 0	S_R=0.094 1m +0.023 1	S_r=0.033 2m +0.006 1	S_R=0.072 8m −0.003 2
11	氟氢缩松	0.5～5.0	S_r=0.047 2m +0.036 1	S_R=0.137 5m −0.010 9	S_r=0.027 9m +0.004 4	S_R=0.043 6m +0.001 6
12	倍他米松醋酸酯	0.5～5.0	S_r=0.029 2m +0.023 9	S_R=0.091 0m −0.001 5	S_r=0.047 4m −0.003 6	S_R=0.061 4m −0.003 1
13	地塞米松醋酸酯	0.5～5.0	S_r=0.029 2m +0.023 9	S_R=0.091 0m −0.001 5	S_r=0.047 5m −0.003 4	S_R=0.060 4m −0.003 5
14	曲安奈德	0.5～5.0	S_r=0.057 2m +0.040 9	S_R=0.099 5m +0.017 9	S_r=0.021 5m +0.005 3	S_R=0.051 4m −0.003 8
15	氟米龙	0.5～5.0	S_r=0.069 5m −0.006 7	S_R=0.169 6m −0.025 0	S_r=0.015 9m +0.004 5	S_R=0.031 2m +0.001 5
16	曲安西龙双醋酸酯	0.5～5.0	S_r=0.090 0m −0.006 7	S_R=0.146 4m +0.005 7	S_r=0.027 4m +0.004 3	S_R=0.060 1m +0.009 2
17	氢化可的松醋酸酯	0.5～5.0	S_r=0.042 5m +0.038 4	S_R=0.245 3m −0.015 5	S_r=0.048 0m +0.002 2	S_R=0.076 4m −0.008 1

表 C.1（续）

编号	名　称	含量范围/(μg/g)	膏霜类		精油类	
			重复性标准差(S_r)	再现性标准差(S_R)	重复性标准差(S_r)	再现性标准差(S_R)
18	泼尼松龙醋酸酯	0.5～5.0	$S_r=0.0303m+0.0596$	$S_R=0.2234m-0.0450$	$S_r=0.0257m+0.0051$	$S_R=0.0487m-0.0054$
19	氟氢可的松醋酸酯	0.5～5.0	$S_r=0.0465m+0.0558$	$S_R=0.2158m-0.0282$	$S_r=0.0379m+0.0009$	$S_R=0.0532m-0.0028$
20	地夫可特	0.5～5.0	$S_r=0.0564m+0.0039$	$S_R=0.1592m-0.0341$	$S_r=0.0378m-0.0012$	$S_R=0.0404m+0.0016$
21	泼尼松醋酸酯	0.5～5.0	$S_r=0.0818m-0.0282$	$S_R=0.2438m-0.1152$	$S_r=0.0350m+0.0008$	$S_R=0.0527m-0.0018$
22	可的松醋酸酯	0.5～5.0	$S_r=0.0219m+0.0461$	$S_R=0.1517m-0.0193$	$S_r=0.0189m-0.0001$	$S_R=0.0240m-0.0002$
23	甲基泼尼松龙醋酸酯	0.5～5.0	$S_r=0.0557m+0.0090$	$S_R=0.1402m+0.0354$	$S_r=0.0301m+0.0054$	$S_R=0.0490m+0.0004$
24	氢化可的松丁酸酯	0.5～5.0	$S_r=0.0262m+0.0463$	$S_R=0.1292m-0.0294$	$S_r=0.0346m-0.0041$	$S_R=0.0457m-0.0035$
25	氟米龙醋酸酯	0.5～5.0	$S_r=0.0251m+0.0667$	$S_R=0.0996m+0.0032$	$S_r=0.0357m-0.0052$	$S_R=0.0556m-0.0042$
26	布地奈德	0.5～5.0	$S_r=0.0267m+0.0604$	$S_R=0.1056m+0.0222$	$S_r=0.0356m+0.0004$	$S_R=0.0516m+0.0012$
27	二氟拉松双醋酸酯	0.5～5.0	$S_r=0.0313m+0.0339$	$S_R=0.1464m-0.0128$	$S_r=0.0353m+0.0027$	$S_R=0.0566m-0.0001$
28	氟轻松醋酸酯	0.5～5.0	$S_r=0.0208m+0.0546$	$S_R=0.1044m+0.0148$	$S_r=0.0388m+0.0006$	$S_R=0.0495m-0.0031$
29	氢化可的松戊酸酯	0.5～5.0	$S_r=0.0267m+0.0682$	$S_R=0.0537m+0.0714$	$S_r=0.0434m-0.0082$	$S_R=0.0626m-0.0040$
30	曲安奈德醋酸酯	0.5～5.0	$S_r=0.0212m+0.0510$	$S_R=0.0828m+0.0096$	$S_r=0.0345m-0.0002$	$S_R=0.0624m-0.0006$
31	倍他米松戊酸酯	0.5～5.0	$S_r=0.0564m+0.0053$	$S_R=0.0744m+0.0285$	$S_r=0.0201m+0.0009$	$S_R=0.0417m-0.0052$
32	哈西奈德	0.5～5.0	$S_r=0.0135m+0.0689$	$S_R=0.1190m+0.0233$	$S_r=0.0369m-0.0007$	$S_R=0.0492m+0.0023$
33	氯倍他索丙酸酯	0.5～5.0	$S_r=0.0253m+0.0718$	$S_R=0.0996m+0.0102$	$S_r=0.0204m+0.0041$	$S_R=0.0356m-0.0006$
34	泼尼卡酯	0.5～5.0	$S_r=0.0890m-0.0351$	$S_R=0.0870m+0.0195$	$S_r=0.0254m+0.0008$	$S_R=0.0509m-0.0102$
35	安西奈德	0.5～5.0	$S_r=0.0887m-0.0434$	$S_R=0.0931m+0.0274$	$S_r=0.0351m+0.0019$	$S_R=0.0527m-0.0021$
36	氟替卡松丙酸酯	0.5～5.0	$S_r=0.0243m+0.0355$	$S_R=0.0896m+0.0111$	$S_r=0.0305m+0.0050$	$S_R=0.0507m-0.0017$

表 C.1（续）

编号	名称	含量范围/(μg/g)	膏霜类		精油类	
			重复性标准差(S_r)	再现性标准差(S_R)	重复性标准差(S_r)	再现性标准差(S_R)
37	阿氯米松双丙酸酯	0.5～5.0	$S_r=0.0236m+0.0432$	$S_R=0.0877m+0.0010$	$S_r=0.0289m+0.0046$	$S_R=0.0493m-0.0023$
38	倍他米松双丙酸酯	0.5～5.0	$S_r=0.0297m+0.0325$	$S_R=0.0714m+0.0207$	$S_r=0.0312m+0.0002$	$S_R=0.0621m-0.0062$
39	倍氯米松双丙酸酯	0.5～5.0	$S_r=0.0264m+0.0256$	$S_R=0.0930m-0.0035$	$S_r=0.0320m+0.0014$	$S_R=0.0412m-0.0006$
40	莫米他松糠酸酯	0.5～5.0	$S_r=0.0185m+0.0376$	$S_R=0.0848m+0.0045$	$S_r=0.0321m+0.0015$	$S_R=0.0413m-0.0008$
41	氯倍他松丁酸酯	0.5～5.0	$S_r=0.0505m+0.0112$	$S_R=0.0987m+0.0078$	$S_r=0.0269m-0.0042$	$S_R=0.0391m-0.0043$

注：m 为两次测定结果的算术平均值。

附 录 D
（资料性附录）
41种糖皮质激素标准物质(5组)及实测样品的薄层色谱图

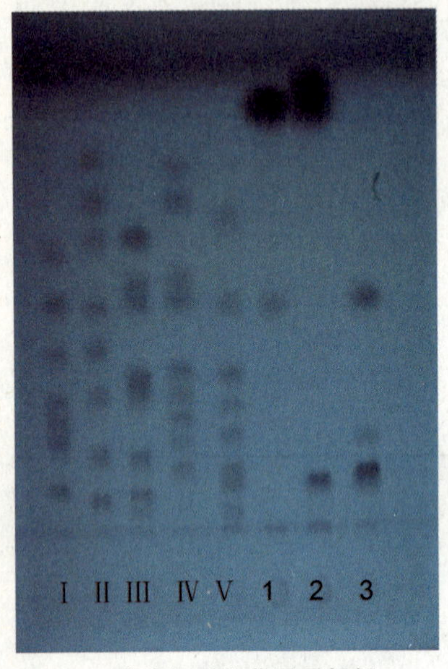

a）紫外灯下的薄层层析板

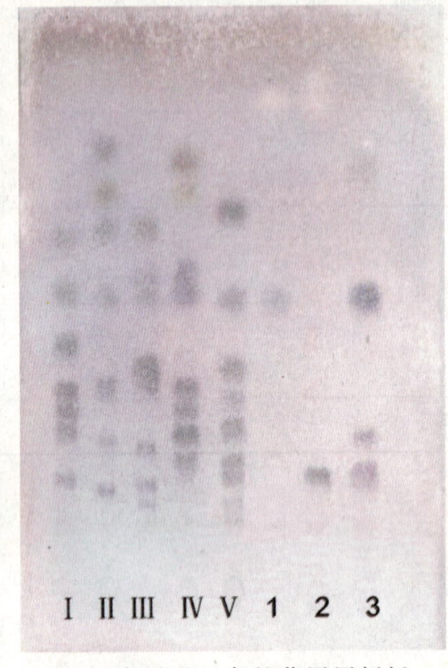

b）四氮唑蓝显色的薄层层析板

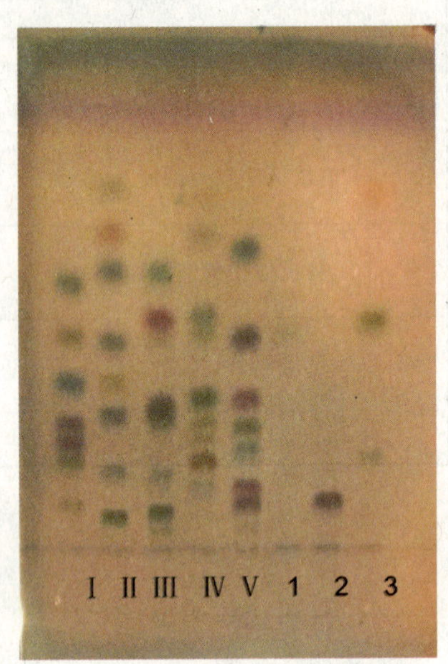

c）茴香醛显色的薄层层析板

注1：Ⅰ、Ⅱ、Ⅲ、Ⅳ、Ⅴ为糖皮质激素标准物质。

注2：1、2、3为实测样品。

图D.1　41种糖皮质激素标准物质(5组)及实测样品的薄层色谱图

ICS 71.100.70
Y 42

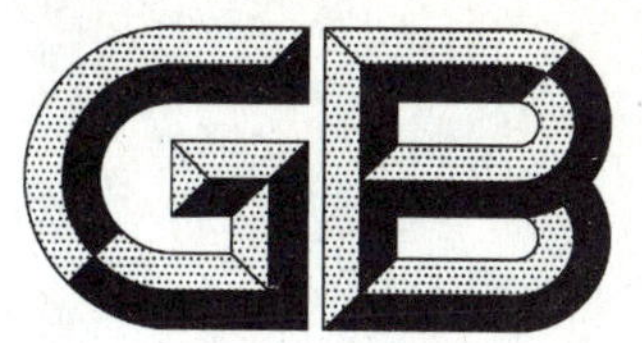

中华人民共和国国家标准

GB/T 24800.3—2009

化妆品中螺内酯、过氧苯甲酰和维甲酸的测定 高效液相色谱法

Determination of spironolacton, benzoyl peroxide and tretinoin in cosmetics by high performance liquid chromatography method

2009-11-30 发布　　2010-05-01 实施

中华人民共和国国家质量监督检验检疫总局
中国国家标准化管理委员会　发布

前　言

本标准的附录 A 为资料性附录。

本标准由中国轻工业联合会提出。

本标准由全国香料香精化妆品标准化技术委员会(SAC/TC 257)归口。

本标准负责起草单位:中国检验检疫科学研究院、上海市日用化学工业研究所、上海香料研究所。

本标准主要起草人:王星、武婷、马强、张庆、肖海清、沈敏、康薇。

引　言

本标准中的被测物质螺内酯、维甲酸是我国《化妆品卫生规范》规定的禁用物质，不得作为化妆品生产原料即组分添加到化妆品中。如果技术上无法避免禁用物质作为杂质带入化妆品时，则化妆品成品应符合《化妆品卫生规范》对化妆品的一般要求，即在正常及合理的、可预见的使用条件下，不得对人体健康产生危害。

目前我国尚未规定这些物质的限量值，本标准的制定，仅对化妆品中测定这些物质提供检测方法。

化妆品中螺内酯、过氧苯甲酰和维甲酸的测定 高效液相色谱法

1 范围

本标准规定了化妆品中螺内酯、过氧苯甲酰和维甲酸的测定方法。

本标准适用于皮肤护理类化妆品中螺内酯、过氧苯甲酰和维甲酸的测定。

本标准对于螺内酯、过氧苯甲酰的检出限均为2.5 mg/kg,定量限均为5 mg/kg;维甲酸的检出限为1 mg/kg,定量限为2.5 mg/kg。

2 原理

以甲醇为溶剂,超声提取、离心,0.45 μm 的有机滤膜过滤,溶液注入配有二极管阵列检测器(DAD)的液相色谱仪检测,外标法定量。

3 试剂和材料

除另有规定外,试剂均为分析纯。

3.1 甲醇:色谱纯。

3.2 螺内酯,纯度不小于97%;过氧苯甲酰,纯度不小于97%;维甲酸,纯度不小于99.9%。

3.3 螺内酯标准储备液:准确称取螺内酯0.1 g,精确到0.000 1 g,于50 mL烧杯中,加适量甲醇溶解后移入100 mL容量瓶中,用甲醇定容至刻度,即得螺内酯溶液浓度为1 000 mg/L的标准储备液。冰箱冷藏保存。

3.4 过氧苯甲酰标准储备液:准确称取过氧苯甲酰0.1 g,精确到0.000 1 g,于50 mL烧杯中,加适量甲醇溶解后移入100 mL容量瓶中,用甲醇定容至刻度,即得过氧苯甲酰溶液浓度为1 000 mg/L的标准储备液。

注:由于过氧苯甲酰遇水易分解,每次使用时需现用现配。

3.5 维甲酸标准储备液:准确称取维甲酸0.1 g,精确到0.000 1 g,于50 mL烧杯中,加适量甲醇溶解后移入100 mL容量瓶中,用甲醇定容至刻度,即得维甲酸溶液浓度为1 000 mg/L的标准储备液。冰箱避光冷藏保存。

注:由于维甲酸对光十分敏感,见光容易分解变质,操作应在避光条件下进行。

3.6 标准混合溶液:分别移取10 mL的上述三种标准储备液(3.3、3.4、3.5)至100 mL容量瓶中,用甲醇定容至刻度,即得三种物质均为100 mg/L的混合标准储备液。

3.7 标准工作溶液:用甲醇将上述标准混合溶液(3.6)分别配成一系列浓度1.0 mg/L、2.0 mg/L、5.0 mg/L、10 mg/L、20 mg/L、50 mg/L、100 mg/L、200 mg/L的标准工作溶液,现用现配。

3.8 0.1 mol/L的氢氧化钠溶液:称取氢氧化钠0.4 g,精确到0.001 g,于50 mL烧杯中,加水溶解后转移至100 mL容量瓶中,加水定容至刻度,即得0.1 mol/L的氢氧化钠溶液。

3.9 0.025 mol/L磷酸二氢钠溶液(pH6.5):称取磷酸二氢钠($NaH_2PO_4 \cdot 2H_2O$)3.9 g,精确至0.001 g,于50 mL烧杯中,加水溶解,移入1 000 mL容量瓶中,用水定容至刻度,混匀,即得到0.025 mol/L的磷酸二氢钠溶液。用0.1 mol/L氢氧化钠溶液(3.8)调节pH值至6.5。

4 仪器

4.1 液相色谱仪,配有二极管阵列检测器。

4.2 微量进样器,10 μL。

4.3 超声波清洗器。

4.4 离心机,大于 5 000 r/min。

4.5 溶剂过滤器和 0.45 μm 有机过滤膜。

4.6 具塞比色管,10 mL。

5 测定步骤

5.1 样品处理

称取化妆品试样约 0.2 g,精确到 0.001 g,于 10 mL 具塞比色管中,加入 8 mL 甲醇,在超声波清洗器中超声振荡 20 min,冷却后用甲醇稀释至刻度,混匀。取部分溶液放入离心管中,在离心机上于 5 000 r/min 离心 20 min,离心后的上清液经 0.45 μm 有机滤膜过滤,滤液待测定用。

5.2 测定

5.2.1 色谱条件

5.2.1.1 色谱柱:Kromasil C_{18} 柱(250 mm×4.6 mm 内径,5 μm);

5.2.1.2 流动相:A:甲醇,B:0.025 mol/L 磷酸二氢钠溶液(pH6.5)(3.9),梯度洗脱条件见表 1。

表 1 方法的梯度洗脱条件

时间/min	A/%	B/%
0	80	20
5	80	20
7	90	10
13	90	10

5.2.1.3 流速:1.0 mL/min;

5.2.1.4 柱温:25 ℃;

5.2.1.5 检测波长:0~9.50 min,240 nm,9.51 min~13 min,335 nm;

5.2.1.6 进样量:10 μL。

5.2.2 标准工作曲线绘制

分别移取一系列浓度为 1 mg/L、2 mg/L、5 mg/L、10 mg/L、20 mg/L、50 mg/L、100 mg/L、200 mg/L 的混合标准工作溶液,按色谱条件(5.2.1)进行测定,以色谱峰的峰面积为纵坐标,对应的溶液浓度为横坐标作图,绘制标准工作曲线。

标准物质色谱图参见附录 A 的图 A.1。

5.2.3 试样测定

用微量注射器准确吸取试样溶液(5.1)注入液相色谱仪,按色谱条件(5.2.1)进行测定,记录色谱峰的保留时间和峰面积,由色谱峰的峰面积可从标准曲线上求出相应的被测物浓度。样品溶液中的被测物的响应值均应在仪器测定的线性范围之内。被测物含量高的试样可取适量试样溶液用流动相稀释后进行测定。

5.2.4 定性确认

液相色谱仪对样品进行定性测定,进行样品测定时,如果检出螺内酯、过氧苯甲酰或维甲酸的色谱峰的保留时间与标准品相一致,并且在扣除背景后的样品色谱图中,该物质的紫外吸收图谱与标准品的紫外吸收图谱相一致,则可初步判断样品中存在螺内酯、过氧苯甲酰或维甲酸。必要时,阳性样品需用其他方法进行确认试验。

5.3 平行试验

按以上步骤，对同一试样进行平行试验测定。

5.4 空白试验

除不称取试样外，均按上述步骤进行。

6 结果计算

结果按式(1)计算(计算结果应扣除空白值)：

$$X_i = \frac{c_i \cdot V}{m} \qquad \cdots\cdots(1)$$

式中：

X_i——样品中被测物质的质量浓度，单位为毫克每千克(mg/kg)；

c_i——标准曲线查得被测物质的浓度，单位为毫克每升(mg/L)；

V——样品稀释后的总体积，单位为毫升(mL)；

m——样品质量，单位为克(g)。

7 方法检出限与定量限

螺内酯、过氧苯甲酰的检出限均为 2.5 mg/kg，定量限均为 5 mg/kg；维甲酸的检出限为 1 mg/kg，定量限为 2.5 mg/kg。

8 回收率与精密度

在添加浓度 5 mg/kg～50 mg/kg 浓度范围内，回收率在 85%～110%之间，相对标准偏差小于 10%。

9 允许差

在重复性条件下获得的两次独立测定结果的绝对差值不应超过算术平均值的 10%。

附 录 A
（资料性附录）
标准物质的液相色谱图

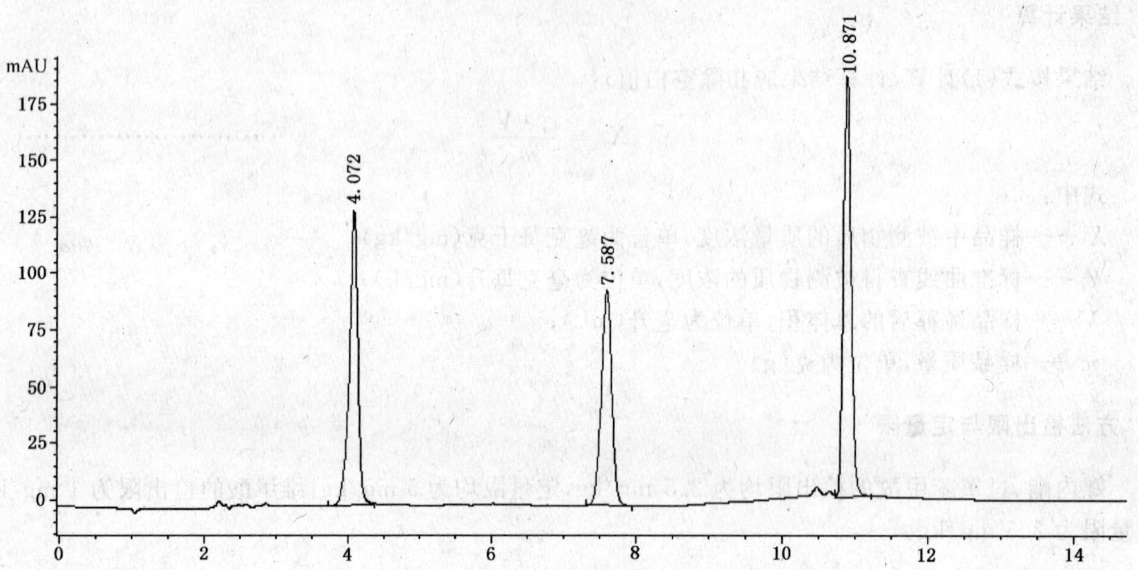

1——螺内酯(4.072 min)；

2——过氧苯甲酰(7.587 min)；

3——维甲酸(10.871 min)。

图 A.1 螺内酯、过氧苯甲酰和维甲酸的标准液相色谱图

ICS 71.100.70
Y 42

中华人民共和国国家标准

GB/T 24800.4—2009

化妆品中氯噻酮和吩噻嗪的测定 高效液相色谱法

Determination of chlortalidone and phenothiazine in cosmetics by high performance liquid chromatography method

2009-11-30 发布　　2010-05-01 实施

中华人民共和国国家质量监督检验检疫总局
中国国家标准化管理委员会　发布

前　言

本标准的附录 A 为资料性附录。

本标准由中国轻工业联合会提出。

本标准由全国香料香精化妆品标准化技术委员会(SAC/TC 257)归口。

本标准起草单位:中国检验检疫科学研究院、上海市日用化学工业研究所、上海香料研究所。

本标准主要起草人:肖海清、张庆、王超、武婷、席广成、王星、吴颖、康薇。

引　言

本标准中的被测物质是我国《化妆品卫生规范》规定的禁用物质，不得作为化妆品生产原料即组分添加到化妆品中。如果技术上无法避免禁用物质作为杂质带入化妆品时，则化妆品成品应符合《化妆品卫生规范》对化妆品的一般要求，即在正常及合理的可预见的使用条件下，不得对人体健康产生危害。

目前我国尚未规定这些物质的限量值，本标准的制定，仅对化妆品中测定这些物质提供检测方法。

化妆品中氯噻酮和吩噻嗪的测定 高效液相色谱法

1 范围

本标准规定了化妆品中氯噻酮和吩噻嗪的高效液相测定方法。

本标准适用于化妆品中氯噻酮和吩噻嗪含量的测定。

本标准对于氯噻酮和吩噻嗪的检出限为 2 mg/kg,定量限为 8 mg/kg。

2 原理

以丙酮为提取溶剂,超声波水浴提取后,离心,用 0.45 μm 的有机滤膜过滤,取 20 μL 溶液注入配有紫外检测器的高效液相色谱仪检测,外标法定量。

3 试剂和材料

除非另有说明,所用试剂均为分析纯,水为高纯水。

3.1 丙酮。

3.2 无水磷酸二氢钠。

3.3 氢氧化钠。

3.4 甲醇(色谱纯)。

3.5 氯噻酮,纯度不小于 98.0%。

3.6 吩噻嗪,纯度不小于 99.0%。

3.7 0.5%氢氧化钠溶液:称取 2.5 g 氢氧化钠(3.3),精确至 0.001 g,用 500 mL 水溶解,保存于塑料瓶中。

3.8 30 mmol/L 磷酸二氢钠溶液:称取 3.60 g 无水磷酸二氢钠(3.2),精确至 0.001 g,加入 1 000 mL 水溶解后,用 0.5%氢氧化钠溶液(3.7)调节 pH 为 5.60,过 0.45 μm 有机滤膜。

3.9 分别称取氯噻酮(3.5)和吩噻嗪(3.6)0.1 g,精确至 0.000 1 g,用甲醇(3.4)溶解后分别定容至 100 mL 容量瓶中,密封、避光、冷藏保存,保存期 6 个月。

3.10 氯噻酮和吩噻嗪混合标准储备液(200 mg/L):分别移取氯噻酮和吩噻嗪标准储备液(3.9)10 mL 于 50 mL 容量瓶中,用甲醇(3.4)定容,密封、避光、冷藏保存,保存期 6 个月。

3.11 标准工作溶液:取一定量混和标准储备液(3.10),用甲醇(3.4)和 30 mmol/L 磷酸二氢钠溶液(3.8)(55+45,v/v)稀释,配制成浓度为 0.2 mg/L,0.5 mg/L,2 mg/L,5 mg/L,20 mg/L 的溶液,现用现配。

4 仪器

4.1 高效液相色谱仪,配紫外检测器。

4.2 微量进样器,50 μL。

4.3 超声波清洗器。

4.4 离心机,最高转速不小于 15 000 r/min。

4.5 溶剂过滤器,能放置孔径为 0.45 μm 的有机过滤膜。

4.6 具塞比色管 10 mL、25 mL。

5 试验步骤

5.1 提取

称取化妆品试样0.5 g(精确到0.001 g),置于10 mL具塞离心管中,加入丙酮(3.1)6 mL,充分混匀,在超声波清洗器中超声提取10 min,以15 000 r/min离心10 min,将上清液转移至25 mL具塞管中,下层沉淀用丙酮(3.1)重复提取两次,每次2 mL,合并上清液,用30 mmol/L磷酸二氢钠溶液(3.8)定容至25 mL,混匀。取约5 mL上述溶液于离心管中,以15 000 r/min离心15 min,上清液过0.45 μm有机滤膜后,待用。

5.2 测定

5.2.1 色谱条件

5.2.1.1 色谱柱:C_{18}柱:250 mm×4.6 mm(内径),颗粒直径5 μm,或相当者。

5.2.1.2 流动相:A:30 mmol/L磷酸二氢钠溶液(3.8),B甲醇(3.4),梯度洗脱条件见表1。

表1 方法的梯度洗脱条件

时间/min	0	6	15	16	21	24	28
A/%	45	20	20	10	10	45	45
B/%	55	80	80	90	90	55	55

5.2.1.3 流速:1.0 mL/min。

5.2.1.4 检测波长:230 nm。

5.2.1.5 色谱柱温:30 ℃。

5.2.1.6 进样量:20 μL。

5.2.2 标准工作曲线绘制

取浓度为0.2 mg/L,0.5 mg/L,2 mg/L,5 mg/L,20 mg/L的标准工作溶液(3.11),按色谱条件(5.2.1)行测定,以色谱峰的峰面积为纵坐标,对应的溶液浓度为横坐标作图,绘制标准工作曲线。

标准物质色谱图参见附录A的图A.1。

5.3 试样测定

试样溶液(5.1)注入液相色谱仪,按色谱条件(5.2.1)进行测定,记录色谱峰的保留时间和峰面积,由色谱峰的峰面积可从标准曲线上求出相应的色谱峰浓度。样品溶液中的氯噻酮和吩噻嗪的响应值均应在标准工作曲线浓度范围之内,氯噻酮和吩噻嗪含量高的试样可取适量试样溶液用流动相稀释后进行测定。必要时,阳性样品需用其他方法进行确认试验。

5.4 空白试验

除不称取试样外,均按上述操作步骤进行。

6 结果计算

结果按式(1)计算(计算结果应扣除空白值):

$$X_i = \frac{(c_i - c_0) \cdot V_i}{m} \qquad \cdots\cdots(1)$$

式中:

X_i——样品中氯噻酮或吩噻嗪的质量浓度,单位为毫克每千克(mg/kg);

c_i——标准曲线计算所得氯噻酮或吩噻嗪的浓度,单位为毫克每升(mg/L);

c_0——标准曲线计算所得空白样品中氯噻酮或吩噻嗪的浓度,单位为毫克每升(mg/L);

V_i——样品稀释后的总体积,单位为毫升(mL);

m——样品质量,单位为克(g)。

7 检出限与定量限

本方法对氯噻酮的检出限为 2 mg/kg,定量限为 8 mg/kg。

对吩噻嗪的检出限为 2 mg/kg,定量限为 8 mg/kg。

8 回收率和精密度

在添加浓度 8 mg/kg～400 mg/kg 浓度范围内,回收率在 85%～110%之间,相对标准偏差小于 10%。

9 允许差

在重复性条件下获得的两次独立测定结果的绝对差值不应超过算术平均值的 10%。

附 录 A
（资料性附录）
标准物质液相色谱图

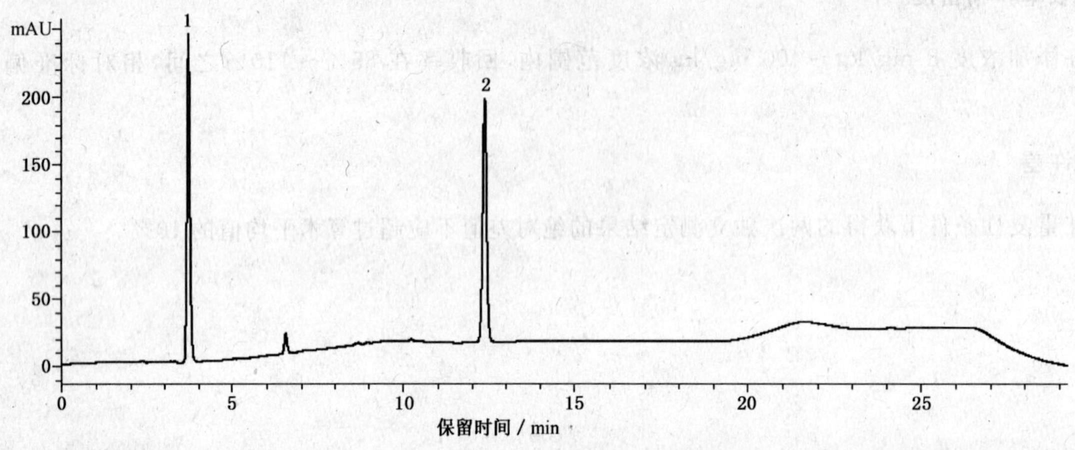

1——氯噻酮(3.7 min)；

2——吩噻嗪(12.4 min)。

图 A.1 氯噻酮和吩噻嗪标准物质液相色谱图

ICS 71.100.70
Y 42

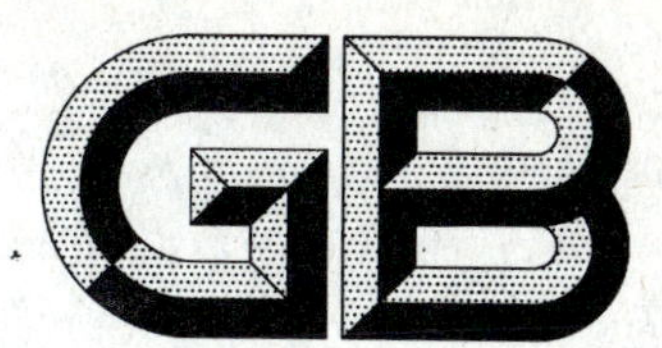

中华人民共和国国家标准

GB/T 24800.5—2009

化妆品中呋喃妥因和呋喃唑酮的测定 高效液相色谱法

Determination of nitrofurantoin and furazolidone in cosmetics by high performance liquid chromatography method

2009-11-30 发布　　　2010-05-01 实施

中华人民共和国国家质量监督检验检疫总局
中国国家标准化管理委员会　发布

前　言

本标准的附录 A 为资料性附录。

本标准由中国轻工业联合会提出。

本标准由全国香料香精化妆品标准化技术委员会(SAC/TC 257)归口。

本标准起草单位:中国检验检疫科学研究院、上海市日用化学工业研究所、上海香料研究所。

本标准主要起草人:张庆、肖海清、武婷、席广成、王超、王星、崔俭杰、康薇。

引　言

本标准中的被测物质是我国《化妆品卫生规范》规定的禁用物质，不得作为化妆品组分添加到化妆品中。如果技术上无法避免禁用物质作为杂质带入化妆品时，则化妆品成品应符合《化妆品卫生规范》对化妆品的一般要求，即在正常及合理的可预见的使用条件下，不得对人体健康产生危害。

目前我国尚未规定这些物质的限量值，本标准的制定，仅对化妆品中测定这些物质提供检测方法。

化妆品中呋喃妥因和呋喃唑酮的测定
高效液相色谱法

1 范围

本标准规定了化妆品中呋喃妥因和呋喃唑酮的高效液相色谱测定方法。

本标准适用于化妆品中呋喃妥因和呋喃唑酮的测定。

本标准对于呋喃妥因和呋喃唑酮的检出限为 2 mg/kg，定量限为 8 mg/kg。

2 原理

以乙腈-甲醇(1+1,v/v)混和溶液为提取溶剂，超声提取、离心，经 0.45 μm 的有机滤膜过滤，溶液注入配有二极管阵列检测器的液相色谱仪检测，外标法定量。

3 试剂和材料

除另有规定外，试剂均为分析纯。

3.1 乙腈：色谱纯。

3.2 甲醇：色谱纯。

3.3 呋喃妥因：纯度不小于 99%。

3.4 呋喃唑酮：纯度不小于 99%。

3.5 冰醋酸。

3.6 提取剂：乙腈(3.1)：甲醇(3.2)体积比(1+1,v/v)。

3.7 0.4%乙酸溶液：移取 2 mL 冰醋酸(3.5)，加水溶解后转移至 500 mL 容量瓶中，定容。

3.8 流动相：乙腈(3.1)：0.4%乙酸溶液(3.7) 体积比(30+70,v/v)。

3.9 标准储备液(200 μg/mL)：分别准确称取呋喃妥因(3.3)和呋喃唑酮(3.4) 0.02 g，精确到 0.000 1 g，于 50 mL 烧杯中，加适量乙腈溶解后移入 100 mL 棕色容量瓶中，用乙腈定容，在 4 ℃避光、密封保存，可保存三个月以上。

3.10 标准工作溶液：取一定量储备液(3.9)，用流动相(3.8)稀释至棕色容量瓶，配制成浓度为 0.2 μg/mL，0.5 μg/mL，1.0 μg/mL，5 μg/mL，10 μg/mL，20 μg/mL 的溶液。

3.11 孔径为 0.45 μm 的有机过滤膜。

注：由于呋喃妥因和呋喃唑酮对光十分敏感，见光容易变质分解，因而配制标准溶液一定要使用棕色容量瓶，其他玻璃器皿也需进行避光处理，所有操作都应在避光条件下进行。操作时还应避免吸入、接触有毒的标准品和试剂。

4 仪器

4.1 液相色谱仪，配有二极管阵列检测器。

4.2 微量进样器，10 μL。

4.3 超声波清洗器。

4.4 离心机，转速不低于 5 000 r/min。

4.5 溶剂过滤器，能放置孔径为 0.45 μm 的有机过滤膜。

4.6 具塞比色管 25 mL。

5 测定步骤

5.1 样品处理

称取化妆品试样 0.5 g(精确到 0.001 g),置于 25 mL 具塞比色管中,加入 15 mL 提取剂(3.6),充分混匀,在超声波清洗器中超声提取 20 min,然后用去离子水定容至 25 mL,混匀。取约 10 mL 上述溶液于离心管中,以 5 000 r/min 高速离心 20 min,取上清液,经 0.45 μm 有机过滤膜(3.11)过滤,滤液供液相色谱测定用。

5.2 测定

5.2.1 色谱条件

5.2.1.1 色谱柱:ODS C_{18} 柱:250 mm×4.6 mm,粒径 5 μm,或相当者。

5.2.1.2 流动相:乙腈加 0.4%乙酸水溶液(30+70,v/v)。

5.2.1.3 流速:1.0 mL/min。

5.2.1.4 检测波长:365 nm。

5.2.1.5 柱温:25 ℃。

5.2.1.6 进样量:10 μL。

5.2.2 标准工作曲线绘制

分别移取 10 μL 浓度为 0.2 μg/mL,0.5 μg/mL,1.0 μg/mL,5.0 μg/mL,10 μg/mL,20 μg/mL 的标准工作溶液(3.10),按色谱条件(5.2.1)进行测定,以色谱峰的峰面积为纵坐标,对应的溶液浓度为横坐标作图,绘制标准工作曲线。

标准物质色谱图参见附录 A 的图 A.1。

5.2.3 试样测定

用微量注射器准确吸取 10 μL 处理后的样品溶液(5.1)注入液相色谱仪,按色谱条件(5.2.1)进行测定,记录色谱峰的保留时间和峰面积,由色谱峰的峰面积可从标准曲线上求出相应的色谱峰浓度。样品溶液中的呋喃妥因和呋喃唑酮的响应值均应在仪器测定的线性范围之内。呋喃妥因和呋喃唑酮含量高的试样可取适量试样溶液用流动相稀释后进行测定。

5.2.4 定性确认

液相色谱仪对样品进行定性测定,进行样品测定时,如果检出呋喃唑酮和呋喃妥因的色谱峰的保留时间与标准品相一致,并且在扣除背景后的样品色谱图中,该物质的紫外吸收图谱与标准品的紫外吸收图谱相一致,则可初步确认样品中存在呋喃唑酮或呋喃妥因。必要时,阳性样品需用其他方法进行确认试验。

5.3 平行试验

按以上步骤,对同一试样进行平行试验测定。

5.4 空白试验

除不称取试样外,均按上述步骤进行。

6 结果计算

结果按式(1)计算(计算结果应扣除空白值):

$$X_i = \frac{c_i \cdot V_i}{m} \qquad \cdots\cdots\cdots\cdots (1)$$

式中:

X_i——样品中呋喃唑酮或呋喃妥因的质量浓度,单位为毫克每千克(mg/kg);

c_i——标准曲线查得呋喃唑酮或呋喃妥因的浓度,单位为微克每毫升(μg/mL);

V_i——样品稀释后的总体积,单位为毫升(mL);

m——样品质量,单位为克(g)。

7 检出限与定量限

呋喃妥因和呋喃唑酮的检出限均为 2 mg/kg,定量限均为 8 mg/kg。

8 回收率和精密度

在添加浓度 8 mg/kg～400 mg/kg 浓度范围内,回收率在 85%～110%之间,相对标准偏差小于 10%。

9 允许差

在重复性条件下获得的两次独立测定结果的绝对差值不应超过算术平均值的 10%。

附　录　A
（资料性附录）
标准物质液相色谱图

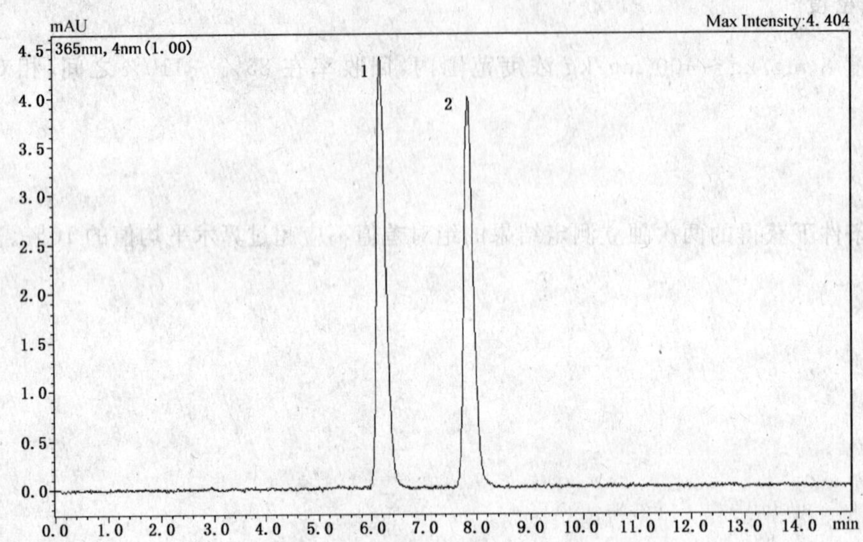

1——呋喃妥因(6.2 min)；

2——呋喃唑酮(7.9 min)。

图 A.1　呋喃妥因和呋喃唑酮标准物质液相色谱图

ICS 71.100.70
Y 42

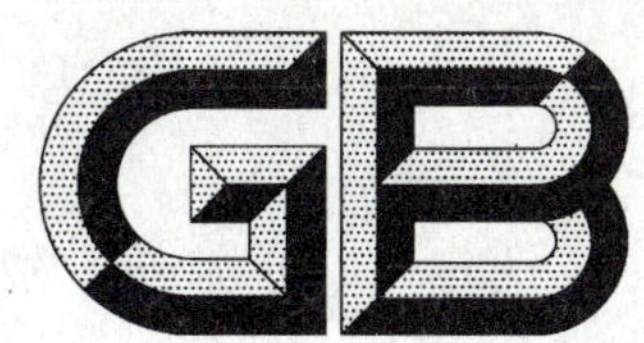

中华人民共和国国家标准

GB/T 24800.6—2009

化妆品中二十一种磺胺的测定 高效液相色谱法

Determination of 21 sulfonamides in cosmetics by high performance liquid chromatography method

2009-11-30 发布　　　　2010-05-01 实施

中华人民共和国国家质量监督检验检疫总局
中国国家标准化管理委员会　发布

前　言

本标准的附录 A、附录 B 为资料性附录。

本标准由中国轻工业联合会提出。

本标准由全国香料香精化妆品标准化技术委员会(SAC/TC 257)归口。

本标准负责起草单位:中国检验检疫科学研究院、上海市日用化学工业研究所、上海香料研究所。

本标准主要起草人:马强、张庆、王超、肖海清、武婷、康薇、崔俭杰。

引　言

本标准中的被测物质是我国《化妆品卫生规范》规定的禁用物质，不得作为化妆品生产原料即组分添加到化妆品中。如果技术上无法避免禁用物质作为杂质带入化妆品时，则化妆品成品应符合《化妆品卫生规范》对化妆品的一般要求，即在正常及合理的可预见的使用条件下，不得对人体健康产生危害。

目前我国尚未规定这些物质的限量值，本标准的制定，仅对化妆品中测定这些物质提供检测方法。

化妆品中二十一种磺胺的测定 高效液相色谱法

1 范围

本标准规定了化妆品中二十一种磺胺的高效液相色谱测定方法。

本标准适用于化妆品中二十一种磺胺的测定。

本标准的检出限和定量限：磺胺胍、磺胺、磺胺醋酰、磺胺二甲异嘧啶、磺胺嘧啶、磺胺噻唑、磺胺吡啶、磺胺甲基嘧啶、磺胺二甲嘧唑、磺胺二甲嘧啶、磺胺间二甲氧嘧啶、磺胺喹噁啉、磺胺硝苯的检出限为 0.2 mg/kg，定量限为 0.6 mg/kg；磺胺甲噻二唑、磺胺甲氧哒嗪、琥珀酰磺胺噻唑、磺胺氯哒嗪、磺胺甲基异噁唑、磺胺间甲氧嘧啶、磺胺邻二甲氧嘧啶、磺胺二甲异噁唑的检出限为 0.4 mg/kg，定量限为 1.2 mg/kg。

2 规范性引用文件

下列文件中的条款通过本标准的引用而成为本标准的条款。凡是注日期的引用文件，其随后所有的修改单（不包括勘误的内容）或修订版均不适用于本标准，然而，鼓励根据本标准达成协议的各方研究是否可使用这些文件的最新版本。凡是不注日期的引用文件，其最新版本适用于本标准。

GB/T 6682 分析实验室用水规格和试验方法

3 原理

试样经溶剂提取，离心过滤后，用高效液相色谱测定，外标法定量，液相色谱-质谱确认。

4 试剂和材料

除非另有说明，所有试剂均为分析纯，水为 GB/T 6682 规定的一级水。

4.1 甲醇：色谱纯。

4.2 四氢呋喃：色谱纯。

4.3 氢氧化钠溶液（0.1 mol/L）：准确称取 4 g 氢氧化钠于 1 L 容量瓶中，用水溶解并定容至刻度，混匀后备用。

4.4 甲酸溶液（0.1%）：准确量取 1 mL 甲酸于 1 L 容量瓶中，用水定容至刻度，混匀后备用。

4.5 甲醇水溶液：准确量取 50 mL 甲醇和 50 mL 水，混匀后备用。

4.6 磺胺胍、磺胺、磺胺醋酰、磺胺二甲异嘧啶、磺胺嘧啶、磺胺噻唑、磺胺吡啶、磺胺甲基嘧啶、磺胺二甲噁唑、磺胺二甲嘧啶、磺胺甲噻二唑、磺胺甲氧哒嗪、琥珀酰磺胺噻唑、磺胺氯哒嗪、磺胺甲基异噁唑、磺胺间甲氧嘧啶、磺胺邻二甲氧嘧啶、磺胺二甲异噁唑、磺胺间二甲氧嘧啶、磺胺喹噁啉、磺胺硝苯标准品：纯度大于 97%。

4.7 二十一种磺胺的标准储备液：准确称取每种磺胺标准物质（4.6）各 100 mg，分别置于 100 mL 棕色容量瓶中，用甲醇水溶液（4.5）溶解并定容至刻度，摇匀，配制成浓度分别为 1 000 μg/mL 的标准储备液，于 4 ℃避光保存，可使用三个月。

注：磺胺喹噁啉标准储备液配制时，可加入数滴氢氧化钠溶液（4.3）辅助溶解。

4.8 二十一种磺胺的混合标准储备液：分别准确移取二十一种磺胺标准储备液各 4 mL 于 100 mL 棕色容量瓶中，用甲醇水溶液（4.5）定容至刻度，该溶液中二十一种磺胺的浓度均为 40 μg/mL。

5 仪器和设备

5.1 高效液相色谱(HPLC)仪:配有紫外检测器或二极管阵列检测器。

5.2 液相色谱-质谱/质谱(LC-MS/MS)仪:配有电喷雾离子源(ESI)。

5.3 分析天平:感量为 0.000 1 g 和 0.001 g。

5.4 离心机:转速不低于 5 000 r/min。

5.5 超声波水浴。

5.6 具塞比色管:10 mL。

5.7 具塞塑料离心管:10 mL。

5.8 微孔滤膜:0.45 μm,有机相。

6 分析步骤

6.1 样品处理

6.1.1 膏霜、乳液、水剂、散粉、香波类样品

称取 1 g(精确至 0.001 g)试样于 10 mL 具塞比色管中,加入 5 mL 甲醇,再加水至 10 mL,超声提取 20 min。取部分溶液转移至 10 mL 具塞塑料离心管中,以不低于 5 000 r/min 离心 15 min,上清液经 0.45 μm 微孔滤膜过滤,滤液作为待测样液。

注:如离心难以获得上清液可加适量氯化钠破乳。

6.1.2 唇膏类样品

称取 1 g(精确至 0.001 g)试样于 10 mL 具塞比色管中,加入 2 mL 四氢呋喃,超声提取 10 min,再加水至 10 mL,超声提取 10 min。取部分溶液转移至 10 mL 具塞塑料离心管中,以不低于 5 000 r/min 离心 15 min,上清液经 0.45 μm 微孔滤膜过滤,滤液作为待测样液。

6.2 测定条件

高效液相色谱测定条件如下:

a) 色谱柱:Symmetry C_{18},5 μm,250 mm×4.6 mm(内径)。

b) 流动相:见表 1。

c) 流速:1.0 mL/min。

d) 柱温:32 ℃。

e) 波长:268 nm。

f) 进样量:20 μL。

注:方法中所使用的色谱柱仅供参考,同等性能的色谱柱均可使用。

表 1 流动相

步骤	时间/min	甲酸溶液(0.1%)/%	甲醇/%
0	0.00	92	8
1	7.00	84	16
2	13.00	78	22
3	18.00	75	25
4	27.00	75	25
5	29.00	45	55
6	40.00	5	95
7	42.00	92	8

6.3 标准曲线的绘制

用甲醇水溶液(4.5)将二十一种磺胺混合标准储备液逐级稀释得到的浓度为 0.1 μg/mL、0.5 μg/mL、1 μg/mL、5 μg/mL、10 μg/mL、20 μg/mL 的混合标准工作液,按 6.2 的测定条件浓度由低到高进样测定,以峰面积-浓度作图,得到标准曲线回归方程。

二十一种磺胺标准品色谱图参见附录 A 中的图 A.1。

6.4 测定

按 6.2 的测定条件对待测样液进行测定,用外标法定量。待测样液中磺胺的响应值应在标准曲线的线性范围内,超过线性范围则应稀释后再进样分析。必要时,阳性样品需用液相色谱-质谱进行确认试验(参见附录 B)。

6.5 空白试验

除不称取样品外,均按上述测定条件和步骤进行。

7 结果计算

结果按式(1)计算,计算结果保留两位小数(计算结果应扣除空白值):

$$W_i = \frac{1\,000 \times c_i \times V}{m} \qquad \cdots\cdots(1)$$

式中:

W_i——试样中被测磺胺的含量,单位为毫克每千克(mg/kg);

c_i——从标准工作曲线上查出的样液中被测磺胺的浓度,单位为微克每毫升(μg/mL);

V——样液最终定容体积,单位为升(L);

m——试样的质量,单位为克(g)。

8 检出限和定量限

本标准的检出限和定量限:磺胺胍、磺胺、磺胺醋酰、磺胺二甲异嘧啶、磺胺嘧啶、磺胺噻唑、磺胺吡啶、磺胺甲基嘧啶、磺胺二甲噁唑、磺胺二甲嘧啶、磺胺间二甲氧嘧啶、磺胺喹噁啉、磺胺硝苯的检出限为 0.2 mg/kg,定量限为 0.6 mg/kg;磺胺甲噻二唑、磺胺甲氧哒嗪、琥珀酰磺胺噻唑、磺胺氯哒嗪、磺胺甲基异噁唑、磺胺间甲氧嘧啶、磺胺邻二甲氧嘧啶、磺胺二甲异噁唑的检出限为 0.4 mg/kg,定量限为 1.2 mg/kg。

9 回收率

在添加浓度 0.2 mg/kg~40 mg/kg 浓度范围内,回收率在 85%~110%之间,相对标准偏差小于 10%。

10 允许差

在重复性条件下获得的两次独立测定结果的绝对差值不应超过算术平均值的 10%。

附 录 A
（资料性附录）
标准品色谱图

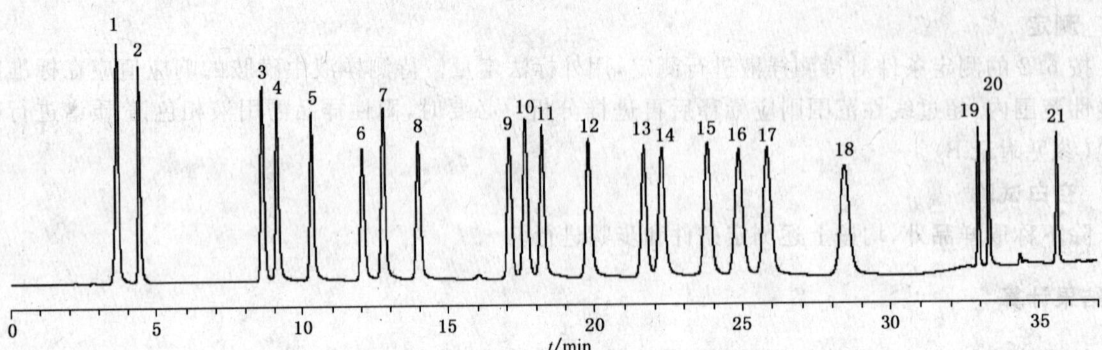

1——磺胺胍；

2——磺胺；

3——磺胺醋酰；

4——磺胺二甲异嘧啶；

5——磺胺嘧啶；

6——磺胺噻唑；

7——磺胺吡啶；

8——磺胺甲基嘧啶；

9——磺胺二甲噁唑；

10——磺胺二甲嘧啶；

11——磺胺甲噻二唑；

12——磺胺甲氧哒嗪；

13——琥珀酰磺胺噻唑；

14——磺胺氯哒嗪；

15——磺胺甲基异噁唑；

16——磺胺间甲氧嘧啶；

17——磺胺邻二甲氧嘧啶；

18——磺胺二甲异噁唑；

19——磺胺间二甲氧嘧啶；

20——磺胺喹噁啉；

21——磺胺硝苯。

图 A.1　二十一种磺胺标准品色谱图

附 录 B
（资料性附录）
确认试验

B.1 液相色谱条件

a) 色谱柱：SunFire C_{18}，5 μm，150 mm×2.1 mm(i.d.)，或相当者。
b) 流动相：见表 B.1。
c) 流速：0.2 mL/min。
d) 柱温：30 ℃。
e) 进样量：20 μL。

表 B.1 流动相

步骤	时间/min	甲酸溶液(0.1%)/%	甲醇/%
0	0.00	92	6
1	5.00	84	16
2	8.00	78	22
3	14.00	75	25
4	24.00	75	25
5	26.00	45	55
6	35.00	5	95
7	36.00	92	6

B.2 质谱条件

a) 电离方式：电喷雾电离，正离子。
b) 毛细管电压：3.5 kV。
c) 萃取电压：1.0 V。
d) 射频透镜电压：0.0 V。
e) 离子源温度：120 ℃。
f) 脱溶剂气：氮气，流速 600 L/hr，温度 350 ℃。
g) 锥孔气：氮气，流速 50 L/hr。
h) 碰撞气：氩气。
i) 扫描模式：多反应监测(MRM)，定性离子对、定量离子对、锥孔电压和碰撞气能量见表 B.2。

表 B.2 磺胺的定性离子对、定量离子对、锥孔电压和碰撞气能量

中文名称	英文名称	定性离子对(m/z)	定量离子对(m/z)	锥孔电压/V	碰撞气能量/eV	相对丰度	允许偏差/%
磺胺胍	sulfaguanidine	216/157 216/109	216/157	22	15 23	100 52	±20
磺胺	sulfanilamide	173/156 173/91	173/156	15	7 18	100 51	±20

表 B.2(续)

中文名称	英文名称	定性离子对(m/z)	定量离子对(m/z)	锥孔电压/V	碰撞气能量/eV	相对丰度	允许偏差/%
磺胺醋酰	sulfacetamide	215/156 215/92	215/156	15	10 22	100 49	±25
磺胺二甲异嘧啶	sulfisomidine	279/124 279/186	279/124	30	20 17	100 33	±25
磺胺嘧啶	sulfadiazine	251/156 251/108	251/156	25	15 23	100 61	±20
磺胺噻唑	sulfathiazole	256/156 256/108	256/156	25	15 23	100 49	±25
磺胺吡啶	sulfapyridine	250/156 250/184	250/156	27	15 17	100 31	±25
磺胺甲基嘧啶	sulfamerazine	265/156 265/172	265/156	27	17 15	100 51	±20
磺胺二甲噁唑	sulfamoxole	268/156 268/113	268/156	26	17 17	100 49	±25
磺胺二甲嘧啶	sulfamethazine	279/186 279/156	279/186	25	18 18	100 72	±20
磺胺甲噻二唑	sulfamethizole	271/156 271/108	271/156	23	15 23	100 46	±25
磺胺甲氧哒嗪	sulfamethoxypyridazine	281/156 281/108	281/156	27	17 27	100 57	±20
琥珀酰磺胺噻唑	succinylsulfathiazole	356/256 356/156	356/256	32	17 23	100 46	±25
磺胺氯哒嗪	sulfachloropyridazine	285/156 285/108	285/156	25	15 25	100 45	±25
磺胺甲基异噁唑	sulfamethoxazole	254/156 254/108	254/156	25	17 22	100 78	±20
磺胺间甲氧嘧啶	sulfamonomethoxine	281/156 281/215	281/156	28	17 15	100 16	±30
磺胺邻二甲氧嘧啶	sulfadoxine	311/156 311/108	311/156	30	18 30	100 41	±25
磺胺二甲异噁唑	sulfisoxazole	268/156 268/113	268/156	23	13 15	100 82	±20
磺胺间二甲氧嘧啶	sulfadimethoxine	311/156 311/108	311/156	35	20 27	100 42	±25
磺胺喹噁啉	sulfaquinoxaline	301/156 301/108	301/156	25	15 25	100 52	±20
磺胺硝苯	sulfanitran	336/156 336/294	336/156	25	13 10	100 45	±25

B.3 定性判定

按照上述条件测定试样和标准工作溶液，如果试样中的质量色谱峰保留时间与标准工作溶液一致（变化范围在±2.5%之内）；样品中目标化合物的两个子离子的相对丰度与浓度相当标准溶液的相对丰度一致，相对丰度偏差不超过表B.2的规定，则可判断样品中存在磺胺。

二十一种磺胺的选择离子质量色谱图见图B.1。

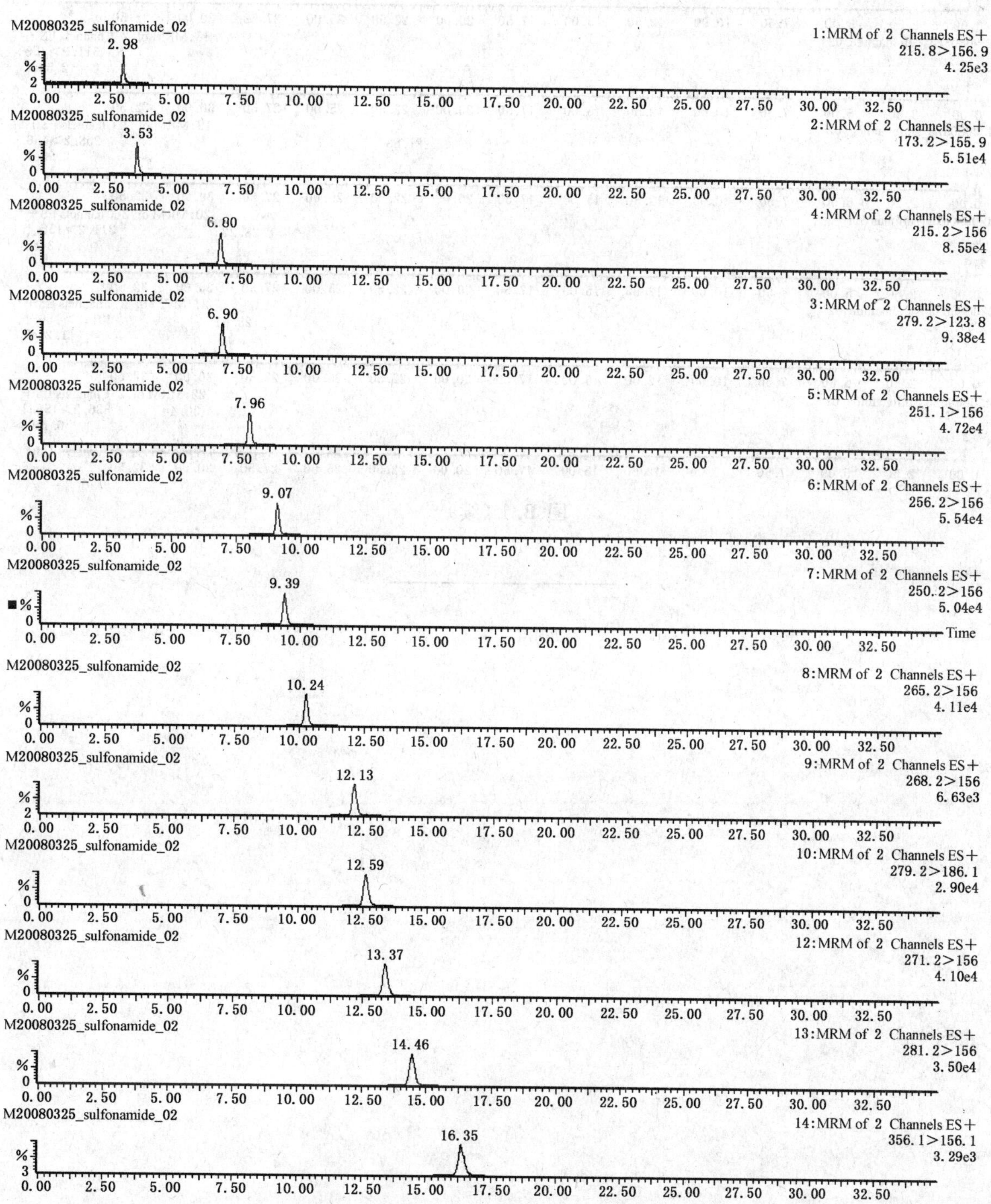

图 B.1 二十一种磺胺的选择离子质量色谱图

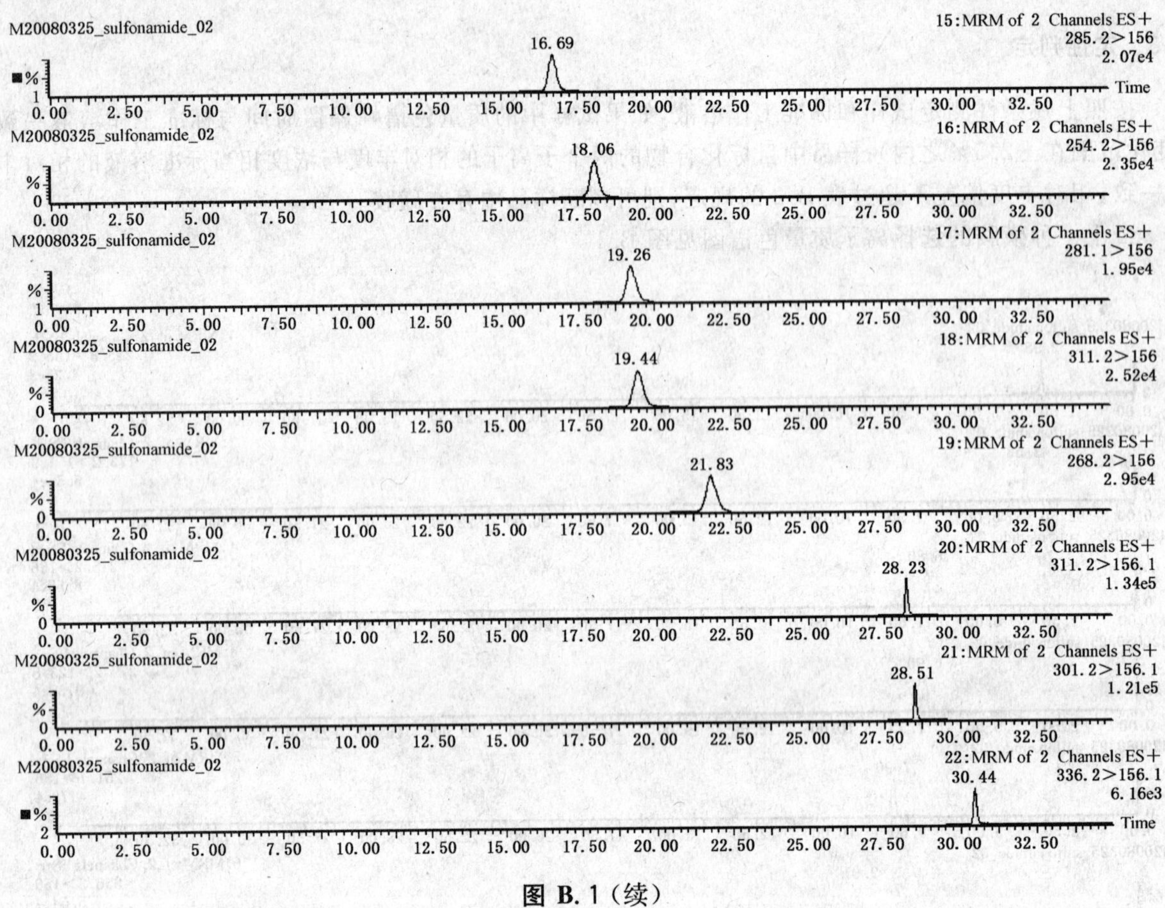

M20080325_sulfonamide_02
15:MRM of 2 Channels ES+
285.2>156
2.07e4
16.69
%
Time
M20080325_sulfonamide_02
16:MRM of 2 Channels ES+
254.2>156
2.35e4
18.06
M20080325_sulfonamide_02
17:MRM of 2 Channels ES+
281.1>156
1.95e4
19.26
M20080325_sulfonamide_02
18:MRM of 2 Channels ES+
311.2>156
2.52e4
19.44
M20080325_sulfonamide_02
19:MRM of 2 Channels ES+
268.2>156
2.95e4
21.83
M20080325_sulfonamide_02
20:MRM of 2 Channels ES+
311.2>156.1
1.34e5
28.23
M20080325_sulfonamide_02
21:MRM of 2 Channels ES+
301.2>156.1
1.21e5
28.51
M20080325_sulfonamide_02
22:MRM of 2 Channels ES+
336.2>156.1
6.16e3
30.44
0.00 2.50 5.00 7.50 10.00 12.50 15.00 17.50 20.00 22.50 25.00 27.50 30.00 32.50

图 B.1（续）

ICS 71.100.70
Y 42

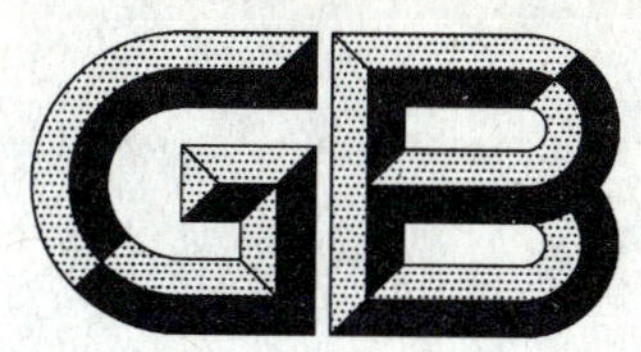

中华人民共和国国家标准

GB/T 24800.7—2009

化妆品中马钱子碱和士的宁的测定 高效液相色谱法

Determination of brucine and strychnine in cosmetics by high performance liquid chromatography method

2009-11-30 发布　　2010-05-01 实施

中华人民共和国国家质量监督检验检疫总局
中国国家标准化管理委员会　发布

前　言

本标准的附录 A、附录 B 为资料性附录。

本标准由中国轻工业联合会提出。

本标准由全国香料香精化妆品标准化技术委员会(SAC/TC 257)归口。

本标准负责起草单位:中国检验检疫科学研究院、上海市日用化学工业研究所、上海香料研究所。

本标准主要起草人:马强、肖海清、王超、王星、范敏、朱丽、崔俭杰、李琼。

引　言

本标准中的被测物质是我国《化妆品卫生规范》规定的禁用物质，不得作为化妆品生产原料即组分添加到化妆品中。如果技术上无法避免禁用物质作为杂质带入化妆品时，则化妆品成品应符合《化妆品卫生规范》对化妆品的一般要求，即在正常及合理的可预见的使用条件下，不得对人体健康产生危害。

目前我国尚未规定这些物质的限量值，本标准的制定，仅对化妆品中测定这些物质提供检测方法。

化妆品中马钱子碱和士的宁的测定 高效液相色谱法

1 范围

本标准规定了化妆品中马钱子碱和士的宁的高效液相色谱测定方法。

本标准适用于化妆品中马钱子碱和士的宁的测定。

本标准的检出限和定量限:马钱子碱和士的宁的检出限为2.5 mg/kg,定量限为8 mg/kg。

2 规范性引用文件

下列文件中的条款通过本标准的引用而成为本标准的条款。凡是注日期的引用文件,其随后所有的修改单(不包括勘误的内容)或修订版均不适用于本标准,然而,鼓励根据本标准达成协议的各方研究是否可使用这些文件的最新版本。凡是不注日期的引用文件,其最新版本适用于本标准。

GB/T 6682 分析实验室用水规格和试验方法(GB/T 6682—2008,ISO 3696:1987,MOD)

3 原理

试样经溶剂提取,离心过滤后,用高效液相色谱测定,外标法定量,液相色谱-质谱确认。

4 试剂和材料

除非另有说明,所用试剂均为分析纯,水为GB/T 6682规定的一级水。

4.1 甲醇:色谱纯。

4.2 四氢呋喃:色谱纯。

4.3 甲酸铵溶液(0.01 mol/L):准确称取0.630 6 g甲酸铵于1 L容量瓶中,加入约980 mL水溶解,用甲酸调节pH至3.0后,定容至1 L备用。

4.4 甲醇水溶液:准确量取64 mL甲醇和36 mL水,混匀后备用。

4.5 马钱子碱和士的宁标准品:纯度不小于97%。

4.6 马钱子碱和士的宁的标准储备液:准确称取马钱子碱和士的宁标准物质各100 mg,分别置于100 mL棕色容量瓶中,用甲醇溶解并定容至刻度,摇匀,配制成浓度分别为1 000 μg/mL的标准储备液,于4 ℃避光保存,可使用三个月。

4.7 马钱子碱和士的宁的混合标准储备液:分别准确移取马钱子碱和士的宁的标准储备液各25 mL于50 mL棕色容量瓶中,用甲醇定容至刻度,该溶液中马钱子碱和士的宁的浓度均为500 μg/mL。

5 仪器和设备

5.1 高效液相色谱(HPLC)仪:配有紫外检测器或二极管阵列检测器。

5.2 高效液相色谱-质谱联用(LC-MS/MS)仪:配有电喷雾离子源(ESI)。

5.3 分析天平:感量0.000 1 g和0.001 g。

5.4 离心机:转速不低于5 000 r/min。

5.5 超声波水浴。

5.6 具塞比色管:10 mL。

5.7 具塞塑料离心管:10 mL。

5.8 微孔滤膜:0.45 μm,有机相。

5.9 pH 计。

6 分析步骤

6.1 样品处理

6.1.1 膏霜、水剂、香波类样品

称取 1 g(精确至 0.001 g)试样于 10 mL 具塞比色管中,加甲醇水溶液(4.4)至刻度,超声提取 20 min。取部分溶液转移至 10 mL 具塞塑料离心管中,以不低于 5 000 r/min 离心 15 min,上清液经 0.45 μm 微孔滤膜过滤,滤液作为待测样液。

注:如离心难以获得上清液可加适量氯化钠破乳。

6.1.2 散粉类样品

称取 1 g(精确至 0.001 g)试样于 10 mL 具塞比色管中,加入 6 mL 甲醇,超声提取 20 min。取部分溶液转移至 10 mL 具塞塑料离心管中,以不低于 5 000 r/min 离心 15 min,上清液经 0.45 μm 微孔滤膜过滤,取滤液 0.6 mL,加入 0.4 mL 水,混合液经 0.45 μm 微孔滤膜过滤,滤液作为待测样液。

6.1.3 唇膏类样品

称取 1.0 g(精确至 0.001 g)试样于 10 mL 具塞比色管中,加入 2 mL 四氢呋喃和 1 mL 甲醇,超声提取 10 min,再加水至 10 mL,超声提取 10 min。取部分溶液转移至 10 mL 具塞塑料离心管中,以不低于 5 000 r/min 离心 15 min,上清液经 0.45 μm 微孔滤膜过滤,滤液作为待测样液。

6.2 测定条件

高效液相色谱测定条件如下:

a) 色谱柱:Kromasil C_{18},5 μm,250 mm×4.6 mm(内径),或相当者。

b) 流动相:甲酸铵溶液(0.01 mol/L)(4.3)-甲醇(64+36,v/v)。

c) 流速:1.0 mL/min。

d) 柱温:25 ℃。

e) 波长:264 nm。

f) 进样量:20 μL。

6.3 标准曲线的绘制

用甲醇将马钱子碱和士的宁的混和标准储备液逐级稀释得到的 0.1 μg/mL、0.5 μg/mL、1 μg/mL、5 μg/mL、10 μg/mL、20 μg/mL、50 μg/mL、100 μg/mL 的混合标准工作液,按 6.2 的测定条件浓度由低到高进样测定,以峰面积-浓度作图,得到标准曲线回归方程。

马钱子碱和士的宁的标准品色谱图参见附录 A 中的图 A.1。

6.4 测定

按 6.2 的测定条件对待测样液进行测定,用外标法定量。待测样液中马钱子碱和士的宁的响应值应在标准曲线的线性范围内,超过线性范围则应稀释后再进样分析。必要时,阳性样品需用液相色谱-质谱进行确认试验(参见附录 B)。

6.5 空白试验

除不称取样品外,均按上述测定条件和步骤进行。

7 结果计算

结果按式(1)计算,计算结果保留两位小数:(计算结果应扣除空白值)。

$$W = \frac{1\,000 \times c \times V}{m} \times f \qquad \cdots\cdots(1)$$

式中：

W——试样中马钱子碱和士的宁的含量，单位为毫克每千克(mg/kg)；

c——从标准工作曲线上查出的样液中马钱子碱和士的宁的浓度，单位为微克每毫升(μg/mL)；

V——样液最终定容体积，单位为升(L)；

m——试样的质量，单位为克(g)；

f——稀释倍数。

8 检出限和定量限

本标准的检出限和定量限：马钱子碱和士的宁的检出限为 2.5 mg/kg，定量限为 8 mg/kg。

9 回收率

在添加浓度 2.5 mg/kg～250 mg/kg 浓度范围内，回收率在 85%～105%之间，相对标准偏差小于 10%。

10 允许差

在重复性条件下获得的两次独立测定结果的绝对差值不应超过算术平均值的 10%。

附 录 A
（资料性附录）
标准品色谱图

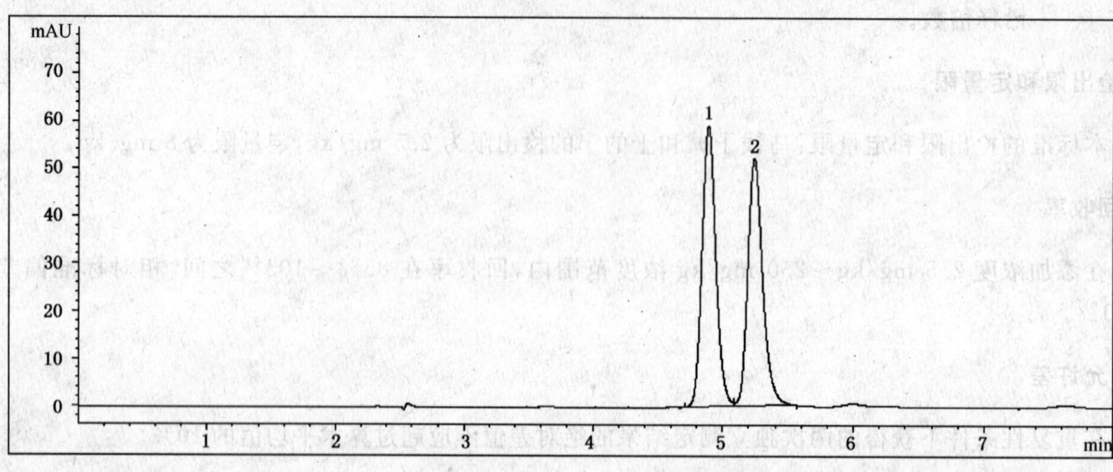

1——士的宁；

2——马钱子碱。

图 A.1 士的宁和马钱子碱标准品色谱图

附 录 B
（资料性附录）
确认试验

B.1 液相色谱条件

a) 色谱柱：SunFire C_{18}，5 μm，150 mm×2.1 mm(i.d.)，或相当者。

b) 流动相：甲酸铵溶液(0.01 mol/L)(4.3)-甲醇(64+36，体积比)。

c) 流速：0.2 mL/min。

d) 柱温：30 ℃。

e) 进样量：20 μL。

B.2 质谱条件

a) 电离方式：电喷雾电离，正离子。

b) 毛细管电压：3.0 kV。

c) 萃取电压：3.0 V。

d) 射频透镜电压：0.3 V。

e) 离子源温度：120 ℃。

f) 脱溶剂气：氮气，流速 600 L/hr，温度 350 ℃。

g) 锥孔气：氮气，流速 50 L/hr。

h) 碰撞气：氩气。

i) 扫描模式：多反应监测(MRM)，定性离子对、定量离子对、锥孔电压和碰撞气能量见表 B.1。

表 B.1 马钱子碱和士的宁的定性离子对、定量离子对、锥孔电压和碰撞气能量

中文名称	英文名称	定性离子对/(m/z)	定量离子对/(m/z)	锥孔电压/V	碰撞气能量/V	相对丰度	允许偏差/%
士的宁	strychnine	335/184 335/156	335/184	55	35 43	100 76	±20
马钱子碱	brucine	395/324 395/244	395/324	55	30 35	100 87	±20

B.3 定性判定

按照上述条件测定试样和标准工作溶液，如果试样中的质量色谱峰保留时间与标准工作溶液一致(变化范围在±2.5%之内)；样品中目标化合物的两个子离子的相对丰度与浓度相当标准溶液的相对丰度一致，相对丰度偏差不超过表 B.1 的规定，则可判断样品中存在马钱子碱或士的宁。

士的宁和马钱子碱的选择离子质量色谱图见图 B.1。

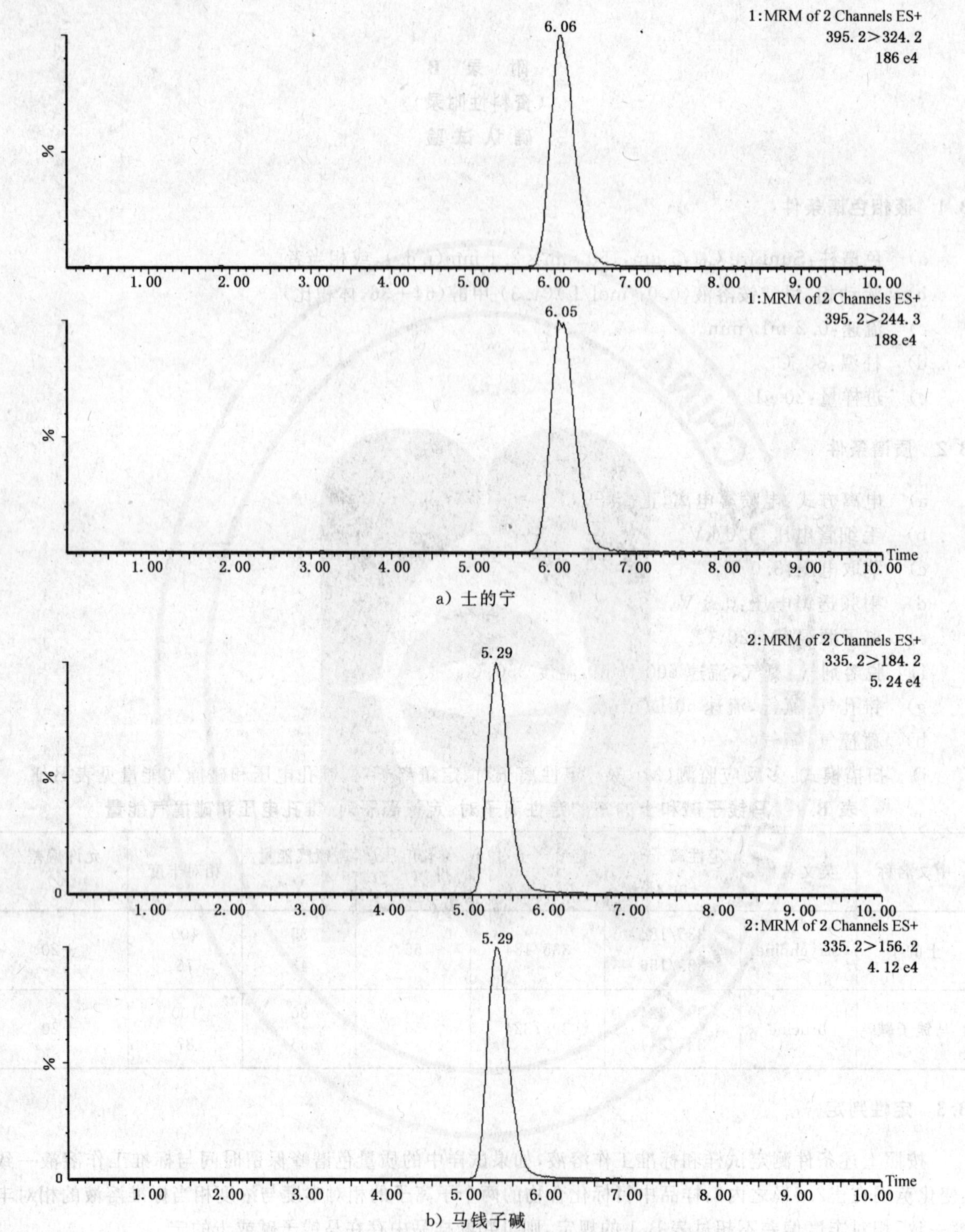

图 B.1 士的宁和马钱子碱的选择离子质量色谱图

ICS 71.100.70
Y 42

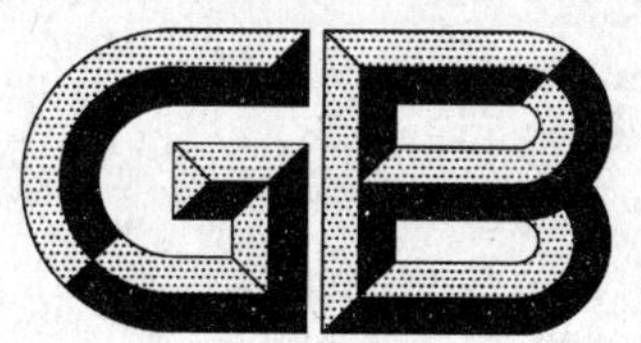

中华人民共和国国家标准

GB/T 24800.8—2009

化妆品中甲氨嘌呤的测定 高效液相色谱法

Determination of methotrexate in cosmetics by high performance liquid chromatography method

2009-11-30 发布　　2010-05-01 实施

中华人民共和国国家质量监督检验检疫总局
中国国家标准化管理委员会　发布

前　言

本标准的附录A为资料性附录。

本标准由中国轻工业联合会提出。

本标准由全国香料香精化妆品标准化技术委员会(SAC/TC 257)归口。

本标准负责起草单位：中国检验检疫科学研究院、上海市日用化学工业研究所、上海香料研究所。

本标准主要起草人：王星、武婷、张庆、肖海清、席广成、马强、沈敏、康薇。

引　言

本标准中的被测物质是我国《化妆品卫生规范》规定的禁用物质，不得作为化妆品生产原料即组分添加到化妆品中。如果技术上无法避免禁用物质作为杂质带入化妆品时，则化妆品成品应符合《化妆品卫生规范》对化妆品的一般要求，即在正常及合理的可预见的使用条件下，不得对人体健康产生危害。

目前我国尚未规定该物质的限量值，本标准的制定，仅对化妆品中测定该物质提供检测方法。

化妆品中甲氨嘌呤的测定 高效液相色谱法

1 范围

本标准规定了化妆品中甲氨嘌呤的测定方法。

本标准适用于化妆品中甲氨嘌呤的测定。

本标准对于甲氨嘌呤的检出限为 1 mg/kg,定量限为 2.5 mg/kg。

2 原理

以流动相-甲醇与 0.025 mol/L 磷酸二氢钠(pH5.0)(30+70,v/v)为溶剂,超声提取、离心,0.45 μm 的有机滤膜过滤,溶液注入配有二极管阵列检测器(DAD)的液相色谱仪检测,外标法定量。

3 试剂和材料

除另有规定外,试剂均为分析纯。水为超纯水。

3.1 甲醇:色谱纯。

3.2 四氢呋喃:色谱纯。

3.3 甲氨嘌呤,纯度不小于 97%,CAS 编号为:59-05-2。

3.4 甲氨嘌呤标准储备液:准确称取甲氨嘌呤 0.05 g,精确到 0.000 1 g,于 50 mL 烧杯中,加 1 mL 0.1 mol/L 氢氧化钠溶液溶解后移入 100 mL 容量瓶中,用超纯水定容至刻度,即得甲氨嘌呤溶液浓度为 500 mg/L 的标准储备液。储备液在冰箱冷藏保存,可使用两个月。

3.5 标准工作溶液:用水将上述标准储备液(3.4)分别配成一系列浓度 0.05 mg/L、0.1 mg/L、1 mg/L、2 mg/L、5 mg/L、10 mg/L、20 mg/L 的标准工作溶液,冰箱冷藏保存,可使用一周。

3.6 0.1 mol/L 的氢氧化钠溶液:称取氢氧化钠 0.4 g,精确到 0.001 g,于 50 mL 烧杯中,加水溶解后转移至 100 mL 容量瓶中,加水定容至刻度,即得 0.1 mol/L 的氢氧化钠溶液。

3.7 0.025 mol/L 的磷酸二氢钠(pH5.0):称取磷酸二氢钠($NaH_2PO_4 \cdot 2H_2O$)3.9 g,精确到 0.001 g,于 100 mL 烧杯中,加水溶解转移至 1 000 mL 容量瓶中,加水定容至刻度,即得 0.025 mol/L 的磷酸二氢钠溶液,用 0.1 mol/L 的氢氧化钠溶液(3.6)调节 pH 至 5.0。

4 仪器

4.1 液相色谱仪,配有二极管阵列检测器。

4.2 微量进样器,10 μL。

4.3 超声波清洗器。

4.4 离心机,大于 5 000 r/min。

4.5 溶剂过滤器和 0.45 μm 有机过滤膜。

4.6 具塞比色管,10 mL。

5 测定步骤

5.1 样品处理

称取化妆品试样约 0.2 g,精确到 0.001 g,于 10 mL 具塞比色管中,加入 8 mL 流动相(甲醇:

0.025 mol/L 磷酸二氢钠(pH5.0)=30+70,v/v),在超声波清洗器中超声振荡 20 min,冷却后用流动相稀释至刻度,混匀。取部分溶液放入离心管中,在离心机上于 5 000 r/min 离心 20 min,离心后的上清液经 0.45 μm 有机滤膜过滤,滤液待测定用。

对于口红等含蜡质较多的化妆品样品,提取溶剂为四氢呋喃-磷酸二氢钠(0.025 mol/L,pH5.0)(1+1,v/v),其他步骤同上。

5.2 测定

5.2.1 色谱条件

5.2.1.1 色谱柱:C_{18}柱(250 mm×4.6 mm 内径,5 μm),或相当者;

5.2.1.2 流动相:甲醇:0.025 mol/L 磷酸二氢钠溶液(pH 5.0),30+70(v/v);

5.2.1.3 流速:1.0 mL/min;

5.2.1.4 柱温:25 ℃;

5.2.1.5 检测波长:302 nm;

5.2.1.6 进样量:10 μL。

5.2.2 标准工作曲线绘制

分别移取 10 μL 浓度为一系列 0.05 mg/L、0.1 mg/L、1 mg/L、2 mg/L、5 mg/L、10 mg/L、20 mg/L 的标准工作溶液,按色谱条件(5.2.1)进行测定,以色谱峰的峰面积为纵坐标,对应的溶液浓度为横坐标作图,绘制标准工作曲线。

标准物质色谱图参见附录 A 的图 A.1。

5.2.3 试样测定

用微量注射器准确吸取 10 μL 试样溶液(5.1)注入液相色谱仪,按色谱条件(5.2.1)进行测定,记录色谱峰的保留时间和峰面积,由色谱峰的峰面积可从标准曲线上求出相应的甲氨嘌呤的浓度。试样溶液中的被测物的响应值均应在仪器测定的线性范围之内。被测物含量高的试样可取适量试样溶液用流动相稀释后进行测定。

5.2.4 定性确认

液相色谱仪对样品进行定性测定,进行样品测定时,如果检出甲氨嘌呤的色谱峰的保留时间与标准品相一致,并且在扣除背景后的样品色谱图中,该物质的紫外吸收图谱与标准品的紫外吸收图谱相一致,则可初步确认样品中存在甲氨嘌呤。必要时,阳性样品需用其他方法进行确认试验。

5.3 平行试验

按以上步骤,对同一试样进行平行试验测定。

5.4 空白试验

除不称取试样外,均按上述步骤进行。

6 结果计算

结果按式(1)计算(计算结果应扣除空白值):

$$X_i = \frac{c_i \cdot V_i}{m} \qquad \cdots\cdots(1)$$

式中:

X_i——样品中甲氨嘌呤的质量浓度,单位为毫克每千克(mg/kg);

c_i——标准曲线查得甲氨嘌呤的浓度,单位为毫克每升(mg/L);

V_i——样品稀释后的总体积,单位为毫升(mL);

m——样品质量,单位为克(g)。

7 方法检出限与定量限

甲氨嘌呤的检出限为 1 mg/kg,定量限为 2.5 mg/kg。

8 回收率与精密度

在添加浓度 1 mg/kg ～2.5 mg/kg 浓度范围内，回收率在 85% ～ 110%之间，相对标准偏差小于 10%。

9 允许差

在重复性条件下获得的两次独立测定结果的绝对差值不应超过算术平均值的 10%。

附 录 A
（资料性附录）
标准物质的液相色谱图

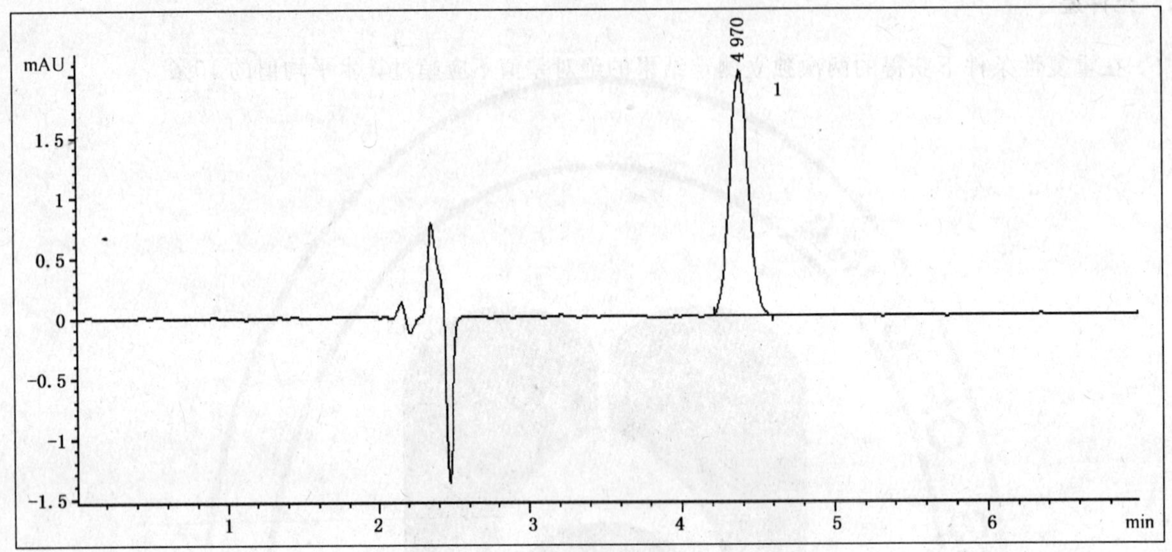

1——甲氨嘌呤(4.37 min)。

图 A.1 甲氨嘌呤的标准液相色谱图

ICS 71.100.70
Y 42

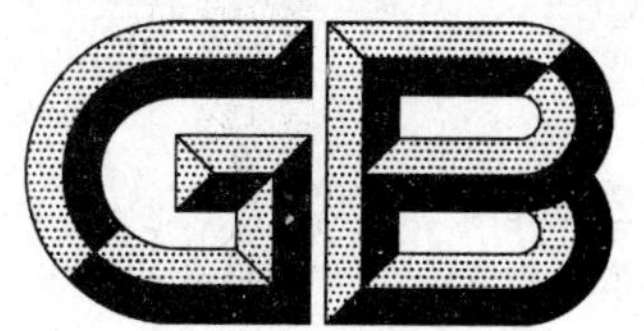

中华人民共和国国家标准

GB/T 24800.9—2009

化妆品中柠檬醛、肉桂醇、茴香醇、肉桂醛和香豆素的测定　气相色谱法

Determination of citral, cinnamyl alcohol, anise alcohol, cinammal and coumarin in cosmetics by gas chromatography method

2009-11-30 发布　　2010-05-01 实施

中华人民共和国国家质量监督检验检疫总局
中国国家标准化管理委员会　发布

前言

本标准的附录A、附录B和附录C为资料性附录。

本标准由中国轻工业联合会提出。

本标准由全国香料香精化妆品标准化技术委员会(SAC/TC 257)归口。

本标准负责起草单位:中国检验检疫科学研究院。

本标准主要起草人:周新、郝楠、蔡天培、马强、任司娜、陈会明、于文莲、陈伟。

化妆品中柠檬醛、肉桂醇、茴香醇、肉桂醛和香豆素的测定　气相色谱法

1　范围

本标准规定了化妆品中柠檬醛、肉桂醇、茴香醇、肉桂醛和香豆素的气相色谱测定方法。

本标准适用于化妆品中柠檬醛、肉桂醇、茴香醇、肉桂醛和香豆素的测定。

本标准的检出限为:柠檬醛 3 mg/kg,肉桂醇 2.5 mg/kg,茴香醇 2 mg/kg,肉桂醛 2 mg/kg,香豆素 3 mg/kg;定量限为:柠檬醛 10 mg/kg,肉桂醇 7.5 mg/kg,茴香醇 7 mg/kg,肉桂醛 7 mg/kg,香豆素 10 mg/kg。

2　规范性引用文件

下列文件中的条款通过本标准的引用而成为本标准的条款。凡是注日期的引用文件,其随后所有的修改单(不包括勘误的内容)或修订版均不适用于本标准,然而,鼓励根据本标准达成协议的各方研究是否可使用这些文件的最新版本。凡是不注日期的引用文件,其最新版本适用于本标准。

GB/T 6682　分析实验室用水规格和试验方法

3　原理

用无水乙醇超声提取化妆品中的柠檬醛、肉桂醇、茴香醇、肉桂醛和香豆素,经高速离心,上清液以微孔滤膜过滤,滤液用气相色谱进行分析,外标法定量,气相色谱-质谱确认。

4　试剂和材料

除非另有说明,所有试剂均为分析纯,水为 GB/T 6682 规定的一级水。

4.1　无水乙醇:色谱纯。

4.2　无水硫酸钠。

4.3　柠檬醛、肉桂醇、茴香醇、肉桂醛、香豆素标准品:纯度均不小于 99%。

4.4　标准储备液:准确称取柠檬醛、肉桂醇、茴香醇、肉桂醛、香豆素标准品各 0.100 0 g 置于 100 mL 容量瓶中,用无水乙醇溶解并定容至刻度,摇匀,配制成柠檬醛、肉桂醇、茴香醇、肉桂醛和香豆素浓度均为 1 000 μg/mL 的标准储备液,于 4 ℃避光保存,可使用三个月。

4.5　氮气、氢气:纯度均不小于 99.999%。

5　仪器和设备

5.1　气相色谱(GC)仪:配有火焰离子化检测器(FID)。

5.2　气相色谱-质谱(GC-MS)仪:配有电子轰击电离离子源(EI)。

5.3　超声波水浴。

5.4　离心机:转速不低于 12 000 r/min。

5.5　具塞比色管:10 mL。

5.6　微孔滤膜:0.45 μm,有机相。

6 分析步骤

6.1 样品处理

6.1.1 固体、膏状、乳液类样品

称取 1 g(精确至 0.001 g)试样于 10 mL 具塞比色管中,加入无水乙醇至 10 mL,超声提取 20 min。取部分溶液转移至 10 mL 具塞塑料离心管中,以不低于 12 000 r/min 离心 15 min,上清液加入 3 g 无水硫酸钠脱水,经 0.45 μm 微孔滤膜过滤,滤液作为待测样液。

6.1.2 液体类样品

称取 1 g(精确至 0.001 g)试样于 10 mL 具塞比色管中,加入无水乙醇至 10 mL,充分摇匀,加入3 g 无水硫酸钠脱水,经 0.45 μm 微孔滤膜过滤,滤液作为待测样液。

6.2 测定条件

6.2.1 气相色谱参考条件

a) 色谱柱:DB-1701 石英毛细管柱,30 m×0.25 mm(内径)×0.25 μm,或相当者。

b) 载气:氮气,流速:1.2 mL/min。

c) 程序升温:初始温度 100 ℃,以 20 ℃/min 的速率升温至 130 ℃,再以 5 ℃/min 的速率升温至 170 ℃,再以 50 ℃/min 的速率升温至 250 ℃。

d) 氢气流量 30 mL/min、空气流量 300 mL/min、尾吹气氮气流量 25 mL/min。

e) 进样口温度:250 ℃。

f) 检测器温度:260 ℃。

g) 进样量:1 μL。

h) 进样方式:分流进样,分流比 1∶5。

6.2.2 质谱参考条件

a) 电离方式:电子轰击电离(EI)。

b) 传输线温度:280 ℃。

c) 电离能量:70 eV。

d) 扫描方式:全扫描,质量范围 40 m/z~250 m/z。

e) 溶剂延迟:3 min。

6.3 标准曲线的绘制

用无水乙醇将混合标准储备液(4.4)逐级稀释得到浓度为 0.5 mg/L、1 mg/L、10 mg/L、50 mg/L、100 mg/L 的混合标准工作液,按 6.2.1 的测定条件浓度由低到高进样测定,以峰面积-浓度作图,得到标准曲线回归方程。

标准品色谱图参见附录 A 中的图 A.1。

柠檬醛、肉桂醇、茴香醇、肉桂醛和香豆素的总离子流图参见附录 B 的图 B.1。

柠檬醛、肉桂醇、茴香醇、肉桂醛和香豆素的标准物质的质谱图分别参见附录 C 的图 C.1、图 C.2、图 C.3、图 C.4、图 C.5。

柠檬醛、肉桂醇、茴香醇、肉桂醛和香豆素的特征选择离子及丰度比见表 1。

表 1 柠檬醛、肉桂醇、茴香醇、肉桂醛和香豆素的特征选择离子及丰度比

名称	分子式	CAS 号	特征选择离子及丰度比
柠檬醛	$C_{10}H_{16}O$	5392-40-5	69(100),41(75),84(27)
肉桂醇	$C_9H_{10}O$	104-54-1	92(100),78(63),134(60)
茴香醇	$C_8H_{10}O_2$	105-13-5	138(100),109(64),121(45)
肉桂醛	C_9H_8O	104-55-2	131(100),103(56),77(42)
香豆素	$C_9H_6O_2$	91-64-5	146(100),118(59),90(32)

6.4 定量测定

按6.2.1的测定条件对待测样液进行测定。待测样液中柠檬醛、肉桂醇、茴香醇、肉桂醛和香豆素的响应值应在标准曲线的线性范围内，超过线性范围则应稀释后再进样分析。

6.5 定性判定

阳性样品，需用气相色谱-质谱进行确认。以标准样品的保留时间和监测离子定性，待测样品中监测离子的丰度比与标准品的相同离子丰度比相差不大于20%。

6.6 空白试验

除不称取样品外，均按上述测定条件和步骤进行。

7 结果计算

结果按式(1)计算，计算结果保留到小数点后两位，计算结果需扣除空白值。

$$X_i = \frac{c_i \times V}{m \times 10^6} \times 100 \qquad \cdots\cdots(1)$$

式中：

X_i——柠檬醛、肉桂醇、茴香醇、肉桂醛和香豆素的含量(%)；

c_i——标准曲线查得的柠檬醛、肉桂醇、茴香醇、肉桂醛和香豆素的浓度，单位为微克每毫升(μg/mL)；

V——样品稀释后总体积，单位为毫升(mL)；

m——样品质量，单位为克(g)。

8 检出限和定量限

本标准的检出限：柠檬醛3 mg/kg，肉桂醇2.5 mg/kg，茴香醇2 mg/kg，肉桂醛2 mg/kg，香豆素3 mg/kg；定量限：柠檬醛10 mg/kg，肉桂醇7.5 mg/kg，茴香醇7 mg/kg，肉桂醛7 mg/kg，香豆素10 mg/kg。

9 回收率

在添加浓度0.05%～0.5%浓度范围内，回收率在80%～110%之间，相对标准偏差小于10%。

10 允许差

在重复性条件下获得的两次独立测定结果的绝对差值不应超过算术平均值的10%。

附 录 A
（资料性附录）
标准物质色谱图

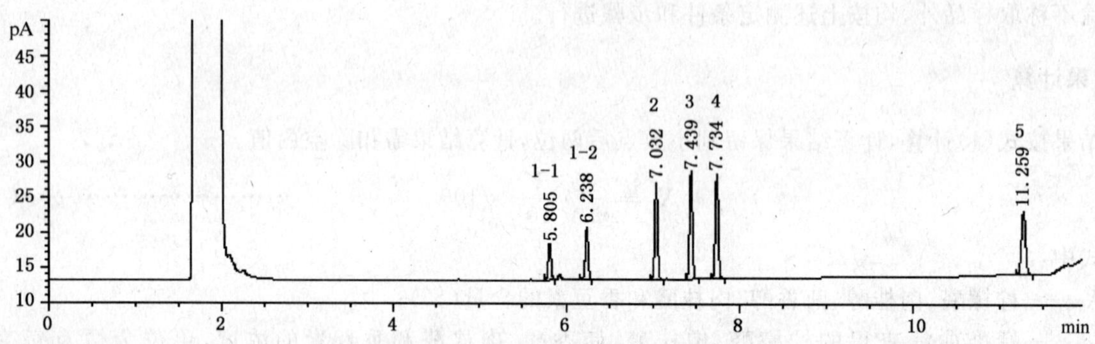

1——柠檬醛；
2——肉桂醇；
3——茴香醇；
4——肉桂醛；
5——香豆素。

图 A.1 柠檬醛、肉桂醇、茴香醇、肉桂醛和香豆素标准物质的色谱图

附 录 B
（资料性附录）
标准物质的总离子流图

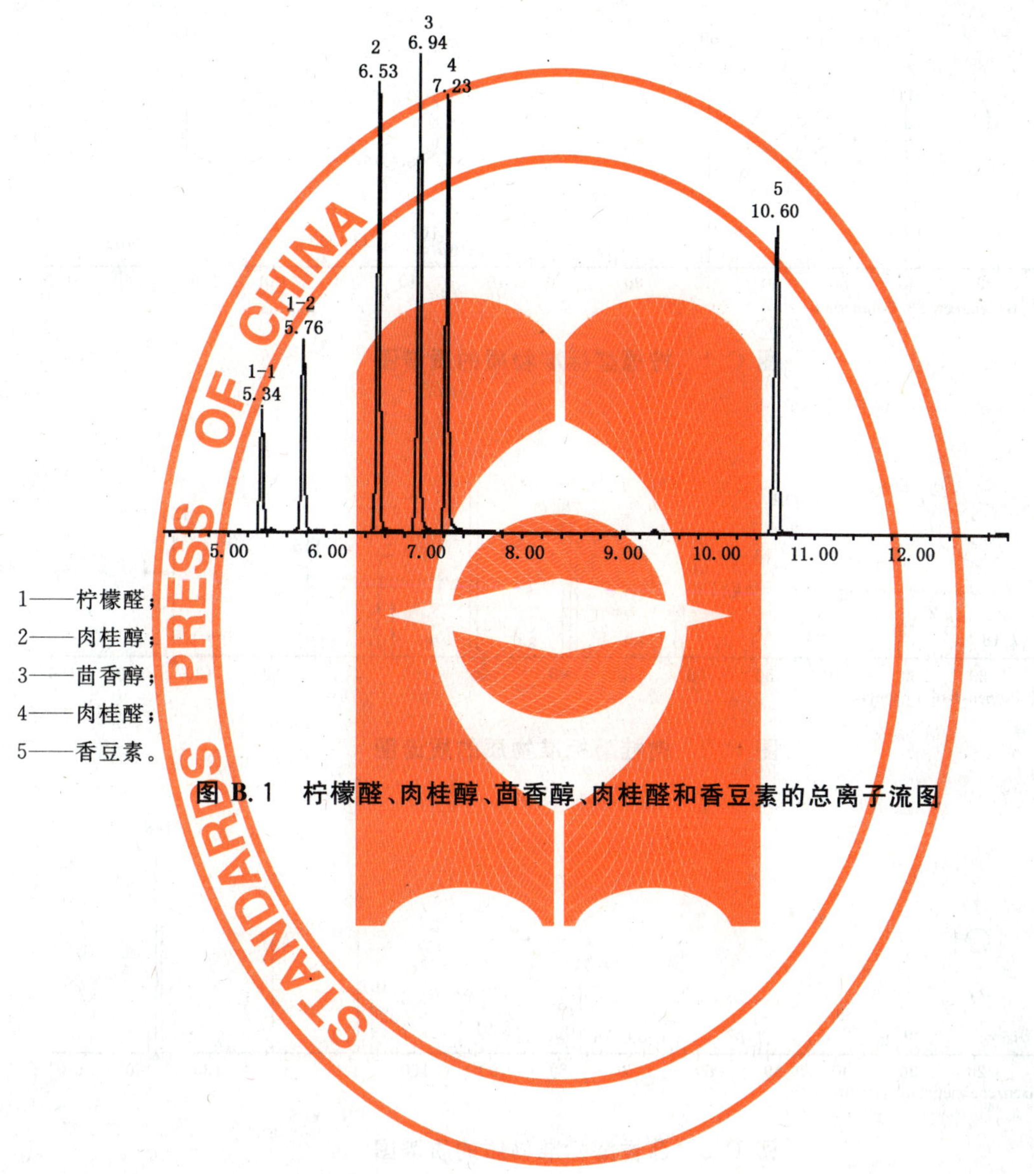

1——柠檬醛；
2——肉桂醇；
3——茴香醇；
4——肉桂醛；
5——香豆素。

图 B.1 柠檬醛、肉桂醇、茴香醇、肉桂醛和香豆素的总离子流图

附 录 C
（资料性附录）
标准物质的质谱图

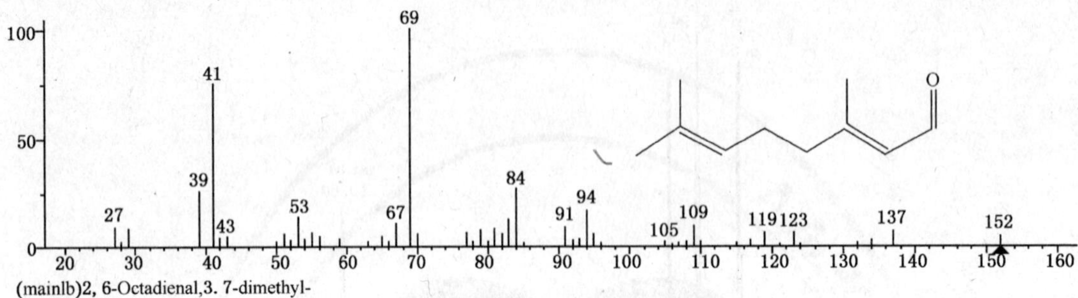

图 C.1 柠檬醛标准物质的质谱图

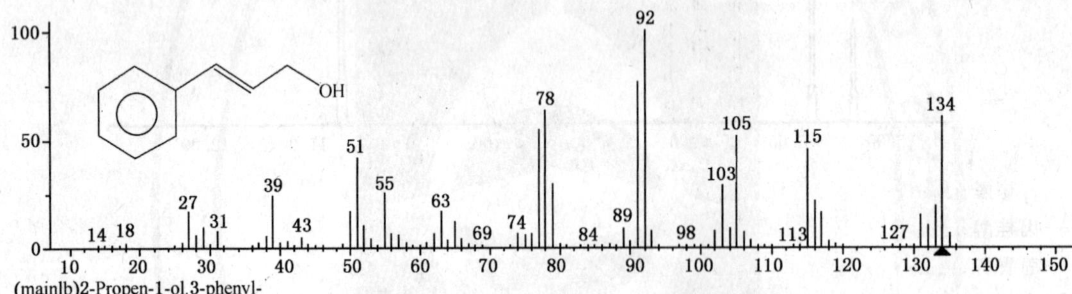

图 C.2 肉桂醇标准物质的质谱图

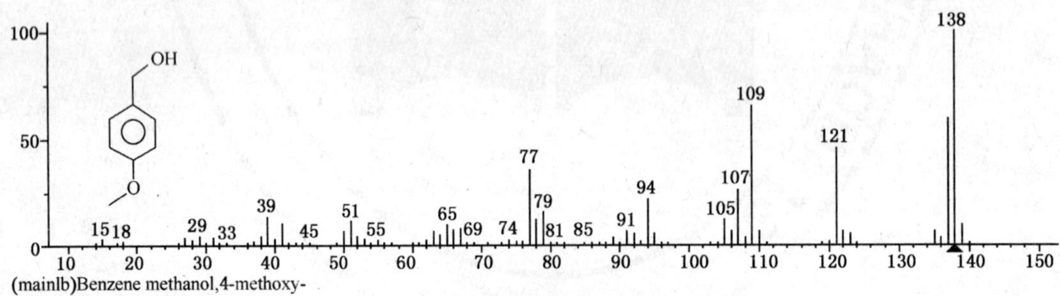

图 C.3 茴香醇标准物质的质谱图

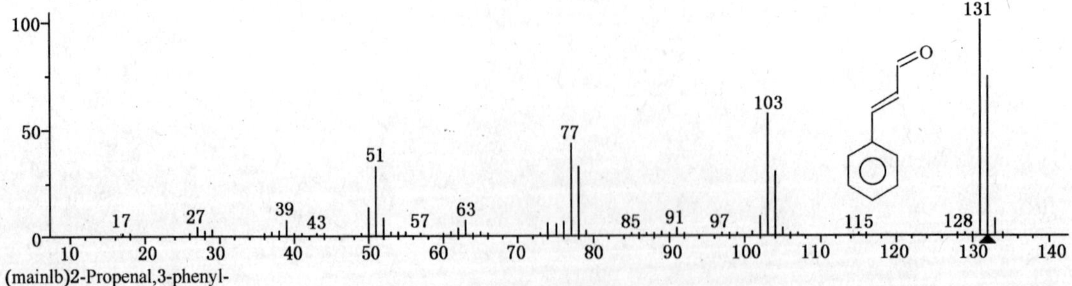

图 C.4 肉桂醛标准物质的质谱图

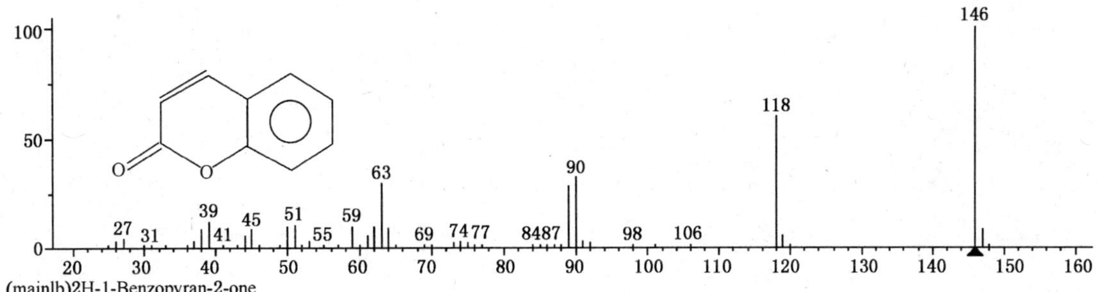

图 C.5 香豆素标准物质的质谱图

ICS 71.100.70
Y 42

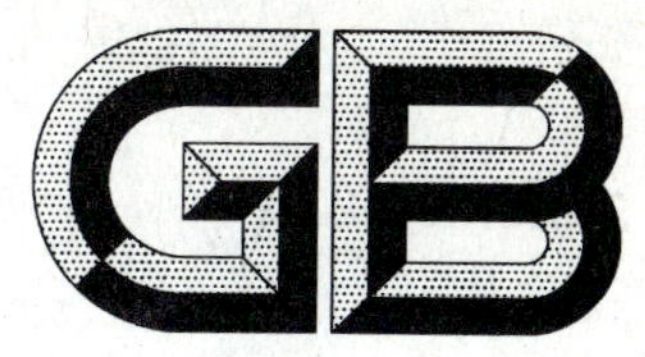

中华人民共和国国家标准

GB/T 24800.10—2009

化妆品中十九种香料的测定 气相色谱-质谱法

Determination of 19 flavors in cosmetics by gas chromatography-mass spectrometry method

2009-11-30 发布　　　　2010-05-01 实施

中华人民共和国国家质量监督检验检疫总局
中国国家标准化管理委员会　发布

前　言

本标准的附录 A 为资料性附录。

本标准由中国轻工业联合会提出。

本标准由全国香料香精化妆品标准化技术委员会(SAC/TC 257)归口。

本标准负责起草单位:中国检验检疫科学研究院。

本标准主要起草人:周新、郝楠、陈伟、马强、陈会明、季美琴、任司娜、于文莲、蔡天培、王超、王星。

化妆品中十九种香料的测定 气相色谱-质谱法

1 范围

本标准规定了化妆品中苧烯、苄醇、芳樟醇、2-辛炔酸甲酯、香茅醇、香叶醇、羟基香茅醛、丁香酚、异丁香酚、α-异甲基紫罗兰酮、丁苯基甲基丙醛、戊基肉桂醛、羟基异己基-3-环己烯甲醛、戊基肉桂醇、金合欢醇、己基肉桂醛、苯甲酸苄酯、水杨酸苄酯、肉桂酸苄酯等十九种香料的气相色谱-质谱测定方法。

本标准适用于化妆品中苧烯、苄醇、芳樟醇、2-辛炔酸甲酯、香茅醇、香叶醇、羟基香茅醛、丁香酚、异丁香酚、α-异甲基紫罗兰酮、丁苯基甲基丙醛、戊基肉桂醛、羟基异己基-3-环己烯甲醛、戊基肉桂醇、金合欢醇、己基肉桂醛、苯甲酸苄酯、水杨酸苄酯、肉桂酸苄酯等十九种香料的测定。

本标准的检出限和定量限：十九种香料的检出限均为 3 mg/kg，定量限均为 10 mg/kg。

2 规范性引用文件

下列文件中的条款通过本标准的引用而成为本标准的条款。凡是注日期的引用文件，其随后所有的修改单(不包括勘误的内容)或修订版均不适用于本标准，然而，鼓励根据本标准达成协议的各方研究是否可使用这些文件的最新版本。凡是不注日期的引用文件，其最新版本适用于本标准。

GB/T 6682　分析实验室用水规格和试验方法

3 原理

用甲醇超声提取试样中的十九种香料，经高速离心，上清液经干燥脱水后以微孔滤膜过滤，滤液用气相色谱-质谱进行分析，外标法定量。

4 试剂和材料

除非另有说明，所有试剂均为分析纯，水为 GB/T 6682 规定的一级水。

4.1　甲醇：色谱纯。

4.2　无水硫酸钠。

4.3　苧烯、苄醇、芳樟醇、2-辛炔酸甲酯、香茅醇、香叶醇、羟基香茅醛、丁香酚、异丁香酚、α-异甲基紫罗兰酮、丁苯基甲基丙醛、戊基肉桂醛、羟基异己基-3-环己烯甲醛、戊基肉桂醇、金合欢醇、己基肉桂醛、苯甲酸苄酯、水杨酸苄酯、肉桂酸苄酯标准品：纯度均不小于 99%。

4.4　十九种香料混合标准储备液：准确称取苧烯、苄醇、芳樟醇、2-辛炔酸甲酯、香茅醇、香叶醇、羟基香茅醛、丁香酚、异丁香酚、α-异甲基紫罗兰酮、丁苯基甲基丙醛、戊基肉桂醛、羟基异己基-3-环己烯甲醛、戊基肉桂醇、金合欢醇、己基肉桂醛、苯甲酸苄酯、水杨酸苄酯、肉桂酸苄酯标准品各 1.000 0 g 置于 100 mL 容量瓶中，用甲醇溶解并定容至刻度，摇匀，配制成十九种香料浓度均为 10 mg/mL 的混合标准储备液，于 4 ℃避光保存，可使用三个月。

4.5　氦气：纯度不小于 99.999%。

5 仪器和设备

5.1　气相色谱-质谱(GC-MS)仪：配有电子轰击电离离子源(EI)。

5.2　超声波水浴。

5.3 离心机:转速不低于 12 000 r/min。

5.4 具塞比色管:10 mL。

5.5 微孔滤膜:0.45 μm,有机相。

6 分析步骤

6.1 样品处理

6.1.1 固体、膏状、乳液类样品

称取 1 g(精确至 0.001 g)试样于 10 mL 具塞比色管中,加入甲醇至 10 mL,超声提取 15 min。取部分溶液转移至 10 mL 具塞塑料离心管中,以不低于 12 000 r/min 离心 15 min,上清液加入 2 g 无水硫酸钠脱水,经 0.45 μm 微孔滤膜过滤,滤液作为待测样液。

6.1.2 液体类样品

称取 1 g(精确至 0.001 g)试样于 10 mL 具塞比色管中,加入甲醇至 10 mL,充分摇匀,加入 2 g 无水硫酸钠脱水,经 0.45 μm 微孔滤膜过滤,滤液作为待测样液。

6.2 测定条件

气相色谱-质谱测定条件如下:

a) 色谱柱:5%苯基二甲基聚硅氧烷石英毛细管柱,30 m×0.25 mm(内径)×0.25 μm,或相当者。

b) 载气:氦气,流速:1.2 mL/min。

c) 程序升温:80 ℃保持 5 min,以 8 ℃/min 的速率升温至 250 ℃,保持 1 min。

d) 传输线温度:280 ℃。

e) 进样口温度:250 ℃。

f) 进样方式:分流进样,分流比 10∶1。

g) 进样量:1 μL。

h) 电离方式:电子轰击电离(EI)。

i) 电离能量:70 eV。

j) 扫描方式:选择离子扫描,特征选择离子及丰度比见表 1。

表 1 特征选择离子及丰度比

香料名称	分子式	CAS	特征选择离子及丰度比
苧烯	$C_{10}H_{16}$	5989-27-5	68(100)、93(59)、67(45)
苄醇	C_7H_8O	100-51-6	79(100)、108(89)、107(69)
芳樟醇	$C_{10}H_{18}O$	78-70-6	71(100)、41(64)、43(64)
2-辛炔酸甲酯	$C_9H_{14}O_2$	111-12-6	95(100)、123(73)、55(59)
香茅醇	$C_{10}H_{20}O$	106-22-9	41(100)、69(83)、55(48)
香叶醇	$C_{10}H_{18}O$	106-24-1	69(100)、41(65)、68(20)
羟基香茅醛	$C_{10}H_{20}O_2$	107-75-5	59(100)、43(50)、71(38)
丁香酚	$C_8H_8O_2$	97-53-0	164(100)、103(36)、77(35)
异丁香酚	$C_{10}H_{12}O_2$	97-54-1	164(100)、77(45)、149(40)
α-异甲基紫罗兰酮	$C_{14}H_{22}O$	127-51-5	135(100)、150(82)、107(73)
丁苯基甲基丙醛	$C_{14}H_{20}O$	80-54-6	189(100)、147(13)、131(40)
戊基肉桂醛	$C_{14}H_{18}O$	122-40-7	117(100)、129(95)、91(78)

表 1（续）

香料名称	分子式	CAS	特征选择离子及丰度比
羟基异己基-3-环己烯甲醛	$C_{13}H_{22}O_2$	31906-04-4	136(100)、93(70)、79(62)
戊基肉桂醇	$C_{14}H_{20}O$	101-85-9	91(100)、133(82)、115(66)
金合欢醇	$C_{15}H_{26}O$	4602-84-0	69(100)、81(49)、41(43)
己基肉桂醛	$C_{15}H_{20}O$	101-86-0	129(100)、117(63)、91(54)
苯甲酸苄酯	$C_{14}H_{12}O_2$	120-51-4	105(100)、91(46)、77(32)
水杨酸苄酯	$C_{14}H_{12}O_3$	118-58-1	91(100)、65(20)、39(13)
肉桂酸苄酯	$C_{16}H_{14}O_2$	103-41-3	91(100)、81(49)、41(43)

6.3 标准曲线的绘制

用甲醇将十九种香料混合标准储备液(4.4)逐级稀释得到浓度为 1 mg/L、5 mg/L、10 mg/L、20 mg/L、50 mg/L 的混合标准工作液，按 6.2 的测定条件浓度由低到高进样测定，以峰面积-浓度作图，得到标准曲线回归方程。

十九种香料标准品色谱图参见附录 A 中的图 A.1。

6.4 定量测定

按 6.2 的测定条件对待测样液进行测定，用外标法定量。待测样液中十九种香料的响应值应在标准曲线的线性范围内，超过线性范围则应稀释后再进样分析。

6.5 定性判定

以标准样品的保留时间和监测离子定性，待测样品中监测离子的丰度比与标准品的相同离子丰度比相差不大于 20%。

6.6 空白试验

除不称取样品外，均按上述测定条件和步骤进行。

7 结果计算

结果按式(1)计算，计算结果保留两位小数，计算结果需扣除空白值。

$$X_i = \frac{c_i \times V}{m \times 10^6} \times 100 \quad \cdots\cdots (1)$$

式中：

X_i——样品中被测香料的含量，%；

c_i——标准曲线查得的待测样液中被测香料的浓度，单位为微克每毫升(μg/mL)；

V——样品稀释后总体积，单位为毫升(mL)；

m——样品质量，单位为克(g)。

8 检出限和定量限

本标准的检出限和定量限：十九种香料的检出限均为 3 mg/kg，定量限均为 10 mg/kg。

9 回收率

在添加浓度 10 mg/kg～500 mg/kg 浓度范围内，回收率在 80%～110%之间，相对标准偏差小于 10%。

10 允许差

在重复性条件下获得的两次独立测定结果的绝对差值不应超过算术平均值的 10%。

附 录 A
（资料性附录）
标准物质色谱图

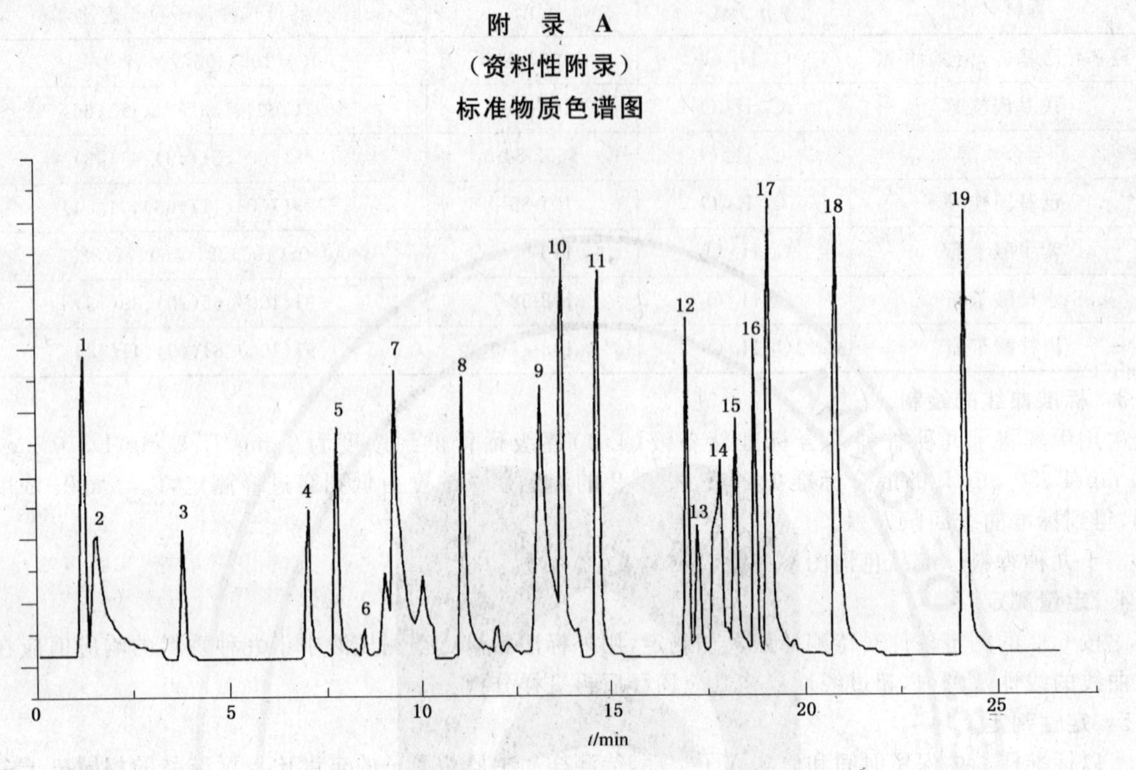

1——苧烯；
2——苄醇；
3——芳樟醇；
4——2-辛炔酸甲酯；
5——香茅醇；
6——香叶醇；
7——羟基香茅醛；
8——丁香酚；
9——异丁香酚；
10——α-异甲基紫罗兰酮；
11——丁苯基甲基丙醛；
12——戊基肉桂醛；
13——羟基异己基-3-环己烯甲醛；
14——戊基肉桂醇；
15——金合欢醇；
16——己基肉桂醛；
17——苯甲酸苄酯；
18——水杨酸苄酯；
19——肉桂酸苄酯。

图 A.1 十九种香料标准物质的选择离子色谱图

ICS 71.100.70
Y 42

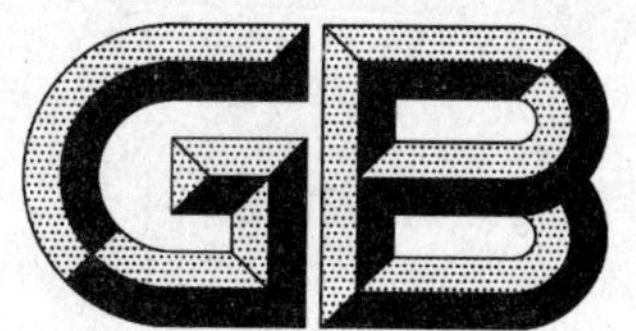

中华人民共和国国家标准

GB/T 24800.11—2009

化妆品中防腐剂苯甲醇的测定 气相色谱法

Determination of benzyl alcohol as antiseptic in cosmetics by gas chromatography method

2009-11-30 发布　　　　2010-05-01 实施

中华人民共和国国家质量监督检验检疫总局
中国国家标准化管理委员会　发布

前言

本标准的附录A为资料性附录。

本标准由中国轻工业联合会提出。

本标准由全国香料香精化妆品标准化技术委员会(SAC/TC 257)归口。

本标准负责起草单位:上海市质量监督检验技术研究院。

本标准主要起草人:曹程明、周耀斌、李勤、顾宇翔、周泽琳。

化妆品中防腐剂苯甲醇的测定
气相色谱法

1 范围

本标准规定了用气相色谱法测定化妆品中防腐剂苯甲醇的含量。

本标准适用于膏霜、乳液、化妆水、染发剂等化妆品中苯甲醇的测定。本方法的检出限为 13 μg/g,本方法的定量限为 0.005%。

2 原理

试样经无水乙醇超声提取,离心沉淀分离后,以氮气为载气,采用气相色谱毛细管柱分离,氢火焰离子化检测器(FID 检测器)检测,外标法定量。

3 试剂和材料

除另外说明外,所有试剂均为分析纯。

3.1 无水乙醇。

3.2 苯甲醇,色谱纯,含量不小于 99.5%。

3.3 苯甲醇标准储备液:准确称取苯甲醇 0.100 0 g 于 100 mL 的容量瓶中,用乙醇溶解并定容至刻度。此溶液 1 mL 相当于 1.0 mg 苯甲醇。

4 仪器和设备

4.1 气相色谱仪:具氢火焰离子化检测器(FID)。

4.2 分析天平,感量为 0.1 mg。

4.3 分析天平,感量为 0.01 g。

4.4 容量瓶:10 mL、100 mL。

4.5 具塞离心刻度试管:10 mL。

4.6 超声振荡器。

4.7 离心机 :转速不小于 3 000 r/min。

4.8 滤膜:孔径 0.45 mm。

5 分析步骤

5.1 标准曲线制备

5.1.1 标准系列溶液

准确分别吸取苯甲醇标准储备液(3.3)1.00 mL、2.00 mL、3.00 mL、4.00 mL、5.00 mL 于 10 mL 容量瓶中,用乙醇稀释至刻度。配制成浓度为 100 μg/mL、200 μg/mL、300 μg/mL、400 μg/mL、500 μg/mL 的标准系列溶液。

5.1.2 气相色谱参考条件

气相色谱参考条件如下:

a) 色谱柱:5%苯基二甲基聚硅氧烷石英毛细管,60 m×0.53 mm(内径)×1.0 μm,或相当者;

b) 柱温:100 ℃保持 3 min,以 10 ℃/min 的速率升温至 240 ℃,再以 40 ℃/min 的速率升温至

280 ℃保持 3 min；

c) 汽化室温度：230 ℃；

d) 检测器温度：300 ℃；

e) 载气：N_2，纯度不小于 99.99%；

f) 燃气，H_2，纯度不小于 99.99%；

g) 载气流速：4.0 mL/min；

h) 氢气流速：40 mL/min；

i) 空气流速：450 mL/min；

j) 进样方式：分流进样，分流比 1∶5。

注：载气、空气、氢气流速随仪器而异，操作者可根据仪器及色谱柱等差异，通过试验选择最佳操作条件，使苯甲醇与化妆品中其他组分峰获得完全分离。

5.1.3 标准曲线

按 5.1.2 色谱条件进样 1.0 μL 进行检测。以标准系列溶液的浓度为横坐标，对应的峰面积为纵坐标，作标准曲线，或进行线性回归得到标准曲线方程。

标准液相色谱图参见附录 A 的图 A.1。

5.2 测定

5.2.1 试样处理

称取 0.5 g～1.0 g(精确至 0.01 g)样品于 10 mL 容量瓶中，加入 5 mL 无水乙醇，超声振荡 20 min，用乙醇定容至刻度，充分混匀后，转移至 10 mL 刻度离心管中，以 3 000 r/min 离心 10 min。上清液经 0.45 μm 滤膜过滤，滤液作为待测样液。

5.2.2 试样溶液的测定

按 5.1.2 的色谱条件，取 5.2.1 步骤中滤液 1 μL 进样，得到试样溶液的峰面积，根据保留时间定性，峰面积定量，从标准曲线上查得试样溶液中苯甲醇的含量。试样溶液中苯甲醇的响应值应在标准曲线线性范围内，超过线性范围则应稀释后再进样分析。

5.2.3 空白实验

除不称取样品外，均按上述测定条件和步骤进行。

6 结果计算

苯甲醇含量按式(1)计算：

$$X = \frac{c \times V \times 10^{-6}}{m} \times 100 \qquad \cdots\cdots(1)$$

式中：

X——试样中苯甲醇的质量百分比含量，%；

c——从标准曲线中得出的苯甲醇浓度，单位为微克每毫升(μg/mL)；

V——试样溶液的体积，单位为毫升(mL)；

m——试样质量，单位为克(g)。

计算结果保留两位有效数字。

7 方法回收率

当样品添加标准浓度在 0.01%～0.5%范围内，测定结果的平均回收率在 96.85%～112.93%。

8 允许差

在重复条件下获得的两次独立测定结果的绝对差值不应超过算术平均值的 10%。

附 录 A
（资料性附录）
色谱谱图示例

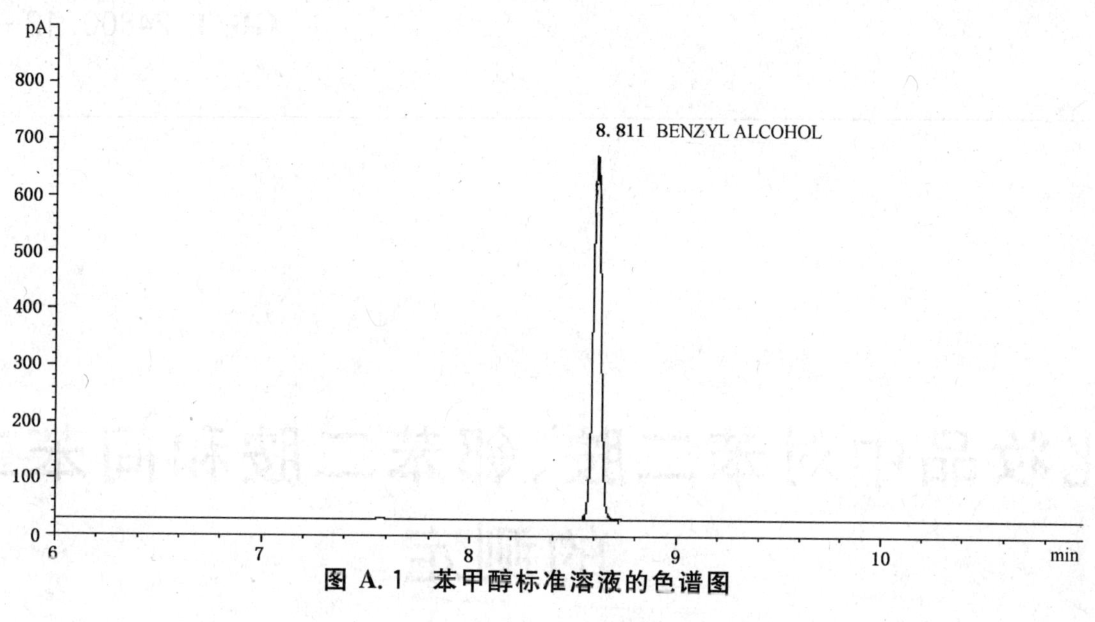

图 A.1 苯甲醇标准溶液的色谱图

ICS 71.100.70
Y 42

中华人民共和国国家标准

GB/T 24800.12—2009

化妆品中对苯二胺、邻苯二胺和间苯二胺的测定

Determination of p-phenylenediamine, o-phenylenediamine and m-phenylenediamine in cosmetics

2009-11-30 发布 2010-05-01 实施

中华人民共和国国家质量监督检验检疫总局
中国国家标准化管理委员会 发布

前　言

本标准的附录 A、附录 B 为资料性附录。

本标准由中国轻工业联合会提出。

本标准由全国香料香精化妆品标准化技术委员会(SAC/TC 257)归口。

本标准负责起草单位:上海市质量监督检验技术研究院。

本标准主要起草人:周泽琳、张辉、王丁林、严罗美、巢强国。

引　言

本标准中的被测物质邻苯二胺、间苯二胺是我国《化妆品卫生规范》规定的禁用物质，不得作为化妆品生产原料即组分添加到化妆品中。如果技术上无法避免禁用物质作为杂质带入化妆品时，则化妆品成品应符合《化妆品卫生规范》对化妆品的一般要求，即在正常及合理的可预见的使用条件下，不得对人体健康产生危害。

目前我国尚未规定这些物质的限量值，本标准的制定，仅对化妆品中测定这些物质提供检测方法。

化妆品中对苯二胺、邻苯二胺和间苯二胺的测定

1 范围

本标准规定了用高效液相色谱法和气相色谱法测定化妆品中对苯二胺、邻苯二胺和间苯二胺的含量。

本标准适用于化妆品中对苯二胺、邻苯二胺和间苯二胺的测定。

本标准高效液相色谱法对苯二胺、邻苯二胺和间苯二胺的检出限均为 150 μg/g,定量限均为 500 μg/g;气相色谱法对苯二胺、邻苯二胺和间苯二胺的检出限均为 150 μg/g,定量限均为 500 μg/g。

2 规范性引用文件

下列文件中的条款通过本标准的引用而成为本标准的条款。凡是注明日期的引用文件,其随后所有的修改单(不包括勘误的内容)或修订版均不适用于本标准,然而,鼓励根据本标准达成协议的各方研究是否可使用这些文件的最新版本。凡是不注明日期的引用文件,其最新版本适用于本标准。

GB/T 6682 分析实验室用水规格和试验方法(GB/T 6682—2008,ISO 3696:1987,MOD)

3 高效液相色谱法

3.1 原理

试样经甲醇超声提取后,经滤膜过滤,采用高效液相色谱分离,二极管阵列检测器检测,外标法定量。

3.2 试剂和材料

除另外说明外,所有试剂均为分析纯,水为符合 GB/T 6682 规定的一级水。

3.2.1 标准物质:对苯二胺,纯度不小于 99%。

3.2.2 标准物质:邻苯二胺,纯度不小于 99%。

3.2.3 标准物质:间苯二胺,纯度不小于 99%。

3.2.4 甲醇:色谱纯。

3.2.5 乙腈:色谱纯。

3.2.6 亚硫酸钠溶液:质量分数为 2%。

3.2.7 三乙醇胺。

3.2.8 磷酸。

3.2.9 三乙醇胺磷酸缓冲溶液:准确移取 10.0 mL 三乙醇胺溶解于 1 000 mL 水中,用磷酸调 pH7.7,经 0.45 μm 滤膜过滤。

3.2.10 对苯二胺、邻苯二胺、间苯二胺混合标准溶液储备液:分别准确称取对苯二胺、邻苯二胺、间苯二胺各 0.25 g(精确至 0.1 mg)于 100 mL 的容量瓶中,用甲醇溶解并定容至刻度。此溶液 1 mL 相当于 2.50 mg 对苯二胺、邻苯二胺、间苯二胺,该溶液 4 ℃可避光保存 3 天。

3.2.11 对苯二胺、邻苯二胺、间苯二胺混合标准系列使用溶液:准确吸取混合标准溶液储备液(3.2.10)0.50 mL、1.00 mL、2.00 mL、3.00 mL、4.00 mL、5.00 mL 于 6 个 25 mL 容量瓶中,用甲醇稀释至刻度。配制成浓度为 50 mg/L、100 mg/L、200 mg/L、300 mg/L、400 mg/L、500 mg/L 的混合标准系列使用溶液,并另配制试剂空白,溶液现配现用。

3.3 仪器和设备

3.3.1 高效液相色谱仪：具二极管阵列检测器。

3.3.2 分析天平：感量 0.1 mg。

3.3.3 分析天平：感量 0.01 g。

3.3.4 pH 计：测量精度±0.02 pH。

3.3.5 具塞比色管：50 mL。

3.3.6 容量瓶：25 mL、100 mL。

3.3.7 漩涡振荡器。

3.3.8 超声振荡器。

3.3.9 滤膜：孔径 0.45 μm。

3.4 分析步骤

3.4.1 样品处理

称取 2.00 g（精确至 0.01 g）样品于 50 mL 具塞比色管，加入 1 mL 2%亚硫酸钠溶液（3.2.6）、25 mL 甲醇（3.2.4），漩涡振荡 30 s，再加入 15 mL 甲醇（3.2.4），混匀，超声提取 15 min，用甲醇（3.2.4）定容至刻度。充分混匀后，静置，上清液经 0.45 μm 滤膜过滤，滤液作为待测样液。

3.4.2 高效液相色谱参考条件

a) 色谱柱：反相 C_{18} 柱，250 mm×4.6 mm，5 μm，或相当者；

b) 流动相：三乙醇胺磷酸缓冲溶液＋乙腈（97＋3）；

c) 流速：1.0 mL/min；

d) 柱温：30 ℃；

e) 检测器：二极管阵列检测器；

f) 检测波长：280 nm；

g) 进样量：5 μL 。

注：流动相比例、流速等色谱条件随仪器而异，应通过试验选择最佳操作条件，使苯二胺类化合物与化妆品中其他组分峰获得完全分离。

3.4.3 测定

按 3.4.2 色谱条件，取混合标准系列使用溶液（3.2.11）和 3.4.1 步骤中滤液 5 μL 进样。得到标准曲线和试样溶液的峰面积。从标准曲线上查得试样溶液中的对苯二胺、邻苯二胺、间苯二胺的浓度。

标准物质与加标样品的液相色谱图参见附录 A 的图 A.1。

3.5 结果计算

试样中对苯二胺、邻苯二胺和间苯二胺的含量按式（1）进行计算。

$$X_1 = \frac{c_1 \times V_1 \times 100}{m_1 \times 10^6} \qquad \cdots\cdots (1)$$

式中：

X_1——试样中对苯二胺、邻苯二胺和间苯二胺的含量，单位为质量分数（%）；

c_1——试样溶液中对苯二胺、邻苯二胺和间苯二胺的浓度，单位为毫克每升（mg/L）；

V_1——试样溶液的体积，单位为毫升（mL）；

m_1——试样质量，单位为克（g）。

计算结果保留两位有效数字。

注：对于混合使用的试样，取含有苯二胺染料的试样进行检测，计算结果按实际使用时的比例进行折算。

3.6 允许差

在重复条件下获得的两次独立测定结果的绝对差值不应超过算术平均值的 10%。

3.7 方法回收率

在添加浓度为 0.05%～0.5%范围内，对苯二胺、间苯二胺和邻苯二胺的回收率分别为 91%～

102%、79%～99%和73%～91%。

4 气相色谱法

4.1 原理

试样经甲醇超声提取后，经滤膜过滤，采用毛细管气相色谱柱分离，氢火焰离子化检测器检测，外标法定量。

4.2 试剂和材料

同3.2.1～3.2.4、3.2.6、3.2.10。

4.3 仪器和设备

4.3.1 气相色谱仪：具氢火焰离子化检测器。

4.3.2 其他设备：同3.3.2、3.3.3、3.3.5～3.3.9。

4.4 分析步骤

4.4.1 样品处理

同3.4.1。

4.4.2 气相色谱参考条件

a) 色谱柱：HP-5，60 m×0.25 mm×1.0 μm，或相当者；

b) 柱温：100 ℃保持1 min，以10 ℃/min的速率升温至200 ℃，再以18 ℃/min的速率升温至280 ℃保持15 min；

c) 汽化室温度：220 ℃；

d) 分流比：1∶5；

e) 检测器温度：300 ℃；

f) 载气：氮气，流速：1.0 mL/min；

g) 氢气：40 mL/min；

h) 空气：400 mL/min。

注：载气、空气、氢气流速及程序升温条件等随仪器而异，应通过试验选择最佳操作条件，使苯二胺类化合物与化妆品中其他组分峰获得完全分离。

4.4.3 测定

按4.4.2色谱条件，取混合标准系列使用溶液(3.2.11)和4.4.1步骤中滤液1 μL进样。得到标准曲线和试样溶液的峰面积。从标准曲线上查得试样溶液中的对苯二胺、邻苯二胺和间苯二胺的浓度。标准物质与加标样品的气相色谱图参见附录B的图B.1。

4.5 结果计算

试样中对苯二胺、邻苯二胺和间苯二胺的含量按式(2)进行计算。

$$X_2=\frac{c_2\times V_2\times 100}{m_2\times 10^6} \qquad (2)$$

式中：

X_2——试样中对苯二胺、邻苯二胺和间苯二胺的含量，单位为质量分数(%)；

c_2——试样溶液中对苯二胺、邻苯二胺和间苯二胺的浓度，单位为毫克每升(mg/L)；

V_2——试样溶液的体积，单位为毫升(mL)；

m_2——试样质量，单位为克(g)。

计算结果保留两位有效数字。

注：对于混合使用的试样，取含有苯二胺染料的试样进行检测，计算结果按实际使用时的比例进行折算。

4.6 允许差

在重复条件下获得的两次独立测定结果的绝对差值不应超过算术平均值的10%。

4.7　方法回收率

在添加浓度为 0.05%～0.5%范围内，对苯二胺、间苯二胺和邻苯二胺的回收率分别为 89%～100%、85%～93%和 80%～93%。

附　录　A
（资料性附录）
标准物质与加标样品液相色谱图

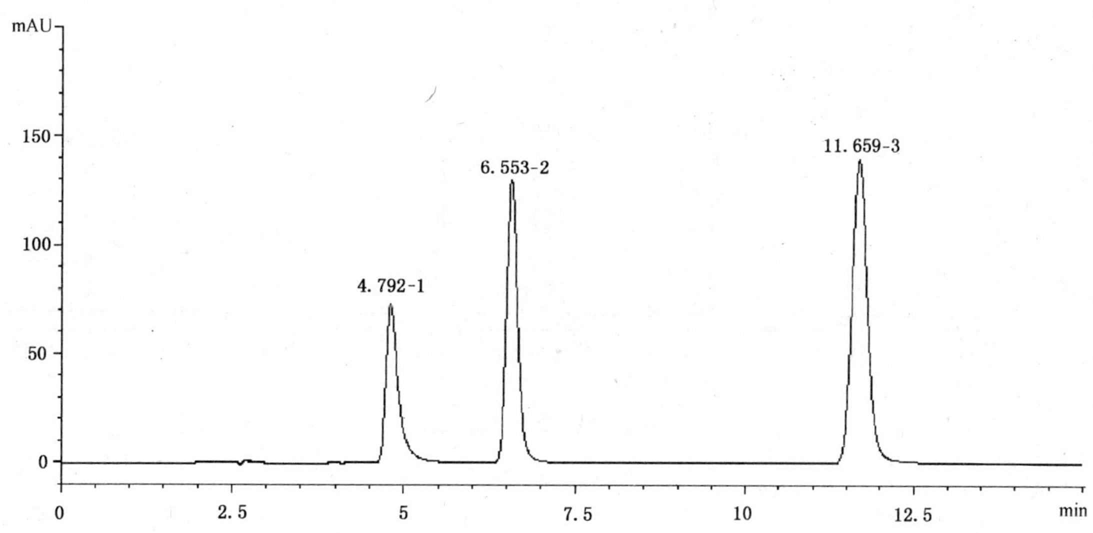

a）标准物质液相色谱图

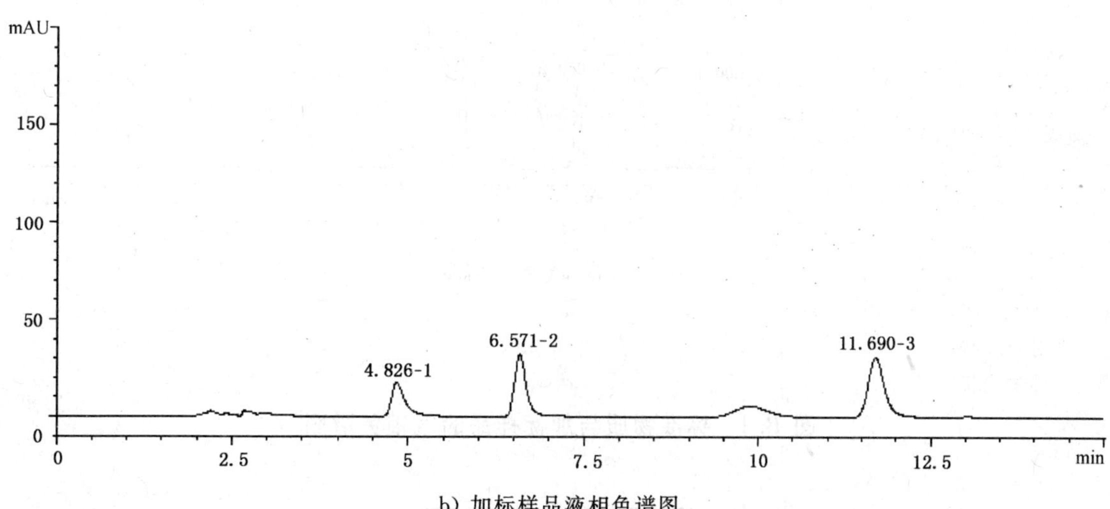

b）加标样品液相色谱图

1——对苯二胺；

2——间苯二胺；

3——邻苯二胺。

图 A.1　标准物质与加标样品的液相色谱图

附 录 B
（资料性附录）
标准物质与加标样品气相色谱图

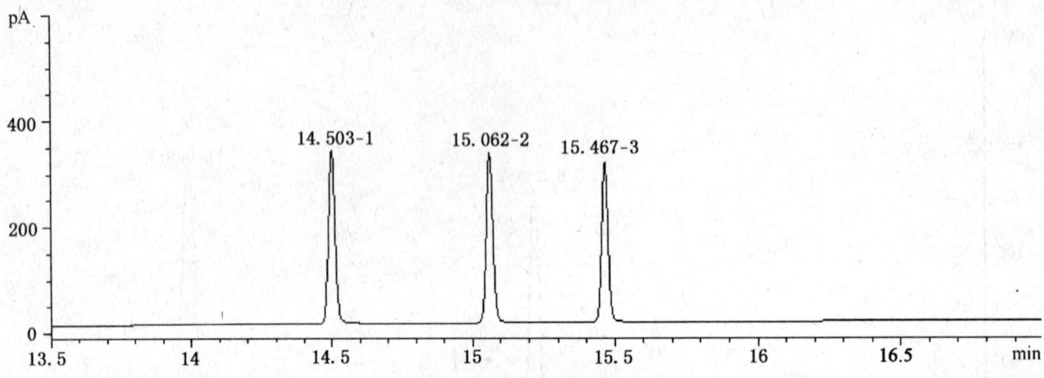

a）标准物质气相色谱图

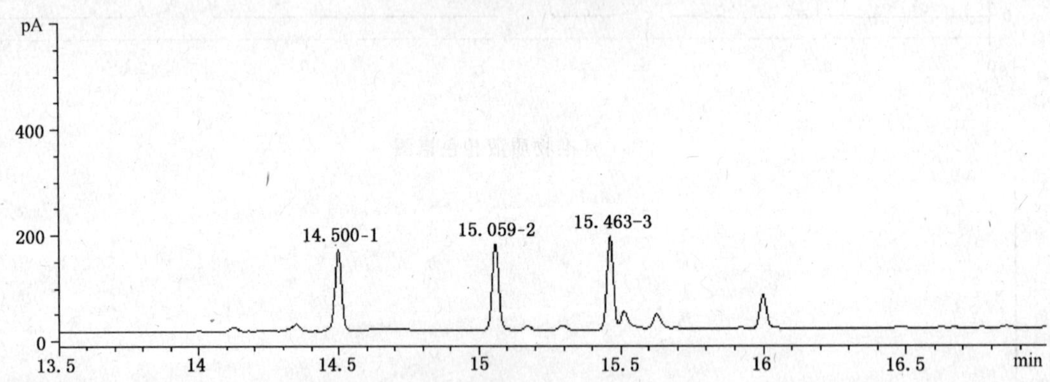

b）加标样品气相色谱图

1——邻苯二胺；
2——对苯二胺；
3——间苯二胺。

图 B.1 标准物质与加标样品的气相色谱图

ICS 71.100.70
Y 42

中华人民共和国国家标准

GB/T 24800.13—2009

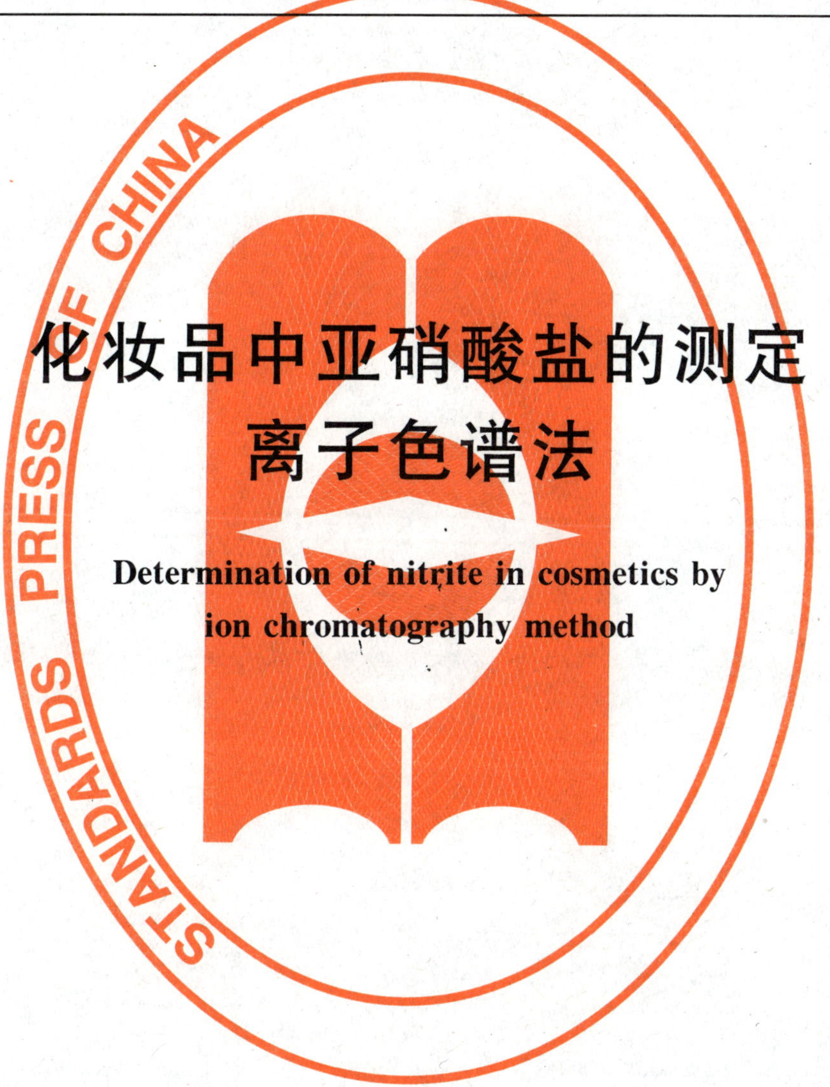

化妆品中亚硝酸盐的测定 离子色谱法

Determination of nitrite in cosmetics by ion chromatography method

2009-11-30 发布　　2010-05-01 实施

中华人民共和国国家质量监督检验检疫总局
中国国家标准化管理委员会　发布

前　言

本标准的附录A为资料性附录。

本标准由中国轻工业联合会提出。

本标准由全国香料香精化妆品标准化技术委员会(SAC/TC 257)归口。

本标准负责起草单位:中国检验检疫科学研究院、上海香料研究所。

本标准主要起草人:王超、武婷、肖海清、马强、席广成、王星、李琼、沈敏。

引　言

无机亚硝酸盐(亚硝酸钠除外,亚硝酸钠允许作为防锈剂使用,限用量为0.2%)是我国《化妆品卫生规范》规定的禁用物质,不得作为化妆品生产原料即组分添加到化妆品中。如果技术上无法避免禁用物质作为杂质带入化妆品时,则化妆品成品应符合《化妆品卫生规范》对化妆品的一般要求,即在正常及合理的可预见的使用条件下,不得对人体健康产生危害。

目前我国尚未规定这些物质的限量值。本标准的制定,仅对化妆品中测定这些物质提供检测方法。

化妆品中亚硝酸盐的测定
离子色谱法

1 范围

本标准规定了化妆品中亚硝酸盐的测定方法。

本标准适用于皮肤护理类化妆品中亚硝酸盐的测定。

本标准对于亚硝酸盐的检出限为0.000 025%,定量限为0.000 05%。

2 原理

以乙腈作为破乳剂,高速振荡、离心,上清液经超纯水稀释后,过0.22 μm的尼龙滤膜和RP柱(或C_{18}柱)后,溶液注入配有电导检测器的离子色谱仪检测,外标法定量。

3 试剂和材料

除另有规定外,试剂均为分析纯。

3.1 水:超纯水。

3.2 亚硝酸盐标准液:国家标准物质,储备液在冰箱冷藏保存,可使用两个月。

3.3 亚硝酸盐标准工作溶液:用水将上述标准液(3.2)分别配成0.1 mg/L、0.2 mg/L、0.5 mg/L、1.0 mg/L一系列浓度的标准工作溶液,现用现配。

4 仪器

4.1 离子色谱仪,配有数字型电导检测器。

4.2 涡旋振荡器。

4.3 超声波清洗器。

4.4 离心机,大于5 000 r/min。

4.5 溶剂过滤器和0.22 μm尼龙滤膜。

4.6 具塞比色管,10 mL。

4.7 RP柱或C_{18}柱,1 mL。

注:RP柱或C_{18}柱使用前需活化:分别用5 mL甲醇、10 mL水活化后,放置30 min后即可使用。

5 测定步骤

5.1 样品处理

称取化妆品试样约2.0 g,精确到0.001 g,于10 mL具塞比色管中,加乙腈定容至刻度,在涡旋振荡器上高速振荡1 min后,在离心机上于6 000 r/min离心20 min,取上清液1 mL至10 mL比色管中,加超纯水定容至刻度,依次通过0.22 μm尼龙滤膜,RP柱(或C_{18}柱)后,滤液供测定用。

5.2 测定

5.2.1 色谱条件

5.2.1.1 色谱柱:阴离子交换柱,4 mm×250 mm(带4 mm×50 mm保护柱);

5.2.1.2 淋洗液:4.5 mmol/L Na_2CO_3+1.4 mmol/L $NaHCO_3$;

5.2.1.3 流速:1.0 mL/min;

5.2.1.4 柱温：30 ℃；

5.2.1.5 抑制器；

5.2.1.6 检测器：数字型电导检测器；

5.2.1.7 进样量：50 μL。

5.2.2 标准工作曲线绘制

分别移取一系列浓度为 0.1 mg/L、0.2 mg/L、0.5 mg/L、1.0 mg/L 的标准工作溶液，按色谱条件(5.2.1)进行测定，以色谱峰的峰面积为纵坐标，对应的溶液浓度为横坐标作图，绘制标准工作曲线。

标准物质色谱图参见附录 A 的图 A.1。

5.2.3 试样测定

用微量注射器准确吸取试样溶液(5.1)注入离子色谱仪，按色谱条件(5.2.1)进行测定，记录色谱峰的保留时间和峰面积，由色谱峰的峰面积可从标准曲线上求出亚硝酸盐的浓度。样品溶液中的亚硝酸盐的响应值均应在仪器测定的线性范围之内。亚硝酸盐含量高的试样可取适量试样溶液用超纯水稀释后进行测定。

5.2.4 定性确认

离子色谱仪对样品进行定性测定时，如果检出亚硝酸盐的色谱峰的保留时间与标准品相一致，则可确认样品中存在亚硝酸盐。

5.3 平行试验

按以上步骤，对同一试样进行平行试验测定。

5.4 空白试验

除不称取试样外，均按上述步骤进行。

6 结果计算

结果按式(1)计算(计算结果应扣除空白值)：

$$X_i = \frac{c_i \times V_i}{1\,000m} \times 100 \qquad \cdots\cdots(1)$$

式中：

X_i——样品中亚硝酸盐的质量浓度，%；

c_i——标准曲线查得亚硝酸盐的浓度，单位为毫克每升(mg/L)；

V_i——样品稀释后的总体积，单位为升(L)；

m——样品质量，单位为克(g)。

7 方法检出限与定量限

亚硝酸盐的检出限为 0.000 025%，定量限为 0.000 05%。

8 回收率与精密度

在添加浓度 0.000 125%～0.005%浓度范围内，回收率在 85%～110%之间，相对标准偏差小于 10%。

9 允许差

在重复性条件下获得的两次独立测定结果的绝对差值不应超过算术平均值的 10%。

附　录　A
（资料性附录）
标准物质的离子色谱图

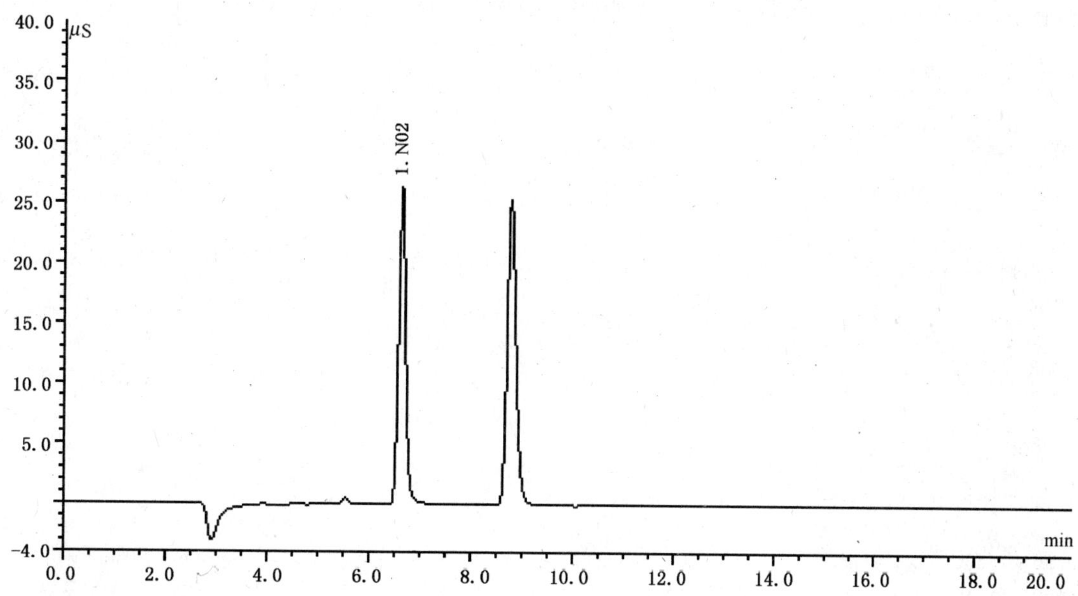

1——亚硝酸盐(6.60 min)。

图 A.1　亚硝酸盐的离子色谱图

ICS 83.040.20
G 71

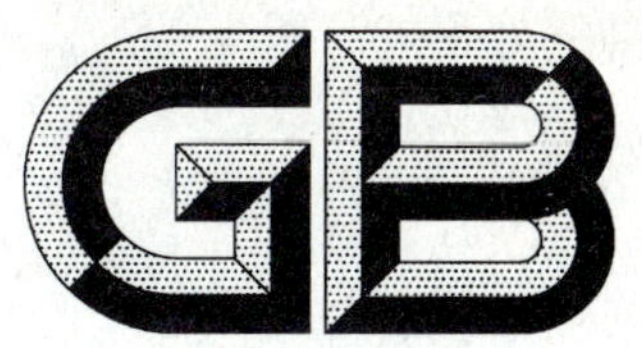

中华人民共和国国家标准

GB/T 24801—2009

橡胶防焦剂 CTP

Rubber antiscorching agent CTP

2009-12-15 发布 2010-06-01 实施

中华人民共和国国家质量监督检验检疫总局
中国国家标准化管理委员会 发布

前　言

本标准由中国石油和化学工业协会提出。

本标准由全国橡胶与橡胶制品标准化技术委员会化学助剂分技术委员会归口。

本标准起草单位:国家橡胶助剂工程技术研究中心、山东阳谷华泰化工有限公司。

本标准主要起草人:王传华、许思俊、杜孟成、师利龙、张新凤。

橡胶防焦剂 CTP

1 范围

本标准规定了 N-环己基硫代邻苯二甲酰亚胺(橡胶防焦剂 CTP)的要求、试验方法、检验规则、标志、包装、运输和贮存。

本标准适用于由环己基次磺酰氯与邻苯二甲酰亚胺缩合而制得的橡胶防焦剂 CTP。

结构式:

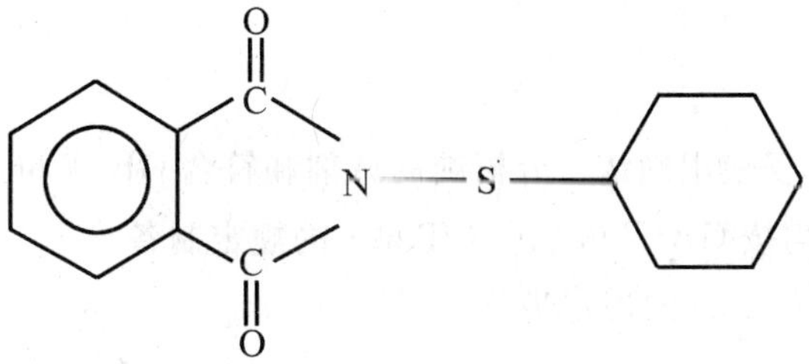

分子式:$C_{14}H_{15}NO_2S$

相对分子质量:261.34(按 2007 年国际相对原子质量)

2 规范性引用文件

下列文件中的条款通过本标准的引用而成为本标准的条款。凡是注日期的引用文件,其随后所有的修改单(不包括勘误的内容)或修订版均不适用于本标准,然而,鼓励根据本标准达成协议的各方研究是否可使用这些文件的最新版本。凡是不注日期的引用文件,其最新版本适用于本标准。

GB/T 191 包装储运图示标志(GB/T 191—2008, ISO 780:1997,MOD)

GB/T 601 化学试剂 标准滴定溶液的制备

GB/T 603—2002 化学试剂 试验方法中所用制剂及制品的制备(ISO 6353-1:1982,NEQ)

GB/T 6678—2003 化工产品采样总则

GB/T 6682 分析实验室用水规格和试验方法(GB/T 6682—2008,ISO 3696:1987,MOD)

GB/T 8170 数值修约规则与极限数值的表示和判定

GB/T 11409—2008 橡胶防老剂、硫化促进剂 试验方法

3 要求

橡胶防焦剂 CTP 应符合表 1 的技术要求。

表 1 橡胶防焦剂 CTP 的技术要求

项目编号	项 目		指 标
1	外观		白色或淡黄色结晶粉末或颗粒
2	初熔点/℃	≥	89.0
3	加热减量的质量分数/%	≤	0.50
4	灰分的质量分数/%	≤	0.10
5	甲苯不溶物的质量分数/%	≤	0.50
6	有效成分含量[a]的质量分数/%	≥	96.00
[a] 为型式检验项目			

4 试验方法

除非另有说明,在分析中仅使用确认为分析纯的试剂和符合 GB/T 6682 所规定的三级水。试验中所需标准溶液、制剂及制品,均按 GB/T 601、GB/T 603 的规定制备。

检验结果的判定按 GB/T 8170 的规定进行。

4.1 外观

用目视法判断。

4.2 初熔点的测定

按 GB/T 11409—2008 中 3.1 的规定进行测定。

4.3 加热减量的测定

按 GB/T 11409—2008 中 3.4 的规定进行测定,其中电热恒温干燥箱的温度控制在(70±2)℃。

计算结果表示到小数点后两位。

4.4 灰分的测定

按 GB/T 11409—2008 中 3.7 的规定进行测定,其中称样量约 3 g(精确到 0.000 1 g),高温炉温度控制在(700±25)℃。

计算结果表示到小数点后两位。

4.5 甲苯不溶物的测定

4.5.1 试剂

甲苯[108-88-3]。

4.5.2 仪器

4.5.2.1 表面皿,直径 150 mm。

4.5.2.2 烧杯:500 mL。

4.5.2.3 砂芯坩埚:G_4。

4.5.2.4 磁力搅拌器。

4.5.2.5 烘箱:能保持温度在(70±2)℃。

4.5.2.6 吸滤瓶:容量 500 mL。

4.5.2.7 洗瓶:容量 500 mL。

4.5.3 分析步骤

称取研细的试样约 2.5 g(精确至 0.000 1 g)于烧杯中,加入 125 mL 甲苯,用一块表面皿盖住杯口,在磁力搅拌器上于(25±5)℃搅拌 30 min,最好在通风橱中进行。溶解后,用预先在(70±2)℃下恒量的砂芯坩埚抽真空过滤，用约 25 mL 甲苯分三次洗涤烧杯。过滤结束后，用约 25 mL 甲苯洗涤砂芯坩埚两次，保持 2 min 后立即用真空抽吸，此时砂芯坩埚应无可见残渣。将砂芯坩埚置于(70±2)℃的烘箱中干燥 1 h，取出，在干燥器中冷却至室温，称量(精确至 0.000 1 g)。再置于烘箱中干燥 30 min，取出，冷却后称量。反复操作，直至连续两次称量变化小于 0.000 5 g，记录称量结果。

4.5.4 结果的计算

甲苯不溶物以质量分数 w_1 计，数值以%表示，按式(1)计算：

$$w_1 = \frac{m_2 - m_1}{m} \times 100 \qquad \cdots\cdots(1)$$

式中：

m_2——空砂芯坩埚和甲苯不溶物的质量的数值，单位为克(g)；

m_1——空砂芯坩埚的质量的数值，单位为克(g)；

m——试样质量的数值，单位为克(g)。

计算结果表示到小数点后两位。

4.6 有效成分含量的测定

4.6.1 原理

在含有试样的醋酸-醋酸钠的缓冲溶液中，加入已知浓度的过量的 2-硫醇基苯骈噻唑(MBT)。试样中的环己基硫代邻苯二甲酰亚胺与其反应，剩余的 2-硫醇基苯骈噻唑用碘标准溶液滴定，加入的 2-硫醇基苯骈噻唑与剩余量之差即可计算出试样中有效成分含量。

4.6.2 试剂

4.6.2.1 2-硫醇基苯骈噻唑[149-30-4]。

4.6.2.2 三氯甲烷[67-66-3]。

4.6.2.3 醋酸-醋酸钠缓冲溶液(pH4～5)。

按 GB/T 603—2002 中 4.1.3.1.4 进行配制。

4.6.2.4 2-硫醇基苯骈噻唑即 MBT 溶液，0.1 mol/L。

配制：称取 16.7 g MBT 置于干燥的 1 000 mL 容量瓶中，加入 800 mL 三氯甲烷摇动，使固体溶解后，再加三氯甲烷稀释至刻度，摇匀。

标定：用移液管移取 25 mL MBT 溶液置于 500 mL 碘量瓶中，加 40 mL 缓冲溶液、50 mL 水和 0.5 mL淀粉指示液，用碘标准滴定溶液滴定。每加入 1 mL 则盖上塞子摇动碘量瓶，而后用蒸馏水冲洗碘量瓶，快到终点时滴加碘标准滴定溶液，每滴一滴摇动一次，并用水从上到下冲洗碘量瓶，直至溶液由白色变成浅紫色即为终点。

MBT 溶液浓度 c_2，数值以摩尔每升(mol/L)表示，按式(2)计算：

$$c_2 = \frac{c_1 V_1}{V_2} \qquad \cdots\cdots(2)$$

式中：

c_1——碘标准溶液浓度的准确数值，单位为摩尔每升(mol/L)；

V_1——滴定时消耗碘标准溶液体积的数值，单位为毫升(mL)；

V_2——MBT 溶液体积的数值，单位为毫升(mL)。

4.6.2.5 碘标准滴定溶液：$c\left(\frac{1}{2}I_2\right)=0.05$ mol/L。

4.6.2.6 可溶性淀粉指示液(5 g/L)。

4.6.3 仪器

4.6.3.1 移液管：容量 25 mL。

4.6.3.2 棕色酸式滴定管：容量 50 mL，分度值 0.1 mL。

4.6.3.3 量杯：容量 50 mL。

4.6.3.4 恒温水浴：能够保持温度在(50±2)℃。

4.6.4 分析步骤

称取约 0.25 g 样品(精确至 0.000 1 g)，置于 500 mL 碘量瓶中，用移液管移取 25 mL MBT 溶液，塞上塞子。在 50 ℃下水浴中加热 1 h 后，冷却至室温，用量杯加 50 mL 三氯甲烷，边加边冲洗碘量瓶及塞子，再加 40 mL 醋酸-醋酸钠缓冲溶液和 50 mL 水，用碘标准滴定溶液进行滴定。每加 1 mL 用塞子塞上摇动并用水冲洗。快到终点时加淀粉指示液 0.5 mL，逐滴滴入碘标准滴定溶液并摇动碘量瓶直至溶液由白色变浅紫色即为终点。

注：每次测定前 MBT 溶液要重新标定。

4.6.5 结果的计算

有效成分含量以质量分数 w 计，数值以%表示，按式(3)计算：

$$w=\frac{(c_2V_3-c_1V_4)M\times10^{-3}}{m_3}\times100 \qquad \cdots\cdots(3)$$

式中：

c_2——MBT 溶液浓度的准确数值，单位为摩尔每升(mol/L)；

V_3——MBT 溶液体积的数值，单位为毫升(mL)；

c_1——碘标准滴定溶液浓度的准确数值，单位为摩尔每升(mol/L)；

V_4——滴定时所消耗碘标准滴定溶液体积的数值，单位为毫升(mL)；

m_3——试样质量的数值，单位为克(g)；

M——橡胶防焦剂 CTP 的摩尔质量的数值，单位为克每摩尔(g/mol)(M=261.34)。

计算结果表示到小数点后两位。

4.6.6 允许差

取两次平行测定结果的算术平均值作为有效成分含量的测定结果，两次平行测定结果的差值不大于 0.5%。

5 检验规则

5.1 检验分类

表 1 规定的项目编号第 1～5 项为出厂检验项目，第 6 项为型式检验项目。

5.2 出厂检验

橡胶防焦剂 CTP 应由生产厂的质量检验部门进行检验。生产厂应保证每批出厂的橡胶防焦剂 CTP 都符合本标准的要求。

5.3 组批规则

本产品以同等质量的均匀产品为一批。

5.4 采样

以批为单位采样。采样单元数按 GB/T 6678—2003 中 7.6 规定进行，各自采一次等量样品，混匀后用四分法缩分到 500 g 样品，分装于两个清洁干燥带磨口塞的广口瓶或塑料袋中，密封。瓶或袋上粘贴标签，注明：生产厂家、产品名称、批号和采样日期、采样人员等，一份供检验，一份密封保存备查。

5.5 复检

检验结果中若有一项指标不符合本标准要求时，应从同批产品中重新自两倍量的包装件中采样进行复检，复检结果即使只有一项指标不符合本标准的要求，则判该批产品为不合格产品。

6 标志、包装、运输和贮存

6.1 标志

每个包装容器上应在明显的部位上有牢固的标志，其内容包括生产厂名称、厂址、产品名称、执行标准编号、商标、批号、净含量等。

6.2 包装

橡胶防焦剂 CTP 用纸板桶或纸塑复合袋包装，每桶或袋净含量 20 kg 或 25 kg，也可根据用户需求采用其他包装方式。

6.3 运输

橡胶防焦剂 CTP 在运输过程中应符合 GB/T 191，应防止日晒、雨淋，避免包装破损。运输工具应清洁、干燥。

6.4 贮存

橡胶防焦剂 CTP 应贮存于干燥、通风的库房内，离墙壁的距离应大于 0.5 m。不应放置于上下水或暖气近旁，以避免受热、受潮而变质，更不能靠近火源。在规定的运输、贮存条件下本产品自生产之日起贮存期为十二个月。

ICS 83.040.20
G 71

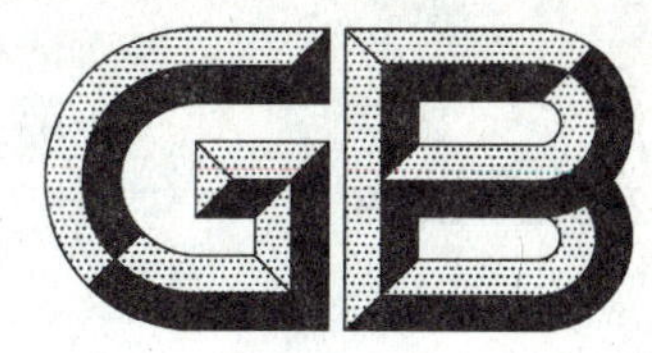

中华人民共和国国家标准

GB/T 24802—2009

橡胶增塑剂 A

Rubber plasticizer A

2009-12-15 发布　　　　2010-06-01 实施

中华人民共和国国家质量监督检验检疫总局
中国国家标准化管理委员会　发布

前　言

本标准由中国石油和化学工业协会提出。

本标准由全国橡胶与橡胶制品标准化技术委员会化学助剂分技术委员会归口。

本标准负责起草单位:山东阳谷华泰化工有限公司、国家橡胶助剂工程技术研究中心。

本标准参加起草单位:武汉径河化工有限公司、天津市科迈化工有限公司。

本标准主要起草人:王文博、杜孟成、师利龙、张新凤、袁春香、白春梅。

橡胶增塑剂 A

1 范围

本标准规定了饱和及不饱和脂肪酸锌皂（橡胶增塑剂 A)的要求、试验方法、检验规则、标志、包装、运输和贮存。

本标准适用于天然油脂、脂肪酸与氧化锌或无机锌盐反应制得的橡胶增塑剂 A。

2 规范性引用文件

下列文件中的条款通过本标准的引用而成为本标准的条款。凡是注日期的引用文件，其随后所有的修改单(不包括勘误的内容)或修订版均不适用于本标准，然而，鼓励根据本标准达成协议的各方研究是否可使用这些文件的最新版本，凡是不注日期的引用文件，其最新版本适用于本标准。

GB/T 601 化学试剂 标准滴定溶液的制备

GB/T 603 化学试剂 试验方法中所用制剂及制品的制备(GB/T 603—2002,ISO 6353-1:1982,NEQ)

GB/T 6678—2003 化工产品采样总则

GB/T 6682 分析实验室用水规格和试验方法(GB/T 6682—2008,ISO 3696:1987,MOD)

GB/T 8170 数值修约规则与极限数值的表示和判定

GB/T 11409—2008 橡胶防老剂、硫化促进剂 试验方法

3 技术要求

橡胶增塑剂 A 应符合表 1 所示的技术要求。

表 1 橡胶增塑剂 A 的技术要求

项 目	指 标
外观	浅黄色或棕黄色颗粒
初熔点范围/℃	98.0～104.0
灰分/%	12.00～14.00
碘值(韦氏法)/(g/100 g)	40.0～50.0
锌含量(以氧化锌计)/%	12.00～14.00
无机酸(以硫酸计)/% ≤	0.10

4 试验方法

除非另有说明，在分析中仅使用确认为分析纯的试剂和符合 GB/T 6682 所规定的三级水。试验中所需标准溶液、制剂及制品，均按 GB/T 601、GB/T 603 的规定制备。

检验结果的判定按 GB/T 8170 的规定进行。

4.1 外观

目测法评定。

4.2 初熔点范围的测定

按 GB/T 11409—2008 中 3.1 的规定进行测定。

4.3 灰分的测定

按 GB/T 11409—2008 中 3.7 的规定进行测定，其中称样量约 3 g(精确至 0.000 1 g)，高温炉温度控制在(550±25)℃，加热时间为 2 h。

计算结果表示到小数点后两位。

4.4 锌含量的测定

4.4.1 原理

将试样的灰化残渣溶于盐酸中，中和之后，用乙二胺四乙酸二钠(EDTA)标准溶液滴定锌含量。

4.4.2 试剂

4.4.2.1 盐酸溶液：1+1。

4.4.2.2 氨水溶液：1+1。

4.4.2.3 氨-氯化铵缓冲溶液(pH=10)。

4.4.2.4 乙二胺四乙酸二钠标准滴定溶液：c(EDTA)=0.02 mol/L。

4.4.2.5 铬黑 T 指示液：5 g/L。

4.4.3 仪器

4.4.3.1 量筒：容量 10 mL。

4.4.3.2 容量瓶：容量 250 mL。

4.4.3.3 移液管：容量 25 mL。

4.4.3.4 棕色酸式滴定管：容量 50 mL，分度值 0.1 mL。

4.4.4 分析步骤

向 4.3 做完灰分的瓷坩埚中加 1+1 盐酸溶液 10 mL，溶解灰化残渣。溶解(可加热)后，全部转移到 250 mL 容量瓶中，加水稀释定容。摇匀后用移液管移取 25 mL 溶液于 250 mL 锥形瓶中，用 1+1 氨水溶液中和至 pH=7～8(有氢氧化锌沉淀生成)，再加 10 mL 氨-氯化铵缓冲溶液(pH=10)及 5 滴铬黑 T 指示液，用 EDTA 标准滴定溶液进行滴定至溶液由紫色变为纯蓝色即为终点。

4.4.5 结果的计算

锌含量以氧化锌的质量分数 X 计，数值以%表示，按式(1)计算：

$$X = \frac{c_1 V_1 M \times 10^{-3}}{m_1 \times \frac{25}{250}} \times 100 \qquad \cdots\cdots(1)$$

式中：

c_1——EDTA 标准滴定溶液浓度的准确数值，单位为摩尔每升(mol/L)；

V_1——EDTA 标准滴定溶液耗用量的数值，单位为毫升(mL)；

m_1——做灰分时所称增塑剂 A 质量的数值，单位为克(g)；

M——氧化锌摩尔质量的数值，单位为克每摩尔(g/mol)[M(ZnO)=81.408]。

计算结果表示到小数点后两位。

4.5 碘值的测定

4.5.1 原理

氯化碘与不饱和酸起加成反应，过剩的氯化碘与碘化钾反应生成碘，然后用硫代硫酸钠滴定生成的碘，计算出与不饱和酸反应所消耗的氯化碘相当的硫代硫酸钠溶液的体积，再计算出碘值(碘值是指

100 g 试样所吸收的卤素，以相当量碘的克数来表示）。反应式如下：

$RCH=CHR+ICl \rightarrow RCHI-CHClR$

$ICl+KI \rightarrow KCl+I_2$

$I_2+2Na_2S_2O_3 \rightarrow 2NaI+Na_2S_4O_6$

4.5.2 试剂

4.5.2.1 冰乙酸[64-19-7]。

4.5.2.2 三氯甲烷[67-66-3]。

4.5.2.3 一氯化碘[7790-99-0]。

溶液配制：溶解 25 g 一氯化碘于 450 mL 四氯化碳和 1 050 mL 冰乙酸中，摇匀备用。

4.5.2.4 碘化钾[7681-11-0]溶液：150 g/L。

4.5.2.5 硫代硫酸钠标准滴定溶液：$c(Na_2S_2O_3)=0.1$ mol/L。

4.5.2.6 淀粉指示液：10 g/L。

4.5.3 仪器

4.5.3.1 碘量瓶：250 mL。

4.5.3.2 棕色酸式滴定管：容量 50 mL，分度值 0.1 mL。

4.5.3.3 移液管：25mL。

4.5.4 分析步骤

称取干燥、研细后的试样约 0.5 g（精确至 0.000 1 g）置于碘量瓶中，加入三氯甲烷 15mL，待样品溶解（可微热）后，用移液管加入一氯化碘溶液 25 mL，充分摇匀并用水进行密封后，置于 25 ℃左右的暗处放置 30 min。将碘量瓶从暗处取出，加入碘化钾溶液 20 mL，再加入蒸馏水 100 mL，用硫代硫酸钠标准滴定溶液滴定。滴定近终点时加入淀粉指示液 1 mL，再继续滴定至蓝色消失，同时在相同条件下做空白试验。

4.5.5 结果的计算

碘值以 D 计，数值以 g/100 g 表示，按式(2)计算：

$$D=\frac{c_2(V_2-V_3)M}{m_2}\times 100 \qquad (2)$$

式中：

c_2——硫代硫酸钠标准溶液浓度的准确数值，单位为摩尔每升(mol/L)；

V_2——空白试验消耗硫代硫酸钠标准溶液体积的数值，单位为毫升(mL)；

V_3——样品试验消耗硫代硫酸钠标准溶液体积的数值，单位为毫升(mL)；

m_2——试样质量的数值，单位为克(g)；

M——碘原子摩尔质量的数值，单位为克每毫摩尔(g/mmol)[$M(I)=0.126\ 9$]。

计算结果表示到小数点后一位。

4.6 无机酸的测定

4.6.1 原理

试样中水溶性酸性物质与氢氧化钠的反应。

4.6.2 仪器

4.6.2.1 移液管：容量 50 mL。

4.6.2.2 锥形瓶：容量 250 mL。

4.6.2.3 微量滴定管：容量 3 mL。

4.6.3 试剂

4.6.3.1 氢氧化钠标准滴定溶液：$c(NaOH)=0.1\ mol/L$。

4.6.3.2 酚酞指示液：1 g/L。

4.6.4 分析步骤

称取试样约 20 g(精确至 0.1 g)，放入 500 mL 锥形瓶中。然后准确加入无二氧化碳的蒸馏水 200 mL，置于室温下 1 h，并搅拌充分。用滤纸过滤，弃去开始的 50 mL 滤液，吸取滤液 50 mL，定量移入 250 mL 锥形瓶中。加 3 滴～5 滴酚酞指示液，用氢氧化钠标准滴定溶液滴定至粉红色。

4.6.5 结果的计算

无机酸含量以硫酸的质量分数 w 计，数值以%表示，按式(3)计算：

$$w=4\times\frac{c_3V_4M\times10^{-3}}{m_3}\times100 \quad\cdots\cdots(3)$$

式中：

c_3——氢氧化钠标准滴定溶液浓度的准确数值，单位为摩尔每升(mol/L)；

V_4——滴定消耗氢氧化钠标准滴定溶液体积的数值，单位为毫升(mL)；

m_3——试样质量的数值，单位为克(g)；

M——硫酸的摩尔质量的数值，单位为克每摩尔(g/mol)[$M(\frac{1}{2}H_2SO_4)=49.038$]。

计算结果表示到小数点后两位。

5 检验规则

5.1 检验分类

表 1 中规定的全部项目为出厂检验项目。

5.2 生产厂检验

橡胶增塑剂 A 应由生产厂的质量检验部门进行检验。生产厂应保证每批出厂的橡胶增塑剂 A 都符合本标准的要求。

5.3 组批规则

以同等质量的均匀产品为一批。

5.4 采样

以批为单位采样。采样单元数按 GB/T 6678—2003 中的 7.6 规定进行，各自采一次等量样品，混匀后用四分法缩分到 500 g 样品，分装于两个清洁干燥带磨口塞的广口瓶或塑料袋中，密封。瓶或袋上粘贴标签，注明：生产厂家、产品名称、批号和采样日期、采样人员等，一瓶供检验，另一瓶保存备查。

5.5 复检

检验结果中若有一项指标不符合本标准要求时，应从同批产品中重新自两倍量的包装件中采样进行复检，复检结果即使只有一项指标不符合本标准的要求，则判该批产品为不合格产品。

6 标志、包装、运输、贮存

6.1 每个包装容器上应在明显的部位上有牢固的标志，标注生产日期、贮存期、生产厂名、厂址、执行标准编号、产品名称、商标、批号、净含量。

6.2 包装

本产品采用三合一纸塑复合袋包装，每袋净含量 25 kg，也可根据用户需求采用其他包装方式。每批产品都附有产品合格检验报告单。

6.3 运输

本产品在运输过程中应防止日晒、雨淋，避免包装破损。运输工具应清洁、干燥。

6.4 贮存

本产品应贮存于干燥、通风的库房内，离墙壁的距离应大于 0.5 m。不应放置于上下水或暖气近旁，以避免受热、受潮而变质，更不能靠近火源。在规定的运输、贮存条件下本产品自生产之日起贮存期为 12 个月。

ICS 91.140.90
Q 78

中华人民共和国国家标准

GB 24803.1—2009/ISO/TS 22559-1:2004

电梯安全要求
第1部分:电梯基本安全要求

Safety requirements for lifts—
Part 1:Global essential safety requirements(GESRs) for lifts

(ISO/TS 22559-1:2004,Safety requirements for lifts (elevators)—
Part 1:Global essential safety requirements(GESRs) for lifts (elevators),IDT)

2009-12-15 发布　　2010-09-01 实施

中华人民共和国国家质量监督检验检疫总局
中国国家标准化管理委员会　发布

前　言

本部分第1章、第2章、第3章、第4章的内容、附录A为推荐性的，其余为强制性的。

GB 24803《电梯安全要求》采用ISO/TS 22559，由下列3部分组成：

——第1部分：电梯基本安全要求；

——第2部分：满足电梯基本安全要求的安全参数；

——第3部分：电梯符合性评价程序。

注：第2部分和第3部分正在制定中。

本部分为GB 24803的第1部分，等同采用ISO/TS 22559-1:2004《电梯安全要求　第1部分：全球电梯基本安全要求》(英文版)。

本部分第4章有关ISO/TS 22559-1产生的背景、途径和方法适合于在引言中表述，但为了与ISO/TS 22559-1:2004保持一致，并便于理解，该部分内容仍保留在正文中。

本部分与ISO/TS 22559-1:2004在技术内容上没有任何差异，为了便于使用做了以下编辑性修改：ISO/TS 22559-1:2004第3章"术语、定义和缩写"中部分条款同时注明了所引用的ISO/TS 14798和ISO/IEC指南51:1999两项标准的条款号，因为等同采用ISO/TS 14798:2006的GB/T 20900—2007专门针对电梯领域，因此，在本部分的"术语、定义和缩写"中所对应的条款仅注明所引用的GB/T 20900—2007对应条款号，由此本部分在规范性引用文件中也删除了ISO/IEC指南51:1999。

本部分附录A为资料性附录。

本部分由全国电梯标准化技术委员会(SAC/TC 196)提出并归口。

本部分负责起草单位：中国建筑科学研究院建筑机械化研究分院。

本部分参加起草单位：上海三菱电梯有限公司、日立电梯(中国)有限公司、通力电梯有限公司、迅达(中国)电梯有限公司、奥的斯电梯(中国)投资有限公司、东南电梯(集团)有限公司、华升富士达电梯有限公司、西子奥的斯电梯有限公司、上海永大电梯设备有限公司、苏州江南嘉捷电梯股份有限公司、蒂森电梯有限公司、巨人通力电梯有限公司、广州广日电梯工业有限公司、沈阳博林特电梯有限公司、许昌西继电梯有限公司。

本部分主要起草人：陈凤旺、朱武标、鲁国雄、马凌云、易军、沈言、马依萍、陈路阳、温爱民、洪浩、魏山虎、黄力敏、黄文聘、尹政、李振才、王永强。

引　言[1)]

0.1　在ISO/TR 11071第1、2部分出版后，注意到各电梯安全标准的差异，一致认为需要制定全球电梯基本安全要求的ISO规范。该工作只能在ISO/TS 14798完成后开始。在制定ISO/TS 22559电梯安全要求过程中，ISO/TS 14798是基本工具。

0.2　本系列标准的目的是：

a）为所有使用电梯或与电梯相关的人员，规定全球通用的安全水平；

b）为了促进现行地方、国家或区域安全标准没有涉及的电梯技术的创新，同时保证维持同等安全水平，如果这种创新变成应用技术，那么以后它们就可能被列入到详细的安全标准中；

c）为了消除贸易壁垒。

注：ISO/TS 22559-2将包括全球电梯基本安全参数（GESPs），在本部分规定的GESRs的应用和实施过程中，这些参数起到进一步的辅助作用。

0.3　第4章描述了用于制定本部分的途径和方法。第5章给出了GESRs的使用和实施的指导。第6章为GESRs。每一GESR规定一个安全目的，即：要达到什么，而不是如何做。这允许将来的技术创新和发展。附录A给出了与电梯子系统有关的GESRs的概述。

0.4　本部分是ISO/IEC指南51术语中的基本安全标准。

1）本引言系ISO/TS 22559-1:2004的引言。

电梯安全要求
第1部分:电梯基本安全要求

1 范围

1.1 GB 24803 的本部分

——规定了电梯、电梯部件和功能的电梯基本安全要求;

——建立了一个系统并提供了方法以降低电梯使用或作业过程中可能产生的安全风险。

1.2 本部分适用于载人的电梯,这些电梯可:

a) 安装在任何永久的和固定的结构或建筑物中,安装在下列地方的除外:

1) 私人住宅(单一家庭);和

2) 运输设备上,如:轮船。

b) 具有任何

1) 额定载重量、运载装置的尺寸和速度;以及

2) 运行距离和一定数量的层站。

c) 受运载装置内失火、地震、气候或洪水的影响。

d) 被误用(如:超载),但不考虑故意破坏。

1.3 本部分不适用于:

a) 残障使用人员的所有的需要[2)]。或

b) 由下列情况引起的风险:

1) 电梯的制造、改装和拆除作业;

2) 消防、紧急疏散时的使用;

3) 故意破坏;及

4) 运载装置外部发生火灾。

2 规范性引用文件

下列文件中的条款通过 GB 24803 的本部分的引用而成为本部分的条款。凡是注日期的引用文件,其随后所有的修改单(不包括勘误的内容)或修订版均不适用于本部分,然而,鼓励根据本部分达成协议的各方研究是否可使用这些文件的最新版本。凡是不注日期的引用文件,其最新版本适用于本部分。

GB/T 20900—2007 电梯、自动扶梯和自动人行道 风险评价和降低的方法(ISO/TS 14798:2006,IDT)

3 术语、定义和缩写

本部分采用以下术语和定义:

3.1

被授权的专业人员 authorized person

为了检查、试验和维修电梯,或从停止的运载装置中救援乘客,被授权进入受限制的电梯区域(如:机器空间、电梯井道、底坑和运载装置顶)进行作业的专业人员。

2) 虽然通过风险评价本部分所规定的电梯基本安全要求已经被识别和评定,但是没有必要考虑使用人员的所有残障或残障的组合。

3.2

原因　cause

在危险状态下，导致后果产生的环境、情况、事件或行动。

[GB/T 20900—2007，定义 2.1]

3.3

控制　control

实现运载装置启动、加速、匀速、减速和/或停止的系统。

3.4

纠正行动　corrective action

为降低风险所采取的行动。

3.5

对重　counterweight

有助于保证曳引电梯的曳引能力的装置，或平衡全部或部分运载装置重量和额定载重量来节省能量的装置。

注：本部分中的对重是 GB/T 7024—2008 所定义的对重和平衡重的统称。

3.6

门　door、通道门　access、入口门　entrance

用于保证运载装置或层站入口安全的机械装置(包括部分或全部封闭开口的装置)。

3.7

电磁兼容性　electromagnetic compatibility，EMC

电气装置对外来电磁辐射的抗干扰程度和发射电磁辐射的水平。

3.8

基本安全要求　essential safety requirement，ESR

旨在消除或足以降低对使用人员、非使用人员和被授权的专业人员使用电梯时或与电梯相关的伤害风险的要求。

3.9

满载运载装置　fully loaded LCU

载有额定载重量的运载装置(如：轿厢)。

3.10

全球电梯基本安全要求(GESR)　global essential safety requirement

全球范围内达成一致的电梯基本安全要求。

注：见 4.3.3。

3.11

伤害　harm

对身体的损伤，或对人体健康、财产或环境的损害。

[GB/T 20900—2007 定义 2.3]

3.12

伤害事件　harmful event

危险状态导致了伤害的出现。

[GB/T 20900—2007 定义 2.4]

3.13

危险　hazard

潜在的伤害源。

[GB/T 20900—2007 定义 2.5]

3.14

危险状态　hazardous situation

人员、财产或环境被暴露于一种或多种危险中的情形。

[GB/T 20900—2007 定义 2.6]

3.15

井道　hoistway, well

运载装置和相关设备运行的路径，以及底层端站以下和顶层端站以上的空间。

3.16

井道围封　hoistway enclosure, well enclosure

将电梯井道与其他区域或空间隔离开的固定结构件。

3.17

事件(或影响)　incident, effect

不可预见的情况，可能但未必产生伤害的风险，包括可能由剪切、挤压、坠落、撞击、被困、火灾、电击及暴露于恶劣天气之中等造成的风险。

3.18

层站　landing

用于人员或货物从运载装置进出的地板、阳台或平台。

3.19

电梯　lift, elevator

由一个层站到另一个层站运送乘客或运送乘客和货物的提升设备，其运载装置由动力驱动，并借助于与水平面夹角大于75°的固定导向系统导向。

注：电梯不包括移动式或其他型式的工作平台及吊篮，也不包括在建筑物或建筑结构建造过程中使用的提升设备。

3.20

运载装置　load carrying unit, LCU、轿厢　car

被设计用于运载需要运送的人员和/或其他货物的电梯部件。

3.21

维修　maintenance

在电梯安装完成后及在其使用寿命范围内，为了确保电梯安全及其部件的正常工作，对电梯部件进行检查、润滑、清洁、调整、修理和更换的过程。

3.22

非使用人员　non-user

在电梯附近，但并不打算进入或使用电梯的人员。

3.23

超载　overload, overloaded

运载装置内的载荷超过了电梯的额定载重量。

3.24

运载装置底　platform

运载装置中支撑要运送人员和货物的部分。

3.25

保护措施　protective measures

用于降低风险的方法。

注1：保护措施包括借助于本质安全设计、保护装置、人员防护设备、使用和安装的信息及培训等来降低风险。

注2：见3.4对"纠正行动"的定义。

[GB/T 20900—2007 定义 2.8]

3.26

额定载重量　rated load

电梯设计和安装确定的运送载荷。

3.27

相对运动　relative movement

一个电梯部件在另一个静止的、或以不同速度运动的、或以不同的方向运动的其他电梯部件附近运动的状态。

注：这也可能发生在当电梯部件在可能有人员存在的结构附近运动的状态下，如：电梯井道周围的建筑物楼层。

3.28

风险　risk

伤害发生的概率与伤害的严重程度的综合。

[GB/T 20900—2007 定义 2.10]

3.29

风险分析　risk analysis

系统地运用可获得的信息识别危险和评估风险的过程。

注：本方法目的在于系统地识别和评价危险、评定风险并推荐降低风险的措施。

[GB/T 20900—2007 定义 2.11]

3.30

风险评价　risk assessment

由风险分析及风险评定组成的全过程。

[GB/T 20900—2007 定义 2.12]

3.31

风险评定　risk evaluation

根据风险分析结果，确定是否达到了允许风险的要求。

3.32

严重程度　severity

潜在伤害的程度。

[GB/T 20900—2007 定义 2.15]

3.33

允许风险　tolerable risk

基于当前的社会价值，在给定条件下，可以被接受的风险。

3.34

运送　transportation

人员进入或货物被运入运载装置，被提升或下降到另一层站，然后人员离开运载装置或从运载装置中移出货物的过程。

3.35

运行路径　travel path

在电梯的两端站之间，运载装置运行的路径和相关的空间。

注：在端站以上和以下的“空间”，见 3.15“井道”定义。

3.36

失控运行　uncontrolled movement

指以下情况：

——根据电梯设计运载装置应保持静止，但运载装置移动；或

——在电梯运行过程中，运载装置以超出设计用于控制其速度的装置所控制的速度运行。

例 1：当使用人员正在进入或离开运载装置时，由于电梯部件(如：速度控制、驱动或制动系统)故障或失效，运载装置开始离开层站。

例 2：由于电梯部件(如：速度控制、驱动或制动系统)故障或失效，运载装置的速度超过其设计速度，或不能按要求减速或停止。

3.37

使用人员　user

在没有任何帮助和监督的情况下，为通常运送目的而使用电梯的人员，包括搬运货物的人员和使用特殊设计的操作系统来运送货物或载荷的人员。

注：使用特殊设计的操作系统，如运送医院病人的“独立服务”，此时电梯的运行只受病人随行人员的控制。

3.38

工作区域或空间　working area or space

被授权的专业人员进行电梯维修、检查或试验所需的区域或空间。

4　途径和方法

4.1　背景

4.1.1　在20世纪70年代，ISO发布了ISO 4190系列标准，这些标准规定了安装电梯所需的建筑物尺寸，也规定了电梯配置和选择准则及电梯附件的标准。

4.1.2　为了进一步促进电梯安装和部件的标准化，ISO/TC 178对地区和国家的电梯安全标准和规范进行了广泛的比较，比较结果在ISO/TR 11071系列中发布，这些技术报告对地区和国家标准中几个具体的与设计及安全相关的规则的可能的协调给出了指导。专家内部对于大多数规则的全球范围内的协调没能达成一致，主要原因如下：

a)　被比较的标准及规范基于不同的假定和经验，起草于不同的工业发展阶段，并且没有使用ISO/IEC指南51中推荐的统一的方法和程序；和

b)　它们以描述型语言而不是性能型语言制定。

4.1.3　更加明显的是描述型标准不仅始终滞后于电梯技术和工艺水平的发展，而且对工业进步和创新呈现阻碍作用。地区和国家对安全要求的不同影响了电梯的设计，也对自由贸易造成壁垒，因此，在制定影响电梯安全的标准时必须采取新的途径。

4.2　途径

4.2.1　本“产品安全标准”是按照ISO/IEC指南51(GB/T 20000.4—2003)制定的。

注：术语“产品安全标准”的定义见ISO/IEC指南51:1999(GB/T 20000.4—2003)7.1。

4.2.2　本部分的目的是制定电梯的基本安全要求，因此电梯被广义地定义为：将载荷从一层运送到另一层的一种“设备”，而没有像任何通常在地区或国家的电梯标准中所规定的设计约束条件。

因此，本部分中电梯的运载装置不必是由运载装置底、完全封闭的轿壁和轿顶组成的“轿厢”；运载装置的运行空间也不必是国家标准中定义的完全封闭的“井道”。

4.2.3　通过采取这一途径并且根据ISO/TS 14798(GB/T 20900—2007)，利用系统的风险分析和评价程序，可在不强制限制电梯设计、材料和技术应用的情况下，制定出电梯的基本安全要求(ESRs)。

注：在本部分中包括的电梯类型见1.2。

4.3　方法

4.3.1　为了让世界各地的专家参与，组成了由各地电梯专家广泛参加的三个区域性的研究组(北美洲、欧洲和亚太地区)。

4.3.2　按照ISO/IEC指南51规定的风险分析和评价的程序和ISO/TS 14798(GB/T 20900—2007)中规定的方法，每个研究组：

a) 识别在所有阶段及所有电梯操作和使用情况下可能出现的所有风险情节，包括：危险状态、伤害事件(原因)、影响和导致的伤害；

b) 判断并评定风险；且

c) 当需要降低风险时，制定电梯基本安全要求。

表1给出了与几个全球电梯基本安全要求(GESRs)有关的风险情节的示例。

4.3.3 在ISO/TC 178技术委员会内进行比较和讨论三个研究组提出的所有风险情节和基本安全要求的分析报告，以确定在本部分第6章中规定的全球电梯基本安全要求(GESRs)最终草案。

表1 与电梯基本安全要求相关的风险情节的示例

风险情节	建议的解决方案	适用的条款号 (见第6章)
示例1 1.1 使用人员在运动的且周边具有较矮的或有孔的防护栏的运载装置上；使用人员伸手或伸脚超出运载装置的周边；手或脚与外部的电梯部件接触且被剪切、挤压或切断。 1.2 使用人员在电梯的入口区域准备进入运载装置；入口门正在运行；门进行关闭运行，并撞击正在进入运载装置的使用人员；使用人员被挤压、剪切或失稳，可能由于摔倒导致伤害。 1.3 非使用人员在电梯入口附近楼层上或在运载装置运行路径周围；运载装置运行路径的围封高度矮或有孔；人员朝着运动的运载装置或运行路径中任何运动的其他电梯部件伸手或伸脚，并且手或脚与它们接触；手或脚被剪切、挤压或切断。	在下列情况下，人员不应暴露在剪切、挤压或擦伤危险中： a) 在运载装置中； b) 进入或离开运载装置；或 c) 位于运行的电梯附近的楼层区域。	6.1.5 因相对运动引起的危险。 应防止使用人员或非使用人员因以下原因产生被剪切、挤压、擦伤或其他伤害的后果： a) 运载装置与外部物体相对运动；和 b) 电梯设备相对运动。
示例2 2.1 在运载装置、运行路径和其周围楼层没有防护，如果人员倾斜超过楼层的边缘或打开的入口的地坎，他可能坠入井道。 2.2 如果设置了防护但不具有足够的强度，人员可能靠在该防护上，导致其损坏而坠入井道。	在任何存在人员坠入电梯井道的风险的井道周围，设置足够的防护。	6.2.1 坠入井道 应提供防止使用人员、非使用人员和被授权的专业人员坠入井道的措施。
示例3 使用人员或非使用人员接近所安装的驱动或控制运载装置的电梯机器和/或设备；这些人员可能无意或故意地接触移动或旋转的机器或电气设备；如果他被卷入或接触机器，这可能导致严重的伤害；如果他接触裸露的电气设备，则可能被电击。	未经培训或未被授权的人员不能进入装有电梯机器或设备的区域。	6.1.3 使用人员和非使用人员不可接近的设备 可能带来危险的设备对使用人员和非使用人员不应是直接可接近的。
示例4 被授权的专业人员在运载装置顶上或在其他工作区域内工作，他们没有足够的强度支撑被授权的专业人员和工具；工作表面坍塌且被授权的专业人员跌入运载装置，使其或运载装置内其他人员受到严重伤害。	任何相应的工作区域应具有足够的强度，以支撑被授权的专业人员和相关的设备。	6.5.4 工作区域的强度 在任何指定的工作区域，都应提供容纳和支撑被授权的专业人员及相关设备的重量的措施。

5 电梯基本安全要求的理解和执行

5.1 总则

5.1.1 本部分可以从将来发布的 GB 24803 系列标准中独立出来使用，作为实现电梯安全的有效方法。

5.1.2 第6章以电梯基本安全要求的形式制定一套完整的电梯安全目标，当电梯存在需要降低的风险时，应满足该章要求。

5.1.3 第6章中电梯基本安全要求的目的是：

a) 引入识别和降低新电梯或电梯部件设计的潜在安全风险的通用途径，这些设计采用了不完全满足现行标准规定的新技术、材料和概念；

b) 促进现行电梯安全标准的协调。

5.1.4 电梯应满足本部分规定的电梯基本安全要求。

5.1.5 一项电梯基本安全要求只规定安全目标，或应做或完成"什么"，但没有规定"如何"实现。因此，为了达到一项电梯基本安全要求的安全目标，应选择适当的电梯部件和功能的设计，并应证实它们符合该电梯基本安全要求的要求。即所选择电梯部件或功能应证明能够消除或足以降低安全风险。

5.2 电梯基本安全要求的应用

5.2.1 总则

在对一种或多种可能导致人员伤害的"风险情节"（见表1）进行风险评价之后，制定第6章中的每条电梯基本安全要求。所以，当评价电梯、电梯部件或功能安全时，应分析所有风险情节并确定适当的电梯基本安全要求。

应根据 GB/T 20900—2007 进行风险评价。

5.2.2 使用电梯基本安全要求的方法

5.2.2.1 考虑影响电梯安全的具体任务[3]（如设计电梯或部件），可按下列两种方式应用电梯基本安全要求：

——其一为了确定适用的电梯基本安全要求，可以从与任务有关的风险情节的风险分析开始，见 5.2.2.2；或

——其二为了确定适用于任务的电梯基本安全要求，可以从检查所有的电梯基本安全要求开始，见 5.2.2.3。

5.2.2.2 当设计电梯或电梯部件时，应审查设计，描述其中所有的可能的风险情节，并且进行风险分析和评价，以找出适合于该设计的电梯基本安全要求。应考虑在操作和使用期间及在电梯维修或检查期间所有可能出现的风险情节。

结合所有可能的伤害事件（原因）、影响和可能的伤害级别，电梯风险情节应包括所有可能的危险状态的详细表述。按照 GB/T 20900—2007 中所规定的方法，某一状态的风险分析应遵循风险评估和评定程序。只要风险被评价为不可接受的，设计者就应继续改进设计或实施其他的防护措施，直至适用的电梯基本安全要求被全部满足为止。

例：遵循该程序，可确定与表1中示例1相似的风险情节，并可推断对处于剪切、挤压或擦伤危险之中的人员存在伤害的可能性。风险评价表明风险需要进一步降低时，这可以靠改变设计或实施其他的防护措施来达到，以便满足 6.1.5。

注1：对于电梯基本安全要求的实际应用，见 5.3。

注2：电梯基本安全要求的基本原理在第6章每条电梯基本安全要求后面的注释中给出。它们可帮助理解电梯基本安全要求的目的和应用电梯基本安全要求。

5.2.2.3 该过程可从检查第6章中规定的电梯基本安全要求开始。在这种情况下，应考虑设计、安装、电梯或电梯部件，以便识别可适用于设计、安装、电梯或电梯部件的电梯基本安全要求。应评价是否满

3) 除设计以外，任务还包括电梯和部件的安装、维修或制定规范设计的安全标准。

足识别出的每条电梯基本安全要求，如果满足不是显而易见的，则应完成风险分析和评价，以证明其满足。

例：就表1示例1中6.1.5的电梯基本安全要求而言，应考察电梯设计、安装，以找出乘坐或进出运载装置、在电梯运行路径或井道周围、或在类似状态下的人员是否暴露于剪切、挤压、擦伤或可能引起伤害的类似危险中。

5.2.3 电梯基本安全要求的适用性

当分析电梯设计或电梯部件安全、制定描述型设计要求或标准时，应确定所有电梯基本安全要求的适用性。只有结合所有风险情节(见GB/T 20900—2007)的风险评价，系统地描述所有可能的风险情节，才能确定具体的电梯基本安全要求的适用性。

注：6.1.12中涉及地震对电梯的相关影响的电梯基本安全要求，以及6.1.13中涉及被水灾影响的运载装置的风险的电梯基本安全要求，是不适用于每台电梯的电梯基本安全要求的示例。

5.2.4 电梯基本安全要求的安全目标

5.2.4.1 电梯基本安全要求不是GB/T 20900—2007中所指的“纠正行动”或“保护措施”。电梯基本安全要求只规定了安全目标；它没有规定如何达到该目标。因此，当设计电梯时，应按照体积、尺寸、强度、受力、能量、材料、加速度、与安全相关的部件的性能可靠性等选择适合的部件和功能，且应确定它们消除或充分降低风险的能力，以达到满足电梯基本安全要求中规定的目标。

例：在表1中示例1的情况下，为了消除和降低运载装置中、电梯人口区域和运载装置运行路径周围区域人员的风险，应确定：

——运载装置底周边的防护或壁的最小高度；

——运载装置底周边的防护或壁上的孔或开口(如果有)的最大尺寸；

——当门(如果有)对着人员关闭时，最大可允许的冲击、力、速度、动能；

——将运载装置运行路径和其他运动部件与层站和楼面在电梯周围的区域隔开的防护或壁的最小高度；且

——运载装置运行路径周围的防护或壁上的孔或开口(如果有)的最大尺寸。

注：有适用于运载装置周围(见6.4.4)和运载装置运行路径的防护或井道壁(见表1中示例2的6.2.1)的附加的电梯基本安全要求，它们与人员从运载装置或从运行路径周围的楼层坠人运行路径的风险有关。

5.2.4.2 当评价电梯系统风险时，建议将电梯分成若干子系统，描述所有的风险情节，且所有与一个子系统相关的风险应同时进行评价。然而，一条电梯基本安全要求可适用于多个子系统(参见附录A)。

5.2.5 符合性验证

为了确定所选择的电梯部件或功能的消除或充分降低风险的能力，如5.2.4规定的那样，应按照GB/T 20900—2007进行风险分析。

此外，可以评价部件是否能够消除或充分降低风险，但相同的部件也可能产生新的危险，或该部件可能含有发生故障且使该部件保护功能失效的零件。为此，应通过风险分析和评价程序，确定部件、内部零件和功能达到预计要求的可靠性。

例：在符合6.4.6中电梯基本安全要求的运载装置速度控制部件中，某单一硬件或软件的失效可能使该部件不起作用，造成运载装置的运行失去控制。

5.3 本部分的应用

5.3.1 使用者

本部分规定了统一的评价电梯安全的程序。电梯基本安全要求供下列对象使用：

a) 电梯安全标准或与安全相关电梯标准的制定者；这类标准是指如GB/T 20000.4—2003中7.1所规定的产品安全标准或包括安全方面的产品标准；

b) 电梯设计者、制造者、安装者及维修组织；

c) 独立的符合性评价机构(第三方)；

d) 检验和试验机构以及类似的组织。

5.3.2 标准的制定者

5.3.2.1 在以下情况，标准的制定者应采用电梯基本安全要求：

a) 审查、更新、修订现有的标准;和

b) 制定新标准,包括已发布标准中未包括的与电梯或电梯部件的创新设计和新概念相关的标准。

5.3.2.2 当审查、更新、修订现行标准时,标准的制定者应按照适用的电梯基本安全要求检验现行标准是否规定了足够的准则以保证完全符合电梯基本安全要求所制定的安全目标。

5.3.2.3 与电梯安全有关的新标准可以是性能型(目标导向)标准或描述型设计标准。在每种情况下,当规定安全要求时,每条电梯基本安全要求应被考虑、采纳或参考且被作为基础。

例:6.4.2 中的电梯基本安全要求规定"应提供支撑满载运载装置和合理的可预见的超载的装置"。基于该条电梯基本安全要求,对于支撑运载装置的装置(如:直顶式液压缸)或运载装置的悬挂装置(如:曳引驱动中的绳),标准制定者应:

——在性能型标准的情况下,为运载装置支撑或悬挂装置确定多个具体的性能要求,如:最短的工作寿命、可承受的环境条件、检验标准。

——在描述型设计标准的情况下,说明设计要求,如:最少的悬挂绳根数、最小的绳直径、最小的安全系数、最小的驱动轮与绳直径比。

5.3.3 设计者、制造者、安装者、维修组织

5.3.3.1 电梯部件和功能

电梯部件和功能应按照下列要求进行设计、制造、安装、调试和维修:

a) 按照电梯标准或其他适用标准,以满足电梯基本安全要求所要求的防护等级;

b) 按照本部分,根据 GB/T 20900—2007 通过风险分析和评价程序,证明所选择的部件和功能满足电梯基本安全要求安全目标;或

c) 按照 a)和 b)的结合,且如果有必要,应进行测试、认证和评价其与适用标准的一致性。

5.3.3.2 符合性的证明

5.3.3.2.1 通过满足某一标准的所有要求来达到符合 5.3.3.1a)规定。该标准与本部分中规定的电梯基本安全要求协调一致,并与所适用的其他相关标准(例如:消防标准、建筑标准)协调一致。

5.3.3.2.2 通过使用 GB/T 20900—2007 的方法识别所有与具体电梯设计相关的风险情节(见 5.2.2)并进行风险评价,以证明已经满足所有的可适用的电梯基本安全要求中规定的要求,达到符合 5.3.3.1b)规定。

注:依据 GB/T 20900—2007,由各方面专家组成的评价组进行风险评价,这些专家具有电梯设计、制造、安装、维修和检验方面的经验。该评价组应由一位在电梯技术和应用 GB/T 20900—2007 方面很精通和有经验的专家领导。研究的结果应形成文件,任何识别的风险应被充分地降低。这一途径对于在现行的描述型设计标准中没有包括的创新产品是特别有用的。

5.3.3.2.3 5.3.3.1c)中的途径适用于这种电梯:该电梯满足与电梯基本安全要求协调一致的所适用标准的大部分要求,但个别创新特征没有明确地包括于该标准。这种情况可按下列方式处理:

a) 鉴别出该电梯不符合该标准中具体描述型要求的所有范围。

b) 鉴别出创新电梯的哪些特征不满足该标准的对应要求。另外,结合该电梯的创新特征,鉴别出所有的与该电梯不能满足的要求相关的电梯基本安全要求。

c) 如 5.3.3.2.2 所述,对 b)鉴别出的、期望满足电梯基本安全要求的电梯的项目、范围或特性,进行风险评价。任何鉴别出的风险应被充分降低,以便达到安全水平,该安全水平至少与该标准所要求的相同。

5.3.4 符合性评价机构

当独立的(第三方)符合性评价机构进行电梯或部件符合电梯基本安全要求的评价时,该机构应使用本部分的各种方法,包括:

a) 审查设计者、制造者或其他组织的符合电梯基本安全要求的证明文件(例如:设计、试验程序、风险评价报告);和

b) 阐明其确定的风险情节,并核查与具体的电梯基本安全要求的适用性和符合性。

为此,应遵照与5.2和5.3.3中所描述的类似的程序。

5.3.5 检验机构

如果在所适用的标准中没有规定检验规程,在下列情况下,检查人员应使用本部分:

a) 核查设计者、制造者、安装者或维修人员已经考虑了适用的电梯基本安全要求时;

b) 核查设计者、制造者文件中提出的检验规程的适用性时,或通过应用电梯基本安全要求和分析相关的风险情节,确定其程序时;和

c) 评价检验结果时。

为此,应遵照与5.2和5.3.3中所描述的类似的程序。

6 电梯基本安全要求

电梯应符合本章所规定的适用的安全要求。

注1:根据人员可能暴露在危险、危险状态或事件中的位置,将本章的基本安全要求进行分组,这些位置包括邻近电梯的空间(见6.2)、进入和离开区域(见6.3)、运载装置内的空间(见6.4)和工作空间(见6.5)。适用于多个位置的通用要求在6.1中规定。

注2:附录A提供了潜在的、可适用于电梯子系统的电梯基本安全要求概述。

6.1 与处于不同位置人员相关的通用电梯基本安全要求

6.1.1 电梯设备的支撑

在正常和紧急操作期间,用于支撑电梯设备的装置应能承受所施加的所有载荷和力(包括冲击力)。

注:有关6.1.1中所述的力是指在正常操作(装载、卸载、加速、制动,等等)和紧急操作(安全钳动作、撞击缓冲器,等等)期间,由电梯的预期使用和可预见的超载产生的。

6.1.2 电梯维护

当需要维护以确保持续安全时,应提供适当的说明,且应由经过相应培训的人员进行所要求的维护工作。

注:本条适用于受损的电梯、电梯部件和功能,而不适用于免维护操作。适当的维护是保持电梯处于安全运行状态的重要要素。本条的目的是避免由不胜任的人员实施维护工作。

6.1.3 使用人员和非使用人员不可接近的设备

可能带来危险的设备对使用人员和非使用人员不应是直接可接近的。

注:不可接近的位置包括围护装置后面的区域、锁住的盖或门、或不可到达的区域。

6.1.4 运载装置和工作区域的地面

运载装置地面和工作区域的地面应减少绊倒和滑倒的风险。

注:运载装置地面和工作区域的地面应是适当的水平面,即:它们不呈现明显的斜面。当考虑使用防滑材料时,应注意到材料的粗糙程度不会长期保持一致,可能随清理操作(如:清扫)而变化。

6.1.5 因相对运动引起的危险

应防止使用人员或非使用人员因以下原因产生剪切、挤压、擦伤或其他伤害的后果:

a) 运载装置与外部物体相对运动;和

b) 电梯设备相对运动。

注1:对于被授权的专业人员见6.5.9;

注2:本条针对位于运载装置内、外的人员的安全。

6.1.6 锁闭层门和关闭运载装置门

如果任何井道门打开、未锁住或运载装置门没有关闭,应停止对人员有危险的运载装置的任何运行。

注1:井道门包括电梯层门、井道安全门或仅供被授权的专业人员使用的门(如:疏散门);

注2:平层和再平层(以及对接操作)不认为是危险运行。

6.1.7 疏散

应提供能使被困的使用人员或被授权的专业人员安全地解救和疏散的措施和规程。

注:电梯系统应具有在被授权的专业人员控制下允许运载装置运行到疏散位置的措施。同时也不排除无需运载装置运行的其他可能的措施。运载装置卡住的极端情况(因安全钳动作、因地震引起材料损坏等)可能需要外部手段、适当说明和工具。

6.1.8 锐边

应提供充分降低使用人员和非使用人员暴露在锐边风险中的措施。

注:对于被授权的专业人员,见6.5。

6.1.9 由于触电风险引起的危害

对于带电部位,应提供充分降低使用人员和非使用人员暴露在触电风险中的措施。

注:对于被授权的专业人员,见6.5。

6.1.10 电磁兼容性

电梯的安全操作不应受电磁干扰的影响。电梯的电磁发射应被限制在规定的范围内。

注:如果电梯受到可预见的辐射作用,抗扰性应足以防止不安全的情况。"抗扰性"包括对内部影响(自己产生的辐射)的抗扰性和对外部影响的抗扰性。电磁发射的容许的量取决于电梯运行环境和在有关标准中的规定。

6.1.11 运载装置和层站照明

在使用期间,运载装置和层站应提供足够的照明。

注:足够的照明是指对于安全通道和电梯控制装置的操作有充分的照度,包括:

——察觉平层的不准确度;

——操作层站和运载装置控制装置;

——在断电情况下,减少使用者惊慌。

6.1.12 地震的影响

在容易发生地震的地区,对于地震对电梯设备产生的可预见的影响,应提供降低运载装置内使用人员和被授权的专业人员的风险的措施。

注:对使用人员和被授权的专业人员安全的影响需要考虑所有的阶段:在地震期间(尽可能地多加以考虑),在从停止的运载装置中救援期间,以及当电梯恢复正常操作时。这里假定没有严重的建筑物损坏。

6.1.13 危险材料

用于电梯构成的材料的特性和数量不应导致危险状态发生。

注:对于使用人员、非使用人员和被授权的专业人员的危险状态涉及毒性、烟雾、易燃物及暴露的化学物和石棉,等等。

6.1.14 环境影响

应保护使用人员和被授权的专业人员免受环境影响。

注:环境影响包括可预见的电梯安装地区的气候状况。应保护使用人员和被授权的专业人员以免直接暴露于该影响(如:运载装置或工作空间的加热或冷却)之中。另外,对气候状况敏感的、与安全相关的电梯部件也应适当防护。

6.2 与接近电梯的人员相关的电梯基本安全要求

6.2.1 坠入井道

应提供防止使用人员、非使用人员和被授权的专业人员坠入井道的措施。

注:本条针对下列坠入井道的风险:

——从周围的地面;和

——从层门,当运载装置不在该层站时。

6.3 与位于入口处人员相关的电梯基本安全要求

6.3.1 进入和离开

应提供进入和离开停层的运载装置的安全措施。

注:本条适用于在正常使用电梯期间进入和离开运载装置的过程。建议为运载装置停层时提供足够的空间、尺寸、说明以及正确的相对位置。

6.3.2 地坎间水平间隙

应限制运载装置地坎与层站地坎之间的水平间隙。

注：在垂直于运载装置运行方向进行测量。应考虑能够走路的儿童，以及轮椅车和助行器的尺寸。

6.3.3 运载装置的平层

当使用人员进入和离开运载装置时，运载装置的地面和层站的地面应基本上是平齐的。

注：由运载装置载荷变化引起的台阶应被限制，以避免部分使用人员绊倒；该台阶应足够小，以使包括行动不便人员在内的所有使用人员的安全进入。

6.3.4 从运载装置自行疏散

只有当运载装置位于层站或接近层站时，使用人员才有可能自行疏散。

注："接近层站"指运载装置离层站不远，并且绊倒和坠落的风险很小。另外，当运载装置的入口由试图自行疏散的使用人员手动打开时，运载装置的入口和面对开着的运载装置入口的井道壁或层站入口的任何间隙应尽可能小，以防止使用人员通过该间隙坠入井道。

6.3.5 层门和运载装置门之间的间隙

层门和运载装置门之间的间隙不应有容纳使用人员的可能。

注：本条目的是防止人员（包括儿童）进入层门和运载装置门之间的空间。在下列条件下，这种情况可能出现：

——层门和运载装置门有多个门扇，且不同步时；

——铰链式层门和滑动运载装置门的组合时。

6.3.6 当运载装置在层站时的再开门措施

当运载装置处在层站时，如果运载装置门和层门的关闭受阻，应提供再打开运载装置门和层门的措施。

注：应检测妨碍门运动的障碍物。在障碍物被清除前，应防止门的关闭和运载装置的运动。障碍物如：使用人员身体的一部分、手推车、轮椅车等等。

6.4 与运载装置内人员相关的电梯基本安全要求

6.4.1 强度和尺寸

运载装置应能容纳和承受额定的载重量以及合理的可预见的超载。

注：本条主要针对人员运送。"容纳"指考虑了使用人员的尺寸和质量，为一定的使用人员人数提供空间（体积）。在使用人员方面，可预见的超载指：

——使用人员通常携带的载荷（如：公文包、行李，但不包括手推车等工具）；

——使用人员身高和体重比平均值大的可能性；

——比运载装置设计的使用人员人数多的可能性。

6.4.2 运载装置支撑/悬挂

应提供支撑满载运载装置和合理的可预见的超载的装置。

注：本条针对当运载装置载有额定载重量时的悬挂装置的强度和失效。然而，当达到可预见的超载状态时，应保持电梯的整体性。但是，如果超出额定载重量，可能影响所设计的某些性能。

6.4.3 运载装置超载

应提供防止超载的运载装置离开层站的措施。

注："防止离开层站"是指使提升主机的驱动系统不工作。当检测到超载状态时，不响应任何指令。这不包括绳的伸长、曳引力不足等等。然而，如果达到可预见的超载状态，则应保持电梯的整体性。

6.4.4 从运载装置坠落

应提供防止使用人员从运载装置坠落的措施。

注：通过在运载装置底周围设置防护、栅栏或壁，可达到本条要求。本条也要求对运载装置和井道间使用人员可能通过的任何开口进行防护。典型的开口是运载装置边缘和层门门扇间的间隙。

6.4.5 运载装置运行路径限制

应限制运载装置的垂直行程，以防止运载装置失控运行超过运行路径。

注：在运行路径端部，应提供使运载装置安全停止的装置。"安全停止"包括不损坏设备和不伤害运载装置中的乘客。"运行路径端部"包括从正常端站位置起的一定的越程。

6.4.6 运载装置失控运行

应提供限制运载装置失控运行的措施。

注：本条的目的是防止运载装置以超出设计速度运行所导致的影响，也防止意外启动运载装置产生的影响。例如：运载装置以超出额定速度向端站运行，或当门打开且使用人员正进入或离开时，运载装置意外运行离开层站。可能引起这些情况的可预见的故障如：速度控制、驱动或制动系统等电梯部件出现故障。

6.4.7 运载装置与运行路径中或运行路径外的物体碰撞

应提供避免运载装置与位于运行路径中任何设备碰撞的措施，该碰撞发生可能伤害使用人员。

注：应提供防止运载装置与位于井道中任何设备碰撞的措施。运载装置防护或围壁应具有足够强度以避免因水平方向力引起危险的变形。应限制防护或围壁的倾斜和变形，避免产生危险状态。本条也针对运载装置或对重运行到井道终端的情况，为了使其不具有伤害性，应缓冲最终的碰撞。

6.4.8 运载装置水平和旋转运动

应限制运载装置水平和旋转运动，以充分地降低对使用人员和被授权的专业人员造成伤害的危险。

注：应限制运载装置自由的水平和旋转运动，以防止使用人员失去平衡和坠落。

6.4.9 速度和加速度的变化

应提供措施确保运载装置速度和加速度的变化受到限制，以使对使用人员造成伤害的风险降到最小。

注：本条包括在运载装置正常和紧急操作情况下运载装置速度和加速度的变化。在极端的紧急操作(如：使自由坠落的运载装置停止)情况下，由于发生该情况概率非常小，因此可允许有较小伤害的可能性。

6.4.10 物体坠落到运载装置上

应保护运载装置内的使用人员免受坠落物体的伤害。

注："坠落物体"是指可预见的由于错误行为、携带工具或类似的行为引起的结果。未封闭井道安装的电梯也可能受到故意破坏行为(如：从外部投入物体)的作用。本条不包括水落入井道的情况。

6.4.11 运载装置的通风

应给运载装置提供足够的通风。

注：本条的目的是向被困乘客提供足够的空气交换。由于开关门时可以提供空气的交换以及运行过程的时间比较短，因此允许在正常运行时不需要特殊的措施。

6.4.12 运载装置中的火/烟

运载装置内部应由阻燃且只会产生少量烟雾的材料制造。

注：运载装置内所采用材料(如：装潢)的特性和数量在火灾期间可能是产生伤害的非常重要的根源。需要考虑的因素包括材料的阻燃、毒性等方面。然而，在运载装置内，可以少量使用不完全满足本条的材料(如：控制按钮和遮光板等)。

6.4.13 在被淹区域的运载装置

当存在运载装置可能下降进入被淹区域的风险时，应提供措施检测且防止运载装置下降进入被淹区域。

6.4.14 运载装置内的停止装置

位于运载装置内由使用人员操纵的停止装置(如果需要)应仅允许在部分封闭运载装置的电梯或特殊用途的电梯上设置。

注：特殊用途的电梯，如：具有对接操作的载货/乘客电梯。

6.4.15 层站指示

应提供给运载装置内的使用人员识别层站的措施。

注：使用人员不知其位置可能产生混乱和不可预知的反应。在正常情况下，没有层站显示可能没有安全问题，但是在紧急情况(如救火等)下提供层站显示是重要的。

6.5 与工作区域内人员相关的电梯基本安全要求

6.5.1 工作空间

应提供足够的和安全的工作空间。

注："足够的"是指考虑了与所进行作业相关的人类工效学原理。

6.5.2　设备可接近性

所有需要维修的电梯设备对被授权的专业人员应可安全地接近。

注：如果需要维修的电梯部件是不可接近的，则它们可能被忽视，这将致使电梯的使用不安全。设计电梯部件时应考虑本条要求。"安全地"表示安全且容易接近以便维修操作。

6.5.3　进入和离开井道内的工作空间

进入和离开在运行路径内或外的工作空间应是安全的。

注：运载装置处于任何位置，被授权的专业人员应有可能从任何工作空间离开。工作空间包括运载装置的顶。

6.5.4　工作区域的强度

在任何指定的工作区域，都应提供容纳和支撑被授权的专业人员及相关设备的重量的措施。

注：应确定被授权的专业人员的数量和他们为了完成预计的工作活动而携带或使用的设备。这些活动不包括工作区域需要被扩大和加强的重大的修理。

6.5.5　电梯空间内设备的限制

只有与电梯或电梯防护有关的设备才能放置在容纳电梯设备的空间中。

注：本条目的是排除非授权人员（及不熟悉电梯操作危险的人员）从通道进入电梯设备所需要的空间（机房和井道），以及防止使用这些空间作为储藏间。

6.5.6　从工作区域坠落

应提供充分地降低被授权的专业人员从任何工作区域坠落风险的措施。

注 1：如果井道内的工作区域（如运载装置顶、临时的平台）存在坠落的风险（如运载装置顶和井道壁之间的间隙），则这些区域应设置防护装置（如：护栏）。

注 2：防护措施（如：护栏）应有足够的高度和强度。

6.5.7　在被授权的专业人员控制下的运载装置运行

对于在运行路径中的被授权的专业人员，应提供只有他们能防止或使运载装置运行的措施。当被授权的专业人员接近未防护的电梯运动部件时，他应能防止或启动电梯设备运行。

注：设备包括所有可能运动部件，如：运载装置、对重。

6.5.8　井道内设备的失控或意外运动

应提供措施防止被授权的专业人员遭受因井道内设备的失控或意外运动产生的后果。由于失控或意外运动引起的被授权的专业人员承受的任何加速度或减速度应被限制以充分地降低伤害风险。

注：如果被授权的专业人员接触到运动的部件可能是有危害的，应提供保护措施，以降低此类危险。如：完全控制设备移动或提供永久的防护屏，该防护屏使运动部件与工作区域隔离，以防止意外接触。"设备"包括所有可能的运动部件，如：运载装置、对重。

6.5.9　防止各种危险的措施

应提供措施充分地防止在工作区域的被授权的专业人员遭受剪切、挤压、擦伤、划破、高温或被困产生的后果。

6.5.10　井道内坠落物

当被授权的专业人员在井道内时，应充分地防止其遭受坠落物的危害。

注：物体可能由于与人员身体某一部分的意外触碰而坠落，如：手持工具、放置在运载装置顶的不牢固的材料等。

6.5.11　工作区域内的触电

设备的设计和安装应减小触电而引起的对被授权的专业人员的伤害。

注：有时电梯维修需要被授权的专业人员接近电气设备的带电部分。

6.5.12　工作空间的照明

所有工作空间及其通道应有足够的照明，以便被授权的专业人员工作。

注："足够的照明"指对于电梯设备的安全通道和维修操作有足够的照度。被授权的专业人员不在时，照明可关闭。在被授权的专业人员活动有危险的黑暗的地方应提供紧急照明。

附 录 A
（资料性附录）
与电梯子系统有关的电梯基本安全要求概述

A.1 总则

在第 6 章中规定了电梯基本安全要求，且根据人员可能处于危险、危险状态或事件中的电梯位置进行了分组。对于那些认为电梯是由可清楚区分的子系统组成的使用者，本附录可提供参考。表 A.1 给出了第 6 章中与电梯子系统有关的所有电梯基本安全要求的概述。

A.2 表 A.1 的说明

A.2.1 识别子系统的表头中的符号

B——建筑物，包括：结构、井道、机器空间和不是电梯承包商提供的建筑设备；

C——控制系统，包括电气设备和布线，不包括安全装置；

E——层站和运载装置的入口；

G——运载装置和对重系统的导向；

H——井道，包括：内部和周围防护或围壁；

L——运载装置，包括：运载装置顶（如果有）；

M——主机，包括：制动系统；

Sf——安全装置；

Sp——运载装置系统的悬挂；

W——工作区域或空间。

A.2.2 表列中的符号

×——适用于表中所识别的电梯子系统的电梯基本安全要求；

○——可能适用于表中所识别的电梯子系统的电梯基本安全要求；

条款号——第 6 章中对应的电梯基本安全要求条号；

“—”——同等危险的电梯基本安全要求在 6.5 中给出。

表 A.1 与电梯子系统有关的电梯基本安全要求概述

条款号	第 6 章的电梯基本安全要求	电梯子系统（符号见 A.2）									
		B	C	E	G	H	L	M	Sf	Sp	W
6.1 与处于不同位置的人员相关的通用电梯基本安全要求											
6.1.1	电梯设备的支撑 在正常和紧急操作期间，用于支撑电梯设备的装置应能承受所施加的所有载荷和力（包括冲击力）。	×			○	○				○	○
6.1.2	电梯维护 当需要维护以确保持续安全时，应提供适当的说明，且应由经过相应培训的人员进行所要求的维护工作。	○	○	○	○	○	○	○	○	○	○
6.1.3	使用人员和非使用人员不可接近的设备 可能带来危险的设备对使用人员和非使用人员不应是直接可接近的。	○	○	○		×	○	○	○		○

表 A.1（续）

条款号	第6章的电梯基本安全要求	电梯子系统（符号见 A.2）									
		B	C	E	G	H	L	M	Sf	Sp	W
6.1.4	运载装置和工作区域的地板 运载装置地面和工作区域的地面应减少绊倒和滑倒的风险。						×				×
6.1.5	因相对运动引起的危险 应防止使用人员或非使用人员因以下原因产生剪切、挤压、擦伤或其他伤害的后果： a) 运载装置与外部物体相对运动；和 b) 电梯设备相对运动。		○	×	○	×	×				
6.1.6	锁闭层门和关闭运载装置门 如果任何井道门打开、未锁住或运载装置门没有关闭，应停止对人员有危险的运载装置的任何运行。		○	○			○	○	×		
6.1.7	疏散 应提供能使被困的使用人员或被授权的专业人员安全地解救和疏散的措施和规程。	○	○	×		○	×	○	○		×
6.1.8	锐边 应提供充分降低使用人员和非使用人员暴露在锐边风险中的措施。			×		○	×				
6.1.9	由于触电风险引起的危害 对于带电部位，应提供充分降低使用人员和非使用人员处于触电风险中的措施。		×	○			○		○		
6.1.10	电磁兼容性 电梯的安全操作不应受电磁干扰的影响。电梯的电磁发射应被限制在规定的范围内。		×						○		○
6.1.11	运载装置和层站照明 在使用期间，运载装置和层站应提供足够的照明。	○		×			×				
6.1.12	地震的影响 在容易发生地震的地区，对于地震对电梯设备产生的可预见的影响，应提供降低运载装置内使用人员和被授权的专业人员的风险的措施。	○	×		○	○	×	○	○	○	×
6.1.13	危险材料 用于电梯构成的材料的特性和数量不应导致危险状态发生。	○		○		×	×				×
6.1.14	环境影响 应保护使用人员和被授权的专业人员免受环境影响。	○	○			○	×		○		×
6.2 与邻近电梯的人员相关的电梯基本安全要求											

表 A.1（续）

条款号	第 6 章的电梯基本安全要求	电梯子系统（符号见 A.2）									
		B	C	E	G	H	L	M	Sf	Sp	W
6.2.1	坠入井道 应提供防止使用人员、非使用人员和被授权的专业人员坠入井道的措施。	○		×		×			○		×
6.3 与位于入口人员相关的电梯基本安全要求											
6.3.1	进入和离开 应提供进入和离开停层的运载装置的安全措施。	○	○	×			×		○		
6.3.2	地坎间水平间隙 应限制运载装置地坎与层站地坎之间的水平间隙。			×	○		×				
6.3.3	运载装置的平层 当使用人员进入和离开运载装置时，运载装置的地面和层站的地面应基本上是平齐的。		×	○			○	○			
6.3.4	从运载装置自行疏散 只有当运载装置位于层站或接近层站时，使用人员才有可能自行疏散。		×	○		○	×		○		
6.3.5	层门和运载装置门之间的间隙 层门和运载装置门之间的间隙不应有容纳使用人员的可能。			×			×				
6.3.6	当运载装置在层站时的再开门措施 当运载装置处在层站时，如果运载装置门和层门的关闭受阻，应提供再打开运载装置门和层门的措施。		×	○			○		×		
6.4 与运载装置内人员相关的电梯基本安全要求											
6.4.1	强度和尺寸 运载装置应容纳和承受额定的载重量以及合理的可预见的超载。				○		×		○		
6.4.2	运载装置支撑/悬挂 应提供支撑满载运载装置和合理的可预见的超载的装置。				○		×	○	○	×	
6.4.3	运载装置超载 应提供防止超载的运载装置离开层站的措施。		×				×	○	○		
6.4.4	从运载装置坠落 应提供防止使用人员从运载装置坠落的措施。						×				
6.4.5	运载装置运行路径限制 应限制运载装置的垂直行程，以防止运载装置失控运行超过运行路径。		×		×		○	○	×	○	

表 A.1(续)

条款号	第 6 章的电梯基本安全要求	电梯子系统 (符号见 A.2)									
		B	C	E	G	H	L	M	Sf	Sp	W
6.4.6	运载装置失控运行 应提供限制运载装置失控运行的措施。		×	○			○	×	×		
6.4.7	运载装置与运行路径中或运行路径外的物体碰撞 应提供避免运载装置与位于运行路径中任何设备碰撞的措施,该碰撞发生可能伤害使用人员。		○		○	○	×		×	○	
6.4.8	运载装置水平和旋转运动 应限制运载装置水平和旋转运动,以充分地降低对使用人员和被授权的专业人员造成伤害的危险。	○	○		×	○	×				○
6.4.9	速度和加速度的变化 应提供措施确保运载装置速度和加速度的变化受到限制,以使对使用人员造成伤害的风险降到最小。		×					○	×		
6.4.10	物体坠落到运载装置上 应保护运载装置使用人员免受坠落物体的伤害。	○				○	×				—
6.4.11	运载装置的通风 应给运载装置提供足够的通风。		○			○	×				
6.4.12	运载装置中的火/烟 运载装置内部应由阻燃且只会产生少量烟雾的材料制造。						×				
6.4.13	在被淹区域的运载装置 当存在运载装置可能下降进入被淹区域的风险时,应提供措施检测且防止运载装置下降进入被淹区域。	○	×				○		○		
6.4.14	运载装置内的停止装置 位于运载装置内由使用人员操纵的停止装置(如果需要)应仅允许在部分封闭运载装置的电梯或特殊用途的电梯上设置。		×				×		○		
6.4.15	层站指示 应提供给运载装置内的使用人员识别层站的措施。		×	×			×				
6.5 与工作区域内人员相关的电梯基本安全要求											
6.5.1	工作空间 应提供足够的和安全的工作空间。	○				○					×
6.5.2	设备可接近性 所有需要维修的电梯设备对被授权的专业人员应可安全地接近。		○	○	○	○	○	○	○	○	×
6.5.3	进入和离开井道内的工作空间 进入和离开在运行路径内或外的工作空间应是安全的。	○	○	○		○	○				×

表 A.1(续)

条款号	第 6 章的电梯基本安全要求	电梯子系统(符号见 A.2)									
		B	C	E	G	H	L	M	Sf	Sp	W
6.5.4	工作区域的强度 在任何指定的工作区域,都应提供容纳和支撑被授权的专业人员及相关设备的重量的措施。	○				○	○				×
6.5.5	电梯空间内设备的限制 只有与电梯安装或电梯防护有关的设备才能放置在容纳电梯设备的空间中。	○				○	○				×
6.5.6	从工作区域坠落 应提供充分地降低被授权的专业人员从任何工作区域坠落风险的措施。			○		○	○				×
6.5.7	在被授权的专业人员控制下的运载装置运行 对于在运行路径中的被授权的专业人员,应提供只有他们能防止或使运载装置运行的措施。当被授权的专业人员接近未防护的电梯运动部件时,他应能防止或启动电梯设备运行。		×			○	○		○		×
6.5.8	井道内设备的失控或意外运动 应提供措施防止被授权的专业人员遭受因井道内设备的失控或意外运动产生的后果。由于失控或意外运动引起的被授权的专业人员承受的任何加速度或减速度应被限制以充分地降低伤害风险。		×			○	○		○		×
6.5.9	防止各种危险的措施 应提供措施充分地防止在工作区域的被授权的专业人员遭受剪切、挤压、擦伤、划破、高温或被困产生的后果。	○	○	○	○	○	○	○	○	○	×
6.5.10	井道内坠落物 当被授权的专业人员在井道内时,应充分地防止其遭受坠落物的危害。	○				○	○				×
6.5.11	工作区域内的触电 设备的设计和安装应减小因触电而引起的对被授权的专业人员的伤害。		×	○		○	○	○	○		×
6.5.12	工作空间的照明 所有工作空间及其通道应有足够的照明,以便被授权的专业人员使用。	○	○	○		○	○				×

参 考 文 献

[1] GB/T 7024—2008 电梯、自动扶梯、自动人行道术语.

[2] GB 7588—2003 电梯制造与安装安全规范(EN 81-1:1998,MOD).

[3] GB/T 16856—1997 机械安全 风险评价原则.

[4] GB 21240—2007 电梯制造与安装安全规范 第2部分:液压电梯(EN 81-2:1998,MOD).

[5] ISO 4190-1:1999 电梯安装 第1部分:Ⅰ、Ⅱ、Ⅲ和Ⅵ类电梯[Lift (US:Elevator) installation—Part 1:Class Ⅰ,Ⅱ,Ⅲ and Ⅵ lifts].

[6] ISO 4190-2:2001 电梯安装 第1部分:IV类电梯[Lift (US:Elevator) installation—Part 2:Class Ⅳ lifts].

[7] ISO/TR 12100-1:2003 机械安全 设计基本概念和原理 第1部分:基本术语和方法(Safety of machinery—Basic concepts,general principles for design—Part 1:Basic terminology,methodology).

[8] ISO/TR 12100-2:2003 机械安全 设计基本概念和原理 第2部分:技术原理(Safety of machinery—Basic concepts,general principles for design—Part 2:Technical principles).

[9] JG 5009—1992 电梯和杂物电梯 第5部分:控制装置、信号及附件(eqv ISO 4190-5:1987).

[10] JG/T 5010—1992 电梯和杂物电梯 第6部分:安装在住宅建筑中的乘客电梯 配置与选择(eqv ISO 4190-6:1984).

[11] ISO/TR 11071-1:1990 世界范围内的电梯安全标准比较 第1部分:电梯;1999年第1次修改件:参考日本标准;2001年第2次修改件:参考澳大利亚标准[Comparison of worldwide lift safety standards—Part 1:Electric lifts(elevator),and Amendment 1:1999,References to Japanese standards,and Amendment 2:2001,References to Australian standards].

[12] ISO/TR 11071-2:1996 世界范围内的电梯安全标准比较 第2部分:液压电梯;1999年第1次修改件:参考日本和澳大利亚标准[Comparison of worldwide lift safety standards—Parts 2:Hydraulic lifts (elevators),and Amendment 1:1999,Reference to Japanese and Australian standards].

[13] ASME A17.1:2000 电梯和自动扶梯安全规范(Safety code for elevator and escalators).

[14] CSA-B44:2000 电梯安全规范(safety code for elevators).

ICS 91.140.90
Q 78

中华人民共和国国家标准

GB 24804—2009

提高在用电梯安全性的规范

Rules for the improvement of safety of existing lifts

2009-12-15 发布　　　　2010-09-01 实施

中华人民共和国国家质量监督检验检疫总局
中国国家标准化管理委员会　发布

前言

本标准第1章、第2章、第3章、第4章以及5.14.3中带“宜”字的内容、附录A、附录B为推荐性的，其余为强制性的。

本标准等同采用EN 81-80:2003《电梯制造与安装安全规范　在用电梯　第80部分:提高在用乘客电梯和客货电梯安全性的规范》(英文版)。

为了便于使用，本标准对EN 81-80:2003做了下列修改:

——本标准引言删除了EN 81-80:2003引言中与本标准无关的内容，因为其存在与否对本标准的理解和使用没有任何影响。

——在本标准的“规范性引用文件”中，用国家标准代替了EN 81-80:2003的“规范性引用文件”中对应的国外标准。

——删除了规范性引用文件中的prEN 81-71及5.3内容，因为该内容不适合我国国情。

——本标准附录A的A.1、A.2、A.3删除了EN 81-80:2003附录A的A.1、A.2、A.3中不适用我国的内容，因为其存在与否对本标准的理解和使用没有任何影响。

——在本标准的“参考文献”中，用国家标准代替了EN 81-80:2003的“参考文献”中对应的国外文件。

本标准的附录A和附录B为资料性附录。

本标准由全国电梯标准化技术委员会(SAC/TC 196)提出并归口。

本标准负责起草单位:中国建筑科学研究院建筑机械化研究分院。

本标准参加起草单位:迅达(中国)电梯有限公司、奥的斯电梯(中国)投资有限公司、上海三菱电梯有限公司、日立电梯(中国)有限公司、东芝电梯(沈阳)有限公司、西子奥的斯电梯有限公司、通力电梯有限公司、华升富士达电梯有限公司、上海永大电梯设备有限公司、上海市特种设备监督检验技术研究院、蒂森克虏伯电梯有限公司、苏州江南嘉捷电梯股份有限公司、苏州东南电梯(集团)有限公司、沈阳博林特电梯有限公司、沈阳三洋电梯有限公司、许昌西继电梯有限公司。

本标准主要起草人:陈凤旺、庄欣、蒋灏、王志平、曾健智、陈秋丰、刘海婴、袁柳琴、庞秀玲、王伟峰、薛季爱、郭贵士、魏山虎、马依萍、李振才、钱富全、王永强。

引　言

0.1　由于电梯的使用寿命比其他运输设备和建筑设备长，因此，这意味着已安装使用的部分在用电梯，在其设计上、性能上和安全上落后于当前的技术水平，这些在用电梯需要进行改装以降低存在的风险，满足本标准的安全要求。

0.2　本标准将各种危险和危险状态归类，采用风险评价方法已对每种危险进行了分析；给出了逐步提高在用电梯安全性的正确方法，使其达到现今的安全水平；按照每种风险出现的频次和危害的严重程度，识别在用电梯安全状况并确定应采取的安全措施；列出了各种高、中、低风险，提出了可分步采用的降低风险的正确方法。

0.3　本标准可在下列方面作为导则：

a)　采用基于风险水平（高、中、低）及社会和经济因素的合理、切实可行[1]的方法，通过筛选过程（参见附录 A）来确定各自的实施程序；

b)　电梯业主按照有关法规规定履行其义务；

c)　电梯维修组织和/或有关机构确定在用电梯的安全程度；

d)　电梯业主根据 c）所确定的在用电梯安全程度提高在用电梯的安全性。

0.4　附录 B 可用来对在用电梯进行检查，确定危险类别和正确的安全措施。如果所识别的风险状况不在本标准所包括的范围内，需按照 GB/T 20900—2007 对该风险进行评价。

注 1：“合理、切实可行”是指：“按照风险产生的伤害严重程度和消除或降低该风险的难度和费用来决定什么是合理和切实可行。如果难度和费用很高，但是，经过认真评价风险后表明该风险并不高，则可不必采取行动。另一方面，如果风险高，则不论费用多高，也应采取行动。”

提高在用电梯安全性的规范

1 范围

1.1 本标准规定了提高在用电梯安全性的规范，目标是应用当前的安全技术使在用电梯达到新安装电梯同等的安全程度。

注：由于建筑物设计状况等原因，完全达到当前的安全程度可能有困难。

1.2 本标准适用于：

——曳引式或强制式电梯；

——液压驱动式电梯。

1.3 本标准考虑下列人员的安全：

a) 使用者；

b) 维护和检查人员；

c) 位于井道、机房和滑轮间外面(但在它们的最接近处)的人员；

d) 被授权人员。

1.4 本标准不适用于：

a) GB 7588 或 GB 21240 所规定的驱动方式以外的电梯；

b) 提升设备，如：链斗式升降机、矿井提升机、剧院升降机、自动吊笼、料车设备、施工升降机、船用升降机、海上勘探和钻井平台及建筑维修的升降设备；

c) 导轨垂直倾斜度大于 15°的升降设备；

d) 电梯设备运输、安装、修理和拆卸期间的安全；

e) 消防操作期间的安全。

但是，这些在用设备安全性的提高可参照本标准的规定执行。

2 规范性引用文件

下列文件中的条款通过本标准的引用而成为本标准的条款。凡是注日期的引用文件，其随后所有的修改单(不包括勘误的内容)或修订版均不适用于本标准，然而，鼓励根据本标准达成协议的各方研究是否可使用这些文件的最新版本。凡是不注日期的引用文件，其最新版本适用于本标准。

GB/T 7024—2008 电梯、自动扶梯、自动人行道术语

GB 7588—2003 电梯制造与安装安全规范(eqv EN 81-1:1998)

GB 12265.1—1997 机械安全 防止上肢触及危险区的安全距离(eqv EN 294:1992)

GB/T 20900—2007 电梯、自动扶梯和自动人行道 风险评价和降低的方法(ISO/TS 14798:2006,IDT)

GB 21240—2007 液压电梯制造与安装安全规范(EN 81-2:1998,MOD)

prEN 81-21:2006 电梯制造与安装安全规范 运载乘客和货物的电梯 第21部分：在用建筑物中新安装的乘客和载货的电梯(Safety rules for the construction and installation of lifts—Lifts for the transport of persons and goods—Part 21:New passenger and goods passenger lifts in existing buildings)

EN 81-28:2003 电梯制造与安装安全规范 运载乘客和货物的电梯 第28部分：乘客电梯和客货电梯的远程报警(Safety rules for the construction and installation of lifts—Lifts for the transport of persons and goods—Part 28:Remote alarm on passenger and goods passenger lifts)

EN 81-70:2003　电梯制造与安装安全规范　乘客电梯和客货电梯的特殊应用　第70部分:包括行动不便人员使用的乘客电梯的可接近性(Safety rules for the construction and installations of lifts—Particular applications for passenger and good passenger lifts—Part 70:Accessibility to lifts for persons including persons with disability)

EN 81-73:2005　电梯制造与安装安全规范　乘客电梯和客货电梯的特殊应用　第73部分:火灾情况下的电梯特性(Safety rules for the construction and installation of lifts—Particular applications for passenger and goods passenger lifts—Part 73:Behaviour of lifts in the event of fire)

3　术语和定义

GB/T 7024—2008、GB 7588—2003、GB 21240—2007、GB/T 20900—2007 确定的以及下列术语和定义适用于本标准。

3.1

被授权人员　authorised person

由电梯业主授权且经过电梯使用培训的完成指定工作的人员。

3.2

在用电梯　existing lift

已投入使用的电梯。

3.3

电梯业主　owner of the installation

对电梯具有处置权并对电梯运行负责的自然人或法人。

4　主要危险列表

本章中包括本标准涉及的所有主要危险、危险状态和事件,这些风险由风险评价确定为在用电梯的主要风险,并应采取措施消除或降低。

4.1　所涉及的主要危险

本标准所涉及的主要危险见表1。

表1　主要危险表

序号	危险/危险状态	本标准中的有关条款
1	存在有害材料	5.1.4
2	残障人员接近受限制或不符合要求	5.2.1
3	平层准确度/平层保持精度差	5.2.2
4	(略)	5.3
5	在火灾情况下无控制功能或功能不齐全	5.4
6	有孔的井道围壁	5.5.1.1
7	部分封闭的井道围壁过低	5.5.1.2
8	井道和底坑通道门的锁紧装置不完善	5.5.2
9	层门地坎下面的垂直表面不符合要求	5.5.3
10	井道下存在人员可到达的空间时,对重(平衡重)无安全钳	5.5.4
11	对重(平衡重)运行区域没有隔障或隔障不符合要求	5.5.5
12	同一井道中各台电梯之间没有底坑隔障或隔障不符合要求	5.5.6.1
13	同一井道中各台电梯之间无隔障或隔障不符合要求	5.5.6.2

表 1（续）

序号	危险/危险状态	本标准中的有关条款
14	顶层和底坑空间不足	5.5.7
15	底坑通道不符合要求	5.5.8
16	底坑和滑轮间无停止装置或该装置不符合要求	5.5.9
17	无井道照明或照度不足	5.5.10
18	底坑和轿顶无报警装置	5.5.11
19	通往机房和滑轮间无通道或通道不符合要求	5.6.1
20	机房或滑轮间地面不满足防滑要求	5.6.2
21	机房内机器设备的间距不符合要求	5.6.3
22	机房和滑轮间内地面存在高度差或凹坑时无保护措施或不符合要求	5.6.4
23	机房或滑轮间内照明不符合要求	5.6.5
24	搬运设备的装置不符合要求	5.6.6
25	有孔的层门和轿门	5.7.1
26	层门固定部件不符合要求	5.7.2
27	门上的玻璃件不符合要求	5.7.3
28	带玻璃的滑动轿门或层门无避免拖曳儿童的手的保护措施或不符合要求	5.7.4
29	候梯厅无照明或照度不足	5.7.5
30	动力驱动门无保护装置或保护装置不符合要求	5.7.6
31	层门锁紧装置不符合要求	5.7.7
32	层门的开锁无专用工具	5.7.8.1
33	门锁附近的井道围壁有孔	5.7.8.2
34	滑动层门无自动关闭装置	5.7.9
35	层门的各门扇之间的连接不符合要求	5.7.10
36	层门的防火性能不符合要求	5.7.11
37	铰链层门打开时轿门可运动	5.7.12
38	轿厢面积超过规定	5.8.1
39	轿厢护脚板不符合要求	5.8.2
40	无轿门轿厢	5.8.3
41	轿厢安全窗锁紧装置不符合要求	5.8.4
42	轿顶强度不足	5.8.5
43	无轿顶护栏或护栏不符合要求	5.8.6
44	轿内通风不足	5.8.7
45	轿内照度不足	5.8.8.1
46	无轿内应急照明或轿内应急照度不足	5.8.8.2
47	曳引轮、滑轮和链轮无保护装置或保护装置不符合要求	5.9.1
48	曳引轮、滑轮和链轮无防脱绳或脱链保护或不符合要求	5.9.1
49	曳引轮、滑轮和链轮无防止异物进入的保护	5.9.1
50	电梯无安全钳和/或限速器或不符合要求	5.9.2
51	限速器绳无张紧装置或不符合要求	5.9.3

表 1（续）

序号	危险/危险状态	本标准中的有关条款
52	曳引式电梯无防止轿厢上行超速保护装置	5.9.4
53	电梯曳引机不符合要求	5.9.4、5.12.1
54	液压电梯无防自由坠落、超速和沉降保护或不符合要求	5.9.5
55	对重(平衡重)由 2 根钢丝绳导向	5.10.1
56	无缓冲器或不符合要求	5.10.2
57	无极限开关或不符合要求	5.10.3
58	轿厢和面对轿厢入口的井道壁之间的间距不符合要求	5.11.1
59	轿门和层门间的间距不符合要求	5.11.2
60	无紧急操作系统或不符合要求	5.12.2
61	无截止阀	5.12.3
62	无独立的启动接触器	5.12.4
63	无松绳/链保护装置或不符合要求	5.12.5
64	无运转时间限制功能	5.12.6
65	无低压保护或不符合要求	5.12.7
66	防触电保护不符合要求，电气设备标记不全，注意事项缺失	5.13.1
67	电梯驱动主机的电动机没有保护或不符合要求	5.13.2
68	主开关无锁住装置	5.13.3
69	无错相保护	5.14.1
70	无轿顶检修控制装置和停止装置或不符合要求	5.14.2
71	无报警装置或不符合要求	5.14.3
72	机房和轿厢间无对讲系统或不符合要求	5.14.4
73	无轿厢载重量控制或不符合要求	5.14.5
74	注意事项、标记和操作说明缺失	5.15

4.2 未涉及的主要危险

本标准未涉及下列主要危险：

——井道、机房和滑轮间的火灾；

——环境条件(如：地震和水灾)；

——电磁兼容性；

——锐边导致的剪切。

5 安全要求和/或保护措施

5.1 通则

5.1.1 如果未采用本标准规定的保护措施，所采取的其他保护措施应至少达到本标准规定的安全要求。

5.1.2 对于本标准未包括的安全项目，应视具体情况进行风险评价。

5.1.3 对于不能满足本标准要求且存在遗留风险或不能避免时，应在相应的部位采取相应的措施。

5.1.4 有害材料(如：制动器的石棉刹车片、接触器的石棉垫、井道和层门的石棉覆层、机房的石棉覆层等)应由具有相同性能的其他材料代替(见 GB 7588—2003 的 0.3.1 和 GB 21240—2007 的 0.3.1)。

5.1.5 对于特殊要求，如：可接近性、在火灾情况下的性能，应对建筑物的状况进行检查以确定哪些对电梯来说是切实可行的。

5.1.6 如果按照本标准所述的某一种措施对电梯进行了改装，则应考虑对其他部件所产生的影响。

5.2 可接近性要求

5.2.1 总则

当在用电梯也供残障人员使用时，应符合 EN 81-70 要求，且应视具体情况进行风险评价。

5.2.2 平层准确度和平层保持精度

平层准确度和平层保持精度应符合下列要求：

——平层准确度应为±10 mm；

——平层保持精度应为±20 mm。

5.3 （略）

5.4 火灾情况下的电梯特性

当火灾情况下要求在用电梯有消防返回控制功能时，应符合 EN 81-73 要求。

5.5 井道

5.5.1 井道围壁

5.5.1.1 当井道的封闭与 GB 7588—2003 的 5.2 或 GB 21240—2007 的 5.2 的规定不一致时，如果符合 GB 12265.1—1997 的 4.5.2 要求，则井道围壁可以是有孔的。

5.5.1.2 部分封闭的井道围壁尺寸应符合 GB 7588—2003 的 5.2.1.2 或 GB 21240—2007 的 5.2.1.2 要求。

5.5.2 井道检修门、安全门和通往底坑的通道门

该门的锁紧装置及其电气安全装置应符合 GB 7588—2003 的 5.2.2.2 或 GB 21240—2007 的 5.2.2.2 要求。

5.5.3 井道壁

每个层门地坎下的井道壁应符合 GB 7588—2003 的 5.4.3 或 GB 21240—2007 的 5.4.3 要求。

5.5.4 位于轿厢、对重（平衡重）下面任何可到达空间的防护

如果轿厢、对重（平衡重）之下确有人到达的空间，应符合 GB 7588—2003 的 5.5 或 GB 21240—2007 的 5.5 要求。

5.5.5 对重（平衡重）隔障

对重（平衡重）的运行区域应通过设置在底坑中的隔障予以保护。隔障应符合 GB 7588—2003 的 5.6.1 或 GB 21240—2007 的 5.6.1 要求。

5.5.6 隔障

5.5.6.1 同一井道内存在相邻的电梯时，应在底坑中设有隔障，且应符合 GB 7588—2003 的 5.6.2.1 或 GB 21240—2007 的 5.6.2.1 要求。

5.5.6.2 同一井道内装有多台电梯时，轿厢顶部边缘和相邻电梯的运动部件之间的水平距离应不小于 0.5 m。

当不满足上述要求时，应设置贯穿整个井道的隔障，并应符合 GB 7588—2003 的 5.6.2.2 或 GB 21240—2007 的 5.6.2.2 要求。

5.5.7 顶层和底坑的空间

当顶部间距或底坑间距：

a） 对于在用曳引式或强制式电梯，不符合 GB 7588—2003 的 5.7.1，5.7.2 和 5.7.3.3 要求时；或

b） 对于在用液压电梯，不符合 GB 21240—2007 的 5.7.1 和 5.7.2 要求时，

应符合 prEN 81-21 有关要求。

5.5.8 底坑通道

底坑通道应符合 GB 7588—2003 的 5.7.3.2 或 GB 21240—2007 的 5.7.2.2 要求。

5.5.9 底坑和滑轮间的停止装置

底坑和滑轮间应设置有效的停止装置，该装置应符合 GB 7588—2003 的 5.7.3.4 和 6.4.5 或

GB 21240—2007 的 5.7.2.5 和 6.4.5 要求。

5.5.10 井道照明

井道应有足够的照明。如果照度不足，应按照 GB 7588—2003 的 5.9 或 GB 21240—2007 的 5.9 要求设置照明。

5.5.11 井道内工作的人员紧急解困

如果井道内工作的人员存在被困的危险且没有提供逃脱的措施，应安装符合 GB 7588—2003 的 5.10 或 GB 21240—2007 的 5.10 和本标准 5.14.3 要求的报警装置。

5.6 机房和滑轮间

5.6.1 机房和滑轮间通道

应进行危险状态的现场评价，以使机房和滑轮间通道达到 GB 7588—2003 的 6.2 或 GB 21240—2007 的 6.2 要求的安全程度。

5.6.2 机房和滑轮间地面

机房和滑轮间的地面应符合 GB 7588—2003 的 6.3.1.2 和 6.4.1.2 或 GB 21240—2007 的 6.3.1.2 和 6.4.1.2 要求。

5.6.3 机器设备的间距

机房内设备之间的间距应符合 GB 7588—2003 的 6.3.2 或 GB 21240—2007 的 6.3.2 要求。

若不符合上述规定，则应按照 GB 12265.1—1997 表 4 对运动部件进行防护。

5.6.4 机房地面的高度差和凹坑

应进行危险状态的现场评价，以确保机房地面的高度差和凹坑部分达到 GB 7588—2003 的 6.3.2.4、6.3.2.5 或 GB 21240—2007 的 6.3.2.4、6.3.2.5 要求的安全程度。

5.6.5 机房和滑轮间的照明

机房和滑轮间应有足够的照明，如照度不足，应按照 GB 7588—2003 的 6.3.6 和 6.4.7 或 GB 21240—2007 的 6.3.6 和 6.4.7 要求设置照明。

5.6.6 设备的搬运

应检查机房或井道中用于搬运设备的金属支架或吊钩，以确定其使用是否安全、安装的位置是否合适以及是否有安全工作负荷的标记等。

5.7 层门和轿门

5.7.1 无孔层门和轿门

按照 GB 7588—2003 的 7.1、8.6.1 或 GB 21240—2007 的 7.1、8.6.1 要求，层门和轿门应是无孔的。

5.7.2 层门固定部件

每一层门的固定部件（如：固定螺栓、层门导向装置等）应能承受 GB 7588—2003 的 7.2.3.1、7.4.2.1或 GB 21240—2007 的 7.2.3.1、7.4.2.1 规定的力的作用并防止脱轨，以避免门扇坠入井道。

5.7.3 轿门和层门玻璃的使用

应检查装有玻璃的层门和轿门，以确定所装的玻璃是否符合 GB 7588—2003 的 7.2.3.2、7.2.3.3、7.2.3.4、8.6.7.2、8.6.7.3 和 8.6.7.4 或 GB 21240—2007 的 7.2.3.2、7.2.3.3、7.2.3.4、8.6.7.2、8.6.7.3 和 8.6.7.4 要求，或具有同等安全程度。否则应：

a) 更换玻璃以符合 GB 7588—2003 附录 J 或 GB 21240—2007 附录 J 要求；或

b) 玻璃门扇的尺寸应减小到观察窗的大小，即：符合 GB 7588—2003 的 7.6.2a) 或 GB 21240—2007 的 7.6.2a) 要求；或

c) 拆下玻璃门扇代之以实体门扇；如果层门是手动开启的，应符合 GB 7588—2003 的 7.6.2b) 或 GB 21240—2007 的 7.6.2b) 要求。

5.7.4 装有玻璃的水平滑动轿门和层门

水平滑动的玻璃轿门和层门应符合 GB 7588—2003 的 7.2.3.6 和 8.6.7.5 或 GB 21240—2007 的

7.2.3.6 和 8.6.7.5 要求，以避免拖曳儿童的手。

注：所采用解决方案应考虑国家建筑防火方面的有关规定。

5.7.5 层站照明

层门附近的层站照明应符合 GB 7588—2003 的 7.6.1 或 GB 21240—2007 的 7.6.1 要求。

5.7.6 动力驱动的水平滑动轿门和层门防撞击保护

动力驱动的水平滑动轿门和层门应装有符合 GB 7588—2003 的 7.5.2.1.1 和 8.7.2.1.1 或 GB 21240—2007 的 7.5.2.1.1 和 8.7.2.1.1 要求的门保护装置。

若在用电梯也供残障人员使用时，应符合 EN 81-70:2003 的 5.2.3 和 5.2.4 要求。

5.7.7 锁紧装置

所有层门锁紧装置应达到 GB 7588—2003 或 GB 21240—2007 规定的同等安全程度。否则，应更换成符合 GB 7588—2003 的 7.7 或 GB 21240—2007 的 7.7 的锁紧装置。

5.7.8 层门的开锁

5.7.8.1 层门的紧急开锁装置应只能使用专用工具（如：采用符合 GB 7588—2003 的 7.7.3.2 或 GB 21240—2007 的 7.7.3.2 的三角钥匙）。

5.7.8.2 层门锁紧装置应不能被非授权人员从井道外面接近（如：不能通过带孔的井道壁从外面接近），以防止故意的错误操作。

5.7.9 水平滑动层门的自动关闭

轿门驱动的水平滑动层门，当轿厢在开锁区域之外时，如层门无论因为何种原因而开启，则应有一种装置（重块或弹簧）能确保该层门自动关闭。

5.7.10 带有多个门扇的滑动门

带有多个门扇的滑动门应符合 GB 7588—2003 的 7.7.6 或 GB 21240—2007 的 7.7.6 要求。

5.7.11 防火层门

若建筑物需要层门具有防火性能，该层门应符合国家有关标准的相关要求。

5.7.12 与动力驱动水平滑动轿门组合的铰链层门

仅当层门关闭后，轿门才能操作。

5.8 轿厢、对重（平衡重）

5.8.1 轿厢有效面积、额定载重量

在用曳引式或强制式电梯轿厢有效面积应符合 GB 7588—2003 的 8.2 要求，在用液压电梯轿厢有效面积应符合 GB 21240—2007 的 8.2 要求。否则应采取适当的措施，如：

——减小有效面积；或

——仅限于由受过培训的使用者操作，并对在用电梯的预期使用进行有效控制。

5.8.2 人员坠入井道的风险（轿厢护脚板）

轿厢应安装符合 GB 7588—2003 的 8.4 或 GB 21240—2007 的 8.4 要求的护脚板。如果不能实现，则应符合 prEN 81-21 相关要求（如：安装伸缩的护脚板）。

5.8.3 无轿门轿厢

无轿门轿厢应符合下列规定：

a) 按照 GB 7588—2003 的 8.6、8.7、8.8、8.9 和 8.10 或按照 GB 21240—2007 的 8.6、8.7、8.8、8.9 和 8.10 要求安装动力驱动的轿门；或

b) 按照 GB 7588—2003 的 8.6、8.7.1、8.9 和 8.10 或按照 GB 21240—2007 的 8.6、8.7.1、8.9 和 8.10 要求安装手动操纵的轿门。

5.8.4 轿厢安全窗的锁紧

若轿顶配置了轿厢安全窗，其锁紧装置应符合 GB 7588—2003 的 8.12.4.2 或 GB 21240—2007 的 8.12.4.2 要求。

5.8.5 轿顶和安全窗的强度

轿顶和轿厢安全窗应符合 GB 7588—2003 的 8.13.1 或 GB 21240—2007 的 8.13.1 要求。

5.8.6 轿顶上的防护

应对轿顶进行检查，以确保轿顶外侧边缘与井道壁的水平方向的距离不超过0.3 m。否则，应满足下列规定之一：

a) 轿顶向外延伸以使该距离不大于0.3 m；

b) 按照GB 7588—2003的8.13.3、GB 21240—2007的8.13.3或prEN 81-21要求，在轿顶上安装护栏；

c) 沿整个井道的高度安装隔障以使自由距离不大于0.3 m。

5.8.7 轿厢的通风

轿厢的通风应符合GB 7588—2003的8.16或GB 21240—2007的8.16要求。

5.8.8 轿厢内的照明和应急照明

5.8.8.1 轿厢应安装永久性电气照明，如果照度不足，应符合GB 7588—2003的8.17.1、8.17.2、8.17.3或GB 21240—2007的8.17.1、8.17.2、8.17.3要求。

5.8.8.2 应安装符合GB 7588—2003的8.17.4或GB 21240—2007的8.17.4要求的应急照明。

5.9 悬挂、补偿和超速保护

5.9.1 曳引轮、滑轮和链轮的防护

应按照GB 7588—2003的9.7或GB 21240—2007的9.4要求对曳引轮、滑轮或链轮进行防护。

5.9.2 电梯的安全钳和限速器

所有在用曳引式或强制式电梯应安装由限速器触发的安全钳。

应检查安全钳与限速器联动系统是否匹配，并进行试验以确定该系统有效。否则，应对系统进行调整(不应影响安全部件)，当不能进行调整时，应按照GB 7588—2003的9.8和9.9要求安装由匹配的限速器触发的安全钳。

5.9.3 限速器绳张紧装置

限速器绳张紧装置应装有一个符合GB 7588—2003的9.9.11.3或GB 21240—2007的9.10.2.10.3要求的电气安全装置。

5.9.4 轿厢上行超速和开门状态下轿厢的意外移动

在用曳引式电梯应满足下列规定：

a) 曳引式电梯应按照GB 7588—2003的9.10要求安装轿厢上行超速保护装置；

b) 曳引机应按照5.12.1的规定设置制动器；

c) 当制动器和曳引轮之间的故障是主要风险时，该电梯应具有防止轿厢开着门意外上行或下行的安全装置，或将该曳引机更换为符合GB 7588要求的曳引机。

注1：对上述a)至c)要求，视具体情况逐项进行评定，考虑的具体情况如：三轴承曳引轮轴、制动器的设计、额定速度、最大偏载、提升高度、现有的顶部间距、轿厢高度、减速比、蜗轮的设计、蜗轮的齿数、蜗轮的紧固、使用时间和使用频次等。

注2：以下给出了防止轿厢意外运动的保护措施指南：

a) 在层站外检测层门未锁紧且轿门未关闭时的非控制运行；

b) 最迟当轿厢离开开锁区域时保护装置应被触发；

c) 作用于轿厢、对重、钢丝绳或曳引轮上；

d) 使轿厢在距层站不大于0.9 m的距离内停止运行；

e) 轿厢停止的减速度不大于1 g；

f) 要求经过培训的人员进行释放。

5.9.5 防止液压电梯轿厢坠落、超速下降和沉降的保护

5.9.5.1 应通过检查和试验来确定在用液压电梯具有防止轿厢坠落、超速下降和沉降的保护措施。否则，在用液压电梯应按照GB 21240—2007的9.5和表5要求设置组合安全装置。

5.9.5.2 当安装电气防沉降系统时，该系统应具有GB 21240—2007的14.2.1.5所要求的自动返回底层端站的功能。

5.10 导轨、缓冲器和极限开关

5.10.1 由钢丝绳导向的对重(平衡重)

当对重(平衡重)仅由2根钢丝绳导向时,该导向系统应:

a) 按照GB 7588—2003的10.2.1要求更换为刚性的钢质导轨;或

b) 增加为由4根钢丝绳导向。

5.10.2 缓冲器

应具有适当的缓冲器或其他装置,否则,应按照GB 7588—2003的10.3或GB 21240—2007的10.3要求设置缓冲器。

5.10.3 极限开关

应按照GB 7588—2003的10.5或GB 21240—2007的10.5要求设置极限开关。

5.11 轿门和层门之间的间距

5.11.1 井道内表面与轿厢地坎、门框架或轿厢滑动门的最近门口的边缘的水平距离应符合GB 7588—2003的11.2或GB 21240—2007的11.2要求。否则,应按GB 7588—2003的8.9.3或11.2.1或GB 21240—2007的8.9.2或11.2.1要求设置轿门锁紧装置或采取措施减小该距离。

5.11.2 应防止人员夹在关闭的轿门和层门中间,或进入打开的轿门和层门中间。当轿门与层门的水平距离符合GB 7588—2003的11.2.3或11.2.4或GB 21240—2007的11.2.3或11.2.4要求时,认为满足上述规定。

5.12 驱动主机

5.12.1 电梯的机-电式制动器

在用曳引式或强制式电梯的机-电式制动器应符合GB 7588—2003的12.4.2要求。

5.12.2 紧急操作

应按照GB 7588—2003的12.5或GB 21240—2007的12.9要求设置紧急操作系统。

按照GB 7588—2003的16.3.1或GB 21240—2007的16.3.1要求,所有的紧急操作系统都应提供清晰的使用说明,并标识在明显位置。

5.12.3 液压电梯的截止阀

按照GB 21240—2007的12.5.1要求在液压缸和液压泵站之间的液压系统中设一个截止阀,该阀应设置在机房内。

5.12.4 停止驱动主机和检查驱动主机的停止状态

应符合GB 7588—2003的12.7或GB 21240—2007的12.4要求。

5.12.5 绳(链)松弛的电气安全装置

在悬挂系统中,应按照GB 7588—2003的9.5.3和12.9或GB 21240—2007的12.13要求设置绳(链)松弛的电气安全装置。

5.12.6 运转时间限制功能

应具有符合GB 7588—2003的12.10或GB 21240—2007的12.12要求的运转时间限制功能。

5.12.7 液压电梯油缸的低压保护

在用间接作用式液压电梯和液压缸与轿厢非强制连接的直接作用式液压电梯的手动下降轿厢系统应安装低压保护,以符合GB 21240—2007的12.9.1.5要求。

5.13 电气安装和电气设备

下列项目给出了电气安装中的一般危险状态,但也可能存在其他一些特殊的危险状态,如:在用电梯的电气布线和连接,触电风险或安全电路的桥接等。对每种风险应视具体情况按附录B逐项进行风险评价,并应考虑在用电梯安装时所执行的标准。

5.13.1 触电保护

应满足下列规定:

a) 电气设备的防护外壳应符合GB 7588—2003的13.1.2或GB 21240—2007的13.1.2要求,其

防护等级最低为 IP2X;

b) 如果主开关断开后一些连接端子仍然带电,则应符合 GB 7588—2003 的 13.5.3.3 或 GB 21240—2007 的 13.5.3.3 要求,且当电压超过 50 V 时,在这些连接端子上设置标记;

c) 应检查群控在用电梯的控制柜,确保具有注意事项的说明,以警示维修人员,当单一控制柜的主开关断开后,仍可能有电压存在。

5.13.2 电梯驱动主机电动机的保护

应对在用电梯驱动主机电动机的保护装置进行检查。如果电动机没有保护,则应按照 GB 7588—2003 的 13.3.1、13.3.2 和 13.3.3 或 GB 21240—2007 的 13.3.1、13.3.2 和 13.3.3 要求安装保护装置。

5.13.3 主开关

应按照 GB 7588—2003 的 13.4.2 或 GB 21240—2007 的 13.4.2 要求安装可锁住的主开关。

5.14 电气故障的防护、控制和优先权

5.14.1 错相保护

应对 GB 7588—2003 的 14.1.1.1j)或 GB 21240—2007 的 14.1.1.1j)所述的错相进行检查,确保其本身不应成为导致在用电梯危险误动作的原因。

5.14.2 检修控制装置和停止装置

轿顶应配置:

a) 符合 GB 7588—2003 的 14.2.1.3 或 GB 21240—2007 的 14.2.1.3 要求的检修控制装置,和

b) 符合 GB 7588—2003 的 14.2.2 或 GB 21240—2007 的 14.2.2 要求的停止装置。

5.14.3 紧急报警装置

应按照 GB 7588—2003 的 14.2.3 或 GB 21240—2007 的 14.2.3 要求配备一个能够双向对讲的紧急报警装置。宜满足 EN 81-28 要求。

5.14.4 轿厢与机房之间的通话

如果轿厢和机房之间没有直接的通话装置,则应按照 GB 7588—2003 的 14.2.3.4 或 GB 21240—2007 的 14.2.3.4 的要求安装对讲系统或类似装置。

5.14.5 载重量控制

为避免在超载时电梯启动的风险,应按照 GB 7588—2003 的 14.2.5 或 GB 21240—2007 的 14.2.5 要求安装载重量控制装置。

5.15 注意、标记及操作说明

应按以下规定在在用电梯上标有注意事项、标记及操作说明:

a) GB 7588—2003 的 15.2.1、15.3、15.4、15.5.1、15.5.3、15.7、15.11 和 15.15;或

b) GB 21240—2007 的 15.2.1、15.2.5、15.3、15.4、15.5.1、15.5.3、15.7、15.11、15.15、15.17 和 15.18。

6 安全措施和/或保护装置的检验

电梯改装后重新投入使用前应按照 GB 7588—2003 附录 E2 或 GB 21240—2007 附录 E2 要求进行检验。

某一个电梯部件的改装可能对其他相关部件的安全和功能产生影响,因此,改装后的检测不应仅限于被改装的部件,对于受其影响的其他相关部件和系统也应进行检验。

7 技术文件

应提供按照第 5 章规定所更新部件的相关文件。

附　录　A
（资料性附录）
本标准实施指南

本标准第5章规定了将在用电梯改造为当前水平的技术方案。虽然从安全的角度将所有在用电梯立即改装成当前技术水平是有意义的，但是从经济角度来说在短期内是不大可能的。

本附录中所述的程序用于帮助制定改进在用电梯安全性方面的规定，给出了如何识别和评价电梯现有的危险状态，以及如何确定必要的降低危险和风险的措施和优先顺序。

A.1　危险状态的识别

附录B包括用来对某台电梯的危险状态进行识别的检查表，该表包含4.1中列出的所有危险状态。表中所列出的危险状态是基于根据已发生的事故而得出的经验和风险评价。

对于一些本标准未包括的梯龄很高的在用电梯和一些采用特殊技术的在用电梯可能存在附加的危险状态，这些情况，有必要进行进一步的风险评价。

危险状态的识别可在一台给定在用电梯的任何定期检查和专门检验过程中进行，但是这些检查应由技术上能胜任或经过专门培训的人员来进行。

A.2　危险状态的评价

在本标准的制定过程中已对4.1中所列出的危险状态进行了风险评价。

风险评价是基于这样的假设：一台在用电梯没有防止危险状态的措施或防止危险的措施不完善。

表A.1给出了在用电梯可能出现的原始风险，它们可能在不符合当前安全程度的在用电梯上出现。

附录A的危险状态中某些风险出现两次，这种双重评价的背景是这些危险状态会导致不同的后果，如：导致低概率的高伤害程度的事故和高概率的中伤害程度的事故。事故统计表明，各地对于事故所取得的经验不同。对这些案例进行双重评价表明，在一个地区内，即使没有经历过高伤害程度事故，仍然存在着一定的发生中伤害程度事故的概率。

作为示例，此处例举由于井道照度不足（危险序号17）所引起的风险：

考虑到最不利的情况，当井道内没有照明时，有关的风险被评定为严重程度为高，概率等级为D。因此，在原始风险图（见表A.1）中的优先等级为P1，这意味着在任何情况下都应采取降低风险的措施。

GB 7588—1995和JG 5071—1996已要求安装井道永久照明，井道照明必须安装在井道内确定的位置上，但与GB 7588—2003和GB 21240—2007相比，对照度没有要求。

因此，以前使用的井道照明不能认为等效于当前使用的井道照明，但按照以前标准安装了井道照明的在用电梯具有比无井道照明的等级要低的遗留风险。因此，在原始风险图中，其遗留风险等级可转换为较低的风险等级，如：1D-E或2D。

消除非相关风险及按照以前标准对某些风险进行重新评价是一个筛选的过程。该过程有利于早期生产的在用电梯使用本标准，从而大大减少其相关危险状态的数量。在用电梯（如：特定的生产年限）应按照检查表列出的项目进行检验，并结合已有的等效解决方案进行风险评价。

表 A.1　原始风险图

概率等级	严重程度 1	严重程度 2	严重程度 3	严重程度 4
	危险状态序号			
A				
B			30	
C		6、25、30、60	37、46、57	
C-D	70	3、9、15、17、19、22、23、27、40、50、56、71	29、45	
D	1、3、7、8、12、13、14、16、17、26、27、31、32、33、34、39、40、43、50、53、54、58、59、60、62、66、71	18、21、24、41、44、47、48、52、63、65	28、42、49、61、64	
D-E	35、36、51、52、68、72、74	20、38、55、67、69、73		
E	10、11、24、55、73			
F				

概率等级	严重程度
A——频繁　B——很可能　C——偶尔　D——极少 E——不大可能　F——几乎不可能	1——高　2——中　3——低 4——可忽略

注1：每格中的数字对应于表1中列出的危险状态的序号；

注2：阴影部分的危险效果分类见表A.3；

注3：由于实际应用的原因，概率等级D可分为C-D、D、D-E 3个子等级。

A.3 优先等级分类

前面已经提到，由于各种原因同时将在用电梯全部按照当前安全要求进行改造是不可能的。因此，将危险状态分为优先等级，从而按优先等级在若干个时间段内按照本标准规定的方法消除这些风险。

按照 GB/T 20900—2007 规定的原始风险图已被用于风险优先等级的分类。原始风险图中分为 5 个优先等级（见表 A.2 和 A.3），其中与实际相关的仅 3 个优先等级（P1～P3）。

优先等级是仅从安全角度定义的，但降低风险还要受到经济因素的制约，由于降低每种风险所采取的措施其费用各不相同，且变化较大，因此，对于优先等级应规定一个完成该措施的时间表，表 A.2 中也规定了可能的时间表。

表 A.2 优先等级和时间表

<table>
<tr><th colspan="2">在原始风险图中的类别</th><th rowspan="2">优先等级</th><th rowspan="2">时间表</th></tr>
<tr><th>严重程度 S</th><th>概率等级 F</th></tr>
<tr><td>1
2</td><td>A,B,C
A</td><td>P0</td><td>立即完成，该梯必须停止使用</td></tr>
<tr><td>1
2
3</td><td>C-D,D
B,C,C-D
A,B</td><td>P1</td><td>短期内完成</td></tr>
<tr><td>1
2
3</td><td>D-E
D
C,C-D</td><td>P2</td><td>中期内完成，进行重大改装</td></tr>
<tr><td>1
2
3
4</td><td>E
D-E,E
D
A,B</td><td>P3</td><td>较长期内完成，进行相关部件改装</td></tr>
<tr><td>1
2
3
4</td><td>F
F
D-E,E,F
C,C-D,D,D-E,E,F</td><td></td><td></td></tr>
<tr><td colspan="3">概率等级
A——频繁　B——很可能　C——偶尔　D——极少
E——不大可能　　F——几乎不可能</td><td>严重程度
1——高　2——中　3——低
4——可忽略</td></tr>
<tr><td colspan="4">注：完成期限的长短视具体的在用电梯而定，通常，短期为五年之内，中期为十年之内。</td></tr>
</table>

表 A.3 含有优先等级的风险图

概率等级	严重程度			
	1	2	3	4
	优先等级			
A	P0	P0	P1	P3
B	P0	P1	P1	P3
C	P0	P1	P2	
C-D	P1	P1	P2	
D	P1	P2	P3	
D-E	P2	P3		
E	P3	P3		
F				

概率等级	严重程度
A——频繁 B——很可能 C——偶尔 D——极少 E——不大可能 F——几乎不可能	1——高 2——中 3——低 4——可忽略

附 录 B
（资料性附录）
在用电梯的安全检查表

本附录所规定的安全检查表(表B.2)可作为识别在用电梯的主要危险项目的工具,并用来确定本标准所提出的哪一类保护措施(见表B.1所示的使用示例)比较适用。

对本标准未包括的安全项目应视具体情况进行风险评价。

注：如果对某一风险进行重新评价,应按照GB/T 20900—2007进行。

表B.1 检查表的使用示例

序号	检查项目	条款号	是否满足要求	优先等级	保护措施(降低风险的措施)	采取措施	备注
1	项目	5.x.y ↓	☑是 □否 □不适用	P1 P2 P3	1. 行动1 2. 行动2 3. 行动3	□是 □否 □是 □否 □是 □否	
2	项目	6.x.y	□是 ☑否 □不适用	P1 P2 P3	1. 行动1 2. 行动2	☑是 □否 ☑是 □否	

表B.2 在用电梯安全检查表

序号	检查项目	条款号	是否满足要求	优先等级	保护措施(降低风险的措施)	可能采取的措施	备注
5.1 一般要求							
1	电梯上未使用有害材料,如:石棉	5.1.4	□是 □否	P1	1. 去除石棉材料(如:更换制动器衬垫的材料) 2. 不对石棉材料进行处理贴警示标签	□是 □否 □是 □否	
5.2 接近性要求							
2	确保残障人员可接近的措施	5.2.1	□是 □否 □不适用		按照EN 81-70要求的措施	□是 □否	
3	平层准确度和平层保持精度	5.2.2	□是 □否	P1	1. 改为调速驱动 2. 安装平层装置 3. 安装调速阀(液压电梯)	□是 □否 □是 □否 □是 □否	
5.3(略)							
4	(略)	5.3					
5.4 火灾情况下对电梯的要求							
5	火灾情况下电梯操作方法	5.4	□是 □否		按照EN 81-73要求的措施	□是 □否	
5.5 井道							
6	全封闭的井道	5.5.1.1	□是 □否 □不适用	P1	a) 用无孔围壁封闭井道,或 b) 按照GB 12265.1—1997的4.5.2要求设置带孔的井道围壁	□是 □否 □是 □否	

表 B.2（续）

序号	检查项目	条款号	是否满足要求	优先等级	保护措施（降低风险的措施）	可能采取的措施	备注
7	部分封闭的井道	5.5.1.2	□是 □否 □不适用	P1	按照 GB 7588—2003 的 5.2.1.2 或 GB 21240—2007 的 5.2.1.2 要求设置井道围壁	□是 □否	
8	通向井道和底坑的门的锁紧装置	5.5.2	□是 □否 □不适用	P1	按照 GB 7588—2003 的 5.2.2.2.1 或 GB 21240—2007 的 5.2.2.2.1 要求设置锁紧装置	□是 □否	
	当井道门或底坑门打开时轿厢应停止运动	5.5.2	□是 □否 □不适用	P1	按照 GB 7588—2003 的 5.2.2.2.2 或 GB 21240—2007 的 5.2.2.2.2 要求设置安全装置	□是 □否	
9	每个层门地坎下的井道壁	5.5.3	□是 □否	P1	按照 GB 7588—2003 的 5.4.3 或 GB 21240—2007 的 5.4.3 要求修改每个层门地坎下的井道壁	□是 □否	
10	对轿厢、对重(平衡重)下可接近空间的保护	5.5.4	□是 □否 □不适用	P3	轿厢、对重(平衡重)之下确有人到达的空间，应符合 GB 7588—2003 的 5.5 或 GB 21240—2007 的 5.5 要求	□是 □否	
11	对重(平衡重)隔障	5.5.5	□是 □否 □不适用	P3	按照 GB 7588—2003 的 5.6.1 或 GB 21240—2007 的 5.6.1 要求设置对重(平衡重)隔障	□是 □否	
12	同一井道中多台电梯在底坑的隔障	5.5.6.1	□是 □否 □不适用	P1	按照 GB 7588—2003 的 5.6.2.1 或 GB 21240—2007 的 5.6.2.1 要求设置隔障	□是 □否	
13	装有多台电梯的井道中的运动部件间的隔障	5.5.6.2	□是 □否 □不适用	P1	按照 GB 7588—2003 的 5.6.2.2 或 GB 21240—2007 的 5.6.2.2 的要求设置全高的隔障(当距离＜0.5 m时)	□是 □否	
14	顶层和底坑空间	5.5.7	□是 □否	P1	顶层和底坑空间符合 a) GB 7588—2003 的 5.7.1、5.7.2、5.7.3 或 GB 21240—2007 的 5.7.1、5.7.2 要求；或 b) prEN 81-21 要求	□是 □否 □是 □否	
15	通向底坑的安全通道	5.5.8	□是 □否	P1	按照 GB 7588—2003 的 5.7.3.2 或 GB 21240—2007 的 5.7.2.2 要求设置底坑通道	□是 □否	
16	底坑和滑轮间的停止装置	5.5.9	□是 □否	P1	按照 GB 7588—2003 的 5.7.3.4、6.4.5或 GB 21240—2007 的 5.7.2.5、6.4.5 要求设置停止装置	□是 □否	
17	井道足够的照明	5.5.10	□是 □否	P1	按照 GB 7588—2003 的 5.9 或 GB 21240—2007 的 5.9 要求设置井道照明	□是 □否	
18	井道中工作的人员的紧急解困	5.5.11	□是 □否	P2	按照 GB 7588—2003 的 5.10 或 GB 21240—2007 的 5.10 和本标准 5.14.3 要求设置报警装置	□是 □否	

表 B.2（续）

序号	检查项目	条款号	是否满足要求	优先等级	保护措施（降低风险的措施）	可能采取的措施	备注
5.6 机房和滑轮间							
19	通往机房和滑轮间的安全通道	5.6.1	□是 □否	P1	按照 GB 7588—2003 的 6.2 或 GB 21240—2007 的 6.2 要求设置安全通道	□是 □否	
20	机房和滑轮间的防滑地面	5.6.2	□是 □否	P3	按照 GB 7588—2003 的 6.3.1.2、6.4.1.2 或 GB 21240—2007 的 6.3.1.2、6.4.1.2 要求提供防滑地面	□是 □否	
21	机房内设备间的水平间距	5.6.3	□是 □否	P2	按照 GB 12265.1—1997 表 4 的要求对运动部件用挡板防护	□是 □否	
22	机房地面高度差和凹坑	5.6.4	□是 □否 □不适用	P1	按照 GB 7588—2003 的 6.3.2.4、6.3.2.5 或 GB 21240—2007 的 6.3.2.4、6.3.2.5 要求设置防护装置	□是 □否	
23	机房和滑轮间有足够的照明	5.6.5	□是 □否	P1	按照 GB 7588—2003 的 6.3.6、6.4.7 或 GB 21240—2007 的 6.3.6、6.4.7 要求设置电气照明	□是 □否	
24	机房和井道内用于搬运设备的金属支架或吊钩	5.6.6	□是 □否 □不适用	P2	在提升工具、金属支架上进行检测并标出其安全工作负荷，检查其设置的位置是否适合于使用	□是 □否	
5.7 层门和轿门							
25	无孔层门和轿门	5.7.1	□是 □否	P1	按照 GB 7588—2003 的 7.1.8.6.1 或 GB 21240—2007 的 7.1.8.6.1 要求安装层门和/或轿门	□是 □否	
26	层门的固定部件的强度	5.7.2	□是 □否	P1	按照 GB 7588—2003 的 7.2.3.1、7.4.2.1或 GB 21240—2007 的7.2.3.1、7.4.2.1 要求更换门的固定部件	□是 □否	
27	装有玻璃的层门和轿门	5.7.3	□是 □否 □不适用	P1	a) 按照 GB 7588—2003 的 7.2.3.2、7.2.3.3、7.2.3.4、8.6.7.2、8.6.7.3、8.6.7.4 或 GB 21240—2007 的 7.2.3.2、7.2.3.3、7.2.3.4、8.6.7.2、8.6.7.3 和 8.6.7.4要求安装玻璃；或 b) 按照 GB 7588—2003 附录 J 或 GB 21240—2007 附录 J 要求安装玻璃；或 c) 减小视窗的尺寸以符合 GB 7588—2003 的 7.6.2 或 GB 21240—2007 的 7.6.2 要求；或 d) 拆下透明观察窗扇代之以实体门扇并加上“轿厢在此”指示牌	□是 □否 □是 □否 □是 □否 □是 □否	
28	防止装有玻璃的水平滑动轿门或层门拖曳儿童的手的防护措施	5.7.4	□是 □否 □不适用	P3	按照 GB 7588—2003 的 7.2.3.6、8.6.7.5 或 GB 21240—2007 的 7.2.3.6、8.6.7.5 要求安装保护措施	□是 □否	

表 B.2(续)

序号	检查项目	条款号	是否满足要求	优先等级	保护措施（降低风险的措施）	可能采取的措施	备注
29	层站上的照明	5.7.5	□是 □否	P2	按照 GB 7588—2003 的 7.6.1 或 GB 21240—2007 的 7.6.1 要求在每一层站上安装足够的照明	□是 □否	
30a	非残障人员使用的电梯的轿门和层门保护装置	5.7.6	□是 □否 □不适用	P1	a) 按照 GB 7588—2003 的 7.5.2.1.1、8.7.2.1.1 或 GB 21240—2007 的 7.5.2.1.1、8.7.2.1.1 要求设置保护装置；或 b) 按照 EN 81-70:2003 的 5.2.3、5.2.4 要求设置保护装置	□是 □否 □是 □否	
30b	残障人员使用的电梯的轿门和层门保护装置	5.7.6	□是 □否 □不适用	P1	按照 EN 81-70:2003 的 5.2.3、5.2.4 要求设置保护装置	□是 □否	
31	层门锁紧装置	5.7.7	□是 □否	P1	按照 GB 7588—2003 的 7.7 或 GB 21240—2007 的 7.7 要求更换层门锁紧装置	□是 □否	
32	使用专用工具(如：三角钥匙)的层门紧急开锁	5.7.8.1	□是 □否	P1	按照 GB 7588—2003 的 7.7.3.2 或 GB 21240—2007 的 7.7.3.2 要求设置门开锁装置	□是 □否	
33	层门锁紧装置从井道外面不能被非授权人员接近	5.7.8.2	□是 □否	P1	a) 设置无孔的井道围壁； b) 层门锁紧装置周围设置保护装置	□是 □否 □是 □否	
34	水平滑动层门的自动关闭	5.7.9	□是 □否 □不适用	P1	当轿厢在开锁区域之外时，如层门无论因为何种原因而开启，则应有一种装置(重块或弹簧)能确保该层门自动关闭	□是 □否	
35	具有多个门扇的滑动门	5.7.10	□是 □否 □不适用	P2	按照 GB 7588—2003 的 7.7.6 或 GB 21240—2007 的 7.7.6 要求设置安全装置	□是 □否	
36	层门的防火	5.7.11	□是 □否 □不适用	P2	该层门应符合国家有关标准的相关要求	□是 □否	
37	动力驱动的水平滑动轿门只有当其铰链层门关闭时才能动作	5.7.12	□是 □否 □不适用	P2	1. 确保在轿门完全开启之前层门锁不被打开； 2. 确保在层门关闭后轿门才开始关闭	□是 □否 □是 □否	
5.8 轿厢、对重(平衡重)							
38	轿厢有效面积与额定载重量的关系	5.8.1	□是 □否	P3	a) 减小轿厢有效面积，或 b) 仅限于由受过培训的使用者操作，并对在用电梯的预期使用进行有效控制	□是 □否 □是 □否	

表 B.2(续)

序号	检查项目	条款号	是否满足要求	优先等级	保护措施(降低风险的措施)	可能采取的措施	备注
39	轿厢护脚板	5.8.2	□是 □否	P1	按照 GB 7588—2003 的 8.4 或 GB 21240—2007 的 8.4 要求安装轿厢护脚板 如果不可能,则应符合 prEN 81-21 的要求(如:装设伸缩挡板)	□是 □否 □是 □否	
40	轿门	5.8.3	□是 □否	P1	a) 按照 GB 7588—2003 的 8.6、8.7、8.8、8.9、8.10 或 GB 21240—2007 的 8.6、8.7、8.8、8.9、8.10 要求安装动力操纵轿门,或 b) 按照 GB 7588—2003 的 8.6、8.7.1、8.9、8.10 或 GB 21240—2007 的 8.6、8.7.1、8.9、8.10 安装手动轿门	□是 □否 □是 □否	
41	轿厢安全窗的锁紧	5.8.4	□是 □否 □不适用	P2	按照 GB 7588—2003 的 8.12.4.2 或 GB 21240—2007 的 8.12.4.2 要求设置安全窗锁紧装置	□是 □否	
42	轿顶和轿厢安全窗的强度	5.8.5	□是 □否	P3	按照 GB 7588—2003 的 8.13.1 或 GB 21240—2007 的 8.13.1 要求加强轿顶和轿厢安全窗的强度	□是 □否	
43	防止从轿顶坠落的保护	5.8.6	□是 □否 □不适用	P1	a) 减小轿顶外边缘与相邻井道壁之间的自由距离至 0.3 m;或 b) 按照 GB 7588—2003 的 8.13.3 或 GB 21240—2007 的 8.13.3 或 prEN 81-21 要求安装轿顶护栏;或 c) 沿整个井道的高度设置全高的隔障使该距离不大于 0.3 m	□是 □否 □是 □否 □是 □否	
44	轿厢通风	5.8.7	□是 □否	P2	a) 提供足够的轿厢通风;或 b) 按照 GB 7588—2003 的 8.16 或 GB 21240—2007 的 8.16 要求	□是 □否 □是 □否	
45	轿厢正常照明	5.8.8.1	□是 □否	P2	按照 GB 7588—2003 的 8.17.1、8.17.2、8.17.3 或 GB 21240—2007 的 8.17.1、8.17.2、8.17.3 要求设置照明	□是 □否	
46	轿厢应急照明	5.8.8.2	□是 □否	P2	按照 GB 7588—2003 的 8.17.4 或 GB 21240—2007 的 8.17.4 要求设置应急照明	□是 □否	
5.9 悬挂、补偿和超速保护							
47	曳引轮、滑轮和链轮引起的伤害的防护	5.9.1	□是 □否 □不适用	P2	按照 GB 7588—2003 的 9.7 或 GB 21240—2007 的 9.4 要求设置防护装置	□是 □否	
48	钢丝绳和链条脱离滑轮和链轮的防护	5.9.1	□是 □否 □不适用	P2	按照 GB 7588—2003 的 9.7 或 GB 21240—2007 的 9.4 要求设置防护装置	□是 □否	

表 B.2（续）

序号	检查项目	条款号	是否满足要求	优先等级	保护措施（降低风险的措施）	可能采取的措施	备注
49	钢丝绳/链条与滑轮/链轮之间异物进入的防护	5.9.1	□是 □否 □不适用	P3	按照 GB 7588—2003 的 9.7 或 GB 21240—2007 的 9.4 要求设置防护装置	□是 □否	
50a	对于电梯，由匹配的限速器触发的安全钳	5.9.2	□是 □否 □不适用	P1	按照 GB 7588—2003 的 9.8 和 9.9 要求安装由匹配的限速器触发的安全钳	□是 □否	
50b	对于电梯，安全钳和与其匹配的限速器系统的动作正确	5.9.2	□是 □否 □不适用	P1	a) 调整系统（不干扰安全部件）或 b) 如不能调整，按照 GB 7588—2003 的 9.8 和 9.9 要求配备由限速器触发的安全钳	□是 □否 □是 □否	
51	限速器绳张紧装置的电气安全装置	5.9.3	□是 □否 □不适用	P2	按照 GB 7588—2003 的 9.9.11.3 或 GB 21240—2007 的 9.10.2.10.3 要求设置保护装置	□是 □否	
52	对曳引式电梯，轿厢上行超速保护	5.9.4	□是 □否 □不适用	P2	按照 GB 7588—2003 的 9.10 要求设置上行轿厢超速保护装置	□是 □否	
53	电梯驱动主机设计：防止轿厢开着门非可控上行或下行，见本标准 5.9.4 的注 1	5.9.4 5.12.1	□是 □否 □不适用	P1	a) 更换为符合 GB 7588—2003 要求的曳引机 b) 按照本标准 5.9.4 的注 2 设置防止轿厢非可控运行的保护装置，和/或 c) 按照 GB 7588—2003 的 12.4.2 要求安装制动器	□是 □否 □是 □否 □是 □否	
54a	液压电梯防止轿厢自由坠落、超速下降和沉降的保护	5.9.5.1	□是 □否 □不适用	P1	按照 GB 21240—2007 的 9.5 和表 5 要求设置组合安全装置	□是 □否	
54b	液压电梯使用电气防沉降系统时轿厢自动返回底层端站	5.9.5.2	□是 □否 □不适用	P1	按照 GB 21240—2007 的 14.2.1.5 要求安装轿厢自动返回底层端站控制系统	□是 □否	
5.10 导轨、缓冲器和极限开关							
55	对重（平衡重）的导向系统	5.10.1	□是 □否 □不适用	P3	a) 按照 GB 7588—2003 的 10.2.1 要求安装刚性导向系统，或 b) 将导向钢丝绳增为 4 根	□是 □否 □是 □否	
56	足够的缓冲器或其他装置	5.10.2	□是 □否	P1	按照 GB 7588—2003 的 10.3 或 GB 21240—2007 的 10.3 要求设置缓冲器	□是 □否	
57	极限开关	5.10.3	□是 □否	P2	按照 GB 7588—2003 的 10.5 或 GB 21240—2007 的 10.5 要求设置极限开关	□是 □否	
5.11 轿门与层门之间的距离							
58	井道内表面与轿厢地坎、门框架或轿厢滑动门的最近门口的边缘的水平距离	5.11.1	□是 □否	P1	a) 按照 GB 7588—2003 的 11.2.1 或 GB 21240—2007 的 11.2.1 要求采取措施减小该距离，或 b) 按照 GB 7588—2003 的 8.9.3 或 GB 21240—2007 的 8.9.2 要求设置轿门锁紧装置	□是 □否 □是 □否	

表 B.2(续)

序号	检查项目	条款号	是否满足要求	优先等级	保护措施(降低风险的措施)	可能采取的措施	备注
59	闭合的轿门和层门之间的水平距离	5.11.2	□是 □否 □不适用	P1	按照 GB 7588—2003 的 11.2.3、11.2.4或 GB 21240—2007 的 11.2.3、11.2.4 要求进行改装	□是 □否	
5.12 电梯主机							
60a	电梯的紧急操作系统	5.12.2	□是 □否 □不适用	P1	按照 GB 7588—2003 的 12.5 要求设置紧急操作系统并按照 GB 7588—2003 的 16.3.1 要求配置操作说明	□是 □否	
60b	液压电梯的紧急操作系统	5.12.2	□是 □否 □不适用	P1	按照 GB 21240—2007 的 12.9 要求设置紧急操作系统并按照 GB 21240—2007 的 16.3.1 要求配置操作说明	□是 □否	
61	液压电梯截止阀	5.12.3	□是 □否 □不适用	P3	按照 GB 21240—2007 的 12.5.1 要求安装截止阀	□是 □否	
62	停止电梯驱动主机及检查其停止状态	5.12.4	□是 □否	P1	应符合 GB 7588—2003 的 12.7 或 GB 21240—2007 的 12.4 要求	□是 □否	
63	松绳/松链装置	5.12.5	□是 □否 □不适用	P2	按照 GB 7588—2003 的 9.5.3、12.9 或 GB 21240—2007 的 12.13 要求设置防止松绳/松链安全装置	□是 □否	
64	运转时间限制功能	5.12.6	□是 □否 □不适用	P3	按照 GB 7588—2003 的 12.10 或 GB 21240—2007 的 12.12 要求配置运转时间限制功能	□是 □否	
65a	间接作用液压电梯的油缸的低压保护	5.12.7	□是 □否 □不适用	P2	按照 GB 21240—2007 的 12.9.1.5 要求设置油缸低压保护	□是 □否	
65b	液压缸非刚性连接到轿厢的直接作用液压电梯的油缸的低压保护	5.12.7	□是 □否 □不适用	P2	按照 GB 21240—2007 的 12.9.1.5 要求设置油缸低压保护	□是 □否	
5.13 电气安装和电气设备							
66	防触电保护(IP2X),电气设备的防护和标记	5.13.1	□是 □否	P1	1. 按照 GB 7588—2003 的 13.1.2 或 GB 21240—2007 的 13.1.2 要求安装电气设备的防护罩壳,防护等级最低为 IP2X 2. 按照 GB 7588—2003 的 13.5.3.3 或 GB 21240—2007 的 13.5.3.3 要求,当电压超过 50 V 时在连接端子上注明标记 3. 应标示出注意事项,警告保养维修人员:在群控电梯控制柜中某一控制柜的主开关断开后,可能仍有电压存在	□是 □否 □是 □否 □是 □否	
67	驱动主机电动机的保护	5.13.2	□是 □否	P3	按照 GB 7588—2003 的 13.3.1、13.3.2、13.3.3 或 GB 21240—2007 的 13.3.1、13.3.2、13.3.3 要求设置温度监控装置	□是 □否	

表 B.2（续）

序号	检查项目	条款号	是否满足要求	优先等级	保护措施（降低风险的措施）	可能采取的措施	备注
68	机房内主开关的锁住	5.13.3	□是 □否	P2	按照 GB 7588—2003 的 13.4.2 或 GB 21240—2007 的 13.4.2 要求安装可锁住的主开关	□是 □否	
5.14	**电气故障的防护、控制装置、优先顺序**						
69	在电源错相的情况下在用电梯不出现危险的误动作	5.14.1	□是 □否	P3	按照 GB 7588—2003 的 14.1.1.1j）或 GB 21240—2007 的 14.1.1.1j）要求设置错相保护，以确保错相不会导致在用电梯危险误动作的产生	□是 □否	
70a	检修控制装置	5.14.2a	□是 □否	P1	按照 GB 7588—2003 的 14.2.1.3 或 GB 21240—2007 的 14.2.1.3 要求设置轿厢检修控制装置	□是 □否	
70b	轿顶停止装置	5.14.2b	□是 □否	P1	按照 GB 7588—2003 的 14.2.2 或 GB 21240—2007 的 14.2.2 要求设置停止装置	□是 □否	
71	紧急报警装置	5.14.3	□是 □否	P1	按照 GB 7588—2003 的 14.2.3 或 GB 21240—2007 的 14.2.3 要求设置紧急报警装置，宜符合 EN 81-28 要求	□是 □否	
72	轿厢与机房间的直接对讲	5.14.4	□是 □否	P2	按照 GB 7588—2003 的 14.2.3.4 或 GB 21240—2007 的 14.2.3.4 要求设置对讲系统或类似装置	□是 □否	
73	载重量控制	5.14.5	□是 □否	P3	按照 GB 7588—2003 的 14.2.5 或 GB 21240—2007 的 14.2.5 要求设置载重量控制装置	□是 □否	
5.15	**注意、标记及操作说明**						
74	安全使用和维护信息	5.15	□是 □否	P2	按照 GB 7588—2003 的 15.2.1、15.3、15.4、15.5.1、15.5.3、15.7、15.11、15.15 或 GB 21240—2007 的 15.2.1、15.2.5、15.3、15.4、15.5.1、15.5.3、15.7、15.11、15.15、15.17、15.18 要求配置正确的注意、标记及操作说明	□是 □否	

参 考 文 献

[1] GB/T 15706.1—2007 机械安全 基本概念与设计通则 第1部分:基本术语和方法(ISO 12100-1:2003,IDT).

[2] GB/T 15706.2—2007 机械安全 基本概念与设计通则 第2部分:技术原则(ISO 12100-2:2003,IDT).

[3] GB 4208—2008 外壳防护等级(IP代码)(IEC 60529:2001,IDT).

[4] 欧洲指令95/16/EC 电梯指令(1995年6月29日发布)(European Parliament and Council Directive 95/16/EC of the 29th of June,1995 on the approximation of the laws of the Member States relating to lifts).

[5] 欧洲指令98/37/EC 机械指令(1998年6月22日发布,由1998年10月27日发布的指令98/79/EC增补)(Directive 98/37/EC of the European Parliament and of the Council of 22 June 1998 on the approximation of the laws of the Member States relating to machinery,amended by Directive 98/79/EC of 27 October 1998).

[6] 欧洲指令89/655/EEC 工作人员工作中使用设备的基本安全和健康要求(1989年11月30日发布,由1995年12月5日发布的指令95/63/EEC增补)(Council Directive 89/655/EEC of 30 November 1989 concerning the minimum safety and health requirements for the use of work equipment by workers at work,amended by Council Directive 95/63/EEC of 5 December 1995).

ICS 91.140.90
Q 78

中华人民共和国国家标准

GB 24805—2009

行动不便人员使用的垂直升降平台

Vertical lifting platforms for persons with impaired mobility

(ISO 9386-1:2000 Power-operated lifting platforms for persons with impaired mobility—Rules for safety, dimensions and functional operation—Part 1: Vertical lifting platforms, MOD)

2009-12-15 发布 2010-09-01 实施

中华人民共和国国家质量监督检验检疫总局
中国国家标准化管理委员会 发布

前 言

本标准第1章、第2章、第3章、附录A、附录B、附录C、附录D、附录E、附录G以及4.12、5.2.2、8.13.3、8.13.4、10.2.4.1b)、11.2、13.1中带“宜”字的内容为推荐性的，其余为强制性的。

本标准修改采用ISO 9386-1:2000《行动不便人员使用的动力升降平台　安全、尺寸和操作功能规范　第1部分：垂直升降平台》(英文版)。

为了便于使用，本标准对ISO 9386-1:2000做了下列编辑性修改：

——本标准引言删除了ISO 9386-1:2000引言中与本标准无关的内容，因为其存在与否对本标准的理解和使用没有任何影响。

——在本标准“规范性引用文件”中用国家标准代替了ISO 9386-1:2000的“规范性引用文件”中对应的国外标准。

——本标准删除了ISO 9386-1:2000术语与定义中“3.13　driving rack 驱动齿条”、“3.18　follow-through 伴随行程”和“3.51　toothed belt 齿带”3条术语，因为他们未在条文中出现。

——在本标准的“参考文献”中用国家标准代替了ISO 9386-1:2000的“参考文献”中对应的国外标准。

本标准对ISO 9386-1:2000做了下列技术性修改，这些技术性差异用垂直单线标识在它们所涉及的条款的页边空白处：

——本标准第3章术语与定义中增加了3.55最大工作载荷 Maximum working load，以考虑超载的情况。

——ISO 9386-1:2000中4.8的“额定载重量按净承载面积上至少210 kg/m^2”，本标准用“额定载重量按净承载面积上至少250 kg/m^2”来代替，因为电动轮椅车的使用可能会出现平台超载的情况，因此参考GB/T 21739—2008和prEN 81-41:2008的相关规定进行了修改。

——本标准参考GB/T 21739—2008在ISO 9386-1:2000的4.8中增加了载荷控制规定：“当载荷大于额定载重量的110%时，认为超载。”，采用最大工作载荷来设计相应的承载能力以及测试载荷，以便控制平台载荷和保证安全。

——ISO 9386-1:2000中4.12的“电动机、触点装置和控制装置的设计应符合抑制电磁干扰的法定要求。但是，对于需要给出足够抑制度的零部件不应使用在电路的任何部分，因为发生故障会引起不安全状况。”，本标准用“电磁兼容性宜符合EN 12015和EN 12016”来代替，以便提高可操作性，以及与GB/T 21739—2008等电梯标准统一。

——ISO 9386-1:2000中7.4.2的“卷筒的绳槽底径与悬挂绳公称直径的比值不应小于21”，本标准用“卷筒的节圆直径与悬挂绳公称直径的比值不应小于25”来代替；ISO 9386-1:2000中7.4.3的“滑轮的绳槽底径与悬挂绳公称直径的比值不应小于21”，本标准用“卷筒的节圆直径与悬挂绳公称直径的比值不应小于25”来代替。本标准参考prEN 81-41:2008和GB/T 21739—2008进行了修改，以便提高钢丝绳使用寿命和保证安全。

——本标准删除了ISO 9386-1:2000中“7.8　带导向的绳珠链驱动的附加要求”、“7.9　蜗杆-扇形蜗轮驱动的附加要求”、“7.11　导向链驱动的附加要求”和“7.12　带有承载滚轮的导向链和承载件驱动的附加要求”四种驱动方式，以及与之相对应的相关条款，因为该四种驱动方式不适合我国国情，且近几年发达国家(地区)也不再使用。

——本标准在ISO 9386-1:2000中7.14.3的内容中增加“d)　最小弯曲半径”，因为软管固定时要求其弯曲半径不小于制造商标明的最小弯曲半径。

——ISO 9386-1:2000 中 9.1.2.1b)的“自闭式,但在完全开门位置是稳态的”,本标准用“自动关闭。如果满足下列条件,允许层门保持开启状态:1) 当层门有助于建筑物的防火等级时,层门能在火灾管理系统的激发下自动关闭;2) 当平台有可能在无人监管的条件下离开层站时,层门能自动关闭。”来代替。本标准参照 prEN 81-41:2008 进行了修改,以便提高层门区域的安全。

——本标准在 ISO 9386-1:2000 中增加了 13.10“层门开锁钥匙”,以降低与紧急开锁有关的风险。

——本标准在参考文献中增加了 prEN 81-41:2008《电梯制造与安装安全规范　载客和载货用特殊电梯　第 41 部分:行动不便人员使用的垂直升降平台》和 GB/T 21739—2008《家用电梯制造与安装规范》。

本标准的附录 F 为规范性附录,附录 A、附录 B、附录 C、附录 D、附录 E、附录 G 为资料性附录。

本标准由全国电梯标准化技术委员会(SAC/TC 196)提出并归口。

本标准负责起草单位:苏州东南电梯(集团)有限公司。

本标准参加起草单位:中国建筑科学研究院建筑机械化研究分院、杭州优耐德电梯部件有限公司、上海三菱电梯有限公司、蒂森克虏伯家用电梯(上海)有限公司、上海市特种设备监督检验技术研究院、沈阳博林特电梯有限公司。

本标准主要起草人:马依萍、陈凤旺、鲁炯、竺荣、李天灏、赵祖强、贾凯。

引　言

本标准对垂直升降平台的控制装置和其他部件的安装位置和尺寸进行了规定，以满足行动不便人员的实际需要，以及符合 JGJ 50—2001《城市道路和建筑物无障碍设计规范》的要求。

符合本标准要求的升降平台可在＋5 ℃～＋40 ℃的室内环境下运行。如果安装在室外，还需遵守其他附加要求。

假设升降平台的零部件有良好的维护和保持正常的工作状态，尽管有磨损，仍能满足使用要求。

符合本标准要求的升降平台可供行动不便人员独立安全地使用，如果不能独立使用，还可在他人协助下使用。当设备安装于私人场所时，使用人员应能掌握升降平台的操作要领且符合 A.4 要求。当设备安装于公共场所时，应提供操作说明或帮助。选择和购买适用的升降平台的指南参见附录 A。

本标准为便于说明而提及的设计示例，并不视为唯一的，如果有其他方案也能达到本标准的安全要求和同等的运行效果，也可考虑使用。

本标准未规定电气、机械或建筑结构的一般技术要求。

本标准规定了材料和设备需要满足的要求，以便达到安全要求和操作功能。

本标准还规定了防止安装在室外的设备受到有害影响的要求。

行动不便人员使用的垂直升降平台

1 范围

1.1 本标准规定了供行动不便人员使用的(可站立或乘坐轮椅车、也可有人伴随或无人伴随)、永久安装的动力驱动垂直升降平台的安全准则、尺寸和功能。

1.2 本标准规定了下述升降平台的要求:

a) 安装在封闭的井道内;

b) 设计或安装地点允许其在未封闭的井道内使用。

1.3 本标准适用于如下的升降平台:

a) 在固定的楼层之间运行;

b) 对于安装在未封闭井道内且不穿过楼板运行的升降平台:

1) 提升高度不大于 2 m;

2) 在私人住宅里,提升高度不大于 4 m。

c) 安装于封闭井道内的升降平台,提升高度不大于 4 m;

注:推荐采用封闭井道。

d) 额定速度不大于 0.15 m/s;

e) 运行方向与垂直面夹角不大于 15°;

f) 额定载重量不小于 250 kg。

2 规范性引用文件

下列文件中的条款通过本标准的引用而成为本标准的条款。凡是注日期的引用文件,其随后所有的修改单(不包括勘误的内容)或修订版均不适用于本标准,然而,鼓励根据本标准达成协议的各方研究是否可使用这些文件的最新版本。凡是不注日期的引用文件,其最新版本适用于本标准。

GB/T 1243 传动用短节距精密滚子链、套筒链、附件和链轮(GB/T 1243—2006,ISO 606:2004,IDT)

GB 2894 安全标志及其使用导则

GB/T 3766 液压系统通用技术条件(GB/T 3766—2001,eqv ISO 4413:1998)

GB 4208—2008 外壳防护等级(IP 代码)(IEC 60529:2001,IDT)

GB 4706.1 家用和类似用途电器的安全 第1部分:通用要求[GB 4706.1—2005,IEC 60335-1:2004(Ed4.1),IDT]

GB/T 4728.1 电气简图用图形符号 第1部分:一般要求(GB/T 4728.1—2005,IEC 60617 database,IDT)

GB/T 5013.5 额定电压 450/750 V 及以下橡皮绝缘电缆 第5部分:电梯电缆(GB/T 5013.5—2008,IEC 60245-5:1994,IDT)

GB/T 5023.6 额定电压 450/750 V 及以下聚氯乙烯绝缘电缆 第6部分:电梯电缆和挠性连接用电缆(GB/T 5023.6—2006,IEC 60227-6:2001,IDT)

GB 5226.1 机械电气安全 机械电气设备 第1部分:通用技术条件(GB 5226.1—2008,IEC 60204-1:2005,IDT)

GB 8903 电梯用钢丝绳

GB/T 12996 电动轮椅车

GB/T 13800 手动轮椅车

GB 14048.1—2006 低压开关设备和控制设备 第1部分:总则(IEC 60947-1:2001,MOD)

GB 14048.4 低压开关设备和控制设备 机电式接触器和电动机起动器(GB 14048.4—2003,IEC 60947-4-1:2000,IDT)

GB 14048.5 低压开关设备和控制设备 第5-1部分:控制电路电器和开关元件 机电式控制电路电器(GB 14048.5—2008,IEC 60947-5-1:2003,MOD)

GB/T 15651 半导体器件 分立器件和集成电路 第5部分:光电子器件(GB/T 15651—1995,idt IEC 747-5—1992)

GB/T 15706.2 机械安全 基本概念与设计通则 第2部分:技术原则(GB/T 15706.2—2007,ISO 12100-2:2003,IDT)

GB/T 16895.1—2008 低压电气装置 第1部分:基本原则、一般特性评估和定义(IEC 60364-1:2005,IDT)

GB 16895.3 建筑物电气装置 第5-54部分:电气设备的选择和安装 接地配置、保护导体和保护联结导体(GB 16895.3—2004,IEC 60364-5-54:2002,IDT)

GB 16895.21 建筑物电气装置 第4-41部分:安全防护 电击防护(GB 16895.21—2004,IEC 60364-4-41:2001,IDT)

GB/T 16935.1—2008 低压系统内设备的绝缘配合 第1部分:原理、要求和试验(IEC 60664-1:2007,IDT)

GB 19212.1—2003 电力变压器、电源装置和类似产品的安全 第1部分:通用要求和试验(IEC 61558-1:1998,MOD)

GB 19212.5 电力变压器、电源装置和类似产品的安全 第5部分:一般用途隔离变压器的特殊要求(GB 19212.5—2006,IEC 61558-2-4:1997,MOD)

EN 12015 电磁兼容性 电梯、自动扶梯和自动人行道的产品系列标准 辐射(Electromagnetic compatibility—Product family standard for lifts,escalators and passenger conveyors—Emission)

EN 12016 电磁兼容性 电梯、自动扶梯和自动人行道的产品系列标准 抗干扰性(Electromagnetic compatibility—Product family standard for lifts,escalators and passenger conveyors—Immunity)

3 术语和定义

下列术语和定义适用于本标准。

3.1

护栏 barrier

用以防止坠落的装置或组件:

a) 当平台不在平层位置时用以保护层站出入口;

b) 用以保护平台的任一侧。

3.2

制动器 brake

能使升降平台保持停止或使其平稳制停的机电式机械装置。

3.3

链 chain

用作驱动系统一部分的单排或双排传动链,可将旋转运动从一个轴传递到另一个轴或将运动直接传递到平台。

3.4

链轮 chainwheel

具有与链条相啮合的机加工齿的轮。

3.5

胜任人员　competent person

经过适当的培训并获得制造企业认可，在必要的指导下能够安全地完成所需工作的人员。

3.6

接触器　contactor

继电器　relay

具有适合的额定容量、通过电磁作用开通或关断电路的装置。

3.7

控制柜　controller

用以控制升降平台运行的由接触器、继电器和(或)其他部件组合而成的装置。

3.8

直接作用升降平台　direct-acting lifting platform

平台与液压缸、螺杆或螺母直接联接的升降平台。

3.9

下行方向阀　down-direction valve

液压回路中用于控制升降平台下行的电控阀。

3.10

驱动　drive

输入电能后使升降平台运行的各种机电驱动的总称。

3.11

驱动单元　drive unit

包括电动机、制动器和传动装置组成的部件，用以提供牵引和制动作用来控制平台运动。

3.12

承载螺母　driving nut/load carrying nut

内部具有螺纹的零件，它与螺杆共同作用使升降平台产生线性运动。如：一个转动的螺杆与固定的螺母啮合，反之亦然。

3.13

(空)

3.14

螺杆　driving screw

外部具有螺纹的零件，它与承载螺母共同作用使升降平台产生线性运动。

3.15

使用频率　duty cycle

升降平台在给定时间周期内的运行次数。

3.16

封闭井道　enclosed liftway

由底坑和坚固的围壁(但不必有顶板)和(或)层门围成的平台运行空间，其高度高于平台围壁的最高位置。

注：见图1中的例子。

3.17

极限开关　final limit switch

在升降平台超出正常运行行程的情况下，由平台机械强制断开的电气安全开关。

3.18

（空）

3.19

满载压力　full-load pressure

当载有额定载重量的升降平台停靠在最高层站位置时，施加到直接与液压缸连接的管路上的静压力。

3.20

导轨　guide rail

供平台运行的导向部件。

3.21

（空）

3.22

液压升降平台　hydraulic lifting platform

由液压驱动的升降平台。

3.23

运行　journey

平台在任何两个层站之间的运动，包括一次启动和停止。

3.24

层站　landing

升降平台要服务的指定平面，具有足够的空间使使用人员（可能乘轮椅车）能登上或离开平台。

3.25

升降平台　lifting platform

永久安装、服务于固定层站的设备，包括一个被导向的平台，其尺寸和结构型式允许行动不便人员（乘坐或不乘坐轮椅车）使用。

注：见图1中的例子。

3.26

井道　liftway

保证平台和（或）液压缸柱塞、平衡重安全运动所需的建筑空间。

3.27

机器空间　machine space

放置驱动装置和（或）有关设备的空间。

3.28

机械阻止装置　mechanical blocking device

当该装置在工作位置时，保证平台下面及平台地面与井道顶部的最小安全空间，以便维护和检查的装置。

3.29

未封闭井道　non-enclosed liftway

未加封闭的井道。

注：见图1中的例子。

3.30

限速器　overspeed governor

当升降平台达到预定速度时，其动作能导致安全钳起作用使升降平台停止的安全装置。

3.31

小齿轮　pinion

与具有相同齿形的齿轮或齿条啮合，用来传递相对运动，并具有机械加工齿形的齿数较少的齿轮。

3.32

平台　platform

升降平台上用于承载使用人员的部分。

3.33

溢流阀　pressure-relief valve

通过溢流限制系统压力不超过设定值的阀。

3.34

齿条　rack/driving rack

具有特定形状齿的条，小齿轮与其啮合，将旋转运动转换为直线运动。

3.35

额定载重量　rated load

升降平台设计所规定的平台载重量。

3.36

额定速度　rated speed

升降平台设计所规定的平台运行速度。

3.37

私人场所　restricted access

仅限于确定的一个或多个使用人员使用的场所。

3.38

破裂阀　rupture valve

在预定的液流方向上流量增加而引起阀进出口的压差超过设定值时，能自动关闭的阀。

3.39

安全电路　safety circuit

经过故障分析，具有与安全触点同样安全等级的电气或电子电路。

3.40

安全触点　safety contact

通过强制方式可靠断开电路的触点。

3.41

安全系数　safety factor

在静态或动态条件下，特定材料的屈服载荷或极限拉伸载荷与由额定载重量能施加到该件上的载荷的比值。

3.42

安全钳　safety gear

在下行超速和(或)悬挂装置断裂的情况下，用于制停和保持平台静止在导轨上的机械装置。

3.43

安全螺母　safety nut

内部具有螺纹的零件，它与螺杆/螺母驱动装置一起使用，在正常运行时不承载，但承载螺母失效时它能承受载荷。

3.44

安全开关　safety switch

由一个或多个安全触点组成的电气开关。

3.45

自锁式驱动系统　**self-sustaining drive system**

在制动器松开的情况下，该系统使升降平台的速度不能增大。

注：在制动器松开时，该系统使升降平台在停止状态下不能自行移动。除此以外的其他驱动系统都是非自锁式的。

3.46

感知边　**sensitive edge**

设置在平台的任意边缘的安全装置，以防止在平台边缘发生剪切、挤压或卡阻。

3.47

感知面　**sensitive surface**

与感知边有相似功能的安全装置，用于平台下表面或其他较大平面下部的保护。

3.48

绳/链松弛开关　**slack rope/chain switch**

当悬挂的绳或链松弛到设定量时，使升降平台停止的开关或开关组合。

3.49

端站开关　**terminal switch**

可使升降平台在接近或达到端站出入口时自动停止的开关或开关组合。

3.50

护脚板　**toe guard**

从层站地坎或平台出入口向下延伸并具有平滑垂直部分的安全挡板。

3.51

（空）

3.52

提升高度　**travel**

从底层端站地坎上表面至顶层端站地坎上表面之间的垂直距离。

3.53

开锁区域　**unlocking zone**

层站上下延伸的区域。仅当平台在这个区域内时，才能开启相应的平台门、坡板或护栏。

3.54

使用人员　**user**

利用升降平台为其服务的人员。

3.55

最大工作载荷　**maximum working load**

110％额定载重量。

4　基本要求

4.1　使用模式

升降平台的设计应考虑其可能的使用频率。

4.2　防止危险

应采取保护措施，以使下列各种风险降至最低程度：

a)　剪切、挤压、卡阻或擦伤；

b)　缠绕；

c)　跌落和绊倒；

d)　撞击和碰撞；

e) 触电；

f) 因使用升降平台而引起的火灾。

4.3 通用设计原则

零部件应有可靠的机械和电气结构。所用材料无明显的缺陷，并应由足够的强度和良好质量的材料制成。无论是否有磨损，都应确保维持本标准所规定的尺寸。应考虑防腐蚀要求。应减小传递到周围墙壁和其他支持结构的噪声和振动。

所用的材料不应含石棉。

4.4 针对安装的设计指南

设计中应考虑到安装或使用人员的特殊需求。

4.5 维护、修理和检查的可接近性

升降平台的设计、制造和安装应使需定期检查、试验、维护或修理的零部件易于接近。

4.6 防火性能

构成升降平台的材料不应是易燃的。在火灾情况下，这些材料的毒性和他们可能产生的大量气体和烟雾都不应造成危险。

塑料部件和电气配线的绝缘材料应是阻燃型和自熄型的。

4.7 额定速度

升降平台的额定速度不应大于 0.15 m/s。

4.8 额定载重量

额定载重量不应小于 250 kg。额定载重量应按净承载面积上至少 250 kg/m^2 来计算。

平台应设有载荷控制装置，在平台发生超载情况下，防止升降平台正常启动。当载荷大于额定载重量的 110%时，认为超载。

在超载情况下，应满足下列要求：

a) 应通过平台上的听觉和(或)视觉信号通知使用人员；

b) 门应保持开启状态或在开锁区域内能够开启。

4.9 通用安全系数

除非本标准另有规定，一般情况下，依据屈服载荷与最大动载荷，各零部件的安全系数不应小于 1.6。该安全系数是依据钢材或具有相同延伸率的材料计算的。当使用其他材料时，应考虑增大安全系数。

4.10 承载能力

4.10.1 升降平台应能承受正常运行过程中的作用力、安全钳动作时的作用力以及以额定速度运行时机械制停产生的冲击力，且无永久变形。但是，因安全钳动作产生的不影响升降平台运行的局部变形是允许的。

4.10.2 导向件、附件及连接件因承受偏载而造成的变形，不应影响正常使用。

4.11 防止设备遭受外部有害影响的防护

4.11.1 总则

在安装现场应避免所有机械和电气部件可能遭受到外部有害和危险的影响，如：

a) 水和固体物质的侵入；

b) 湿度、温度、腐蚀、空气污染、太阳辐射等的影响；

c) 动植物等的作用。

4.11.2 保护措施

应为升降平台设计保护装置，并按规定安装，以确保升降平台安全可靠地运行。

井道地面不应积水。

4.11.3 室外使用的防护等级

对于室外使用，升降平台的电气设备的防护等级不应低于 GB 4208—2008 定义的 IP4X。

应根据现场和运行条件适当提高防护等级（见 8.5.1）。

4.12 电磁兼容性

电磁兼容性宜符合 EN 12015 和 EN 12016。

4.13 防护

部件（如传动和驱动单元）应设防护装置，尽可能防止造成人员伤害。在必要的位置，防护装置应由无孔材料制成。为确保安全，可接近的盖板应使用工具或钥匙开启（见 7.4.5、7.5.3 和 7.7.4）。

5 导轨、机械停止装置和机械阻止装置

5.1 导轨

5.1.1 应在整个行程上设置为平台导向的导轨。对于在封闭井道内的升降平台，在平台的整个行程上导轨应能保证井道内表面与平台部件之间的水平间隙（见图 2 和图 10 所示）。

5.1.2 导轨应由金属材料制成。

5.2 机械停止和机械阻止装置

5.2.1 如果升降平台的运行有可能超出行程极限，则应在终端安装机械停止装置。

5.2.2 当平台处在最低位置且平台下面净空高度小于 500 mm 时，应提供手动定位的机械阻止装置使平台能被机械地保持在被升起的位置（见 9.1.1.1）。

在此情况下，机械阻止装置应在井道外操作，且应配备一个监测机械阻止装置动作并使平台不能运行的电气安全开关。

该机械装置应能支撑载有最大工作载荷的平台，应清晰地标识其预定用途和有效使用位置。

该净空高度不应小于 500 mm，在可能的情况下，宜将其增大至 900 mm。

6 安全钳和限速器

6.1 总则

6.1.1 升降平台应设置安全钳。安全钳应能使载有最大工作载荷的平台制停并保持停止状态，还应考虑相应的冲击载荷。

下列四种情况可不设置安全钳：

a) 直接作用式液压升降平台（见 7.14）；

b) （空）

c) 自锁式螺杆螺母升降平台（见 6.8 和 7.7.5）；

d) 满足下列条件的其他传动方式升降平台：

——除了绳索或链悬挂装置外，单个驱动零件的失效不能使平台超速下行；

——发生故障时一个符合 8.7 要求的安全开关使平台停止。

6.1.2 安全钳应安装在平台上。

6.1.3 当设置安全钳时，安全钳动作后，用于操纵安全钳的绳、链或其他机械装置的张力减小以及平台下行均不应释放安全钳。

6.1.4 安全钳使载有最大工作载荷的平台制停时，制动距离（自安全钳啮合之处起）不应大于 150 mm。

6.1.5 安全钳应能安全地夹持在导轨或与导轨等效的部件上。夹紧装置应是渐进式的，如凸轮或其他等效装置。

6.1.6 安全钳的受力件应由金属或其他塑性材料制成。

6.1.7 因安全钳的动作而引起的平台倾斜不应大于 5°。

6.2 触发

安全钳应由限速器在平台速度大于0.3 m/s前机械式触发，仅间接作用式液压升降平台，安全钳可由独立于悬挂装置的安全绳或由悬挂绳(链)的松弛或断裂触发。

6.3 释放

只有将平台提起，才能使平台上的安全钳释放并自动复位。

升降平台的使用说明书应明确安全钳的释放和复位应由胜任人员完成。

6.4 可接近性

安全钳应便于检查和测试。

6.5 电气检查

当安全钳动作时，一个符合8.7要求且由安全钳动作触发的电气装置应立即使驱动主机停止并防止其再启动。

6.6 限速器

如果限速器由主悬挂链或绳驱动，则安全钳也应被一个由主悬挂装置的断裂或松弛而触发的机构触发。

摩擦驱动的限速器应独立于摩擦驱动式升降平台的主摩擦驱动。

通过摩擦传递到旋转装置的力不应小于使安全钳动作所需力的2倍。

6.7 旋转监测装置

如果限速器借助于轮与井道内固定部件之间的摩擦来驱动，则控制系统应含有在运行期间监测限速器驱动装置转动的电路。如果限速器轮旋转停止，则应在10 s时间或1 m行程内断开驱动电动机和制动器的供电。

在每一次正常运行期间，旋转监测装置应至少检查一次限速器运转是否正常。

6.8 安全螺母

对螺杆螺母驱动的升降平台，应设置正常运行时不承载的安全螺母，在承载螺母失效的情况下，用以承受负载并操作安全触点，以达到6.1规定的安全要求。当承载螺母失效时，电气安全装置应动作，切断电动机和制动器电源。

应避免电气安全触点受污染和振动的影响。

7 驱动单元和驱动系统

7.1 一般要求

注：GB/T 19406—2003给出了计算直齿轮和斜齿轮承载能力的指导。

7.1.1 驱动系统应符合7.4～7.14中规定的任一种。如果其他驱动方式能够达到同等的安全要求也可采用。

7.1.2 所有类型的驱动系统，除液压驱动外，在两个运行方向上均应提供动力。

7.1.3 在充分考虑升降平台在设计寿命期间的磨损和疲劳影响后，应仍能保持用于齿轮传动装置设计的安全系数。

除非与其轴或驱动装置形成一个整体部分，每个驱动轮、卷筒、直齿轮、蜗轮和蜗杆及制动轮应采用下列方法中的一种安装在其轴或其他驱动装置上：

a) 键；

b) 花键；

c) 销。

可使用其他方法，但应达到与上述a)、b)或c)的同等安全程度。

应采用无孔材料防护传动装置。

7.1.4 如果驱动系统的中间传动采用链条或皮带，则应满足下列条件：

a) 驱动输出装置应设置在传动的链条或皮带负载侧。且

b) 驱动输出装置应是自锁型的;或制动器应在链条或皮带传动的负载侧且至少使用二根链条或皮带。链条或皮带传动应采用一个安全触点来监测,当链条或皮带发生断裂时,安全触点应使电动机和制动器的电源断开。如果使用V形带,则监测装置还应检测到任何一根皮带的松弛。

7.1.5 悬挂绳系统或悬挂链系统应包括下述装置:在绳或链松弛的情况下,该装置应断开安全触点以切断电动机和制动器的供电,且在绳或链再次正确张紧前防止平台运行。

7.2 制动系统

7.2.1 总则

除符合7.14要求的液压式升降平台外,应设置机电式摩擦制动器,制动系统应平稳制停载有125%额定载重量的平台,并保持其在停止位置。在制停载有额定载重量的平台时,制停距离不应大于20 mm。制动器应机械制动而电气松闸。除非同时给升降平台的电动机供电,否则在正常的操作下制动器不应被释放。制动器电源的断开应按照8.4的要求加以控制。

7.2.2 机电式摩擦制动器

被制动零件应以机械方式与卷筒、链轮、齿轮、螺母或螺杆等最终驱动零件直接刚性连接,除非最终驱动装置是自锁型驱动系统。

制动器衬垫应采用阻燃、自熄型的材料制成,且应可靠固定,即使在正常磨损情况下也不应减弱其连接固定。

当断开驱动电动机的供电时,接地故障或剩磁不应阻止制动器制动。

能够手动释放的制动器应需用持续力保持制动器的松开状态。

如果用弹簧给制动瓦(盘)施力,该弹簧应是带导向的压缩弹簧。

7.2.3 停靠

控制和制动系统应使平台在每个层站的±15 mm范围内自动停止。

7.3 紧急操作

7.3.1 应设置紧急操作装置。

应使用一个光滑且无轮辐的盘车手轮来操作提升装置以实现紧急操作,或采用一个备用电源供电做紧急电动运行。备用电源应能使载有最大工作载荷的平台到达层站。如果需要,应设置一个安全触点来防止紧急操作期间正常控制装置误动作。

紧急操作说明应清晰地标明:在紧急操作情况下,须先切断升降平台电源且平台应在完全监控之下运行。

当通过紧急盘车手轮提供的扭矩不足以克服制动器所施加的扭矩时,应提供松开制动器的方法。在任何情况下,不应出现失控的自由下降的情况。用来操作制动器的装置应易于取得。

应设置符合13.4.2的标识来说明平台运行方向。

7.3.2 对于液压升降平台,应设置一个手动操作的可自动复位的紧急下降阀,操作该阀可以使平台以不大于额定速度下行。该阀的操作应以持续力保持其动作。

对于有可能发生松绳或松链的间接作用式液压升降平台,当压力低于最小操作压力时,手动操作应不能打开该阀。

对于平台上装有安全钳或夹紧装置的液压升降平台,应永久性地设置手动泵,以便能够向上移动平台。手动泵应连接在单向阀或下行方向阀与截止阀之间的回路中。手动泵应设置溢流阀,将系统压力限定在满载压力的2.3倍。

7.4 钢丝绳悬挂驱动的附加要求

7.4.1 钢丝绳

钢丝绳应符合GB 8903的要求。钢丝绳的安全系数不应小于12。安全系数是指载有额定载重量

的平台停靠在最低层站时，一根钢丝绳的最小破断负荷(N)与该钢丝绳所受的最大力(N)之间的比值。

钢丝绳的检验证书应由制造商存档，需要时可供查阅。

注：交付使用前的检验建议参见附录B。

钢丝绳末端应固定在平台、平衡重或系结钢丝绳固定部件的悬挂部位上。固定时，应采用金属或树脂填充的绳套、自锁紧楔形绳套、至少带有三个合适绳夹的鸡心环套、手工捻接绳环、环圈(或套筒)压紧式绳环或具有同等安全的其他装置。

钢丝绳的公称直径不应小于5 mm。

钢丝绳端接装置的安全系数不应小于10。

应至少使用两根钢丝绳，每根钢丝绳应是相互独立的。

应设置调整装置以均衡各钢丝绳的张力。

不允许采用钢丝绳曳引驱动方式。

7.4.2 卷筒

卷筒应被加工成螺旋状绳槽，且绳槽应与所用的钢丝绳相匹配，这些绳槽的边缘应打磨光滑。卷筒上应仅绕一层钢丝绳。绳槽的底部应是不小于120°的圆弧。绳槽的半径应为悬挂绳公称半径的105%～107.5%。绳槽应是倾斜的，相邻绳槽的间距应使相邻钢丝绳圈之间以及导入卷筒的钢丝绳的任何部分与相邻绳圈之间有足够的间距。卷筒的绳槽深度不应小于钢丝绳公称直径的1/3。

卷筒的节圆直径与悬挂绳公称直径的比值不应小于25。当平台在其最低位置时，在绳槽中应至少还剩有1.5圈的安全圈。

卷筒法兰边缘直径应大于卷筒节圆直径，直径差值不应小于钢丝绳直径的2倍。

应按照7.1.3要求将卷筒固定在驱动单元的轴上。

7.4.3 滑轮

滑轮应具有安全措施以便在磨损和老化时仍能挡住钢丝绳。绳槽应是光滑的，边缘倒圆角。绳槽的底部形状应与卷筒的绳槽相同，但绳槽的深度不应小于钢丝绳公称直径的1.5倍。滑轮绳槽开口的角度应约为50°。

滑轮的节圆直径与悬挂绳公称直径的比值不应小于25。

7.4.4 偏角

钢丝绳相对于绳槽的偏角(放绳角)不应大于4°。

7.4.5 钢丝绳的防跳

对卷筒、滑轮(如果有)应进行防护，以确保在任何情况下钢丝绳都保持在绳槽内，且不会与滑轮或卷筒挤夹在一起。钢丝绳在一些会产生危险的位置上也应进行防护。

7.5 齿轮和齿条驱动的附加要求

注：为了充分利用这种传动方式的安全特征，需考虑从电动机到驱动小齿轮的传动装置的设计，尤其是输出轴的强度。

7.5.1 小齿轮

驱动小齿轮应由金属制成并按磨损条件设计。在充分考虑驱动小齿轮及其相关零件设计寿命期间可能出现的动载、磨损和疲劳之后，也应保证用于小齿轮设计的安全系数值。应使用足够的齿数来避免小齿轮齿的根切。应按7.1.3的规定将驱动小齿轮固定在输出轴上。

7.5.2 齿条

齿条应采用耐磨损特性和冲击强度与驱动小齿轮相匹配的金属材料制成，且应与小齿轮的安全系数相当。

齿条应被可靠地固定在导轨上，特别是在其两端。应采取措施保持在任何载荷条件下齿条与小齿轮正确啮合。齿条的联接处应准确地校正，以防止不正确的啮合或损坏齿。

7.5.3 防护

应采取防护措施，以便将齿条和小齿轮及其他部分之间的卡阻的危险降到最低程度(见4.13)。

7.6 链条悬挂驱动的附加要求

注：固定的受导向的链条驱动系统可视为齿轮齿条驱动系统。

7.6.1 链轮

所有链轮应由金属制成且至少有16个机加工齿，应至少有8个轮齿同时啮合。啮合的最小角为140°。应按照7.1.3要求将链轮固定在传动轴上。

7.6.2 链条

链条应符合GB/T 1243的要求。基于极限抗拉强度，链条的安全系数不应小于10。安全系数是指载有额定载重量的平台停靠在最低层站时，一根链条的最小破断负荷(N)与该链条所受的最大力(N)之间的比值。

链条的检验证书应由制造商存档，需要时可供查阅。

注：交付使用前的检验建议参见附录B。

链条接头和锚接装置的强度不应小于链条的强度。

链条应至少有2根，并应至少在链条的一端设置调整装置以均衡各链条的张力。

链条端部和中间的连接应可靠并防止错误连接。

7.6.3 保护与防护

应提供措施避免由于链条的啮合错误或松弛而卡阻，并且应防止链条脱链或跳齿。

应设置防护装置，防止在链轮与链条之间或链条与其他部分之间产生卡阻的危险。

7.7 螺杆和螺母驱动的附加要求

7.7.1 驱动螺杆

驱动螺杆应采用具有足够冲击强度的金属制成，应按抗磨损条件设计，基于极限抗拉强度和动载荷，其安全系数不应小于6。当螺杆用于承受压缩负载时，抗压弯安全系数不应小于3。

注：对于螺杆旋转的情况，需特别注意保证抗压弯安全系数。

7.7.2 承载螺母

承载螺母应采用耐磨性和抗冲击强度与螺杆相适应的金属制成，且应与螺杆的安全系数相当。允许使用低摩擦系数材料的涂层，如塑料或类似材料。

7.7.3 螺杆/螺母组件

制动器应能直接制动旋转的驱动件，但是如果符合7.1.4要求，则允许使用链条或带作为中间传动。应借助满足支撑要求的轴承限制旋转件轴向或径向移动。

7.7.4 防护

应采取措施有效地保护所有运动部件，并防止灰尘或异物附着在螺杆的螺纹上。

7.7.5 安全螺母

对于自锁式螺杆和螺母驱动，可采用安全螺母来代替安全钳[见6.1.1.c)和6.8]。在这种情况下，安全螺母的安全系数应与承载螺母的安全系数相当。

7.8 (空)

7.9 (空)

7.10 摩擦/牵引驱动的附加要求

7.10.1 摩擦驱动轮与轨道之间的牵引力的计算与测试应在125%额定载重量情况下进行，摩擦驱动轮应能自动调节以保持牵引夹紧力，即使在正常使用或磨损后，也应达到要求。

7.10.2 驱动轮应由金属制成，但运行表面可采用其他材料，然而其磨损或破裂不应使牵引夹紧力降低到规定的最小值以下。

7.11 (空)

7.12 (空)

7.13 剪叉机构驱动的附加要求

当采用剪叉机构提升平台时，平台与该机构的连接应可靠，然而允许必要的连杆横向移动，但应防止平台的偶然倾斜。

7.14 液压驱动的附加要求

注：GB/T 3766 中给出了可靠、安全的液压系统设计建议和指南。在液压原理图上使用的图形和回路符号见GB/T 786.1—2009。

7.14.1 压力计算

7.14.1.1 为了计算阀、液压缸和管道(不包括软管)等零件上的应力，应考虑下列因素：

a) 满载静态压力；

b) 相对于材料屈服强度的最小安全系数为 1.7；

c) 考虑摩擦损失和峰值压力的最小安全系数为 2.3。

7.14.1.2 为了计算液压缸在柱塞完全伸出时的压应力，应考虑下列因素：

a) 最大压力，取 140%的满载压力；

b) 最小安全系数为 2.3。

7.14.2 液压缸

液压缸及其相关连接件不应使用灰口铸铁或其他脆性材料制造。

液压缸的安装应使其只承受轴向负载的作用。应在其行程终端设置缓冲停止装置或其他等效装置，防止柱塞运行超过液压缸的极限。

7.14.3 软管

在选用液压缸和单向阀或下行方向阀之间的软管时，其破裂压力相对于满载压力的最小安全系数应为 8。

液压缸和单向阀或下行方向阀之间的软管和接头应能承受 5 倍的满载压力而不损坏，该试验应由软管组件的制造商进行。

软管上应永久性标记以下事项：

a) 制造商名称或商标；

b) 试验压力；

c) 试验日期；

d) 最小弯曲半径。

软管固定时，其弯曲半径不应小于制造商标明的弯曲半径。

7.14.4 截止阀

液压系统应设置截止阀。截止阀应安装在连接液压缸与单向阀和下行方向阀之间的回路上。

7.14.5 单向阀

液压系统应设置单向阀。单向阀应安装在液压泵与截止阀之间的回路上。

当液压泵提供的压力降低至最低工作压力以下时，单向阀应能够将载有最大工作载荷的平台保持在井道内的任意位置上。

应由来自液压缸的液体压力关闭单向阀，并至少由一个导向压缩弹簧和(或)重力的作用来实现关闭。

7.14.6 溢流阀

液压系统应设置溢流阀。溢流阀应连接到液压泵和单向阀之间的回路上，溢流阀溢出的油应回到油箱。

溢流阀应调节到系统压力不大于满载压力的 140%。

7.14.7 下行方向阀

下行方向阀应由电气控制保持开启。下行方向阀的关闭应由来自液压缸的液体压力作用以及每阀至少由一个导向压缩弹簧来实现。

7.14.8 液压系统故障的保护

7.14.8.1 破裂阀

当升降平台的提升高度大于500 mm或3个台阶时，液压系统应设置直接连接到液压缸出口处或等效连接的破裂阀，当液压回路(不包括液压缸)发生故障时应阻止平台下降。

破裂阀应满足以下要求之一：

a) 与缸体成为一个整体；

b) 直接与缸体用法兰刚性连接；

c) 布置在液压缸附近，用短硬管与缸体相连，可采用焊接、法兰连接或螺纹连接；

d) 用螺纹直接与缸体连接。

破裂阀端部应设置带螺纹的凸肩，凸肩应与缸体对接。

其他类型的连接(如：压接或扩口式连接)不允许在缸体和破裂阀之间使用。

7.14.8.2 节流阀

在液压系统泄漏的情况下，节流阀应防止载有最大工作载荷的平台下行时速度大于其下行额定速度加上0.15 m/s。

节流阀应易接近便于检查。

节流阀应满足以下要求之一：

a) 与缸体成为一个整体；

b) 直接与缸体用法兰刚性连接；

c) 布置在液压缸附近，用短硬管与缸体相连，可采用焊接、法兰连接或螺纹连接；

d) 用螺纹直接与缸体连接。

节流阀端部应设置带螺纹的凸肩，凸肩应与缸体对接。

其他类型的连接(如：压接或扩口式连接)不允许在缸体和节流阀之间使用。

节流阀应按液压缸的有关要求计算。

液压系统中应有一个手动操作装置，使得平台在没有超载的情况下实现节流阀动作。应防止该装置意外动作。任何情况下该装置都不应使连接到液压缸上的安全装置失效。

7.14.9 防沉降保护

提升高度大于500 mm的液压升降平台应设置防沉降保护。

可采用下列方法：

——电气防沉降系统；

——棘爪装置；

——由平台下行触发安全钳或夹紧装置动作。

应防止平台下沉超过层站平面以下50 mm。

7.14.10 压力检查

应设置压力表。压力表应连接在单向阀或下行方向阀与截止阀之间的回路中。

在主回路与压力表的接头之间应设置压力表关闭阀。

7.14.11 滤油器

油箱和液压泵之间的回路中以及截止阀和下行方向阀之间的回路中，应安装滤油器。截止阀和下行方向阀之间的滤油器应是可接近的，以便进行检查和维护。

7.14.12 油箱

油箱应是封闭结构，并应设置带盖的注油口、通气孔、确定液位的装置以及过滤器。

7.14.13 管路和支架

所有管路都应按照GB/T 3766要求固定，以消除接头、弯头和配件的不正常应力，特别是在液压系统承受振动的部位。

当管路(不论硬管或软管)穿过墙、地面、面板或隔板时,应使用套管保护。

管接头不应安装在套管内。

7.14.14 软管的安装

软管应以这样的方式安装,即:

a) 在升降平台运行期间,避免软管急剧弯曲和张紧;

b) 将软管的扭转减小到最低程度;

c) 软管要适当定位或保护以避免损坏;和

d) 如果软管的重量可能引起过度变形,则软管应被充分地支撑或端部垂直布置。

软管应与系统中的液压油相匹配。

7.14.15 手动/紧急操作

应满足7.3.2的规定。

8 电气安装和电气设备

8.1 总则

8.1.1 升降平台应由符合GB/T 16895.1—2008的专用电源供电。电源与升降平台之间应设置主开关和熔断器或过载装置,本要求不适用于电池供电的升降平台。

主开关不应断开下列电路的供电:

a) 与升降平台有关的照明(见8.2.1);或

b) 为维护而设置的电源插座(见8.2.2)。

注:国家有关电力供电线路的各项要求,应仅适用到开关的输入端。

8.1.2 根据应用场所,电气安装和电气设备应符合GB 5226.1或GB 4706.1的相关要求。

对于控制电路和安全电路,导体之间或导体与地之间的额定直流电压或额定交流电压不应大于250 V。除了零线接地的电源供电之外,供电控制电路应源自于GB 19212.5的隔离变压器次级绕组。按照图4的要求,控制电路的一根线应接地(或在隔离电路上接地)且另一根线应装有熔断器。假如可保证同等安全程度,符合GB 16895.21的SELV保护电路被认为是可选择的方法。在8.13中给出了电池供电的升降平台的类似要求。

8.1.3 驱动单元的工作电压不应大于500 V。

8.1.4 零线与任何电路保护的导线应分开。

8.1.5 导线与导线之间以及导线与接地之间的绝缘电阻应大于1 000 Ω/V,并且其值不应小于:

a) 电源电路和含有电气安全装置的电路0.5 MΩ;

b) 其他电路0.25 MΩ。

8.2 照明和插座

8.2.1 照明

平台地面和平台操作装置上的照明由升降平台附近的一个开关控制。地面上的照度不应小于50 lx。

完全封闭的升降平台应有自动再充电的紧急照明电源,在正常照明电源中断的情况下,它能至少供1 W灯泡用电1 h。在正常照明电源一旦发生故障的情况下,应自动接通紧急照明电源。

8.2.2 插座

在升降平台附近应设置电源插座,以供检查和维护期间的局部照明使用。

8.3 主接触器

8.3.1 主接触器(即按8.4要求使驱动主机停止运转的接触器)不应低于GB 14048.4中规定的下列类型:

a) AC-3,用于交流电动机;

b) DC-3，用于直流电动机。

8.3.2 由于承受功率的原因，必需使用继电接触器去操作主接触器时，这些继电接触器应为 GB 14048.5 中规定的下列类型：

a) AC-15，控制交流接触器的继电器；

b) DC-13，控制直流接触器的继电器。

8.3.3 对于 8.3.1 中述及的主接触器和 8.3.2 中述及的继电接触器，应按如下方式动作：

a) 如果动断触点(常闭触点)中的一个闭合，则全部动合触点断开；和

b) 如果动合触点(常开触点)中的一个闭合，则全部动断触点断开。

即使其中的一个触点熔接，也应保持上述条件。

8.3.4 用于改变运行方向的接触器应设置电气互锁。

8.4 用于制停机器和检查其停止状态的电动机和制动器电路

8.4.1 由交流电源直接供电的电动机

应采用两个独立的接触器切断电源，其触点应串联于电动机和制动器电源电路中。当升降平台停止时，如果其中一个接触器的主触点没有断开，则最迟在下一次改变运行方向时应防止升降平台的再运行。

8.4.2 由固态元件控制并供电的直流或交流电动机

应采用下列方法之一：

a) 按照 8.4.1 规定。或

b) 一个由以下元件组成的系统：

——切断各相(极)电流的接触器。至少在每次改变运行方向之前应释放接触器线圈。如果接触器未释放，应防止升降平台再运行。

——用来阻断固态元件中电流流动的独立控制装置。

——用来检验升降平台每次停止时电流流动阻断情况的监测装置。

在正常停止期间，如果未能有效地阻断通过固态元件的电流，监测装置应使接触器释放并应防止升降平台再运行。

8.4.3 驱动电动机和制动器供电

方向控制信号终止、电气供电故障或电气安全装置的动作应切断驱动电动机和制动器的供电。

制停距离不应大于：

——安全触点或安全电路动作时 20 mm；

——运行方向信号终止或发生电气供电故障时 50 mm。

8.5 爬电距离、电气间隙和外壳的要求

8.5.1 外壳要求

控制柜带电部分和安全触点应设置在防护罩壳内，外壳防护等级不应低于 IP2X。

盖应保持关闭，使用工具才能打开。对于安装于公共场所的升降平台，还应采用需要钥匙或特殊工具才能打开的固定装置或锁住装置进行防护。

如果需要(如室外使用)，应提供与运行条件和地点相适合的更高等级的防护。

8.5.2 爬电距离和电气间隙

依据工作电压和 GB/T 14048.1—2006 中 7.2.3.3 和 7.2.3.4，动力电路、安全电路、安全电路或安全触点之后的元件以及因其失效可能引起不安全状态的任何元件的爬电距离和电气间隙应符合 GB 14048.1—2006 表 15 和表 13 的要求，最小污染等级为 2。不应使用印制电路接线排。

8.6 电气故障的保护

8.6.1 在升降平台的电气设备中，发生下列任何单一的故障，其本身不应构成升降平台危险故障的原因：

a） 无电压；

b） 电压降低；

c） 多相电源的错相；

d） 电气电路对地或对金属构件的绝缘损坏；

e） 电气元件的短路或断路以及参数或功能的改变，如电阻器、电容器、晶体管、灯等；

f） 接触器或继电器的可动衔铁不吸合或吸合不完全；

g） 接触器或继电器的可动衔铁不释放；

h） 触点不断开或不闭合。

不必考虑安全触点不断开的状况。

8.6.2 具有安全触点的带电电路意外接地时，应立即使升降平台停止且防止其再次启动。

8.7 电气安全装置

8.7.1 电气安全装置（如表1中所列）应直接作用在控制驱动电动机和制动器电源的装置上。

注：不响应安全开关或装置被认为不安全状况。

如8.4中所述，当表1中所给出的电气安全装置中的某一个动作时，应防止升降平台驱动主机启动，或使其立即停止运转。电气安全装置应由下列两者之一构成：

a） 一个或几个满足8.7.4要求的安全触点，直接切断8.3述及的接触器或其继电接触器的供电；或

b） 一个或几个满足8.7.4要求的安全触点，它不直接切断8.3中述及的接触器或继电接触器的供电，而是符合8.11的安全电路的规定。

8.7.2 若由于输电功率的原因，使用了继电接触器控制驱动主机，则应认为他们是直接控制启动和停止驱动主机供电的设备。

8.7.3 安全开关不应安装在返回的导线或电路保护导线中。

8.7.4 安全触点的动作应由断路装置可靠地断开，甚至触点熔接也应能断开。

当所有触点断开元件处于断开位置，且在有效行程内时，动触点和施加驱动力的驱动部件之间无弹性元件（如：弹簧）施加作用力，即为触点获得了可靠的断开。

安全触点的设计应使元件故障而引起的短路风险最小。

8.7.5 导体材料的磨损不应导致触点的短路。

8.7.6 如果操作电气安全装置的装置设置在人员容易接近的地方，则他们应这样设置：即采用简单的方法不能使其失效。

注：用磁铁或桥接件不认为是简单方法。

表1 电气安全装置

开关或装置	相关条款
门锁安全装置，用于： a）层门（以及未封闭井道升降平台上的护栏）的关闭位置 b）在开锁区域外层门（以及未封闭井道升降平台上的护栏）的锁闭	 9.1.2.11 9.1.2.11
监测悬挂绳或链松弛的安全开关	7.1.5
紧急停止装置	8.15.5 9.2.2.5
感知边或感知面动作的开关（未封闭井道升降平台上）	10.2.4.2
机械阻止装置位置开关	5.2.2
极限开关	8.16

表 1（续）

开关或装置	相关条款
安全钳开关	6.5
护栏锁住开关	10.2.3.3.4
感知边	9.2.2.8
螺杆/螺母驱动失效开关	6.8
安全挡板触点	10.2.3.2

8.8 时间延迟

升降平台从停止到再启动之前，应至少有 1 s 的延迟。

8.9 驱动电动机的保护

驱动电动机应采用自动断路器进行过载保护，防止过载和潜在的过载电流。适当时间间隔之后可自动复位。

8.10 电气接线

8.10.1 导线、绝缘和接地连接

8.10.1.1 所有导线的截面积应与额定电流相称。电源和安全电路导线不应小于 0.5 mm^2。

8.10.1.2 如果同一导管中的各导线或电缆中的各芯线接入不同电压的电路时，则这些导线或电缆的绝缘应适合最高电压。

8.10.1.3 随行动力和控制电缆应在每端被可靠地夹紧，以保证没有机械载荷传递到电缆的端接装置上。应保护电缆不被磨损。

电缆应符合 GB/T 5023.6 或 GB/T 5013.5 的有关要求。

导线的截面积不应小于 0.5 mm^2。另外，电源和安全电路导线的截面积不应小于 0.75 mm^2。任何接地导线的截面积不应小于最大的电源导线的截面积。

8.10.1.4 除了使用集电环、滑触线或炭刷的情况以外，所有接地线应为铜芯线。集电环、滑触线、炭刷和随行电缆中至少一根线用于接地。

8.10.1.5 用于夹紧导线的紧固件不应用于夹紧其他零件。

8.10.1.6 除了导线之外，所有易于带电的外露金属构件应接地连接[接地连接测试见 11.1.3b)]。图 5 为电池供电升降平台的接地要求。

8.10.2 端子和连接器件

8.10.2.1 连接器件和插接式装置应通过位置或结构设计防止意外地误连接。

8.10.2.2 端接不应对导体或绝缘造成损坏。

8.10.2.3 供电电源的端子应在设备内且易于接近，还应标识出正确的极性，即："L"表示相线而"N"表示零线。接地端子应位于靠近电源输入的地方并采用接地符号进行标识。

8.10.2.4 螺柱型接地端子的尺寸应符合导线的额定电流并且最小为 M3。接地端子不应用来固定零件，其接头应借助于工具才能松开。所有接地导线应采用钳压或焊接的端子进行终端连接。

8.10.3 电气标识

端子、连接器件和电气元件应在适当的地方进行标识。

8.11 安全电路

8.11.1 安全电路应符合 8.6 和 8.7 有关出现故障时的要求。

故障包括无源部件（电阻、电容、电感等）的断路和短路，以及有源部件（晶体管、集成电路等）的功能改变（见附录 F）。

8.11.2 安全电路的所有元件的设计应满足 8.5.2 的爬电距离和电气间隙的要求。

8.11.3 安全电路的所有元件应能在最恶劣情况极限值范围内以及制造商推荐的电压、电流和工作制范围内使用。

8.11.4 安全电路的设计应满足：仅当所有安全电路均正常接通时，才允许升降平台运行。

8.11.5 当故障和故障组合本身不导致不安全状态而与下一步故障结合可能会引起不安全的状态时，最迟在下一次运行方向改变时应使升降平台停止。

然而，如果安全电路由两个以上通道构成，则可不考虑三个以上故障的组合。在各种情况下，最迟在下一次运行方向改变时应使升降平台停止。

8.11.6 应根据附录F的要求对安全电路进行安全和故障分析。

8.12 剩余电流装置

除电池供电升降平台的充电装置供电电源以外，所有对地电压高于50 V的电气电路应采用一个剩余电流装置(RCD)进行保护。最大额定跳闸电流应为30 mA。在额定跳闸电流的情况下，最大跳闸时间应为200 ms。在5倍额定跳闸电流的情况下最大跳闸时间应为40 ms。

在可能的情况下，该装置的测试不应造成安装在电源电路上的其他装置误跳闸。

8.13 电池供电的附加要求

8.13.1 对于电池供电的升降平台，控制电路的电压不应大于60 V。

8.13.2 电池即使倾斜也不应泄漏。在正常的工作及充电期间，电池不应发出烟雾。

8.13.3 在电池的供电线路中宜安装熔断器，该熔断器只有使用适当的工具才能接近。电源短路时熔断器应在0.5 s以内断开电源的供电。超过2倍平均峰值电流时熔断器应在5 s以内断开电源的供电。

8.13.4 交流充电电路应按图5a)；直流充电电路应按图5b)。最高的对地电压应符合下列要求：

a) 250 V交流电或60 V直流电，用于有防护的充电触点；

b) 25 V交流电或60 V直流电，用于外露充电触点。

不使用工具就可以接触的充电触点为外露触点，需使用工具才能接触的触点为有防护充电触点。

升降平台停止在指定的位置时才能对电池充电。充电触点宜设置在导轨的两端。

8.13.5 电池的端子和充电触点应在物理上防止短路。

8.13.6 电池应被固定在安全的位置上。

8.13.7 平台上应设置断路开关，它可切断电池对控制电路和驱动电动机电路的供电。

8.13.8 电池容量和充电率应考虑升降平台的行程与设定的工作制。

8.13.9 当升降平台驻停时，如果充电触点未接触，电池的充电电路应以视觉信号和听觉信号提示使用人员。

8.13.10 平台底盘应按图5所示进行接地。

8.13.11 即使长期充电之后，电池充电器也不应损坏电池或对电池过度充电。

8.13.12 8.13.8的要求不适用于备用电池系统。

8.14 无线控制

注：无线控制适用于不能或者不希望在升降平台和层站操作装置之间设置一个物理连接的情况(例如：电池供电的升降平台上)。

8.14.1 无线控制系统应仅在单一的升降平台上使用。该设计应确保升降平台不对另外的升降平台或其他类似无线控制系统发出的信号作出响应(例如：通过使用一个适当的频谱、编码信号和范围)。

8.14.2 发射器和接收器应冗余设计。发射器的冗余设计可通过8.15.6的方法实现。

8.14.3 公共场所的升降平台，遥控装置应位于升降平台附近的固定位置，或由专人管理。

8.14.4 平台上安装的停止开关、安全触点和安全电路应优先于所有方向的信号(不管是来自于平台操作装置还是遥控装置)，且升降平台应按照7.2.1的要求在20 mm内停止。

8.14.5 无线通信应在整个平台行程中保持有效。平台在全程的任何位置都应满足8.4.3的要求。

8.14.6 在信号出现故障时，无线通信连接应为失效安全型的。

8.14.7 在元件失效时，无线控制系统的安全性不应低于有线控制系统。

8.15 操作装置

8.15.1 应在每个层站和平台上设置操作装置。除仅供单独站立的人员使用的升降平台外,操作装置应设置于层站和平台地面上方 0.9 m～1.1 m 的范围内,距离平台或层站的内角或附近墙壁之间的距离不应小于 0.4 m,或设置得适合特定的用户。

8.15.2 用于控制平台运行的操作装置应持续施力以保持运行。

如果使用人员对常规操作有困难,应考虑为特殊的能力缺乏者提供特别的装置。

注:有关此类装置的建议参见附录 C。

8.15.3 对于封闭井道的升降平台,平台的操作应优先于层站操作。

8.15.4 当发生下列任意一种情况时,在升降平台启动之前,应至少有 1 s 的延迟:

a) 从其他层站召唤升降平台;或

b) 平台所停层站的层门关闭。

8.15.5 平台上应设置紧急停止装置,该停止装置应为双稳态安全开关,该开关动作时,应直接断开安全回路。

该开关对于使用人员应清晰可见、可接近且易操作,并应以位置或设计来防止误动作。

8.15.6 在每个层站操作装置上应设置能直接切断控制运行方向电路的装置。

8.16 端站限位开关和极限安全开关

8.16.1 应设端站限位开关和极限安全开关。

极限安全开关的断开应防止升降平台在两个方向的进一步运行,直至升降平台被人工复位。

8.16.2 端站限位开关的布置应使升降平台在所服务层站±15 mm 内自动停止。它应独立于最终极限安全开关。

8.16.3 在液压驱动或装有松绳/链安全开关的驱动系统中,下极限安全开关可以省略。另外,如果驱动系统的设计使得即使没有使用机械的端部停止装置,平台也不可能越过正常的行程限制位置,则上、下极限安全开关都可以省略。

如果端站限位开关是安全开关且下部越程导致平台下面的安全开关动作,下极限安全开关也可以被省略。

8.17 紧急报警装置

8.17.1 9.2.2.5 中提及的平台上的紧急报警操作装置应连接到警报器上,平台内的人员操作该装置求救时,该警报器应发出声觉信号并可清晰辨识。安装人员应就警报器的位置与购买者或使用人员协商。

注:报警系统的位置要求参见 A.6。

8.17.2 紧急报警装置应为下列两者之一:

a) 独立于驱动电动机主电源的电源供电;或

b) 配置备用电源(例如备用电池)。

9 封闭井道中升降平台的特殊要求

9.1 井道

9.1.1 总则

9.1.1.1 井道地面和平台下方的进入

如果能够进入位于平台下方的空间,井道地面应能够承受不低于 250 kg/m^2 的载荷。

所有需要在平台下方进行检查或维护的设备应能够安全地接近。必要时,应采用符合 5.2 要求的机械阻止装置。

9.1.1.2 顶层空间

升降平台与上部机械阻止装置接触时,平台地面和顶部障碍物最低部分之间的垂直净空距离不应小于 2 m(见图 6)。

9.1.1.3 **井道围壁结构**

9.1.1.3.1 每一面井道围壁应由硬构件组成,并且形成连续的垂直的平滑表面。

9.1.1.3.2 井道围壁内表面的凹进或凸出不应大于 5 mm,且大于 1.5 mm 的凸出物应倒成与垂直面不大于 15°角(见图 9)。

9.1.1.3.3 井道围壁应能承受 300 N 的作用力,该力垂直作用在井道围壁任何部位的 5 cm^2 圆形或正方形面积上,弹性变形不应大于 10 mm 且无永久变形。

9.1.1.3.4 井道围壁应延伸到顶层地面 1.1 m 以上(见图 6)。

另外,当平台停在行程的最高位置时(包括越程),井道围壁应至少达到平台围壁上边缘的高度。

9.1.1.3.5 用于运行目的的垂直缝隙不应造成剪切或挤压的危险。

9.1.1.3.6 井道围壁、水平滑动门或铰链门采用玻璃时,应满足表 2、表 3 或表 4 的规定。

表 2 井道围壁和平台围壁使用的玻璃板

单位为毫米

玻璃类型	内切圆的直径	
	最大 1 000	最大 2 000
	最小厚度	最小厚度
夹层钢化	8 (4+0.76+4)	10 (5+0.76+5)
夹层	10 (5+0.76+5)	12 (6+0.76+6)

表 3 水平滑动门使用的玻璃板

单位为毫米

玻璃类型	最小厚度	宽度	单体门的最大高度	玻璃板的固定
夹层钢化	16 (8+0.76+8)	360～720	2 100	上部及下部 (2 处固定)
夹层	16 (8+0.76+8)	300～720	2 100	上部、下部及一边 (3 处固定)
	10 (6+0.76+4) (5+0.76+5)	300～870	2 100	所有边固定
注:对于玻璃的三边或四边固定的侧面与其另一侧面刚性连接的情况,表上所列数值也适用。				

表 4 铰链门使用的玻璃板

单位为毫米

玻璃类型	最小厚度	最大内切圆的直径
夹层钢化	8 (4+0.76+4)	1 000
夹层	10 (5+0.76+5)	1 000
注:玻璃板所有边应固定在框架内。		

9.1.1.4 **井道入口**

9.1.1.4.1 井道入口应由层门防护(见 9.1.2)。

9.1.1.4.2 井道入口净高度不应小于 2.0 m(见图 6)。

9.1.1.4.3 入口的净宽度不应小于 800 mm(见 9.2.1.3),以下情况除外:

a) 对于公共场所,入口宽度不应小于 900 mm(见图 6);

b) 对于私人场所，仅供单独站立使用人员使用的升降平台，入口的宽度不应小于 650 mm。

在私人场所内，由于空间限制原因，根据需要可使用更小的尺寸。

9.1.1.4.4 平台边缘与井道围壁或平台与层门地坎之间的水平距离不应大于 20 mm(见图 2)。

9.1.1.5 检修门和活板门

检修门和活板门不应妨碍平台的运行。

检修门和活板门应能从外面用专用的钥匙或工具开启。

应采用符合 8.7 规定的电气安全装置证实上述门的关闭状态，仅当检修门和检修活板门均处于关闭位置时，升降平台才能运行。

9.1.2 层站入口保护

9.1.2.1 层门

进入平台的入口应设置层门，层门应满足下列要求：

a) 无孔。

b) 自动关闭。如果满足下列条件，允许层门保持开启状态：

1) 当层门有助于建筑物的防火等级时，层门能在火灾管理系统的激发下自动关闭；

2) 当平台有可能在无人监管的条件下离开层站时，层门能自动关闭。

c) 不能向井道内开启。

d) 开启门所需要手柄上的力不应大于 40 N。同时

e) 当层门用非透明的材料制成且非透明部分高度大于 1.10 m 时，应设置视窗，该窗应：

1) 宽度不小于 60 mm；

2) 窗下沿在层站以上 300 mm 至 900 mm 之间；

3) 每个层门至少具有 0.015 m^2 装玻璃面积，且可视面积不小于 0.01 m^2。

f) 如果是玻璃层门，在地面以上 1 400 mm 至 1 600 mm 之间应有目视标记。

9.1.2.2 层门强度

锁闭的层门应能承受 300 N 的作用力，该力垂直作用于该层门的任何位置，且分布在 5 cm^2 的圆形或正方形面积上，弹性变形不应大于 10 mm 且无永久变形。

该试验完成后，层门及门锁应能正常工作。

如果平台没有门，在上述规定的力的作用下，则层门朝向井道内部的弹性变形不应大于 5 mm。

对于水平滑动门，在层门最不利位置用人力(不使用工具)向开门方向施加 150 N 的力，间隙不应大于 30 mm。

9.1.2.3 层门高度

9.1.2.3.1 顶层

顶层层门的高度不应小于 1 100 mm(见图 6)。

对于用于公共场所行程大于 2 m 的升降平台，顶层层门高度不应小于 2 m(见图 6)。

另外，当平台停在行程的最高位置(包括越程)时，层门的上沿应至少延伸到平台围壁上边缘的高度。

9.1.2.3.2 底层和中间层

底层及中间层层门高度应与井道入口高度一致或延伸到井道围壁的最高边，取两者较小值。

9.1.2.4 层门结构

9.1.2.4.1 内表面

层门的内表面应为连续的、坚硬的、平滑的垂直面。

9.1.2.4.2 对齐

层门内表面应与其井道内壁组成连续平面。

9.1.2.4.3 **凹进与凸出**

层门内表面的凹进与凸出应符合 9.1.1.3.2 的规定。

9.1.2.4.4 **玻璃**

层门上使用的玻璃材料应符合 9.1.1.3.6 的规定。

9.1.2.5 **开门宽度**

层门入口的净宽度应符合 9.1.1.4.3 的规定(也见 9.2.1.3)。

9.1.2.6 **间隙**

除 9.1.2.2 中规定的以外,在平台的行程及越程范围内,层门上边、下边、左右边与门框之间的间隙不应大于 6 mm(由于磨损可能会增加到 10 mm)。

9.1.2.7 **地坎**

具有足够强度的地坎或坡板应设置在层门入口处,以承受通过它进入平台的载荷。

9.1.2.8 **门导向**

层门的设计应防止正常运行中脱轨、机械卡阻或行程终端时错位。

9.1.2.9 **坡板**

如果平台入口处有大于 15 mm 的台阶则应设置一个坡板。坡板的前端厚度不应大于 15 mm。

坡板的倾斜度不应大于:

a) 当垂直高度不大于 50 mm 时,为 1:4;

b) 当垂直高度不大于 75 mm 时,为 1:6;

c) 当垂直高度不大于 100 mm 时,为 1:8;和

d) 当垂直高度大于 100 mm 时,为 1:12。

9.1.2.10 **门运行过程中的保护**

动力驱动门关闭时最大阻止关门力不应大于 150 N,这个力在门的前缘测量。

动力驱动层门及其刚性连接的机械零件的动能,在平均关闭速度下的测量值或计算值不应大于 10 J。

9.1.2.11 **门锁**

9.1.2.11.1 当平台离开层站地坎大于 50 mm 时,应不能以正常操作开启该层门。

9.1.2.11.2 在层门开启状态下,升降平台应不能启动或继续运行(液压式升降平台的电气防沉降除外)。层门的关闭位置应由一个符合 8.7 规定的电气安全装置监测。

9.1.2.11.3 当平台离开层站地坎大于 50 mm 且该层门未锁闭时,升降平台应不能启动或继续运行。这可借助于在开锁区域内用一个安全触点桥接门锁触点来实现。一个符合 8.7 规定的电气安全装置应监测锁紧元件是否正确地啮合。

9.1.2.11.4 断开电路的触点元件之一与机械锁紧装置之间的连接应是可靠的,且是失效安全型的。必要时可以调整。

9.1.2.11.5 锁紧元件及其附件应抗冲击。

9.1.2.11.6 锁紧元件的啮合应满足在门开启方向施加力不能使锁紧削弱。

9.1.2.11.7 门锁应无永久变形地承受在锁的高度沿开门方向施加在锁紧元件上的力:对于铰链门最小为 3 000 N;对于滑动门最小为 1 000 N。

9.1.2.11.8 铰链层门上的门锁应位于或接近门的关闭边缘且在门下垂情况下也应继续有效地锁闭。

9.1.2.11.9 门锁装置应设置成:在正常使用中是不易接近的,且应防止故意的误动作。

9.1.2.12 **紧急开锁**

对于底层和最高层的层门,应能够在层门外,借助如图 7 所示三角钥匙打开门锁,开启层门;但中间层的层门应不能被开启。在紧急开门后,应在不使用工具的情况下,门亦能锁闭。

9.2 平台

9.2.1 平台尺寸

9.2.1.1 平台的净装载面积(不考虑扶手的影响)不应大于 2 m^2。

9.2.1.2 对于容纳一个符合 GB/T 13800 中规定的手动四轮轮椅车或符合 GB 12996 中规定的室内型或室外型电动轮椅车的平台,其平面尺寸不应小于表 5 规定的尺寸(见图 6)。在私人场所内,由于空间可能受到限制,因此可根据需要使用减小的尺寸。

表 5 平台最小尺寸

单位为毫米

主要用途	最小尺寸 (宽×深)
门相互呈 90°时(伴随人员位于轮椅边)	1 100×1 400
伴随人员站在轮椅使用人员后面	800×1 600
单独使用人员,站着或坐于轮椅中	800×1 250
单独站着的使用人员(不适合轮椅使用)	650×650
单独站着的使用人员(提升高度不大于 500 mm)	325×350

9.2.1.3 平台和其入口的净宽度以及层站入口的净宽度不应小于 800 mm,以下情况除外:

a) 在公共场所内,不应小于 900 mm(见图 6);

b) 在私人场所内且为单独站立使用人员使用,不应小于 650 mm,或提升高度不大于 500 mm 时,不应小于 325 mm。

9.2.1.4 在公共场所内,平台深度不应小于 1 400 mm。

9.2.2 结构

9.2.2.1 平台的地面应防滑。平台或层站的地坎颜色应与入口的层站地面颜色有差异。

9.2.2.2 如果驱动、导向或升降机构在平台边缘存在危险,则应设置防护装置保护使用人员。防护装置应平滑、坚固、连续。

9.2.2.3 平台顶应仅用于封闭井道中安装的升降平台。平台顶不应承受负载且能够拆装,以便于维护。应设置警示标志,以防止踩踏平台顶。

9.2.2.4 平台围壁应能承受 300 N 的作用力,该力垂直作用在围壁任何部位的 5 cm^2 圆形或正方形面积上,弹性变形不应大于 10 mm 且无永久变形。

9.2.2.5 下列设备应位于平台的一侧:

a) 操作装置(见 8.15);

b) 紧急停止装置(见 8.15.5);

c) 紧急报警操作装置(见 8.17)。

b)和 c)项可以组合成一个装置。

a)、b)和 c)应位于 8.15.1 规定的区域内。

9.2.2.6 应至少在平台非入口的一侧提供一个易于抓握的扶手,位于平台地面上方 900 mm～1 100 mm 之间(见图 2)。

9.2.2.7 在平台每个地坎下应设置护脚板,护脚板的宽度应大于所面对层站入口的整个宽度,其垂直部分高度至少为开锁区域加 25 mm(见图 2)。

9.2.2.8 为了降低运行期间手被夹住的风险,如果可被用作扶手的部件与层门或井道围壁的距离小于 80 mm,则其上表面应安装感知边。

9.2.2.9 如果玻璃用于平台围壁或门,则应满足表 2、表 3 或表 4 中相关的条件并符合 9.1.2.1f)的规定。

10 未封闭井道中升降平台的特殊要求

10.1 未封闭井道

10.1.1 总则

10.1.1.1 平台下方的井道地面和通道

未封闭井道不应设置底坑。

平台下方的井道地面和通道应符合 9.1.1.1 的规定。

10.1.1.2 顶层空间

应符合 9.1.1.2 的规定。

10.1.1.3 周围的结构

10.1.1.3.1 相邻表面

与平台距离小于 400 mm 的物体应由刚性材料组成且形成一个连续的垂直表面。距离平台不大于 120 mm 的物体,应具有图 9 限制范围内的平滑表面。如果面对连续全高表面的平台非入口侧未装设护栏防护,则该井道表面与该非入口侧边缘之间的距离不应大于 20 mm。

10.1.1.3.2 凹进与凸出

应符合 9.1.1.3.2 的规定(见图 9)。

10.1.1.3.3 强度

应符合 9.1.1.3.3 的规定。

10.1.1.3.4 中间层站局部围壁

中间层站应设置无孔的局部围壁。

该围壁应延伸到平台的整个宽度或深度,其高度应大于:

a) 层门高度;或

b) 平台位于其最高位置(包括越程)时,平台围壁或护栏的高度。

10.1.1.3.5 缝隙

应符合 9.1.1.3.5 的规定。

10.1.1.3.6 玻璃材料

应符合 9.1.1.3.6 的规定。

10.1.1.4 井道入口

距底层地面以上大于 500 mm 的层站井道入口应采用门进行防护(见 10.1.2)。

应符合 9.1.1.4.2、9.1.1.4.3 和 9.1.1.4.4 的规定(见图 8、图 10)。

10.1.2 层站入口防护

10.1.2.1 层门

10.1.2.1.1 如果设置层门,顶层层门应符合 9.1.2.1 的规定,如果满足下述条件,可不要求无孔层门:

a) 即使平台越程,也不会产生剪切危险;

b) 提供防护装置,防止凸出物穿过轮椅扶手和搁脚板;和

c) 孔的开口不大于 50 mm。

10.1.2.1.2 如果设置层门,中间层站的层门应符合 9.1.2.1 的规定。

10.1.2.1.3 底层层站可不设置门、围栏或围壁。

10.1.2.1.4 层门的高度不应小于 1 100 mm。

10.1.2.2 层门强度

应符合 9.1.2.2 的规定。

10.1.2.3 层门结构

应符合 9.1.2.4 的规定,对符合 10.1.2.1.1 和 10.1.2.6 要求的顶层层门除外。

10.1.2.4 开口宽度

层站的净入口宽度应符合 9.1.2.5 的规定。

10.1.2.5 间隙

层门间隙应满足 9.1.2.6 规定。如果满足下列条件，顶层层门的间隙允许适当的增加：

a) 即使平台越程，也不会产生剪切危险；

b) 提供防护装置，防止凸出物穿过轮椅扶手和搁脚板。

10.1.2.6 地坎

应符合 9.1.2.7 的规定。

10.1.2.7 门导向

应符合 9.1.2.8 的规定。

10.1.2.8 坡板

应符合 9.1.2.9 的规定。

10.1.2.9 门运行过程中的保护

应符合 9.1.2.10 的规定。

10.1.2.10 门锁

应符合 9.1.2.11 的规定。

10.1.2.11 紧急开锁

应符合 9.1.2.12 的规定。

10.2 平台

10.2.1 平台尺寸

应符合 9.2.1 的规定。

10.2.2 结构

应符合 9.2.2 的规定(见图 10)。

10.2.3 平台入口防护

10.2.3.1 防止滚离平台

为了防止轮椅滚离平台，应在面对每个较低层层站出入口的平台侧按照以下规定的最低要求设置防护装置：

a) 行程不大于 500 mm 的一侧：应提供符合 10.2.3.2 的安全挡板；

b) 行程大于 500 mm 且不大于 2 000 mm 的一侧：应设置符合 10.2.3.2 的安全挡板，以及符合 10.2.3.3 的护栏；

c) 行程大于 2 000 mm 的一侧：应设置门。门的高度不应低于 1 100 mm 并应符合 9.1.2 和 10.1.2.1.1 的规定。符合 10.2.3.2 规定的安全挡板可作为入口防护装置的组成部分。

10.2.3.2 安全挡板

安全挡板应坚固，高度不应小于 100 mm，宽度不应小于平台入口宽度。平台上行离开层站应使挡板抬起并保持在抬起的位置，直至平台返回该层站。安全挡板应强制动作或采用安全触点验证安全挡板的位置，如果挡板不能提升到位，该触点应使平台在距该层站 300 mm 内停止运行。该挡板应能承受一个满载轮椅的撞击而无变形。安全挡板的斜度及台阶应符合 9.1.2.9 的规定。

10.2.3.3 护栏

10.2.3.3.1 护栏高度不应小于 1 100 mm，距离平台地面 300 mm 内至少有一个中间横杆。护栏应能够承受 10.2.3.3.2 中规定的作用力。

10.2.3.3.2 锁住的护栏应能承受 300 N 的作用力，该力垂直作用在护栏任何部位的 5 cm^2 圆形或正方形面积上，弹性变形不应大于 10 mm 且无永久变形。

10.2.3.3.3 当平台距离相应层站大于 50 mm 时，应不能以正常操作开启护栏。

10.2.3.3.4 护栏未锁闭情况下，当平台距离相应层站大于 75 mm 时，应不能再继续运行。锁住位置应采用一个符合 8.7 的电气安全装置进行监测。

10.2.3.3.5 应符合 9.1.2.11.4～9.1.2.11.7 及 9.1.2.11.9 的规定。

10.2.3.3.6 如果护栏下垂，也应能继续有效地被锁住。

10.2.3.4 平台的非入口边缘

10.2.3.4.1 **提升高度不大于 500 mm 的平台**

平台不与连续的全高表面相邻的非出入口边缘应设置防滚离装置，其在平台表面之上的高度至少为 75 mm。

10.2.3.4.2 **提升高度大于 500 mm 且不大于 2 000 mm 的平台**

平台不与连续的全高表面相邻的非出入口边缘应设置符合 10.2.3.3.1 要求的固定护栏。

10.2.3.4.3 **提升高度大于 2 000 mm 的平台**

平台不与连续的全高表面相邻的非出入口边缘应设置固定的无孔护栏加以防护，护栏高度不应低于 1 100 mm，护栏应能承受 10.2.3.3.2 中规定的作用力。

10.2.4 底面保护

10.2.4.1 总则

应消除所有由于平台底面任何部分的原因造成的潜在的卡阻危险，可采用如下方法之一：

a) 设置无孔箱体封闭平台下面的空间，防止进入。
b) 设置坚固的折叠式防护罩围住平台下面的空间，以防止人员进入，同时应防护平台的整个外围。折叠式防护罩应能够承受 300 N 的作用力，该力垂直作用在 5 cm^2 圆形或正方形面积的任何部位上，防护罩应不能碰到内部的移动部件，且弹性变形不应大于 75 mm。试验不宜对折叠式防护罩造成永久性损坏。应在平台位于顶层，即折叠式防护罩完全伸开时，进行试验。另外，对于提升高度大于 1 000 mm 的升降平台，宜将平台提升到离底层层站地面 1 000 mm 处进行试验。或
c) 在平台底面的整个范围设置感知面。

10.2.4.2 感知边或感知面

10.2.4.2.1 感知边或感知面的动作应在升降平台运行方向断开电动机和制动器电源。应采用安全触点或安全电路实现该目的。在适当情况下，应能操作平台方向运行以便清除障碍物。

感知边动作所需的平均作用力不应大于 30 N，测量点设在两端和中心点上。

感知面动作所需的平均作用力不应大于下列值：

a) 50 N，用于表面面积不大于 0.15 m^2；或
b) 100 N，用于表面面积大于 0.15 m^2。

测量点设在两条对角线的两端和中心点上。

10.2.4.2.2 这些装置的行程不应小于平台的制停距离。

11 检验和维护

11.1 安装后的检验

11.1.1 升降平台在安装完毕后投入使用前，应由胜任人员代表制造商或其代理商进行全面检验。

注：检验的项目参见附录 B。

11.1.2 应提供检验报告，记录附录 B 中所列的所有信息和检查结果。

11.1.3 应采用仪表对升降平台进行下列电气测试：

a) 应采用不低于运行电压（交流电源的 r.m.s. 值）2 倍的直流电压进行绝缘电阻测试。但是用于低压电路测试的测试电压不大于直流 500 V。

导线之间及导线和接地之间的绝缘电阻应大于 1 000 Ω/V，且最小值为：

——500 kΩ,用于电源电路和含有电气安全装置的电路;或

——250 kΩ,用于其他电路。

如果电子控制元件不是安全电路和电动机驱动电路的组成部分,则测试期间可以被断开。

b) 采用 40 V 以下的测试电压时,易接近的金属零件和主接地端子(或隔离电路上的接地)之间的电阻不应大于 0.5 Ω。

以下可作为上述方法的备选:如果安全电路接地到平台上及导轨的每个末端,检查保护安全电路的断路器或熔断器是否会跳闸或熔断。

对于 SELV 保护电路,应符合 GB 16895.21 相关要求。

11.1.4 应对限速器(或者液压系统上的破裂阀)的动作速度、以及额定载重量和额定速度下安全钳的功能进行验证性试验。这些试验可以不在现场进行。如果不在现场进行安全钳测试,则安装时应在现场进行安全钳功能测试,但不需要满载。

11.1.5 测试、移交、检查或维护相关的所有证书的复印件应由供应商存档且至少保存 10 年,并在购买者或其代表需要时提供。

注:交付使用时购买者/使用人员所接受的证书参见附录 E。

11.2 定期检验和维护

应向购买者提供有关定期检验、维护和设备更换后测试的指南。

注:使用过程中的定期检验和维护参见附录 D。

该指南应包括下列建议:升降平台宜保持良好的维护和正常的工作状态;强调定期维护的重要性;提醒使用人员超过推荐的维护周期可能会引起设备损坏和人员伤害。

12 技术文件

供应商应向升降平台的业主提供中文的技术资料。

注:可根据需要提供其他语言的技术资料。

技术资料应至少包括如下适用的信息:

a) 所有者或使用人员的名称和地址;

b) 制造商和供应商的名称和地址;

c) 安装日期;

d) 序列号;

e) 额定载重量(kg);

f) 详细的操作说明;

g) 符合 GB/T 4728.1 的电路接线图,需表示电气连接和元件,以及所有必要的标识(见8.10.3);

h) 购买者和(或)使用人员已经接受了正确与安全地使用升降平台的相应培训和演示的确认书;

i) 如果升降平台用于公共场所,则技术记录的内容应包括事故报告、检修维护详情、验收以及对设备进行的重大改造;对于用于私人场所的升降平台,此类报告允许负责定期检查和维护的公司在现场以外保存;

j) 建议的定期检查和维护的周期;

k) 发生紧急情况或故障时的联系人姓名、地址和电话号码。

13 标识、注意事项和使用说明

13.1 总则

13.2~13.8 中所列信息和使用说明等内容应设在明显位置,文字应清晰、易懂并符合 GB/T 15706.2 的相关要求。图例应以中文书写,文字和大写字母高度不应小于 10 mm,小写字母不小于 7 mm。

安全标志应符合 GB 2894 的规定。

带有标志和符号的标牌应牢固固定于明显位置且应采用不易撕破的耐用材料制成。

适当情况下,宜考虑提供可触摸信息或语音信息。

13.2 平台上

13.2.1 平台上应至少标明:

a) 额定载重量(kg)、乘客人数,典型的额定载重量标牌见图 11;

b) 制造商名称、序列号及安装日期。

13.2.2 应能识别控制平台运行的所有装置的功能。

13.2.3 8.17 中规定的紧急报警操作装置应为黄色并采用警铃符号进行标示,见图 12。

13.2.4 8.15.5 和 9.2.2.5 中规定的紧急停止装置应为红色并应标识"**停止**"字样。

13.2.5 如果在封闭井道中安装的升降平台有平台顶,则应设置平台顶不能负载、不能踩踏的警示标志。

13.3 入口处

每个入口处应标识无障碍设施标志(见图 13),其高度不应小于 50 mm。

13.4 机器空间内

13.4.1 警告

通往机器空间的门或活板门等的外部应标识带有下列文字的注意事项:

"危险——机器

禁止未经批准人员进入"

13.4.2 紧急手动操作

机器空间中应标识符合 7.3.1 要求的详细的紧急手动操作指导说明。

如图 3 所示的指明平台移动方向的方向标牌应设置在明显位置。

在液压驱动的升降平台上,在手动下降阀的附近应标识具有下列文字的注意事项:

"危险

紧急下降阀"

13.5 主开关旁

升降平台的主电源开关应有标识。

对于液压驱动升降平台,主开关标识上还应有以下文字:

"仅在平台位于底层时关闭"

13.6 通往平台底部空间的入口处

靠近通往平台底部空间的入口处,应标识包含安全使用机械阻止装置(见 5.2)的指导说明,例如:

"切断主开关

在进入平台下方之前,务必将机械阻止装置放在正确的位置"

13.7 安全钳上

安全钳应带有其型式试验认证标志和依据。

13.8 报警装置

报警装置(见 8.17)应标示以下文字:

"升降平台报警"

安装一台以上升降平台时,应能区分每个平台的报警信号。

13.9 操作说明

对于用于公共场所且使用人员无法获得帮助的升降平台,应提供详细的操作说明。

13.10 层门开锁钥匙

开锁钥匙上应附带一小标牌,用来提醒人员注意使用此钥匙可能引起的危险,并注意在层门关闭后应确认其已经锁住。

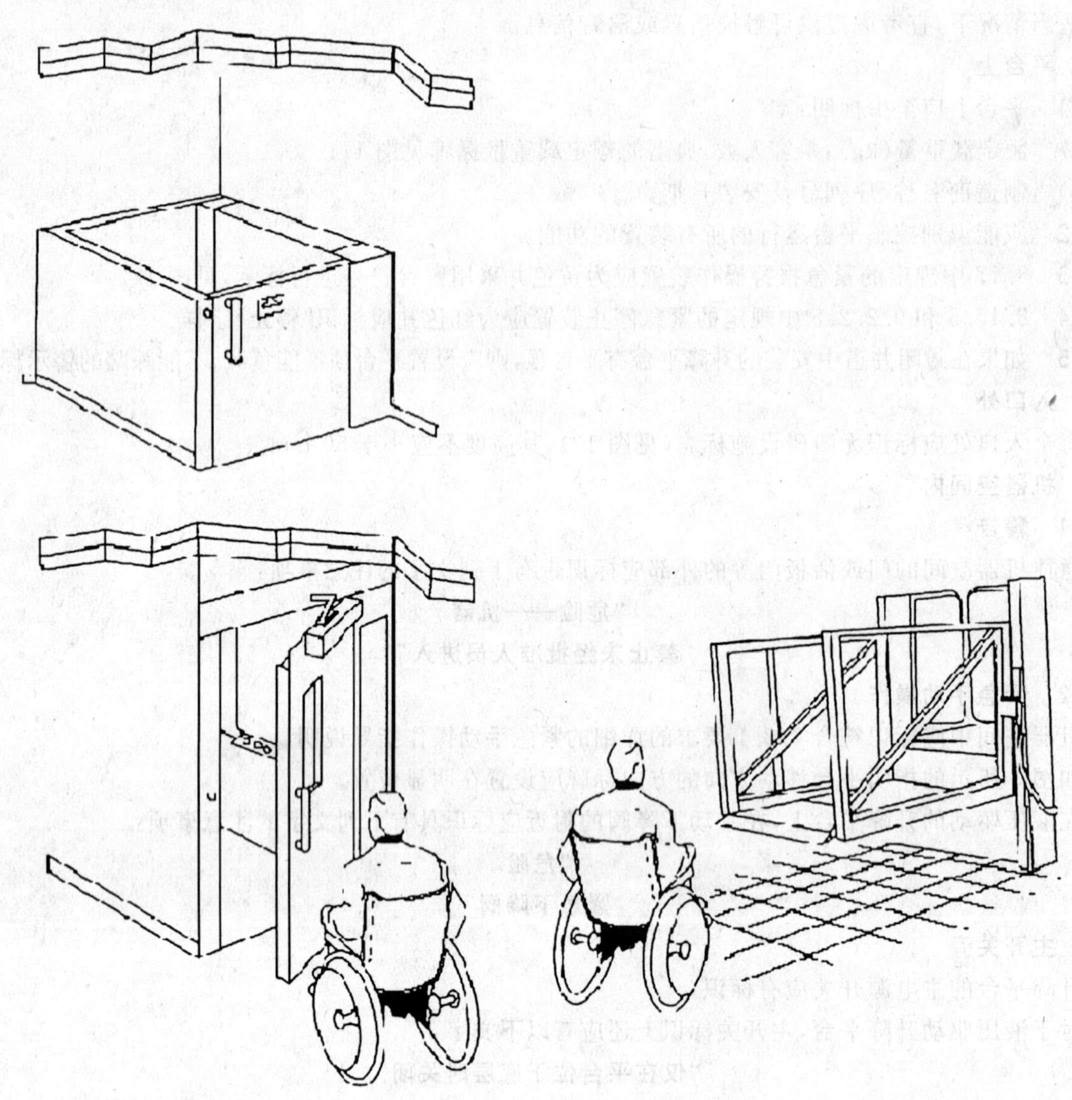

a）封闭井道　　　　b）未封闭井道

图 1　具有封闭和未封闭井道的垂直升降平台示例

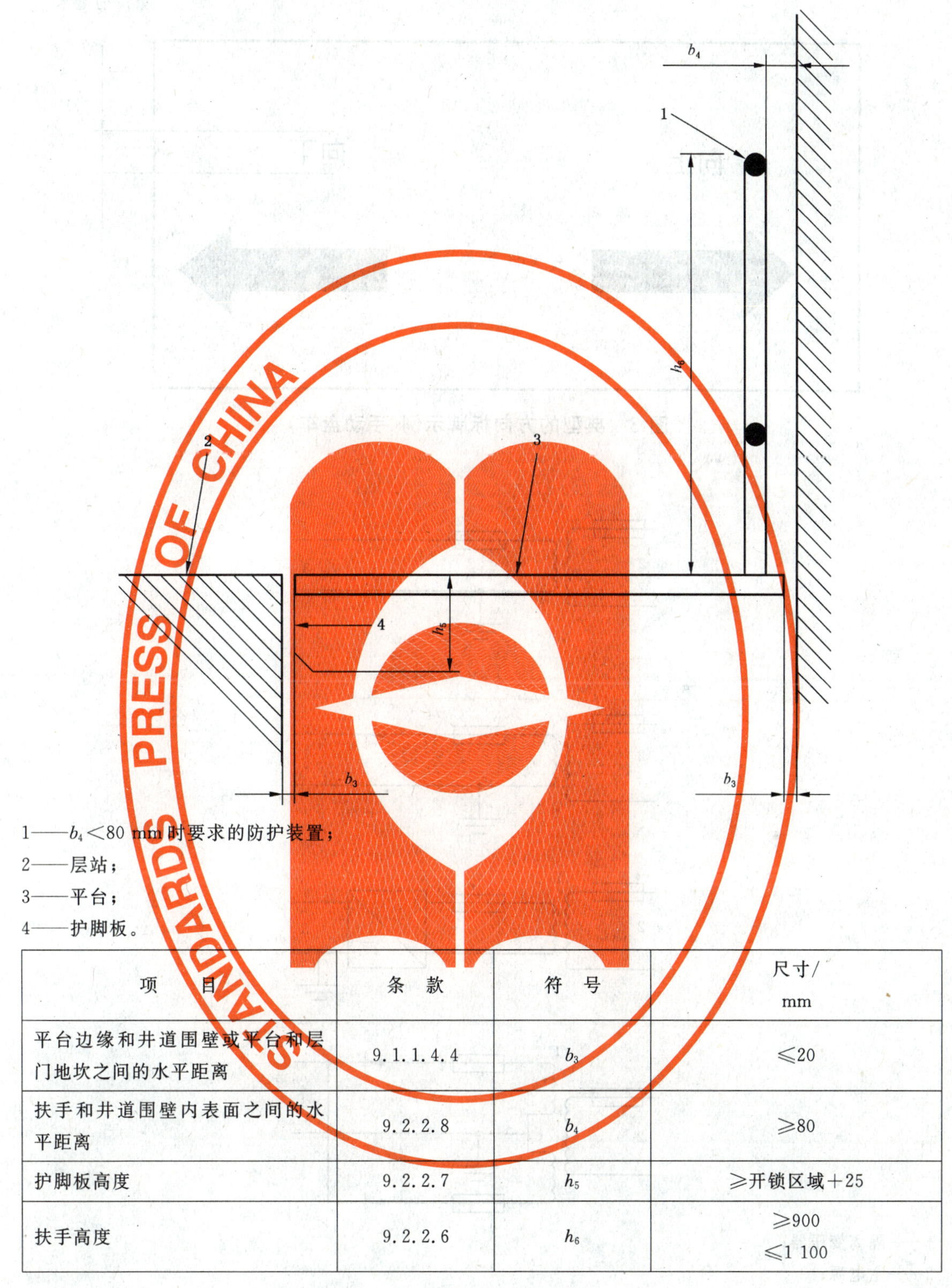

1——b_4<80 mm 时要求的防护装置；

2——层站；

3——平台；

4——护脚板。

项　　目	条　款	符　号	尺寸/mm
平台边缘和井道围壁或平台和层门地坎之间的水平距离	9.1.1.4.4	b_3	≤20
扶手和井道围壁内表面之间的水平距离	9.2.2.8	b_4	≥80
护脚板高度	9.2.2.7	h_5	≥开锁区域+25
扶手高度	9.2.2.6	h_6	≥900 ≤1 100

图 2　具有封闭井道的升降平台的尺寸和间隙

单位为毫米

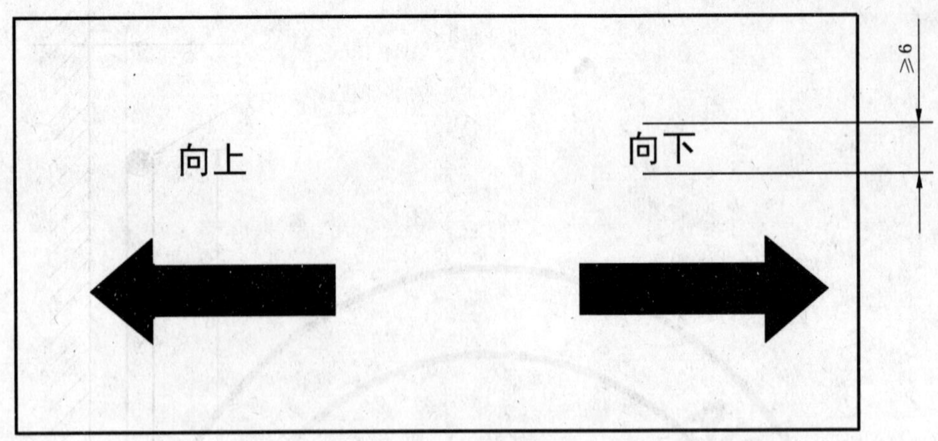

图3 典型的方向标牌示例(手动盘车)

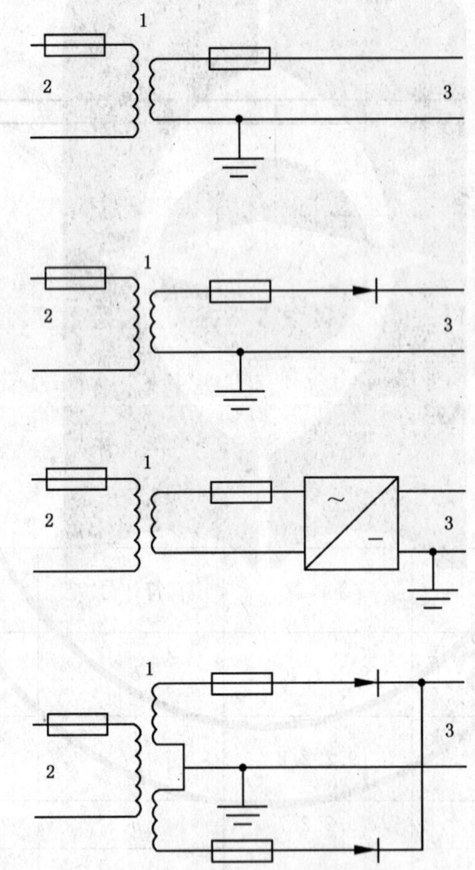

1——隔离变压器；
2——主电源；
3——控制电路。

图4 控制电路电源

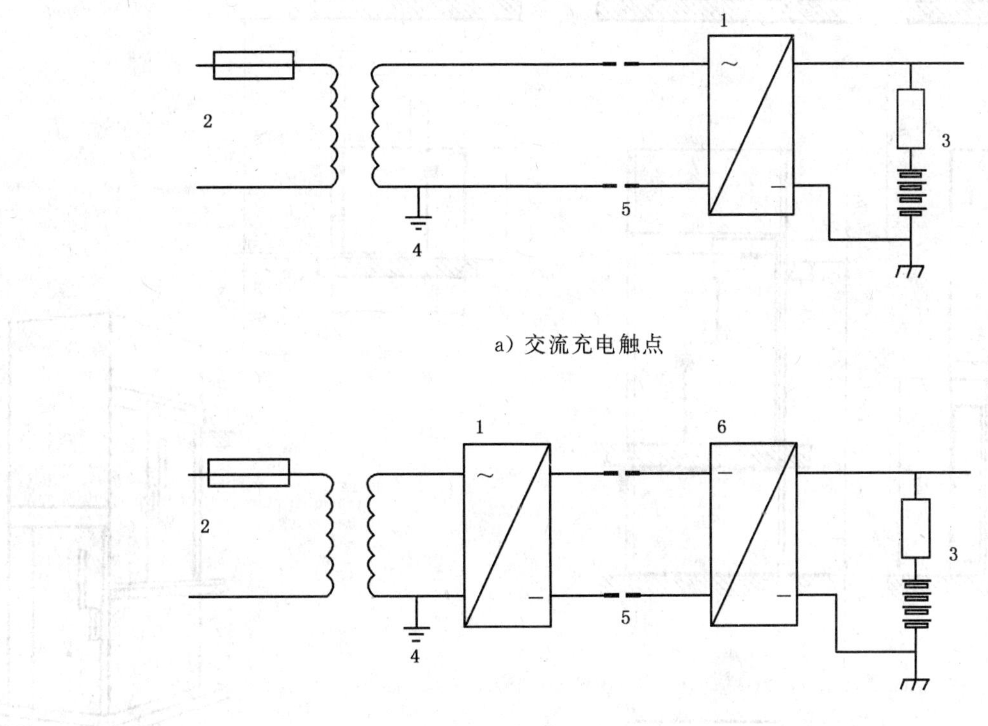

b) 直流充电触点

1——AC/DC 转换器；

2——电源输入端；

3——最大 60 V 电压的控制电路；

4——接地，符号///表示电池供电的负极与升降平台的机架相连接，⏚对于 SELV 保护的充电电路不需要接地；

5——充电触点；

6——DC/DC 转换器。

图 5　电池供电驱动升降平台的充电电源

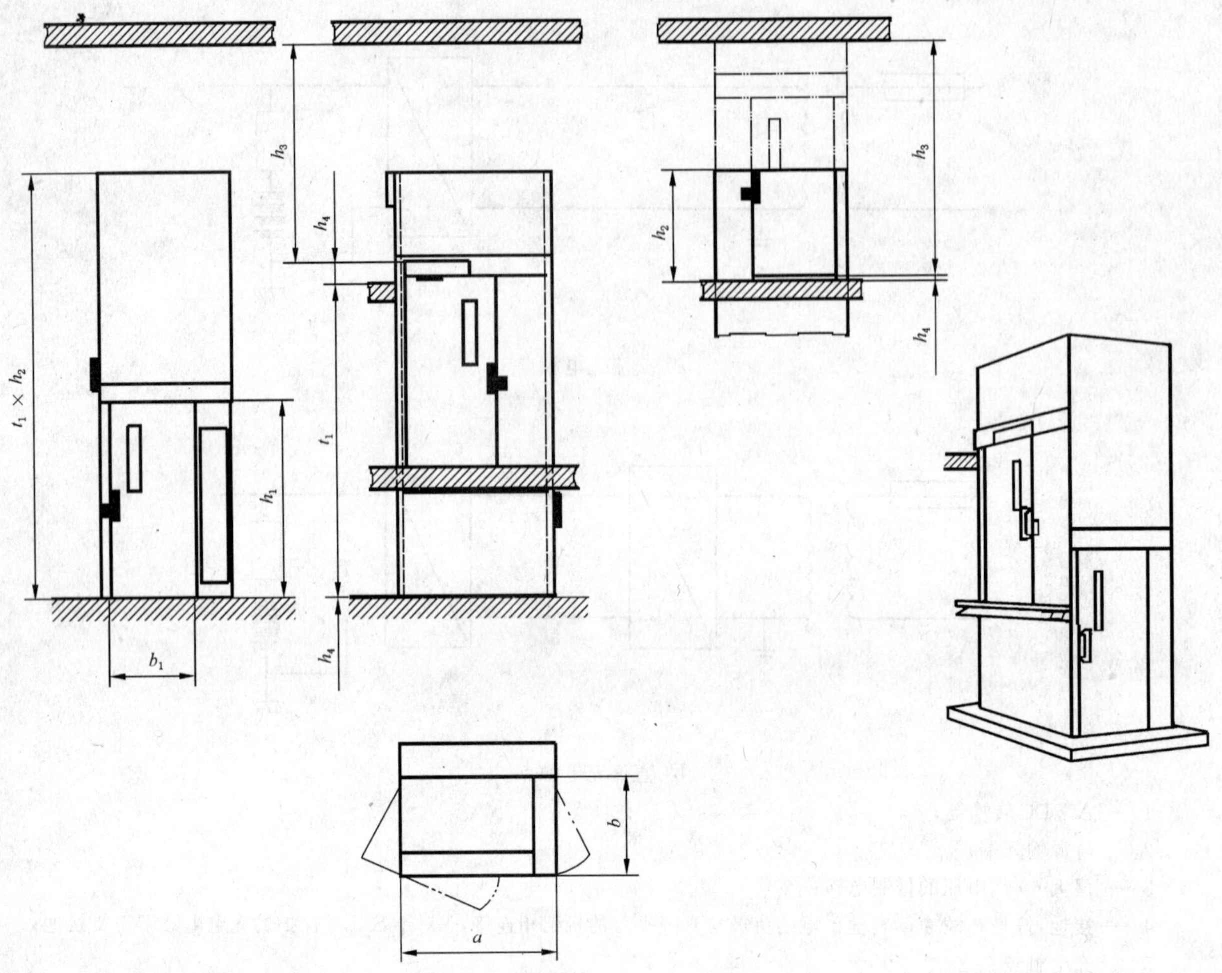

h_4——为越程距离。

项　目	条　款	符　号	尺寸/ mm
提升高度	1.3c)	t_1	≤4 000
入口净高	9.1.1.4.2	h_1	≥2 000
围壁高度/顶层 层门高度	9.1.1.3.4 9.1.2.3.1	h_2	≥1 100 ≥2 000(公共场所,升降平台提升高度大于 2 000 时)
顶层空间	9.1.1.2	h_3	≥2 000
平台宽度	9.2.1.2 9.2.1.3	b	≥800(私人场所)[a] ≥900(公共场所)
平台深度	9.2.1.2 9.2.1.4	a	≥1 250(私人场所)[a] ≥1 400(公共场所)
入口净宽	9.1.1.4.3	b_1	≥800(私人场所)[a] ≥900(公共场所)

[a] 对于独立站立使用人员该尺寸可为 650 mm。

图 6　具有封闭井道的升降平台

单位为毫米

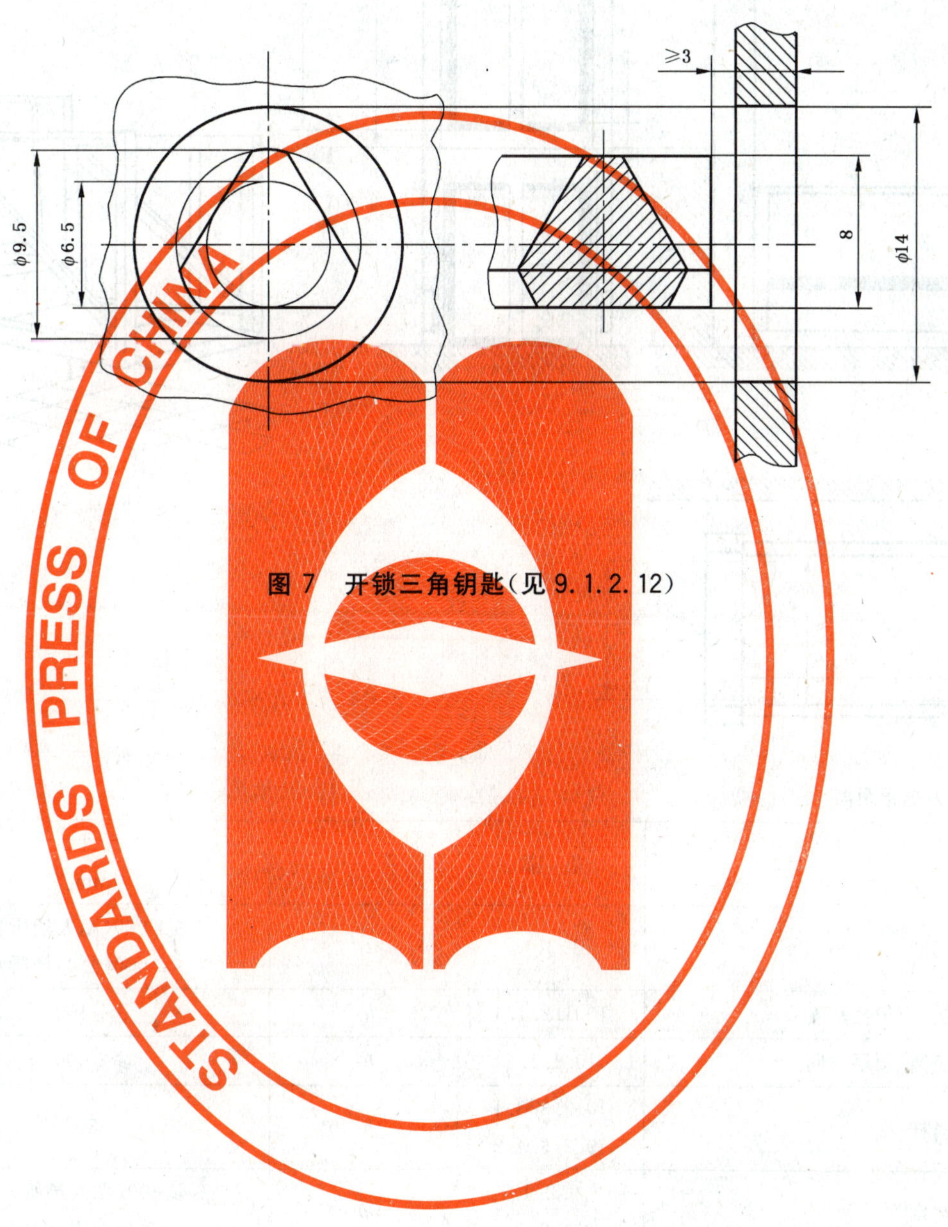

图7 开锁三角钥匙(见9.1.2.12)

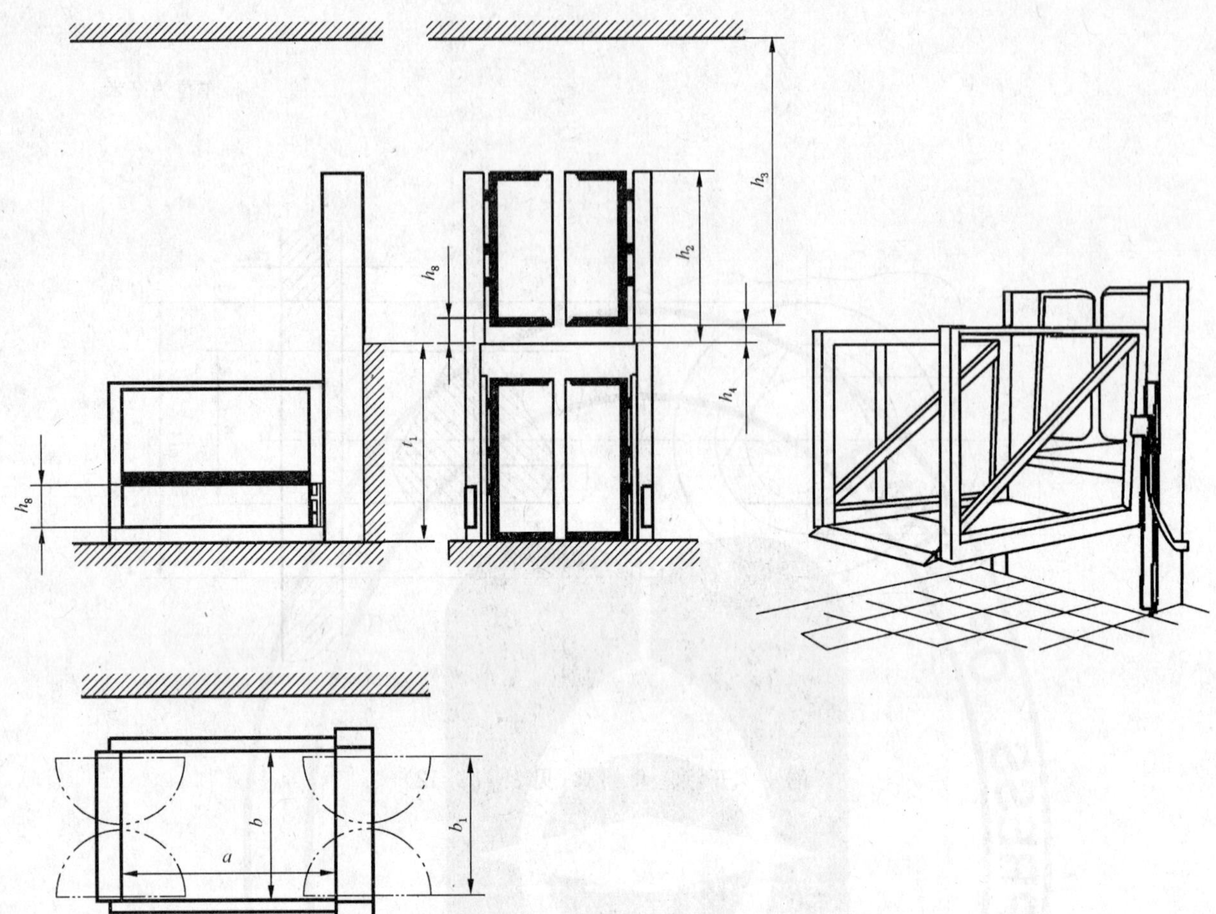

h_4——为越程距离。

项　目	条 款	符 号	尺寸/mm
提升高度	1.3b)	t_1	≤4 000(私人场所) ≤2 000(公共场所)
顶层层门/护栏高度	10.1.2.1.4	h_2	≥1 100
通道净高/顶层空间	10.1.1.2	h_3	≥2 000
中间横杆	10.2.3.3.1 10.2.3.4.2	h_8	≤300
平台宽度	9.2.1 10.2.1	b	≥800(私人场所)[a] ≥900(公共场所)
平台深度	9.2.1 10.2.1	a	≥1 250(私人场所)[a] ≥1 400(公共场所)
入口净宽	10.1.1.4	b_1	≥800(私人场所)[a] ≥900(公共场所)
[a] 对于独立站立使用人员该尺寸可为650 mm。			

图8　具有未封闭井道的升降平台

单位为毫米

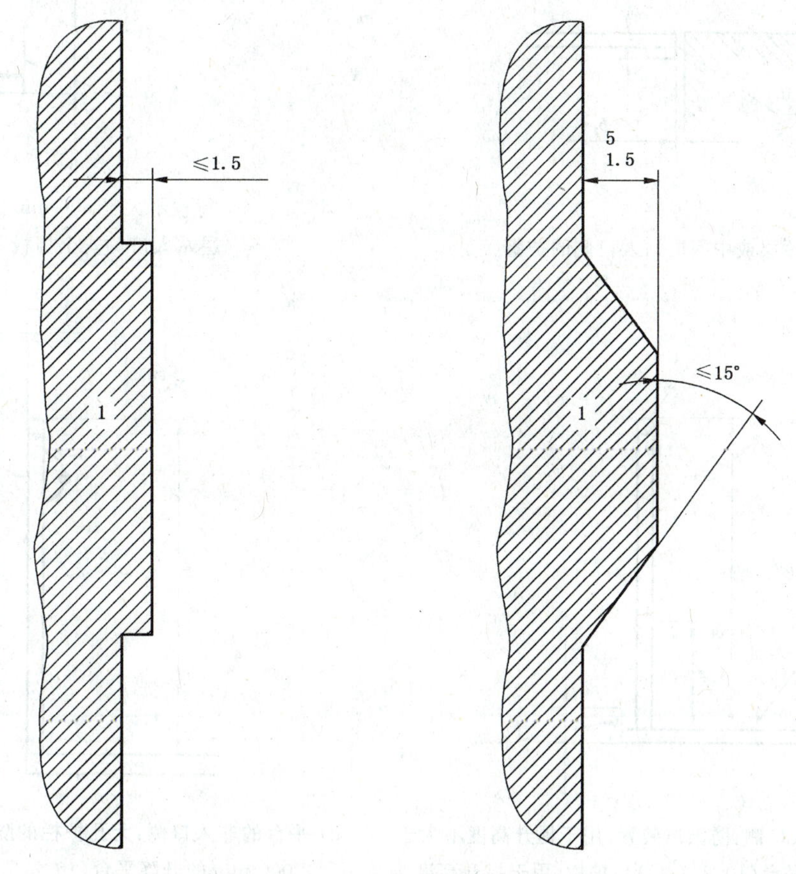

1——封闭井道的门表面。

图9 封闭和未封闭井道允许凸出物的尺寸

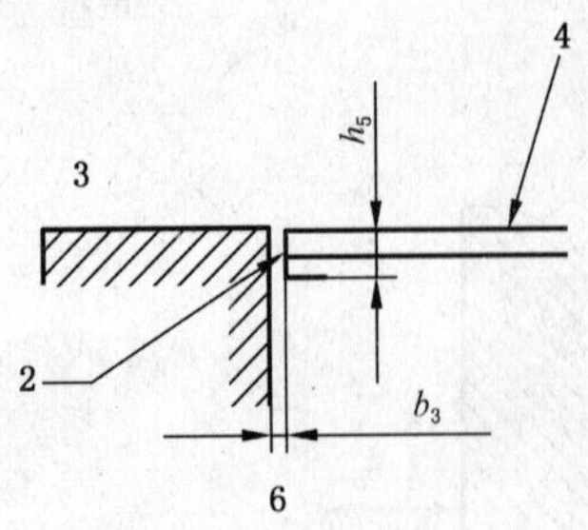

a) 顶层或中间层站入口侧的护脚

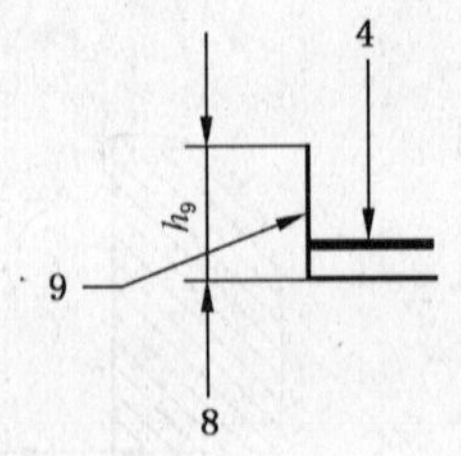

b) 行程不大于 500 mm 的平台较低层层站入口侧安全挡板(10.2.3.1)

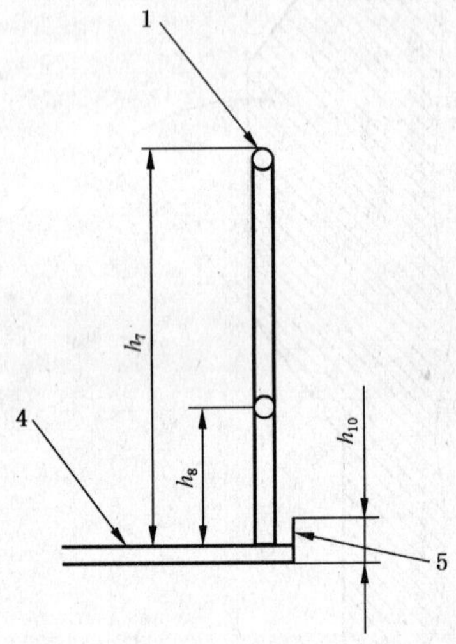

c) 平台的非入口侧：防滚离装置，用于提升高度不大于 500 的升降平台(10.2.3.4.1)；护栏，用于提升高度大于 500 mm 且不大于 2 000 mm 的升降平台(10.2.3.4.2)

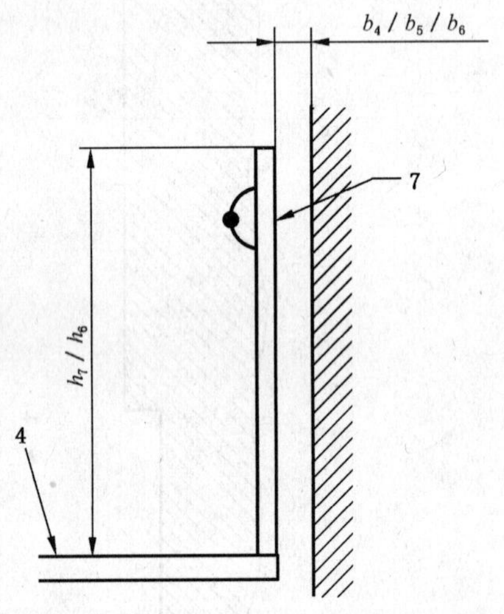

d) 平台的非入口侧：无孔护栏的防护，用于提升高度大于 2 000 mm 的升降平台(10.2.3.4.3)；护栏用作扶手

1——b_4<80 mm 时要求的防护装置；
2——护脚板；
3——层站；
4——平台；
5——防滚离装置；
6——平台入口；
7——扶手，被要求安装在至少一个非入口侧；
8——提升高度≤500 mm 时，非入口侧上的开口边；
9——安全挡板。

图 10 具有未封闭井道的升降平台的尺寸和间隙

项　　目	条　款	符　号	尺寸/ mm
围壁和平台边缘之间的距离	10.1.1.3.1	b_3	≤20
扶手和井道内表面之间的距离	9.2.2.8 10.2.2	b_4	≥80
不连续且不垂直的井道内表面与移动部件之间的距离	10.1.1.3.1	b_5	≥400
连续垂直但不一定平滑的井道内表面与移动部件之间的距离	10.1.1.3.1	b_6	≥120
护脚板高度	9.2.2.7 10.2.2	h_5	≥开锁区域+25
扶手高度	9.2.2.6 10.2.2	h_6	≥900≤1 100
护栏高度	10.2.3.3.1	h_7	≥1 100
中间横杆	10.2.3.3.1	h_8	≤300
安全挡板高度	10.2.3.2	h_9	≥100
防滚离装置高度	10.2.3.4.1	h_{10}	≥75

图 10（续）

单位为毫米

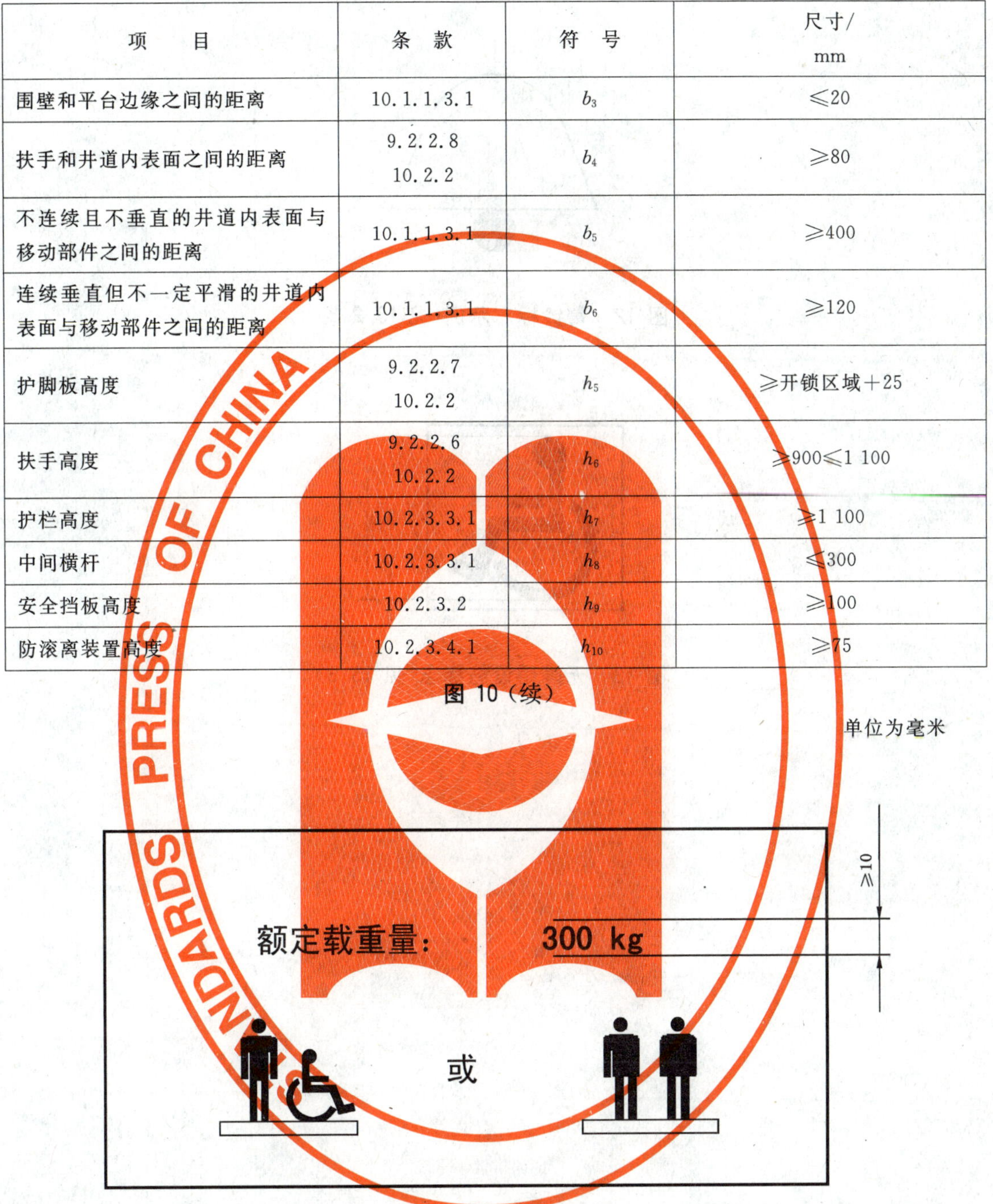

图 11　典型的额定载重量标牌示例(见 13.2.1)

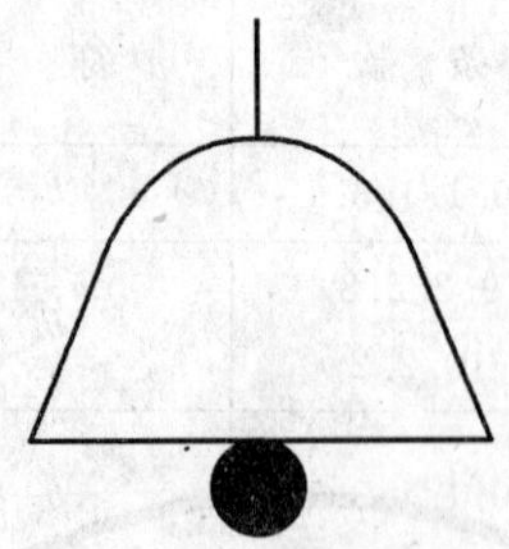

图 12　警铃标志示例(见 13.2.3)

单位为毫米

图 13　无障碍设施标志(见 13.3)

附　录　A
（资料性附录）
选择和购买适用的升降平台的指南

A.1　前言

本附录是为了帮助选择适合的升降平台，并指出了购买者和安装人员需要注意的附加因素。

A.2　升降平台的选择

A.2.1　适用性

当选择升降平台时，宜考虑使用人员将来需求的改变。

所选择的升降平台的额定载重量不应小于可预见的最大载荷。

无论使用人员乘坐轮椅车、站立或坐着，都应确保安全地被运送。

当门、护栏或铰接平台等设备具有手动或自动两种操作模式可供选择时，宜根据客户实际需求进行选择。

A.2.2　操作装置

考虑操作装置的位置、类型和数量，以适合不同的残障人员使用。

考虑是否需要钥匙开关、电子卡或类似工具，以限定升降平台为特定人员使用。

A.2.3　升降平台位置

检查所提出的升降平台安装位置是否合适，如：

a）　安装后不会影响建筑物内或周围的正常活动；

b）　现场位置和所提出的支撑结构足以支撑升降平台；

c）　每个服务层站提供足够的轮椅车活动空间（推荐的最小尺寸见图 A.1）；

d）　对预定用途具有足够的对外部影响的防护等级。

单位为毫米

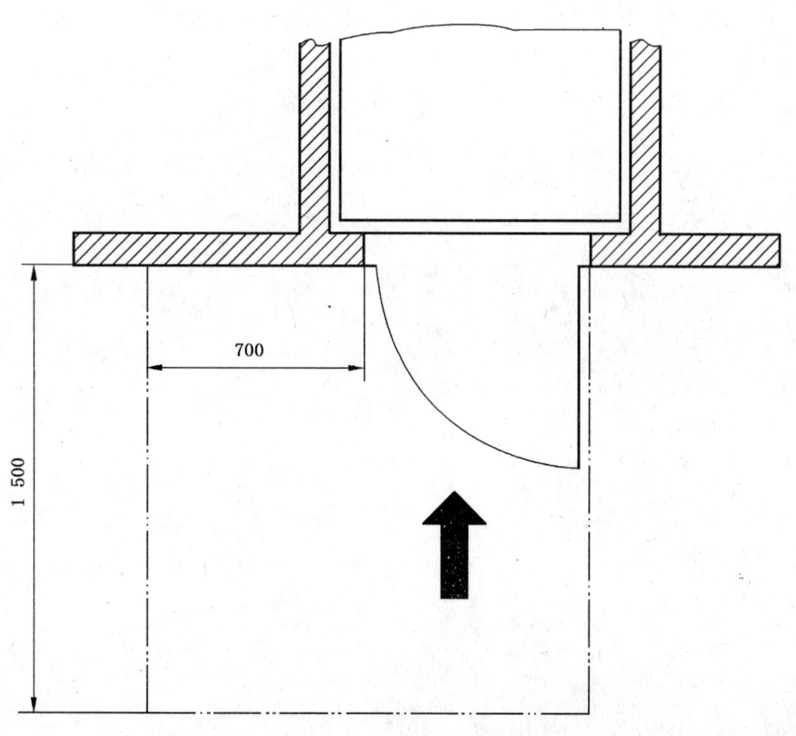

图 A.1　推荐层站处最小轮椅活动空间

A.2.4 使用频率

预计每小时最多运行次数宜由购买者决定并与供应商沟通。

A.3 供电和照明

确保相应的供电。

确保层站的入口附近有足够的照明。

A.4 运行/紧急操作说明

确保向使用人员演示升降平台的操作且接受全面的安全使用培训,包括:

——故障发生时正确的紧急操作说明;和

——紧急情况下联系人的姓名、地址和电话号码。

A.5 维护

确保购买者获知升降平台的检验和维护的要求及相关的国家规范要求。

A.6 报警系统

报警系统应能向能够可靠提供帮助的人员发出信息,或向离升降平台较远的人员寻求帮助。

附 录 B
（资料性附录）
交付使用前的检验建议

建议按照本标准的规定，在升降平台交付使用前进行下列检验，以证实：

a) 所有控制和操作装置功能正常；

b) 所有护栏、坡板、锁、铰接平台工作正常；

c) 所有电气安全触点和装置功能正常；

d) 悬挂部件及其附属装置完好可靠；

e) 能获得完整的悬挂绳/链的检验证书（检验证书应说明安全工作载荷和最小破断载荷）；

f) 升降平台在整个行程中应保持与周围结构的正确间隙；

g) 电动机和控制电路的绝缘电阻值（如需要可切断电子元件进行测量）符合 11.1.3a）的规定；

h) 升降平台的可接触的金属部件与主接地端子之间的电气防护线的电阻值符合 11.1.3b）的规定；

i) 主电源的极性连接正确；

j) 限速器（在液压系统中为破裂阀）和安全钳符合第 6 章、7.14.8 和 11.1.4 的有关规定，且功能正常；

k) 紧急/手动操作装置工作正常；

l) 报警系统工作正常（见 A.6）；

m) 机械阻止装置（如果有）有效；

n) 所有注意事项标识正确。

另外，测量并记录：

——测试期间的电源电压；

——测试期间的控制电压；

——载有额定载重量的平台上下运行时，电动机的工作电流（见注）；

——提供的电动机超载保护类型；

——电动机过载跳闸时的电流和跳闸时间；

——载有额定载重量的平台上下运行时的制动距离（见注）；

——电动机反转延迟时间。

注：满载时的工作电流和制动距离也可在现场以外进行测试。

附 录 C
（资料性附录）
专用操作装置、开关、传感器选用建议

C.1 操作装置

C.1.1 建议使用通用的按钮、操纵杆或其他类似的装置操作升降平台，除非不适合残障使用人员。

C.1.2 操作装置的设置，无论安装在墙面、轮椅车上或吊挂等，应将误操作的可能性降至最低。

C.1.3 无论采用何种类型的操作开关或装置，都应按照8.15.5的规定在升降平台上安装一个紧急停止装置，也可增加停止装置，这些装置可采用专用或遥控开关。

C.1.4 建议对操作开关的输出情况进行电气或电子监测，例如因接触器的闭合时间超过预定值而引起故障时，在胜任人员排除故障前，停止装置应阻止平台进一步的动作。建议将这样的监测电路设置在电动机运行时间限制器电路中。建议把闭合时间的预定值设置为：载有额定载重量的平台向上运行全程所需的时间加上不大于30 s的时间。

C.2 专用开关

C.2.1 若采用微动、气动或拉线等开关，其电气和机械抗干扰能力应能防止平台误操作。

C.2.2 宜采用一种装置，确保开关动作持续0.5 s以上时，电气指令才被控制系统接受，以使对触摸开关的电气干扰和机械敏感开关误操作的影响降到最低。

C.2.3 开关的工作电压不宜大于25 V。

C.2.4 除C.1.3中提到的停止装置外，如果需要，该开关也可用于停止升降平台。在此情况下，C.2.2的要求不适用。

C.2.5 开关的安装位置应尽可能考虑行动不便人员的使用。

C.3 传感器

红外线、超声波、微波和压力垫之类的传感器不宜用于控制升降平台。如果使用人员没有能力操作专用开关或遥控装置，则应寻求他人帮助。

附 录 D
（资料性附录）
使用过程中的定期检验和维护

D.1 定期检验

在安装或大修完成后 6 个月内宜对升降平台进行全面检验，并且此后间隔宜不超过 12 个月。尤其应关注下列项目的有效性：

a) 互锁装置；
b) 电气安全电路；
c) 接地连续性；
d) 钢丝绳、链条、齿条或螺杆和螺母(如果有)；
e) 驱动装置和制动器；
f) 安全钳；
g) 报警系统。

宜准备有关上述检验的报告，其中一份宜交给购买者或购买者的代表，另外一份宜由有关部门保存。

每次检验时，进行检验的胜任人员可建议是否需要增加检验和维护的频率，从而确保持续的安全和运行。

如果报告了设备故障，应建议维修，并注明建议维修的期限。

D.2 重大改装后的检验

如果升降平台进行了重大改装，则应重新执行 11.1 规定的程序。

如果发现影响安全的故障并需立即维修，则应停止升降平台的运行并通知使用人员。

改变下列项目视为重大改装：

a) 额定速度；
b) 安全工作负载；
c) 平台；
d) 提升高度；
e) 驱动装置的位置或类型；
f) 互锁、控制或安全电路；
g) 安全感知边或感知面。

D.3 维护

升降平台及其附件应保持良好的工作状态。为此，应由胜任人员按照 D.1 中规定的周期进行定期维护，并需特别注意报警系统的供电。

附　录　E
（资料性附录）
交付使用时购买者/使用人员所接受的证书

作为该升降平台(序列号：________)的购买者/使用人员，我们已经接受了使用培训，观看了演示，完全掌握了正确和安全使用该升降平台的方法。

签名：

日期：

地址：

附 录 F
（规范性附录）
安全电路 电路设计、元件和电路故障分析

F.1 前言

一些升降平台电气设备的故障可以预见。经过故障分析，在一定条件下，某些故障可被排除。本附录描述了这些条件并就如何实现给出了规定。

F.2 故障排除：条件

表 F.1 列出了：

a) 电子技术中主要和常用的元件清单，这些元件按照“类别”进行归类：

——无源元件 1

——半导体 2

——其他元件 3

——装配的印制电路 4

b) 一些已被识别的故障：

——断路

——短路

——改变为更高值

——改变为更低值

——改变功能

c) 故障排除的可能性和条件：

故障排除的首要条件是这些元件应总是被用于其应用的技术条件极限范围内，甚至这些最恶劣条件（如温度、湿度、电压和振动）是国家有关标准所规定的。

F.3 设计指南

危险来源于公共导线（接地线）局部断路结合一个或几个故障可能引起安全触点的桥接。当用于控制、远程监测、报警等的信号从安全回路中采集时，最好能遵循下面的建议，以避免危险情况：

a) 按照表 F.1 中 3.1 和 3.6 规定的距离设计电路板和电路。

b) 升降平台的公共导线应设置在电子部件之后。公共导线的断路将导致控制系统停止运行（改变接线将导致危险）。

c) 始终应按最不利情况进行分析和计算。

d) 总是使用外部（元件外）电阻，因为源于装置输入元件内部电阻的防护装置应认为是不安全的。

e) 只能按给出的技术条件使用元件。

f) 来自电子器件的反向电压应予以考虑，在某些情况下，使用隔离电路能解决上述问题。

g) 无论如何设计，最不利情况的分析和计算都是不可避免的。如果升降平台安装后进行改装或增加设备，包括新旧设备在内的所有设备应重新进行最不利情况的分析和计算。

h) 根据表 F.1，某些元件故障可不考虑。

i) 无需考虑升降平台环境以外的故障。

如果升降平台的安装符合 GB 16895.3 的要求，建筑物内主电源地线和控制器接地汇流条（轨）之间断开也可不考虑。

F.4　电子元件:故障排除

需考虑的故障如8.11.1所列。

只有当元件在特性、数值、温度、湿度、电压和震动的最恶劣极限范围内工作时,才考虑元件的故障。

表F.1中:

——方格中的“否”表示故障不能排除,即应考虑;

——无记号的方格表示无此类型的故障。

表 F.1　故障排除

元件	可排除的故障					条　件	备　注
	断路	短路	改变为更高值	改变为更低值	改变功能		
1　无源元件							
1.1　固定电阻	否	a)	否	a)		a) 适用于符合国家标准的轴向的涂漆或封闭处理的薄膜电阻以及珐琅或密封的单层绕线电阻	
1.2　可变电阻	否	否	否	否			
1.3　非线性电阻如NTC,PTC,VDR,IDR	否	否	否	否			
1.4　电容	否	否	否	否			
1.5　电感元件 —线圈 —感性元件	否	否		否			
2　半导体							
2.1　二极管、发光二极管	否	否			否		功能改变是指反向电流值的改变
2.2　稳压二极管	否	否		否	否		改变为低值是指稳压电压的改变 功能改变是指反向电流值的改变
2.3　晶闸管、双向晶闸管、可关断晶闸管	否	否			否		功能改变是指误触发或不触发
2.4　光耦合器	否	a)			否	a) 可以排除的条件是光耦合器符合GB/T 15651的要求,且绝缘电压至少符合下表(GB/T 16935.1—2008表F.1)的要求 从交流或直流标称电压导出线对中性点的电压(小于等于)(V) / 为安装推荐的额定冲击电压(V) 类别Ⅲ 300 / 4 000 600 / 6 000 1 000 / 8 000	断路是指发光二极管及光敏晶体管两个基本元件之一断路。短路是指两者之间短路

表 F.1（续）

元件	可排除的故障					条　件	备　注
	断路	短路	改变为更高值	改变为更低值	改变功能		
2.5　混合电路	否	否	否	否	否		
2.6　集成电路	否	否	否	否	否		功能改变成振荡，与门变成或门等
3　其他元件							
3.1　连接件 端子 接插件	否	a)				a) 如果始终遵守 8.5.2 中规定的最低爬电和间隙距离，则可以排除短路	
3.2　氖灯泡	否	否					
3.3　变压器	否	a)	b)	b)		a) b) 当线圈和铁心之间的绝缘电压满足 GB 19212.1—2003 中 18.2 和 18.3 的要求，且带电体对地工作电压是表 8 上的最大可能电压	短路包括初级或次级线圈内部的短路，或初级与次级线圈之间的短路。数值改变是指线圈内部分短路导致的变压比改变
3.4　熔丝		a)				a) 如果熔丝规格正确且结构符合适用的国家标准，则故障可以排除	短路指的是被熔断熔丝的短路
3.5　继电器	否	a) b)				a) 如果满足 8.3 的要求，则触点间的短路及触点与线圈间的短路可以排除； b) 触点烧熔不能排除	
3.6　印制电路板(PCB)	否	a)				a) 如果始终遵守 8.5.2 中规定的最低爬电和间隙距离，则可以排除短路	
4　印制电路板(PCB)上的零件组合	否	a)				a) 如果始终遵守 8.5.2 中规定的最低爬电和间隙距离，则可以排除短路	

附 录 G
（资料性附录）
私人场所与公共场所的不同要求汇总

相关条款
引言
1.3
8.5.1
8.14.3
8.17.1
9.1.1.4.3a)
9.1.2.3.1
9.2.1.2
9.2.1.3
9.2.1.4
12i)
13.9

参 考 文 献

［1］ GB/T 786.1—2009 流体传动系统及元件图形符号和回路图 第1部分:用于常规用途和数据处理的图形符号.

［2］ GB/T 19406—2003 渐开线直齿和斜齿圆柱齿轮承载能力计算方法 工业齿轮应用(ISO 9085:2002,IDT).

［3］ GB/T 21739—2008 家用电梯制造与安装规范.

［4］ JGJ 50—2001 城市道路和建筑物无障碍设计规范.

［5］ prEN 81-41:2008 电梯制造与安装安全规范 载客和载货用特殊电梯 第41部分:行动不便人员使用的垂直升降平台(Safety rules for the construction and installation of lifts—Special lifts for the transport of persons and goods—Part 41: Vertical lifting platforms intended for use by persons with impaired mobility)

ICS 91.140.90
Q 78

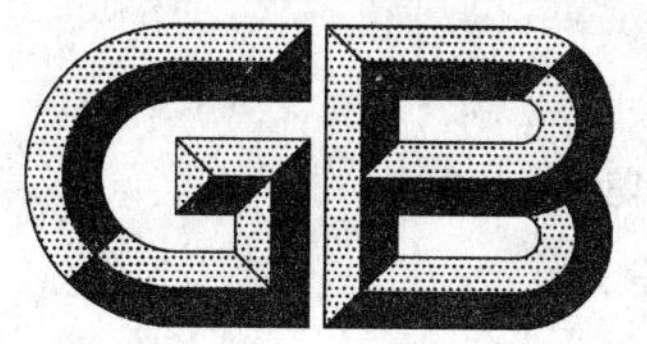

中华人民共和国国家标准

GB 24806—2009

行动不便人员使用的楼道升降机

Stairlifts for persons with impaired mobility

(ISO 9386-2:2000 Power-operated lifting platforms for persons with impaired mobility—Rules for safety, dimensions and functional operation—Part 2: Powered stairlifts for seated, standing and wheelchair users moving in an inclined plane, MOD)

2009-12-15 发布 2010-09-01 实施

中华人民共和国国家质量监督检验检疫总局
中国国家标准化管理委员会 发布

前　言

本标准第1章、第2章、第3章、附录A、附录B、附录C、附录D、附录E、附录G以及4.12、8.12.3、8.12.4、9.1.7、9.2.1、9.3.3、9.4.11、10.2.2、12.1的内容为推荐性的，其余为强制性的。

本标准修改采用ISO 9386-2:2000《行动不便人员使用的动力升降平台　安全、尺寸和操作功能规范　第2部分：楼道升降机》(英文版)。

为了便于使用，本标准对ISO 9386-2:2000做了下列编辑性修改：

——本标准引言删除了ISO 9386-2:2000引言中与本标准无关的内容，因为其存在与否对本标准的理解和使用没有任何影响。

——在本标准"规范性引用文件"中用国家标准代替了ISO 9386-2:2000的"规范性引用文件"中对应的国外标准。

——本标准删除了ISO 9386-2:2000术语与定义中"3.14　驱动齿条　driving rack"和"3.49　齿带　toothed belt"2条术语，因为它们在条文中未出现。

——在本标准的"参考文献"中用国家标准代替了ISO 9386-2:2000的"参考文献"中对应的国外标准。

本标准对ISO 9386-2:2000做了下列技术性修改，这些技术性差异用垂直单线标识在它们所涉及的条款的页边空白处：

——本标准第3章术语与定义中增加了3.53　最大工作载荷　Maximum working load，以考虑超载的情况。

——ISO 9386-2:2000的4.8"当楼道升降机的载荷为供一个人使用时，其额定载重量不应小于115 kg；当楼道升降机提供为一个轮椅车使用人员使用时，其额定载重量不应小于150 kg。如果需运送的载重量为未知(如在公共场所)，轮椅车平台式楼道升降机的额定载重量宜不小于225 kg。"，本标准用"供人员站立使用或坐着使用的楼道升降机应设计成仅供一人使用，其额定载重量不应小于115 kg；供乘坐轮椅车人员使用的楼道升降机，其额定载重量不应小于250 kg/m^2，且不应大于350 kg"代替。本标准参照prEN 81-40:2007进行了修改，以提高楼道升降机安全性要求。

——本标准参考GB/T 21739—2008在ISO 9386-2:2000的4.8中增加了载荷控制规定"当载荷大于额定载重量的125%时，认为超载。"，采用最大工作载荷来设计相应的承载能力以及测试载荷，以便控制运载装置载荷和提高安全。

——ISO 9386-2:2000的4.12"电动机、触点装置和控制装置的设计应符合抑制电磁干扰的法定要求。但是，对于需要给出足够抑制度的零部件不应使用在电路的任何部分，因为发生故障会引起不安全状况。"，本标准用"电磁兼容性宜符合EN 12015和EN 12016"来代替，以便提高可操作性，以及与GB/T 21739—2008等电梯标准统一。

——ISO 9386-2:2000中7.4.2的"卷筒的绳槽底径与悬挂绳公称直径的比值不应小于21"，本标准用"卷筒的节圆直径与悬挂绳公称直径的比值不应小于25"来代替；ISO 9386-2:2000中7.4.3的"滑轮的绳槽底径与悬挂绳公称直径的比值不应小于21"，本标准用"滑轮的节圆直径与悬挂绳公称直径的比值不应小于25"来代替，本标准参考prEN 81-40:2007和GB/T 21739—2008进行了修改，以便提高钢丝绳使用寿命和保证安全。

——本标准参照prEN 81-40:2007删除了ISO 9386-2:2000中7.6.2的"单根悬挂链条驱动只能适用于私人场所，且额定载重量小于125 kg的座椅式或站立平台式楼道升降机(见6.2和

6.6)”，以便保证楼道升降机的安全运行。

——ISO 9386-2:2000 中 7.8 的“如果止动装置和支撑系统布置在一起，则在该驱动系统中可使用一根绳珠链。”，本标准用“系统应至少有 2 根绳珠链，分别用于支撑和悬挂楼道升降机，绳珠链应在全长上受到导向。”代替，本标准参照 prEN 81-40:2007 进行了修改，以便保证楼道升降机的安全运行。

——本标准删除了 ISO 9386-2:2000 中“7.9 蜗杆-扇形蜗轮驱动的附加要求”和“7.11 导向链驱动的附加要求”两种驱动方式，以及与之相对应的相关条款，因为该两种驱动方式不适合我国国情，且近几年发达国家(地区)也不再使用。

——本标准参考 prEN 81-40:2007 在 ISO 9386-2:2000 的 9.4.4.1 中增加了“轮椅车平台地面与层站地面垂直高度差不应大于 75 mm。”，以便明确要求和保证使用人员的安全。

——本标准参考 prEN 81-40:2007 在 ISO 9386-2:2000 的 9.4.7.1 中增加了“d) 轮椅车平台底架结构靠近导轨部分的上楼侧表面和下楼侧表面；”，以便与 9.2.3.1 和 9.3.4.1 相协调。

——本标准增加了图 8 警铃标志示例和图 9 无障碍设施标志，以便规范这些标志。

——本标准在 ISO 9386-2:2000 参考文献中增加了 prEN 81-40:2007《电梯制造与安装安全规范 载客和载货用特殊电梯 第 40 部分：行动不便人员使用的楼道升降机》以及 GB/T 21739—2008《家用电梯制造与安装规范》。

本标准的附录 F 为规范性附录，附录 A、附录 B、附录 C、附录 D、附录 E、附录 G 为资料性附录。

本标准由全国电梯标准化技术委员会(SAC/TC 196)提出并归口。

本标准负责起草单位：蒂森克虏伯家用电梯(上海)有限公司。

本标准参加起草单位：杭州优耐德电梯部件有限公司、上海交通大学、上海市特种设备监督检验技术研究院、中国建筑科学研究院建筑机械化研究分院、苏州东南电梯(集团)有限公司、上海三菱电梯有限公司、沈阳博林特电梯有限公司。

本标准主要起草人：徐正浩、李天灏、鲁炯、朱昌明、薛季爱、陈凤旺、马依萍、竺荣、贾凯。

引　言

本标准对楼道升降机的控制装置和其他部件的安装位置和尺寸进行了规定，以满足行动不便人员的实际需要，以及符合 JGJ 50—2001《城市道路和建筑物无障碍设计规范》的要求。

符合本标准要求的楼道升降机可在＋5 ℃～＋40 ℃的室内环境下运行。如果安装在室外，还需遵守其他附加要求。

假设楼道升降机的零部件有良好的维护和保持正常的工作状态，尽管有磨损，仍能满足使用要求。

符合本标准要求的楼道升降机可供行动不便人员独立安全地使用，如果不能独立使用，还可在他人协助下使用。当设备安装于私人场所时，使用人员应能掌握楼道升降机的操作要领且符合 A.3 要求。当设备安装于公众场所时，应提供操作说明或帮助。选择和购买适用的楼道升降机的指南参见附录 A。

本标准为便于说明而提及的设计示例，并不视为唯一的。如果有其他方案也能达到本标准的安全要求和同等的运行效果，也可考虑使用。

本标准未规定电气、机械或建筑结构的一般技术要求。

本标准规定了材料和设备需要满足的要求，以便达到安全要求和操作功能。

本标准还规定了防止安装在室外的设备受到有害影响的要求。

行动不便人员使用的楼道升降机

1 范围

本标准规定了供行动不便人员使用的(可站立、坐着或乘坐轮椅车)、永久安装的动力驱动楼道升降机的安全准则、尺寸和功能。

本标准适用于如下的楼道升降机：

a) 在固定层站之间的楼道或倾斜面上运行；

b) 额定速度不大于 0.15 m/s；

c) 导轨与水平面的倾斜角不大于 75°；

d) 运载装置由一条或多条导轨支撑或导向。

注：楼道升降机的运行路径上不需要围栏。

2 规范性引用文件

下列文件中的条款通过本标准的引用而成为本标准的条款。凡是注日期的引用文件，其随后所有的修改单(不包括勘误的内容)或修订版均不适用于本标准，然而，鼓励根据本标准达成协议的各方研究是否可使用这些文件的最新版本。凡是不注日期的引用文件，其最新版本适用于本标准。

GB/T 1243 传动用短节距精密滚子链、套筒链、附件和链轮(GB/T 1243—2006,ISO 606:2004,IDT)

GB 2894 安全标志及其使用导则

GB/T 3766 液压系统通用技术条件(GB/T 3766—2001,eqv ISO 4413:1998)

GB 4208—2008 外壳防护等级(IP 代码)(IEC 60529:2001,IDT)

GB 4706.1 家用和类似用途电器的安全 第1部分:通用要求[GB 4706.1—2005,IEC 60335-1:2004(Ed4.1),IDT]

GB/T 4728.1 电气简图用图形符号 第1部分:一般要求(GB/T 4728.1—2005,IEC 60617 database,IDT)

GB/T 5013.5 额定电压 450/750 V 及以下橡皮绝缘电缆 第5部分:电梯电缆(GB/T 5013.5—2008,IEC 60245-5:1994,IDT)

GB/T 5023.6 额定电压 450/750 V 及以下聚氯乙烯绝缘电缆 第6部分:电梯电缆和挠性连接用电缆(GB/T 5023.6—2006,IEC 60227-6:2001,IDT)

GB 5226.1 机械安全 机械电气设备 第1部分:通用技术条件(GB 5226.1—2008,IEC 60204-1:2005,IDT)

GB 8903 电梯用钢丝绳(GB 8903—2005,ISO/FDIS 4344:2003,MOD)

GB 14048.1—2006 低压开关设备和控制设备 第1部分:总则(IEC 60947-1:2001,MOD)

GB 14048.4 低压开关设备和控制设备 机电式接触器和电动机起动器(GB 14048.4—2003,IEC 60947-4-1:2000,IDT)

GB 14048.5 低压开关设备和控制设备 第5-1部分:控制电路电器和开关元件 机电式控制电路电器(GB 14048.5—2008,IEC 60947-5-1:2003,MOD)

GB/T 15651 半导体器件 分立器件和集成电路 第5部分:光电子器件(GB/T 15651—1995,idt IEC 747-5-1992)

GB/T 15706.2 机械安全 基本概念与设计通则 第2部分:技术原则(GB/T 15706.2—2007,

ISO 12100-2:2003,IDT)

GB/T 16895.1—2008 低压电气装置 第1部分:基本原则、一般特性评估和定义(IEC 60364-1:2005,IDT)

GB 16895.3 建筑物电气装置 第5-54部分:电气设备的选择和安装 接地配置、保护导体和保护联结导体(GB 16895.3—2004,IEC 60364-5-54:2002,IDT)

GB 16895.21 建筑物电气装置 第4-41部分:安全防护 电击防护(GB 16895.21—2004,IEC 60364-4-41:2001,IDT)

GB/T 16935.1—2008 低压系统内设备的绝缘配合 第1部分:原理、要求和试验(IEC 60664-1:2007,IDT)

GB 19212.1—2003 电力变压器、电源装置和类似产品的安全 第1部分:通用要求和试验(IEC 61558-1:1998,MOD)

GB 19212.5 电力变压器、电源装置和类似产品的安全 第5部分:一般用途隔离变压器的特殊要求(GB 19212.5—2006,IEC 61558-2-4:1997,MOD)

EN 12015 电磁兼容性 电梯、自动扶梯和自动人行道的产品系列标准 发射(Electromagnetic compatibility—Product family standard for lifts,escalators and passenger conveyors—Emission)

EN 12016 电磁兼容性 电梯、自动扶梯和自动人行道的产品系列标准 抗扰干扰性(Electromagnetic compatibility—Product family standard for lifts,escalators and passenger conveyors—Immunity)

3 术语和定义

下列术语和定义适用于本标准。

3.1

防护臂 barrier arm

护栏/围杆或类似的装置,用于防止使用人员从楼道升降机上坠落。

3.2

制动器 brake

能使楼道升降机保持停止或使其平稳制停的机电式机械装置。

3.3

运载装置 carriage

用于运送和承载乘客(包括乘坐轮椅车的乘客)的楼道升降机运动部件的总成。

3.4

链 chain

用作驱动系统一部分的单排或双排传动链,可将旋转运动从一个轴传递到另一个轴或将运动直接传递到运载装置。

3.5

链轮 chainwheel

具有与链条相啮合的机加工齿的轮。

3.6

胜任人员 competent person

经过适当的培训并获得制造企业认可,在必要的指导下能够安全地完成所需工作的人员。

3.7

接触器　contactor

继电器　relay

具有适合的额定容量、通过电磁作用开通或关断电路的装置。

3.8

控制箱　controller

用以控制楼道升降机运行的由接触器、继电器和/或其他部件组合而成的装置。

3.9

直接作用楼道升降机　direct-acting stairlift

运载装置与液压缸、螺母或螺杆直接联接的动力楼道升降机。

3.10

下行方向阀　down-direction valve

液压回路中用于控制楼道升降机下行的电控阀。

3.11

驱动　drive

输入电能后使楼道升降机运行的各种机电驱动的总称。

3.12

驱动单元　drive unit

包括电动机、制动器和传动装置组成的部件，用以提供牵引和制动作用来控制运载装置运动。

3.13

承载螺母　driving nut/ load carrying nut

内部具有螺纹的零件，它与螺杆共同作用使楼道升降机产生线性运动。如：一个转动的螺杆与固定的螺母啮合，反之亦然。

3.14

（空）

3.15

螺杆　driving screw

外部具有螺纹的零件，它与承载螺母共同作用使楼道升降机产生线性运动。

3.16

使用频率　duty cycle

楼道升降机在给定时间周期内的运行次数。

3.17

极限开关　final limit switch

在运载装置超出正常运行行程的情况下，由运载装置机械强制断开的电气安全开关。

3.18

附加行程　follow-through

当电气触点断开后，因电气开关装置的动作而产生的附加自由行程。

3.19

搁脚板　footrest

为了让乘客在运载装置运行中或停止时能够安全地站立或搁脚而设计的具有一定强度的平台或支架。

3.20

满载压力　full-load pressure

当载有额定载重量的运载装置停靠在最高层站位置时，施加到直接与液压缸连接的管路上的静压力。

3.21

导轨　guide rail

供运载装置运行的导向部件。

3.22

导向链　guided chain

在整个长度上受到导引，用推力或拉力的方式传送载荷的，固定或运动的链条。

3.23

液压楼道升降机　hydraulic stairlift

由液压驱动的楼道升降机。

3.24

运行　journey

运载装置在任何两个层站之间的运动，包括一次启动和停止。

3.25

层站　landing

楼道升降机要服务的指定平面，具有足够的空间使用人员(可能乘轮椅车)能登上或离开运载装置。

3.26

限速器　overspeed governor

当楼道升降机达到预定速度时，其动作能导致安全钳起作用使楼道升降机停止的安全装置。

3.27

小齿轮　pinion

与具有相同齿形的齿轮或齿条啮合，用来传递相对运动，并具有机械加工齿形的齿数较少的齿轮。

3.28

平台　platform

楼道升降机上用于承载使用人员的部分。

3.29

动力楼道升降机　power stairlift

采用外部电源来提供动力的楼道升降机。

3.30

溢流阀　pressure-relief valve

通过溢流限制系统压力不超过设定值的阀。

3.31

齿条　rack/driving rack

具有特定形状齿的条，小齿轮与其啮合，将旋转运动转换为直线运动。

3.32

额定载重量　rated load

楼道升降机设计所规定的运载装置载重量。

3.33

额定速度　rated speed

楼道升降机设计所规定的运载装置运行速度。

3.34

私人场所　restricted access

仅限于确定的一个或多个使用人员使用的场所。

3.35

破裂阀 rupture valve

在预定的液流方向上流量增加而引起阀进出口的压差超过设定值时，能自动关闭的阀。

3.36

安全电路 safety circuit

经过故障分析，具有与安全触点同样安全等级的电气或电子电路。

3.37

安全触点 safety contact

通过强制方式可靠断开电路的触点。

3.38

安全系数 safety factor

在静态或动态条件下，特定材料的屈服载荷或极限拉伸载荷与由额定载重量能施加到该件上的载荷的比值。

3.39

安全钳 safety gear

在下行超速和/或悬挂装置断裂的情况下，用于制停和保持运载装置静止在导轨上的机械装置。

3.40

安全螺母 safety nut

内部具有螺纹的零件，它与螺杆/螺母驱动装置一起使用，在正常运行时不承载，但承载螺母失效时它能承受载荷。

3.41

安全开关 safety switch

由一个或多个安全触点组成的电气开关。

3.42

自锁式驱动系统 self-sustaining drive system

在制动器松开的情况下，该系统使楼道升降机的速度不能增大。

注：在制动器松开时，该系统使楼道升降机在停止状态下不能自行移动。除此以外的其他驱动系统都是非自锁式的。

3.43

感知边 sensitive edge

设置在运载装置任意边缘的安全装置，以防止在运载装置的边缘发生剪切、挤压或卡阻。

3.44

感知面 sensitive surface

与感知边有相似功能的安全装置，用于运载装置下表面或其他较大平面下部的保护。

3.45

绳/链松弛开关 slack rope/chain switch

当悬挂的绳或链松弛到设定量时，使楼道升降机停止的开关或开关组合。

3.46

楼道升降机 stairlift

一种为运送行动不便人员（包括乘坐轮椅车人员）而使用的楼道升降运输设备。它包括一个被导向的运载装置，运载装置能够在两个或多个水平面间沿楼道方向平稳地运行。

3.47

楼道 stairway

建筑物中提供上/下通道的部分，由一段或多段楼梯和一个或多个休息平台组成。

3.48

端站开关　terminal switch

可使楼道升降机在接近或达到端站出入口时自动停止的开关或开关组合。

3.49

（空）

3.50

行程　travel

楼道升降机在起点与终点之间的运行路程的长度。

3.51

开锁区域　unlocking zone

层站上下延伸的区域。仅当运载装置在这个区域内时，才能开启相应的坡板和防护臂。

3.52

使用人员　user

利用楼道升降机为其服务的人员。

3.53

最大工作载荷　maximum working load

125％的额定载重量。

4 基本要求

4.1 使用模式

楼道升降机的设计应考虑其可能的使用频率。

4.2 防止危险

应采取保护措施，以使下列各种风险降至最低程度：

a) 剪切、挤压、卡阻或擦伤；

b) 缠绕；

c) 跌落和绊倒；

d) 撞击和碰撞；

e) 触电；

f) 因使用楼道升降机而引起的火灾。

4.3 通用设计原则

零部件应有可靠的机械和电气结构。所用材料无明显的缺陷，并应由足够的强度和良好质量的材料制成。无论是否有磨损，都应确保维持本标准所规定的尺寸。应考虑防腐蚀要求。应减小传递到周围墙壁和其他支持结构的噪声和振动。

所用的材料不应含石棉。

4.4 针对安装的设计指南

设计中应考虑到安装或使用人员的特殊需求。

4.5 维护、修理和检查的可接近性

楼道升降机的设计、制造和安装应使需定期检查、试验、维护或修理的零部件易于接近。

4.6 防火性能

构成楼道升降机的材料不应是易燃的。在火灾情况下，这些材料的毒性和它们可能产生的大量气体和烟雾都不应造成危险。

塑料部件和电气配线的绝缘材料应是阻燃型和自熄型的。

4.7 额定速度

当依据图1和图2中的参照点测量时,楼道升降机在其运行方向的额定速度不应大于0.15 m/s。

4.8 额定载重量

供人员站立使用或坐着使用的楼道升降机应设计成仅供一人使用,其额定载重量不应小于115 kg;供乘坐轮椅车人员使用的楼道升降机,其额定载重量不应小于250 kg/m^2,且不应大于350 kg。

轮椅车平台式楼道升降机应设置载荷控制装置,在运载装置发生超载情况下,应能防止正常启动。当载荷大于额定载重量的125%时,认为超载。

在超载情况下,应通过运载装置上的听觉和/或视觉信号通知使用人员。

4.9 通用安全系数

除非本标准另有规定,一般情况下,依据屈服载荷与最大动载荷,各零部件的安全系数不应小于1.6。该安全系数是依据钢材或具有相同延伸率的材料计算的。当使用其他材料时,应考虑增大安全系数。

4.10 承载能力

4.10.1 楼道升降机应能承受正常运行过程中的作用力、安全钳动作时的作用力以及以额定速度运行时机械制停产生的冲击力,且无永久变形。但是,因安全钳动作产生的不影响楼道升降机运行的局部变形是允许的。

4.10.2 导向件、附件及连接件因承受偏载而造成的变形,不应影响正常使用。

4.11 防止设备遭受外部有害影响的防护

4.11.1 总则

在安装现场应避免所有机械和电气部件可能遭受到外部有害和危险的影响,如:

a) 水和固体物质的侵入;

b) 湿度、温度、腐蚀、空气污染、太阳辐射等的影响;

c) 动植物等的作用。

4.11.2 保护措施

应为楼道升降机设计保护装置,并按规定安装,以确保楼道升降机安全可靠地运行。

4.11.3 室外使用的防护等级

对于室外使用,楼道升降机的电气设备的防护等级不应低于GB 4208—2008定义的IP4X。

应根据现场和运行条件适当提高防护等级(见8.4.1)。

4.12 电磁兼容性

电磁兼容性宜符合EN 12015和EN 12016。

4.13 防护

部件(如传动和驱动单元)应设防护装置,尽可能防止造成人员伤害。在必要的位置,防护装置应由无孔材料制成。为确保安全,可接近的盖板应使用工具或钥匙开启(见7.4.5、7.5.3和7.7.4)。

5 导轨和机械停止装置

5.1 导轨

5.1.1 应在整个行程上设置为运载装置导向的导轨。

5.1.2 导轨应由金属材料制成。

5.2 可折叠导轨

5.2.1 可折叠的导轨在折叠位置时,不应阻碍楼道或层站的通道。

5.2.2 手动折叠部分在折叠或工作位置都应是稳定安全的。

5.2.3 应设置一个安全开关以避免运载装置在非正常工作位置的折叠导轨上运行。

对于无随行电缆的楼道升降机,若导轨折叠处的安全开关能间接控制驱动电机和制动器的供电设备,则允许不受 8.6.1 的限制。

5.2.4 电动折叠导轨系统的操作应手动持续施力。当电动折叠导轨系统运动的总能量低于 4 J 时,可采用自动控制。

5.2.5 电动折叠导轨系统应同时具有手动紧急操作功能。

5.2.6 应对电动折叠机械装置的驱动装置采取保护措施,以避免导轨的折叠部分遇到阻碍时损坏部件或对人员造成危险。

5.3 运载装置在导轨上的设置

在楼道升降机的导轨上仅能设置一个运载装置。楼道升降机的设置应避免在相邻导轨上运行的两个运载装置之间的挤压和剪切等不安全风险。

5.4 机械终端停止装置

如果楼道升降机的运行有可能超出行程极限,则应在终端安装机械停止装置。

6 安全钳和限速器

6.1 总则

6.1.1 楼道升降机应设置安全钳。安全钳应能使载有最大工作载荷的运载装置制停并保持停止状态,还应考虑相应的冲击载荷。

下列四种情况可不设置安全钳:

a) 直接作用式液压楼道升降机(见 7.13.6);

b) (空)

c) 自锁式螺杆螺母楼道升降机(见 6.8 和 7.7.5);

d) 满足下列条件的其他传动方式楼道升降机。

——除了绳索或链悬挂装置外,单个驱动零件的失效不能使运载装置超速下行(例如:超过 0.3 m/s);

——发生故障时,一个符合 8.6 要求的安全开关使运载装置停止。

6.1.2 安全钳应安装在运载装置上,符合 7.8 规定的驱动系统除外。

6.1.3 当设置安全钳时,安全钳动作后,用于操纵安全钳的绳、链或其他机械装置的张力减小以及运载装置下行均不应释放安全钳。

6.1.4 安全钳使载有最大工作载荷的运载装置制停时,制动距离(自安全钳啮合之处起)不应大于 150 mm。

6.1.5 安全钳应能安全地夹持在导轨或与导轨等效的部件上。夹紧装置应是渐进式的,如凸轮或其他等效装置。

6.1.6 安全钳的受力件应由金属或其他塑性材料制成。

6.1.7 因安全钳的动作而引起的座椅式楼道升降机的倾斜不应大于 10°。因安全钳的动作而引起的站立平台式楼道升降机或轮椅车平台式楼道升降机的倾斜不应大于 5°。

6.2 触发

安全钳应由限速器在运载装置速度大于 0.3 m/s 前机械式触发,仅间接作用式液压楼道升降机,安全钳可由独立于悬挂装置的安全绳或由悬挂绳(链)的松弛或断裂触发。

6.3 释放

只有将运载装置提起,才能使运载装置上的安全钳释放并自动复位。

楼道升降机的使用说明书应明确安全钳的释放和复位应由胜任人员来完成。

6.4 可接近性

安全钳应便于检查和测试。

6.5 电气检查

当安全钳动作时，一个符合 8.6 要求且由安全钳动作触发的电气装置应立即使驱动主机停止并防止其再启动。

6.6 限速器

如果限速器由主悬挂链或绳驱动，则安全钳也应被一个由主悬挂装置的断裂或松弛而触发的机构触发。

摩擦驱动的限速器应独立于摩擦驱动式楼道升降机的主摩擦驱动。

通过摩擦传递到旋转装置的力不应小于使安全钳动作所需力的 2 倍。

6.7 旋转监测装置

如果限速器借助于轮与固定部件之间的摩擦来驱动，则控制系统应含有在运行期间监测限速器驱动装置转动的电路。如果限速器轮旋转停止，则应在 10 s 时间或 1 m 行程内断开驱动电动机和制动器的供电。

可通过释放并再次揿压方向控制按钮来继续运行楼道升降机。在每一次正常运行期间，旋转监测装置应至少检查一次限速器运转是否正常。

6.8 安全螺母

对螺杆螺母驱动的楼道升降机，应设置正常运行时不承载的安全螺母，在承载螺母失效的情况下，用以承受负载并操作安全触点，以达到 6.1 规定的安全要求。当承载螺母失效时，电气安全装置应动作，切断电动机和制动器电源。

应避免电气安全触点受污染和振动影响。

7 驱动单元和驱动系统

7.1 一般要求

注：GB/T 19406 给出了计算直齿轮和斜齿轮乘载能力的指导。

7.1.1 驱动系统应符合 7.4～7.13 中规定的任一种。如果其他驱动方式能够达到同等的安全要求也可采用。

7.1.2 所有类型的驱动系统，除液压驱动外，在两个运行方向上均应提供动力。

7.1.3 在充分考虑楼道升降机在设计寿命期间的磨损和疲劳影响后，应仍能保持用于齿轮传动装置设计的安全系数。

除非与其轴或驱动装置形成一个整体部分，每个驱动轮、卷筒、直齿轮、蜗轮和蜗杆及制动轮应采用下列方法中的一种安装在其轴或其他驱动装置上：

a) 键；

b) 花键；

c) 销。

可使用其他方法，但应达到与上述 a)、b)或 c)的同等安全程度。

应采用无孔材料防护传动装置。

7.1.4 如果驱动系统的中间传动采用链条或皮带，则应满足下列条件：

a) 驱动输出装置应设置在传动的链条或皮带负载侧。和

b) 驱动输出装置应是自锁型的；或制动器应在链条或皮带传动的负载侧且至少使用二根链条或皮带。链条或皮带传动应采用一个安全触点来监测，当链条或皮带发生断裂时，安全触点应使电机和制动器的电源断开。如果使用 V 形带，则监测装置还应检测到任何一根皮带的松弛。

7.1.5 悬挂绳系统或悬挂链系统应包括下述装置：在绳或链松弛的情况下，该装置应断开安全触点以

切断电动机和制动器的供电，且在绳或链再次正确张紧前防止运载装置运行。

7.2 制动系统

7.2.1 总则

除符合7.13要求的液压式楼道升降机外，应设置机电式摩擦制动器，制动系统应平稳制停载有125%额定载重量的运载装置，并保持其在停止位置。在制停载有额定载重量的运载装置时，制停距离不应大于20 mm。制动器应机械制动而电气松闸。除非同时给楼道升降机的电动机供电，否则在正常的操作下制动器不应被释放。制动器电源的断开应按照8.3的要求加以控制。

7.2.2 机电式摩擦制动器

被制动零件应以机械方式与卷筒、链轮、齿轮、螺母或螺杆等最终驱动零件直接刚性连接，除非最终驱动装置是自锁型驱动系统。

制动器衬垫应采用阻燃、自熄型的材料制成，且应可靠固定，即使在正常磨损情况下也不应减弱其连接固定。

当断开驱动电动机的供电时，接地故障或剩磁不应阻止制动器制动。

能够手动释放的制动器应需用持续力保持制动器的松开状态。

如果用弹簧给制动瓦(盘)施力，该弹簧应是带导向的压缩弹簧。

7.3 紧急/手动操作

7.3.1 应设置紧急操作装置。

应使用一个光滑且无轮辐的盘车手轮来操作提升装置以实现紧急操作，或采用一个备用电源供电做紧急电动运行。备用电源应能使载有最大工作载荷的运载装置到达层站。如果需要，应设置一个安全触点来防止紧急操作期间正常控制装置误动作。

紧急操作说明应清晰地标明：在紧急操作情况下，须先切断楼道升降机电源且运载装置应在完全监控之下运行。

当通过紧急盘车手轮提供的扭矩不足以克服制动器所施加的扭矩时，应提供松开制动器的方法。在任何情况下，不应出现失控的自由下行的情况。用来操作制动器的装置应易于取得。

应设置符合12.2.5.2的标识来说明运载装置运行方向。

7.3.2 对于液压楼道升降机，应设置一个手动操作的可自动复位的紧急下降阀，操作该阀可以使运载装置以不大于额定速度下行。该阀的操作应以持续力保持其动作。

对于有可能发生松绳或松链的间接作用式液压楼道升降机，当压力低于最小操作压力时，手动操作应不能打开该阀。

对于运载装置上装有安全钳或夹紧装置的液压楼道升降机，应永久性地设置手动泵，以便能够向上移动运载装置。手动泵应连接在单向阀或下行方向阀与截止阀之间的回路中。手动泵应设置溢流阀，将系统压力限定在满载压力的2.3倍。

7.4 钢丝绳悬挂驱动的附加要求

7.4.1 钢丝绳

钢丝绳应符合GB 8903的要求。钢丝绳的安全系数不应小于12。安全系数是指载有额定载重量的运载装置停靠在最低层站时，一根钢丝绳的最小破断负荷(N)与该钢丝绳所受的最大力(N)之间的比值。

钢丝绳的检验证书应由制造商存档，需要时可供查阅。

注：交付使用前的检验建议参见附录B。

钢丝绳末端应固定在运载装置、平衡重或系结钢丝绳固定部件的悬挂部位上。固定时，应采用金属或树脂填充的绳套、自锁紧楔形绳套、至少带有三个合适绳夹的鸡心环套、手工捻接绳环、环圈(或套筒)压紧式绳环或具有同等安全的其他装置。

钢丝绳的公称直径不应小于5 mm；

钢丝绳端接装置的安全系数不应小于10。

应至少使用两根钢丝绳，每根钢丝绳应是相互独立的。

应设置调整装置以均衡各钢丝绳的张力。

不允许采用钢丝绳曳引驱动方式。

7.4.2 卷筒

卷筒应被加工成螺旋状绳槽，且绳槽应与所用的钢丝绳相匹配，这些绳槽的边缘应打磨光滑。卷筒上应仅绕一层钢丝绳。绳槽的底部应是不小于120°的圆弧。绳槽的半径应为悬挂绳公称半径的105%～107.5%。绳槽应是倾斜的，相邻绳槽的间距应使相邻钢丝绳圈之间以及导入卷筒的钢丝绳的任何部分与相邻绳圈之间有足够的间距。卷筒的绳槽深度不应小于钢丝绳公称直径的1/3。

卷筒的节圆直径与悬挂绳公称直径的比值不应小于25。当运载装置在其最低位置时，在绳槽中应至少还剩有1.5圈的安全圈。

卷筒法兰边缘直径应大于卷筒节圆直径，直径差值不应小于钢丝绳直径的2倍。

应按照7.1.3要求将卷筒固定在驱动单元的轴上。

7.4.3 滑轮(导向轮)

滑轮应具有安全措施以便在磨损和老化时仍能挡住钢丝绳。绳槽应是光滑的，边缘倒圆角。绳槽的底部形状应与卷筒的绳槽相同，但绳槽的深度不应小于钢丝绳公称直径的1.5倍。滑轮绳槽开口的角度应约为50°。

滑轮的节圆直径与悬挂绳公称直径的比值不应小于25。

7.4.4 偏角

钢丝绳相对于绳槽的偏角(放绳角)不应大于4°。

7.4.5 钢丝绳的防跳

对卷筒、滑轮(如果有)应进行防护，以确保在任何情况下钢丝绳都保持在绳槽内，且不会与滑轮或卷筒挤夹在一起。钢丝绳在一些会产生危险的位置上也应进行防护。

7.5 齿轮和齿条驱动的附加要求

注1：这种驱动方式特别适用于需要拐弯和/或改变倾斜角度的楼道升降机。

注2：为了充分利用这种传动方式的安全特征，需特别考虑从电动机到驱动小齿轮的传动装置的设计，尤其是输出轴的强度。

7.5.1 小齿轮

驱动小齿轮应由金属制成并按磨损条件设计。在充分考虑驱动小齿轮及其相关零件设计寿命期间可能出现的动载、磨损和疲劳之后，也应保证用于小齿轮设计的安全系数值。应使用足够的齿数来避免小齿轮齿的根切。应按7.1.3的规定将驱动小齿轮固定在输出轴上。

7.5.2 齿条

齿条应采用耐磨损特性和冲击强度与驱动小齿轮相匹配的金属材料制成，且应与小齿轮的安全系数相当。

齿条应被可靠地固定在导轨上，特别是在其两端。应采取措施保持在任何载荷条件下齿条与小齿轮正确啮合。齿条的联接处应准确地校正，以防止不正确的啮合或损坏齿。

7.5.3 防护

应采取防护措施，以便将齿条和小齿轮及其他部分之间的卡阻的危险降到最低程度(见4.13)。

若使用弯轨式楼道升降机，对可能产生危险的楼道区域应设置警示标识。

7.6 链条悬挂驱动的附加要求

注：固定的受导向的链条驱动系统可视为齿轮齿条驱动系统。

7.6.1 链轮

所有链轮应由金属制成且至少有16个机加工齿，应至少有8个轮齿同时啮合。啮合的最小角应为

140°。应按照 7.1.3 要求将链轮固定在传动轴上。

7.6.2 链条

链条应符合 GB/T 1243 的要求。基于极限抗拉强度，链条的安全系数不应小于 10。安全系数是指载有额定载重量的运载装置停靠在最低层站时，一根链条的最小破断负荷(N)与该链条所受的最大力(N)之间的比值。

链条的检验证书应由制造商存档，需要时可供查阅。

注：交付使用前的检验建议参见附录 B。

链条接头和锚接装置的强度不应小于链条的强度。

链条应至少有 2 根，并应至少在链条的一端设置调整装置以均衡各链条的张力。

链条端部和中间的连接应可靠并防止错误连接。

7.6.3 保护与防护

应提供措施避免由于链条的啮合错误或松弛而卡阻，并且应防止链条脱链或跳齿。

应设置防护装置，防止在链轮与链条之间或链条与其他部分之间产生卡阻的危险。

7.7 螺杆和螺母驱动的附加要求

7.7.1 驱动螺杆

驱动螺杆应采用具有足够冲击强度的金属制成，应按抗磨损条件设计，基于极限抗拉强度和动载荷，其安全系数不应小于 6。当螺杆用于承受压缩负载时，抗压弯安全系数不应小于 3。

注：对于螺杆旋转的情况，需特别注意保证抗压弯安全系数。

7.7.2 承载螺母

承载螺母应采用耐磨性和抗冲击强度与螺杆相适应的金属制成，且应与螺杆的安全系数相当。允许使用低摩擦系数材料的涂层，如塑料或类似材料。

7.7.3 螺杆/螺母组件

制动器应能直接制动旋转的驱动件，但是如果符合 7.1.4 要求，则允许使用链条或带作为中间传动。应借助满足支撑要求的轴承限制旋转件轴向或径向移动。

7.7.4 防护

应采取措施有效地保护所有运动部件，并防止灰尘或异物附着在螺杆的螺纹上。

7.7.5 安全螺母

对于自锁式螺杆和螺母驱动，可以用安全螺母来代替安全钳[见 6.1.1.c)和 6.8]。在这种情况下，安全螺母的安全系数应与承载螺母的安全系数相当。

7.8 带导向的绳珠链驱动的附加要求

系统应至少有 2 根绳珠链，分别用于支撑和悬挂楼道升降机，绳珠链应在全长上受到导向。

绳珠链的钢丝绳应符合 GB 8903 的要求。每根钢丝绳的安全系数不应小于 12。安全系数是指一根钢丝绳的最小破断负荷(N)与该钢丝绳所受的最大力(N)之间的比值。

绳珠链的珠应被可靠地固定在钢丝绳上，承载珠的安全系数不应小于 12，它可由同时啮合在链轮上的珠的数量来达到。

钢丝绳的公称直径不应小于 5 mm。

基于极限抗拉强度，绳珠链端接装置的安全系数不应小于 10。

应设置监测钢丝绳断裂的装置。该装置在钢丝绳断裂时应能切断电动机和制动器的供电。

在任何允许载荷的情况下，应保证绳珠链与链轮之间的正确啮合。如果出现不正确的啮合，应能切断电动机和制动器的供电。

7.9 (空)

7.10 摩擦/牵引驱动的附加要求

7.10.1 摩擦驱动轮与轨道之间的牵引力的计算与测试应在 125% 额定载重量情况下进行，摩擦驱动轮应能自动调节以保持牵引夹紧力，即使在正常使用或磨损后，也应达到要求。

7.10.2 驱动轮应由金属制成，但运行表面可采用其他材料，然而其磨损或破裂不应使牵引夹紧力降低到规定的最小值以下。

7.11 （空）

7.12 带有承载滚子和承载块的导向链驱动的附加要求

7.12.1 完整的悬挂系统包括导向链条、承载滚子、承载块及其固定件，基于抗拉强度的安全系数应为6，但导向链的为10。

7.12.2 至少应有两个承载滚子和两个承载块承受载荷且应均衡其载荷。

7.13 液压驱动的附加要求

注：GB/T 3766中给出了可靠、安全的液压系统设计建议和指南。在液压原理图上使用的图形和回路符号见GB/T 786.1—2009。

7.13.1 压力

7.13.1.1 为了计算阀、液压缸和管道(不包括软管)等零件上的应力，应考虑下列因素：

a) 满载静态压力；

b) 相对于材料屈服强度的最小安全系数为1.7；

c) 考虑摩擦损失和峰值压力的最小安全系数为2.3。

7.13.1.2 为了计算液压缸在柱塞完全伸出时的压应力，应考虑下列因素：

a) 最大压力，取140%的满载压力；

b) 最小安全系数为2.3。

7.13.1.3 软管能够承受的压力应至少是满载时的8倍。

7.13.2 液压缸

液压缸及其相关连接件不应使用灰口铸铁或其他脆性材料制造。

液压缸的安装应使其只承受轴向负载的作用。应在其行程终端设置缓冲停止装置或其他等效装置，防止柱塞运行超过液压缸的极限。

7.13.3 溢流阀

液压系统应设置溢流阀。溢流阀应连接到液压泵和单向阀之间的油路上，溢流阀溢出的油应回到油箱。

溢流阀应调节到系统压力不大于满载压力的140%。

7.13.4 单向阀

液压系统应设置单向阀，以防止油通过泵或溢流阀回流。

7.13.5 方向阀

阀杆或活塞应被正确地安装以防从阀壳中弹出。

电磁阀的关闭，尤其是下行方向阀的关闭，应由来自液压缸的液体压力作用以及每个阀至少由一个导向压缩弹簧来实现。

7.13.6 液压系统故障的保护

当楼道升降机的行程大于500 mm时，液压系统应设置直接连接到液压缸出口处或等效连接的破裂阀，当液压回路(不包括液压缸)发生故障时应阻止运载装置下降。

破裂阀应满足以下要求之一：

a) 与缸体成为一个整体；

b) 直接与缸体用法兰刚性连接；

c) 布置在液压缸附近，用短硬管与缸体相连，可采用焊接、法兰连接或螺纹连接；

d) 用螺纹直接与缸体连接。

破裂阀端部应设置带螺纹的凸肩，凸肩应与缸体对接。

其他类型的连接(如:压接或扩口式连接)不允许在缸体和破裂阀之间使用。

7.13.7 防沉降保护

行程超过 500 mm 的液压楼道升降机应设置防沉降保护。

可采用下列方法:

a) 电气防沉降系统;

b) 棘爪装置;

c) 由运载装置下行触发安全钳或夹紧装置动作。

应防止运载装置下沉超过层站水平面以下 50 mm。

7.13.8 压力检查

应设置压力表。压力表应连接在单向阀或下行方向阀与截止阀之间的回路中。

在主回路与压力表的接头之间应设置压力表关闭阀。

7.13.9 油箱

油箱应是封闭结构,并且设置带盖的注油口、通气孔、确定液位的装置以及过滤器。

7.13.10 管路和支架

所有管路都应按照 GB/T 3766 要求固定,以消除接头、弯头和配件的不正常应力,特别是在液压系统承受振动的部位。

当管路(不论硬管或软管)穿过墙、地面、面板或隔板时,应使用套管保护。

管接头不应安装在套管内。

7.13.11 软管的安装

软管应以这样的方式安装,即:

a) 在楼道升降机运行期间,避免软管急剧弯曲和张紧;

b) 将软管的扭转减小到最低程度;

c) 软管要适当定位或保护以避免损坏;和

d) 如果软管的重量可能引起过度变形,则软管应被充分地支撑或端部垂直布置。

软管应与液压系统中的液压油相匹配并在软管上永久地标注最大工作压力(见 7.13.1.3)。

7.13.12 手动/紧急操作

应满足 7.3.2 的规定。

8 电气安装和电气设备

8.1 总则

8.1.1 楼道升降机应由符合 GB/T 16895.1—2008 的专用电源供电。电源与楼道升降机之间应设置主开关和熔断器或过载装置,本要求不适用于电池供电的楼道升降机。

注:国家有关电力供电线路的各项要求应仅适用到上述主开关进线端。

8.1.2 根据应用场所,电气安装和电气设备应符合 GB 5226.1 或 GB 4706.1 的相关要求。

对于控制电路和安全电路,导体之间或导体与地之间的额定直流电压或额定交流电压不应大于 250 V。除了零线接地的电源供电之外,供电控制电路应源自于 GB 19212.5 的隔离变压器次级绕组。按照图 4 的要求,控制电路的一根线应接地(或在隔离电路上接地)且另一根线应装有熔断器。

假如可保证同等安全程度,符合 GB 16895.21 的 SELV 保护电路被认为是可选择的方法。在 8.12 中给出了电池供电的楼道升降机的类似要求。

8.1.3 驱动单元的工作电压不应大于 500 V。

8.1.4 零线与任何电路保护的导线应分开。

8.1.5 导线与导线之间以及导线与接地之间的绝缘电阻应大于 1 000 Ω/V,并且其值不应小于:

a) 电源电路和含有电气安全装置的电路 0.5 MΩ;

b) 其他电路0.25 MΩ。

8.2 主接触器

8.2.1 主接触器(即按8.3要求使驱动主机停止运转的接触器)不应低于GB 14048.4中规定的下列类型:

a) AC-3,用于交流电动机;

b) DC-3,用于直流电动机。

8.2.2 由于承受功率的原因,必需使用继电接触器去操作主接触器时,这些继电接触器应为GB 14048.5中规定的下列类型:

a) AC-15,控制交流接触器的继电器;

b) DC-13,控制直流接触器的继电器。

8.2.3 对于8.2.1中述及的主接触器和8.2.2中述及的继电接触器,应按如下方式动作:

a) 如果动断触点(常闭触点)中的一个闭合,则全部动合触点断开;和

b) 如果动合触点(常开触点)中的一个闭合,则全部动断触点断开。

即使其中的一个触点熔接,也应保持上述条件。

8.2.4 用于换向的接触器应设置电气互锁。

8.3 用于制停机器和检查其停止状态的电动机和制动器电路

8.3.1 由交流电源直接供电的电动机

应采用两个独立的接触器切断电源,其触点应串联于电动机和制动器电源电路中。当楼道升降机停止时,如果其中一个接触器的主触点没有断开,则最迟在下一次改变运行方向时应防止楼道升降机的再运行。

8.3.2 由固态元件控制并供电的直流或交流电动机

应采用下述方法之一:

a) 按照8.3.1规定;或

b) 一个由以下元件组成的系统:

——切断各相(极)电流的接触器。至少在每次改变运行方向之前应释放接触器线圈。如果接触器未释放,应防止楼道升降机再运行。

——用来阻断固态元件中电流流动的独立控制装置。

——用来检验楼道升降机每次停止时电流流动阻断情况的监测装置。

在正常停止期间,如果未能有效地阻断通过固态元件的电流,监测装置应使接触器释放并应防止楼道升降机再运行。

8.3.3 驱动电动机和制动器供电

方向控制信号终止、电气供电故障或电气安全装置的动作应切断驱动电动机和制动器的供电。

制停距离不应大于:

——安全触点或安全电路动作时20 mm;

——运行方向信号终止或发生电气供电故障时50 mm。

8.4 爬电距离、电气间隙和外壳的要求

8.4.1 外壳要求

控制箱带电部分和安全触点应设置在防护罩壳内,外壳防护等级不应低于IP2X。

盖应保持关闭,使用工具才能打开。对于安装于公共场所的楼道升降机,还应采用需要钥匙或特殊工具才能打开的固定装置或锁住装置进行防护。

如果需要(如室外使用),应提供与运行条件和地点相适应的更高等级的防护。

8.4.2 爬电距离和电气间隙

依据工作电压和GB 14048.1—2006中7.2.3.3和7.2.3.4,动力电路、安全电路、安全电路或安全

触点之后的元件以及因其失效可能引起不安全状态的任何元件的爬电距离和电气间隙应符合GB 14048.1—2006 表 15 和表 13 的要求，最小污染等级为 2。不应使用印制电路接线排。

8.5　电气故障的保护

8.5.1　在楼道升降机的电气设备中，发生下列任何单一的故障，其本身不应构成楼道升降机危险故障的原因：

a)　无电压；

b)　电压降低；

c)　多相电源的错相；

d)　电气电路对地或对金属构件的绝缘损坏；

e)　电气元件的短路或断路以及参数或功能的改变，如电阻器、电容器、晶体管、灯等；

f)　接触器或继电器的可动衔铁不吸合或吸合不完全；

g)　接触器或继电器的可动衔铁不释放；

h)　触点不断开或不闭合。

不必考虑安全触点不断开的状况。

8.5.2　具有安全触点的带电电路意外接地时，应立即使楼道升降机停止且防止其再次启动。

8.6　电气安全装置

8.6.1　电气安全装置（如表 1 中所列）应直接作用在控制驱动电动机和制动器电源的装置上。

注：不响应安全开关或装置被认为不安全状况。

如 8.3 中所述，当表 1 中所给出的电气安全装置中的某一个动作时，应防止楼道升降机驱动主机启动，或使其立即停止运转。电气安全装置应由下列两者之一构成：

a)　一个或几个满足 8.6.4 要求的安全触点，直接切断 8.2 述及的接触器或其继电接触器的供电；或

b)　一个或几个满足 8.6.4 要求的安全触点，它不直接切断 8.2 中述及的接触器或继电接触器的供电，而是符合 8.10 的安全电路的规定。

表 1　电气安全装置

开关或装置	相关条款
监测悬挂绳或链松弛的安全开关	7.1.5
紧急停止装置	8.14.1
感知边或感知面动作的开关	9.2.3、9.3.4、9.4.7
极限开关	8.15
安全钳开关	6
防护臂安全开关	9.4.6
螺杆/螺母驱动失效开关	6.8
坡板安全开关	9.4.6.1
座位旋转或滑动安全开关	9.2.2

8.6.2　若由于输电功率的原因，使用了继电接触器控制驱动主机，则应认为它们是直接控制启动和停止驱动主机供电的设备。

8.6.3　安全开关不应设置在返回的导线或电路保护导线中。

8.6.4　安全触点的动作应由断路装置可靠地断开，甚至触点熔接也应能断开。

当所有触点断开元件处于断开位置，且在有效行程内时，动触点和施加驱动力的驱动部件之间无弹性元件（如：弹簧）施加作用力，即为触点获得了可靠的断开。

安全触点的设计应使元件故障而引起的短路风险最小。

8.6.5 导体材料的磨损不应导致触点的短路。

8.6.6 如果操作电气安全装置的装置设置在人员容易接近的地方，则它们应这样设置：即采用简单的方法不能使其失效。

注：用磁铁或桥接件不认为是简单方法。

8.7 时间延迟

楼道升降机从停止到再启动之前，应至少有 1 s 的延迟。

8.8 驱动电动机的保护

驱动电动机应采用自动断路器进行过载保护，防止过载和潜在的过载电流。适当时间间隔之后可以自动复位。

8.9 电气接线

8.9.1 导线、绝缘和接地连接

8.9.1.1 公称横截面积

所有导线的截面积应与额定电流相称。电源和安全电路导线不应小于 $0.5\ mm^2$。

8.9.1.2 绝缘

如果同一导管中的各导线或电缆中的各芯线接入不同电压的电路时，则这些导线或电缆的绝缘应适合最高电压。

8.9.1.3 随行电缆

8.9.1.3.1 随行动力和控制电缆应在每端被可靠地夹紧，以保证没有机械载荷传递到电缆的端接装置上。应保护电缆不被磨损。

8.9.1.3.2 电缆应符合 GB/T 5023.6 或 GB/T 5013.5 的相关要求。

8.9.1.3.3 导线的截面积不应小于 $0.5\ mm^2$。另外，电源和安全电路导线的截面积不应小于 $0.75\ mm^2$。任何接地导线的截面积不应小于最大的电源导线的截面积。

8.9.1.4 连续导线

除了使用集电环、滑触线或炭刷的情况以外，所有连续接地线应为铜芯线。集电环、滑触线、炭刷和随行电缆中至少一根线用于接地。

8.9.1.5 螺栓或螺母

用于夹紧导线的紧固件不应用于夹紧其他零件。

8.9.1.6 接地

除了导线之外，所有易于带电的外露金属构件应接地连接[接地连接测试见 10.1.3b)]。图 5 为电池供电楼道升降机的接地要求。

8.9.2 端子和连接器件

8.9.2.1 连接器件和插接式装置应通过位置或结构设计防止意外地误连接。

8.9.2.2 端接不应对导体或绝缘造成损坏。

8.9.2.3 供电电源的端子应在设备内且易于接近，还应标识出正确的极性，即："L"表示相线而"N"表示零线。接地端子应位于靠近电源输入的地方并采用接地符号进行标识。

8.9.2.4 螺柱型接地端子的尺寸应符合导线的额定电流并且最小为 M3。接地端子不应用来固定零件，其接头应借助于工具才能松开。所有接地导线应采用钳压或焊接的端子进行终端连接。

8.9.3 电气标识

端子、连接器件和电气元件应在适当的地方进行标识。

8.10 安全电路

8.10.1 安全电路应符合 8.5 和 8.6 有关出现故障时的要求。

故障包括无源部件(电阻、电容、电感等)的断路和短路，以及有源部件(晶体管、集成电路等)的功能

改变(见附录F)。

8.10.2 安全电路的所有元件的设计应满足8.4.2的爬电距离和电气间隙的要求。

8.10.3 安全电路的所有元件应能在最恶劣情况极限值范围内以及制造商推荐的电压、电流和工作制范围内使用。

8.10.4 安全电路的设计应满足:仅当所有安全电路均正常接通时,才允许楼道升降机运行。

8.10.5 当故障和故障组合本身不导致不安全状态而与下一步故障结合可能会引起不安全的状态时,最迟在下一次运行方向改变时应使楼道升降机停止。

然而,如果安全电路由两个以上通道构成,则可不考虑三个以上故障的组合。在各种情况下,最迟在下一次运行方向改变时应使楼道升降机停止。

8.10.6 应根据附录F的要求对安全电路进行安全和故障分析。

8.11 剩余电流装置

除电池供电楼道升降机的充电装置的供电电源以外,所有对地电压高于50 V的电气电路应采用一个剩余电流装置(RCD)进行保护。最大额定跳闸电流应为30 mA。在额定跳闸电流的情况下,最大跳闸时间应为200 ms。在5倍额定跳闸电流的情况下,最大跳闸时间应为40 ms。

在可能的情况下,该装置的测试不应造成安装在电源电路上的其他装置误跳闸。

8.12 电池供电的附加要求

8.12.1 对于电池供电的楼道升降机,控制电路的电压不应大于60 V。

8.12.2 电池即使倾斜也不应泄漏。在正常的工作及充电期间,电池不应发出烟雾。

8.12.3 在电池的供电线路中宜安装熔断器,该熔断器只有使用适当的工具才能接近。电源短路时熔断器应在0.5 s以内断开电源的供电。超过2倍平均峰值电流时熔断器应在5 s以内断开电源的供电。

8.12.4 交流充电电路应按图5a),直流充电电路应按图5b)。最高的对地电压应符合下列要求:

a) 250 V交流电或60 V直流电,用于有防护的充电触点;

b) 25 V交流电或60 V直流电,用于外露充电触点。

不使用工具就可以接触的充电触点为外露触点,需使用工具才能接触的触点为有防护充电触点。

楼道升降机停止在指定的位置时才能对电池充电。充电触点宜设置在导轨的两端。

8.12.5 电池的端子和充电触点应在物理上防止短路。

8.12.6 电池应被固定在安全的位置上。

8.12.7 运载装置上应设置断路开关,它可切断电池对控制电路和驱动电动机电路的供电。

8.12.8 电池容量和充电率应考虑楼道升降机的行程与设定的工作制。

8.12.9 当楼道升降机驻停时,如果充电触点未接触,电池的充电电路应以视觉信号或听觉信号提示使用人员。

8.12.10 运载装置底架应按照图5所示进行接地。

8.12.11 即使长期充电之后,电池充电器也不应损坏电池或对电池过度充电。

8.12.12 8.12.8的要求不适用于备用电池系统。

8.13 无线控制

注:无线控制适用于不能或者不希望在楼道升降机和层站操作装置之间设置一个物理连接的情况(例如:电池供电的楼道升降机上)。

8.13.1 无线控制系统应仅在单一的楼道升降机上使用。该设计应确保楼道升降机不对另外的楼道升降机或其他类似无线控制系统发出的信号作出响应(例如:通过使用一个适当的频谱、编码信号和范围)。

8.13.2 发射器和接收器应冗余设计。发射器的冗余设计可通过8.14.2的方法实现。

8.13.3 公共场所的楼道升降机,遥控装置应位于楼道升降机附近的固定位置,或由专人管理。

8.13.4 运载装置上安装的停止开关、安全触点和安全电路应优先于所有方向的信号(不管是来自于楼道升降机操作装置还是遥控装置)，且楼道升降机应按照7.2.1的要求在20 mm内停止。

8.13.5 无线通信连接应在整个运载装置行程中保持有效。运载装置在全程的任何位置都应满足8.3.3的要求。

8.13.6 在信号出现故障时，无线通信连接应为失效安全型的。

8.13.7 在元件失效时，无线控制系统的安全性不应低于有线控制系统。

8.14 操作装置

8.14.1 应在每个层站和运载装置上设置操作装置。它们可以用来控制楼道升降机的上下运行，用于控制楼道升降机运行的操作装置应持续施力以保持运行。如果使用人员不需要，则在私人场所使用的情况下，可以省去层站的控制装置。

无论运载装置是座椅式、站立平台式还是轮椅车平台式，操作装置的安装位置都应满足使用人员的需求。

运载装置上应设置紧急停止装置，该停止装置应为双稳态安全开关，该开关动作时，应直接断开安全回路。

该开关对于使用人员应清晰可见、可接近且易操作，并应以位置或设计来防止误动作。

8.14.2 在每个层站操作装置上应设置能直接切断控制运行方向电路的装置。

8.14.3 在需要的情况下(如：限制未经允许的人员使用)，应设置可锁住的开关，以便使楼道升降机只为指定的使用人员服务。

8.14.4 如果使用人员对常规操作有困难，应考虑为特殊的能力缺乏者提供特别的装置。

注：有关此类装置的建议参见附录C。

8.15 端站限位开关和极限安全开关

8.15.1 应设端站限位开关和极限安全开关。

极限安全开关的断开应防止楼道升降机在两个方向的进一步运行，直至楼道升降机被人工复位。

8.15.2 在液压驱动或装有松绳/链安全开关的驱动系统中，下极限安全开关可以省略。另外，如果驱动系统的设计使得即使没有使用机械的端部停止装置，运载装置也不可能越过正常的行程限制位置，则上、下极限安全开关都可以省略。

如果端站限位开关是安全开关，且下部越程导致运载装置底架、站立平台、搁脚板或者轮椅车平台下面的安全开关动作，下极限安全开关也可以被省略。

8.16 紧急报警装置

8.16.1 在公共场所，轮椅车平台式楼道升降机内应设置紧急报警操作装置。安装人员应就警报器的安装位置与采购商或使用人员协商。

注：需考虑提供报警装置的必要性，它能够向可提供帮助的人员发出警示信号或从楼道升降机周围以外的地方寻求帮助。这个装置对轮椅车平台式楼道升降机的使用人员尤其重要。

8.16.2 紧急报警装置应为下列两者之一：

a) 独立于驱动电动机主电源的电源供电；或

b) 配置备用电源(例如备用电池)。

9 运载装置

9.1 基本要求

9.1.1 类型

根据需要，运载装置可采用下列类型：

a) 座椅式(见9.2)；

b) 站立平台式(见9.3)；

c) 轮椅车平台式(见9.4)。

9.1.2 改装

如果需要改装来满足特定用户的特殊需求，则应考虑增加附加的安全要求。

在多用户使用的情况下，改装不能限制一般用户出入通道或降低对他们的安全保护措施。

9.1.3 组合型

如果运载装置集成了几种类型(如座椅式和站立平台式)，则其安全性能要求应包括所含的每种类型运载装置所需要的安全保护措施。

9.1.4 构成

运载装置应设置一个可移动的底架，该底架被一条或多条导轨定位、支撑和导向。座椅、平台或其他形式用于承载乘客的装置被安全地固定在该底架上。

如果运载装置的任何部分或边缘被用作支撑扶手，则这些部分或边缘与固定部件之间的距离不应小于 80 mm，以避免运载装置运行时手被夹伤。

9.1.5 额定载重量标牌

额定载重量标牌应设置在运载装置或楼道升降机每个层站附近的明显位置。额定载重量标牌应有下列信息：

a) 对于座椅式或站立平台式运载装置：
“限乘 1 人，额定载重量××kg”。

b) 对于轮椅车平台式运载装置：
“限乘 1 人和 1 辆轮椅车，额定载重量××kg”。

典型的额定载重量标牌示例见图 6。

9.1.6 铭牌

铭牌应被固定在一个明显易见的位置，其内容至少应包括厂商的地址及楼道升降机的序列号。

9.1.7 最小安全间隙

最小安全间隙宜符合图 7 规定。

在公共场所，应尽可能保证最小间隙尺寸的要求。如果这些尺寸不能得到满足，则应在明显的位置和危险部位贴上警示标志，且应考虑是否需要增加附加的安全装置。

9.2 座椅式运载装置

注：在公共场所，座椅式楼道升降机仅适用于没有足够空间来容纳轮椅车平台的情况。

9.2.1 座椅

运载装置上的座椅由座位、靠背、扶手(或把手)和搁脚板组成，为使用人员提供安全支撑。靠背的最高点到座位表面的距离不应小于 300 mm。搁脚板应是可折叠的。

搁脚板的表面应防滑。

注 1：不使用时，座位和扶手(或把手)宜能折叠收起。

注 2：座椅宜能适当滑动或旋转。

当座椅停靠在层站的正常位置时，搁脚板表面距离层站地面的高度不应大于 200 mm。如果从台阶或高于地面的表面登上座椅，则应从此面测量上述高度值。

应配备安全带或设置其他安全装置。

9.2.2 可滑动或旋转的座椅

对于带有可滑动或旋转座椅的楼道升降机，座椅滑动或旋转时应通过安全触点使楼道升降机不能运行，直到座椅恢复到正常位置。此类座椅可通过一个可释放的机械定位装置或类似的方法安全地固定在各个位置。

9.2.3 感知边和感知面

9.2.3.1 应在运载装置的下列位置设置感知边或感知面：

a) 搁脚板的上楼侧的边缘；

b） 当搁脚板的下表面与地面的垂直高度小于 120 mm 时，搁脚板的下表面；

c） 当搁脚板折叠后的下表面与地面的垂直高度小于 120 mm 时，搁脚板折叠后的下表面；

d） 座椅底架结构靠近导轨部分的上楼侧表面和下楼侧表面；

e） 当运载装置的下表面与地面的垂直高度小于 120 mm 时，运载装置的下表面。

注：GB 12265.3—1997 对感知边和感知面给出了附加规定。

9.2.3.2 应考虑对固定部件(如导轨支架)采取附加保护措施，以防止卡阻。

9.2.3.3 感知边或感知面的动作应在座椅运行方向断开电动机和制动器电源。应采用安全触点或安全电路实现该目的。在适当情况下，应能操作运载装置反向运行以便清除障碍物。

9.2.3.4 安全感知边和感知面动作后，运载装置的停止应有一定的弹性或附加行程。

9.2.3.5 感知边动作所需的平均作用力不应大于 30 N，测量点设在两端和中心点上。

感知面动作所需的平均作用力不应大于下列值，测量点设在两条对角线的两端和中心点上：

a） 50 N，用于表面面积不大于 0.15 m^2；或

b） 100 N，用于表面面积大于 0.15 m^2。

运载装置上可能与使用人员或其他人员发生碰撞的部位应采取适当的防护措施。

9.3 站立平台式运载装置

9.3.1 站立平台

站立平台式楼道升降机不适用于公共场所。

站立平台的尺寸不应小于 325 mm×350 mm。站立平台应设置扶手以供使用人员在运行中、登乘和离开时使用。

站立平台的地面应防滑。

如果适用，也应满足 9.2 相关规定。

9.3.2 防护臂

应在站立平台上使用人员离开的一侧提供高度在 900 mm 和 1 100 mm 之间的防护臂，用于保护使用人员。

仅当防护臂伸出到防护位置时，操作装置才能起作用。

9.3.3 站立平台距地面高度

当楼道升降机停靠在层站的正常位置时，站立平台地面距离层站地面的高度不应大于 200 mm。如果是从台阶或高于地面的表面登上站立平台时，则应从此面测量上述高度值。

注：为了节省空间，站立平台、防护臂、座椅(如果有)和扶手或把手(如果有)，宜能折叠收起。

9.3.4 感知边和感知面

9.3.4.1 应在运载装置的下列位置设置感知边或感知面：

a） 站立平台上楼侧的边缘；

b） 站立平台的下表面；

c） 当站立平台折叠后的下表面与地面的垂直高度小于 120 mm 时，站立平台折叠后的下表面；

d） 站立平台底架结构靠近导轨部分的上楼侧表面和下楼侧表面；

e） 当运载装置的下表面与地面的垂直高度小于 120 mm 时，运载装置的下表面。

注：GB 12265.3—1997 对感知边和感知面给出了附加规定。

9.3.4.2 应考虑对固定部件(如导轨支架)采取附加保护措施，以防止卡阻。

9.3.4.3 感知边或感知面的动作应在站立平台运行方向断开电动机和制动器电源。应采用安全触点或安全电路实现该目的。在适当情况下，应能操作运载装置反向运行以便清除障碍物。

9.3.4.4 感知边和感知面动作后，运载装置的停止应有一定的弹性或附加行程。

9.3.4.5 感知边动作所需的平均作用力不应大于 30 N，测量点设在两端和中心点上。

感知面动作所需的平均作用力不应大于下列值，测量点设在两条对角线的两端和中心点上：

a) 50 N,用于表面面积不大于 0.15 m²;或

b) 100 N,用于表面面积大于 0.15 m²。

运载装置上可能与使用人员或其他人员发生碰撞的部位应采取适当的防护措施。

9.4 轮椅车平台式运载装置

9.4.1 轮椅车平台

轮椅车平台地面应防滑。

9.4.2 轮椅车平台尺寸不应大于 900 mm(宽)×1 250 mm(长)。

用于公共场所时,轮椅车平台尺寸不应小于 750 mm(宽)×900 mm(长)。

上述尺寸的计算不包括坡板。如果扶手所占空间的垂直投影面积宽度不大于 50 mm,则该面积可算在轮椅车平台尺寸内。

9.4.3 可折叠轮椅车平台

可折叠轮椅车平台应防止使用人员跌落的危险。手动折叠轮椅车平台应是稳定安全的(见 9.4.6)。

9.4.4 坡板

9.4.4.1 轮椅车平台入口边缘应设置坡板。坡板打开后的上表面边缘距离层站地面的垂直高度不应大于 15 mm。

坡板倾斜度不应大于:

a) 当轮椅车平台地面与层站地面垂直高度不大于 50 mm 时,为 1∶4;

b) 当轮椅车平台地面与层站地面垂直高度大于 50 mm 且不大于 75 mm 时,为 1∶6。

轮椅车平台地面与层站地面垂直高度差不应大于 75 mm。

9.4.4.2 坡板处于抬起位置时,坡板上缘高出轮椅车平台地面不应小于 100 mm。

9.4.4.3 在轮椅车平台的非入口边缘处应设置防滚离挡板,其上缘距轮椅车平台地面不应小于 75 mm。

9.4.4.4 仅用于私人场所的楼道升降机才能设置底坑,底坑深度不应大于 100 mm。底坑边缘和轮椅车平台边缘之间的间隙不应大于 20 mm。

9.4.5 轮椅车平台侧面保护

9.4.5.1 靠近楼道升降机导轨的底架侧板应是坚固的结构,其上缘应至少高出轮椅车平台地面 1 000 mm。如果轮椅车平台的宽度大于侧板的宽度,则轮椅车平台的超出部分应按照 9.4.4.3 设置防滚离挡板。

底架侧板上应设置扶手,其高度应在轮椅车平台地面以上 800 mm 至 1 000 mm 之间。扶手和底架侧板之间的间隙不应小于 30 mm,以方便使用人员抓扶。

9.4.5.2 轮椅车平台的其他侧面应采用以下方法来保护:

a) 轮椅车平台应在下楼侧设置防护臂。另外,对于运行过程中有弯道的运载装置,或轮椅车平台地面与楼梯梯级前沿的垂直距离大于 300 mm 的运载装置,应在其上楼侧和下楼侧均设置防护臂,防护臂的高度应大于底架侧板高度的 1/2;

b) 对于运行过程中无弯道的运载装置,如果轮椅车平台与楼梯扶手之间的间隙不大于 100 mm,则楼梯扶手侧的防护臂可不设置;

c) 相邻防护臂之间的间隙不应大于 80 mm;

d) 防护臂应高出轮椅车平台地面 800 mm 到 1 000 mm。

9.4.5.3 防护臂的定位应是稳定安全的,以防止意外的误动作。

9.4.6 防护臂和坡板的安全开关和锁紧装置

9.4.6.1 所有的防护臂和坡板都应设置用以防止轮椅车平台运行的安全开关,下列几种情况除外:

a) 轮椅车平台打开状态下,所有防护臂都应伸出且坡板被完全提起;

b) 轮椅车平台折叠状态下,所有防护臂也被折叠且坡板被适当而安全的固定。

9.4.6.2 除 9.4.6.1a)和 b)外,防护臂和坡板都应设置一个锁紧装置。轮椅车平台处于开锁区域外

时，如果轮椅车平台未折叠，该装置可自动地以机械方式将防护臂锁在伸出的位置，且把坡板锁在抬起的位置。开锁区域是指从层站地面开始，沿导轨方向150 mm以内的区域。

锁紧装置应通过重力、永久磁铁、压缩弹簧或其他等效的方法保持锁紧状态，且不应易被误操作。

在开锁区域外，当轮椅车平台未被折叠时，防护臂应伸出，坡板应被提起且处于锁紧状态。

仅在紧急情况下，才能在轮椅车平台上或层站处使用工具或等效的装置进行手动开锁。

一个能机械触发的电气安全触点应能证实锁紧装置的正常状态，且当轮椅车平台超出开锁区域末端但锁紧装置未处于锁紧状态时，应停止楼道升降机的运行。

9.4.7 感知边和感知面

9.4.7.1 应在运载装置的下列位置设置感知边或感知面：

a) 轮椅车平台上楼侧的边缘；

b) 轮椅车平台的下表面；

c) 当轮椅车平台折叠后的下表面与地面的垂直高度小于120 mm时，轮椅车平台折叠后的下表面；

d) 轮椅车平台底架结构靠近导轨部分的上楼侧表面和下楼侧表面；

e) 运载装置的下表面与地面的垂直高度小于120 mm时，运载装置的下表面。

注：GB 12265.3—1997对感知边和感知面给出了附加规定。

9.4.7.2 应考虑对固定部件(如导轨支架)采取附加保护措施，以防止卡阻。

9.4.7.3 感知边或感知面的动作应在轮椅车平台运行方向断开电动机和制动器电源。应采用安全触点或安全电路实现该目的。在适当情况下，应能操作运载装置反向运行以便清除障碍物。

9.4.7.4 安全感知边和感知面动作后，运载装置的停止应有一定的弹性或附加行程。

9.4.7.5 感知边动作所需的平均作用力不应大于30 N，测量点设在两端和中心点上。

感知面动作所需的平均作用力不应大于下列值，测量点设在两条对角线的两端和中心点上：

a) 50 N，用于表面面积不大于0.15 m^2；或

b) 100 N，用于表面面积大于0.15 m^2。

运载装置上可能与使用人员或其他人发生碰撞的部位应采取适当的防护措施。

9.4.8 折叠操作

如果轮椅车平台或防护臂的折叠操作是由电力驱动的，则它们也应可以手动折叠。例如，当出现电气或机械故障时，可为其他用户让出楼梯空间。

9.4.9 防护臂、坡板和锁紧装置

防护臂、坡板和锁紧装置应能承受作用在任意点任意方向的300 N的外力而无永久变形。另外，防护臂应能承受施加在中心处的1 000 N的水平外力。

9.4.10 层站的控制区域

如果在层站控制区域的操作人员不能在整个楼道升降机的行程中直接看到轮椅车平台，则处于未折叠状态的轮椅车平台应不能由位于层站的操作装置来操纵。

9.4.11 可折叠座椅

在公共场所使用的轮椅车平台宜设置一个可折叠的座椅。

10 检验和维护

10.1 安装后的检验

10.1.1 楼道升降机在安装完毕后投入使用前，应由胜任人员代表制造商或其代理商进行全面检验。

注：检验的项目参见附录B。

10.1.2 应提供检验报告，记录附录B中所列的所有信息和检查结果。

10.1.3 应采用仪表对楼道升降机进行下列电气测试：

a) 应采用不低于运行电压(交流电源的 r.m.s.值)2 倍的直流电压进行绝缘电阻测试。但是用于低压电路测试的测试电压不大于直流 500 V。

导线之间及导线和接地之间的绝缘电阻应大于 1 000 Ω/V,且最小值为:

——500 kΩ,用于电源电路和含有电气安全装置的电路;或

——250 kΩ,用于其他电路。

如果电子控制元件不是安全电路和电动机驱动电路的组成部分,则测试期间可以被断开。

b) 采用 40 V 以下的测试电压时,易接近的金属零件和主接地端子(或隔离电路上的接地)之间的电阻不应大于 0.5 Ω。

以下可作为上述方法的备选:如果安全电路接地到运载装置上及轨道的每个末端,检查保护安全电路的断路器或熔断器是否会跳闸或熔断。

对于 SELV 保护电路,应符合 GB 16895.21 相关要求。

10.1.4 应对限速器(或者液压系统上的破裂阀)的动作速度、以及额定载重量和额定速度下安全钳的功能进行验证性试验。这些试验可以不在现场进行。如果不在现场进行安全钳测试,则安装时应在现场进行安全钳功能测试,但不需要满载。

10.1.5 测试、移交、检查或维护相关的所有证书的复印件应由供货商存档且至少保存 10 年,并在购买者或其代表需要时提供。

注:交付使用时购买者/使用人员所接受的证书参见附录 E。

10.2 定期检验和维护

10.2.1 应向购买者提供有关定期检验、维护和设备更换后测试的指南。

注:使用过程中的定期检验和维护参见附录 D。

10.2.2 该指南应包括下列建议:楼道升降机宜保持良好的维护和正常的工作状态;强调定期维护的重要性;提醒使用人员超过推荐的维护周期可能引起设备损坏和人员伤害。

11 技术文件

供应商应向楼道升降机的业主提供中文的技术资料。

注:可根据需要提供其他语言的技术资料。

技术资料应至少包括如下适用的信息:

a) 所有者或使用人员的名称和地址;

b) 制造商和供应商的名称和地址;

c) 安装日期;

d) 序列号;

e) 额定载重量(kg);

f) 详细的操作说明;

g) 符合 GB/T 4728.1 的电路接线图,需表示电气连接和元件,以及所有必要的标识(见 8.9.3);

h) 购买者和/或使用人员已经接受了正确与安全地使用楼道升降机的相应培训和演示的确认书;

i) 如果楼道升降机用于公共场所,则技术记录的内容应包括事故报告、检修维护详情、验收以及对设备进行的重大改造;对于用于私人场所的楼道升降机,此类报告允许负责定期检查和维护的公司在现场以外保存;

j) 建议的定期检查和维护的周期;

k) 发生紧急情况或故障时的联系人姓名、地址和电话号码。

12 标识、注意事项和使用说明

12.1 总则

12.2 中所列信息和使用说明等内容应设在明显位置，文字应清晰、易懂并符合 GB/T 15706.2 的相关要求。图例应以中文书写，文字和大写字母高度不应小于 10 mm，小写字母不小于 7 mm。

安全标志应符合 GB 2894 的规定。

带有标志和符号的标牌应牢固固定于明显位置且应采用不易撕破的耐用材料制成。

适当情况下，宜考虑提供可触摸信息或语音信息。

12.2 楼道升降机上的标识

12.2.1 运载装置

运载装置上应至少标明：

a) 额定载重量(kg)，乘客人数；

b) 制造商名称、序列号及安装日期。

典型的额定载重量标牌见图 6。

12.2.2 操作装置的功能

应能识别操作运载装置运行的所有装置的功能。

12.2.3 紧急报警操作装置

8.16 中规定的紧急报警操作装置应为黄色且采用警铃符号进行标示(见图 8)，并应附有“楼道升降机报警”的文字说明。

12.2.4 残障人员符号

用于公共场所的楼道升降机，应在每个层站附近标示无障碍设施标志(见图 9)，其高度不应低于 50 mm。

12.2.5 紧急手动操作

12.2.5.1 符合 7.3.1 的详细紧急手动操作说明应标示在明显易见的位置，如在手动盘车的轴架上或楼道升降机的围栏上。

12.2.5.2 如图 3 所示的表明运载装置移动方向的方向标牌应设置在明显位置。

12.2.5.3 对于液压驱动的楼道升降机，在手动下降阀的附近应标示具有下列文字的注意事项：

“危险

紧急下降阀”

12.2.6 主开关旁

12.2.6.1 对于用于公共场所的楼道升降机，为楼道升降机提供动力的主电源开关应有标识。

12.2.6.2 对于液压驱动楼道升降机，主开关标识上还应有以下文字：

“仅在楼道升降机位于底层时关闭”

12.3 操作说明

如果楼道升降机用于公共场所且使用人员无法获得帮助，应提供详细的操作说明。

单位为毫米

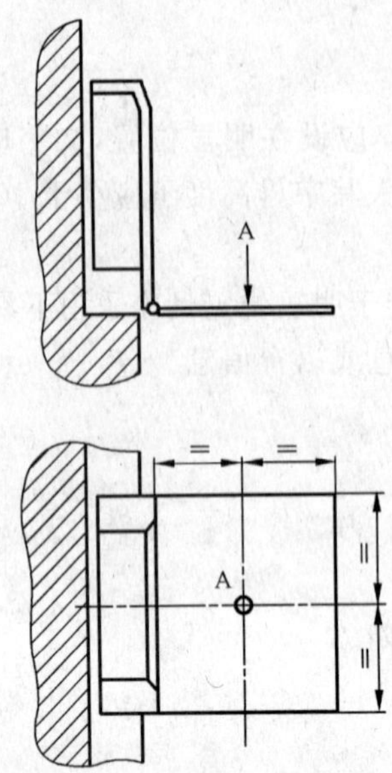

注：A点是用于速度计算的参照点。

图1 轮椅车平台式和站立平台式楼道升降机的参照点

单位为毫米

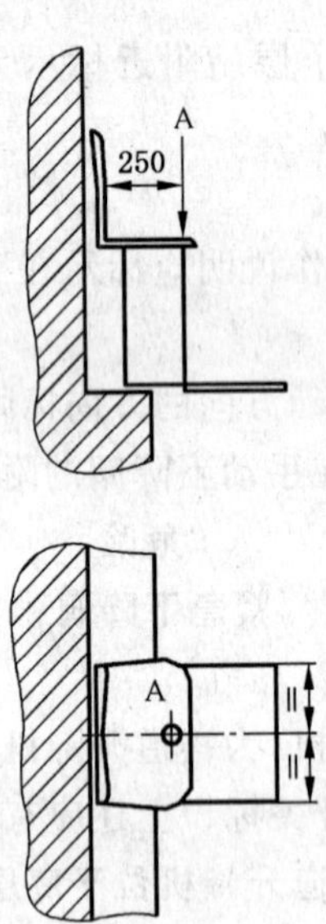

注1：A点是用于速度计算的参照点；

注2：如果运载装置既能作为座椅式楼道升降机使用，又能作为站立平台式楼道升降机使用，则使用图1；

注3：运载装置在行程中任何位置时的A点速度不应超过最大额定速度。

图2 座椅式楼道升降机的参照点

单位为毫米

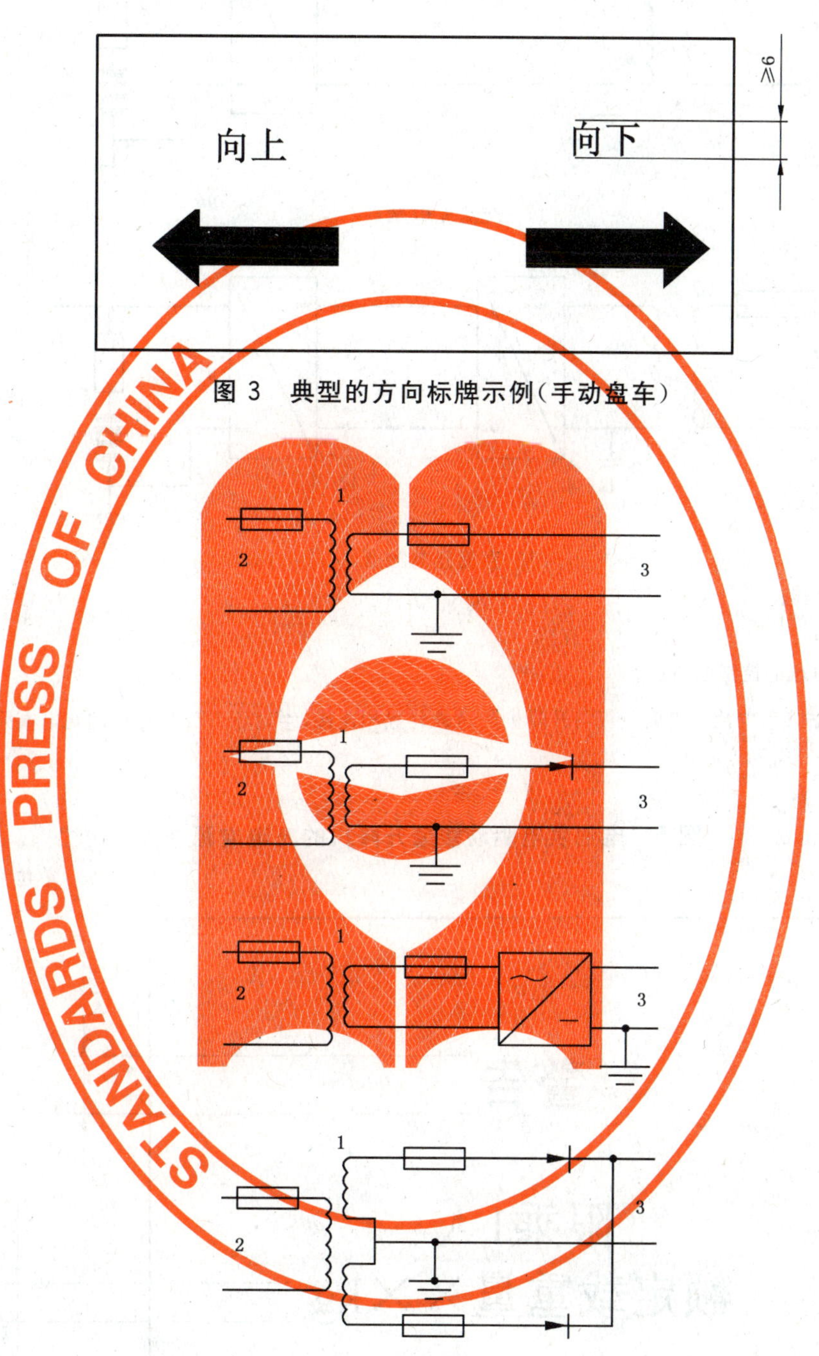

图 3　典型的方向标牌示例(手动盘车)

1——隔离变压器；

2——主电源；

3——控制电路。

图 4　控制电路电源

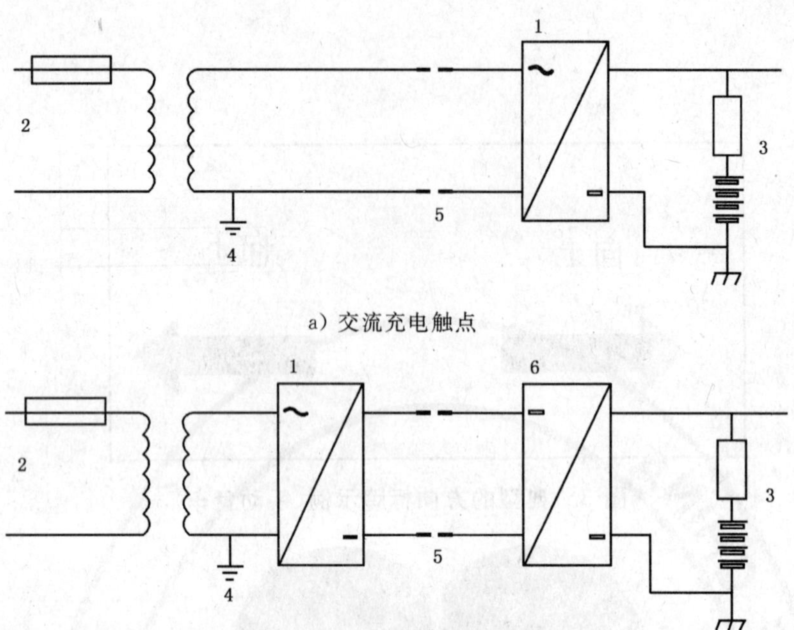

a) 交流充电触点

b) 直流充电触点

1——AC/DC 转换器；

2——电源输入端；

3——最大 60 V 电压的控制电路；

4——接地，符号表示电池供电的负极与升降机的运载装置相连接，对于 SELV 保护的充电电路不需要接地；

5——充电触点；

6——DC/DC 转换器。

图 5　电池供电驱动楼道升降机的充电电源

单位为毫米

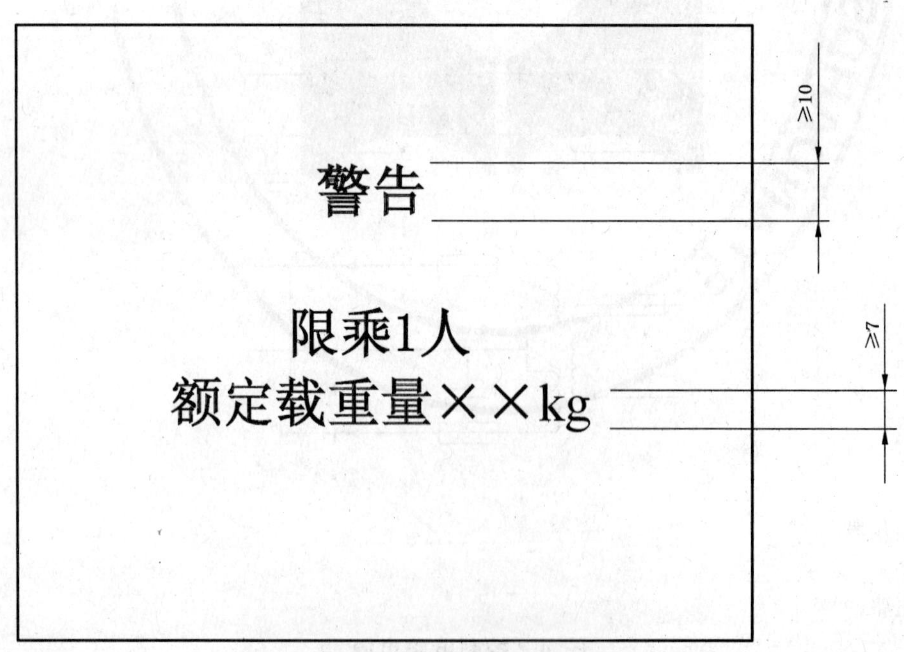

a) 座椅式或站立平台式运载装置

图 6　典型的额定载重量标牌示例

单位为毫米

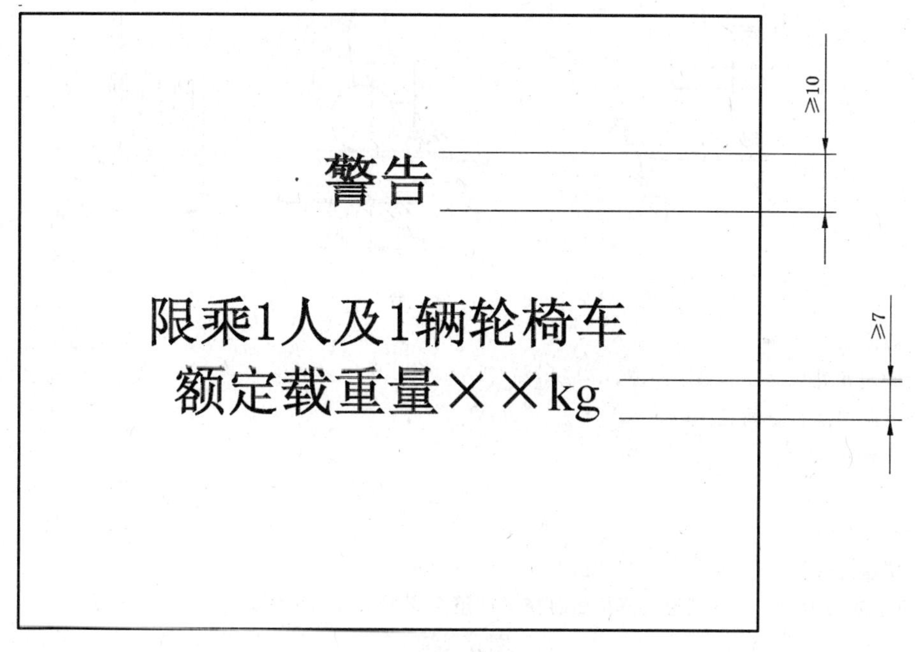

b）轮椅车平台式运载装置

图 6（续）

单位为米

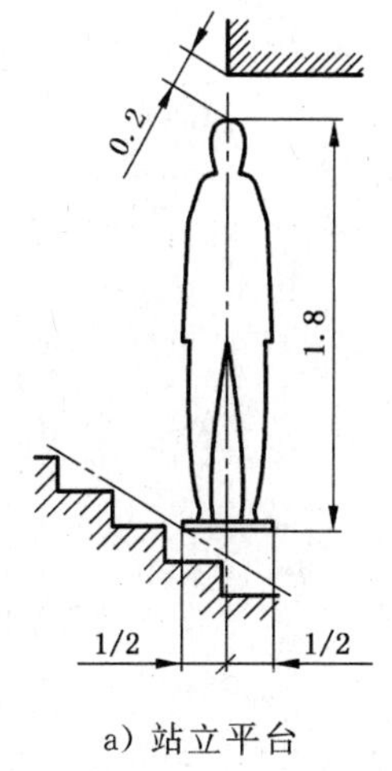

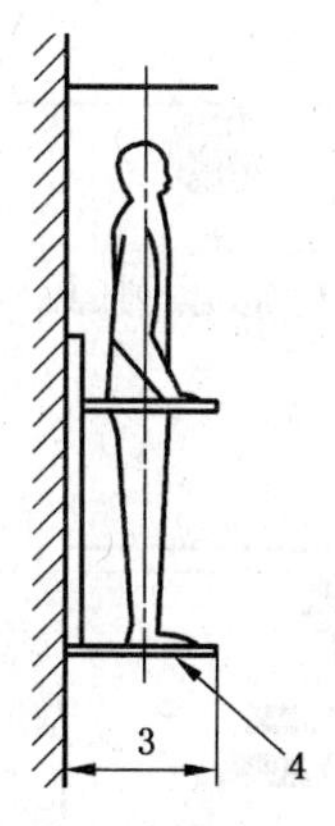

a）站立平台

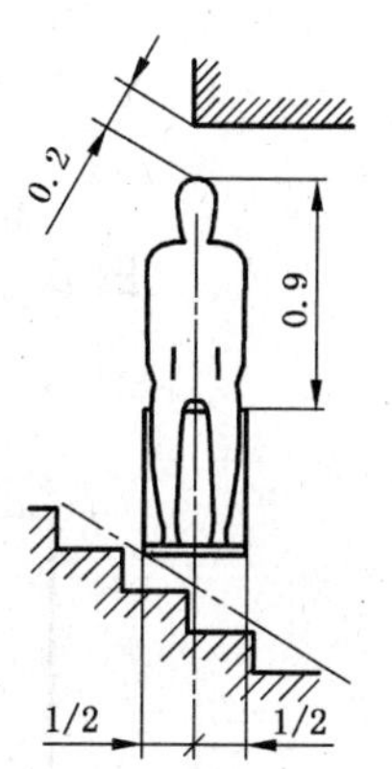

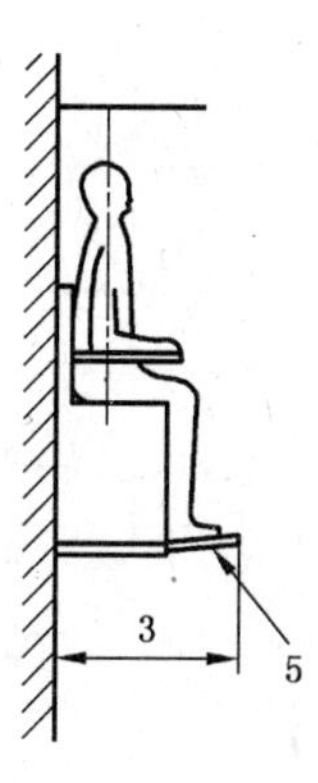

b）座椅

图 7　最小安全间隙

单位为米

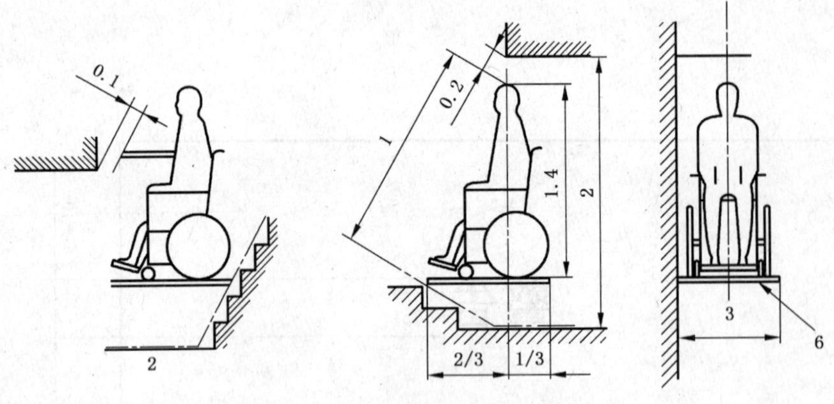

c) 轮椅车平台

1——楼道高度；
2——最大倾斜角处所需要的最小间隙；
3——楼道升降机运行空间宽度；
4——站立平台；
5——搁脚板；
6——轮椅车平台。
—·——·—楼道升降机运行空间的极限位置。

注：图中所示的头上间隙应在楼道升降机运行空间的整个宽度上得到保证。

图 7（续）

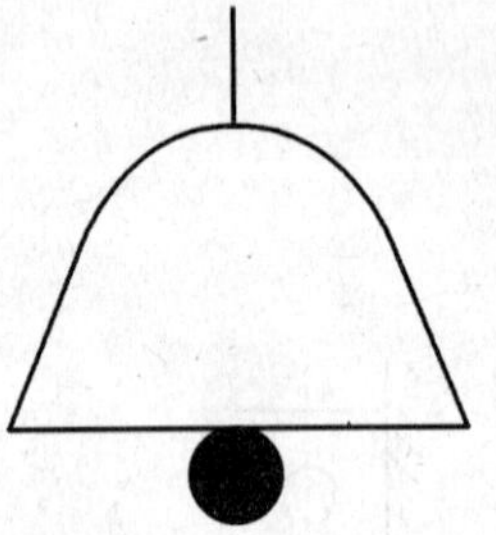

图 8　警铃标志示例（见 12.2.3）

单位为毫米

图 9　无障碍设施标志（见 12.2.4）

附　录　A
(资料性附录)
选择和购买适用的楼道升降机的指南

注：本附录是为了帮助选择适合的楼道升降机，并指出了购买者和安装人员需要注意的附加因素。

A.1　楼道升降机的选择

A.1.1　适用性

A.1.1.1　当选择楼道升降机时，宜考虑使用人员将来需求的改变。

A.1.1.2　所选择的楼道升降机的额定载重量不应小于可预见的最大载荷。

A.1.1.3　无论使用人员乘坐轮椅车、站立或坐着，都应确保安全地被运送。

A.1.1.4　当门、防护臂或铰接平台等设备具有手动或自动两种操作模式可供选择时，宜根据客户实际需求进行选择。

A.1.2　操作装置

A.1.2.1　考虑操作装置的位置、类型和数量，以适合不同的残障人员使用。

A.1.2.2　考虑是否需要钥匙开关、电子卡或类似工具，以限定楼道升降机为特定人员使用。

A.1.3　楼道升降机的位置

检查所提出的楼道升降机安装位置是否合适，如：

a)　安装后不会影响建筑物内或周围的正常活动；

b)　现场位置和所提出的支撑结构足以支撑楼道升降机；

c)　每个服务层站提供足够的轮椅车活动空间；

d)　对预定用途具有足够的对外部影响的防护等级。

A.1.4　使用频率

预计每小时最多运行次数宜由购买者决定并与供应商沟通。

A.2　供应和照明

确保相应的供电。

确保层站的入口附近有足够的照明。

A.3　运行/紧急操作说明

确保向使用人员演示楼道升降机的操作且接受全面的安全使用培训，包括：

——故障发生时正确的紧急操作说明；和

——紧急情况下联系人的姓名、地址和电话号码。

A.4　维护

确保购买者获知楼道升降机的检验和维护的要求及相关的国家规范要求。

A.5　报警系统

报警系统应能向能够可靠提供帮助的人员发出信息，或向离楼道升降机较远的人员寻求帮助。

附 录 B
（资料性附录）
交付使用前的检验建议

建议按照本标准的规定，在楼道升降机交付使用前进行下列检验，以证实：

a） 所有控制和操作装置功能正常；

b） 所有防护臂、坡板、锁、铰接平台工作正常；

c） 所有电气安全触点和装置功能正常；

d） 悬挂部件及其附属装置完好可靠；

e） 能获得完整的悬挂绳/链的检验证书（检验证书应说明安全工作载荷和最小破断载荷）；

f） 楼道升降机在整个行程中应保持与周围结构的正确间隙；

g） 电动机和控制电路的绝缘电阻值（如需要可切断电子元件来测量）符合 10.1.3.a）的规定；

h） 楼道升降机的可接触的金属部件与主接地端子间的电气防护线的电阻值符合 10.1.3.b）的规定；

i） 主电源的极性连接正确；

j） 限速器（在液压系统中为破裂阀）和安全钳符合第 6 章、7.13.6 和 10.1.4 的有关规定，且功能正常；

k） 紧急/手动操作装置工作正常；

l） 报警系统工作正常；

m） 所有注意事项标识正确。

另外，测量并记录：

——测试期间的电源电压；

——测试期间的控制电压；

——载有额定载重量的运载装置上下运行时，电动机的工作电流（见注）；

——提供的电动机超载保护类型；

——电动机过载跳闸时的电流和跳闸时间；

——载有额定载重量的运载装置上下运行时的制动距离（见注）；

——电动机反转延迟时间。

注：满载时的工作电流和制动距离也可在现场以外进行测试。

附　录　C
（资料性附录）
专用操作装置、开关和传感器选用建议

C.1　操作装置

C.1.1　建议使用通用的按钮、操纵杆或其他类似的装置操作楼道升降机，除非不适合残障使用人员。

C.1.2　操作装置的设置，无论安装在墙面、轮椅车上的或吊挂等，应将误操作的可能性降至最低。

C.1.3　无论采用何种类型的操作开关或装置，都应按照8.14.1的规定在楼道升降机的运载装置上设置一个紧急停止装置，也可增加停止装置，这些装置可采用专用或遥控开关。

C.1.4　建议对操作开关的输出情况进行电气或电子监测，例如因接触器的闭合时间超过预定值而引起故障时，在胜任人员排除故障前，停止装置应阻止运载装置进一步的动作。建议将这样的监测电路设置在电动机运行时间限制器电路中。建议把闭合时间的预定值设置为：载有额定载重量的运载装置向上运行全程所需的时间加上不大于30 s的时间。

C.2　专用开关

C.2.1　若采用微动、气动或拉线等开关，其电气和机械抗干扰能力应能防止运载装置误操作。

C.2.2　宜采用一种装置，确保开关动作持续0.5 s以上时，电气指令才被控制系统接受，以使对触摸开关的电气干扰和机械敏感开关误操作的影响降到最低。

C.2.3　开关的工作电压宜不大于25 V。

C.2.4　除C.1.3中提到的停止装置外，如果需要，该开关也可用于停止楼道升降机。在此情况下，C.2.2的要求不适用。

C.2.5　开关的安装位置应尽可能考虑行动不便人员使用。

C.3　传感器

红外线、超声波、微波和压力垫之类的传感器不宜用于控制楼道升降机。如果使用人员没有能力操作专用开关或遥控装置，应寻求他人的帮助。

附 录 D
（资料性附录）
使用过程中的定期检验和维护

D.1 定期检验

在安装或大修完成后6个月内宜对楼道升降机进行全面检验，并且此后间隔宜不超过12个月。尤其应关注下列项目的有效性：

a） 互锁装置；

b） 电气安全电路；

c） 接地连续性；

d） 钢丝绳、链条、齿条或螺杆和螺母（如果有）；

e） 驱动装置和制动器；

f） 安全钳；

g） 报警系统。

宜准备有关上述检验的报告，其中一份宜交给购买者或购买者的代表，另外一份宜由有关部门保存。

每次检验时，进行检验的胜任人员可建议是否需要增加检验和维护的频率，从而确保持续的安全和运行。

如果报告了设备故障，应建议维修，并注明建议维修的期限。

D.2 重大改装后的检验

如果楼道升降机进行了重大改装，则应重新执行第10章规定的程序。

如果发现任何影响安全的故障并需立即维修，则应停止楼道升降机的运行并通知使用人员。

改变下列项目视为重大改装：

a） 额定速度；

b） 安全工作负载；

c） 运载装置；

d） 行程；

e） 驱动装置的位置或类型；

f） 互锁装置、控制或安全电路；

g） 安全感知边或感知面。

D.3 维护

楼道升降机及其附件应保持良好的工作状态。为此，应由胜任人员按照D.1中规定的周期进行定期维护，并需特别注意报警系统的供电。

附 录 E
（资料性附录）
交付使用时购买者/使用人员所接受的证书

作为该楼道升降机（序列号：________________）的购买者/使用人员，我们已经接受了使用培训，观看了演示，完全掌握了正确和安全使用该楼道升降机的方法。

签名：

日期：

地址：

附　录　F
（规范性附录）
安全电路　电路设计、元件和电路故障分析

F.1　前言

一些楼道升降机电气设备的故障可以预见。经过故障分析，在一定条件下，某些故障可以被排除。本附录描述了这些条件并就如何实现给出了规定。

F.2　故障排除：条件

表F.1列出了：

a）电子技术中主要和常用的元件清单，这些元件按照“类别”进行归类：

——无源元件　　1

——半导体　　2

——其他元件　　3

——装配的印刷电路　　4

b）一些已被识别的故障：

——断路

——短路

——改变为更高值

——改变为更低值

——改变功能

c）故障排除的可能性和条件：

故障排除的首要条件是这些元件应总是被用于其应用的技术条件极限范围内，甚至这些最恶劣条件（如温度、湿度、电压和振动）是国家有关标准所规定的。

F.3　设计指南

危险来源于公共导线（接地线）局部断路结合一个或几个故障可能引起安全触点的桥接。当用于控制、远程监测、报警等的信号从安全回路中采集时，最好能遵循下面的建议，以避免危险情况：

a）按照表F.1中3.1和3.6规定的距离设计电路板和电路。

b）楼道升降机的公共导线应设置在电子部件之后。公共导线的断路将导致控制系统停止运行（改变接线将导致危险）。

c）始终应按最不利情况进行分析和计算。

d）总是使用外部（元件外）电阻，因为源于装置输入元件内部电阻的防护装置应认为是不安全的。

e）只能按给出的技术条件使用元件。

f）来自电子器件的反向电压必须予以考虑，在某些情况下，使用隔离电路能解决上述问题。

g）无论如何设计，最不利情况的分析和计算都是不可避免的。如果楼道升降机安装后进行改装或增加设备，包括新旧设备在内的所有设备应重新进行最不利情况的分析和计算。

h）根据表F.1，某些元件故障可不考虑。

i）无需考虑楼道升降机环境以外的故障。

如果楼道升降机的安装符合 GB 16895.3 的要求，建筑物内主电源地线和控制器接地汇流条(轨)之间断开也可不考虑。

F.4 电子元件:故障排除

需考虑的故障如 8.10.1 所列。

只有当元件在特性、数值、温度、湿度、电压和震动的最恶劣极限范围内工作时，才考虑元件的故障。

表 F.1 中：

——方格中的“否”表示故障不能排除，即应考虑；

——无记号的方格表示无此类型的故障。

表 F.1 故障排除

元件	可排除的故障					条件	备注
	断路	短路	改变为更高值	改变为更低值	改变功能		
1 无源元件							
1.1 固定电阻	否	a)	否	a)		a) 适用于符合国家标准的轴向的涂漆或封闭处理的薄膜电阻以及珐琅或密封的单层绕线电阻	
1.2 可变电阻	否	否	否	否			
1.3 非线性电阻如 NTC,PTC,VDR,IDR	否	否	否	否			
1.4 电容	否	否	否	否			
1.5 电感元件 —线圈 —感性元件	否	否		否			
2 半导体							
2.1 二极管、发光二极管	否	否			否		功能改变是指反向电流值的改变
2.2 稳压二极管	否	否		否	否		改变为低值是指稳压电压的改变 功能改变是指反向电流值的改变
2.3 晶闸管、双向晶闸管、可关断晶闸管	否	否			否		功能改变是指误触发或不触发

表 F.1(续)

<table>
<tr><th rowspan="2">元件</th><th colspan="5">可排除的故障</th><th rowspan="2">条件</th><th rowspan="2">备注</th></tr>
<tr><th>断路</th><th>短路</th><th>改变为更高值</th><th>改变为更低值</th><th>改变功能</th></tr>
<tr><td>2.4 光耦合器</td><td>否</td><td>a)</td><td></td><td></td><td>否</td><td>a) 可以排除的条件是光耦合器符合 GB/T 15651 的要求,且绝缘电压至少符合下表(GB/T 16935.1—2008 表 F.1)的要求
<table>
<tr><th rowspan="2">从交流或直流标称电压导出线对中性点的电压(小于等于)(V)</th><th>为安装推荐的额定冲击电压(V)</th></tr>
<tr><th>类别Ⅲ</th></tr>
<tr><td>300
600
1 000</td><td>4 000
6 000
8 000</td></tr>
</table></td><td>断路是指发光二极管及光敏晶体管两个基本元件之一断路。短路是指两者之间短路</td></tr>
<tr><td>2.5 混合电路</td><td>否</td><td>否</td><td>否</td><td>否</td><td>否</td><td></td><td></td></tr>
<tr><td>2.6 集成电路</td><td>否</td><td>否</td><td>否</td><td>否</td><td>否</td><td></td><td>功能改变成振荡,与门变成或门等</td></tr>
<tr><td colspan="8">3 其他元件</td></tr>
<tr><td>3.1 连接件
端子
接插件</td><td>否</td><td>a)</td><td></td><td></td><td></td><td>a) 如果始终遵守 8.5.2 中规定的最低爬电和间隙距离,则可以排除短路</td><td></td></tr>
<tr><td>3.2 氖灯泡</td><td>否</td><td>否</td><td></td><td></td><td></td><td></td><td></td></tr>
<tr><td>3.3 变压器</td><td>否</td><td>a)</td><td>b)</td><td>b)</td><td></td><td>a) b)当线圈和铁心之间的绝缘电压满足 GB 19212.1—2003 中 18.2 和 18.3 的要求,且带电体对地工作电压是表 8 上的最大可能电压</td><td>短路包括初级或次级线圈内部的短路,或初级与次级线圈之间的短路。数值改变是指线圈内部分短路导致的变压比改变</td></tr>
<tr><td>3.4 熔丝</td><td></td><td>a)</td><td></td><td></td><td></td><td>a) 如果熔丝规格正确且结构符合适用的国家标准,则故障可以排除</td><td>短路指的是被熔断熔丝的短路</td></tr>
<tr><td>3.5 继电器</td><td>否</td><td>a)
b)</td><td></td><td></td><td></td><td>a) 如果满足 8.3 的要求,则触点间的短路及触点与线圈间的短路可以排除;
b) 触点烧熔不能排除</td><td></td></tr>
</table>

表 F.1（续）

元件	可排除的故障					条件	备注
	断路	短路	改变为更高值	改变为更低值	改变功能		
3.6 印制电路板(PCB)	否	a)				a) 如果始终遵守8.5.2中规定的最低爬电和间隙距离，则可以排除短路	
4 印制电路板(PCB)上的零件组合	否	a)				a) 如果始终遵守8.5.2中规定的最低爬电和间隙距离，则可以排除短路	

附　录　G
（资料性附录）
私人场所与公共场所的不同要求汇总

相关条款

引言

8.13.3

8.14.1

9.1.7

9.3.1

9.4.2

9.4.11

11 i)

12.3

参 考 文 献

［1］ GB/T 786.1—2009 液体传动系统及元件图形符号和回路图 第1部分：用于常规用途和数据处理的图形符号.

［2］ GB 12265.3—1997 机械安全避免人体各部位挤压的最小间距(eqv EN 349:1994).

［3］ GB/T 19406—2003 渐开线直齿和斜齿圆柱齿轮承载能力计算方法 工业齿轮应用(ISO 9085:2002,IDT).

［4］ GB/T 21739—2008 家用电梯制造与安装规范.

［5］ JGJ 50—2001 城市道路和建筑物无障碍设计规范.

［6］ prEN 81-40:2007 电梯制造与安装安全规范 载客和载货用特殊电梯 第40部分：行动不便人员使用的楼道升降机(Safety rules for the construction and installation of lifts—Special lifts for the transport of persons and goods—Part 40:Stairlifts and in-clined lifting platforms intended for persons with impaired mobility).

ICS 91.140.90
Q 78

中华人民共和国国家标准

GB/T 24807—2009

电磁兼容　电梯、自动扶梯和自动人行道的产品系列标准　发射

Electromagnetic compatibility—Product family standard for lifts, escalators and moving walks—Emission

2009-12-15 发布　　2010-06-01 实施

中华人民共和国国家质量监督检验检疫总局
中国国家标准化管理委员会　发布

前 言

本标准等同采用 EN 12015:2004《电磁兼容 电梯、自动扶梯和自动人行道的产品系列标准 发射》(英文版)。

为了便于使用,本标准对 EN 12015:2004 做了下列编辑性修改:

——将"本欧洲标准"改为"本标准"。

——本标准引言删除了 EN12015:2004 引言中与本标准无关的内容,因为其存在与否对本标准的理解和使用没有任何影响。

——在本标准的"范围"中,根据 IEC 61000-3-12 的规定,明确了本标准谐波限值的适用范围。

——在本标准的"规范性引用文件"中,用国家标准代替了 EN 12015:2004 的"规范性引用文件"中对应的国外标准,并用 IEC 61000-3-12《电磁兼容(EMC) 第 3-12 部分 限值 每相输入电流大于 16A 小于等于 75A 的设备接入公用低压系统产生的谐波电流限值》[Electromagnetic compatibility (EMC)—Part 3-12: Limits—Limits for harmonic currents produced by equipment connected to public low-voltage systems with input current >16 A and ≤75 A per phase]取代了 EN 12015:2004 中的 IEC/TR 2 61000-3-4:1998《电磁兼容(EMC) 第 3-4 部分 限值 对额定电流大于 16 A 的设备在低压供电系统中产生的谐波电流的限制》[Electromagnetic compatibility(EMC)—Part 3-4: Limits—Limitation of emission of harmonic currents in low-voltage power supply system for equipment with rated current greater than 16 A]。

——本标准删除了 EN 12015:2004 附录 ZA,因为其不适合我国国情且其存在与否对本标准的理解和使用没有任何影响。

本标准由全国电梯标准化技术委员会(SAC/TC 196)提出并归口。

本标准负责起草单位:上海新时达电气股份有限公司。

本标准参加起草单位:迅达(中国)电梯有限公司、天津大学、中国建筑科学研究院建筑机械化研究分院、上海三菱电梯有限公司、国家电梯质量监督检验中心、许昌西继电梯有限公司、日立电梯(中国)有限公司、通力电梯有限公司、东芝电梯(中国)有限公司、奥的斯电梯 (中国)投资有限公司、上海永大电梯设备有限公司、华升富士达电梯有限公司、苏州江南嘉捷电梯股份有限公司、宁波宏大电梯有限公司、上海现代电梯制造有限公司。

本标准主要起草人:蔡亮、高浩、杨宇康、万健如、陈凤旺、何新民、李新龙、于铭生、杜永聪、王明凯、张云强、黄忠海、吴志敢、张蕾、赵碧涛、戴选新、陈险峰。

引　言

本标准的目的是提供符合电磁兼容(EMC)要求的一种方法，以保证对其他设备产生最小干扰的电磁发射水平。然而，该电磁发射水平不包括下列情况：

a) 可能产生超过正常运行状态的发射水平的情况，但其出现概率极低，例如：在故障状态下，电梯、自动扶梯和自动人行道的急停；

b) 在靠近本标准适用的设备附近使用高敏感度装置的情况下，可能不得不采取进一步的措施：

1) 减小电磁发射水平到低于本标准的规定值；

2) 提高被影响装置的抗扰度。

所规定的发射限值是基于产品范围内的设备可能被安装在各种建筑物户内或户外，包括大电流和大感性负载切换，而且，该设备通常连接到低压系统。

鉴于所安装电梯的尺寸，以及不受控的现场环境可能影响试验的过程和结果，所以在试验室或现场进行总组装设备的测试(包括轿厢内部的测量)是不可行的。自动扶梯和自动人行道的情况亦与此类似。

本标准适用于电梯、自动扶梯和自动人行道的装置和装置组合及其组成的系统。

电磁兼容　电梯、自动扶梯和自动人行道的产品系列标准　发射

1　范围

本标准规定了将要永久地安装在建筑物中的电梯、自动扶梯和自动人行道的电磁骚扰发射限值和试验条件。然而，当无线和电视接收设备在表1所规定的距离内使用时，这些限值可能无法对其所受的骚扰提供完全的保护。

本标准基于电梯、自动扶梯和自动人行道相关标准规定的与EMC性能有关的环境条件（湿度、温度等）。

对于谐波的要求，本标准适用于将连接到公用低压电网的系统，不适用于将连接到仅与公用中、高压电网连接的非公用低压电网中的系统。

注1：系统谐波限值的范围只适用于连接到公用低压电网的原因：安装在非公用低压电网中系统的发射，通过GB/Z 17625.4—2000中的规定和/或电网运营商和客户间的合同协议，可在中压公共耦合点处被总体控制。非公用电网的运营者宜恰当控制EMC环境，使其符合GB/Z 17625.4—2000规定和/或合同协议。

注2：如果系统将仅连接到非公用电网，制造商应在产品文件中明确描述。

本标准不适用于本标准实施日期之前制造的电梯、自动扶梯、自动人行道和有关的安全部件。

2　规范性引用文件

下列文件中的条款通过本标准的引用而成为本标准的条款。凡是注日期的引用文件，其随后所有的修改单（不包括勘误的内容）或修订版均不适用于本标准，然而，鼓励根据本标准达成协议的各方研究是否可使用这些文件的最新版本。凡是不注日期的引用文件，其最新版本适用于本标准。

GB 4343.1—2003　电磁兼容　家用电器、电动工具和类似器具的要求　第1部分：发射（CISPR 14-1：2000＋A1，IDT）

GB/T 4365—2003　电工术语　电磁兼容（IEC 60050(161)：1990，IDT）

GB 4824—2004　工业、科学和医疗（ISM）射频设备　电磁骚扰特性　限值和测量方法（CISPR 11：2003，IDT）

GB/Z 17625.4—2000　电磁兼容　限值　中、高压电力系统中畸变负荷发射限值的评估（idt IEC 61000-3-6：1996）

GB 17799.3—2001　电磁兼容　通用标准　居住、商业和轻工业环境中的发射标准（idt IEC/CISPR 61000-6-3：1996）

GB 17799.4—2001　电磁兼容　通用标准　工业环境中的发射标准（idt IEC / CISPR 61000-6-4：1997）

IEC 61000-3-11　电磁兼容（EMC）第3-11部分：限值　公用低压供电系统中电压变化、电压波动和闪烁的限值　额定电流75 A并需有条件连接的设备（Electromagnetic compatibility (EMC)—Part 3-11：Limits—Limitation of voltage changes, voltage fluctuations and flicker in public low-voltage supply systems；Equipment with rated current 75 A and subject to conditional connection）

IEC 61000-3-12　电磁兼容（EMC）　第3-12部分：与输入电流每相16 A和75 A的公用低压系统

连接的设备产生的谐波电流的限值(Electromagnetic compatibility (EMC)—Part 3-12:Limits—Limits for harmonic currents produced by equipment connected to public low-voltage systems with input current >16 A and ≤75 A per phase)

3 术语和定义

GB 17799.3—2001、GB 17799.4—2001 和 GB/T 4365—2003 确立的以及下列术语和定义适用于本标准。

3.1

系统 system

电梯、自动扶梯或自动人行道中的由电气、电子设备及其互相连接构成的装置组合的总成。

注:见图 1 和图 2 所示

3.2

装置组合 assembly of apparatus

可一起测试的相互连接的装置的组合。

注:见图 1 和图 2 所示。

3.3

装置 apparatus

按照制造商说明,具有内在功能的部件组合。

注 1:见图 1 和图 2 所示。

注 2:电梯相关标准定义的安全部件被认为是装置。

3.4

电流有效值 effective value of the current

电流的均方根。

3.5

总谐波畸变率 Total Harmonic Distortion (THD)

谐波均方根值与基波均方根值的比值。

注:THD 依据下式计算。I_n 为第 n 次谐波的电流均方根值,I_1 为基波的电流均方根值。

$$\mathrm{THD}=\sqrt{\sum_{n=2}^{40}\left(\frac{I_n}{I_1}\right)^2}$$

3.6

部分加权谐波畸变率 Partial Weighted Harmonic Distortion (PWHD)

选择的一组较高次谐波的有效值(从 14 次谐波开始)与基波有效值之比,用谐波次数 n 加权。

注:PWHD 依据下式计算。I_n 为第 n 次谐波的电流均方根值,I_1 为基波的电流均方根值。

$$\mathrm{PWHD}=\sqrt{\sum_{n=14}^{40}n\left(\frac{I_n}{I_1}\right)^2}$$

3.7

平衡的三相系统 balanced three phase system

与三相连接的且以如下方式设计的系统,即:在额定工况下,三相的每相电流均方根值相差不超过 20%。

注:在正常运行状态下,中性线不用作电流传导的导体。

3.8

公共耦合点　Point of Common Coupling (PCC)

公共电力网中的点，该点最接近系统且其他设备可与其连接。

3.9

短路功率　short circuit power (S_{sc})

三相短路功率值，根据系统额定电压 U_n 和在 PCC 的阻抗 Z 来计算。

$$S_{sc} = \frac{U_n^2}{Z}$$

3.10

额定视在功率　rated apparent power (S_{equ})

根据装置或装置组合的线电压 U_i 和额定线电流 I_{equ} 的有效值，采用下式计算。

$$S_{equ} = \sqrt{3} \cdot U_i \cdot I_{equ}$$

3.11

短路比　short circuit ratio (R_{sce})

电源短路功率与负载视在功率的比值。

注：对于连接到三相电源装置或装置组合，采用下式计算：

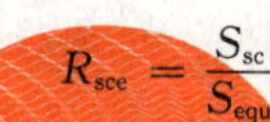

$$R_{sce} = \frac{S_{sc}}{S_{equ}}$$

3.12

端口　port

指定装置或装置组合与外部电磁环境的特定接口/界面。

注：见图 3 所示。

3.13

外壳端口　enclosure port

装置或装置组合的物理边界，电磁场可以通过其辐射或侵入。

注：见图 3 所示。

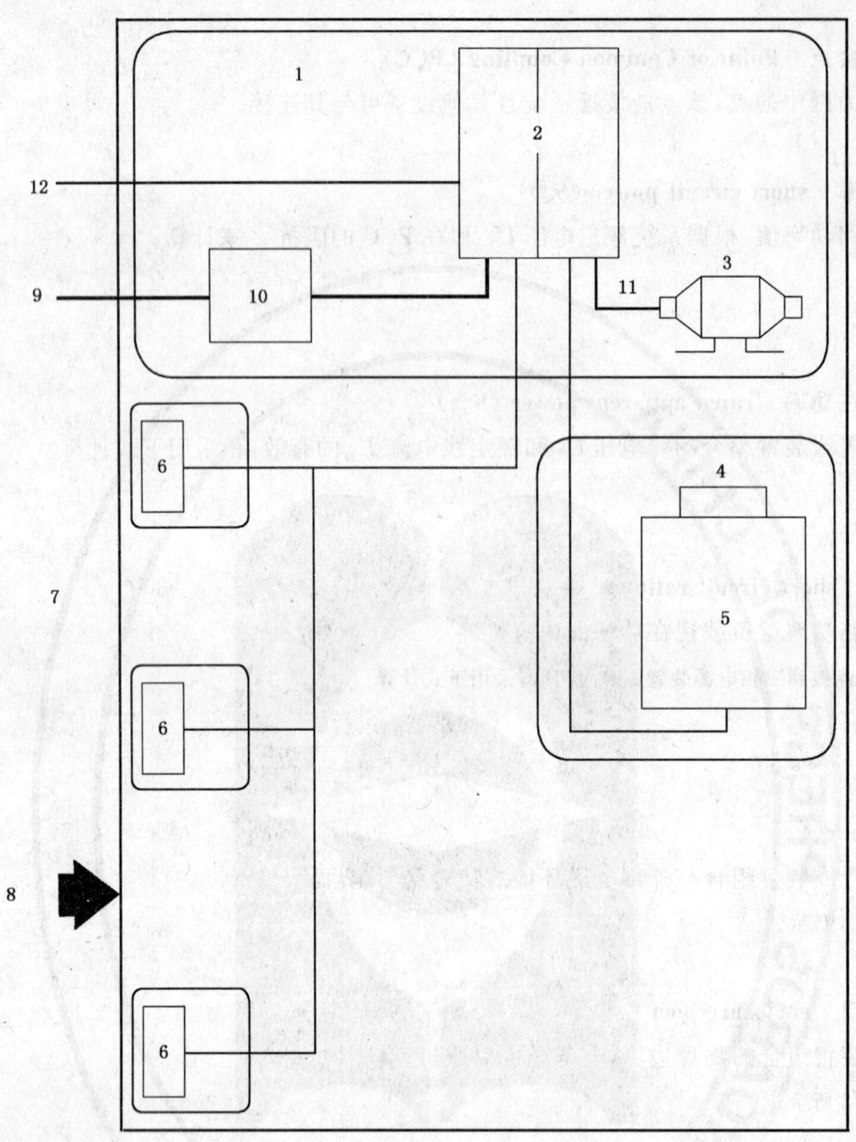

□——装置组合；
1——机器设备区间；
2——主要控制装置/控制柜；
3——驱动主机；
4——门控装置；
5——轿厢；
6——安装在层站的装置(如：按钮、指示器)；
7——层站；
8——系统边界；
9——交流和/或直流电源端口；
10——主开关；
11——输出电源端口；
12——信号和控制端口。

图1 电梯系统 EMC 模型示例(发射)

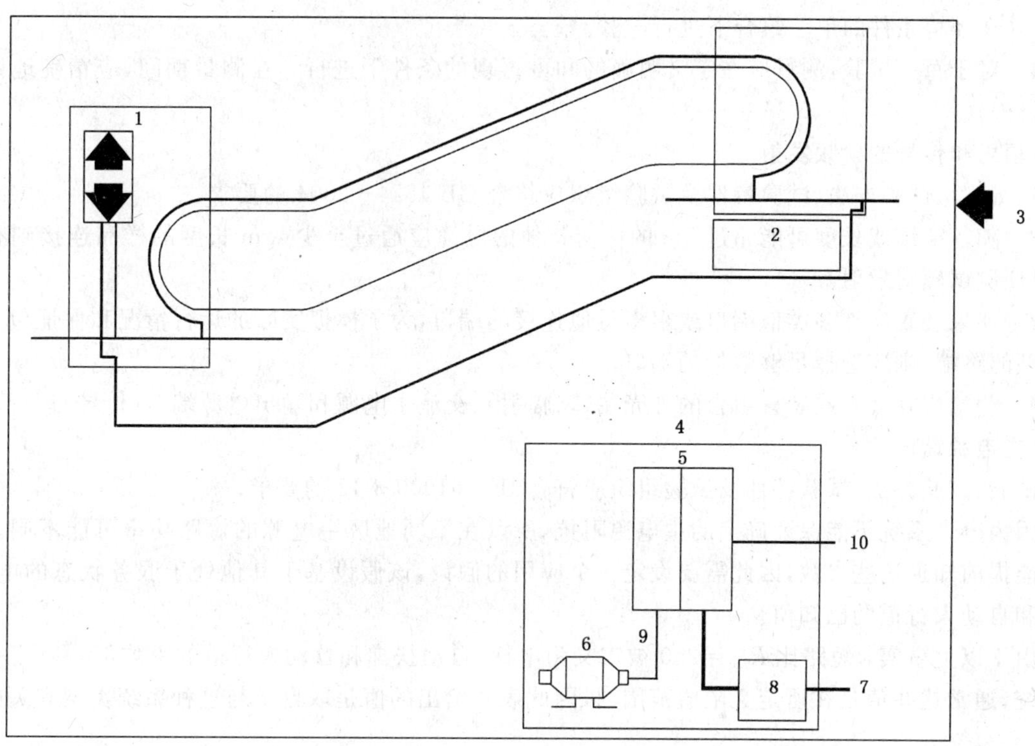

□——装置组合；

1——控制屏；

2——机器设备区间(见4至10)；

注：机器设备区间也可是外部的房间。

3——系统边界；

4——机器设备区间；

5——主要控制装置/控制柜；

6——驱动主机；

7——交流和/或直流电源端口；

8——主开关；

9——输出电源端口；

10——信号和控制端口。

图2 自动扶梯和自动人行道系统EMC模型示例(发射)

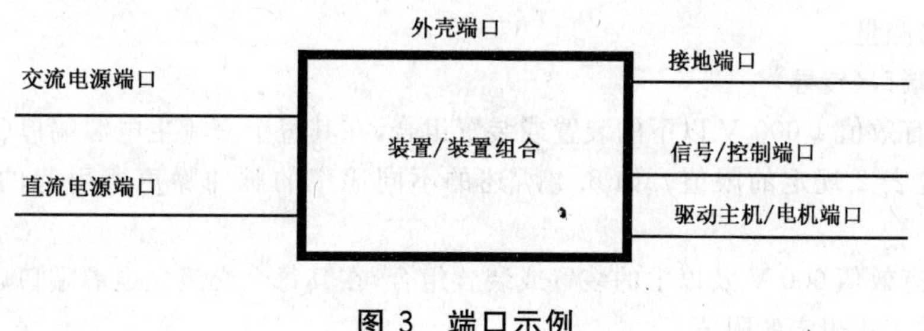

图3 端口示例

4 试验程序

4.1 总则

4.1.1 测量应按照正常的应用在产生最大发射的运行模式下进行。应通过改变在试验设施中试验样品的位置使发射达到最大值。

4.1.2 对于装置或装置组合的每个功能，测量发射并不总是可能的。在这种情况下，应选择在正常运行模式下运行的最不利阶段。

4.1.3 如果标准没有规定任何其他的条件，则应在制造商指定的温度、湿度、压力和电源电压的运行范围内，并在环境条件的单一组合下进行试验。

4.1.4 对于每一试验，测量应在定义明确的和可再现的条件下进行。在测量期间，应精确地记录配置和运行模式。

4.2 辐射和传导的射频发射

4.2.1 试验、试验方法、试验特性及试验组织应符合 GB 4824—2004 的要求。

4.2.2 随行电缆或长度可能超过 5m 的任何其他的电缆应通过至少 5 m 长度的样品连接到有关的端口，以便测试辐射发射。

4.2.3 如果装置有许多类似端口或很多类似连接的端口，为了模拟实际的运行情况和保证包括所有不同类型的终端，则应选择足够数量的端口。

4.2.4 测量应在装置或装置组合的外壳端口(辐射)、交流主电源和输出电源端口(传导)进行。

4.3 主电源谐波

试验、试验方法、试验特性及试验组织应符合 IEC 61000-3-12 的要求。

因为电力系统不能保证确定的主电源阻抗，所以在不同地区主电源的短路功率可能不同。由于通常不能提前知道这些参数，因此需要设定一个应用的假设，该假设基于其他处于服务状态的电梯、自动扶梯和自动人行道的已知值。

由于以上事实，短路比 $R_{sce}=250$ 被定义为电梯、自动扶梯和自动人行道的平均值。对于平衡的三相系统，通常这些值是在所定义限值范围内，因此表 4 给出的值是取自于与这种系统类型有关的标准。

5 试验的适用性

评估发射水平的试验的适用性取决于装置或装置组合的类型、配置、端口、技术和运行条件。

5.1 考虑特定装置或装置组合的电气特性和用途，来决定一些测试是否适当或必要。若不适当或不必要，应记录不进行测试的决定和理由。

5.2 如果应用的方法与 4.2.1 和 4.3 规定的试验方法有偏差，则应说明该偏差的合理性并应给予记录。

6 发射限值

6.1 外壳端口(辐射)

在装置或装置组合的每个外壳端口(辐射)测量的电磁发射水平不应超过表 1 规定的限值。这些限值不适用于现场的测量。

6.2 交流主电源端口(传导)

6.2.1 对于电压有效值 1 000 V 以下的装置或装置组合，在其每个交流主电源端口(传导)测量的电磁发射水平不应超过表 2 规定的限值。如 6.4 所述的不同比率的脉冲噪声所引起的发射对应不同的限值。

6.2.2 对于电压有效值 600 V 及以下的装置或装置组合，在其每个交流主电源端口(传导)测量的谐波发射水平不应超过表 4 规定的限值。

6.3 输出电源端口(传导)

在装置或装置组合的每部驱动主机/电机(传导)的端口的电磁发射水平应不超过表 3 规定的限值。如果符合装置或装置组合制造商规格的屏蔽端子和屏蔽电缆用于驱动主机/电机(传导)的端口，或电缆长度小于等于 2 m，则在这些端口的测量是不必要的。

6.4 脉冲噪声

如果脉冲噪声(喀呖声)出现的频率大于 30 次/min，由脉冲噪声(喀呖声)引起的电磁发射水平(按照 6.2.1 测量)不应超过表 2 规定的限值。如果脉冲噪声(喀呖声)出现的频率在 0.2 次/min 与 30 次/min 之间，由脉冲噪声(喀呖声)引起的电磁发射水平不应超过表 2 规定的限值与以下值之和：

$$20\log_{10}\frac{30}{N}\quad dB(\mu V)$$

式中：

N——每分钟脉冲噪声的次数

这些限值不适用于 GB 4343.1—2003 4.2.3 规定的例外条款。

6.5 电压波动

电压波动应符合 IEC 61000-3-11 的要求。

电压波动取决于为单一系统供电的主电源阻抗和装置或装置组合的特性。制造商应用文件说明该系统适用的主电源的最大阻抗。

注：使用速度控制驱动的装置或装置组合被认为不是电压闪烁干扰的原因。直接启动或星—三角启动的自动扶梯电机、液压泵电机，以及大感性负载（如：变压器）反复直接切换的应谨慎处理。

6.6 主电源电流谐波

限值应符合表 4 的规定。

6.7 测量

6.7.1 辐射和传导的射频发射

为了确定是否符合 6.1 和 6.2.1 的要求，应通过 GB 4824—2004 规定的方法，在第 4 章规定的条件下，测量发射水平。

为了确定是否符合 6.3 的要求，应按 GB 4343.1—2003 规定的负载端测量方法执行。

6.7.2 主电源谐波

如果用于进一步评估的 I_n/I_1 值由测量确定，则它们应源自于基波和谐波电流的瞬时值。

为了与表 4 给出的值比较，I_n/I_1 值应基于基波电流，该基波电流不低于由制造商指定的系统的额定电流。

表 1 外壳端口（辐射）的发射限值

频率范围/MHz	在测试现场 10 m 距离[a] 测量的限值/dB(μV/m)
30≤F<230	40 准峰值
230≤F≤1 000	47 准峰值

a 这些限值是基于 GB 17799.4—2001 的规定值。如果在小于 10 m 距离处测量，则应按照 GB 4824—2004 进行。测量距离不应小于 3 m。

表 2 交流主电源端口（传导）的发射限值

频率范围/MHz	限值/dB(μV) 在额定输入电流下测量[a]		
	<25 A	25～100 A	>100 A[c]
0.15≤F<0.5	79 准峰值 66 平均值	100 准峰值 90 平均值	130 准峰值 120 平均值
0.5≤F<5.0	73 准峰值 60 平均值	86 准峰值 76 平均值	125 准峰值 115 平均值
5.0≤F<30	73 准峰值 60 平均值	90 至 70[b] 准峰值 80 至 60[b] 平均值	115 准峰值 105 平均值

a 装置的设计电流。

b 随频率的对数而减小。

c 这里假定来自特定变压器的专用电源。

表 3 输出电源端口(传导)的发射限值

频率范围/ MHz	限值/ dB(μV)
	在额定输出电流下测量
0.15≤F<0.5	80 准峰值 70 平均值
0.5≤F<5.0	74 准峰值 64 平均值
5.0≤F<30	74 准峰值 64 平均值

表 4 谐波畸变率

环境现象	试验方法	百分比		限值[a]
谐波畸变率	IEC 61000-3-12	I_5/I_1	[%]	31
		I_7/I_1	[%]	20
		I_{11}/I_1	[%]	12
		I_{13}/I_1	[%]	7
谐波畸变系数	IEC 61000-3-12	THD	[%]	37
		PWHD	[%]	38
本表列出的限值适用于连接到 230/400 V,50Hz 的系统。偶次谐波(最高至 12 次)的相对值不应超过 16/n%。与奇次谐波一样,超过 12 次的偶次谐波计入 THD 和 PWHD,不设单独限值。				
a 规定的限值基于 IEC 61000-3-12 的 R_{sce}=250(平衡的三相设备)。				

7 提供给装置或装置组合安装单位的文件

应向安装单位提供装置或装置组合的安装和使用说明文件,以维持与本标准的符合性。该文件应包括下列可适用的内容:

——与其他装置组装和布置的说明;

——与其他装置相互连接的说明和注意事项;

——连接电缆和连接部件的技术规格,尤其是关于屏蔽电缆的应用;

——调试和试验说明;

——避免不正确操作和避免使用已知的引起不符合本标准的装置组合的指南。

ICS 91.140.90
Q 78

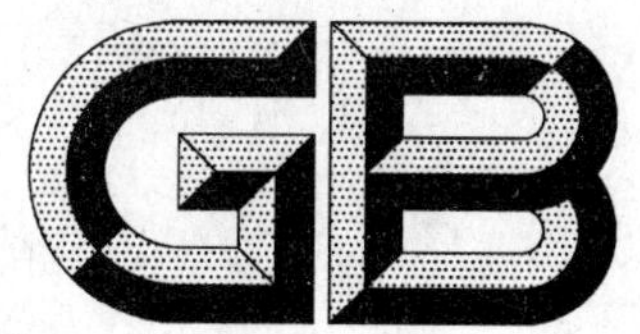

中华人民共和国国家标准

GB/T 24808—2009

电磁兼容 电梯、自动扶梯和自动人行道的产品系列标准 抗扰度

Electromagnetic compatibility—Product family standard for lifts, escalators and moving walks—Immunity

2009-12-15 发布 2010-06-01 实施

中华人民共和国国家质量监督检验检疫总局
中国国家标准化管理委员会 发布

前　言

本标准等同采用EN 12016:2004《电磁兼容　电梯、自动扶梯和自动人行道的产品系列标准　抗扰度》(英文版)。

为了便于使用,本标准对EN 12016:2004做了下列编辑性修改:

——将"本欧洲标准"改为"本标准"。

——本标准引言删除了EN 12016:2004引言中与本标准无关的内容,因为其存在与否对本标准的理解和使用没有任何影响。

——在本标准的"规范性引用文件"中,用国家标准代替了EN 12016:2004的"规范性引用文件"中对应的国外标准。

——本标准删除了EN 12016:2004附录ZA,因为其不适合我国国情且其存在与否对本标准的理解和使用没有任何影响。

——在本标准的"参考文献"中,用国家标准代替了EN 12016:2004的"参考文献"中对应的国外标准。

本标准由全国电梯标准化技术委员会(SAC/TC 196)提出并归口。

本标准负责起草单位:上海新时达电气股份有限公司。

本标准参加起草单位:迅达(中国)电梯有限公司、天津大学、中国建筑科学研究院建筑机械化研究分院、上海三菱电梯有限公司、国家电梯质量监督检验中心、许昌西继电梯有限公司、日立电梯(中国)有限公司、通力电梯有限公司、上海永大电梯设备有限公司、华升富士达电梯有限公司、苏州江南嘉捷电梯股份有限公司、东芝电梯(中国)有限公司、奥的斯电梯(中国)投资有限公司、蒂森电梯有限公司、巨人通力电梯有限公司、宁波宏大电梯有限公司、上海现代电梯制造有限公司。

本标准主要起草人:蔡亮、高浩、杨宇康、万健如、陈凤旺、何新民、李新龙、于铭生、张向峰、王明凯、甘晓峰、张蕾、赵碧涛、张云强、黄忠海、周志、张新华、戴选新、陈险峰。

引　言

本标准的目的是为了提供符合电磁兼容(EMC)要求的一种方法。本标准规定的要求是对于多数情况下保证适当的电磁抗扰度水平。

在本标准的范围中指出了有关的装置及危险状况和事件所包括的程度。

本标准为下列装置,规定试验强度和抗扰度性能标准:

——安全部件或用于与安全部件连接的装置(安全电路);

——用在一般功能电路中的装置。

通常,在装置连接到低电压系统的基础上,规定试验强度和要求。

鉴于所安装电梯的尺寸,以及不受控的现场环境可能影响试验的过程和结果,所以在试验室或现场进行总组装设备的测试(包括轿厢内部的测量)是不可行的。自动扶梯和自动人行道的情况亦与此类似。

本标准适用于电梯、自动扶梯和自动人行道的装置或装置组合及其组成的系统。

电磁兼容 电梯、自动扶梯和自动人行道的 产品系列标准 抗扰度

1 范围

本标准规定了将要永久地安装在建筑物中的电梯、自动扶梯和自动人行道的装置抗扰度性能标准和试验强度，包括与其电磁兼容环境相关的基本安全要求。这些规定代表了基本的电磁兼容要求。

本标准涉及了住宅、办公和工业的建筑物中正常的电磁兼容状况，但不包括更恶劣的电磁兼容环境，这类环境需要附加的调研，例如：

——无线电基站；

——铁路和地铁；

——重工业工厂；

——电站。

本标准基于电梯、自动扶梯和自动人行道按其制造商所设计和在可预见的条件下使用时，出现的通常已知的与其电磁兼容有关的危险和危险状况。

本标准基于电梯、自动扶梯和自动人行道相关标准规定的与电磁兼容性能有关的环境条件（湿度、温度等）。然而，

——一般功能电路中的装置或装置组合的性能标准和试验强度未包括发生概率非常低的情况。

——本标准不适用于已被证明符合电磁兼容法规，或者与电梯、自动扶梯或自动人行道的安全无关的其他装置，如：照明装置、通讯装置等。

本标准不适用于本标准实施日期之前制造的电梯、自动扶梯、自动人行道和有关的安全部件。

2 规范性引用文件

下列文件中的条款通过本标准的引用而成为本标准的条款。凡是注日期的引用文件，其随后所有的修改单（不包括勘误的内容）或修订版均不适用于本标准，然而，鼓励根据本标准达成协议的各方研究是否可使用这些文件的最新版本。凡是不注日期的引用文件，其最新版本适用于本标准。

GB/T 4365—2003 电工术语 电磁兼容 (IEC 60050(161):1990,IDT)

GB/T 15706.1—2008 机械安全 基本概念与设计通则 第1部分：基本术语、方法学 (ISO 12100-1:2003,IDT)

GB/T 17626.2—2006 电磁兼容 试验和测试技术 静电放电抗扰度试验 (IEC 61000-4-2:2001,IDT)

GB/T 17626.3—2006 电磁兼容 试验和测试技术 射频 电磁场抗扰度试验 (IEC 61000-4-3:2002,IDT)

GB/T 17626.4—2008 电磁兼容 试验和测试技术 电快速瞬变脉冲群抗扰度试验(IEC 61000-4-4:2004,IDT)

GB/T 17626.5—2008 电磁兼容 试验和测试技术 浪涌(冲击)抗扰度试验 (IEC 61000-4-5:2005,IDT)

GB/T 17626.6—2008　电磁兼容　试验和测试技术　射频场感应的传导骚扰抗扰度试验(IEC 61000-4-6:2006,IDT)

GB/T 17626.11—2008　电磁兼容　试验和测试技术　电压暂降、短时中断和电压变化的抗扰度试验(IEC 61000-4-11:2004,IDT)

GB/T 17799.1—1999　电磁兼容　通用标准　居住、商业和轻工业环境中的抗扰度试验(idt IEC 61000-6-1:1997)

GB/T 17799.2—2003　电磁兼容　通用标准　工业环境中的抗扰度试验(IEC 61000-6-2:1999,IDT)

3　术语和定义

GB/T 4365—2003、GB/T 15706.1—2008、GB/T 17799.1—1999 和 GB/T 17799.2—2003 确立的以及下列术语和定义适用于本标准。

3.1

系统　system

电梯、自动扶梯或自动人行道中的由电气、电子设备及其互相连接构成的装置组合的总成。

注：见图 1 和图 2 所示。

3.2

装置组合　assembly of apparatus

可一起测试的相互连接的装置的组合。

注：见图 1 和图 2 所示。

3.3

装置　apparatus

按照制造商说明，具有内在功能的部件组合。

注 1：见图 1 和图 2 所示。

注 2：电梯相关标准定义的安全部件被认为是装置。

3.4

端口　port

指定装置或装置组合与外部电磁环境的特定接口/界面。

注：见图 3 所示。

3.5

外壳端口　enclosure port

装置或装置组合的物理边界，电磁场可以通过其辐射或侵入。

注：见图 3 所示。

3.6

安全电路　safety circuit

含有电子元件的组成电气安全装置的电路，参见 GB 7588 和 GB 21240 所述。

3.7

一般功能电路　general function circuit

装置中不含有安全电路的电路。

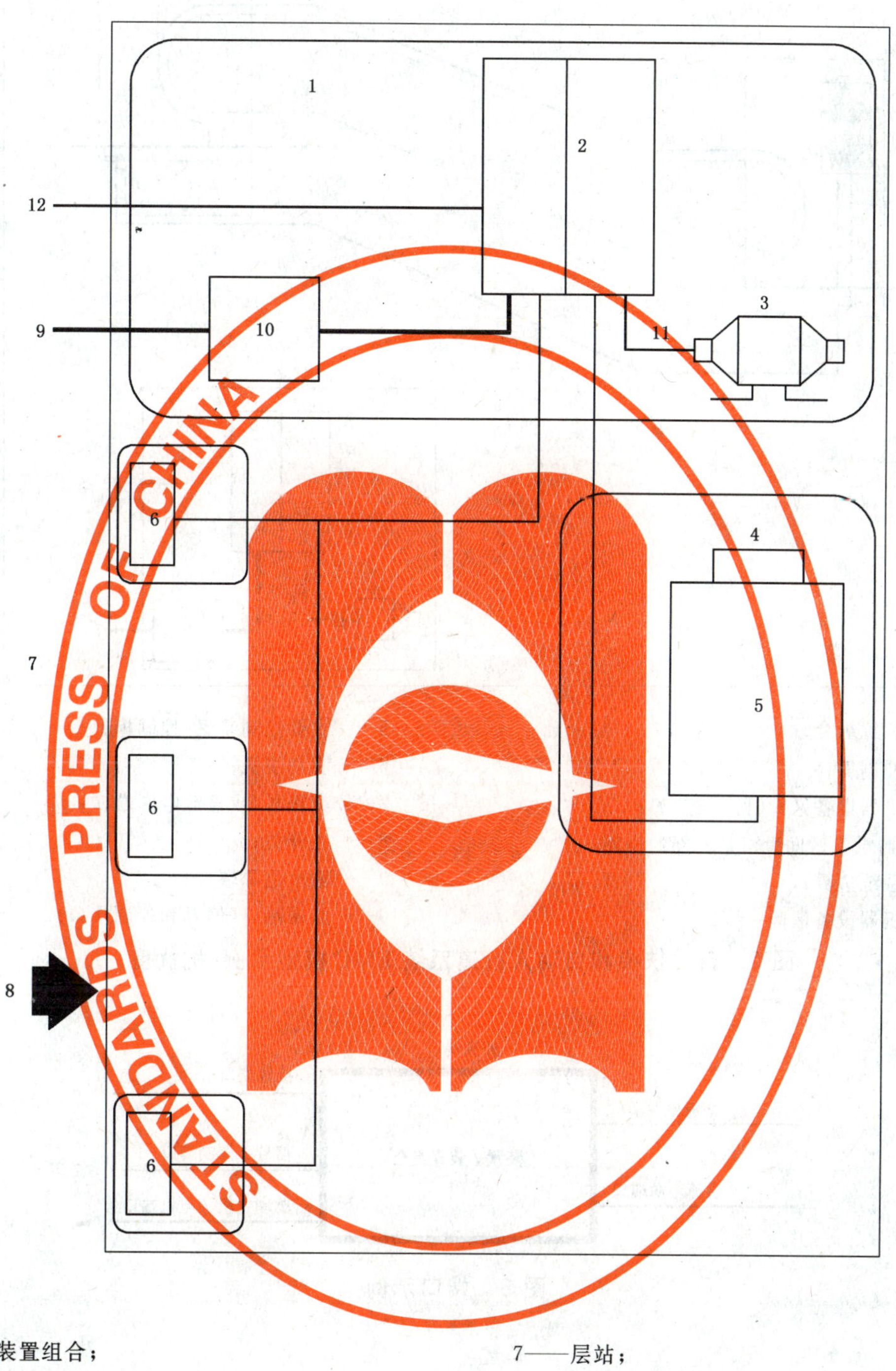

□——装置组合；

1——机器设备区间；

2——主要控制装置/控制柜；

3——驱动主机；

4——门控装置；

5——轿厢；

6——安装在层站的装置(如：按钮、指示器)；

7——层站；

8——系统边界；

9——交流和/或直流电源端口；

10——主开关；

11——输出电源端口；

12——监视和远程报警系统(信号和控制端口)。

图 1　电梯系统 EMC 模型示例(抗扰度)

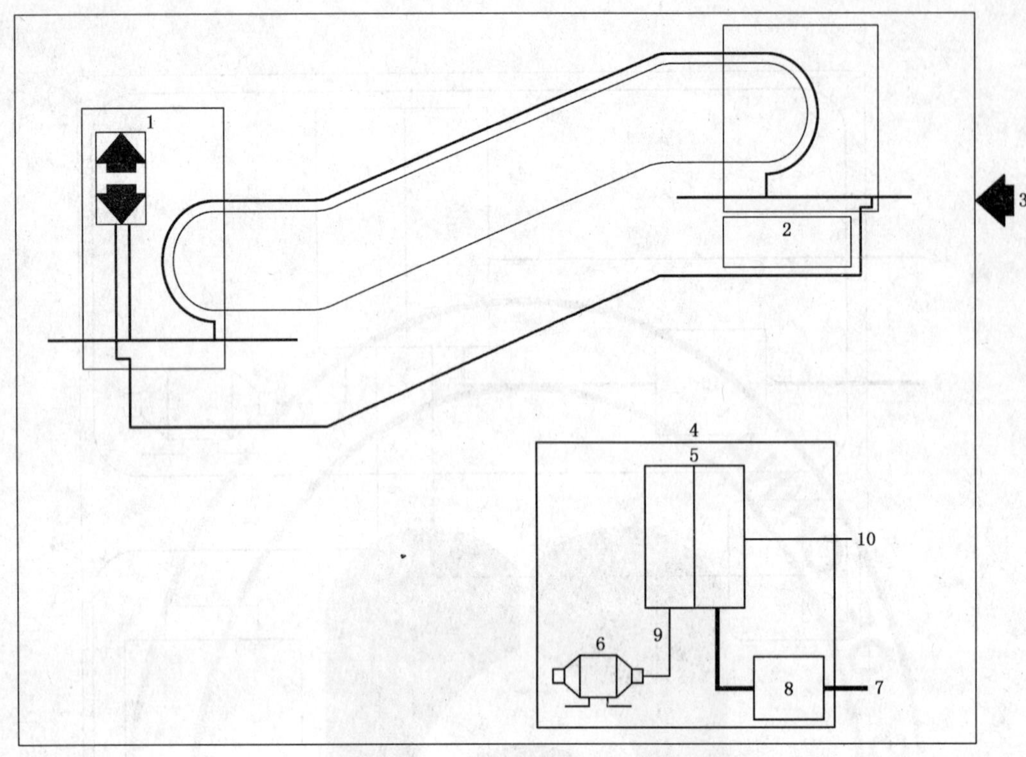

▭——装置组合；
1——控制屏；
2——机器设备区间(见 4 至 10)；
注：机器设备区间也可是外部的房间。
3——系统边界；
4——机器设备区间；
5——主要控制装置/控制柜；
6——驱动主机；
7——交流和/或直流电源端口；
8——主开关；
9——输出电源端口；
10——监视端口(信号和控制端口)。

图 2　自动扶梯和自动人行道系统 EMC 模型示例(抗扰度)

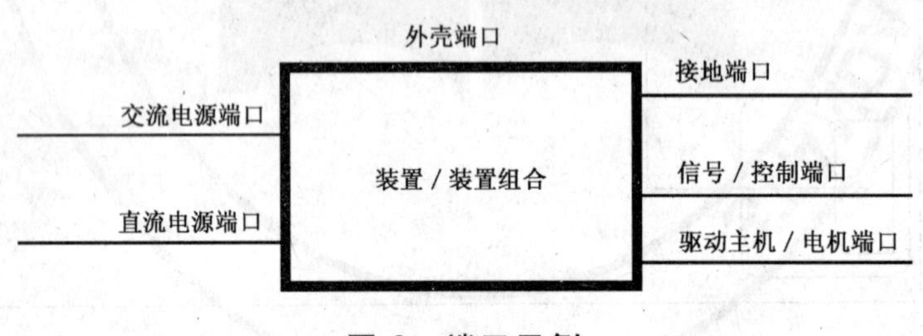

图 3　端口示例

4　试验程序

4.1　试验应按照 GB/T 17626.2—2006、GB/T 17626.3—2006、GB/T 17626.4—2008、GB/T 17626.5—2008、GB/T 17626.6—2008 和 GB/T 17626.11—2008 相关规定(见表 1 至表 7)执行。

应通过改变在试验设施中试验样品的位置使其达到最大的敏感度。

4.2　随行电缆或长度可能超过 5 m 的任何其他的电缆应通过至少 5 m 长度的样品连接到有关的端口，以便测试敏感度。

4.3　对于装置或装置组合的每个功能，进行抗扰度试验并不总是可能的。在这种情况下，应选择最不利的运行阶段。

4.4　应在温度、湿度、气压和电源电压的特定运行范围内的单一环境条件组合情况下进行试验，除非在

4.1 所列的标准中另有规定。

4.5 每一试验应在定义明确和可再现的条件下进行。

4.6 为了便于试验,装置组合可以一起被试验。然而,如果装置包含安全电路,试验应证明安全电路符合所有的电路抗扰度要求和安全电路的特定要求。

这不意味着整个组合的一般功能电路部分应符合安全电路的要求。

4.7 如果装置或装置组合存在下列端口,则试验应在这些端口进行:

——外壳端口(见表1);

——信号和控制线的端口(见表2);

——穿过系统边界的监视和远程报警系统的端口(见表3);

——额定电流≤100 A 的输入和输出直流电源端口(见表4);

——额定电流>100 A 的输入和输出直流电源端口(见表5);

——每相额定电流≤100 A 的输入和输出交流电源端口(见表6);

——每相额定电流>100 A 的输入和输出交流电源端口(见表7)。

4.8 在测量期间,应记录配置和运行模式。

4.9 试验值应按照表1～表7的规定,并且应满足6.2相关的性能标准。试验应以单一试验和顺序试验两种方式分别地进行。

5 试验的适用性

评估抗扰度的试验的适用性取决于装置或装置组合的类型、配置、端口、技术和运行条件。

5.1 考虑特定装置或装置组合的电气特性和用途,来决定一些测试是否适当或必要。若不适当或不必要,应记录不进行测试的决定和理由。

5.2 如果应用的试验方法与4.1规定的有偏离,则应说明该偏差的合理性并应给予记录。

6 试验结果的评价

6.1 总则

由于产品的特殊要求,有必要精确定义抗扰度试验结果的评价标准。

如本标准范围中所述,系统(电梯、自动扶梯或自动人行道)的基本安全要求可参见 GB 21240、GB 7588 和 GB 16899。GB/T 17799.1—1999 中的抗扰度水平的性能标准对于多数功能是足够的。然而,对于安全电路,不允许发生任何可能导致危险运行模式的故障,因此,采用了 GB/T 17799.2—2003 中更高抗扰度水平的要求。

6.2 性能标准

在试验期间或试验结束时,应记录装置或装置组合的功能描述和达到的性能标准。性能标准的确定应基于:

性能标准A:装置或装置组合应按照设计连续运行。当装置或装置组合按照设计使用时,不允许任何性能降低或功能损失到低于制造商给定的性能指标。在某些情况下,性能可允许有一定的损失。如果制造商未给定最低的性能指标或允许的性能损失,可根据产品描述、文件和使用者对装置或装置组合合理的期望来确定。

性能标准B:试验后装置或装置组合应按照设计连续运行。当装置或装置组合按照设计使用时,不允许任何性能降低或功能损失到低于制造商给定的性能指标。在某些情况下,性能可允许有一定的损失。在试验期间,允许性能降低,但是不允许改变实际运行状态和存储的数据。如果制造商未给定最低的性能指标或允许的性能损失,可根据产品描述、文件和使用者对装置或装置组合合理的期望来确定。

性能标准C:(空)。

性能标准D:装置或装置组合和有关安全部件应按照设计连续运行。除非因故障进入安全模式,不允许任何性能降低或功能损失。

6.3 安全电路的外壳端口

如果风险评价表明安全电路的位置可允许移动电话或紧急无线电发射器直接放置在该装置附近，则应处理该装置的外壳端口以保证在这些条件下满足性能标准 D。

7 提供给装置或装置组合安装单位的文件

应向安装单位提供装置或装置组合的安装和使用说明文件，以维持与本标准的符合性。该文件应包括下列可适用的内容：

——与其他装置组装和布置的说明；

——与其他装置相互连接的说明和注意事项；

——连接电缆和连接部件的技术规格，尤其是关于屏蔽电缆的应用；

——调试和试验的说明；

——避免不正确操作和避免使用已知的引起不符合本标准的装置组合的指南。

表 1 抗扰度——外壳端口

环境现象	试验方法	单　位	试验值		性能标准	
			所有电路[a]	安全电路[b]	所有电路[a]	安全电路[b]
静电放电[e]	GB/T 17626.2—2006	kV(充电电压)	4(接触放电) 8(空气放电)	6(接触放电) 15(空气放电)	B	D
射频电磁场[c]	GB/T 17626.3—2006	MHz V/m(有效值,未调制) %AM(1 kHz)	80～166 10 80	80～166 10[d] 80	A	D
射频电磁场[c]	GB/T 17626.3—2006	MHz V/m(有效值,未调制) %AM(1 kHz)	166～1 000 10 80	166～1 000 30[d] 80	A	D
射频电磁场[c]	GB/T 17626.3—2006	MHz V/m(有效值,未调制) %AM(1 kHz)	1 710～1 784 10 80	1 710～1 784 30[d] 80	A	D
射频电磁场[c]	GB/T 17626.3—2006	MHz V/m(有效值,未调制) %AM(1 kHz)	1 880～1 960 3 80	1 880～1 960 10[d] 80	A	D

a 包含一般功能和/或安全电路的端口的试验值。

b 包含安全电路的端口的试验值。

c 对于试验强度、防护距离与移动电话的辐射功率之间的关系，见 GB/T 17626.3—2006。

d 场强可通过现场的距离来限制，如：对于移动电话为 200 mm；因此，如果未使用任何射频屏蔽阻隔，则物理阻隔应维持在安全电路与潜在的干扰源之间 200 mm 的距离。

e 如果安全电路不在接地的金属盒中，为避免现场损坏应在盒与电路之间保持至少为 8 mm 的距离，或采用其他类型的绝缘。

表 2 抗扰度——信号和控制线端口

环境现象	试验方法	单 位	试验值		性能标准	
			所有电路[a]	安全电路[b]	所有电路[a]	安全电路[b]
电快速瞬变脉冲群	GB/T 17626.4—2008	kV(峰值) T_r/T_h(ns) 重复频率(kHz)	0.5 5/50 5	2.0 5/50 5	B	D
浪涌 线对地 线对线	GB/T 17626.5—2008	T_r/T_h(μs) kV(峰值) kV(峰值)	不适用	1.2/50 +/− 2.0 +/− 1.0	不适用	D
射频场感应的传导骚扰	GB/T 17626.6—2008	MHz V(有效值,未调制) %AM(1 kHz)	0.15～80 3 80[c,d]	0.15～80 10 80[d]	A	D

注：T_r 是脉冲的上升时间，T_h 是脉冲的持续时间，在相关试验方法的标准中定义了脉冲的波形。

a 包含一般功能和/或安全电路的端口的试验值。

b 包含安全电路的端口的试验值。

c 仅适用于含有长度可能超过 3 m 的电缆接口的端口(电缆的长度依据制造商在功能规格书中的描述)。

d 试验强度也可被定义为相同的电流注入 150 Ω 负载。

表 3　抗扰度——穿过系统边界的监视和远程报警系统端口(不适用于连接到专用的非充电电源的输入端口)

环境现象	试验方法	单　位	试验值		性能标准	
			所有电路[a]	安全电路[b]	所有电路[a]	安全电路[b]
电快速瞬变脉冲群	GB/T 17626.4—2008	kV(峰值) T_r/T_h(ns) 重复频率(kHz)	+/− 1.0 5/50 5[c]	包括在表 2	B	参照表 2
浪涌 线对地 线对线	GB/T 17626.5—2008	T_r/T_h(μs) kV(峰值) kV(峰值)	1.2/50 +/− 1.0 +/− 0.5	包括在表 2	B	参照表 2
射频场感应的传导骚扰	GB/T 17626.6—2008	MHz V(有效值,未调制) %AM(1 kHz)	0.15～80 3 80[c,d]	不适用	A	不适用

注：T_r 是脉冲的上升时间，T_h 是脉冲的持续时间，在相关试验方法的标准中定义了脉冲的波形。

a 包含一般功能和/或安全电路的端口的试验值。

b 包含安全电路的端口的试验值。

c 仅适用于含有长度可能超过 3 m 的电缆接口的端口(电缆的长度依据制造商在功能规格书中的描述)。

d 试验强度也可被定义为相同的电流注入 150 Ω 负载。

表 4　抗扰度——额定电流≤100 A 的直流电源输入和输出端口(不适用于连接到专用的非充电电源的输入端口)

环境现象	试验方法	单　位	试验值		性能标准	
			所有电路[a]	安全电路[b]	所有电路[a]	安全电路[b]
电快速瞬变脉冲群	GB/T 17626.4—2008	kV(峰值) T_r/T_h(ns) 重复频率(kHz)	0.5 5/50 5[d]	4.0 5/50 2.5	B	D
浪涌 线对地 线对线	GB/T 17626.5—2008	T_r/T_h(μs) kV(峰值) kV(峰值)	1.2/50 +/− 0.5 +/− 0.5[d]	1.2/50 +/− 2.5 +/− 1.0	B	D
射频场感应的传导骚扰	GB/T 17626.6—2008	MHz V(有效值,未调制) %AM(1 kHz)	0.15～80 3 80[c]	0.15～80 10 80[c]	A	D

注：T_r 是脉冲的上升时间，T_h 是脉冲的持续时间，在相关试验方法的标准中定义了脉冲的波形。

a 包含一般功能和/或安全电路的端口的试验值。

b 包含安全电路的端口的试验值。

c 试验强度也可被定义为相同的电流注入 150 Ω 负载。

d 仅适用于穿过系统边界的输入端口。

表 5 抗扰度——额定电流＞100 A 的直流电源输入和输出端口(不适用于连接到专用的非充电电源的输入端口)

环境现象	试验方法	单位	试验值		性能判据	
			所有电路[a]	安全电路[b]	所有电路[a]	安全电路[b]
电快速瞬变脉冲群	GB/T 17626.4—2008	kV(峰值) T_r/T_h(ns) 重复频率(kHz)	1.0 5/50 5[d]	不适用	B	不适用
浪涌 线对地 线对线	GB/T 17626.5—2008	T_r/T_h(μs) kV(峰值) kV(峰值)	1.2/50 +/−1.0 +/−0.5[d]	不适用	B	不适用
射频场感应的传导骚扰	GB/T 17626.6—2008	MHz V(有效值,未调制) %AM(1 kHz)	0.15～80 3 80[c]	不适用	A	不适用

注：T_r 是脉冲的上升时间，T_h 是脉冲的持续时间，在相关试验方法的标准中定义了脉冲的波形。

[a] 包含一般功能和/或安全电路的端口的试验值。

[b] 包含安全电路的端口的试验值。

[c] 试验强度也可被定义为相同的电流注入 150 Ω 负载。

[d] 仅适用于穿过系统边界的输入端口。

表 6　抗扰度——每相额定电流≤100 A 的交流电源输入和输出端口(不适用于连接到专用的非充电电源的输入端口)

环境现象	试验方法	单　位	试验值		性能判据	
			所有电路[a]	安全电路[b]	所有电路[a]	安全电路[b]
电快速瞬变脉冲群	GB/T 17626.4—2008	kV(峰值) T_r/T_h(ns) 重复频率(kHz)	1.0 5/50 5	4.0 5/50 2.5	B	D
电压暂降	GB/T 17626.11—2008	%降低 ms	30 10	30 和 60[e] 10～100 步幅 10 ms；200～1 000 步幅 100 ms	A	D
电压中断	GB/T 17626.11—2008[c]	%降低 ms	不适用	>95[e] 5 000	不适用	D
浪涌 线对地 线对线	GB/T 17626.5—2008	T_r/T_h(μs) kV(峰值) kV(峰值)	1.2/50 +/− 2.0 +/− 1.0[f]	1.2/50 +/− 2.0 +/− 1.0	B	D
射频场感应的传导骚扰	GB/T 17626.6—2008	MHz V(有效值,未调制) %AM(1 kHz)	0.15～80 3 80[d]	0.15～80 10 80[d]	A	D

注：T_r 是脉冲的上升时间，T_h 是脉冲的持续时间，在相关试验方法的标准中定义了脉冲的波形。

a 包含一般功能和/或安全电路的端口的试验值。

b 包含安全电路的端口的试验值。

c 也参见 GB 12668.3—2003 的 5.2.2。

d 试验强度也可被定义为相同的电流注入 150 Ω 负载。

e 如果电压降到低于设计功能的限值，安全电路应进入安全状态。

f 仅适用于输入端口。

表 7　抗扰度——每相额定电流＞100 A 的交流电源输入和输出端口

环境现象	试验方法	单　位	试验值		性能标准	
			所有电路[a]	安全电路[b]	所有电路[a]	安全电路[b]
电快速瞬变脉冲群	GB/T 17626.4—2008	kV(峰值) T_r/T_h(ns) 重复频率(kHz)	+/− 2.0 5/50 5	不适用	B	不适用
浪涌[c] 线对地 线对线	GB/T 17626.5—2008	T_r/T_h(μs) kV(峰值) kV(峰值)	1.2/50 +/− 2.0 +/− 1.0	不适用	B	不适用
射频场感应的传导骚扰	GB/T 17626.6—2008	MHz V(有效值,未调制) %AM(1 kHz)	0.15～80 3 80[d]	不适用	A	不适用

注：T_r 是脉冲的上升时间，T_h 是脉冲的持续时间，在相关试验方法的标准中定义了脉冲的波形。

a 仅包含一般功能电路的端口的试验值。

b 包含安全电路的端口的试验值。

c 仅适用于交流输入端口。

d 试验强度也可被定义为相同的电流注入 150 Ω 负载。

参 考 文 献

[1] GB 7588—2003 电梯制造与安装安全规范(EN 81-1:1998,MOD).

[2] GB 12668.3—2003 调速电气传动系统 第3部分:产品的电磁兼容性标准及其特定的试验方法(IEC 61800-3:1996,IDT).

[3] GB 16899—1997 自动扶梯和自动人行道的制造与安装安全规范(eqv EN 115:1995).

[4] GB 21240—2007 液压电梯制造与安装安全规范(EN 81-2:1998,MOD).

ICS 53.020.20
J 80

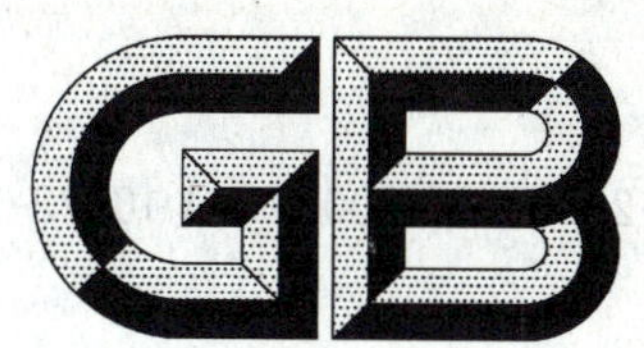

中华人民共和国国家标准

GB/T 24809.1—2009/ISO 10972-1:1998

起重机　对机构的要求　第1部分:总则

Cranes—Requirements for mechanisms—
Part 1:General

(ISO 10972-1:1998,IDT)

2009-12-15 发布　　　　2010-07-01 实施

中华人民共和国国家质量监督检验检疫总局
中国国家标准化管理委员会　发布

前 言

GB/T 24809《起重机 对机构的要求》分为5个部分：

——第1部分：总则；

——第2部分：流动式起重机；

——第3部分：塔式起重机；

——第4部分：臂架起重机；

——第5部分：桥式和门式起重机。

本部分为GB/T 24809的第1部分。

本部分等同采用ISO 10972-1:1998《起重机 对机构的要求 第1部分：总则》(英文版)。

本部分等同翻译ISO 10972-1:1998。

为了便于使用，本部分作了下列编辑性修改：

——“ISO 10972的本部分”一词改为“GB/T 24809的本部分”；

——删除ISO 10972-1:1998的前言和引言；

——用小数点“.”代替作为小数点的逗号“,”；

——对于ISO 10972-1:1998引用的国际标准有被等同采用为我国标准的用我国标准代替对应的国际标准，其他未等同采用为我国标准的直接引用国际标准。

本部分由中国机械工业联合会提出。

本部分由全国起重机械标准化技术委员会(SAC/TC 227)归口。

本部分起草单位：大连重工·起重集团有限公司、北京起重运输机械设计研究院。

本部分主要起草人：桂佩康、李秀苇、赵燚、张延全、何铀。

起重机　对机构的要求
第1部分:总则

1　范围

GB/T 24809 的本部分规定了 GB/T 6974.1、GB/T 6974.3 和 ISO 4306-2 中定义的起重机与起重设备的机构和有关零部件普遍适用的要求。

这些要求包括:

a）机构总体布置与设计;

b）零部件选用和/或其设计要求;

c）有关制造、架设、安装和试验的规定。

GB/T 24809 的本部分不包括涉及各种极限状态(如屈服强度、疲劳、磨损等)的能力验算规则。

2　规范性引用文件

下列文件中的条款通过 GB/T 24809 的本部分的引用而成为本部分的条款。凡是注日期的引用文件,其随后所有的修改单(不包括勘误的内容)或修订版均不适用于本部分,然而,鼓励根据本部分达成协议的各方研究是否可使用这些文件的最新版本。凡是不注日期的引用文件,其最新版本适用于本部分。

GB/T 3480.5—2008　直齿轮和斜齿轮承载能力计算　第5部分:材料的强度和质量(ISO 6336-5:2003,IDT)

GB/T 5905　起重机试验规范和程序(GB/T 5905—1986,idt ISO 4310:1981)

GB/T 5972　起重机　钢丝绳　保养、维护、安装、检验和报废(GB/T 5972—2009,ISO 4309:2004,IDT)

GB/T 6974.1　起重机　术语　第1部分:通用术语(GB/T 6974.1—2008,ISO 4306-1:2007,IDT)

GB/T 6974.3　起重机　术语　第3部分:塔式起重机(GB/T 6974.3—2008,ISO 4306-3:2007,IDT)

GB/T 7932　气动系统通用技术条件(GB/T 7932—2003,ISO 4414:1998,IDT)

GB/T 10062.1　锥齿轮承载能力计算方法　第1部分:概述和通用影响系数(GB/T 10062.1—2003,ISO 10300-1:2001,IDT)

GB/T 10095.1　圆柱齿轮　精度制　第1部分:轮齿同侧齿面偏差的定义和允许值(GB/T 10095.1—2008,ISO 1328-1:1995,IDT)

GB/T 20863.1　起重机械　分级　第1部分:总则(GB/T 20863.1—2007,ISO 4301-1:1986,IDT)

GB/T 20947　起重用短环链　T级(T、DAT和DT型)高精度葫芦链(GB/T 20947—2007,ISO 3077:2001,IDT)

GB/T 24811.1—2009　起重机和起重机械　钢丝绳选择　第1部分:总则(ISO 4308-1:2003,IDT)

GB/T 24812　4级链条用锻造环眼吊钩(GB/T 24812—2009,ISO 4779:1986,IDT)

GB/T 24813　8级链条用锻造环眼吊钩(GB/T 24813—2009,ISO 7597:1987,IDT)

GB/T 24817.1　起重机　控制装置布置形式和特性　第1部分:总则(GB/T 24817.1—2009,ISO 7752-1:1983,IDT)

GB/T 24818.1　起重机　通道及安全防护设施　第1部分:总则(GB/T 24818.1—2009,ISO 11660-1:2008,IDT)

ISO 2408　一般用途钢丝绳　基本要求

ISO 4306-2　起重机　术语　第2部分:流动式起重机

ISO 4347　板式链、U形夹和滑轮　尺寸、测量力和抗拉强度

ISO 4413　液压传动　与系统相关的一般规则

ISO 6336-1　直齿与斜齿圆柱齿轮的承载能力计算　第1部分:基本原则,介绍和一般影响因素

ISO 6336-2　直齿与斜齿圆柱齿轮的承载能力计算　第2部分:齿面耐久性(抗点蚀)计算

ISO 6336-3　直齿与斜齿圆柱齿轮的承载能力计算　第3部分:轮齿弯曲强度计算

3　术语和定义

GB/T 6974.1、GB/T 6974.3、ISO 4306-2 中确立的以及下列术语和定义均适用于 GB/T 24809 的本部分。

3.1

工作状态制动　in-service braking

随着电动机的断电,通过司机迅速且简易的操作使起重机从其正常工作状态停机或减速。

3.2

非工作状态制动　out-of-service braking

在不确定的时段内防止意外的启动。

注:可自动或手动触发。

3.3

紧急制动　emergency braking

在失去电源或压力供应的情况下,通过与限位装置的互动或者急停开关的触发使起重机一个或多个动作停止。

3.4

控制性制动　control braking

在电动机接通的情况下,自动地或通过司机的操作保持住需要的速度。

3.5

链条驱动机构　chain drive

通过链条和链轮的组合结构支持住并移动载荷的装置。

3.6

钢丝绳驱动机构　rope drive

通过钢丝绳、滑轮和卷筒的组合结构支持住并移动载荷的装置。

4　通用要求

4.1　设计准则

4.1.1　总体设计与布置

起重机的总体设计与布置应考虑下列各项:

——用户的要求;

——机构的特殊功能及其用途;

——机构的可靠性,以及机构故障引起的后果;

——支承机构的结构位移;

——避免出现运动失控,例如由电动机、离合器、制动器等传递力和力矩时应考虑有所限制;

——避免产生不应有的或过度的振动;

——避免出现过大的噪声;

——有足够的操作空间并设有运动限制器与指示器,以便于对机构使用与控制;

——零部件供应商有关选用和安装零部件的建议;

——可维护性,即便于接近零部件进行维修,见 GB/T 24818.1;

——零部件的互换性;

——具有便于搬运用的吊耳和吊点;

——为司机和维护人员留有通道,见 GB/T 24818.1;

——环境条件和危险性。

4.1.2 零部件强度准则

选用机构零部件时,应利用最大载荷、载荷谱、载荷循环次数等参数来验证实际载荷情况是否符合相应的零部件额定性能参数。

4.2 动力

驱动机应是电动机、液压马达或气动马达或内燃机。

起重机的机构应具备能在设计规定的条件下对运动进行控制的足够的动力和扭矩。并应考虑到重力、惯性力、工作状态风力、摩擦力和机构的效率等因素的影响。

4.3 联轴器

4.3.1 一般规定

联轴器型式的选择应以机构的总体设计、使用以及为避免振动和产生不应有的反作用力所需的性能为依据。联轴器的校准应符合供货商说明书的要求。

必要时,旋转件应符合静平衡或动平衡要求。

4.3.2 离合器

当起升和变幅机构中采用楔块式离合器时,应设置一个防止故障的全机械锁或按能满足传递钢丝绳拉力 2 倍最大扭矩的要求进行设计。

干式摩擦离合器应防止雨水、油和润滑剂等液体的浸入。

离合器的布置应便于在必要时为补偿磨损量而进行调整。

考虑到脉冲频率和允许磨损量等因素,在任何工作温度下,离合器的最大允许扭矩应至少和工作期间出现的扭矩峰值相等。

4.4 制动器

起重机应设有能使每一由动力驱动的运动停住的装置。

紧急制动应采用断电时自动上闸的制动器。紧急制动器引起的减速度应与机构满载时的设计参数相适应。

用手或脚操作手动的工作制动器时,其操作力应符合 GB/T 24817.1 的规定。

如适用时,同类制动器可用于不同型式的制动。

4.4.1 起升制动器

摩擦式起升制动器应能将任何额定载荷和动态试验载荷停止和保持在起升范围内的任何位置。

在需要载荷紧急下降时,起升制动器应能手动松闸,以便在下降时保持对载荷的操控。载荷紧急下降应按说明书的规定进行,且应考虑制动器散热能力。

选用起升制动器的额定扭矩至少应是载荷扭矩的 1.5 倍。

用于搬运熔融金属或类似的危险物品的起重机在构造上应能保证在力传递过程中某一零部件失效时防止载荷跌落。此要求可通过以下条件之一得到满足:

——采用冗余系统；

——在钢丝绳卷筒上装一安全制动器，并配一套冗余的钢丝绳传动；

——对于总起重量不大于16 t的起重机，在设计起升机构时其工作级别应至少比实际作业条件所要求的高2级，并取M5为最小工作级别。

4.4.2 运行和回转制动器

运行和回转制动器应能在最不利的载荷条件下将起重机停住。

4.5 非工作状态的保持装置

机构不使用时，应使用制动器或锁紧装置保持其位置不变。锁定装置的布置应能防止其被无意中接通或脱开。锁定装置接通后应能防止机构意外运动。

如果要求起重机在非工作状态具有"风向标"功能，则控制这种功能的装置应可从控制站进行操作。这种装置在下列情况下应能自动起作用：

——起重机供电中断时；

——起重机不使用时。

4.6 液压和气动系统

ISO 4413和GB/T 7932中对液压和气动系统提出的通用性要求也适用于起重机。

液压系统及其控制装置的布置应保证无论对控制装置怎样组合操作都不会触发司机所不希望的任何一种动作，除非这种动作是为使安全或锁定装置起作用所必须的。

系统回路中应有下列安全装置：

——液压和气动系统有压回路中应设安全阀限制回路中的最大压力；

——防止在起重机任一承载回路中因软管、硬管或管件失效而引发危险后果的安全装置。

考虑动力源的故障和系统测试等因素，所有零部件和控制装置均应能对设计载荷进行搬运作业并保证起重机在正常、偶然及异常条件下安全运行。

所有零部件和(液压系统中的)工作液均应适合于起重机的用途和环境条件。

为了故障诊断的需要，应在系统中适当位置设压力检测点并在回路图中注明。

必要时，液压系统中应有排气装置。

系统中应防止出现会损坏制动器零部件和不经意地对其进行控制的背压。

液压缸的选用和设计应以典型工作循环中有效工作长度上的最大压缩和拉伸载荷为依据。应考虑可能达到的压强和流量、工作液的类型、密封件与活塞杆(刮油器)的类型与材料以及轴承规格等方面。

硬管、软管、管件、阀门和油路上通径面积应与油压和流量相匹配，使缺油和不当温升的现象减到最少。

臂架变幅机构应有备用棘轮棘爪装置或其他强迫锁定装置，以防止卷筒往臂架下落方向转动并能长时间地保持住额定载荷。该装置应能从司机室进行控制。

4.6.1 液压油箱

液压油箱在作业过程中应使其油位保持在工作高度上并有一定的裕度，同时，应能在液压油缸闭合时容纳所有从系统中流回的油液。油箱还应有足够的油液储量，以便使油液冷却到供货商规定的温度范围之内。

4.6.2 过滤器

系统应设置过滤器以便持续不断地滤去液压油或气源中的杂质。

过滤器的选用和安装应便于对过滤介质进行更换而不必改动管路布置和从油箱中泄空油液。如制动器采用液压松闸，过滤器不应放在制动器回油管路中，否则过滤器可能会被堵塞并形成足以使制动器松闸的背压。

过滤器的选用和装设应便于对过滤介质进行更换而不必改动系统的管路布置。

4.6.3 安装

系统的安装应尽可能使外界影响(如大气条件、未经许可的干扰和机械性冲击等)不会对系统产生不利影响。此外,为避免因安装导致管路中引发应力,所有刚性管路的支承件应考虑有一定的弹性。

应采取一切实用的措施防止零部件装配和安装过程中落入污物,系统在检验前应彻底清理干净。

系统专用液压油的型号应永久性地清晰标注在油箱注油口上或在使用说明书中指明。其他型号的液压油均不能单独地或与规定型号的油液混合在一起使用。

每一台蓄能器上均应永久性地清晰标明其预充压力和充填介质。

4.7 齿轮传动

4.7.1 强度要求

任何作业条件下产生的应力均不得超过许用应力。下列要求应得到满足:

——避免由弹性变形和/或热变形产生超许用应力;

——优先采用静定结构和零部件,以便了解所产生的应力并确定其对其他零部件的作用。

4.7.2 齿轮

直齿和斜齿圆柱齿轮应符合 GB/T 3480.5、ISO 6336-1～ISO 6336-3 的规定;直齿圆锥齿轮和螺旋圆锥齿轮应符合 GB/T 10062.1 的规定。齿轮精度采用 GB/T 10095.1 的规定。

齿轮应采用已证明其性能符合预定用途和使用寿命要求的材料制造。齿轮的尺寸应以额定扭矩、材料强度和驱动齿轮工作级别来计算确定。啮合类型不应使齿轮产生超过许用应力。

在被驱动件惯性矩大于驱动件惯性矩的情况下应避免反向传动自锁。

4.7.3 齿轮箱体

当齿轮装置在正常运转和维护保养期间构成危险时,应对其进行防护。

齿轮完全封闭在齿轮箱内时,箱体应能防止油液渗漏并用密封垫或合适的密封剂进行密封。

齿轮箱体的支承结构应能使箱体固定牢固,并防止其在运行中发生松动。

齿轮箱体结构应具有良好的刚性,确保在各种工作条件下齿轮轴的对准性和中心距均保持不变。

泄油塞、通气帽和油位指示器应便于接近。

齿轮箱体应设有吊耳。

对所有齿轮箱体来说,应特别注意确保对各齿轮和轴承进行适当的润滑。

4.7.4 轴承及其支承结构

支承在轴承上的零件、该轴承本身及其支承结构的设计应确保不会因该轴承的失效导致起重机任何主要件或载荷的坠落。

4.8 对钢丝绳和链条驱动机构的要求

4.8.1 钢丝绳驱动机构

钢丝绳驱动机构应按 GB/T 20863.1 规定根据起升机构的作业要求和使用条件划分传动机构工作级别。

钢丝绳驱动的计算应按 GB/T 24811.1—2009 进行。

如设计不能省去这些钢丝绳驱动机构,则应考虑钢丝绳之间可能出现的载荷不均匀分布情况。

钢丝绳平衡装置的布置不应存在钢丝绳在平衡装置上移动时产生钢丝绳与平衡装置之间的滑动。

4.8.1.1 卷筒

卷筒应采用已证明其性能符合规定用途和使用寿命要求的材料制造。

卷筒节圆直径应符合 GB/T 24811.1—2009 的规定。

当不可能使全部钢丝绳在卷筒上实现单层卷绕时,应采取特殊措施,确保在任何作业条件下钢丝绳应均能正确地进行从一层往下一层(必要时加以导向)的卷绕。

带绳槽卷筒的设计应保证在钢丝绳绕出至极限位置时卷筒上仍留有 2 圈钢丝绳;对于单层卷绕的卷筒,在钢丝绳卷入至极限位置时卷筒上至少还留有 1 圈空绳槽。

卷筒的壁厚应由计算或试验确定。如不进行计算和试验,卷筒壁厚应增加磨损裕量。此裕量应考虑诸如材料硬度、环境和预定使用条件等因素。

设计钢丝绳卷筒时,应保证钢丝绳不会从卷筒端部绕出。

单层卷绕卷筒可采用端部法兰、带终端限位的排绳器或其他能防止钢丝绳挤住的限制器。

对于多层卷绕卷筒,至少应在每一处钢丝绳进入下一层的地方设置法兰。

法兰和其他侧边限制器应平整且超出最外层钢绳不应少于1.5倍钢丝绳直径。

绳槽的圆弧半径应不小于0.525倍钢丝绳名义直径。确定绳槽圆弧半径时,应考虑到钢丝绳直径公差。绳槽深度应不小于钢丝绳名义直径的0.33倍。关于获得最佳钢丝绳寿命的条件,见GB/T 24811.1—2009的附录C。

绳槽表面应光滑。没有会损坏钢丝绳的缺陷;绳槽边缘应倒钝。

卷筒上的钢丝绳固定装置连同钢丝绳的两圈摩擦圈一起应能承受住不小于2.5倍的钢丝绳名义张力。进行验算时,钢丝绳和卷筒间摩擦系数假定不大于0.1。

采用压板固定钢丝绳时应使用2个或更多个压板。钢丝绳在卷筒上的固定不应使所需的钢丝绳破断强度降低20%。

钢丝绳固定装置应安全牢固并便于接近。如有两根或更多的钢丝绳从卷筒上绕出,应有能在固定端上调整钢丝绳长度的措施。

4.8.1.2 滑轮

滑轮应采用已证明其性能符合预定用途和使用寿命要求的材料制造。

滑轮节圆直径应符合GB/T 24811.1—2009的规定。

滑轮槽底横断面半径应能为所用规格的钢丝绳形成一个密切接触的鞍形面。绳槽圆弧半径应在钢丝绳名义直径0.525倍与0.63倍之间。绳槽应与两侧壁相切。两侧壁互相之间形成30°~60°的夹角并相对于绳槽中心线作对称布置。选定滑轮夹角大小时应考虑钢丝绳的最大偏斜角。有关最佳钢丝绳寿命的条件,见GB/T 24811.1—2009的附录C。

绳槽深度应不小于钢丝绳名义直径的1.5倍。

绳槽应经精加工至表面不存在会损伤钢丝绳的缺陷处。绳槽凸缘的锐边应倒钝,使钢丝绳便于入槽。

4.8.1.3 钢丝绳

钢丝绳应按GB/T 24811.1—2009选取。

凡符合ISO 2408规定的钢丝绳结构都是适用的结构。

钢丝绳报废标准按GB/T 5972规定。

4.8.2 链条驱动机构

链条驱动机构应按GB/T 20863.1规定根据起升机构的作业要求和使用条件划分工作级别。

驱动链轮和换向链轮的设计应避免链条弯曲应力超限。

驱动链轮、换向链轮、导链装置和链条互相之间在尺寸和材料方面都应匹配。

驱动链轮应为整体式结构。

必要时,链条驱动机构所有零件均应有防热辐射保护。

4.8.2.1 链条

钢质圆环链和滚子链的制造、试验和标记应符合GB/T 20947与ISO 4347的规定。

链条的最大破断拉力与设计拉力之比对于手动起升机构应大于等于4;对于动力驱动的起升机构应大于等于5。

4.8.2.2 导链装置

链条驱动机构应设有能确保链条在驱动轮和换向链轮上正确地通过并防止链条跳出、扭转及卡住的装置。

在链条驱动机构的工作区段和运行区段,链条啮入链轮处应设防护罩以防人员接触。

4.8.2.3 链条固定装置

设计链条固定装置时,应使其能吸收 2.5 倍的链条名义张力且不发生永久变形。对于起升机构还应验证其所需的疲劳强度。

链条的空载端应固定住,使其不会被拉脱。这一防护装置应能可靠地吸收预计会产生的力。

链条固定装置上的螺栓连接应能防止突然松动;其拧紧情况应能检查。

4.9 转轴

转轴在设计上应能承受由弯曲、扭转或两者组合产生的全部应力。对于交变应力和引起应力集中的因素,诸如键槽、花键、截面变化等均应留出裕度。

4.10 对吊具的要求

吊具应按最大额定载荷进行设计。吊具的设计、材料和制造应避免疲劳断裂和脆性断裂的发生。

链条配用的锻造环眼起重吊钩应符合 GB/T 24812 或 GB/T 24813 的规定。应验证吊钩在按 GB/T 5905 的规定进行试验的过程中不产生永久变形。

如果吊钩带有安全闭锁装置,则此装置应为自闭型结构以便挡住钩腔,保持挂钩绳、链条等在松弛状态下不会脱出。吊钩组应具有保证其在设计规定的任何作业条件下均能下降的重量。

吊钩组应带有额定起重量的永久性标志。

4.11 制造与维护

各机构应按适用的工程图样制造并符合规定的公差要求。焊工应通过所规定的焊接类型的资格认定。高强度紧固件应正确地拧紧。必要时,在制造过程中应采用适当的工装,以确保零部件的校直对中满足工程图样的规定要求。修理工作应由经过资格审定的胜任人员按照制造厂的规定进行。

应采取措施按需要对齿轮以及对所有的轴承和轴颈进行润滑。除集中润滑点外,其他所有润滑点均应便于接近。

ICS 53.020.20
J 80

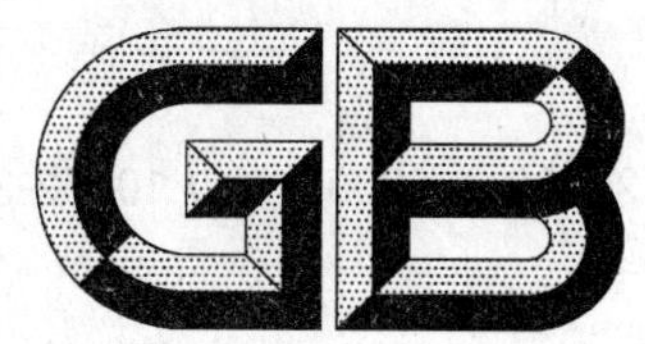

中华人民共和国国家标准

GB/T 24809.3—2009/ISO 10972-3:2003

起重机 对机构的要求 第3部分:塔式起重机

Cranes—Requirements for mechanisms—Part 3:Tower cranes

(ISO 10972-3:2003,IDT)

2009-12-15 发布 2010-07-01 实施

中华人民共和国国家质量监督检验检疫总局
中国国家标准化管理委员会 发布

前　言

GB/T 24809《起重机　对机构的要求》分为5个部分：

——第1部分：总则；

——第2部分：流动式起重机；

——第3部分：塔式起重机；

——第4部分：臂架起重机；

——第5部分：桥式和门式起重机。

本部分为GB/T 24809的第3部分。

本部分等同采用ISO 10972-3:2003《起重机　对机构的要求　第3部分：塔式起重机》(英文版)。

本部分等同翻译ISO 10972-3:2003。

为了便于使用，本部分作了下列编辑性修改：

——“ISO 10972的本部分”一词改为““GB/T 24809的本部分”；

——删除ISO 10972-3:2003的前言和引言；

——用小数点“.”代替作为小数点的逗号“,”；

——对于ISO 10972-3:2003引用的国际标准，有被等同采用为我国标准的用我国标准代替对应的国际标准，其他未被等同采用为我国标准的直接引用国际标准。

本部分由中国机械工业联合会提出。

本部分由全国起重机械标准化技术委员会(SAC/TC 227)归口。

本部分起草单位：长沙建设机械研究院、北京建筑机械化研究院、长沙中联重工科技发展股份有限公司。

本部分主要起草人：易德辉、孙艳秋、廖云华。

起重机　对机构的要求
第3部分:塔式起重机

1　范围

GB/T 24809的本部分规定了除GB/T 24809.1的基本要求以外的塔式起重机(以下简称塔机)的机构及相关部件的具体要求。

本部分包括:

a)　机构的布置、特性与性能;

b)　指定机构部件的基本要求。

本部分不包括在不同极限状态(屈服强度、疲劳、磨损)的能力验算规则。

本部分不适用于塔机爬升机构及相关部件,也不适用于爬升架。

2　规范性引用文件

下列文件中的条款通过GB/T 24809的本部分的引用而成为本部分的条款。凡是注日期的引用文件,其随后所有的修改单(不包括勘误的内容)或修订版均不适用于本部分,然而,鼓励根据本部分达成协议的各方研究是否可使用这些文件的最新版本。凡是不注日期的引用文件,其最新版本适用于本部分。

GB/T 3766　液压系统通用技术条件(GB/T 3766—2001,eqv ISO 4413:1998)

GB 5226.2　机械安全　机械电气设备　第32部分:起重机械技术条件(GB 5226.2—2002,idt IEC 60204-32:1998)

GB/T 6974.1　起重机　术语　第1部分:通用术语(GB/T 6974.1—2008,ISO 4306-1:2007,IDT)

GB/T 6974.3　起重机　术语　第3部分:塔式起重机(GB/T 6974.3—2008,ISO 4306-3:2003,IDT)

GB/T 18874.3　起重机　供需双方应提供的资料　第3部分:塔式起重机(GB/T 18874.3—2009,ISO 9374-3:2002,IDT)

GB/T 20863.3　起重机械　分级　第3部分:塔式起重机(GB/T 20863.3—2007,ISO 4301-3:1993,IDT)

GB/T 24809.1　起重机　对机构的要求　第1部分:总则(GB/T 24809.1—2009,ISO 10972-1:1998,IDT)

ISO 4302　起重机　风载荷估算

3　术语和定义

GB/T 6974.1和GB/T 6974.3确立的以及下列术语和定义适用于本部分。

3.1

联轴器　coupling

连接两个部件并在它们之间传递扭矩的装置。

3.2

最大工作压力　maximum working pressure

液压回路或单个部件在正常工作状态下的最大压力。

4 塔式起重机机构的具体要求

4.1 设计准则

4.1.1 起升机构

动力驱动的起升机构用于使载荷以可控制的速度上升和下降。不允许仅靠重力作用的运动。

起升机构的分级应符合 GB/T 20863.3 的规定。

4.1.2 动臂变幅机构

动力驱动的动臂变幅机构应能使带载荷的臂架以可控制的速度变幅。不允许仅靠重力作用的运动。

动臂变幅机构的分级应符合 GB/T 20863.3 的规定。

4.1.3 液压系统

液压系统及相关元件的性能应符合 GB/T 3766 的要求。

4.1.4 小车变幅机构

小车变幅机构应能使变幅小车带载在水平或倾斜的臂架上运行。

如小车变幅机构能提供载荷的升降，则该机构还应符合起升机构的标准。

小车变幅机构应控制带载小车沿塔机臂架结构在两个方向运动(无论臂架倾斜度如何)。

不允许仅靠重力作用的运动。

小车变幅机构的分级应符合 GB/T 20863.3 的规定。

4.1.5 运行机构

如果安装了运行机构，塔机可运行在：

a) 直线轨道上；

b) 曲线轨道上。

运行机构应至少在两个支腿上提供驱动机构，驱动机构由电动机、联轴器、制动器、减速器和在轨道上运行的车轮组成。

应满足润滑需要。

应根据每个支腿上的载荷确定车轮的直径和数量。

塔机应设有防止在非工作状态下自行滑移的锚定装置。

在非工作状态下，应按照 ISO 4302 的要求来确定与风力相关的阻力。

运行机构的分级应符合 GB/T 20863.3 的规定。

4.1.6 回转机构

回转机构应能使吊钩和载荷定位于所需的位置上。

宜采用集电器供电。如果没有使用集电器，应限制臂架在两个方向上的回转角度。电缆应以不会被损坏的方式布置。

回转机构的分级应符合 GB/T 20863.3 的规定。

4.2 动力(电动机)

4.2.1 起升机构和动臂变幅机构

电动机的选择应符合 GB 5226.2 的要求。

电动机的安装位置应保证通风良好。

4.2.2 小车变幅机构

电动机的功率和扭矩应满足小车在所有工作状态及试验状态下的需要，考虑到以下因素：

a) 臂架倾斜角度的影响(臂架不可能绝对水平)；

b) 小车车轮滚动阻力；

c) 小车车轮轮缘产生的摩擦；

d) 起升钢丝绳引起的摩擦;

e) 载荷的提升(对没有载荷平移系统的倾斜臂架塔机);

f) 风的影响;

g) 机构的惯性和性能。

4.2.3 运行机构

电动机的功率应根据以下要求估算:

a) 最大摩擦阻力和自重;

b) 车轮与轨道之间的侧向摩擦;

c) 规定的最小轨道坡度;

d) 单位时间内的启动次数;

e) 工作状态下的风载荷。

4.2.4 回转机构

电动机提供的总功率应考虑:

a) 运动部分的质量;

b) 当使用电动机时,单位时间内的启动次数。

电动机提供的总扭矩应足够克服以下载荷:

——工作状态时作用在臂架上的风载荷;

——工作状态时作用在其他回转结构上的风载荷;

——工作状态时重物上的风载荷;

——摩擦力。

4.3 联轴器

4.3.1 起升机构与动臂变幅机构

电动机与减速箱间的联轴器的弹性元件的损坏,不应产生危险运动。

应根据机构的总体设计、使用要求和性能要求选择运动副中的联轴器,使其能:

a) 避免振动;

b) 抑止有害的扭矩峰值;

c) 补偿可能出现的同轴度误差。

不均匀的旋转部件应做动平衡。

4.3.2 运行机构

当液力联轴器或等效装置与启动电动机直接相连时,制动器或减速装置应安装在联轴器的输出端。

其他形式的联轴器的要求见 4.3.1。

4.3.3 回转机构

当液力联轴器或等效装置与启动电动机直接相连时,制动器或减速装置应安装在联轴器的输出端。

其他形式的联轴器要求见 4.3.1。

4.4 制动器

4.4.1 一般要求

当起升动力被中断时,制动器应自动动作。制动器的热效能应适合小时制动次数、环境温度以及允许温升的要求。

制动器应设计成在紧急情况下,能通过制动力控制载荷下降的速度。并应考虑满载从最高处下降时制动器的散热。

电动机和制动器的电气回路应能保证电动机产生的电动势,不能影响到任何的制动要求。

制动弹簧的可靠性应满足制动器的预期寿命及预期的制动次数。制动系统的设计应能保证弹簧的预紧力不会影响弹簧的弹性系数。

应保护制动器不受油、雨水及其他脏物的渗入。

4.4.2 起升机构

动态制动力矩应至少为1.5倍额定载荷产生的力矩。

摩擦衬垫表面应与制动轮或制动盘相匹配，以避免不当的磨损，并且不应使用有害材料（如：石棉）制成。

4.4.3 动臂变幅机构

附加制动器可直接安装在卷筒法兰上。在主制动器或驱动机构失效的情况下，操作者可直接控制制动。

这为电动机和主制动器的更换或维修提供了可能性。

应采取措施自动控制两个制动器的动作时间次序，以避免产生不当的动载荷。

动态制动力矩应至少为1.5倍额定载荷产生的力矩。

当卷扬动力万一被切断，主制动器应自动动作，附加制动器应延时动作。

使用说明书应至少提供检查制动器磨损的时间间隔和推荐的程序。

摩擦衬垫表面应与制动轮或制动盘相匹配，以避免不当的磨损，并且不应使用有害材料（如：石棉）制成。

4.4.4 小车变幅机构

在最不利的工况与试验工况下，制动器应能使小车停止并保持在要求的位置。

当塔机的起重量小于1 000 kg、倾翻力矩小于40 000 N·m、且载荷仅作水平运动时，可利用减速箱的自锁性能，使小车停止并保持在要求的位置。

小车应安装终端止挡装置，以防止小车脱离臂架。

小车车轮应有轮缘或滚轮导向，以防止小车脱离臂架。

当变幅钢丝绳偏心牵引小车时，应采用水平导向轮和无轮缘小车车轮。

4.4.5 运行机构

制动器应能使塔机平缓停止，制造商应考虑制动的减速度。

制动器的总动态制动力矩应能克服按ISO 4302计算的工作状态下作用于塔机上的风载荷。

4.4.6 回转机构

静态制动力矩应能使塔机的回转部分在工作状态风力作用下保持不动。

4.5 非工作状态下回转机构的装置

应可通过手动或遥控方式解除制动，使塔机进入非工作状态。

若采用遥控方式，遥控装置应有安全触点和指示器，以确认解除了制动。

4.6 液压与气动系统

4.6.1 一般要求

液压系统及相关元件的性能应符合GB/T 3766的要求。

4.6.2 液压油

液压油的物理和化学特性应满足使用和预期循环次数的要求。

液压油的黏度应确保系统在塔机工作温度范围内正常工作。

4.6.3 油箱

应标识油箱的最高和最低油位。

放油口的尺寸与位置选择应能限制液压油的流速，以避免形成紊流。

4.6.4 滤油器

过滤能力应满足液压元件的工作要求。

滤油器的规格在考虑允许的温度偏差情况下，以及在预定黏度变化范围内，应能满足所有工况下的额定流量要求。

安装在设备上的、只有几次拆装的滤油器，如果使用说明书提供了滤油器的清洗或更换周期，可不安装堵塞指示器。在这种情况下，拆卸滤油器时，可能需要拆卸该系统的零件并排空油箱。如果没有安装堵塞指示器，建议安装旁路以便滤油器发生堵塞时液压油可从旁路通过。

4.6.5 液压回路

当一个或多个元件出现失效或发生故障时，液压回路的设计制造应能使风险降到最低。

液压回路的设计应保证在正常操作情况下，油缸和其他驱动装置运动的可控制性。

在回路的主要点应能预先观测到压力值。

考虑到执行机构可能长期不动作，应采取措施防止气穴现象。

4.6.6 泵

在设计的工作范围内，泵应能提供所需的流量。

泵的极限压力应不小于溢流阀的设定压力。应防止或限制发动机的反转，尤其是该反转会使泵或其他部件损坏。如果该损坏的风险可忽略，则只要提供检查运动方向的指示或警示即可。

4.6.7 管路与接头

管路和接头的极限承受能力应不小于各自最大压力的4倍。

液压锁应通过硬管与油缸相连，最好是直接安装在油缸上。

具有安全功能的管路和接头应便于接近。

4.6.8 油缸

在正常工作状态下，考虑到所有可预见的过压(如温度变化引起的)，油缸产生的最大力不应对结构产生破坏。

当使用单作用油缸时，应确保活塞杆安全收回。

回路应能防止油缸内腔部分或全部真空。使用说明书应提供在每次使用前对可能形成的真空进行检查和处理的方法。

考虑到设备的工作环境和停用时间，应防止活塞杆腐蚀。

油缸应有液压锁，当动力不足或油管失效时可以停止油缸运动。液压锁应能够解除任何有危险的过压。

当活塞杆在外载作用下运动时，应装有保持其平稳运动的装置，以防止对结构产生任何振动。

油缸的安装除了要方便部件的拆卸，还应方便对塔机和相关部件的维护操作。

4.6.9 阀

要求使用者调节的阀应安装在便于接近的位置。

4.7 齿轮传动

4.7.1 起升机构

齿轮传动的承载力设计应根据外载、驱动力矩和制动力矩计算。

轴的强度应满足由钢丝绳作用到卷筒上的扭矩、弯矩和剪切力的要求。

齿轮传动装置的固定及其与卷筒轴的连接，应考虑因同轴度误差或结构变形所引起的作用在轴上的载荷。

在不拆卸齿轮传动装置的情况下，应能检查和更换润滑液。

当齿轮传动装置设计成交替驱动几个卷筒时，应有控制每个卷筒运动的措施。

应提供只有当运动副被断开后才允许发动机启动的装置。

4.7.2 动臂变幅机构

动臂变幅机构的设计应根据提升臂架、附属装置和重物的载荷、驱动力矩、制动力矩计算。

轴的强度应满足由钢丝绳作用到卷筒上的扭矩、弯矩和剪切力的要求。

齿轮传动装置的固定及其与卷筒轴的连接，应考虑因同轴度误差或结构变形等引起的作用在轴上的载荷。

在不拆卸齿轮传动装置的情况下，应能检查和更换润滑液。

4.7.3 运行机构

轨道运行的塔机，其运行机构应设有当行走轮失效时也能防止塔机倾翻或倒塌的装置。

4.7.4 回转机构

为了在需要时允许臂架能随风旋转，不应使用自锁装置。

应根据电动机或制动器的最大扭矩来选择传动零件。

4.8 钢丝绳与链的要求

4.8.1 起升机构

卷筒表面应光滑以防止钢丝绳不当磨损。

卷筒应加工绳槽以保证钢丝绳的正确缠绕。当钢丝绳缠绕为单层，且提供了正确、紧密的缠绕方法时，可使用光面卷筒。

绳槽节距 P 应满足：$1.04d<P<1.15d$，其中 d 为钢丝绳公称直径。

绳槽深度应在 $0.25d$～$0.40d$ 范围内，绳槽半径应在 $0.525d$～$0.650d$ 范围内。

卷筒两端均应有凸缘，在达到最大设计容绳量时，凸缘超出缠绕钢丝绳外表面的高度应不小于 2 倍钢丝绳公称直径。

4.8.2 动臂变幅机构

卷筒表面应光滑以防止钢丝绳不当磨损。

卷筒应加工绳槽以确保钢丝绳的正确缠绕，减少钢丝绳的表面磨损、变形及可能的疲劳或损坏。

绳槽节距 P 应：$1.04d<P<1.15d$，其中 d 为钢丝绳公称直径。

绳槽深度应在 $0.25d$～$0.40d$ 范围内，绳槽半径应在 $0.525d$～$0.650d$ 范围内。

卷筒两端均应有凸缘，在达到最大设计容绳量时，凸缘超出缠绕钢丝绳外表面的高度应不小于 2 倍钢丝绳公称直径。

4.8.3 小车变幅机构

能使小车两个方向运动的钢丝绳应是相互独立的。卷筒应加工绳槽。

复合槽摩擦轮及其钢丝绳应能承受 2 倍的最不利工况下所需力矩。

复合槽摩擦轮及其驱动系统，只适用于近似水平移动的载荷。

驱动轮应至少有 3 个槽；导向滑轮应由独立单元组成。多槽滑轮可为楔形槽。

可根据工作条件，通过钢丝绳预紧装置，使钢丝绳具有预紧力。

计算时，建议钢丝绳与滑轮间的摩擦系数取值不超过 0.10。

钢丝绳的设计应考虑以下因素：

a) 臂架倾斜角度的影响(臂架不可能绝对水平)；

b) 小车车轮滚动阻力；

c) 小车车轮轮缘产生的摩擦；

d) 起升钢丝绳引起的摩擦；

e) 载荷的提升(对没有载荷平移系统的倾斜臂架塔机)；

f) 张紧装置的作用；

g) 风的影响；

h) 机构的惯性和性能。

应设有在钢丝绳失效的情况下能够保持小车位置的装置。

4.9 维护与使用说明书

4.9.1 维护

机构应便于接近，更换易损件时应不需要拆卸整个机构。

机构应便于周期性检查，尤其是对回转支承的紧固、齿轮啮合处和回转支承润滑的检查。

4.9.2 **使用说明书**

使用说明书应提供润滑油的选择与定期更换时间表。

使用说明书应至少提供检查制动器磨损的时间间隔和推荐的程序。还应提供计算部件最大磨损量的说明。

应提供回路图。

随机提供的说明书应包括与 GB/T 18874.3 相一致的关于操作与维护的所有必要的说明。

ICS 53.020.20
J 80

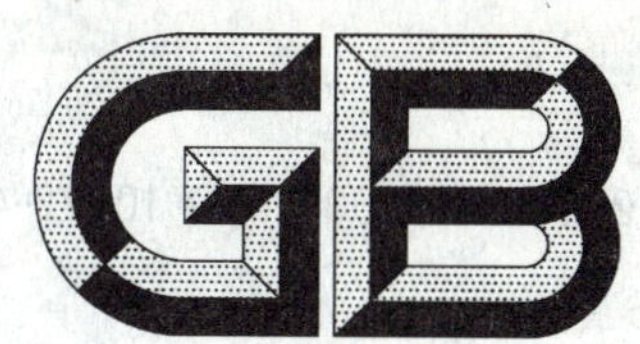

中华人民共和国国家标准

GB/T 24809.4—2009/ISO 10972-4:2007

起重机 对机构的要求 第4部分:臂架起重机

Cranes—Requirements for mechanisms—Part 4:Jib cranes

(ISO 10972-4:2007,IDT)

2009-12-15 发布 2010-07-01 实施

中华人民共和国国家质量监督检验检疫总局
中国国家标准化管理委员会 发布

前　言

GB/T 24809《起重机　对机构的要求》分为5个部分：

——第1部分：总则；

——第2部分：流动式起重机；

——第3部分：塔式起重机；

——第4部分：臂架起重机；

——第5部分：桥式和门式起重机。

本部分为GB/T 24809的第4部分。

本部分等同采用ISO 10972-4:2007《起重机　对机构的要求　第4部分：臂架起重机》(英文版)。

本部分等同翻译ISO 10972-4:2007。

为了便于使用，本部分还作了下列编辑性修改：

——"ISO 10972的本部分"一词改为"GB/T 24809的本部分"；

——删除ISO 10972-4:2007的前言和引言；

——用小数点"."代替作为小数点的逗号","；

——对于ISO 10972-4:2007引用的国际标准，有被等同采用为我国标准的用我国标准代替对应的国际标准，其他未被等同采用为我国标准的直接引用国际标准。

本部分由中国机械工业联合会提出。

本部分由全国起重机械标准化技术委员会(SAC/TC 227)归口。

本部分主要起草单位：大连重工·起重集团有限公司、北京起重运输机械设计研究院。

本部分主要起草人：桂佩康、韩力、何铀。

起重机　对机构的要求
第4部分:臂架起重机

1　范围

GB/T 24809 的本部分规定了 GB/T 6974.1 所定义的臂架起重机对机构的总体设计和布置、部件的选择和设计要求以及制造、装配、安装和试验的指导说明有关的特殊要求。对起重机机构的通用要求按 GB/T 24809.1 的规定。

GB/T 24809 的本部分不包括在不同极限状态下(如屈服强度、疲劳、磨损等)的承载能力计算验证规则。

2　规范性引用文件

下列文件中的条款通过 GB/T 24809 的本部分的引用而成为本部分的条款。凡是注日期的引用文件,其随后所有的修改单(不包括勘误的内容)或修订版均不适用于本部分,然而,鼓励根据本部分达成协议的各方研究是否可使用这些文件的最新版本。凡是不注日期的引用文件,其最新版本适用于本部分。

GB 5226.2　机械安全　机械电气设备　第32部分:起重机械技术条件(GB 5226.2—2002, idt IEC 60204-32:1998)

GB/T 6974.1　起重机　术语　第1部分:通用术语(GB/T 6974.1—2008,ISO 4306-1:2007, IDT)

GB/T 24809.1　起重机　对机构的要求　第1部分:总则(GB/T 24809.1—2009,ISO 10972-1:1998,IDT)

GB/T 24810.4　起重机　限制器和指示器　第4部分:臂架起重机(GB/T 24810.4—2009, ISO 10245-4:2004,IDT)

ISO 12210-4　起重机　工作状态和非工作状态下的锚定装置　第4部分:臂架起重机

ISO 12488-4　起重机　车轮及大车和小车轨道公差　第4部分:臂架起重机

3　术语和定义

GB/T 6974.1 中确立的以及下列术语和定义适用于本部分。

3.1

缠绕　spooling

把钢丝绳卷绕到卷筒上的方法。

4　要求

4.1　总体设计和布置

4.1.1　总则

机构应符合 GB/T 24809.1 中的相关规定。

4.1.2　钢丝绳驱动的臂架变幅机构

臂架及其支承结构和钢丝绳驱动机构的布置应保证无论起重机带载还是空载时,在最大工作风速下均能实现逆风增大幅度的变幅运动。

4.1.3 载荷控制

应设置适用的符合 GB/T 24810.4 要求的限制器和指示器。

当额定起重量限制器一旦发生故障会导致起重机失稳时，应采用下列方法之一来确保系统的可靠性：

——起重量限制器和系统的关键部件采用双重设计，或增设备用限制器；

——系统功能的自动检测；

——其他自动防故障的装置或机构；

——为用户提供对系统进行经常性定期检查的说明书，特别是每次起重机作业采用视幅度而定的起重量(例如，使用吊钩和吊索起升)取代恒定起重量(例如，使用抓斗)时，应对系统进行检查。

4.1.4 钢丝绳缠绕控制

应设置保证钢丝绳正确缠绕在卷筒上的控制系统或其他装置，以免发生钢丝绳不正确缠绕。

4.1.5 超速控制

当安全制动器的闭合是由于检测到超速而动作时，则所设置的测速装置不应安装在安全制动器与驱动电动机之间的轴上。

4.1.6 工作制动器

考虑到以下因素引起的发热，工作制动器仍应保持其停止运动的能力：

——制动器在给定周期内的动作次数；

——驱动控制的型式；

——所有旋转部件(例如，电动机、制动器、联轴器和传动机构等)的动能；

——所有运动质量(例如，起升质量、结构质量等)的动能；

——制动期间下降质量的位能差；

——动载试验；

——任何符合 GB 5226.2 规定的 0 类电源中断或紧急停止。

当制动力由预应力弹簧提供时，制动系统在万一发生弹簧断裂的情况下应能继续停止运动。这一要求可以利用例如压缩型(螺旋或钢板)弹簧系统得以实现。弹簧应在其端部固牢并加以导向以免发生断裂的弹簧零件卡住和丢失。

当采用螺旋弹簧时，即使弹簧丝断裂，弹簧各部分之间也不应发生卡滞，制动器仍应保持有效压力。

制动衬垫不应含有石棉。在气候条件和温度变化的影响下，其性能和摩擦系数应满足正常使用要求。

除了拆下防护罩之外，应不需要拆卸装置就能检查制动器制动衬垫的磨损。应能实施检查制动系统、重新调整制动器和更换制动衬垫。制动衬垫与制动瓦块之间的连接不应无故松开，为了满足这个要求，制动衬垫的粘接和铆接应符合国家标准。

4.2 起升机构

4.2.1 工作制动器

对于起升机构，只应采用常闭式制动器，而制动系统在万一失电或断电的情况下，制动器应仍能制动并支持住载荷。

制动系统的任何延时制动，均应保证能安全地制动住载荷。

4.2.2 起升开闭机构

计算每个机构的承载和功率时，应考虑载荷在两个机构之间的分配。还应考虑取决于机械构造和控制系统的频繁、连续和动载荷分布的情况。

每个机构的制动器应至少能支持住总起升载荷下降力矩的 125%。

起升开闭机构应能对每个制动器都能单独进行测试。

4.2.3 变速齿轮

在采用变速齿轮(例如,单独的变速齿轮减速机或装置在主齿轮箱内的变速齿轮)的情况下,变速齿轮与钢丝绳之间应设置制动器或机械锁定装置。当变速齿轮从某一速度转换为另一速度时,该装置应能支持住起重吊具的重量。

当遥控变速时,则变速应与载荷称量系统相互作用。

当手动变速时,应提供有关制动、锁定和容许载荷的说明书。

当通过轴向移动一对齿轮或借助耦合装置变速时,应采取措施防止齿轮在中间位置时起升电动机供电动作。

当采用旋转离合器变速时,其速度选择应自动设定机构的容许载荷。应防止向较高一档变速时,机构载荷超过该速度的允许载荷。

4.3 变幅机构

4.3.1 制动器

如果出现以下情况之一或两者并存时,变幅机构应配置安全制动器:

——带载和空载时,臂架的力矩不能在±5%力矩范围内达到平衡;

——载荷路径最高点和最低点的高度差大于2%变幅范围的长度。

主制动器或安全制动器应能在任何工作速度和容许载荷状态下停止臂架下降运动。

4.3.2 外界影响防护

对于螺旋驱动的变幅机构,其螺旋传动装置应设防护罩,防止外部颗粒、碎屑落入以及天气因素的影响。

4.3.3 小车运行

小车运行驱动机构和臂架坡度应使小车的位置能得以控制。

在通过操作者推动或拉动载荷实现运行的情况下,克服摩擦和坡度所需的力不应超过250 N。保持载荷的位置应无需施加水平力。

4.4 回转机构

4.4.1 制动和锁定

当采用液压或机械制动器时,应设置能切断同步电气制动的联锁装置。

当回转部分需要锁定时,由最大非工作状态风力形成对回转部分的力矩产生的力应由制动器或机械锁定装置承受。但是,锁定的性能不应依赖这两者的组合。当不设置机械或液压式电动锁定常闭式制动器时,应采用机械式,例如销轴或其他嵌合式锁定装置来锁定回转运动。

4.4.2 回转支承

回转支承的安装结构部分应具有足够的强度、刚度、水平度和平面度,且具有光滑的支承安装表面。回转支承应有足够的可靠性,并考虑承受的拉力和剪切(轴向、径向和切向)力。

当采用回转支承圈时,应遵守制造商提供的使用说明书中关于安装螺栓拧紧控制和回转支承圈维护的规定。制造商应在维护说明书中规定安装螺栓和回转支承圈的检验方法和时间间隔以及更换标准。

4.4.3 手动回转

在通过操作者推动或拉动载荷实现回转的情况下,克服摩擦所需的力不应超过250 N。保持载荷的位置不应施加水平力。

4.5 运行机构

4.5.1 牵引力极限

在车轮的驱动和制动能力两个方面应考虑轮压在起重机各角部的分布。在对钢制车轮和轨道技术评估中,车轮的牵引能力应被限制在0.14倍相应的载荷组合轮压以内。

4.5.2 工作制动器

起重机在最大工作顺风状态下的制动距离，不应大于在额定载荷无风状态以最大速度运行时制动距离的1.5倍。

4.5.3 非工作状态的锚定装置

应按 ISO 12210-4 的规定设置锚定装置。

起重机在非工作状态下的固定一般应采用夹轨器、与摩擦相关的装置或强制锁定装置，如地锚销或防风系缆。

如果存在提升台车一端会导致锚定装置脱开的危险，夹轨器或地锚销不应安装在台车上。

可采用防风系缆来避免起重机在非工作状态下倾翻。

4.5.4 车轮和台车

车轮和台车应符合 ISO 12488-4 的规定。

台车的布置应使其在维修或更换一个车轮或车轮当中一个零件时只需拆卸一个台车即可。

顶升点应在起重机上作标记且在维护手册中标注。

在正常运行状态下，车轮驱动机构中构成危险的开式齿轮应加以保护，以防有人出入该危险区域。

ICS 53.020.20
J 80

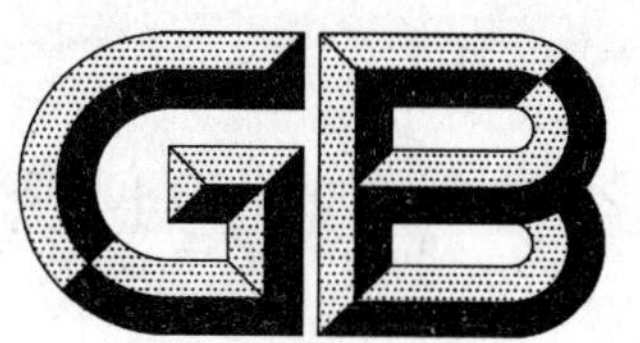

中华人民共和国国家标准

GB/T 24809.5—2009/ISO 10972-5:2006

起重机　对机构的要求
第5部分:桥式和门式起重机

Cranes—Requirements for mechanisms—
Part 5:Bridge and gantry cranes

(ISO 10972-5:2006,IDT)

2009-12-15 发布　　2010-07-01 实施

中华人民共和国国家质量监督检验检疫总局
中国国家标准化管理委员会　发布

前　言

GB/T 24809《起重机　对机构的要求》分为5个部分：

——第1部分：总则；

——第2部分：流动式起重机；

——第3部分：塔式起重机；

——第4部分：臂架起重机；

——第5部分：桥式和门式起重机。

本部分为GB/T 24809的第5部分。

本部分等同采用ISO 10972-5:2006《起重机　对机构的要求　第5部分：桥式和门式起重机》(英文版)。

本部分等同翻译ISO 10972-5:2006。

为了便于使用，本部分作了下列编辑性修改：

——“ISO 10972的本部分”一词改为“GB/T 24809的本部分”；

——删除ISO 10972-5:2006的前言；

——对于ISO 10972-5:2006引用的国际标准，有被等同采用为我国标准的用我国标准代替对应的国际标准，其他未被等同采用为我国标准的直接引用国际标准。

本部分由中国机械工业联合会提出。

本部分由全国起重机械标准化技术委员会(SAC/TC 227)归口。

本部分主要起草单位：大连重工·起重集团有限公司。

本部分主要起草人：桂佩康、王雪松。

起重机　对机构的要求
第5部分:桥式和门式起重机

1　范围

GB/T 24809 的本部分规定了 GB/T 6974.1 所定义的桥式和门式起重机与机构的整体布置和设计、部件的选择和设计要求以及制造、装配、安装和试验等的指导说明有关的特殊要求,起重机机构的通用要求按 GB/T 24809.1 的规定。

GB/T 24809 的本部分不包括在不同极限状态下(屈服强度、疲劳、磨损等)承载能力计算的验证规则。

2　规范性引用文件

下列文件中的条款通过 GB/T 24809 的本部分的引用而成为本部分的条款。凡是注日期的引用文件,其随后所有的修改单(不包括勘误的内容)或修订版均不适用于本部分,然而,鼓励根据本部分达成协议的各方研究是否可使用这些文件的最新版本。凡是不注日期的引用文件,其最新版本适用于本部分。

GB 5226.2　机械安全　机械电气设备　第 32 部分:起重机械技术条件(GB 5226.2—2002,idt IEC 60204-32:1998)

GB/T 6974.1　起重机　术语　第 1 部分:通用术语(GB/T 6974.1—2008,ISO 4306-1:2007,IDT)

GB/T 24809.1　起重机　对机构的要求　第 1 部分:总则(GB/T 24809.1—2009,ISO 10972-1:1998,IDT)

GB/T 24810.5　起重机　限制器和指示器　第 5 部分:桥式和门式起重机(GB/T 24810.5—2009,ISO 10245-5:1995,IDT)

ISO 12210-1:1998　起重机　工作状态和非工作状态下的锚定装置　第 1 部分:总则

ISO 12488-1:2005　起重机　车轮及大车和小车轨道公差　第 1 部分:总则

3　术语和定义

GB/T 6974.1 中确立的术语和定义适用于本部分。

4　要求

4.1　总体设计和布置

4.1.1　总则

机构应符合 GB/T 24809.1 的相关规定。

4.1.2　载荷控制

限制器和指示器的设置应符合 GB/T 24810.5 的相关规定。

当限制器发生故障可能导致起重机的稳定性降低时,至少应采用下列各项方法之一来确保系统的可靠性:

a)　起重量限制器及其系统的关键部件采用双重设计,或设置备用限制器;

b)　采用系统功能的自动检测;

c) 采用其他自动防故障的装置或机构；

d) 按使用维护说明书的要求对系统进行经常性定期检查，特别是每当起重机作业为恒定起重量(例如，使用抓斗)转变为最大的起重量时(例如，使用吊钩和吊索起升)，则也应对系统进行检查。

4.1.3 钢丝绳缠绕控制

如果有发生钢丝绳不正确缠绕的可能，则应设置钢丝绳控制装置或采用其他导向装置，以保证钢丝绳正确缠绕在卷筒上。

4.1.4 超速控制

当安全制动器的闭合是由于检测到超速而动作时，则所设置的测速装置不应安装在安全制动器与驱动电动机之间的轴上。

4.1.5 制动器

为了保证制动器完成停止运动，即使处于发热状态仍应维持其制动能力，应考虑以下若干因素：

a) 制动器在给定时间内的工作次数；

b) 驱动控制的型式；

c) 所有旋转零部件如电动机、联轴器和齿轮的动能；

d) 所有运动质量(例如，起升质量、结构的质量)的动能；

e) 制动期间下降质量的位能差；

f) 动载试验；

g) 0 类电源中断或意外紧急停车(见 GB 5226.2)。

当制动力由预紧弹簧提供时，支持制动器在发生弹簧断裂的情况下应能继续停止运动。这一要求可以采用压缩型(例如，螺旋或钢板)弹簧系统得以实现。弹簧应在其端部固定并加导向装置以免发生弹簧翘曲或损坏。

如果采用螺旋弹簧，即使在弹簧丝断裂的事故状态下，弹簧碎件不应卡滞和损坏制动器，制动器仍应保持有效制动力。

制动衬垫不应含有石棉。正常工作期间，在气候状态和温度变化的影响下，制动衬垫的性能和摩擦系数应适应使用要求。

无需拆卸制动器(如果必要，仅拆下保护盖)，应能检查制动衬垫的磨损。同时应能检查制动器、重新调整制动器和更换制动衬垫。制动衬垫的粘接或铆接应符合国家标准，应确保制动衬垫和制动瓦之间的连接不松开。

4.2 起升机构

4.2.1 制动器

在起升机构中，应采用常闭式制动器。在失电或断电的情况下，制动器应能制动并支持住起升载荷。

制动器在任何状态的延时都不应使下降速度超过 1.3 倍的额定下降速度。

4.2.2 起升开闭机构

在对每个机构的承载零部件和驱动零部件选型时，应对每个机构的载荷分布加以考虑。还应考虑取决于力学结构及控制系统的频繁、连续和瞬时载荷分布的情况。

每个机构的制动器至少应能支持住总起升载荷下降扭矩的 1.25 倍。

起升开闭机构应能对每个制动器分别进行测试。

4.2.3 换档变速齿轮

可以采用单独的换档变速齿轮减速器，也可采用安装在主齿轮箱内的换档变速齿轮。在这两种情况下，当传动机构从一个速度变到另一速度时，应在换档变速齿轮与支持吊具质量或附加规定载荷的吊具质量的起升钢丝绳之间设置一个机械锁定装置或制动器。

当采用遥控换档变速时,则换档变速系统应与载荷测量系统连锁。

当手动换档变速时,应提供有关制动、锁定和许用载荷的说明书。

当通过轴向移动一对齿轮或借助耦合装置换档变速时,应采取措施防止起升电动机在齿轮处于中间位置电动啮合。

当换档变速采用旋转离合器时,速度选择应按机构的许用负载自动设定。高速开关机械装置应避免发生超过许用负载的速度。

4.3 小车和大车运行机构

4.3.1 牵引极限

车轮的驱动和制动能力应考虑轮压在大车和小车各个位置的不均匀分布。对钢制车轮和轨道的技术评估中,车轮的牵引能力应限制在其相应的载荷组合的 0.14 倍的轮压之内。

4.3.2 制动器

起重机制动器在顺风最大工作风速状态的制动距离,不应大于制动器在额定载荷无风运行时制动距离的 1.5 倍。

4.3.3 运行要求

大车和小车运行机构及其运行轨道坡度应能使起重机或小车的位置可以控制。

对小起重量和手动起重机,操作人员可推动载荷而使起重机和小车移动。在这种情况下,克服运行摩擦阻力和坡度阻力所需的力不应超过 250 N。为保持载荷的位置无需水平力。

4.3.4 非工作状态的锚定装置

锚定装置应按 ISO 12210-1:1998 的规定进行安装。

在非工作状态下,起重机的固定应采用夹轨器、与摩擦相关的装置或强制锁定装置,如地锚或防风系缆。

如果台车的一端由于受力而产生转动,导致锚定装置有脱扣危险时,夹轨器或地锚不应安装在该台车上。

可以采用防风系缆来避免起重机在非工作状态下倾翻。

4.3.5 车轮和台车

车轮和台车应符合 ISO 12488-1:2005 的规定。

台车的布置应使其在维修或更换车轮组或车轮组当中一个零件时,只需拆卸一个台车即可。

顶升点应在起重机上作标记且在使用维护说明书中标识。

在正常运行状态下,车轮驱动机构中构成危险的开式齿轮应加以保护,以防人员出入该危险区域。

ICS 53.020.20
J 80

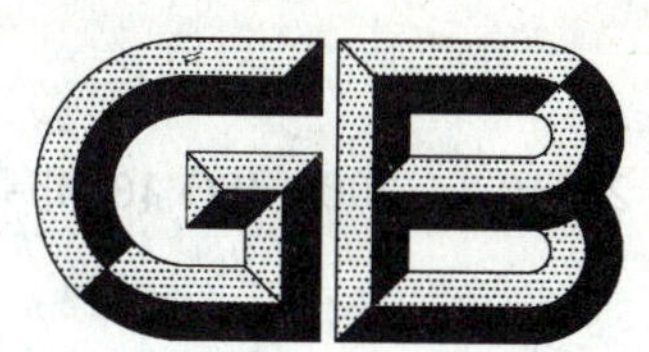

中华人民共和国国家标准

GB/T 24810.1—2009/ISO 10245-1:2008

起重机 限制器和指示器 第1部分:总则

Cranes—Limiting and indicating devices—Part 1:General

(ISO 10245-1:2008,IDT)

2009-12-15 发布　　　　2010-07-01 实施

中华人民共和国国家质量监督检验检疫总局
中国国家标准化管理委员会　发布

前　言

GB/T 24810《起重机　限制器和指示器》分为5个部分：

——第1部分：总则；

——第2部分：流动式起重机；

——第3部分：塔式起重机；

——第4部分：臂架起重机；

——第5部分：桥式和门式起重机。

本部分为GB/T 24810的第1部分。

本部分等同采用ISO 10245-1:2008《起重机　限制器和指示器　第1部分：总则》(英文版)。

本部分等同翻译ISO 10245-1:2008。

为了便于使用，本部分作了下列编辑性修改：

——"ISO 10245的本部分"一词改为"GB/T 24810的本部分"；

——删去国际标准的前言；

——对于ISO 10245-1:2008引用的ISO 4306-1已等同采用为我国国家标准GB/T 6974.1，本部分用GB/T 6974.1代替对应的国际标准。

本部分由中国机械工业联合会提出。

本部分由全国起重机械标准化技术委员会(SAC/TC 227)归口。

本部分起草单位：北京起重运输机械研究所。

本部分主要起草人：程潞样。

起重机 限制器和指示器
第1部分:总则

1 范围

GB/T 24810的本部分规定了适用于载荷、运动、性能和环境的起重机限制器和指示器的一般要求。这些装置限制操作和/或向司机或其他人员提供操作信息。

对各种类型起重机的特殊要求在GB/T 24810的其他部分中给出。

本部分强调了限制器和指示器的安全可靠的工作取决于定期检查和维护。

2 规范性引用文件

下列文件中的条款通过GB/T 24810的本部分的引用而成为本部分的条款。凡是注日期的引用文件,其随后所有的修改单(不包括勘误的内容)或修订版均不适用于本部分,然而,鼓励根据本部分达成协议的各方研究是否可使用这些文件的最新版本。凡是不注日期的引用文件,其最新版本适用于本部分。

GB/T 6974.1 起重机 术语 第1部分:通用术语(GB/T 6974.1—2008,ISO 4306-1:2007,IDT)

3 术语和定义

GB/T 6974.1中确立的以及下列术语和定义适用于本部分。

3.1

防碰撞装置 anti-collision device

用于防止起重机或起重机的零部件在同一空间中同时动作时与固定吊具碰撞的装置。

注:在某些应用场合,工作距离限位器可执行防撞装置的功能。

3.2

配置 configuration

结构件、平衡重、支撑件或外伸支腿、吊钩滑轮组缠绕系统的组合和布置以及依据制造商的使用说明书和运行准备进行的类似构件的组合、定位和安装。

3.3

持续警告 continuous warning

在显示某种状况存在的持续时间段内,使用闪烁灯光或连续灯光发出视觉警告,或通过脉冲信号或连续的声响发出听觉警告。

3.4

控制台限位器 control station position limiter

在具有可运动到不同位置的电动控制台的起重机上,用来防止控制台的运动超出规定极限位置的装置。

3.5

变幅限位器 derricking limiter

用来防止臂架、主臂、副臂、A形框架或塔架(立柱)的俯仰超出规定极限位置的装置。

3.6

起升限位器 hoisting limiter

用来防止固定吊具起升时意外撞击起重机结构或超过规定上限高度的装置。

3.7

指示器　indicator

提供警示和/或数据以便于将起重机的操作控制在其设计参数范围内的装置。

3.8

下降限位器　lowering limiter

用来确保起重机作业期间起升挠性件安全圈数的装置，例如，保持起升卷筒上钢丝绳的最少圈数。

3.9

防脱装置　lowering limiter

为防止链条从所啮合的驱动机构中脱出而设计的机械装置。

3.10

运动限制器　motion limiter

限制起重机某一运动或使其从停止状态作反向运动的装置。

注：见4.5.1.1中给出的示例。

3.11

性能限制器　performance limiter

能自动防止超过设计性能的装置。

注：见4.5.2.1中给出的示例。

3.12

额定起重量　rated capacity

在给定的运行条件下(例如载荷的形状或位置)，起重机的设计起升载荷。

3.13

额定起重量指示器　rated capacity indicator

在规定的公差极限范围内，超过额定起重量时能连续发出信号的装置。

注1：对于某些类型的起重机，当接近额定起重量时额定起重量指示器将给出不同的连续指示信号。

注2：见4.4.1.2a)。

3.14

额定起重量限制器　rated capacity limiter

在正常工作使用期间考虑了动力效应的情况下，自动防止起重机搬运载荷超过其额定起重量的装置。

3.15

倾覆线伸距　reference outreach or radius

通过载荷重心的垂直线和对应的倾翻线之间的水平距离。

3.16

松绳限制器　slack rope limiter

钢丝绳松弛时，停止其动作的装置。

3.17

回转限位器　slewing limiter

用来防止回转超出规定角度的装置。

3.18

伸缩限位器　telescoping limiter

用来防止构件的伸缩超出规定长度的装置。

3.19

大车和小车行程限位器　travelling and traversing limiter

用来防止起重机沿轨道的各种类型运动超越所规定的极限位置的装置。

3.20

作业空间限制器 working space limiter

用来防止固定吊具和/或起重机部件进入禁区的装置。

注：作业空间的限制常采用不同类型限制器的组合来实现。

4 安全要求和/或措施

4.1 限制器和指示器

4.1.1 起重机制造商选择的设备规格应适合起重机设计用途，应考虑下列因素：

a) 使用环境，例如相对湿度、冰冻、凝露；

b) 额定起重量；

c) 起重机特性；

d) 电磁兼容性。

4.1.2 限制器和指示器的使用不应降低起重机必需的强度。

4.1.3 由限制器动作产生的效果(例如通过力、制动距离)应在起重机的设计限制范围内。

4.1.4 系统应能够定期检查以校验指示器是否正常工作。

4.1.5 如果发生动力中断，应维持限制器和指示器的工作状态。

4.1.6 在起重机正常使用、安装、钢丝绳更换、拆卸和维护期间，限制器和指示器应能承受由此产生的冲击和振动。

4.1.7 漆膜或其他防腐保护措施不应影响限制器和指示器的正常功能。

4.2 额定起重量限制器和指示器的一般要求

4.2.1 对额定起重量≥3 t的所有起重机均应设置额定起重量限制器和指示器；对额定起重量≥1 t或倾覆力矩≥40 000 N·m的起重机推荐使用。

注：对于额定起重量不随载荷位置变化的钢丝绳或环链葫芦，其风险评估可能显示额定起重量指示器不是必需的。

4.2.2 对于制造商提供的操作手册中描述的各种类型额定起重量和配置，额定起重量限制器/指示器应依据GB/T 24810的本部分中相应的要求来执行。

4.2.3 如果起重机能以不同的配置工作，额定起重量限制器/指示器应有起重机配置的指示信息。如果装备了配置选择装置，在该装置上应提供所选配置的直接描述或代码，该代码可通过代码/配置列表进行核对。

4.2.4 对于起重机的各种结构形式和状态，额定起重量限制器和指示器应自动起作用。

4.2.5 应把手动调整装置的意外风险减到最小(例如通过锁定或双重保险)。

4.2.6 选择装置调整档位的数量应与起重机提供的配置数量有关。若选择空位应导致起重机不起作用或不会导致起重机发生危险。

4.2.7 额定起重量指示器和限制器的设计和安装应考虑起重机超载试验的需要，试验时不应拆除或对其性能产生永久性影响。若在试验时必须拆除这些装置的部件，应在试验之后检查和/或重新安装这些装置。

4.3 额定起重量限制器

4.3.1 总则

4.3.1.1 额定起重量限制器应防止起重机工作时超出极限位置和超过额定起重量图表上的载荷。

4.3.1.2 额定起重量限制器的极限值 Q_L，应符合公式(1)的规定：

$$1+\frac{a}{g}\leqslant\frac{Q_L}{Q_{GL}}\leqslant\phi_2 \quad \cdots\cdots(1)$$

式中：

a——起升加速度。

g——重力加速度。

Q_{GL}——总起重量，包含起重挠性件质量，固定吊具质量和额定起重量。

ϕ_2——GB/T 22437.1—2008 中 6.1.2.2.1 进行的起重机能力验证计算中的放大系数，或者是在下列限制范围内选择一个系数：

——≤1.1 适合于采用传感器和切断电源起间接作用的起重量限制器；

——≤1.6 适合于直接作用的起重量限制器，例如摩擦力矩限制器，通常与链传动起升装置关联。

4.3.2 操作要求

4.3.2.1 当作用在起重机上的载荷超过额定起重量时，额定起重量限制器应抑制起重机的各种控制装置以防止任何加剧超载的状况发生。

对于不同类型的起重机，导致加剧超载的具体动作的详细内容参见 GB/T 24810 的其他各部分。

4.3.2.2 额定起重量限制器不应阻碍起重机操作者将控制装置恢复到"停止"状态，也不应阻碍可促使起重机减少载荷或卸载的动作。

4.3.2.3 一旦额定起重量限制器动作，应持续抑制相关的控制装置直到移走超重的载荷并将相应的操纵杆恢复到空档位置为止。

4.4 额定起重量指示器

4.4.1 操作要求

4.4.1.1 对于所有导致载荷超过制造商提供资料中规定的额定起重量的起重机动作，额定起重量指示器应发出视觉警告或听觉警告，或者同时发出视觉和听觉警告。

4.4.1.2 额定起重量指示器应符合下列要求：

a) 对额定起重量随载荷位置变化的起重机，当接近额定载荷时对起重机操作者发出警告；

b) 在额定起重量限制器达到超载限定值时，对处于危险区域的起重机操作者和人员发出超载警告；

c) 对于提供了限制器抑制功能的起重机，只要限制器达到抑制功能就会对处于危险区域的起重机操作者和人员发出警告。

4.4.1.3 当接近额定起重量时，额定起重量指示器应发出警告以使起重机操作者有时间对警告作出反应从而防止起重机超载。

对于特殊的起重机类型，对于加剧超载的具体动作的详细内容应参考 GB/T 24810 的其他各部分。

4.4.1.4 起重机操作员不应从控制站取消警告，除非在同一状况下同时使用了听觉和视觉警告，在这种情况下听觉警告可以在其作用 5 s 之后通过操作手动取消装置来取消。如果使用了这种取消装置，在起重机需要恢复听觉警告时应自动作用。

在起重机校准和试验期间可取消听觉警告。

4.4.2 警告形式

4.4.2.1 接近额定起重量时发出的警告(在需要时)和超过额定起重量时发出的警告，都应是持续的。接近额定起重量的警告和超载警告应明显不同，例如对于接近额定起重量其视觉警告可以为一种颜色，而超载则为另一种颜色。

4.4.2.2 对起重机操作者发出的视觉警告，应处于每个控制站都能清楚看见的位置并且不会影响操作者观察载荷和眼前的场景。

4.4.2.3 在特定的环境中警告应明显可辨。

4.4.3 日常检查的规定

在不需对起重机加载的情况下，额定起重量指示器就能对自身的电路和响应(但不必考虑它的精度)进行功能检查。

4.5 运动和性能限制器

4.5.1 运动限制器

4.5.1.1 设计约束和由用户提出应限制的运动，都应配备运动限制器。

示例：起升限位器、下降限位器、松绳限制器、回转限位器、大车和小车行程限制器、臂架俯仰限制器、臂架伸缩限位器、控制台限位器、工作空间限制器、防碰撞装置。

对具体类型的起重机运动限制器，还应参考 GB/T 24810 的其他部分。

4.5.1.2 某个运动与另一个运动同时进行时应考虑这两个运动的相互影响，此时可能造成某个运动超出极限范围。

4.5.1.3 若某一运动配备了一个运动限制器，该运动限制器动作后，反方向运动到一个安全状态，不必重新设定。

4.5.1.4 若风险评估确定某单项运动需配备二级（备用）限制器，一级限制器失效时应按照该起重机类型对应的标准中规定的方法对起重机操作者发出信号。为确保起重机的持续安全性，在二级限制器动作后不应进行双向有限运动直到复位为止。该复位动作对于在控制位置的起重机操作者不应轻易地操作。当二级限制器设计为吸收运动能量的一个固定止挡器时，不需要指示信号和复位动作。

4.5.1.5 若同时进行两个或多个运动，设计运动限制器时应考虑可能的运动组合的影响。

4.5.2 性能限制器

4.5.2.1 下列运动情况应配备性能限制器：

a） 该运动具有一个设计性能限制；

b） 存在一个可能导致超出性能界限的外部力（例如重力）。

若通过系统的设计可防止超过性能极限则不需要配备性能限制器。

起重机被限制的性能有速度和加速度/减速度等。

4.5.2.2 若同时进行两个或多个运动，设计性能限制器时应考虑可能的运动组合的影响。

4.6 指示器

4.6.1 指示器应依据 GB/T 24810 的其他各部分规定的起重机类型的要求来配置。

起重机工作图表上显示的相关参数为操作员提供了重要帮助。此类参数的举例如下：

——幅度；

——角度；

——额定起重量；

——接近额定起重量；

——实际载荷；

——臂架长度；

——起升绳下降；

——风速；

——起重机水平位置；

——偏斜；

——卷筒旋转；

——松绳。

4.6.2 必要时应向起重机操作者提供连续的并且明确的视觉、听觉或触觉指示，例如，通过指针在刻度上移动的方式，双指针法或数字显示器。

4.6.3 指示器的响应时间应与所示参数的变化速度相适宜，使之总是显示当前的状态。

5 检查

5.1 在每日运行前，应进行检查以确保系统功能符合该使用说明书的要求。在系统继续使用前，应依据该系统的使用说明书排除故障。

5.2 应由有资格的人员每12个月或更经常地对系统进行检查和测试;若需要校准,应由有资格的人员进行。

起重机业主(用户)应保留起重机定期检查或年检(最低要求)的带日期和检验结果的记录。记录应保存在指派人员可获得之处。

6 维护

在用的限制器和指示器应按照本部分的规定,依据该装置制造商提供的维护说明书进行维护。

7 操作说明书和操作者培训

制造商应提供每个限制器和指示器的操作说明书,包括任何特殊的限制或要求。以上内容还应包含在操作者的培训课程中。

8 使用信息

8.1 操作指南应包括当在起重机上进行焊接作业时对限制器和指示器的保护措施。

8.2 操作指南应包括当进行起重机超载试验时能保护限制器/指示器的措施。

8.3 应提供避免在临界区域过度涂漆的警告。

注:注意事项参见 GB/T 15706.2—2007 中的第6章。

参 考 文 献

[1] GB/T 22437.1—2008 起重机 载荷与载荷组合的设计原则 第1部分:总则(ISO 8686-1:1989,MOD).

[2] GB/T 23720.1—2009 起重机 司机培训 第1部分:总则(ISO 9926-1:1990,IDT).

[3] GB/T 23724.1—2009 起重机 检查 第1部分:总则(ISO 9927-1:1994,IDT).

[4] GB/T 17909.1—1999 起重机 起重机操作手册 第1部分:总则(idt ISO 9928-1:1990).

[5] GB/T 15706.1—2007 机械安全 基本概念与设计通则 第1部分:基本术语和方法(ISO 12100-1:2003,IDT).

[6] GB/T 15706.2—2007 机械安全 基本概念与设计通则 第2部分:技术原则(ISO 12100-2:2003,IDT).

ICS 53.020.20
J 80

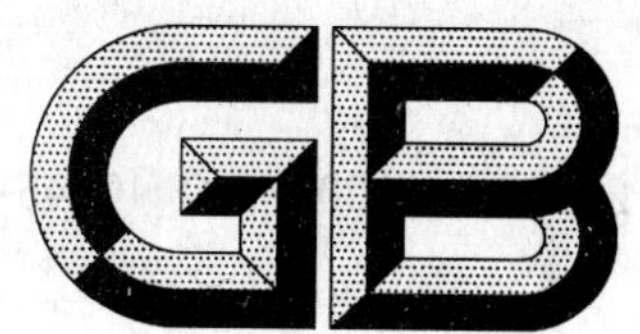

中华人民共和国国家标准

GB/T 24810.2—2009/ISO 10245-2:1994

起重机 限制器和指示器 第2部分:流动式起重机

Cranes—Limiting and indicating devices—
Part 2:Mobile cranes

(ISO 10245-2:1994,IDT)

2009-12-15 发布

2010-07-01 实施

中华人民共和国国家质量监督检验检疫总局
中国国家标准化管理委员会 发布

前　言

GB/T 24810《起重机　限制器和指示器》分为5个部分：

——第1部分：总则；

——第2部分：流动式起重机；

——第3部分：塔式起重机；

——第4部分：臂架起重机；

——第5部分：桥式和门式起重机。

本部分为GB/T 24810的第2部分。

本部分等同采用ISO 10245-2:1994《起重机　限制器和指示器　第2部分：流动式起重机》(英文版)。

本部分等同翻译ISO 10245-2:1994。

为了便于使用，本部分作了下列编辑性修改：

——"ISO 10245的本部分"一词改为"GB/T 24810的本部分"；

——删除ISO 10245-2:1994的前言；

——用小数点"."代替作为小数点的逗号","；

——对于ISO 10245-2:1994引用的国际标准，用已采用为我国的标准代替对应的国际标准，对于未被采用为我国标准的国际标准，在本部分中均被直接引用。

本部分由中国机械工业联合会提出。

本部分由全国起重机械标准化技术委员会(SAC/TC 227)归口。

本部分起草单位：徐工集团徐州重型机械有限公司。

本部分主要起草人：刘颜军、曹立峰。

起重机　限制器和指示器
第2部分:流动式起重机

1　范围

GB/T 24810的本部分规定了流动式起重机载荷、运动、性能和环境的限制器和/或指示器的要求。GB/T 24810.1规定了用于起重机限制器和指示器的一般要求。

本部分适用于按ISO 4306-2定义的所有流动式起重机(以下简称起重机),见4.1和4.2。

注:本部分的要求仅适用于作为起重机使用的机型,不适用经变型用于挖掘和其他非起重作业中使用的机型。

2　规范性引用文件

下列文件中的条款通过GB/T 24810的本部分的引用而成为本部分的条款。凡是注日期的引用文件,其随后所有的修改单(不包括勘误的内容)或修订版均不适用于本部分,然而,鼓励根据本部分达成协议的各方研究是否可使用这些文件的最新版本。凡是不注日期的引用文件,其最新版本适用于本部分。

GB/T 783　起重机械　最大起重量系列(GB/T 783—1987,eqv ISO 2374:1983)

GB/T 6974.1—2008　起重机　术语　第1部分:通用术语(ISO 4306-1:2007,IDT)

GB/T 24810.1—2009　起重机　限制器和指示器　第1部分:总则(ISO 10245-1:2008,IDT)

GB/T 23720.1　起重机　司机培训　第1部分:总则(GB/T 23720.1—2009,ISO 9926-1:1990,IDT)

ISO 4306-2:1994　起重机　术语　第2部分:流动式起重机

3　术语和定义

GB/T 24810.1确立的以及下列术语和定义适用于本部分。

3.1

额定起重量　rated capacity

在正常工作条件下,对于给定的起重机类型和载荷位置,起重机设计能起升的最大净起重量。对于流动式起重机为起重挠性件重量。见GB/T 6974.1—2008中8.1.8。

注:起重挠性件重量为吊挂在起重机起重挠性件下端起升的重物质量,包括有效起重量、可分吊具质量和固定吊具质量。

3.2

防互撞装置　anti-two-block device

该装置启动时能断开所有运动功能,防止下承载滑轮或吊钩组件与上承载滑轮或主臂、副臂臂端滑轮组件的碰撞。

3.3

防互撞缓冲装置　two-block damage prevention device

下承载滑轮或吊钩组件与上承载滑轮或主臂、副臂臂端滑轮组件接触时,使钢丝绳拉力减小的装置。

该装置宜使拉力减小到不能造成组件和维护良好的钢丝绳的损坏,并防止吊钩过度旋转导致索具从吊钩上脱落的功能。

4 总则

4.1 本部分适用于其发布1年后所有新制造的起重机,现有设备不需要改型。但是当打算变更某项性能要求时,应按本部分要求进行检查。如果性能有本质上的不同,则应由所有者(用户)选定有资格的人员对是否满足当前需要进行评价,并由所有者(用户)在1年内,按评价结果改进。

4.2 起重机的限制器和指示器的设置应符合表1的规定。表1中规定的吨位限制与起重机的最大起重量(见GB/T 783)有关。表1不适用于所有可能遇到的情况,例如大风。各种装置的使用应按照起重机安全操作所规定的方式,并考虑起重机的类型及其预定用途来实现。

4.3 操作人员在操纵位置应清晰看到所有限制器和指示器的示值。

5 额定起重量限制器

5.1 一般要求

额定起重量限制器的设置应满足GB/T 24810.1—2009中4.3.1.1的要求,并应符合GB/T 24810.1—2009中4.3.2的操作要求。

5.2 设定

额定起重量限制器的设定值应在起重机额定起重量的100%~110%之间。

注:本条中的额定起重量未考虑大风、多台作业等不利的工作条件。

6 额定起重量指示器

6.1 当起重机上的载荷超过额定起重量的(92±5)%时,额定起重量指示器应向操作人员传送视觉和听觉的报警信号。

6.2 当起重机上的载荷超过设定值时,无论额定起重量限制器是否已限制作业工况(见5.2),额定起重量指示器应向起重机附近人员传送听觉和视觉的报警信号。

7 载荷指示器

7.1 载荷指示器应测量和显示被起升的实际载荷。

7.2 载荷指示系统所显示的载荷应与起重机制造商规定的起重机最大起重量相匹配。

7.3 载荷指示系统的精度应为所显示的载荷在实际载荷的100%~110%之间。

8 运动限制器

8.1 工作要求

运动限制器的安装应考虑该运动所必需的制动距离,应防止起重机重新启动后向设定的限制区域外运动。宜设置互锁装置,限制主臂、副臂的变幅和伸缩在吊钩下降到安全位置前向危险方向运动。

在大多数情况下,运动限制器应接入起重机控制系统,以防止起重机继续运行。

注:在液压系统中,工作油缸的行程和机械限位也认为能满足要求,但必须安装减压阀防止起重机部件超载。

8.2 起升高度限位器

起升高度限位器应包括一个防互撞装置或一个防互撞缓冲装置(见3.2和3.3)。

8.3 下降深度限位器

下降深度限位器应确保起重机吊钩在最大允许下降深度时,钢丝绳在卷筒上缠绕至少应保留设计规定的最少钢丝绳圈数。

表 1 起重机限制器和指示器设置的要求

<table>
<tr><th rowspan="2">起重机类型</th><th colspan="14">限制器和指示器名称</th></tr>
<tr><th>额定起重量限制器</th><th>额定起重量指示器</th><th>载荷指示器</th><th>幅度指示器</th><th>起升高度限位指示器</th><th>起升高度限位器</th><th>下降深度限位器</th><th>卷筒旋转指示器</th><th>长度指示器</th><th>角度指示器</th><th>幅度限位器</th><th>防臂架后倾装置</th><th>水平仪</th><th>回转指示器</th><th>风速仪[a]</th></tr>
<tr><td>伸缩臂，升降起重机</td><td colspan="2">≥3 t(应装)
<3 t(选装)</td><td>应装</td><td>应装</td><td>应装</td><td>应装</td><td>选装</td><td>选装</td><td>应装</td><td>应装</td><td>应装</td><td>不适用</td><td>选装</td><td>选装</td><td>选装</td></tr>
<tr><td>固定臂运载人员</td><td colspan="2">≥3 t(应装)
<3 t(选装)</td><td>应装</td><td>应装</td><td>应装</td><td>应装</td><td>选装</td><td>选装</td><td>不需要</td><td>应装</td><td>应装</td><td>应装</td><td>选装</td><td>选装</td><td>选装</td></tr>
<tr><td>固定臂，升降起重机</td><td>选装</td><td>≥3 t(应装)
<3 t(选装)</td><td>应装</td><td>应装</td><td>应装</td><td>选装</td><td>选装</td><td>选装</td><td>不需要</td><td>应装</td><td>应装</td><td>应装</td><td>选装</td><td>选装</td><td>选装</td></tr>
<tr><td>伸缩臂，随车起重机</td><td colspan="2">≥3 t(应装)
<3 t(选装)</td><td>选装[b]</td><td>选装</td><td>应装[b]</td><td>应装[b]</td><td>选装[b]</td><td>选装[b]</td><td>应装</td><td>应装</td><td>应装</td><td>不适用</td><td>选装</td><td>选装</td><td>不需要</td></tr>
<tr><td>铰接臂，随车起重机</td><td colspan="2">≥3 t(应装)
<3 t(选装)</td><td>选装[b]</td><td>选装</td><td>应装[b]</td><td>应装[b]</td><td>选装[b]</td><td>选装[b]</td><td>不适用</td><td>选装</td><td>应装</td><td>不适用</td><td>选装</td><td>选装</td><td>不需要</td></tr>
<tr><td>带变幅副臂的伸缩臂</td><td colspan="2">≥3 t(应装)
<3 t(选装)</td><td>应装</td><td>应装</td><td>应装</td><td>应装</td><td>选装</td><td>选装</td><td>应装</td><td>主臂 应装
副臂 应装</td><td>主臂 应装
副臂 应装</td><td>主臂 不适用
副臂 应装</td><td>选装</td><td>选装</td><td>选装</td></tr>
<tr><td>带变幅副臂固定臂</td><td>选装</td><td>≥3 t(应装)
<3 t(选装)</td><td>应装</td><td>应装</td><td>应装</td><td>选装</td><td>选装</td><td>选装</td><td>不需要</td><td>主臂 应装
副臂 应装</td><td>主臂 应装
副臂 应装</td><td>主臂 应装
副臂 应装</td><td>选装</td><td>选装</td><td>选装</td></tr>
<tr><td>非回转伸缩臂</td><td colspan="2">≥3 t(应装)
<3 t(选装)</td><td>应装</td><td>应装</td><td>应装</td><td>应装</td><td>选装</td><td>选装</td><td>应装</td><td>应装</td><td>应装</td><td>不适用</td><td>选装</td><td>不适用</td><td>选装</td></tr>
<tr><td>非回转固定臂</td><td>选装</td><td>≥3 t(应装)
<3 t(选装)</td><td>应装</td><td>应装</td><td>应装</td><td>选装</td><td>选装</td><td>选装</td><td>不需要</td><td>应装</td><td>应装</td><td>应装</td><td>选装</td><td>不适用</td><td>选装</td></tr>
</table>

a 当载荷曲线是由风力条件决定时，需要安装风速仪。

b 仅适用于起重机上装有钢丝绳起升机构时。

8.4 幅度限位器

该装置应装有合适的调节装置，以使主臂及副臂达到规定的变幅角度。必要时，该调节装置应有一个旁路，允许短暂重新接通动力源，让操作人员解除限制器锁止，调节主臂或副臂变幅俯仰角度。

8.5 防臂架后倾装置

该装置应设计成当承载钢丝绳或索具因故障突然释放载荷时，能吸收由变幅主臂或副臂传递的所有能量。本装置应提供吸收主臂或副臂相对于其连接轴最后5°的转角能量，防止主臂或副臂向上和向后运动。

9 动作和性能指示器

9.1 起升高度限位指示器

9.1.1 工作要求

当下承载滑轮组或吊钩组件接近上承载滑轮组或主臂、副臂端滑轮组件时，起升高度限位指示器应被触动，并向操作人员发出听觉和视觉的报警信号。

9.1.2 设定

起升高度限位指示器的设定应考虑运动所需的停止距离，这对起重机操作是必要的，例如吊钩和伸缩机构的运动。

9.2 角度指示器

角度指示器的示值精度应按如下要求：

a) 对于主臂或副臂倾角相对于水平面不小于65°时，与实际倾角的偏差为－2°～0°；

b) 对于主臂或副臂角度小于65°时，与实际倾角的偏差为－3°～0°。

9.3 长度指示器

显示偏差应在实际臂架长度的±2%范围内。

9.4 幅度指示器

当额定起重量是根据所显示的幅度来确定时，幅度指示器的偏差应在实际幅度的±5%范围内。

9.5 卷筒旋转指示器

9.5.1 工作要求

该装置应采用视觉、听觉或触觉的方式显示卷筒的运动。当在操作位置附近无其他显示器时，该装置也应显示钢丝绳的运动方向。

9.5.2 指示器的灵敏度

指示器应能检测出钢丝绳位移50 mm时卷筒的初始旋转运动。

9.6 水平仪

水平仪应能显示出超过制造商规定条件的非水平状态。

9.7 回转指示器

该指示器应具有下列一种或全部功能：

——伴随回转运动的听觉和/或视觉的报警信号；

——显示回转过程；

——能显示上部结构与底架之间的角度变化，误差不大于1.5°。

9.8 风速仪

风速仪的测量部分应安装在起重机上不影响风速测量的位置处。

风速仪显示部分应安装在操作人员从操作位置明显可见的位置，且应清晰易读。

该装置应连续显示5 s的平均风速。

10 强度极限

本部分所列各种装置的支架强度极限应不小于其他承载结构的最小强度极限，如出现故障将不会引起载荷坠落。

11 检查

11.1 为确保系统功能与制造商说明书中的描述相一致，在日常操作前应进行检查。

系统在中断后恢复使用之前，应校正故障识别系统使之与制造商说明书描述的一致。

11.2 每隔12个月或更短时间，应由有资格的人员对系统进行检查和测试。如果必需校正，应由有资格的人员承担。

11.3 起重机所有者(用户)应保存起重机年检及定期检查的数据记录和结果记录。记录宜由指定人员保存。

12 维护

本部分所叙述的限制器和指示器应按照设备制造商编写的维护说明书进行维护。

13 操作说明书和操作人员培训

13.1 制造商应为每种限制器和指示器提供包括特殊限制和要求的操作说明书。

13.2 起重机操作人员应按照GB/T 23720.1的要求进行培训。

在授权操作起重机之前，应由有资格的人员进行检查，以确保操作人员了解和熟悉制造商编写的操作和功能的说明。

ICS 53.020.20
J 80

中华人民共和国国家标准

GB/T 24810.3—2009/ISO 10245-3:2008

起重机　限制器和指示器
第3部分:塔式起重机

Cranes—Limiting and indicating devices—
Part 3:Tower cranes

(ISO 10245-3:2008,IDT)

2009-12-15 发布　　2010-07-01 实施

中华人民共和国国家质量监督检验检疫总局
中国国家标准化管理委员会　发布

前 言

GB/T 24810《起重机　限制器和指示器》分为5个部分：

——第1部分：总则；

——第2部分：流动式起重机；

——第3部分：塔式起重机；

——第4部分：臂架起重机；

——第5部分：桥式和门式起重机。

本部分为GB/T 24810的第3部分。

本部分等同采用ISO 10245-3:2008《起重机　限制器和指示器　第3部分：塔式起重机》(英文版)。

本部分等同翻译ISO 10245-3:2008。

为了便于使用，本部分作了下列编辑性修改：

——"ISO 10245的本部分"一词改为"GB/T 24810的本部分"；

——删除ISO 10245-3:2008的前言；

——对于ISO 10245-3:2008引用的国际标准，用已被采用为我国的标准代替对应的国际标准。对于未被采用为我国标准的国际标准，在本部分中均被直接引用。

本部分的附录A为资料性附录。

本部分由中国机械工业联合会提出。

本部分由全国起重机械标准化技术委员会(SAC/TC 227)归口。

本部分起草单位：北京建筑机械化研究院、抚顺永茂建筑机械有限公司、北京建研机械科技有限公司。

本部分主要起草人：孙艳秋、田若南、李静。

起重机　限制器和指示器
第3部分:塔式起重机

1　范围

GB/T 24810的本部分规定了塔式起重机(以下简称塔机)的限制器和指示器的特殊要求。适用于GB/T 6974.3中定义的塔式起重机。

本部分不适用于止停装置,如用于止停小车变幅、大车行走或动臂变幅的缓冲器。也不适用于塔机的架设、拆卸或其结构的改变。

注:GB/T 24810.1规定了用于起重机的限制器和指示器的一般要求。

2　规范性引用文件

下列文件中的条款通过GB/T 24810的本部分的引用而成为本部分的条款。凡是注日期的引用文件,其随后所有的修改单(不包括勘误的内容)或修订版均不适用于本部分,然而,鼓励根据本部分达成协议的各方研究是否可使用这些文件的最新版本。凡是不注日期的引用文件,其最新版本适用于本部分。

GB/T 6974.3　起重机　术语　第3部分:塔式起重机(GB/T 6974.3—2008,ISO 4306-3:2003,IDT)

GB/T 24810.1—2009　起重机　限制器和指示器　第1部分:总则(ISO 10245-1:2008,IDT)

IEC 60204-32:2008　机械安全　机械电气设备　第32部分:起重机械技术条件

IEC 61310-1:2007　机械安全　指示、标志和操作　第1部分:关于视觉、听觉和触觉信号的要求

3　术语和定义

GB/T 24810.1确立的以及下列术语和定义适用于本部分。

3.1

额定起重量　rated capacity

起重机在给定工作条件(如载荷位置)及给定结构(如臂架长度)时起升净载荷的设计值。

注:净载荷的定义见GB/T 6974.1—2008中8.1.3。

3.2

幅度指示器　radius indicator

用于显示塔机回转中心线到吊载中心线的水平距离的装置。

3.3

工作空间限制器　working space limiter

在单个塔机上,防止移动载荷或起重机的部件进入保护空间的装置。

3.4

保护空间　protected space

绝对禁止载荷和/或任何塔机的部件运动的空间。

注:通常,当非工作状态时,臂架和平衡臂可允许进入保护空间。

4　额定起重量限制器和指示器的一般要求

4.1　额定起重量在1 000 kg及以上或者起重力矩在40 000 N·m及以上的所有塔机上均应装有额定

起重量限制器和指示器。

4.2 应具备使任何手动调整装置意外变化引起的危险减到最小的功能(如通过锁定、联动)。

4.3 除 GB/T 24810.1—2009 中 4.2.4 的要求之外,在起重机结构非正常工作改变后(如重新组装或增加塔机部件,类似加长臂架),可要求对额定起重量限制器和指示器进行调整。

4.4 GB/T 24810.1—2009 中 4.2.6 不适用于塔机。

4.5 额定起重量限制器和指示器的设计和安装应考虑指示器或限制器测试的需要。若在测试中必须拆开装置的部件,则在测试之后应能校验和/或复位。

4.6 如果电源中断,限制器和指示器应能保持原状态。

5 额定起重量限制器

5.1 塔机应按 GB/T 24810.1—2009 中 4.3 的规定设置额定起重量限制器。

5.2 额定起重量限制器应在不小于额定起重量的 102%及不大于额定起重量的 110%时起作用。

5.3 不应提供超越额定起重量限制器的配置。

如果塔机设置了符合制造商设计和在使用说明书中规定的起重量范围、制造商预先认可的标准额定起重量限制器的其他配置,则不认为是超限的。

6 额定起重量指示器

6.1 塔机应按 GB/T 24810.1—2009 中 4.4 的规定安装额定起重量指示器。

6.2 当塔机接近其额定起重量时,额定起重量指示器应向操作人员发出清晰和连续的视觉和/或听觉的报警信号。报警信号应在不小于额定起重量的 90%及不大于额定起重量的 95%时发出。

6.3 当塔机上装有遥控装置时,额定起重量指示器可安装在起重机上,应能发出视觉报警信号。

6.4 当超过额定起重量时,额定起重量指示器应发出清晰连续的报警信号。报警信号应能从操作人员的操纵位置看到,并使起重机的操作人员和附近的人员能听到。报警信号应在不小于额定起重量的 102%及不大于额定起重量的 110%时发出。

6.5 系统应能进行定期性能检查以校验指示器是否正常工作。

6.6 不应设置使起重机操作人员在操纵位置解除报警的装置,除非在同一工况下视觉和听觉报警同时使用,并且听觉报警持续 5 s。如果使用了这种解除装置,在起重机随后恢复到需要听觉报警的状态时,听觉报警应自动起作用。

注:当对塔机调试和试验时,可以解除听觉报警。

6.7 接近和超过额定起重量的报警信号应明显不同,如接近视觉报警可以是一种颜色,而超载是另一种颜色。

6.8 报警信号应符合 IEC 60204-32:2008 中 10.2.2、10.3、10.8 和 IEC 61310-1:2007 的规定。

7 运动和性能限制装置

7.1 运动限制器

7.1.1 应按 GB/T 24810.1—2009 中 4.5.1 和本部分中表 1 的规定安装运动限制器。

7.1.2 若某单项运动需要配备第二("备用")限制器,在第二个限制器动作后,应不能有受限的双向运动,直到完成复位为止。该复位动作不应被起重机操作者在操纵位置轻易使用。当第二限制器被设计成吸收动能的固定止挡器时,不需要指示信号和复位。

7.1.3 每个塔机应能安装防碰撞装置。如果起重机的部件和/或载荷在限定的空间内,这个装置应能停止随后的塔机运动,以避免在此空间的碰撞,但允许反向运动。

制造商应确定涉及塔机运动或功能的防碰撞装置的动作所必需的连接点。

这些连接点的选择和给定的顺序应使限制器的动作与塔机机构的正常使用一致(在停止高速运动

前减速,使用机械制动)。

涉及塔机运动的防碰撞装置的安装所必需的全部连接点应集中装配在一个专用的接线盒中或专用电缆上。除自行架设式塔机之外,所有的塔机上都应安装这个专用的接线盒或专用电缆。

注:附录 A 给出了一些防碰撞装置的要求。

表 1　运动限制器

<table>
<tr><th>类型</th><th colspan="2">是否必备</th></tr>
<tr><td>起升高度限位器</td><td colspan="2">是</td></tr>
<tr><td>下降深度限位器</td><td colspan="2">是</td></tr>
<tr><td>松绳限制器</td><td colspan="2">否</td></tr>
<tr><td>回转限位器</td><td colspan="2">当提供中央集电环时,否</td></tr>
<tr><td>大车行走限位器</td><td colspan="2">是</td></tr>
<tr><td>臂架俯仰限位器</td><td colspan="2">是</td></tr>
<tr><td>臂架伸缩限位器</td><td>在架设时,否</td><td>在工作条件下,是</td></tr>
<tr><td>移动式操纵台位置限位器</td><td colspan="2">如果工作时操纵台被移动,是</td></tr>
<tr><td>工作空间限制器[a]</td><td colspan="2">不强制,在用户的要求下使用</td></tr>
<tr><td>防碰撞装置[b]</td><td colspan="2">不强制,在用户的要求下使用</td></tr>
<tr><td>小车变幅限位器</td><td colspan="2">是</td></tr>
</table>

[a] 工作空间限制器和起重机彼此关联,当起重机接通电源呈“开启”状态时,工作空间限制器自动“开启”。

[b] 见附录 A。

7.1.4　塔机应能安装工作空间限制器。这个装置的设计应能停止运动以防止进入限制区域,但允许反向运动。

7.1.5　若在正常操作中须解除运动限制器时(如下降深度的改变,小车的固定存放),解除装置可以设在操纵台上。

解除装置应是自动复位型,并且应不危及起重机部件和起重机的稳定性。

7.2　性能限制器

如果存在由于载荷速度可能超过最大许用速度而不自动制动的风险,塔机应设置下列性能限制器以保证工作速度在设计极限内:

a)　起升速度限制器;

b)　下降速度限制器;

c)　动臂变幅速度限制器。

8　运动和性能指示装置

8.1　塔机应按表 2 标记“×”安装指示器。也可使用提供相同信息的其他方式。

注:指示器给出的实际幅度和实际载荷比臂架上的标牌更精确。

8.2　推荐使用 GB/T 24810.1 中描述的其他指示装置,显示在数据表中的塔机指示参数为操作人员提供有价值的帮助。

8.3　指示器应符合 IEC 60204-32:2008 中 10.2.2、10.3、10.8 和 IEC 61310-1:2007 的规定。

8.4　指示器的反应时间应与所指示参数的变化速度相适应,始终显示当前位置。

表 2 指示器

项目	无伸缩水平臂架		伸缩臂架		折叠臂架		动臂臂架	
	组装式塔机	自行架设式塔机	组装式塔机	自行架设式塔机	组装式塔机	自行架设式塔机	组装式塔机	自行架设式塔机
实际幅度和实际载荷指示器	×	×	×	×	×	×	×	×
臂架标牌。相邻的两个标牌之间的载荷比不超过 1.5,包括最大载荷值允许的最大幅度和最大幅度的载荷值	×	×	—	—	—	—	—	—
臂架标牌。包括最大载荷值允许的最大幅度和最大幅度的载荷值	—	—	—	×	—	×	—	×

9 风速仪

除起升高度低于 30 m 的水平臂架的自行架设塔机外,塔机应装有风速仪。

附 录 A
（资料性附录）
塔式起重机上安装防碰撞装置的要求

A.1 引言

本附录列出了塔机上安装防碰撞装置的要求。

防碰撞装置的用途是为了避免多台起重机间在运动中的碰撞危险。

注：是否在塔机上安装此装置是用户的责任，并取决于塔机在工地架设后所做的危险分析。

A.2 供电

当至少有一台起重机处于工作状态时，安装在各起重机上的防碰撞装置均应开启。

防碰撞装置的供电可以从起重机上获得。

A.3 发出的指示信号

A.3.1 对操作人员

当有司机室时，应向起重机操作人员发出指示信号以允许其在操控过程中继续操作并且避开危险区域。

由于系统故障或失效引起系统停止工作，应发出指示信号。

可以以声音或在起重机操作人员的视觉范围内以视觉方式给出指示。

A.3.2 对附近人员

由于系统故障或失效引起系统停止工作，应用从工地上可看到的白色闪光向附近人员发出可视指示信号。

参 考 文 献

[1] GB/T 6974.1—2008 起重机 术语 第1部分:通用术语(ISO 4306-1:2007,IDT).

[2] ISO 8686-1 起重机 载荷和载荷组合的设计原则 第1部分:总则.

ICS 53.020.20
J 80

中华人民共和国国家标准

GB/T 24810.4—2009/ISO 10245-4:2004

起重机 限制器和指示器
第4部分:臂架起重机

Cranes—Limiting and indicating devices—
Part 4:Jib cranes

(ISO 10245-4:2004,IDT)

2009-12-15 发布 2010-07-01 实施

中华人民共和国国家质量监督检验检疫总局
中国国家标准化管理委员会 发布

前　言

GB/T 24810《起重机　限制器和指示器》分为5个部分：

——第1部分：总则；

——第2部分：流动式起重机；

——第3部分：塔式起重机；

——第4部分：臂架起重机；

——第5部分：桥式和门式起重机。

本部分为GB/T 24810的第4部分。

本部分等同采用ISO 10245-4:2004《起重机　限制器和指示器　第4部分：臂架起重机》(英文版)，包括其技术勘误ISO 10245-4/Cor.1:2006。

本部分等同翻译ISO 10245-4:2004。

为了便于使用，本部分作了下列编辑性修改：

——"ISO 10245的本部分"一词改为"GB/T 24810的本部分"；

——删除国际标准的前言；

——对于ISO 10245-4:2004引用的国际标准，用已采用为我国的标准代替对应的国际标准，对于未被采用为我国标准的国际标准，在本部分中均被直接引用；

——对于按ISO 10245-4:2004的技术勘误修改的内容用垂直双线标识在它们所涉及的条款的页边空白处。

本部分由中国机械工业联合会提出。

本部分由全国起重机械标准化技术委员会(SAC/TC 227)归口。

本部分起草单位：北京起重运输机械研究所。

本部分主要起草人：程潞样。

引 言

GB/T 24810 的本部分提出了对起重机设计的要求，并给出设计指南以及反映起重机设计领域现状的设计准则。经实践证明，该设计准则在确保满足起重机的基本安全要求和起重机部件的使用寿命要求方面是良好的。违背这些设计准则将会导致风险的增加或起重机使用寿命的降低。但业内共识：新技术、新材料的使用也能作为新的解决方案取得相同的效果或提高起重机安全性和延长使用寿命。

起重机　限制器和指示器
第4部分:臂架起重机

1　范围

GB/T 24810的本部分规定了适用于由GB/T 6974.1规定的臂架型起重机的载荷、运动、性能和环境的限制器和指示器的要求。近海起重机、塔式起重机、流动式起重机和铁路起重机的限制器和指示器的要求见GB/T 24810的其他部分。对各种类型起重机的限制器和指示器的通用要求见GB/T 24810.1—2009。

2　规范性引用文件

下列文件中的条款通过GB/T 24810的本部分的引用而成为本部分的条款。凡是注日期的引用文件,其随后所有的修改单(不包括勘误的内容)或修订版均不适用于本部分,然而,鼓励根据本部分达成协议的各方研究是否可使用这些文件的最新版本。凡是不注日期的引用文件,其最新版本适用于本部分。

GB/T 6974.1　起重机　术语　第1部分:通用术语(GB/T 6974.1—2008,ISO 4306-1:2007,IDT)

GB/T 22437.1—2008　起重机　载荷与载荷组合的设计原则　第1部分:总则(ISO 8686-1:1989,MOD)

GB/T 24810.1—2009　起重机　限制器和指示器　第1部分:总则(ISO 10245-1:2008,IDT)

ISO 8686-4:2005　起重机　载荷和载荷组合设计原则　第4部分:臂架起重机

3　术语和定义

GB/T 24810.1确立的术语和定义适用于本部分。

4　额定起重量限制器和指示器

4.1　臂架起重机的一般要求

额定起重量为1 t及以上或由于载荷作用产生的倾覆力矩大于40 000 N·m的起重机都应装有额定起重量限制器和指示器。

注:钢丝绳葫芦或环链葫芦的额定起重量不随载荷位置的改变而改变,可不装额定起重量指示器。

4.2　额定起重量限制器的性能和参数要求

4.2.1　额定起重量限制器应符合GB/T 24810.1—2009中4.3的要求,并按GB/T 24810.1—2009中4.3.2的要求操作。

4.2.2　额定起重量限制器一经启用应持续作用直到过载消除,控制杆回到中位。

4.2.3　在操作过程中需要一个与额定起重量限制器相互配合的装置来防止载荷的动态变化。额定起重量限制器应允许额定载荷和起升装置以设计的平均加速度加速向上运动。

注:通常,在额定载荷试验中,限制器可调并可设定合适的值。对于系列生产的起升卷扬机,在车间试验时调整额定起重量限制器,要充分重视今后实际用于臂架时变形对设定值的影响。

4.2.4　额定起重量限制器的极限值Q_L应满足式(1):

$$1 + a/g \leqslant Q_L/Q_{GL} \leqslant \phi_2 \quad \cdots\cdots(1)$$

式中：

a——设计的起升平均加速度。

g——重力加速度。

Q_{GL}——总起重量，由起重挠性件质量、固定吊具质量及额定起重量(额定起重量＝可分式吊具质量＋有效起重量)构成。

ϕ_2——GB/T 22437.1—2008 中的 6.1.2.2.1 用于起重机能力验算的放大系数，也是下列限定情况中的选择系数：

——对于间接作用的额定起重量限制器，使用传感器和切断电源的情况，取 $\phi_2 \leqslant 1.1$；

——对于直接作用的额定起重量限制器，例如：一般与环链电动葫芦有关的摩擦力矩限制器取 $\phi_2 \leqslant 1.6$。

4.3 额定起重量指示器的性能和特殊要求

4.3.1 额定起重量指示器应该符合 GB/T 24810.1—2009 中 4.4 的要求。

4.3.2 当起升载荷接近额定起重量时，指示器应向司机发出连续的视觉和/或听觉警告。通常，警告信号应在起升载荷达到额定起重量的 90%～95%时发出。

4.3.3 当接近额定起重量(在需要的情况下)和超过额定起重量的时候，指示器应发出连续的警告声。接近额定起重量和超过额定起重量的警报声应有明显区别。

接近和超过额定起重量两种状态的视觉警告颜色应不同。听觉警告信号的音量应高于一般操作现场的背景噪声并能被清晰地分辨，且不易与其他声音相混淆。

5 运动和性能限制器

5.1 运动限制器

5.1.1 应按照 GB/T 24810.1—2009 中 4.5.1 的规定操作运动限制器。为了避免超限的破坏性运动，运动限制器和起重机控制装置应该配合使用。

注：在液压系统中，操作液压缸的运动范围或机械制动满足这个要求，然而为了防止起重机部件的超载，需配置安全阀。

5.1.2 在起重机的设计中，对于限制运动的机构都应该配置运动限制器，见表 1。

5.1.3 在设计中应考虑由于运动限制器的动作而作用于起重机结构的加速度。

5.2 性能限制器

性能限制器应该符合 GB/T 24810.1—2009 中 4.5.2 的要求。

6 运动和性能指示器

6.1 运动和性能指示器应符合 GB/T 24810.1—2009 中 4.6 的要求。

6.2 对于额定起重量随着半径变化而改变的起重机，应设置幅度指示器或臂架倾角指示器。

表 1 运动限制器的选择

运动	运动限制器型式				
	端部止挡器	缓冲器	断路限位开关	减速装置	备用限位开关
一般起升	—	—	▲	—	●[a]
高风险场合起升	—	—	▲	—	▲
下降	—	—	▲	—	—
大车运行 $V_{CT}<0.63$ m/s $V_{CT}\geqslant 0.63$ m/s	 ▲ ▲	 ○ ■	 ○ ■	 ○ ■	—

表 1（续）

运动	运动限制器型式				
	端部止挡器	缓冲器	断路限位开关	减速装置	备用限位开关
小车运行					—
V_{CT}<0.80 m/s	▲	○	○	○	
V_{CT}≥0.80 m/s	▲	■	■	■	
回转[b]	▲	○	○	○	—
变幅	○	○	▲	—	—
伸缩	▲	○	○	—	—

注：▲＝需要；●＝推荐；○＝推荐至少一种附加型式的运动限制器；■＝需要至少一种附加型式的运动限制器，对于较高速度和/或质量（动能），需要多种附加型式的运动限制器。

[a] 力矩限制器可以代替运动限制器。

[b] 只用于回转角度受到限制和动力驱动的情况。

ICS 53.020.20
J 80

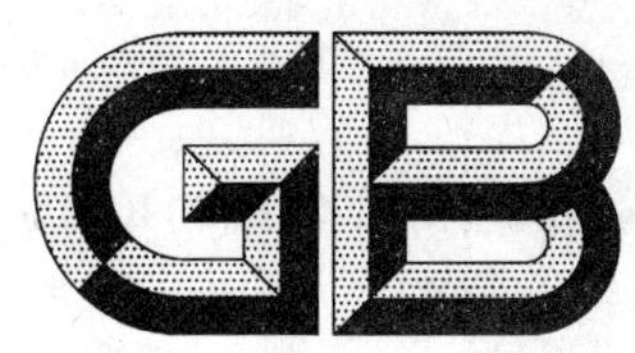

中华人民共和国国家标准

GB/T 24810.5—2009/ISO 10245-5:1995

起重机　限制器和指示器
第5部分:桥式和门式起重机

Cranes—Limiting and indicating devices—Part 5:Bridge and gantry cranes

(ISO 10245-5:1995,IDT)

2009-12-15 发布　　　　2010-07-01 实施

中华人民共和国国家质量监督检验检疫总局
中国国家标准化管理委员会　发布

前 言

GB/T 24810《起重机　限制器和指示器》分为5个部分：

——第1部分：总则；

——第2部分：流动式起重机；

——第3部分：塔式起重机；

——第4部分：臂架起重机；

——第5部分：桥式和门式起重机。

本部分为GB/T 24810的第5部分。

本部分等同采用ISO 10245-5:1995《起重机　限制器和指示器　第5部分：桥式和门式起重机》(英文版)。

本部分等同翻译ISO 10245-5:1995。

为了便于使用，本部分作了下列编辑性修改：

——"ISO 10245的本部分"一词改为"GB/T 24810的本部分"；

——删除ISO 10245-5:1995的前言；

——对ISO 10245-5:1995引用的其他国际标准，用已被等同采用为我国的标准代替对应的国际标准。

本部分由中国机械工业联合会提出。

本部分由全国起重机械标准化技术委员会(SAC/TC 227)归口。

本部分起草单位：大连重工·起重集团有限公司、北京起重运输机械设计研究院。

本部分主要起草人：桂佩康、周庚、何铀。

起重机 限制器和指示器 第5部分:桥式和门式起重机

1 范围

GB/T 24810 的本部分规定了桥式和门式起重机的载荷、运动、性能和环境用的限制器和/或指示器的要求。

起重机的限制器和指示器的一般要求按 GB/T 24810.1 的规定。

2 规范性引用文件

下列文件中的条款通过 GB/T 24810 的本部分的引用而成为本部分的条款。凡是注日期的引用文件,其随后所有的修改单(不包括勘误的内容)或修订版均不适用于本部分,然而,鼓励根据本部分达成协议的各方研究是否可使用这些文件的最新版本。凡是不注日期的引用文件,其最新版本适用于本部分。

GB/T 24810.1 起重机 限制器和指示器 第1部分:总则(GB/T 24810.1—2009,ISO 10245-1:2008,IDT)

GB/T 22437.1—2008 起重机 载荷与载荷组合设计原则 第1部分:总则(ISO 8686-1:1989,MOD)

3 术语和定义

GB/T 24810.1 确立的术语和定义适用于本部分。

4 额定起重量限制器

4.1 起重机在下列情况下应装有额定起重量限制器:

——有倾翻的危险;

——起重机有可能搬运不能预料的载荷,该载荷会导致机构和结构的超载。

4.2 额定起重量限制器应允许起升装置带额定载荷以设计的平均加速度 a 加速向上运动。通常,在额定载荷试验中,限制器应能调整并固定在一个合适的值。对于系列生产的起重机,在车间试验期间,考虑到起重机使用时桥架变形,可适当设置额定起重量限制器。

4.3 应使限制器具有在使用中防止检测动载荷的功能。

4.4 额定起重量限制器设定值 Q_L 应满足式(1):

$$1 + a/g < Q_L/Q_{GL} < \phi_2 \quad \cdots\cdots(1)$$

式中:

a——设计的起升平均加速度;

g——重力加速度;

Q_L——由起重挠性件(钢丝绳、链条等)所限制的额定起重量;

Q_{GL}——总起重量,由起重挠性件质量、固定吊具质量及额定起重量(额定起重量=可分吊具质量+有效起重量)构成;

ϕ_2——GB/T 22437.1—2008 中 6.1.2.2.1 用于进行起重机能力验算的放大系数。

4.5 在特殊情况下,桥式和门式起重机的起重量在某些区域和载荷位置受到限制,要低于起升机构的额定起重量，这时，起重量限制器也应能自动停止超出设计限制的任何运动。

4.6 当两个或多个起升机构在一台起重机上联合操作时，额定起重量限制器连同相关运动限制器同时工作。当发生超载时，应停止引起过载的所有运动。

5 额定起重量指示器

5.1 当起重机额定起重量取决于载荷位置时，起重机应装有额定起重量指示器。

在考虑对改善起重机控制和安全性有重要影响时，也应装有额定起重量指示器。

当起重机已达到额定起重量和/或额定起重量限制器已经断开控制器时，额定起重量指示器应向起重机司机且在适当时向起重机附近的人员发出提示。

5.2 对于额定起重量取决于小车位置(见图 1)的起重机及 4.6 中描述的情况中，只要载荷达到额定起重量，额定起重量指示器就应向起重机司机发出连续的视觉和/或听觉信号。信号启动器的设定值取决于起重机的使用类型。一般警告信号应在达到额定起重量 90%～95%时发出。

5.3 听觉警告的声音应足够大，要超过工作现场的背景噪声，使那些需要得到警告的人员听见。警告声应清晰可辨，不易与其他普通声音混淆。

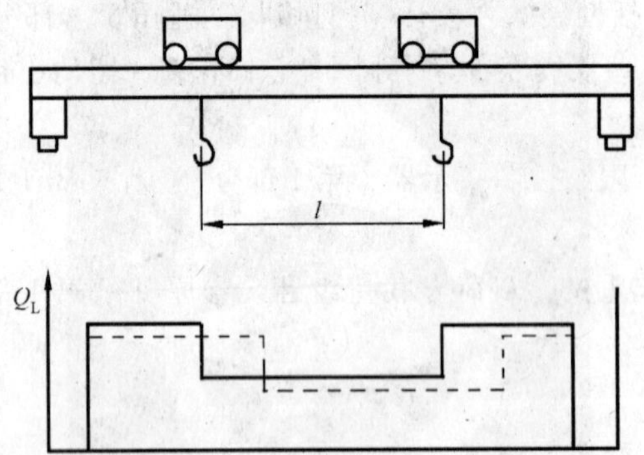

a) 为了利用小车的全部额定起重量，两小车之间需要最短的距离 l。距离缩短时额定起重量减小(主要为了减小桥架质量，并将轮压保持在允许极限内)。

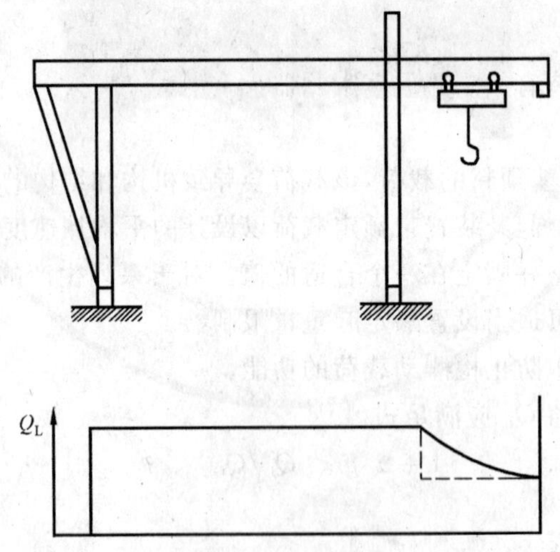

b) 额定起重量被限制在起重机的一个悬臂上(例如，由于稳定性、门腿上的载荷或梁的强度)。

图 1 桥式和门式起重机额定起重量受限制处的情况示例

6 运动和性能限制器

6.1 运动限制器

6.1.1 在起重机的设计中，运动受限的机构应装有运动限制器。表 1 中给出了常见起重机运动的最普通型运动限制器的应用指南。

表 1　运动限制器的选择

运动	运动限制器型式				
	止挡	缓冲器	停止限位开关	减速装置	倒退限位开关
一般起升			▲		●[a]
高风险场合起升			▲		▲
下降			▲		
大车运行					
V_{Ct}<0.63 m/s	▲	○	○	○	
V_{Ct}≥0.63 m/s	▲	■	■	■	
小车运行					
V_{Ct}<0.80 m/s	▲	○	○	○	
V_{Ct}≥0.80 m/s	▲	■	■	■	
小车回转[b]	▲	○	○		
吊钩回转[b]	▲	○[a]	○[a]		
臂架起升	▲	●	▲	●	
注：▲＝需要；●＝推荐；○＝推荐至少一种型式的运动限制器；■＝需要至少一种型式的运动限制器[c]。					
a 力矩限制器可以代替表中标出的运动限制器。 b 只用于回转角度限制时。 c 速度和/或质量(动能)较大时，需要不止一种以上型式的运动限制器。					

6.1.2　在设计中应考虑由于限制器的动作而作用于结构的加速度。

6.1.3　运动限制器的设计应使司机能承受不大于 4 m/s² 的加速度。

6.1.4　当两台起重机有可能相撞时，在设计中应考虑运动限制器。

6.2　性能限制器

应根据使用要求，包括起重机的控制和安全要求，装备性能限制器。

7　运动和性能指示器

应根据使用要求，包括起重机的控制和安全要求，按照 GB/T 24810.1 装备运动和性能指示器。

ICS 53.020.20
J 80

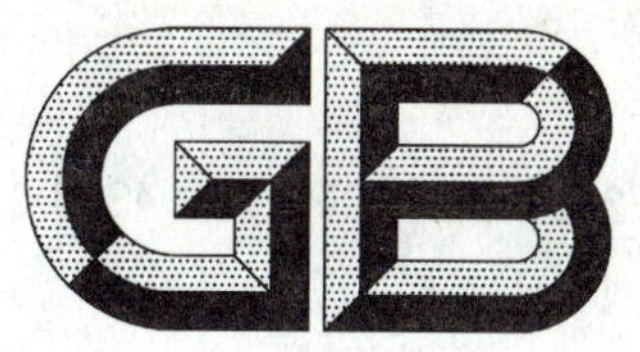

中华人民共和国国家标准

GB/T 24811.1—2009/ISO 4308-1:2003

起重机和起重机械　钢丝绳选择
第1部分:总则

Cranes and lifting appliances—Selection of wire ropes—Part 1:General

(ISO 4308-1:2003,IDT)

2009-12-15 发布　　2010-07-01 实施

中华人民共和国国家质量监督检验检疫总局
中国国家标准化管理委员会　发布

前　言

GB/T 24811《起重机和起重机械　钢丝绳选择》分为两部分：

——第1部分：总则；

——第2部分：流动式起重机　利用系数。

本部分为GB/T 24811的第1部分。

本部分等同采用ISO 4308-1:2003《起重机和起重机械　钢丝绳选择　第1部分：总则》(英文版)。

本部分等同翻译ISO 4308-1:2003。

为了便于使用，本部分还作了下列编辑性修改：

——“ISO 4308的本部分”一词改为“GB/T 24811的本部分”；

——用小数点“.”代替作为小数点的逗号“,”；

——删除ISO 4308-1:2003的前言；

——将范围中对附录B和附录D的说明删去，附录C的说明移至正文中第6章相应位置；

——对于ISO 4308-1:2003引用的国际标准，用已等同采用为我国的标准代替对应的国际标准，其他未被等同采用为我国标准的直接引用国际标准。

本部分附录A、附录D为规范性附录；附录B、附录C为资料性附录。

本部分由中国机械工业联合会提出。

本部分由全国起重机械标准化技术委员会(SAC/TC 227)归口。

本部分主要起草单位：大连重工·起重集团有限公司、北京起重运输机械设计研究院。

本部分主要起草人：桂佩康、李秀苇、迟国东、丁志强。

起重机和起重机械　钢丝绳选择
第1部分:总则

1　范围

GB/T 24811 的本部分规定了两种使用于按 GB/T 6974.1 定义的起重机械的钢丝绳选择方法,一种是根据钢丝绳选用系数 C,另一种是根据利用(安全)系数 Z_P。

本部分根据起重机的设计、应用和维护要求规定了钢丝绳许用强度和性能等级的最低要求。

本部分规定了与所选钢丝绳相关的卷筒和滑轮直径的最低要求。

本部分适用的起重机械类型见附录 A。

2　规范性引用文件

下列文件中的条款通过 GB/T 24811 的本部分的引用而成为本部分的条款。凡是注日期的引用文件,其随后所有的修改单(不包括勘误的内容)或修订版均不适用于本部分,然而,鼓励根据本部分达成协议的各方研究是否可使用这些文件的最新版本。凡是不注日期的引用文件,其最新版本适用于本部分。

GB/T 5972　起重机　钢丝绳　保养、维护、安装、检验和报废(GB/T 5972—2009,ISO 4309:2004,IDT)

GB/T 6974.1　起重机　术语　第1部分:通用术语(GB/T 6974.1—2008,ISO 4306-1:2007,IDT)

GB/T 20863.1　起重机械　分级　第1部分:总则(GB/T 20863.1—2007,ISO 4301-1:1986,IDT)

ISO 2408:2004　一般用途钢丝绳　最低要求

3　术语和定义

下列术语和定义适用于 GB/T 24811 的本部分。

3.1

平行捻密实钢丝绳　Parallel-closed rope

至少有两层绳股组成的捻制钢丝绳,其绳股以螺旋形紧密绕在一钢绳股芯或纤维绳芯上。

3.2

阻旋转钢丝绳　rotation-resistant rope

多层股钢丝绳(被替代)　multi-strand rope (superseded)

不旋转钢丝绳(被替代)　non-rotating rope (superseded)

当承受载荷时能减小扭矩或旋转程度的多股钢丝绳。

注1:阻旋转钢丝绳通常有两层或两层以上绳股围绕一个芯螺旋捻制而成,且外层股与内层股的捻向相反。

注2:3个或4个绳股的钢丝绳可设计为具有阻旋转性能。

3.3

单层股钢丝绳　single-layer rope

由一层股围绕一个绳芯螺旋捻制而成的多股钢丝绳。

3.4

多股钢丝绳　stranded rope

多个股围绕一个绳芯(单层股钢丝绳)或一个中心(阻旋转或平行捻密实钢丝绳)螺旋捻制成一层或多层的钢丝绳。

注:3 股或 4 股构成的多股钢丝绳可能有也可能无绳芯。

4　钢丝绳型式

各种起重机所选用的钢丝绳应符合 ISO 2408:2004 的规定。允许选择 ISO 2408:2004 未规定的钢丝绳,钢丝绳供应商应向用户提供与机构设计、设备使用和维护有关的钢丝绳强度、性能等级等技术文件。

5　工作级别

应按 GB/T 20863.1 的规定确定起重机械的机构工作级别。

6　选择方法

6.1　C 值的计算

钢丝绳选择系数 C 是最小实际安全系数 Z_P 的函数,按式(1)计算:

$$C=\sqrt{\frac{Z_P}{K'\cdot R_0}} \quad \cdots\cdots(1)$$

式中:

C——钢丝绳选择系数(最小值);

K'——给定结构(见 ISO 2408:2004 中的表 4 或由钢丝绳制造商提供的资料)的钢丝绳最小破断拉力经验系数;

R_0——钢丝绳中钢丝的最小(公称)抗拉强度,单位为牛每平方毫米(N/mm²);

Z_P——最小实际安全系数。

6.2　Z_P 值

为满足 GB/T 24811 的本部分的最低要求,表 1 给出了用于不同机构工作级别的 Z_P 值,同时还给出了对应于钢丝绳绳型(6×36WS-IWRC)在 R_0=1 770 N/mm² 和经验系数 K'=0.356 时 C 的计算值。

表 1　Z_P 值和 C 值(R_0=1 770 N/mm²,K'=0.356)

机构工作级别	Z_P 值	C 值
M1	3.15	0.071
M2	3.35	0.073
M3	3.55	0.075
M4	4.00	0.080
M5	4.50	0.085
M6	5.60	0.094
M7	7.10	0.106
M8	9.00	0.120

注:式(1)表示了 C 和 Z_P 之间的确定关系,表 1 给出的数值已被圆整到小数第三位。

对于与上述所标不同的抗拉强度 R_0 和最小破断拉力经验系数 K' 的钢丝绳，可以利用式(1)计算出 C 值并代入 6.3 中的式(2)。

6.3 计算钢丝绳最小直径

钢丝绳最小直径 d_{min} 按式(2)计算：

$$d_{min} = C\sqrt{S} \qquad \cdots\cdots(2)$$

式中：

d_{min}——钢丝绳最小直径计算值，单位为毫米(mm)，用于在选择卷筒和滑轮过程中，计算卷筒和滑轮直径。

C——钢丝绳选择系数。

S——钢丝绳最大拉力，单位为牛(N)。通过计算来获得此值时需考虑以下各种因素：

——起重机械的额定起重量；

——滑轮组和/或其他吊具的质量；

——钢丝绳缠绕系统的倍率；

——钢丝绳缠绕系统的效率；

——吊钩在起升到上极限位置时，如果钢丝绳与卷筒轴线(截面)的偏斜角超过 22.5°，应考虑由此产生的钢丝绳承载力的增加量。

钢丝绳公称直径(d)选择范围应在：d_{min}～$1.25\times d_{min}$。

6.4 计算最小破断拉力

钢丝绳的最小破断拉力 F_{min} 按式(3)计算，单位为 N：

$$F_{min} = S \cdot Z_P \qquad \cdots\cdots(3)$$

式中：

S——钢丝绳最大拉力，单位为牛(N)，见 6.3；

Z_P——最小实际安全系数。

钢丝绳选择示例参见附录 B。

钢丝绳的工作级别、结构及类型等其他选择因素参见附录 C。

7 卷筒和滑轮直径

卷筒和滑轮的最小节圆直径应利用在 6.3 中计算得到的钢丝绳最小直径进行计算，其值等于钢丝绳最小直径乘以表 2 所示的 h_1 或 h_2 相应值以及表 3 所示的钢丝绳绳型系数 t，按式(4)和式(5)给出，h_1 或 h_2 与机构工作级别有关。

$$D_1 \geqslant h_1 \cdot t \cdot d_{min} \qquad \cdots\cdots(4)$$

$$\text{或} \quad D_2 \geqslant h_2 \cdot t \cdot d_{min} \qquad \cdots\cdots(5)$$

式中：

D_1——卷筒最小节圆直径；

D_2——滑轮最小节圆直径；

d_{min}——按 6.3 计算的钢丝绳最小直径；

h_1——卷筒选择系数(卷筒节圆直径与钢丝绳计算直径的比值)；

h_2——滑轮选择系数(滑轮节圆直径与钢丝绳计算直径的比值)；

t——按表 3 确定的钢丝绳绳型系数，该系数考虑了不同型式钢丝绳的抗弯曲疲劳性能。

起升机构平衡滑轮的最小节圆直径应按附录 D 计算。

表 2 选择系数 h_1 和 h_2

机构工作级别	卷筒选择系数 h_1	滑轮选择系数 h_2
M1	11.2	12.5
M2	12.5	14.0
M3	14.0	16.0
M4	16.0	18.0
M5	18.0	20.0
M6	20.0	22.4
M7	22.4	25.0
M8	25.0	28.0

表 3 各种型式钢丝绳的绳型系数 t

钢丝绳外层股数	绳型系数 t
3～5	1.25
6～10	1.00
8～10 塑性浸渍	0.95
≥10 和更大的 RR[a]	1.00

[a] 阻旋转钢丝绳。

8 固定绳

固定用钢丝绳不应缠绕在卷筒或滑轮上，两端应固定。固定用钢丝绳的选择应根据 6.4 进行，式中的钢丝绳最大工作拉力 S 应由起升机构制造商在考虑钢丝绳两端静拉力后确定。表 4(较表 1)中的最小安全系数 Z_P 值已作了修正。

表 4 固定绳的 Z_P 值

机构工作级别	Z_P 值
M1	2.5
M2	2.5
M3	3.0
M4	3.5
M5	4.0
M6	4.5
M7	5.0
M8	5.0

9 危险工况

对于各种危险工况(如搬运熔融金属)，应满足下列要求：

a) 机构工作级别不应低于 M5；

b) Z_P 值应增加 25%，最大可达 9.0；或在选择钢丝绳时，采用相邻的高一级机构工作级别所对应的 C 值。

10 保养、维护、检验和报废

按 GB/T 24811 的本部分选择钢丝绳、卷筒和滑轮不能保证钢丝绳在无限期内的安全作业。应根据 GB/T 5972 进行钢丝绳的保养、维护(包括安装)、检验和报废。

附 录 A
（规范性附录）
本部分适用的起重机械

GB/T 24811 的本部分适用于下列(未全部列举的)起重机和起重机械(引自 GB/T 6974.1)：

a) 桥式起重机；

b) 钢丝绳电动葫芦；

c) 门式或半门式起重机；

d) 门座或半门座起重机；

e) 缆索起重机及门式缆索起重机(只适用起升机构和小车运行机构)；

f) 流动式起重机；

g) 塔式起重机；

h) 铁路起重机；

i) 浮式起重机；

j) 甲板起重机；

k) 桅杆起重机和拉索桅杆起重机；

l) 带刚性撑杆的桅杆起重机；

m) 悬臂起重机(立柱式、臂架式、壁行式或行走式)。

这些起重机可采用吊钩、抓斗、电磁吸盘、盛钢桶、料斗等吊具或者用于堆垛作业，可以是手动、电动或液压驱动。

附 录 B
（资料性附录）
钢丝绳选择示例

B.1 示例 1

某台起重机，由使用工况确定的机构工作级别为 M4，钢丝绳最大拉力为 79 kN。

所选择的钢丝绳绳型和等级的 K' 值为 0.356，R_0 值为 1 770 N/mm²，根据表 1 查得 C 值为 0.080。

按 6.3 的式(2)：

$$d_{min} = 0.080 \times (79\ 000)^{1/2}$$
$$= 22.486 \text{ mm}$$

根据实际使用要求，所选择的钢丝绳最小直径不小于 22.5 mm，或不大于 28.1 mm。

按 6.4 的式(3)：

最小破断拉力 $F_{min} = 79 \times 4 = 316$ kN

根据实际使用要求，所选择的钢丝绳最小破断拉力不应小于 316 kN。

B.2 示例 2

本示例中选择钢丝绳所需要的参数与示例 1 相似，但起重机械制造商希望采用较小直径的钢丝绳以减轻设备的质量，因此，所选的钢丝绳绳型和等级的 K' 值为 0.497，R_0 为 1 960 N/mm²。

按 6.1 的式(1)：

$$C = [4/(0.497 \times 1\ 960)]^{1/2}$$
$$= 0.064\ 1$$

取为 0.065（R40 数系中的优先数）

$$d_{min} = 0.065 \times (79\ 000)^{1/2}$$
$$= 18.270 \text{ mm}$$

根据实际用途，所选钢丝绳名义直径应不小于 19 mm，或不大于 22 mm。

按 6.4 的式(3)，如示例 1：

最小破断拉力 $F_{min} = 79 \times 4 = 316$ kN

附 录 C
（资料性附录）
钢丝绳的其他选择因素

C.1 总则

钢丝绳的选择除按第6章的选择方法和第7章确定卷筒和滑轮直径外，还需考虑钢丝绳的强度等级和结构型式等其他因素。最终选定的钢丝绳可能会影响机构的设计。

C.2 卷筒型式与钢丝绳选择

C.2.1 卷筒型式

C.2.1.1 总则

卷筒有光面卷筒、带绳槽卷筒两种。

为使钢丝绳使用寿命最长应采用钢丝绳单层缠绕卷筒。在某些场合由于受空间限制，需要用两层或多层卷绕所有钢丝绳的卷筒。

采用多层缠绕卷筒时，带绳槽的卷筒比光面卷筒有更好的缠绕性且钢丝绳磨损较小。

当必须采用多层卷绕时，应该认识到，在第一层钢丝绳卷绕在卷筒上后，钢丝绳必须跨越下层钢丝绳，以在卷绕第二层钢丝绳时提前跨越卷筒。上层钢丝绳跨越下层钢丝绳的点就是所谓的跨越点，在这些点周围区域内的钢丝绳容易加剧磨损和挤压。

卷筒两侧凸缘超过最外层钢丝绳的高度不应小于钢丝绳直径的1.5倍。

钢丝绳在卷筒上的卷绕方向至关重要，它关系到钢丝绳层的方向（见图C.1），该图示适用于光面卷筒和带绳槽卷筒。

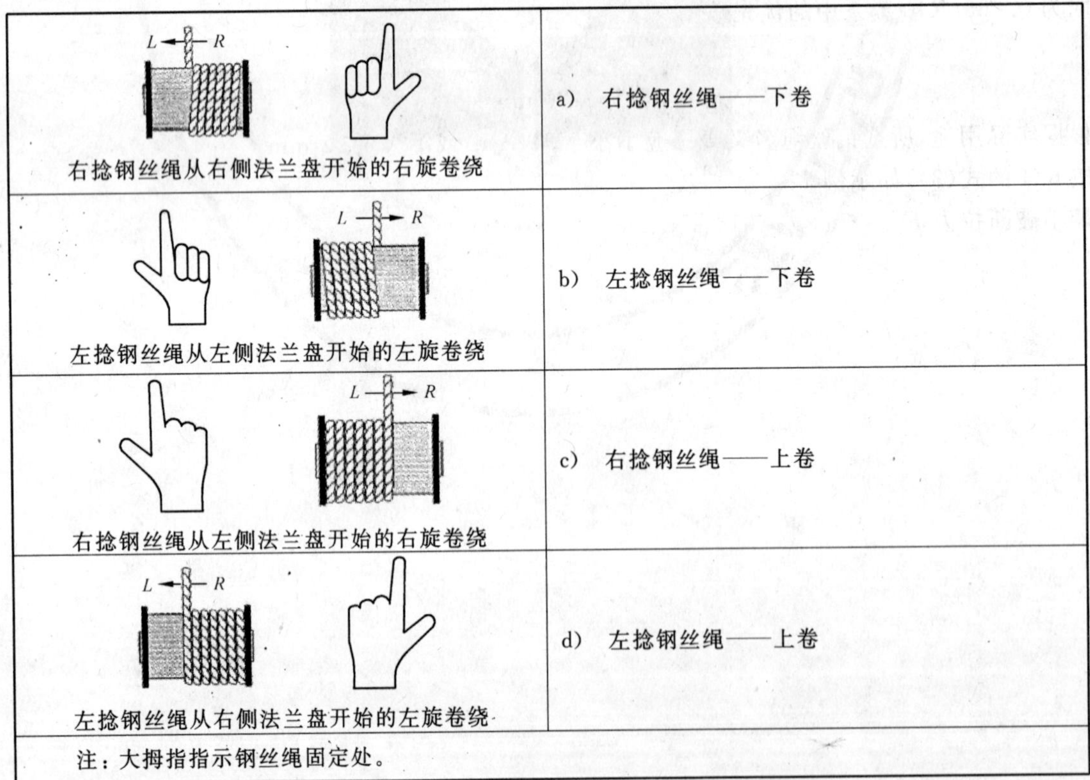

图C.1 确定钢丝绳在卷筒上的固定点的正确方法

C.2.1.2 光面卷筒

在光面卷筒上卷绕钢丝绳要非常小心。

任何松弛或不均匀的卷绕均会导致钢丝绳严重磨损、挤压和扭曲。

C.2.1.3 带绳槽的卷筒

对于带绳槽的卷筒，底层钢丝绳可以正确卷绕，绳槽在一定程度上支撑钢丝绳，因此，可降低单位接触压力。

有两种绳槽型式：

a) 螺旋槽，它是在卷筒表面加工出一条连续的螺旋槽，以确保满足第一层钢丝绳的卷绕。

b) 平行槽，绳槽加工成平行于卷筒法兰盘。

卷筒壁的截面形状既是平行槽又带螺旋槽的绳槽，这样可有利于钢丝绳从一个平行槽卷绕到另一个。这种绳槽使用于多层卷绕的卷筒以减轻钢丝绳在交叉处的损坏。

钢丝绳直径与卷筒直径、卷筒绳槽节距以及槽形之间的关系是十分重要的。

绳槽底部的轮廓线应是圆形的，推荐绳槽半径 r 应在 $0.525d \sim 0.550d$ 之间，采用 $0.537d$ 为最佳(见图 C.2)

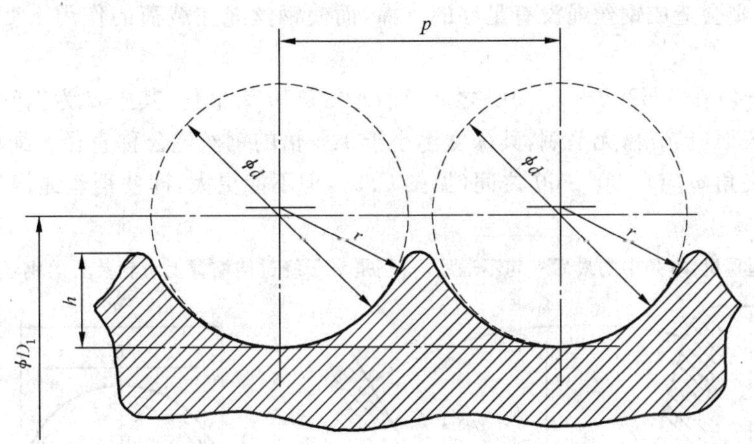

d——钢丝绳名义直径；

h——绳槽深；

p——绳槽节距；

r——绳槽半径；

D_1——卷筒名义直径。

图 C.2 卷筒绳槽设计

C.2.2 钢丝绳卷绕辅助装置

当采用光面卷筒或带平行槽的卷筒并且采用平面交叉截面时，可采用钢丝绳楔块或钢丝绳绳端装置在开始第 2 圈时使钢丝绳通过卷筒进入正确的卷绕位置。

同样情况，可使用侧板保证第二层及其钢丝绳相邻层的正确卷绕。

如果考虑采用钢丝绳缠绕辅助装置，则应咨询钢丝绳或卷筒制造商。

C.2.3 选择钢丝绳

一般情况下，纤维绳芯钢丝绳只限在单层卷绕卷筒上使用。当需要进行多层卷绕时，推荐使用钢绳芯钢丝绳。

用于多层卷绕时，钢绳芯钢丝绳产生扭曲变形的可能性比纤维绳芯钢丝绳小。

采用压实外层股捻制成的钢丝绳能明显抗挤压和扭曲变形。

采用塑性浸渍树脂能限制扭曲变形，同时能减少环境中湿气的进入。

所选钢丝绳直径与卷筒绳槽尺寸，特别是绳槽节距应有正确对应的匹配关系。

C.3 滑轮、滚轮和钢丝绳选择

C.3.1 总则

某台机器或某一系统中需要改变钢丝绳方向时，需要采用滑轮，滑轮应能自由转动，并对钢丝绳提供足够的支持，保证钢丝绳避免承受过度的弯曲应力、径向压力和惯性。当钢丝绳需变向(弯曲)缠绕时，从一个方向的弯曲缠绕到反向弯曲缠绕前，推荐一个时间段(至少 0.25 s)让钢丝绳得以展平。

如果所选的钢丝绳超出了滑轮和滚轮(绳槽)材料的设计要求，将会导致滑轮和滚轮(绳槽)表面过早损坏。

传统的滑轮是由铸铁材料制成，但塑料滑轮和带镶嵌塑料衬的滑轮的使用逐渐增多。在许多使用场合，塑料滑轮和带镶嵌塑料衬的滑轮可延长钢丝绳的使用寿命，但是钢丝绳损坏的形式发生了改变。如果没有切实可行的手段识别钢丝绳损坏的形式，推荐在钢丝绳缠绕布置中至少采用一个铸铁滑轮。

C.3.2 滑轮槽型

为使钢丝绳达到最佳的使用寿命，滑轮绳槽的槽型应与钢丝绳直径正确匹配。

如果绳槽太小，钢丝绳在载荷的作用下，被强制压入绳槽，致使钢丝绳和滑轮均被损坏。

如果绳槽太大，则会造成钢丝绳没有足够的支撑，而使钢丝绳在载荷的作用下变扁和扭曲，加速钢丝绳损坏。

滑轮绳槽半径 r 应在 $0.525d \sim 0.550d$ 之间，而以 $0.537d$ 为最佳，其中 d 为钢丝绳公称直径。

滑轮绳槽加工表面应光滑，无毛刺，其深度不小于 1.5 倍的钢丝绳公称直径。绳槽底部的外形应为圆形。滑轮两侧的夹角 ω 应在 30°～60°之间(见图 C.3)，但不能更大，即使钢丝绳偏角超过了 C.4 的推荐值。

注：对于流动式起重机，本条中的最后一句不适用，特别是对于绕过伸缩臂上滑轮装置的钢丝绳。

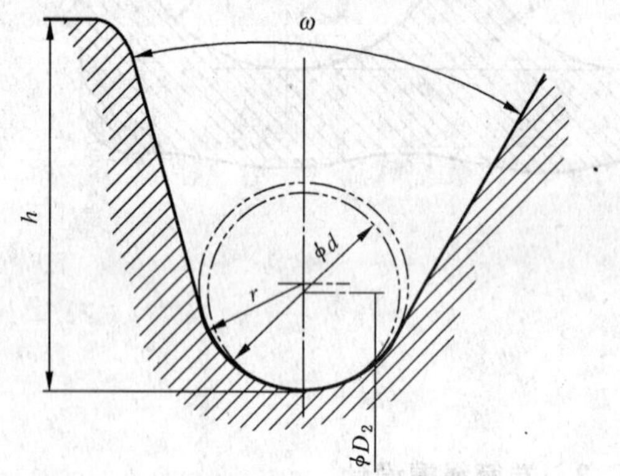

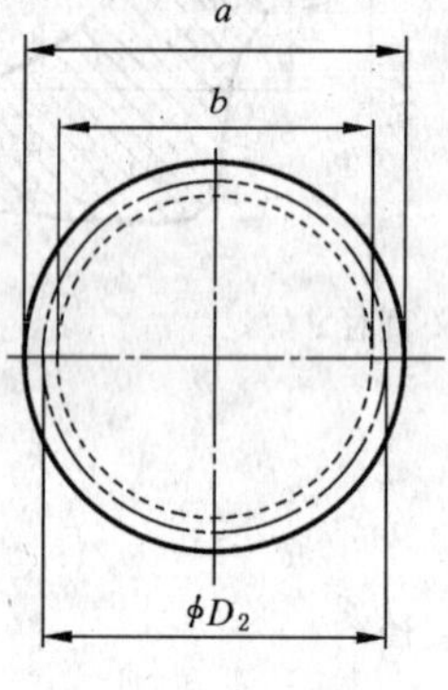

a——滑轮外径；

b——滑轮踏面直径(滑轮槽底直径)；

h——绳槽深度；

ω——滑轮两侧的倾角；

d——钢丝绳名义直径；

r——滑轮绳槽半径；

D_2——钢丝绳在滑轮上的节圆直径。

注：本图是针对各种尺寸的滑轮绳槽对钢丝绳的支撑的示意。不提倡将滑轮绳槽二侧的倾角设计成不同角度。

图 C.3 滑轮绳槽

C.3.3 导绳轮

导绳轮可以在适当的间距上安装，支撑一段长悬吊钢丝绳，以防止钢丝绳与机器结构相接触。导绳轮通常不用于偏转或改变钢丝绳的方向，因为它们的直径相对较小，会使钢丝绳承受较大的压应力和弯曲应力，能使钢丝绳发生扭转。

钢丝绳表面的脆化是由于采用钢制滑轮和导绳轮，并以高速弯曲或高速改变方向时所致，特别是发生小角度偏转时。因此，这种情况下应考虑采用非金属材料。

外层有8股或8股以上的钢丝绳比6股钢丝绳有更好的性能。

C.3.4 选择钢丝绳

如果机构工作级别小于M4，外层股的外层钢丝应不小于0.05×钢丝绳名义直径。选择名义直径小于8 mm的钢丝绳的绳股结构应特别注意，保证钢丝的规格与工作级别相适应。

如果机构工作级别等于或高于M4时，通常应选择具有最佳抗弯曲疲劳性能的钢丝绳绳型。

如果不能选择具有适当抗弯曲疲劳性能的钢丝绳绳型，应考虑增大滑轮选择系数(h_2)，可超出表2规定的数值。

也可参见C.4。

C.4 钢丝绳偏斜角和钢丝绳的选择

图C.4a)表示了一个绳槽偏斜角为α的长卷筒与一个偏转的滑轮。如果钢丝绳从卷筒的法兰盘处穿入，在滑轮上形成一个偏斜角$\beta_{左}$或$\beta_{右}$。在卷筒上，钢丝绳形成一个偏斜角($\beta_{左}+\alpha$)或($\beta_{右}-\alpha$)。

钢丝绳绕入绕出卷筒或以一个偏斜角绕过滑轮时，将会通过卷筒底部垂下而扭转或沿着滑轮绳槽边缘转动(见图C.5)。这样的转动改变了钢丝绳在卷筒上的卷绕长度；导致钢丝绳出现疲劳和不良卷绕，严重时出现"灯笼形"结构的损坏，因此，应确保钢丝绳缠绕系统的偏斜角最小。

所有钢丝绳缠绕系统的偏斜角均不应大于4°，对阻旋转钢丝绳不应大于2°。可以采取措施减小偏斜角，例如：

a) 减少卷筒的长度或增加卷筒直径(见图C.4)；

b) 增大滑轮与卷筒之间的距离。

当钢丝绳在卷筒上采用多层卷绕时，在卷筒法兰盘处的钢丝绳偏斜角宜大于0.5°，以避免钢丝绳堆聚。

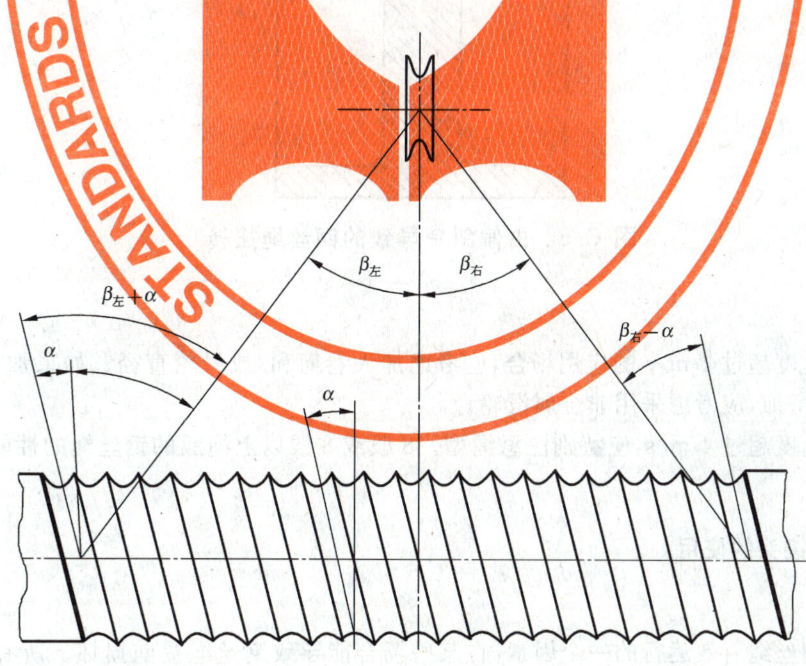

a) 偏斜角与绳槽角

图C.4 偏斜角

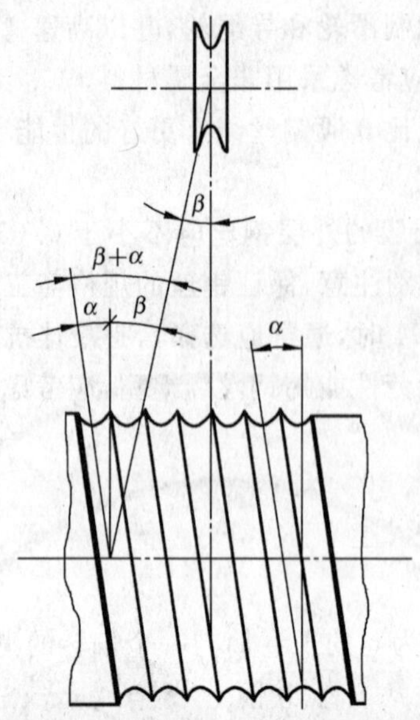

b) 通过加大卷筒直径和减少卷筒长度来实现减小偏斜角

图 C.4(续)

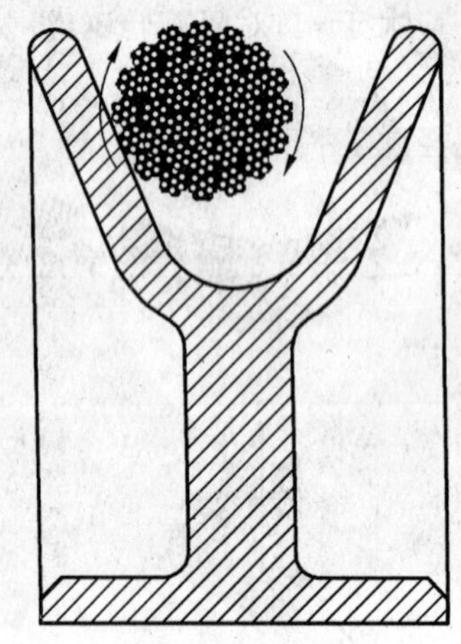

图 C.5 由偏斜角导致的钢丝绳扭转

C.5 钢丝绳速度

对于钢丝绳速度超过 4 m/s 的应用场合,应考虑加大卷筒和/或滑轮直径。如果加大直径(铸铁滑轮)导致惯性显著增加,应考虑采用非金属滑轮。

如果钢丝绳速度超过 4 m/s,应特别注意绳型。8 股或 8 股以上绳股的钢丝绳的性能明显优于较少的绳股的钢丝绳。

C.6 旋转和旋转接头的使用

C.6.1 总则

旋转是影响钢丝绳有效运行的一个因素,在某些场合能导致钢丝绳提前损坏。所有钢丝绳在工作中均易于旋转,在无导绳器的单支起升时,应考虑采用阻旋转钢丝绳。

C.6.2 旋转接头

为限制起升作业时旋转载荷所造成的危害,确保在起升作业区内人员的安全,最好选择阻旋转钢丝绳,因为这种钢丝绳在承载时只有很少的旋转量,见下述 a)。当采用这样的钢丝绳时,旋转接头的作用是：消除由于钢丝绳在滑轮或卷筒上扭转而产生的旋转。

对于其他承载时抗旋转能力较小的钢丝绳，见下述b)，可能需要借助旋转接头来产生旋转，以使可能产生的危害降到最小。然而，在这种情况下，应该认识到，过大的旋转会对钢丝绳性能造成负面影响，导致降低钢丝绳破断拉力，其量值取决于所用钢丝绳的旋转特性和起升载荷的大小。

每次此类起升作业应由一位称职人员进行评估，起重机使用说明书应注明允许使用旋转接头时的最大起升载荷状态以及在规定期限内的钢丝绳的检验情况。

以下给出了使用旋转接头所依据的钢丝绳旋转特性的一般指导要求：

a) 当旋转特性≤1 转/1 000 d，并且起吊载荷相当于 20%F_{min}时，可采用旋转接头；

b) 当旋转特性>1 转/1 000 d 但≤4 转/1 000 d，并且起吊载荷相当于 20%F_{min}时，则需根据钢丝绳制造商的建议和/或获得称职人员的批准，才可采用旋转接头；

c) 当旋转特性>4 转/1 000 d，并且起吊载荷相当于 20%F_{min}时，则不宜采用旋转接头。

此处：

1 转——360°；

d——钢丝绳名义直径；

F_{min}——钢丝绳最小破断拉力。

C.7 起升高度和多部件缠绕系统

选择钢丝绳时应认识钢丝绳绳型的旋转特性。如果钢丝绳一端可自由旋转(单绳缠绕)，则某些型式的钢丝绳不能使用，而其他型式的钢丝绳只能用于某一指定起升高度。

如果钢丝绳二端固定(固定钢丝绳和用于多绳缠绕系统的钢丝绳)，则应考虑扭转量。在多绳缠绕布置中扭转量具有使滑轮组角位移的作用，因此，应考虑达到与起升高度有关的足够的钢丝绳间距，以防止过大的角度位移(缠绕系统的穿绳)。

缠绕系统的稳定性与下列因素有关：

a) 随着钢丝绳缠绕部件之间空间的减小而降低；

b) 随钢丝绳缠绕部件不均匀数量而降低；

c) 随起升高度增加而降低；

d) 随钢丝绳绳型的扭转量(扭转系数)的增大而降低。

所选钢丝绳绳型的旋转特性(旋转圈数和扭转量)应由钢丝绳制造商提供。必要时，寻求钢丝绳制造商的帮助。

C.8 钢丝绳报废的原因

C.8.1 概述

造成钢丝绳在使用中报废的主要原因是疲劳、腐蚀、磨损和机械损伤。

这些原因当中可能会出现一种或多种报废因素，但主要是由工况决定的。因此，选择钢丝绳最重要的是让钢丝绳最适合特定的工况。通常，钢丝绳制造商或供应商是最好的咨询源头。

C.8.2 疲劳

钢丝绳疲劳通常是由于钢丝绳在拉伸载荷的作用下反复弯曲所致，例如，当钢丝绳绕过滑轮和卷绕在卷筒上。

造成疲劳的主要因素是钢丝绳承受的载荷、滑轮和卷筒的直径与钢丝绳直径之比，钢丝绳抗弯曲性能和工作循环次数。

假定机构尺寸保持不变，则钢丝绳性能通常随拉伸载荷的减少而提高。钢丝绳性能通常随滑轮(或卷筒)选择系数 h_1 和 h_2 的加大而显著提高。

圆股长捻距钢丝绳的疲劳寿命要大于相同股结构的圆股普通捻距钢丝绳，但对两端都固定的钢丝绳,为防止旋转,只能选择单层股钢丝绳和平行捻密实钢丝绳。

C.8.3 腐蚀

腐蚀通常伴随疲劳一起发生,是导致钢丝绳报废的主要原因。除了使用中处于非常干燥的工况下外,总会有得不到防护(未镀锌等)的钢丝发生腐蚀的情况。

在某些方面,对钢丝绳的防腐要求与抗疲劳要求是相抵触的。对于前者,钢丝粗、数量少是优点,而相对于后者,则最好要求细钢丝数量多。因此,对于钢丝绳结构的选择所采用的几乎是一种折衷办法。为抑制腐蚀的发生,在其工作寿命期间应频繁对钢丝绳表层进行处理。如果在工作环境中存在严重腐蚀风险,则最好采用镀锌钢丝绳。

C.8.4 磨损

磨损主要发生在外层钢丝,外层钢丝数量较少直径大的钢丝绳(例如:6×9 Seale 西鲁型)在抗磨损方面的工作寿命比外层钢丝数量多直径细的钢丝绳(例如:6×36 WS 瓦林吞-西鲁型)长。

紧密捻制外层股的钢丝绳具有比无紧密捻制外层的钢丝绳更长的耐磨损寿命。

C.8.5 抗疲劳性和耐磨性

抗疲劳性要求几乎总是与耐磨性能要求相反。通常,当外层股钢丝数增加时,抗疲劳性能提高,然而耐磨性能却降低。

C.8.6 压扁

如果压扁是造成报废的主要原因,则推荐采用具有钢芯和紧密外层股的平行股密实钢丝绳。

C.9 伸长率和钢丝绳的选择

很多原因会导致钢丝绳伸长:

a) 由于钢丝绳调整位置(常被认为是永久性结构伸长,通常发生在钢丝绳投入使用后不久);
b) 由于钢丝绳拉伸而引起的弹性伸长;
c) 温度变化;
d) 钢丝绳旋转。

纤维芯的钢丝绳的伸长率比钢芯的钢丝绳的伸长率大得多。如果伸长量需要用于选择钢丝绳绳型,这些值应由钢丝绳制造商根据特定的应用场合提供。

C.10 温度与钢丝绳选择

应注意钢丝绳制造商关于产品的安全须知和警告,特别应注意钢丝绳使用的极限温度。

C.11 钢丝绳绳端接头的选择

有两种型式的钢丝绳绳端接头允许用来连接钢丝绳与其他装置:

a) 在绳端形成一个环眼,通过一个套环来加以保护;
b) 用一配件接头与钢丝绳相连。

环眼的制作接口既可以采用传统的钢丝绳插接法,也可以形成一个绕匝绳环用绳箍固定,或者将绳端“折回”用绳箍固定。

直接与钢丝绳端相连的接头可以是套筒、楔形套筒、模锻或压制端头。若随着钢丝绳直径的增大没有考虑绳端效率损失、起重机使用说明书中没有陈述应做绳端的检查以及在适当的场合没有按规定的时间间隔重新装配楔形套筒的话,则固定钢丝绳不应与楔形套筒端接。

不同型式的钢丝绳端头有不同的性能,而钢丝绳型式的选择会影响这种性能,因此,应参考本标准参考文献所列出的国际标准。

C.12 由制造商提供的钢丝绳润滑

制造商通常在绳股和绳芯生产过程中对钢丝绳进行润滑。

作业工况和环境条件严酷的应用场合应由钢丝绳制造商在最后封密时对钢丝绳进行润滑。极端温度状况下需要采用专用润滑剂。建议在咨询阶段与钢丝绳制造商进行讨论。

钢丝绳在使用时所选择的润滑剂通常不同于生产时所用的润滑剂，这是因为在生产过程中有多种润滑方法，但是，前者应与后者相匹配，因此，应从钢丝绳制造商获得有关润滑剂的建议。

如果钢丝绳使用环境不需要进行润滑，建议在咨询时与钢丝绳制造商进行讨论，在钢丝绳不需要润滑的场合，应有对钢丝绳进行检查的时间间隔的特殊要求。

附 录 D
（规范性附录）
起升机构 平衡滑轮的直径

平衡滑轮的最小节圆直径应使用6.3中确定的钢丝绳最小直径来进行计算，它等于表D.1中给出的h_3的相应值乘以表3中的绳型选择系数t，在实际应用时，h_3与机构工作级别有关。该值由式(D.1)给出：

$$D_3 \geqslant h_3 \times t \times d_{min} \qquad (D.1)$$

式中：

D_3——平衡滑轮最小节圆直径；

h_3——平衡滑轮选择系数(平衡滑轮节圆直径与钢丝绳计算直径之比，见表D.1)；

t——符合表3规定的绳型选择系数；

d_{min}——按6.3计算的钢丝绳最小直径。

表D.1 选择系数h_3

机构工作级别	平衡滑轮选择系数 h_3
M1	11.2
M2	12.5
M3	12.5
M4	14.0
M5	14.0
M6	16.0
M7	16.0
M8	18.0

参 考 文 献

［1］ ISO 3189-1 一般用途钢丝绳套筒 第1部分:一般特性和验收条件.
［2］ ISO 3189-2 一般用途钢丝绳套筒 第2部分:锻制或机加工套筒特殊要求.
［3］ ISO 3189-3 一般用途钢丝绳套筒 第3部分:铸造套筒特殊要求.
［4］ ISO 7595 钢丝绳套接方法 熔融金属套接法.
［5］ ISO/TR 7595 钢丝绳套接方法 树脂套接法.
［6］ ISO 8793 钢丝绳 套圈固定的环眼接头.
［7］ ISO 8794 钢丝绳 用于吊具的铰接环眼接头.

ICS 53.020.30
J 80

中华人民共和国国家标准

GB/T 24811.2—2009/ISO 4308-2:1988

起重机和起重机械　钢丝绳选择 第2部分:流动式起重机　利用系数

Cranes and lifting appliances—Selection of wire ropes—Part 2:Mobile cranes—Coefficient of utilization

(ISO 4308-2:1988,IDT)

2009-12-15 发布　　2010-07-01 实施

中华人民共和国国家质量监督检验检疫总局
中国国家标准化管理委员会　发布

前　言

GB/T 24811《起重机和起重机械　钢丝绳选择》分为2个部分：

——第1部分：总则；

——第2部分：流动式起重机　利用系数。

本部分为GB/T 24811的第2部分。

本部分等同采用ISO 4308-2:1988《起重机和起重机械　钢丝绳选择　第2部分：流动式起重机利用系数》(英文版)。

本部分等同翻译ISO 4308-2:1988。

为便于使用，本部分作了下列编辑性修改：

——"ISO 4308的本部分"一词改为"GB/T 24811的本部分"；

——删除ISO 4308-2:1988的前言和引言；

——用小数点"."代替作为小数点的逗号","；

——对于ISO 4308-2:1988引用的国际标准，用已被等同采用为我国的标准代替对应的国际标准，其他未被等同采用为我国标准的直接引用国际标准。

本部分由中国机械工业联合会提出。

本部分由全国起重机械标准化技术委员会(SAC/TC 227)归口。

本部分起草单位：徐工集团徐州重型机械有限公司、长沙中联重工科技发展股份有限公司。

本部分主要起草人：徐周、贾体峰、李为民。

起重机和起重机械 钢丝绳选择 第2部分:流动式起重机 利用系数

1 范围

GB/T 24811 的本部分规定了用于流动式起重机的一般钢丝绳和阻扭转钢丝绳的最小实际利用系数值 Z_p(定义见 GB/T 24811.1)。

本部分适用于 ISO 4306-2 定义的所有流动式起重机。

2 规范性引用文件

下列文件中的条款通过 GB/T 24811 的本部分的引用而成为本部分的条款。凡是注日期的引用文件,其随后所有的修改单(不包括勘误的内容)或修订版均不适用于本部分,然而,鼓励根据本部分达成协议的各方研究是否可使用这些文件的最新版本。凡是不注日期的引用文件,其最新版本适用于本部分。

GB/T 20863.2 起重机械 分级 第2部分:流动式起重机(GB/T 20863.2—2007,ISO 4301-2:1985,IDT)

GB/T 24811.1 起重机和起重机械 钢丝绳选择 第1部分:总则(GB/T 24811.1—2009,ISO 4308-1:2003,IDT)

ISO 4306-2 起重机 术语 第2部分:流动式起重机

3 利用系数 Z_p

3.1 一般钢丝绳

根据 GB/T 20863.2 对起重机整机和机构的分级,一般钢丝绳的最小利用系数 Z_p 见表1。

表1 一般钢丝绳[a]

起重机工作状况	起重机整机工作级别	运动钢丝绳					静态钢丝绳	
		起升		变幅与伸缩			工作绳 Z_p	装设绳 Z_p
		机构工作级别	Z_p	机构工作级别	工作绳 Z_p	装设绳 Z_p		
一般的使用	A 1	M 3	3.55	M 2	3.35	3.05	3	2.73
经常性使用	A 3	M 4	4.00	M 3	3.55	3.05	3	2.73
繁重的使用	A 4	M 5	4.50	M 3	3.55	3.05	3	2.73
[a] 众所周知,钢丝绳的安全使用取决于钢丝绳检验与报废标准的应用。								

3.2 阻旋转钢丝绳

阻旋转钢丝绳是一种在外层有8股或8股以上,其捻向与内层绳股相反的钢丝绳。根据 GB/T 20863.2规定的分级,阻旋转钢丝绳的最小利用系数 Z_p 见表2。

表 2 阻扭转钢丝绳[a]

起重机工作状况	起重机整机工作级别	起升用运动钢丝绳 Z_p
一般的使用	A 1	4.5
经常性使用	A 3	5.6
繁重的使用	A 4	5.6

[a] 表中的 Z_p 值适用于通常的阻旋转钢丝绳。随着新型阻旋转钢丝绳的出现，通过进一步的研究可以允许采用不同的利用系数。

ICS 53.020.30
J 80

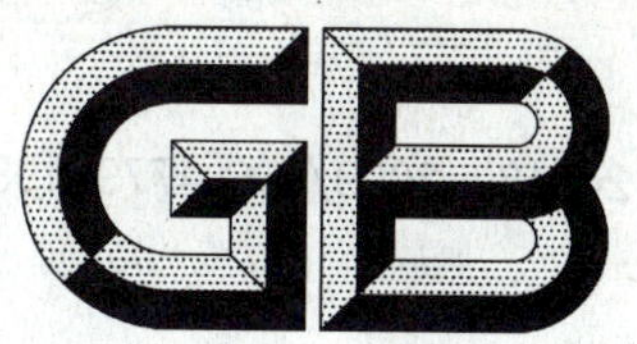

中华人民共和国国家标准

GB/T 24812—2009/ISO 4779:1986

4级链条用锻造环眼吊钩

Forged steel lifting hooks with point and eye for use with steel chains of grade 4

[ISO 4779:1986, Forged steel lifting hooks with point and eye for use with steel chains of grade M(4), IDT]

2009-12-15 发布　　　　2010-07-01 实施

中华人民共和国国家质量监督检验检疫总局
中国国家标准化管理委员会　发布

前言

本标准等同采用ISO 4779:1986《M(4)级链条用锻造环眼吊钩》(英文版)。

本标准等同翻译ISO 4779:1986。

为便于使用,本标准做了以下编辑性修改:

——“本国际标准”一词改为“本标准”;

——用小数点“.”代替作为小数点的“,”;

——删除国际标准的前言;

——引用的其他国际标准,用已被采用为我国的标准代替对应的国际标准。

本标准由中国机械工业联合会提出。

本标准由全国起重机械标准化技术委员会(SAC/TC 227)归口。

本标准起草单位:杭州现代起重机械制造厂、杭州武林机器有限公司、北京起重运输机械设计研究院。

本标准主要起草人:杨宪辉、张云、崔振元、林夫奎。

4 级链条用锻造环眼吊钩

1 范围

本标准规定了 4 级链条用钢制锻造环眼吊钩的技术要求。

本标准适用范围包括一系列与符合 GB/T 24814 规定的 4 级链条在强度和主要尺寸上相匹配的规格。

2 规范性引用文件

下列文件中的条款通过本标准的引用而成为本标准的条款。凡是注日期的引用文件，其随后所有的修改单(不包括勘误的内容)或修订版均不适用于本标准，然而，鼓励根据本标准达成协议的各方研究是否可使用这些文件的最新版本。凡是不注日期的引用文件，其最新版本适用于本标准。

GB/T 6394—2002 金属平均晶粒度测定方法(ASTM E112-96，MOD)

GB/T 20652 M(4)、S(6)和 T(8)级焊接吊链(GB/T 20652—2006，ISO 4778:1981，IDT)

GB/T 24814 起重用短环链 吊链等用 4 级普通精度链[GB/T 24814—2009，ISO 1835:1980，Short link chain for lifting purposes—Grade M(4)，non-calibrated，for chain slings etc.，IDT]

3 术语和定义

下列术语和定义适用于本标准。

3.1

极限工作载荷 working load limit

WLL

在一般工况下，吊钩能承受的设计最大质量。

3.2

工作载荷 working load

WL

在特定使用工况下，吊钩应承受的最大质量。

3.3

验证力 proof force

F_e

按第 9 章规定施加于吊钩的试验力。

3.4

极限强度 ultimate strength

拉伸试验过程中，吊钩失去承载能力的最大力。

4 型式和尺寸

4.1 尺寸

吊钩的主要尺寸应符合表 1 的规定，吊钩尺寸与链条名义尺寸有关。

另外，还应满足下列要求：

a) 吊钩钩尖实际高度 B_S 不应小于该吊钩开口尺寸 O(见图 1)；

b) 吊钩开口尺寸 O 不应超过该吊钩钩腔实际直径 D 的 95%；

c) 吊钩如带有闭锁装置，则它应在通过实际开口尺寸 O_1 装入最大直径的圆棒后仍能自然复位，如图 1 虚线所示。

表 1 吊钩尺寸

单位为毫米

链条名义尺寸 d_n/mm	极限工作载荷 *WLL*/t	D ($=3.8d_n$) min	O ($=2.9d_n$) min	O_1 ($=2.7d_n$) min	E ($=1.75d_n$) min	F ($=1.8d_n$) max	H_m ($=4.3d_n$) max	L ($=15.5d_n$) max	L_m ($=2.9d_n$) max
6	0.57	22.8	17.4	16.2	10.5	10.8	25.8	93	17.4
7	0.78	26.6	20.3	18.9	12.3	12.6	30.1	108.5	20.3
8	1	30.4	23.2	21.6	14	14.4	34.4	124	23.2
10	1.6	38	29	27	17.5	18	43	155	29
13	2.7	49.4	37.7	35.1	22.8	23.4	55.9	201.5	37.7
16	4	60.8	46.4	43.2	28	28.8	68.8	248	46.4
18	5	68.4	52.2	48.6	31.5	32.4	77.4	279	52.2
19	5.7	72.2	55.1	51.3	33.3	34.2	81.7	294.5	55.1
20	6.3	76	58	54	35	36	86	310	58
22	7.7	83.6	63.8	59.4	38.5	39.6	94.6	341	63.8
23	8.4	87.4	66.7	62.1	40.3	41.4	98.9	356.5	66.7
25	10	95	72.5	67.5	43.8	45	107.5	387.5	72.5
26	10.8	98.8	75.4	70.2	45.5	46.8	111.8	403	75.4
28	12.5	106.4	81.2	75.6	49	50.4	120.4	434	81.2
32	16	121.6	92.8	86.4	56	57.6	137.6	496	92.8
36	20	136.8	104.4	97.2	63	64.8	154.8	558	104.4
40	25	152	116	108	70	72	172	620	116
45	32	171	130.5	121.5	78.8	81	193.5	697.5	130.5

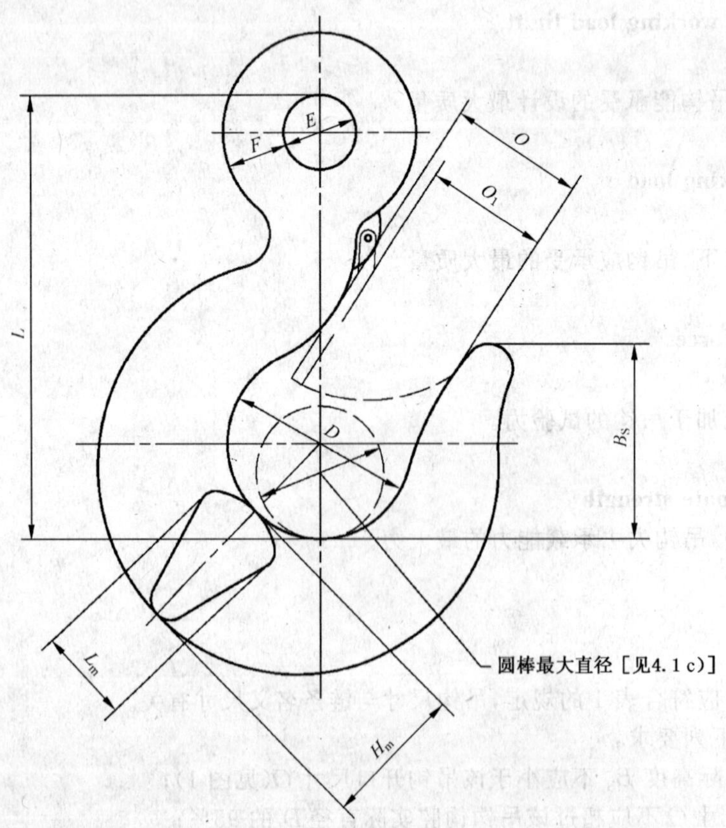

注：本图仅表示吊钩尺寸的测量位置，不作为任一部位的具体设计(见4.2)。

图 1 吊钩尺寸

4.2 型式

对吊钩的型式不作具体规定。例如,对尺寸 E 的最小值(任意方向测量)只规定吊钩的环眼可以穿过销轴,但环眼可以是非圆形的。

5 机械性能

5.1 总则

吊钩机械性能应符合表 2 的规定,其性能参数与配用的链条名义尺寸有关。

5.2 验证力

按 8.2 规定进行试验的吊钩,应能承受住表 2 规定的验证力,且其开口尺寸的永久变形应不超过实际开口尺寸的 0.5%或 0.2 mm,两者取较大值。

表 2 吊钩机械性能

链条名义尺寸 d_n/mm	极限工作载荷 WLL/t	验证力 F_e/kN	最小极限强度/kN
6	0.57	11.4	22.8
7	0.78	15.4	30.8
8	1	20.2	40.4
10	1.6	31.5	63
13	2.7	54	108
16	4	81	162
18	5	102	204
19	5.7	114	228
20	6.3	126	252
22[a]	7.7	153	306
23[a]	8.4	167	334
25	10	197	394
26[a]	10.8	213	426
28	12.5	247	494
32	16	322	644
36	20	408	816
40	25	503	1 006
45	32	637	1 274

[a] 该链条名义尺寸未列入 GB/T 24814 中,其他链条名义尺寸和参数与 GB/T 24814 规定的 4 级链条相同。

5.3 极限强度

按 8.3 规定进行试验时,吊钩的极限强度应至少达到表 2 的规定。

试验完成后,吊钩开口尺寸应有增大迹象。

6 材料及热处理

6.1 材质

6.1.1 总则

钢材应采用电炉或吹氧转炉冶炼并具有良好的可锻性。

对圆钢或成品吊钩进行检验分析时,钢材应满足 6.1.2 的规定。

6.1.2 特殊要求

钢材应为镇静钢,且经热处理后的成品吊钩应具有本标准规定的机械性能。

钢材中硫和磷的含量应符合表3的规定。

表3 硫和磷含量

%

元素	最大含量(质量分数)	
	熔炼分析	检验分析
硫	0.045	0.05
磷	0.04	0.045

钢材冶炼应符合晶粒细化的要求,以便在按照GB/T 6394—2002中5.3规定的截点法进行检验时,应达到奥氏体5级晶粒度或更细的品级。例如,可通过确保钢材含有足够量的铝或相当的元素,以使吊钩制造稳定,防止使用期间发生应变、时效、脆裂。推荐铝的最小含量为0.025%。

吊钩制造商有责任在上述规定范围内正确选择钢材,以使经适当热处理的成品吊钩能满足本标准规定的机械性能。

6.2 热处理

所有吊钩应进行正火处理或淬火和回火处理。

7 制造方法与工艺要求

吊钩应进行热锻,无裂纹等有害表面缺陷。

8 型式试验

8.1 总则

型式试验是制造商证明符合本标准要求的吊钩确实具有本标准规定的机械性能的试验,其目的是对每种规格成品吊钩的设计、材质要求、热处理工艺和制造方法进行验证。任何在设计、材质要求、热处理工艺和制造方法上的变更或尺寸上超出正常制造公差的改变,从而有可能引起第5章规定的机械性能变化的,均应按8.2和8.3的规定对吊钩进行型式试验。

所有进行型式试验的吊钩应符合本标准规定的其他各项要求。8.2和8.3中规定的试验应在不同设计、材质要求、热处理工艺和制造方法的不同规格的吊钩上进行。

进行8.2和8.3规定的试验时,应用一个直径约等于钩腔实际直径2/3的部件将试验力无冲击地沿轴向施加到吊钩上。

8.2 变形试验

取三个试样进行试验。每个试样均应能承受住表2规定的验证力,且其开口尺寸的永久变形应不超过实际开口尺寸的0.5%或0.2 mm,两者取较大值。

注:必要时,见第9章有关吊钩验证试验的规定。

8.3 静强度试验

注:本试验可以在已经过变形试验的吊钩上进行。

取三个试样进行试验,每个试样的极限强度应至少达到表2的规定。

不必为了验证吊钩的机械性能而将其试验一直进行至达到实际极限强度为止。只要超过了规定的最小极限强度并且在最大试验力的作用下变形明显就够了。

8.4 型式试验验收标准

8.4.1 变形试验(见8.2)

为了验证申报型式试验的吊钩符合本标准,三个试样的变形试验均应合格。

8.4.2 静强度试验(见8.3)

如三个试样均通过了试验,则可认为申报型式试验的该规格吊钩符合本标准。

试验中如有一个试样不符合要求,则应另取两个试样进行试验。如这两个试样均能通过试验,则认为申报型式试验的该规格吊钩符合本标准。

如果有两个或三个试样未通过试验,则认为申报型式试验的该规格吊钩不符合本标准。

9 验证试验

如果买方、国家法规或其他标准、规范或试验有要求,则每个成品吊钩均应按表2规定的验证力进行验证试验。试验后,测量吊钩开口尺寸,其开口尺寸的永久变形应不超过试验前实际开口尺寸的0.5%或0.2 mm,两者取较大值。

注:如果吊钩作为GB/T 20652中4级吊链的一个零件,则应符合该标准对验证试验的规定。

10 制造商合格证

按第8章规定完成型式试验并合格后,制造商可以对与受试吊钩相同名义尺寸、规格、材质要求、热处理工艺以及制造方法的吊钩签发合格证。

制造商应将型式试验合格的吊钩的材质要求、热处理工艺、尺寸、试验结果及所有相关数据的记录至少保存至最后一份合格证签发后10年。该记录的内容还应包括后续生产中还将应用的制造规范。

任何在材质要求、热处理工艺和制造方法上的变更或尺寸上超出正常制造公差的改变,从而有可能引起第5章规定的机械性能变化的,均应视作一次设计变更。在允许制造商对设计变更的产品签发合格证前,应按第8章规定进行试验。

11 标志

每个吊钩应采用不影响其机械性能的方法做出清晰的永久性标志。标志应至少包含以下信息:

a) 与吊钩配用的链条名义尺寸;

b) 代表强度级别的数字4;

c) 制造商的识别标记或符号;

d) 任何由国家标准、强制性法规或制造商与买方之间达成的协议所要求的标志。

注:要注意确保标志不会被误认为是吊钩的工作载荷。

ICS 53.020.30
J 80

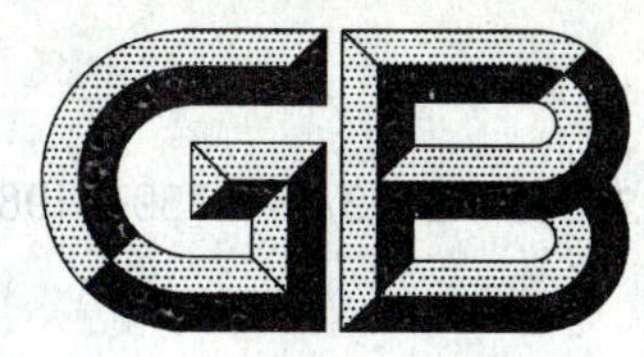

中华人民共和国国家标准

GB/T 24813—2009/ISO 7597:1987

8级链条用锻造环眼吊钩

Forged steel lifting hooks with point and eye for use with steel chains of grade 8

[ISO 7597:1987, Forged steel lifting hooks with point and eye for use with steel chains of grade T(8), IDT]

2009-12-15 发布　　　　2010-07-01 实施

中华人民共和国国家质量监督检验检疫总局
中国国家标准化管理委员会　发布

前　言

本标准等同采用ISO 7597:1987《T(8)级链条用锻造环眼吊钩》(英文版)。

本标准等同翻译ISO 7597:1987。

为便于使用,本标准做了以下编辑性修改:

——“本国际标准”一词改为“本标准”;

——用小数点“.”代替作为小数点的“,”;

——删除国际标准的前言;

——引用的其他国际标准,用已被采用为我国的标准代替对应的国际标准;

——规范性引用文件中补充增加引用标准(见6.2)。

本标准由中国机械工业联合会提出。

本标准由全国起重机械标准化技术委员会(SAC/TC 227)归口。

本标准负责起草单位:杭州现代起重机械制造厂、杭州武林机器有限公司、北京起重运输机械设计研究院。

本标准参加起草单位:中煤张家口煤矿机械有限责任公司帕森斯链条分公司、浙江双鸟机械有限公司、山东神力索具有限公司。

本标准主要起草人:张云、杨宪辉、崔振元、林夫奎。

8 级链条用锻造环眼吊钩

1 范围

本标准规定了 8 级链条用钢制锻造环眼吊钩的技术要求。

本标准适用范围包括一系列与符合 GB/T 24816 规定的 8 级链条在强度和主要尺寸上相匹配的规格。

2 规范性引用文件

下列文件中的条款通过本标准的引用而成为本标准的条款。凡是注日期的引用文件，其随后所有的修改单(不包括勘误的内容)或修订版均不适用于本标准，然而，鼓励根据本标准达成协议的各方研究是否可使用这些文件的最新版本。凡是不注日期的引用文件，其最新版本适用于本标准。

GB/T 6394—2002 金属平均晶粒度测定方法(ASTM E112-96,MOD)

GB/T 20652 M(4)、S(6)和 T(8)级焊接吊链(GB/T 20652—2006,ISO 4778:1981,IDT)

GB/T 22166 非校准起重圆环链和吊链 使用和维护(GB/T 22166—2008,ISO 3056:1986,IDT)

GB/T 24816 起重用短环链 吊链等用 8 级普通精度链[GB/T 24816—2009,ISO 3076:1984,short link chain for lifting purposes—Grade T(8),non-calibrated,for chain slings etc.,IDT]

ISO 7593 8 级非焊接吊链[1)]

ISO 8539 8 级链条用锻造起重部件[1)]

3 术语和定义

下列术语和定义适用于本标准。

3.1

极限工作载荷 working load limit

WLL

在一般工况下，吊钩能承受的设计最大质量。

3.2

工作载荷 working load

WL

在特定使用工况下，吊钩应承受的最大质量。

3.3

验证力 proof force

F_e

按第 9 章规定施加于吊钩的试验力。

3.4

极限强度 ultimate strength

拉伸试验过程中，吊钩失去承载能力的最大力。

---

1) 该国际标准正等同采用为我国标准。

4 型式和尺寸

4.1 尺寸

吊钩的主要尺寸应符合表1的规定，吊钩尺寸与链条名义尺寸有关。

另外，还应满足下列要求：

a) 吊钩钩尖实际高度 B_S 不应小于该吊钩开口尺寸 O(见图1)。

b) 吊钩开口尺寸 O 不应超过该吊钩钩腔实际直径 D 的95%。

c) 表1中 E 的最小值(即 $1.75d_n$)适用于焊接吊链用吊钩；对于非焊接吊链用吊钩，E 的最小值应为 $2.0d_n$。

d) 吊钩如带有闭锁装置，则它应在通过实际开口尺寸 O_1 装入最大直径的圆棒后仍能自然复位，如图1虚线所示。

表1 吊钩尺寸

单位为毫米

链条名义尺寸 d_n/mm	极限工作载荷 WLL/t	D (=3.8d_n) min	O (=2.9d_n) min	O_1 (=2.7d_n) min	E (=1.75d_n) min	F (=1.8d_n) max	H_m (=4.3d_n) max	L (=15.5d_n) max	L_m (=2.9d_n) max
6	1.1	22.8	17.4	16.2	10.5	10.8	25.8	93	17.4
7	1.5	26.6	20.3	18.9	12.3	12.6	30.1	108.5	20.3
8	2.0	30.4	23.2	21.6	14	14.4	34.4	124	23.2
10	3.2	38	29	27	17.5	18	43	155	29
13	5.4	49.4	37.7	35.1	22.8	23.4	55.9	201.5	37.7
16	8.0	60.8	46.4	43.2	28	28.8	68.8	248	46.4
18	10.0	68.4	52.2	48.6	31.5	32.4	77.4	279	52.2
19	11.5	72.2	55.1	51.3	33.3	34.2	81.7	294.5	55.1
20	12.5	76	58	54	35	36	86	310	58
22	15.5	83.6	63.8	59.4	38.5	39.6	94.6	341	63.8
23	16.9	87.4	66.7	62.1	40.3	41.4	98.9	356.5	66.7
25	20.0	95	72.5	67.5	43.8	45	107.5	387.5	72.5
26	21.6	98.8	75.4	70.2	45.5	46.8	111.8	403	75.4
28	25.0	106.4	81.2	75.6	49	50.4	120.4	434	81.2
32	32.0	121.6	92.8	86.4	56	57.6	137.6	496	92.8
36	40.0	136.8	104.4	97.2	63	64.8	154.8	558	104.4
40	50.0	152	116	108	70	72	172	620	116
45	63.0	171	130.5	121.5	78.8	81	193.5	697.5	130.5

注：不符合表1规定尺寸的吊钩，可以按照ISO 8539规定的要求。

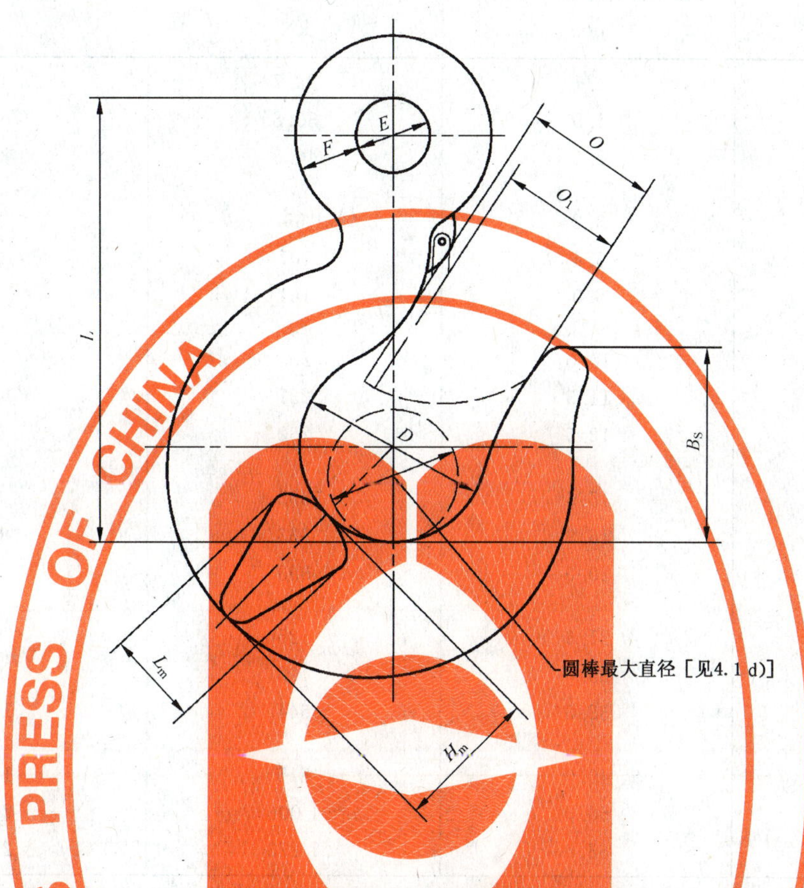

注：本图仅表示吊钩尺寸的测量位置，不作为任一部位的具体设计(见4.2)。

图1　吊钩尺寸

4.2　型式

对吊钩的型式不作具体规定。例如，对尺寸 E 的最小值(任意方向测量)只规定吊钩的环眼可以穿过销轴，但环眼可以是非圆形的。

5　机械性能

5.1　总则

吊钩机械性能应符合表2的规定，其性能参数与配用的链条名义尺寸有关。

5.2　验证力

按8.2规定进行试验的吊钩，应能承受住表2规定的验证力，且其开口尺寸的永久变形应不超过实际开口尺寸的0.5%或0.2 mm，两者取较大值。

5.3　极限强度

按8.3规定进行试验时，吊钩的极限强度应至少达到表2的规定。

试验完成后，吊钩开口尺寸应有增大迹象。

5.4　疲劳强度

极限工作载荷小于或等于10 t的吊钩，按8.4规定进行疲劳试验时，在通过至少 1×10^4 次循环后，应仍能承受住该载荷。

表 2　吊钩机械性能

链条名义尺寸 d_n/ mm	极限工作载荷 *WLL*/ t	验证力 F_e/ kN	最小极限强度/ kN
6	1.1	22.7	45.4
7	1.5	30.8	61.6
8	2.0	40.3	80.6
10	3.2	63	126
13	5.4	107	214
16	8.0	161	322
18	10.0	204	408
19	11.5	227	454
20	12.5	252	504
22	15.5	305	610
23	16.9	333	666
25	20.0	393	786
26	21.6	425	850
28	25.0	493	986
32	32.0	644	1 288
36	40.0	815	1 630
40	50.0	1 006	2 012
45	63.0	1 273	2 546
注：表中给出的参数与 GB/T 24816 规定的 8 级链条的参数相同。			

6　材料及热处理

6.1　材质

6.1.1　总则

钢材应采用电炉或吹氧转炉冶炼并具有良好的可锻性。

对圆钢或成品吊钩进行检验分析时，钢材应满足 6.1.2 的规定。

6.1.2　特殊要求

钢材应为镇静钢，并应含足够量的合金元素，以保证吊钩经适当热处理后具有本标准规定的机械性能，且钢材中应至少含有下列合金元素中的两种：

——镍；

——铬；

——钼。

钢材中硫和磷的含量应符合表 3 的规定。

表 3　硫和磷含量　%

元　素	最大含量（质量分数）	
	熔炼分析	检验分析
硫	0.035	0.04
磷	0.035	0.04

钢材冶炼应符合晶粒细化的要求，以便在按照 GB/T 6394—2002 中 5.3 规定的截点法进行检验时，应达到奥氏体 5 级晶粒度或更细的品级。例如，可通过确保钢材含有足够量的铝或相当的元素，以使吊钩制造稳定，防止其在使用期间发生应变、时效、脆裂。推荐铝的最小含量为 0.025%。

吊钩制造商有责任在上述规定范围内正确选择钢材，以使经适当热处理的成品吊钩能满足本标准规定的机械性能。

6.2 热处理

所有吊钩应进行能达到规定机械性能和冶金性能要求的热处理。

吊钩使用温度最高为 400 ℃(见 GB/T 22166)，当温度降至室温时，其机械性能和冶金性能应不降低或改变。如需验证，应将吊钩试样重新加热至 400 ℃，保温 1 h，然后冷却至室温，再对其进行试验。

7 制造方法与工艺要求

吊钩应进行热锻，无裂纹等有害表面缺陷。

8 型式试验

8.1 总则

型式试验是制造商证明符合本标准要求的吊钩确实具有本标准规定的机械性能的试验，其目的是对每种规格成品吊钩的设计、材质要求、热处理工艺和制造方法进行验证。任何在设计、材质要求、热处理工艺和制造方法上的变更或尺寸上超出正常制造公差的改变，从而有可能引起第 5 章规定的机械性能变化的，均应按 8.2 和 8.3 的规定对吊钩进行型式试验。

所有进行型式试验的吊钩应符合本标准规定的其他各项要求。8.2 和 8.3 中规定的试验应在不同设计、材质要求、热处理工艺和制造方法的不同规格的吊钩上进行。

进行 8.2 和 8.3 规定的试验时，应用一个直径约等于钩腔实际直径 2/3 的部件将试验力无冲击地沿轴向施加到吊钩上。

8.2 变形试验

取三个试样进行试验。每个试样均应能承受住表 2 规定的验证力，且其开口尺寸的永久变形应不超过实际开口尺寸的 0.5%或 0.2 mm，两者取较大值。

注：必要时，见第 9 章有关吊钩验证试验的规定。

8.3 静强度试验

注：本试验可以在已经过变形试验的吊钩上进行。

取三个试样进行试验，每个试样的极限强度应至少达到表 2 的规定。

不必为了验证吊钩的机械性能而将其试验一直进行至达到实际极限强度为止。只要超过了规定的最小极限强度并且在最大试验力的作用下变形明显就够了。

8.4 疲劳试验

极限工作载荷不大于 10 t 的吊钩应取三个试样进行疲劳试验。

每个循环过程中，所施加的最大力为表 2 规定的验证力的 0.75 倍，最小力应大于 0 且小于或等于 3 kN，加载频率在 5 Hz～25 Hz 之间。吊钩应能在上述试验载荷作用下通过至少 1×10^4 次循环后仍能承受住该载荷。

8.5 型式试验验收标准

8.5.1 变形试验(见 8.2)

为了验证申报型式试验的吊钩符合本标准，三个试样的变形试验均应合格。

8.5.2 静强度试验和疲劳试验(见 8.3 和 8.4)

如二个试样均通过了试验，则可认为申报型式试验的该规格吊钩符合本标准。

试验中如有一个试样不符合要求，则应另取两个试样进行试验。如这两个试样均能通过试验，则认为申报型式试验的该规格吊钩符合本标准。

如果有两个或三个试样未通过试验，则认为申报型式试验的该规格吊钩不符合本标准。

9 验证试验

如果买方、国家法规或其他标准、规范或试验有要求，则每个成品吊钩(即经过制造、热处理和机械加工，如有表面防护层，还包括涂防护层后)均应按表2规定的验证力进行验证试验。试验后，测量吊钩开口尺寸，其开口尺寸的永久变形应不超过试验前实际开口尺寸的0.5%或0.2 mm，两者取较大值。

注：如果吊钩作为GB/T 20652或ISO 7593中8级吊链的一个零件，则应符合该标准对验证试验的规定。

10 制造商合格证

按第8章规定完成型式试验并合格后，制造商可以对与受试吊钩相同名义尺寸、规格、材质要求、热处理工艺以及制造方法的吊钩签发合格证。

制造商应将型式试验合格的吊钩的材质要求、热处理工艺、尺寸、试验结果及所有相关数据的记录至少保存至最后一份合格证签发后10年。该记录的内容还应包括后续生产中还将应用的制造规范。

任何在材质要求、热处理工艺和制造方法上的变更或尺寸上超出正常制造公差的改变，从而有可能引起第5章规定的机械性能变化的，均应视作一次设计变更。在允许制造商对设计变更的产品签发合格证前，应按第8章规定进行试验。

11 标志

每个吊钩应采用不影响其机械性能的方法做出清晰的永久性标志。标志应至少包含以下信息：

a) 与吊钩配用的链条名义尺寸；

b) 代表强度级别的数字8；

c) 制造商的识别标记或符号；

d) 任何由国家标准、强制性法规或制造商与买方之间达成的协议所要求的标志。

注：要注意确保标志不会被误认为是吊钩的工作载荷。

ICS 53.020.30
J 80

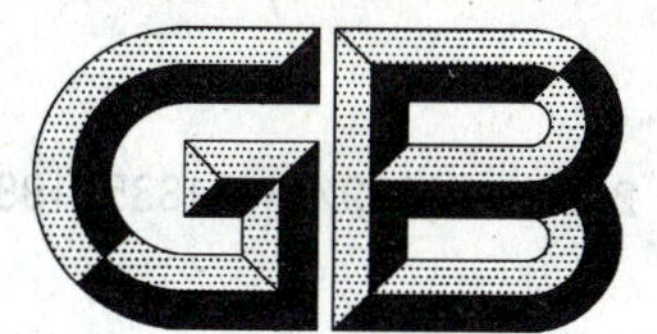

中华人民共和国国家标准

GB/T 24814—2009/ISO 1835:1980

起重用短环链 吊链等用4级普通精度链

Short link chain for lifting purposes—Grade 4, non-calibrated, for chain slings etc.

[ISO 1835:1980, Short link chain for lifting purposes—Grade M(4), non-calibrated, for chain slings etc., IDT]

2009-12-15 发布　　2010-07-01 实施

中华人民共和国国家质量监督检验检疫总局
中国国家标准化管理委员会　发布

前　言

本标准等同采用 ISO 1835:1980《起重用短环链　吊链等用 M(4)级普通精度链》(英文版)。

本标准等同翻译 ISO 1835:1980。

为便于使用,本标准做了下列编辑性修改:

——“本国际标准”一词改为“本标准”;

——用小数点“.”代替作为小数点的逗号“,”;

——删除国际标准的前言;

——删除了已被撤消的 ISO/R 388;

——引用的其他国际标准,用已被采用为我国的标准代替对应的国际标准。

本标准的附录 A 为规范性附录。

本标准由中国机械工业联合会提出。

本标准由全国起重机械标准化技术委员会(SAC/TC 227)归口。

本标准负责起草单位:杭州武林机器有限公司、杭州现代起重机械制造厂、北京起重运输机械设计研究院。

本标准参加起草单位:中煤张家口煤矿机械有限责任公司帕森斯链条分公司。

本标准主要起草人:陈绍荣、徐建华、吴杰、崔振元、林夫奎。

起重用短环链 吊链等用4级普通精度链

1 范围

本标准规定了起重机和吊链用以及一般起重用4级普通精度链的要求。该链条是经过充分的热处理和试验的圆钢电焊短环链,并符合GB/T 20946规定的验收总则。

本标准适用于名义尺寸为5 mm～45 mm的链条,附录中还给出了6 mm～46 mm链条的暂用附加名义尺寸。

2 规范性引用文件

下列文件中的条款通过本标准的引用而成为本标准的条款。凡是注日期的引用文件,其随后所有的修改单(不包括勘误的内容)或修订版均不适用于本标准,然而,鼓励根据本标准达成协议的各方研究是否可使用这些文件的最新版本。凡是不注日期的引用文件,其最新版本适用于本标准。

GB/T 702 热轧钢棒尺寸、外形、重量及允许偏差(GB/T 702—2008,ISO 1035-1～1035-4:1980,MOD)

GB/T 6394—2002 金属平均晶粒度测定法(ASTM E112-96,MOD)

GB/T 20946—2007 起重用短环链 验收总则(ISO 1834:1999,IDT)

3 术语和定义

GB/T 20946确立的术语和定义适用于本标准。

4 验收总则

链条应符合GB/T 20946及本标准的要求。

5 尺寸

5.1 名义尺寸(见GB/T 20946—2007中的3.1)

链条优选名义尺寸应符合表1第1列。其与制造链条用的线材或棒材(GB/T 702)的名义直径相对应。

注:制造链条用的线材或棒材尺寸控制是重要的。但本标准指的是成品链,必须指出检验者可能没有机会追溯原材料尺寸的检测结果。链条制造商应将原材料的尺寸控制在允许的公差范围内。

5.2 材料直径(见GB/T 20946中的4.1)

5.2.1 材料直径公差

当名义尺寸小于18 mm时,成品链环上任何截面(除焊缝外)的材料直径 d_m 对名义直径的偏差不应超过名义直径的 $^{+2}_{-6}\%$。

当名义尺寸等于或大于18 mm时,成品链环上任何截面(除焊缝外)的材料直径 d_m 对名义直径的偏差不应超过名义直径的±5%。

5.2.2 焊缝处公差

焊缝处的钢材尺寸在任何截面上不应小于邻近焊缝处材料直径 d_m 或大于下列公差(见图1及表1):

——1 型：在任何截面上为名义直径的 10%；

——2 型：与链环平面垂直截面上为名义直径的 20%，其他平面上为 35%。

注：1 型链条通过把焊缝超差限制在名义直径 10%内以避免扭结或卡住等问题；2 型链条只在链环某些区域允许焊缝超差值超过 1 型中规定的 10%（见图 1），以此提供所需间隙来确保无扭结和卡住的问题。

5.2.3 焊接尺寸影响区

焊接尺寸影响区在链环中心的任何一侧均不应超过材料直径的 0.6 倍。

5.3 长度和宽度

链环的长度和宽度尺寸应符合表 1 中的规定并示于图 2。

6 材料和制造

6.1 材质

钢材应由电炉或吹氧转炉冶炼而成。

对圆钢、线材或成品链环进行检验分析时，提供给链条制造商的成品钢材应满足下列要求：

a) 钢材应为镇静钢，可焊性好，制造的成品链条经热处理后能符合本标准要求的机械性能。

b) 钢材中硫和磷的含量应限定如下：

	熔炼分析	检验分析
最大含硫量	0.045%	0.050%
最大含磷量	0.04%	0.045%

钢材冶炼应采用适当的脱氧工艺，以便按照 GB/T 6394—2002 中 5.3 规定的截点法进行检验时，应达到奥氏体 5 级晶粒度或更细的品级。例如，确保钢材含有足够量的铝或相当的元素，使链条制造稳定，防止使用期间发生应变、时效、脆裂。推荐金属铝的最小含量为 0.025%。

链条制造商有责任在上述限制内选择钢材，以便经相应的热处理后的成品链条符合本标准规定的机械性能。

6.2 热处理

所有链条在经受验证力前，应进行正火或淬火和回火处理。

6.3 验证力

验证力应符合表 3 第 2 列或表 A.2 第 2 列的规定，并应符合 GB/T 20946 的规定。

7 试验要求

7.1 机械性能和验证力

机械性能应符合表 2 的规定，各种尺寸链条的验证力按表 3 和表 A.2 的规定。

7.2 取样

检验员应从 200 m 或稍短的链段中按 GB/T 20946—2007 中 6.2 的规定选取试样。

7.3 静拉伸试验

7.3.1 试验机和试验方法

试验机和试验方法应符合 GB/T 20946—2007 中 6.3 的规定。

7.3.2 拉伸试验

破断力不应小于表 3 第 3 列或表 A.2 第 3 列中的规定。

7.3.3 总极限伸长率

按 GB/T 20946 定义的总极限伸长率不应小于 20%。

8 检验

8.1 检验项目

检验项目应符合 GB/T 20946 的规定。

8.2 验收

验收程序应符合 GB/T 20946—2007 中 6.5 的规定。

9 标记

9.1 等级标记

链条的等级标记为 4，并应符合 GB/T 20946—2007 中 7.1 的规定。

9.2 附加标记

附加标记应符合 GB/T 20946—2007 中 7.2 的规定。

10 制造合格证

如有要求，制造商应随同每批供应的链条提供一份包含 GB/T 20946 中详细规定的试验和检验合格证。

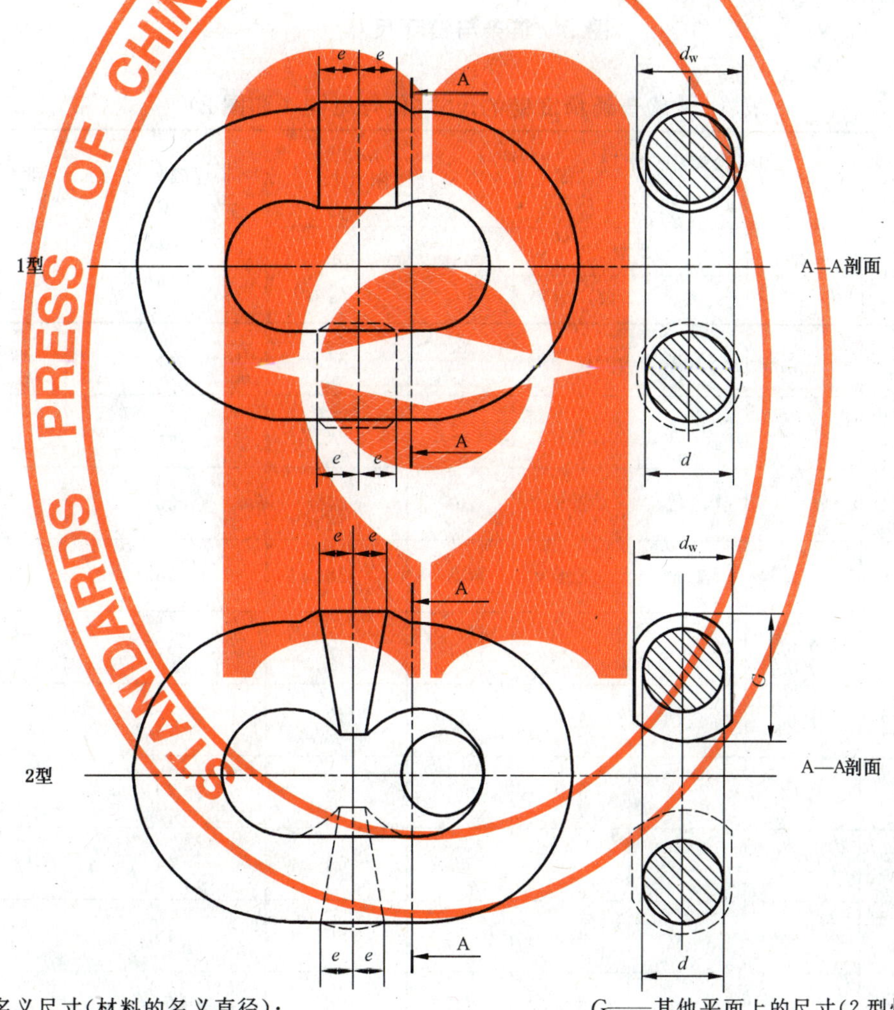

d_n——名义尺寸(材料的名义直径)；

d_w——焊缝处测得的材料直径(1 型)或垂直于链环平面的焊缝尺寸(2 型)；

d_m——焊缝外测得的材料直径；

G——其他平面上的尺寸(2 型焊接链)；

e——链环中部任一侧的焊接影响长度。

对所有焊缝：$e \leqslant 0.6\ d_n$

$d_n < 18$ mm，$d_m = d_n {}^{+2}_{-6}\%$

$d_n \geqslant 18$ mm，$d_m = d_n \pm 5\%$

焊缝公差：

1 型：$d_w = d_m + {}^{0.10d_n}_{0}$

2 型：$d_w = d_m + {}^{0.20d_n}_{0}$

$G = d_m + {}^{0.35d_n}_{0}$

图 1 材料和焊缝公差

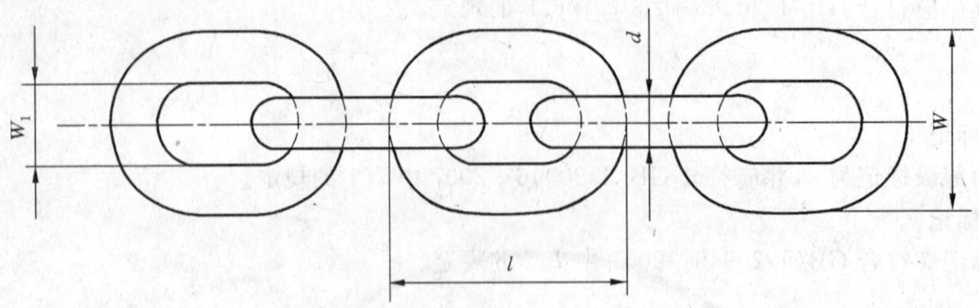

l——链环外长(最小 $4.75d_n$,最大 $5d_n$);
W——链环外宽(除焊缝外,最大 $3.5d_n$);
W_1——链环内宽(除焊缝外,最小 $1.25d_n$)。

图 2 链条与链环尺寸

表 1 4级普通精度链的尺寸(代号见图 1 和图 2) 单位为毫米

名义尺寸 d_n	直径公差 (d_m-d_n)	焊缝公差(见图 1) max			链环极限外长		非焊缝处外宽 W max $(3.5d_n)$	非焊缝处内宽 W_1 min $(1.25d_n)$
		1 型	2 型		max	min		
		(d_w-d_m)	(d_w-d_m)	$(G-d_m)$	$(5d_n)$	$(4.75d_n)$		
5	+0.10 −0.30	0.5	1.0	1.75	25	24	18	6.3
6.3	+0.13 −0.38	0.63	1.26	2.2	32	30	22	7.9
7.1	+0.14 −0.43	0.71	1.42	2.5	36	34	25	8.9
8	+0.16 −0.48	0.8	1.6	2.8	40	38	28	10
9	+0.18 −0.54	0.9	1.8	3.15	45	43	32	11.3
10	+0.20 −0.60	1.0	2.0	3.5	50	47	35	12.5
11.2	+0.22 −0.67	1.12	2.24	3.9	56	53	39	14
12.5	+0.25 −0.75	1.25	2.5	4.4	63	59	44	15.7
14	+0.28 −0.84	1.4	2.8	4.9	70	66	49	18
16	+0.32 −0.96	1.6	3.2	5.6	80	76	56	20
18	±0.90	1.8	3.6	6.3	90	85	63	23
20	±1.0	2.0	4.0	7.0	100	95	70	25
22.4	±1.1	2.24	4.48	7.85	112	106	78	28
25	±1.25	2.5	5.0	8.75	125	119	88	32
28	±1.4	2.8	5.6	9.8	140	133	98	35

表 1(续)

单位为毫米

名义尺寸 d_n	直径公差 (d_m-d_n)	焊缝公差(见图 1) max			链环极限外长		非焊缝处外宽 W max	非焊缝处内宽 W_1 min
		1 型	2 型		max	min		
		(d_w-d_m)	(d_w-d_m)	$(G-d_m)$	$(5d_n)$	$(4.75d_n)$	$(3.5d_n)$	$(1.25d_n)$
32	±1.6	3.2	6.4	11.2	160	152	112	40
36	±1.8	3.6	7.2	12.6	180	171	126	45
40	±2.0	4.0	8.0	14.0	200	190	140	50
45	±2.25	4.5	9.0	15.75	225	214	158	57
注:暂用附加名义尺寸见附录 A。								

表 2 机械性能

机 械 性 能	要 求
在规定最小破断力作用下的平均应力 $2F_{m\ min}/(\pi d_n^2)$	400 MPa(N/mm²)
验证力作用下的平均应力 $2F_e/(\pi d_n^2)$	200 MPa(N/mm²)
验证力与规定最小破断力的比值	50%
规定的总极限伸长率的最小值	20%
极限工作载荷时的平均应力	100 MPa(N/mm²)

注 1:表中的应力是由力除以链环两侧的总截面积而得到的平均应力。实际上应力是非均匀分布的,特别是链环外弧面上的最大组织应力比平均应力要大的多。

注 2:工作载荷可按国家法规选取,但在任何情况下都不应超过表 3 第 4 列或表 A.2 第 4 列的规定。

表 3 4 级普通精度链的试验要求和极限工作载荷

名义尺寸 d_n/mm	验证力/kN	最小破断力/kN	极限工作载荷/t
5	7.9	15.8	0.4
6.3	12.5	25	0.63
7.1	15.9	31.8	0.8
8	20.2	40.4	1.0
9	25.5	51	1.25
10	31.5	63	1.6
11.2	39.5	79	2.0
12.5	49.1	98.2	2.5
14	63	126	3.2
16	81	162	4.0
18	102	204	5.0

表 3(续)

名义尺寸 d_n/mm	验证力/kN	最小破断力/kN	极限工作载荷/t
20	126	252	6.3
22.4	158	316	8.0
25	197	394	10
28	247	494	12.5
32	322	644	16
36	408	816	20
40	503	1 006	25
45	637	1 274	32

附 录 A
（规范性附录）
4 级普通精度链暂用附加尺寸

A.1 标准尺寸在国际上通用前增加以下尺寸作为帮助选择链条的临时措施。

表 A.1 尺寸(代号见图 1 和图 2)

单位为毫米

名义尺寸 d_n	直径公差 (d_m-d_n)	焊缝公差(见图 1) max			链环极限外长		非焊缝处外宽 W max $(3.5d_n)$	非焊缝处内宽[a] W_1 min $(1.25d_n)$
		1 型	2 型		max	min		
		(d_w-d_m)	(d_w-d_m)	$(G-d_m)$	$(5d_n)$	$(4.75d_n)$		
6	+0.12 −0.36	0.6	1.2	2.1	30	28	21	7.5
7	+0.14 −0.42	0.7	1.4	2.45	35	33	25	8.8
8.7	+0.17 −0.52	0.87	1.74	3.05	44	41	30	10.9
9.5	+0.19 −0.57	0.95	1.9	3.35	48	45	33	11.9
10.3	+0.21 −0.62	1.03	2.06	3.6	52	49	36	12.9
11	+0.22 −0.66	1.1	2.2	3.85	55	52	39	13.9
12	+0.24 −0.72	1.2	2.4	4.2	60	57	42	15
13	+0.26 −0.78	1.3	2.6	4.55	65	62	46	16.3
13.5	+0.27 −0.81	1.35	2.7	4.75	68	64	47	17
16.7	+0.33 −0.10	1.67	3.34	5.85	84	79	58	21
19	±0.95	1.9	3.8	6.65	95	90	67	24
20.6	±1.0	2.06	4.1	7.2	103	98	72	26
25.4	±1.3	2.54	5.1	8.9	127	121	89	32
30	±1.5	3.0	6.0	10.5	150	142	105	38
41.3	±2.1	4.13	8.26	14.45	207	196	145	52
46	±2.3	4.6	9.2	16.1	230	218	161	58

[a] 第 9 列中给出焊缝测量加工后链环内宽，但 1 型焊接链的焊缝处通常也符合要求。

表 A.2 表 A.1 中所列 4 级普通精度链的试验要求和极限工作载荷(暂用附加尺寸)

名义尺寸 d_n/mm	验证力/kN	最小破断力/kN	极限工作载荷/t
6	11.4	22.8	0.57
7	15.4	30.8	0.78
8.7	23.8	47.6	1.2
9.5	28.4	56.8	1.4
10.3	33.4	66.8	1.7
11	38.1	76.2	1.9
12	45.3	90.6	2.3
13	54	108	2.7
13.5	58	116	2.9
16.7	88	176	4.4
19	114	228	5.7
20.6	134	268	6.8
25.4	203	406	10.3
30	283	566	14.4
41.3	536	1 072	27.3
46	665	1 330	33.9

ICS 53.020.30
J 80

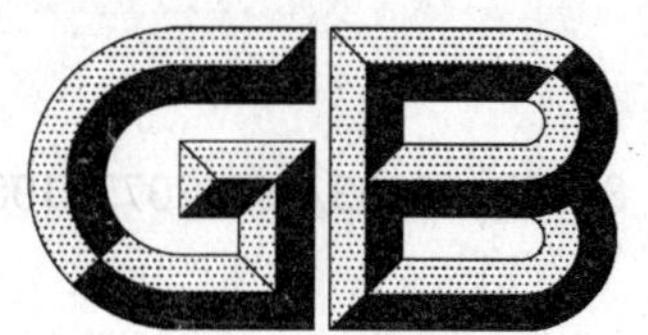

中华人民共和国国家标准

GB/T 24815—2009/ISO 3075:1980

起重用短环链 吊链等用6级普通精度链

Short link chain for lifting purposes—Grade 6, non-calibrated, for chain slings etc.

[ISO 3075:1980, Short link chain for lifting purposes—Grade S(6), non-calibrated, for chain slings etc., IDT]

2009-12-15 发布　　2010-07-01 实施

中华人民共和国国家质量监督检验检疫总局
中国国家标准化管理委员会　发布

前言

本标准等同采用ISO 3075:1980《起重用短环链 吊链等用S(6)级普通精度链》(英文版)。

本标准等同翻译ISO 3075:1980。

为便于使用,本标准做了下列编辑性修改:

——“本国际标准”一词改为“本标准”;

——用小数点“.”代替作为小数点的逗号“,”;

——删除国际标准的前言;

——删除了已被撤销的ISO/R 388;

——引用的其他国际标准,用已被采用为我国的标准代替对应的国际标准。

本标准的附录A为规范性附录。

本标准由中国机械工业联合会提出。

本标准由全国起重机械标准化技术委员会(SAC/TC 227)归口。

本标准负责起草单位:杭州武林机器有限公司、杭州现代起重机械制造厂、北京起重运输机械设计研究院。

本标准参加起草单位:中煤张家口煤矿机械有限责任公司帕森斯链条分公司、浙江双鸟机械有限公司、南阳市起重机械厂、安吉长虹制链有限公司。

本标准主要起草人:徐建华、吴杰、崔振元、林夫奎。

起重用短环链
吊链等用6级普通精度链

1 范围

本标准规定了起重机和吊链用以及一般起重用6级普通精度链的要求。该链条是经过充分的热处理和试验的圆钢电焊短环链,并符合GB/T 20946规定的验收总则。

本标准适用于名义尺寸为5 mm～45 mm的链条,附录中还给出了6 mm～30 mm链条的暂用附加名义尺寸。

2 规范性引用文件

下列文件中的条款通过本标准的引用而成为本标准的条款。凡是注日期的引用文件,其随后所有的修改单(不包括勘误的内容)或修订版均不适用于本标准,然而,鼓励根据本标准达成协议的各方研究是否可使用这些文件的最新版本。凡是不注日期的引用文件,其最新版本适用于本标准。

GB/T 702 热轧钢棒尺寸、外形、重量及允许偏差(GB/T 702—2008,ISO 1035-1～1035-4:1980,MOD)

GB/T 6394—2002 金属平均晶粒度测定法(ASTM E112-96,MOD)

GB/T 20946—2007 起重用短环链 验收总则(ISO 1834:1999,IDT)

3 术语和定义

GB/T 20946确立的术语和定义适用于本标准。

4 验收总则

链条应符合GB/T 20946及本标准的要求。

5 尺寸

5.1 名义尺寸(见GB/T 20946—2007中的3.1)

链条优选名义尺寸应符合表1第1列。其与制造链条用的线材或棒材(GB/T 702)的名义直径相对应。

注:制造链条用的线材或棒材尺寸控制是重要的。但本标准指的是成品链,必须指出检验者可能没有机会追溯原材料尺寸的检测结果。链条制造商应将原材料的尺寸控制在允许的公差范围内。

5.2 材料直径(见GB/T 20946中的4.1)

5.2.1 材料直径公差

当名义尺寸小于18 mm时,成品链环上任何截面(除焊缝外)的材料直径 d_m 对名义直径的偏差不应超过名义直径的 $^{+2}_{-6}\%$。

当名义尺寸等于或大于18 mm时,成品链环上任何截面(除焊缝外)的材料直径 d_m 对名义直径的偏差不应超过名义直径的±5%。

5.2.2 焊缝处公差

焊缝处的钢材尺寸在任何截面上不应小于邻近焊缝处材料直径 d_m 或大于下列公差(见图1及表1):

——1型:在任何截面上为名义直径的10%;

——2型:与链环平面垂直截面上为名义直径的20%,其他平面上为35%。

注:1型链条通过把焊接超差限制在名义直径10%内以避免扭结或卡住等问题,2型链条只在链环某些区域允许焊缝超差值超过1型中规定的10%(见图1),以此提供所需间隙来确保无扭结和卡住的问题。

5.2.3 焊接尺寸影响区

焊接尺寸影响区在链环中心的任何一侧均不应超过材料直径的 0.6 倍。

5.3 长度和宽度

链环的长度和宽度尺寸应符合表 1 中的规定并示于图 2。

6 材料、热处理和制造

6.1 材质

钢材应由电炉或吹氧转炉冶炼而成。

对圆钢、线材或成品链环进行检验分析时，提供给链条制造商的成品钢材应满足下列要求：

a) 钢材应为镇静钢，可焊性好，并应含有足够量的合金元素，以确保链条在经过适当的热处理后的机械性能。钢材应至少含有下列合金元素之一或与其作用相当的元素：

——镍；

——铬；

——钼。

b) 锰和硅不应作为合金元素。

c) 钢材中硫和磷的含量应限定如下：

	熔炼分析	检验分析
最大含硫量	0.035%	0.040%
最大含磷量	0.035%	0.040%

钢材冶炼应符合晶粒细化的要求，以便在按照 GB/T 6394—2002 中 5.3 规定的截点法规定进行试验时，应达到奥氏体 5 级晶粒度或更细的品级。例如，确保钢材含有足够量的铝或相当的元素，使链条制造稳定，防止使用期间发生应变、时效、脆裂。推荐金属铝的最小含量为 0.025%。

链条制造商有责任在上述限制内选择钢材，以便经相应的热处理之后的成品链条能满足本标准规定的机械性能。

6.2 热处理

所有链条在经受验证力前应进行淬火和回火处理。

6.3 验证力

验证力应符合表 3 第 2 列或表 A.2 第 2 列中的规定，并应符合 GB/T 20946 的规定。

7 试验要求

7.1 机械性能和验证力

机械性能应符合表 2 的规定，各种尺寸链条的验证力按表 3 和表 A.2 的规定。

7.2 取样

检验员应从 200 m 或稍短的链段中按 GB/T 20946—2007 中 6.2 的规定选取试样。

7.3 静拉伸试验

7.3.1 试验机和试验方法

试验机和试验方法应符合 GB/T 20946—2007 中 6.3 的规定。

7.3.2 拉伸试验

破断力不应小于表 3 第 3 列或表 A.2 第 3 列中的规定。

7.3.3 总极限伸长率

按 GB/T 20946 定义的总极限伸长率不应小于 17%。

8 检验

8.1 检验项目

检验项目应符合 GB/T 20946 的规定。

8.2 验收

验收程序应符合 GB/T 20946—2007 中 6.5 的规定。

9 标记

9.1 等级标记

链条的等级标记为 6，并应符合 GB/T 20946—2007 中 7.1 的规定。

9.2 附加标记

附加标记应符合 GB/T 20946—2007 中 7.2 的规定。

10 制造合格证

如有要求，制造商应随同每批供应的链条提供一份包含 GB/T 20946 中详细规定的试验和检验合格证。

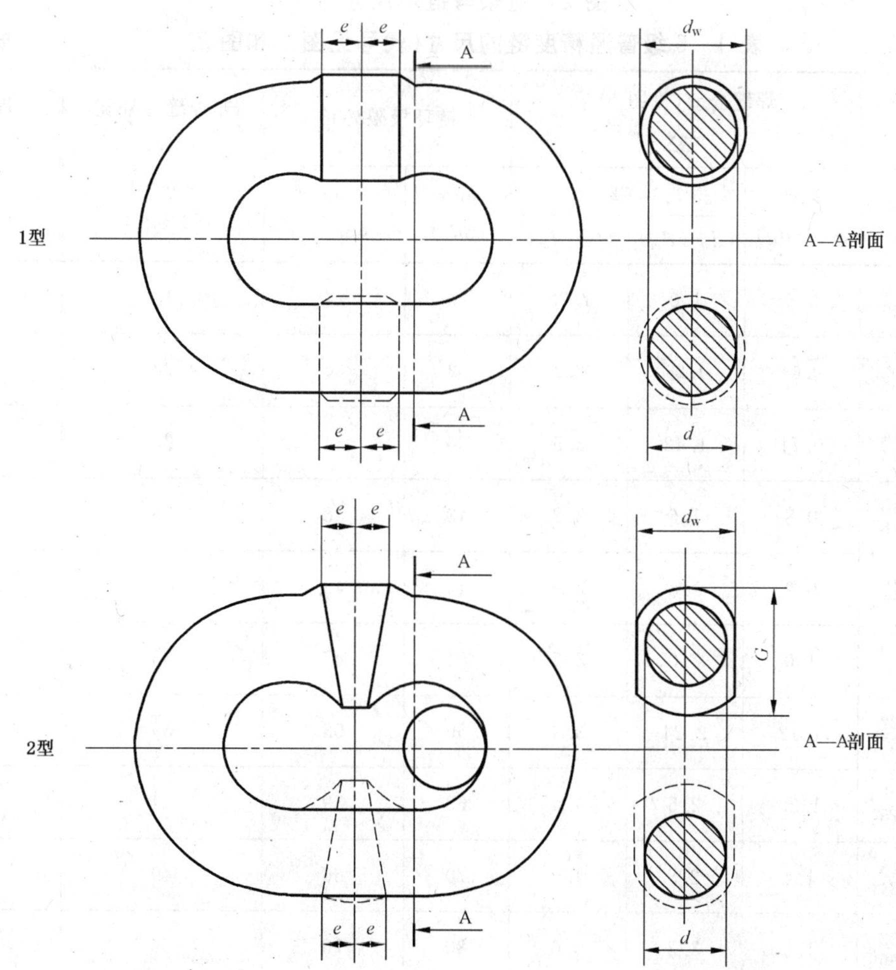

d_n——名义尺寸(材料的名义直径)；

d_w——焊缝处测得的材料直径(1 型)或垂直于链环平面的焊缝尺寸(2 型)；

对所有焊缝：$e \leqslant 0.6\ d_n$

$d_n < 18$ mm，$d_m = d_n{}^{+2}_{-6}\%$

$d_n \geqslant 18$ mm，$d_m = d_n \pm 5\%$

d_m——焊缝外测得的材料直径；

G——其他平面上的尺寸(2 型焊接链)；

e——链环中部任一侧的焊接影响长度。

焊缝公差：

1 型：$d_w = d_m + {}^{0.10d_n}_{0}$

2 型：$d_w = d_m + {}^{0.20d_n}_{0}$

$G = d_m + {}^{0.35d_n}_{0}$

图 1 材料和焊缝公差

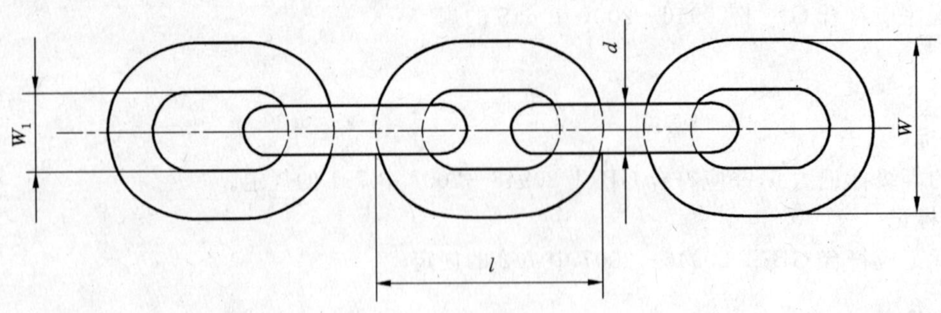

l——链环外长(最小 4.75d_n,最大 5d_n);

W——链环外宽(除焊缝外,最大 3.5d_n);

W_1——链环内宽(除焊缝外,最小 1.25d_n)。

图 2 链条与链环尺寸

表 1 6级普通精度链的尺寸(代号见图1和图2)

单位为毫米

名义尺寸 d_n	直径公差 (d_m-d_n)	焊缝公差(见图1) max			链环极限外长		非焊缝处外宽 W max (3.5d_n)	非焊缝处内宽 W_1 min (1.25d_n)
		1型	2型		max	min		
		(d_w-d_m)	(d_w-d_m)	$(G-d_m)$	(5d_n)	(4.75d_n)		
5	+0.10 −0.30	0.5	1.0	1.75	25	24	18	6.3
6.3	+0.13 −0.38	0.63	1.26	2.2	32	30	22	7.9
7.1	+0.14 −0.43	0.71	1.42	2.5	36	34	25	8.9
8	+0.16 −0.48	0.8	1.6	2.8	40	38	28	10
9	+0.18 −0.54	0.9	1.8	3.15	45	43	32	11.3
10	+0.20 −0.60	1.0	2.0	3.5	50	47	35	12.5
11.2	+0.22 −0.67	1.12	2.24	3.9	56	53	39	14
12.5	+0.25 −0.75	1.25	2.5	4.4	63	59	44	15.7
14	+0.28 −0.84	1.4	2.8	4.9	70	66	49	18
16	+0.32 −0.96	1.6	3.2	5.6	80	76	56	20
18	±0.90	1.8	3.6	6.3	90	85	63	23
20	±1.0	2.0	4.0	7.0	100	95	70	25
22.4	±1.1	2.24	4.48	7.85	112	106	78	28
25	±1.25	2.5	5.0	8.75	125	119	88	32
28	±1.4	2.8	5.6	9.8	140	133	98	35
32	±1.6	3.2	6.4	11.2	160	152	112	40

表 1(续)

单位为毫米

名义尺寸 d_n	直径公差 (d_m-d_n)	焊缝公差(见图 1) max			链环极限外长		非焊缝处外宽 W	非焊缝处内宽 W_1
		1 型	2 型		max	min	max	min
		(d_w-d_m)	(d_w-d_m)	$(G-d_m)$	$(5d_n)$	$(4.75d_n)$	$(3.5d_n)$	$(1.25d_n)$
36	±1.8	3.6	7.2	12.6	180	171	126	45
40	±2.0	4.0	8.0	14.0	200	190	140	50
45	±2.25	4.5	9.0	15.75	225	214	158	57
注:暂用附加名义尺寸见附录 A。								

表 2 机械性能

机械性能	要求
在规定最小破断力作用下的平均应力 $2F_{mmin}/(\pi d_n^2)$	630 MPa(N/mm^2)
验证力作用下的平均应力 $2F_e/(\pi d_n^2)$	315 MPa(N/mm^2)
验证力与规定最小破断力的比值	50%
规定的总极限伸长率的最小值	17%
极限工作载荷时的平均应力	157.5 MPa(N/mm^2)
注 1:表中的应力是由力除以链环两侧的总截面积而得到的平均应力。实际上应力是非均匀分布的,特别是链环外弧面上的最大轴向应力,比平均应力要大的多。 注 2:工作载荷可按国家法规选取,但必须在任何情况下不超过表 3 第 4 列或表 A.2 第 4 列的规定。	

表 3 6 级普通精度链的试验要求和极限工作载荷

名义尺寸 d_n/mm	验证力/kN	最小破断力/kN	极限工作载荷/t
5	12.4	24.8	0.63
6.3	19.7	39.4	1.0
7.1	25	50	1.25
8	31.7	63.4	1.6
9	40.1	80.2	2.0
10	49.5	99	2.5
11.2	63	126	3.2
12.5	79	158	4.0
14	99	198	5.0
16	127	254	6.3
18	161	322	8.0
20	198	396	10
22.4	249	498	12.5
25	314	628	16
28	393	786	20

表 3（续）

名义尺寸 d_n/mm	验证力/kN	最小破断力/kN	极限工作载荷/t
32	507	1 014	25
36	642	1 284	32
40	792	1 584	40
45	1 002	2 004	50

附 录 A
（规范性附录）
6级普通精度链暂用附加尺寸

A.1 标准尺寸(见表1)在国际上通用前增加以下尺寸作为帮助选择链条的临时措施。

表 A.1 尺寸(代号见图1和图2)

单位为毫米

名义尺寸 d_n	直径公差 (d_m-d_n)	焊缝公差(见图1) max			链环极限外长		非焊缝处外宽 W max $(3.5d_n)$	非焊缝处内宽 W_1 min $(1.25d_n)$
		1型 (d_w-d_m)	2型 (d_w-d_m)	2型 $(G-d_m)$	max $(5d_n)$	min $(4.75d_n)$		
6	+0.12 −0.36	0.6	1.2	2.1	30	28	21	7.5
7	+0.14 −0.42	0.7	1.4	2.45	35	33	25	8.8
8.7	+0.17 −0.52	0.87	1.74	3.05	44	41	30	10.9
9.5	+0.19 −0.57	0.95	1.9	3.35	48	45	33	11.9
10.3	+0.21 −0.62	1.03	2.06	3.6	52	49	36	12.9
11	+0.22 −0.66	1.1	2.2	3.85	55	52	39	13.8
12	+0.24 −0.72	1.2	2.4	4.2	60	57	42	15
13	+0.26 −0.78	1.3	2.6	4.55	65	62	46	16.3
13.5	+0.27 −0.81	1.35	2.7	4.75	68	64	47	17
16.7	+0.33 −1.00	1.67	3.34	5.85	84	79	58	21
19	±0.95	1.9	3.8	6.65	95	90	67	24
20.6	±1.0	2.06	4.12	7.2	103	98	72	26
22	±1.1	2.2	4.4	7.7	110	104	77	28
23	±1.15	2.3	4.6	8.05	115	109	81	29
26	±1.3	2.6	5.2	9.1	130	123	91	33
30	±1.5	3.0	6.0	10.5	150	142	105	38

表 A.2 表 A.1 中所列 6 级普通精度链的试验要求和极限工作载荷(暂用附加名义尺寸)

名义尺寸 d_n/mm	验证力/kN	最小破断力/kN	极限工作载荷/t
6	17.9	35.8	0.9
7	24.3	48.6	1.2
8.7	37.5	75	1.9
9.5	44.7	89.4	2.2
10.3	53	106	2.6
11	60	120	3.0
12	72	144	3.6
13	84	168	4.2
13.5	91	182	4.5
16.7	138	276	7.0
19	179	358	9.1
20.6	210	420	10.7
25.4	320	640	16.2
30	446	892	22.7

ICS 53.020.30
J 80

中华人民共和国国家标准

GB/T 24816—2009/ISO 3076:1984

起重用短环链 吊链等用8级普通精度链

Short link chain for lifting purposes—Grade 8, non-calibrated, for chain slings etc.

[ISO 3076:1984, Short link chain for lifting purposes—Grade T(8), non-calibrated, for chain slings etc., IDT]

2009-12-15 发布 2010-07-01 实施

中华人民共和国国家质量监督检验检疫总局
中国国家标准化管理委员会 发布

前言

本标准等同采用ISO 3076:1984《起重用短环链 吊链等用T(8)级普通精度链》(英文版)。

本标准等同翻译ISO 3076:1984。

为便于使用,本标准做了下列编辑性修改:

——“本国际标准”一词改为“本标准”;

——用小数点“.”代替作为小数点的逗号“,”;

——删除国际标准的前言;

——删除了已被撤销的ISO/R 388;

——引用的其他国际标准,用已被采用为我国的标准代替对应的国际标准。

本标准的附录A为规范性附录。

本标准由中国机械工业联合会提出。

本标准由全国起重机械标准化技术委员会(SAC/TC 227)归口。

本标准负责起草单位:杭州武林机器有限公司、杭州现代起重机械制造厂、北京起重运输机械设计研究院。

本标准参加起草单位:中煤张家口煤矿机械有限责任公司帕森斯链条分公司、浙江双鸟机械有限公司、南阳市起重机械厂、山东神力索具有限公司、安吉长虹制链有限公司。

本标准主要起草人:徐建华、吴杰、崔振元、林夫奎。

起重用短环链
吊链等用8级普通精度链

1 范围

本标准规定了起重机和吊链用以及一般起重用8级普通精度链的要求。该链条是经过充分的热处理和试验的圆钢电焊短环链,并符合GB/T 20946规定的验收总则。

本标准适用于名义尺寸为5 mm～45 mm链条,附录中还给出了6 mm～35 mm链条的暂用附加名义尺寸。

2 规范性引用文件

下列文件中的条款通过本标准的引用而成为本标准的条款。凡是注日期的引用文件,其随后所有的修改单(不包括勘误的内容)或修订版均不适用于本标准,然而,鼓励根据本标准达成协议的各方研究是否可使用这些文件的最新版本。凡是不注日期的引用文件,其最新版本适用于本标准。

GB/T 702　热轧钢棒尺寸、外形、重量及允许偏差(GB/T 702—2008,ISO 1035-1～1035-4:1980,MOD)

GB/T 6394—2002　金属平均晶粒度测定法(ASTM E112-96,MOD)

GB/T 20946—2007　起重用短环链　验收总则(ISO 1834:1999,IDT)

3 术语和定义

GB/T 20946确立的术语和定义适用于本标准。

4 验收总则

链条应符合GB/T 20946及本标准的要求。

5 尺寸

5.1 名义尺寸(见GB/T 20946—2007中的3.1)

链条优选名义尺寸应符合表1第1列。其与制造链条用的线材或棒材(GB/T 702)的名义直径相对应。

注:制造链条用的线材或棒材尺寸控制是重要的。但本标准指的是成品链,必须指出检验者可能没有机会追溯原材料尺寸的检测结果。链条制造商应将原材料的尺寸控制在允许的公差范围内。

5.2 材料直径(见GB/T 20946中的4.1)

5.2.1 材料直径公差

当名义尺寸小于18 mm时,成品链环上任何截面(除焊缝外)的材料直径d_m对名义直径的偏差不应超过名义直径的$^{+2}_{-6}$%。

当名义尺寸等于或大于18 mm时,成品链环上任何截面(除焊缝外)的材料直径d_m对名义直径的偏差不应超过名义直径的±5%。

5.2.2 焊缝处公差

焊缝处的钢材尺寸在任何截面上不应小于邻近焊缝处材料直径d_m或大于下列公差(见图1及表1):

——1型:在任何截面上为名义直径的10%;

——2 型：与链环平面垂直截面上为名义直径的 20%，其他平面上为 35%。

注：1 型链条通过把焊接超差限制在名义直径 10%内以避免扭结或卡住等问题；2 型链条只在链环某些区域允许焊缝超差值超过 1 型中规定的 10%（见图 1），以此提供所需间隙来确保无扭结和卡住的问题。

5.2.3 焊接尺寸影响区

焊接尺寸影响区在链环中心的任何一侧均不应超过材料直径的 0.6 倍。

5.3 长度和宽度

链环的长度和宽度尺寸应符合表 1 中的规定并示于图 2。

6 材料、热处理和制造

6.1 材质

钢材应由电炉或吹氧转炉冶炼而成。

对圆钢、线材或成品链环进行检验分析时，提供给链条制造商的成品钢材应满足下列要求：

a) 钢材应为镇静钢，可焊性好，并应含有足够量的合金元素，以确保链条在经过适当的热处理之后的机械性能。采用的合金钢应含镍并至少含有下列合金元素之一：

——铬；

——钼。

b) 钢材中硫和磷的含量应限定如下：

	熔炼分析	检验分析
最大含硫量	0.035%	0.040%
最大含磷量	0.035%	0.040%

钢材冶炼应符合晶粒细化的要求，以便在按照 GB/T 6394—2002 中 5.3 规定的截点法进行检验时，应达到奥氏体 5 级晶粒度或更细的品级。例如，通过确保钢材含有足够量的铝或相当的元素，使链条制造稳定，防止使用期间发生应变、时效、脆裂。推荐金属铝的最小含量为 0.025%。

链条制造商有责任在上述限制内选择钢材，以便经相应的热处理之后的成品链条能满足本标准规定的机械性能。

6.2 热处理

所有链条在经受制造试验力前应进行淬火和回火处理。回火温度不应低于 400 ℃。

注：链条制造商应确保链条的回火温度不低于 400 ℃。买方可与链条制造商协商，通过成品链条的型式试验来检验是否符合要求。

6.3 制造试验力

在制造过程中，经过热处理的链条应承受表 3 第 5 列或表 A.2 第 5 列中规定的力，其值为 60%的最小破断力。

6.4 验证力（验收）

表 3 中第 2 列或表 A.2 中第 2 列所列的验证力，只在验收试验和检验时采用。本级别链条制造试验力（见 6.3）已满足了 GB/T 20946—2007 中 5.5 规定的制造验证力的要求。

7 试验要求

7.1 机械性能和试验力

机械性能应符合表 2 的规定，各种链条的试验力按表 3 和表 A.2 的规定。

7.2 取样

检验员应从 200 m 或稍短的链段中按 GB/T 20946—2007 中 6.2 的规定选取试样。

7.3 静拉伸试验

7.3.1 试验机和试验方法

试验机和试验方法应符合 GB/T 20946—2007 中 6.3 的规定。

7.3.2 拉伸试验

破断力不应小于表3第2列或表A.2第3列中的规定。

7.3.3 总极限伸长率

按GB/T 20946定义的总极限伸长率不应小于17%。

8 检验

8.1 检验项目

检验项目应符合GB/T 20946的规定。

8.2 验收

验收程序应符合GB/T 20946—2007中6.5的规定。

9 标记

9.1 等级标记

链条的等级标记为8,并应符合GB/T 20946—2007中7.1的规定。

9.2 附加标记

识别标记应符合GB/T 20946—2007中7.2的规定。

10 制造合格证

如有要求,制造商应随同每批供应的链条提供一份包含GB/T 20946中详细规定的试验和检验合格证。

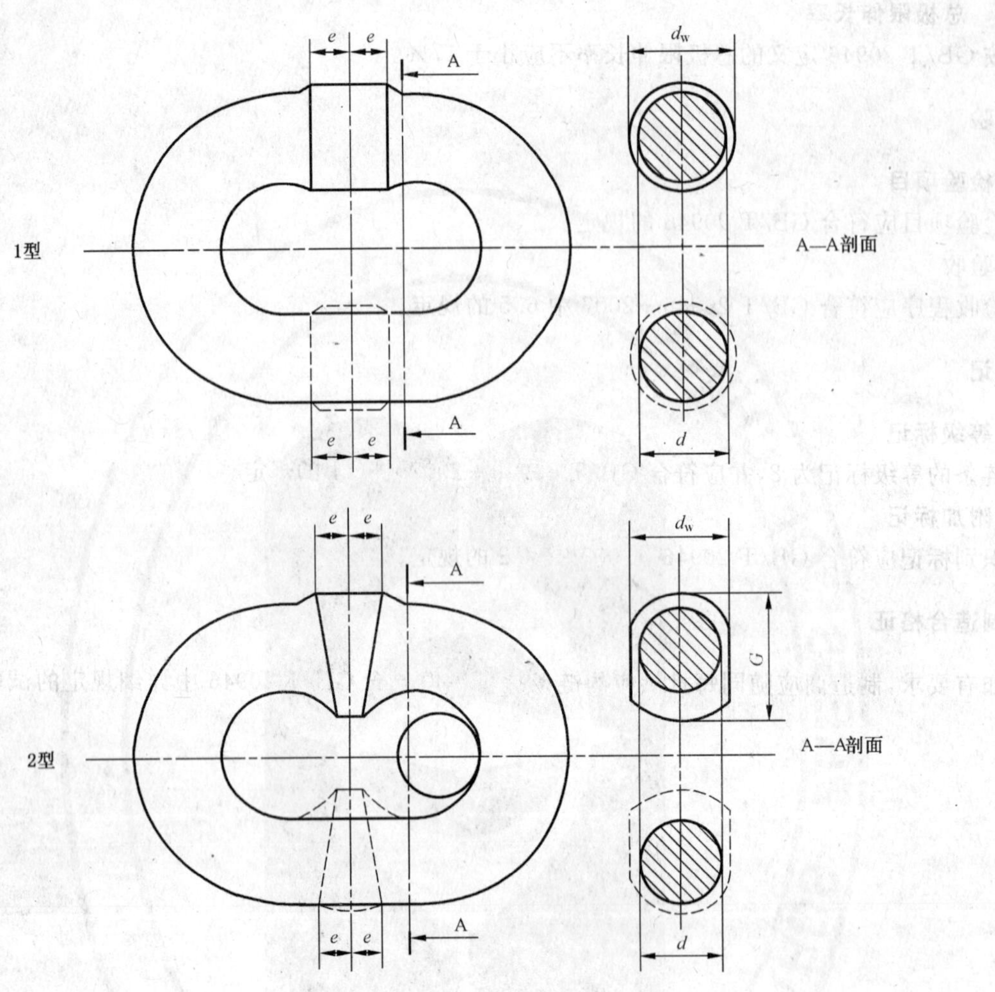

d_n——名义尺寸(材料的名义直径);

d_w——焊缝处测得的材料直径(1型)或垂直于链环平面的焊缝尺寸(2型);

对所有焊缝:$e \leqslant 0.6\ d_n$

$d_n < 18$ mm,$d_m = d_n{}^{+2}_{-6}\%$

$d_n \geqslant 18$ mm,$d_m = d_n \pm 5\%$

d_m——焊缝外测得的材料直径;

G——其他平面上的尺寸(2型焊接链);

e——链环中部任一侧的焊接影响长度。

焊缝公差:

1型:$d_w = d_m +{}^{0.10d_n}_{0}$

2型:$d_w = d_m +{}^{0.20d_n}_{0}$

$G = d_m +{}^{0.35d_n}_{0}$

图1 材料和焊缝公差

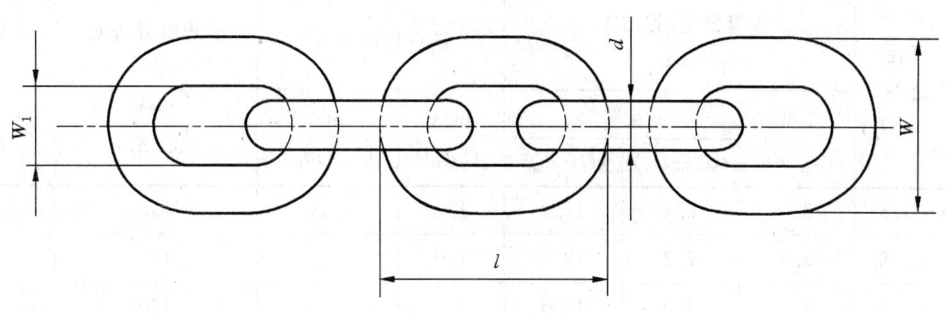

l——链环外长(最小 $4.75d_n$,最大 $5d_n$);
W——链环外宽(除焊缝外,最大 $3.5d_n$);
W_1——链环内宽(除焊缝外,最小 $1.25d_n$)。

图 2　链条与链环尺寸

表 1　8 级普通精度链的尺寸(代号见图 1 和图 2)　　单位为毫米

名义尺寸 d_n	直径公差 (d_m-d_n)	焊缝公差(见图 1) max			链环极限外长		非焊缝处外宽 W max $(3.5d_n)$	非焊缝处内宽 W_1 min $(1.25d_n)$
		1 型 (d_w-d_m)	2 型 (d_w-d_m)	2 型 $(G-d_m)$	max $(5d_n)$	min $(4.75d_n)$		
5	+0.10 −0.30	0.5	1.0	1.75	25	24	18	6.3
6.3	+0.13 −0.38	0.63	1.26	2.2	32	30	22	7.9
7.1	+0.14 −0.43	0.71	1.42	2.5	36	34	25	8.9
8	+0.16 −0.48	0.8	1.6	2.8	40	38	28	10
9	+0.18 −0.54	0.9	1.8	3.15	45	43	32	11.3
10	+0.20 −0.60	1.0	2.0	3.5	50	47	35	12.5
11.2	+0.22 −0.67	1.12	2.24	3.9	56	53	39	14
12.5	+0.25 −0.75	1.25	2.5	4.4	63	59	44	15.7
14	+0.28 −0.84	1.4	2.8	4.9	70	66	49	18
16	+0.32 −0.96	1.6	3.2	5.6	80	76	56	20
18	±0.90	1.8	3.6	6.3	90	85	63	23
20	±1.0	2.0	4.0	7.0	100	95	70	25
22.4	±1.1	2.24	4.48	7.85	112	106	78	28
25	±1.25	2.5	5.0	8.75	125	119	88	32
28	±1.4	2.8	5.6	9.8	140	133	98	35

表 1（续）

单位为毫米

名义尺寸 d_n	直径公差 (d_m-d_n)	焊缝公差(见图 1) max			链环极限外长		非焊缝处外宽 W	非焊缝处内宽 W_1
		1 型	2 型		max	min	max	min
		(d_w-d_m)	(d_w-d_m)	$(G-d_m)$	$(5d_n)$	$(4.75d_n)$	$(3.5d_n)$	$(1.25d_n)$
32	±1.6	3.2	6.4	11.2	160	152	112	40
36	±1.8	3.6	7.2	12.6	180	171	126	45
40	±2.0	4.0	8.0	14.0	200	190	140	50
45	±2.25	4.5	9.0	15.75	225	214	158	57

注：暂用附加名义尺寸见附录 A。

表 2 机械性能

机械性能	要求
在规定最小破断力作用下的平均应力 $2F_{m\,min}/(\pi d_n^2)$	800 MPa(N/mm²)
验证力作用下的平均应力 $2F_e/(\pi d_n^2)$	400 MPa(N/mm²)
验证力与规定最小破断力的比值	50%
规定的总极限伸长率的最小值	17%
极限工作载荷时的平均应力	200 MPa(N/mm²)

注 1：表中的应力是由力除以链环两侧的总截面积而得到的平均应力。实际上应力是非均匀分布的，特别是链环外弧面上的最大组织应力比平均应力要大的多。

注 2：工作载荷可按国家法规选取，但在任何情况下都不应超过表 3 第 4 列或表 A.2 第 4 列的规定。

表 3 8 级普通精度链的试验要求和极限工作载荷

名义尺寸 d_n/mm	验证力(验收)/kN	最小破断力/kN	极限工作载荷/t	制造试验力/kN
5	15.8	31.6	0.8	19
6.3	25	50	1.25	30
7.1	31.7	63.4	1.6	38
8	40.3	80.6	2.0	48
9	51	102	2.5	61
10	63	126	3.2	76
11.2	79	158	4.0	94
12.5	99	198	5.0	119
14	124	248	6.3	149
16	161	322	8.0	193
18	204	408	10	245
20	252	504	12.5	302
22.4	316	632	16	379
25	393	786	20	472

表 3（续）

名义尺寸 d_n/mm	验证力(验收)/kN	最小破断力/kN	极限工作载荷/t	制造试验力/kN
28	493	986	25	592
32	644	1 288	32	773
36	815	1 630	40	978
40	1 006	2 012	50	1 207
45	1 273	2 546	63	1 528

附 录 A
（规范性附录）
8级普通精度链暂用附加尺寸

A.1 标准尺寸(见表1)在国际上通用前增加以下尺寸作为帮助选择链条的临时措施。

表 A.1 尺寸(代号见图1和图2)

单位为毫米

名义尺寸 d_n	直径公差 (d_m-d_n)	焊缝公差(见图1) max			链环极限外长		非焊缝处外宽 W max $(3.5d_n)$	非焊缝处内宽 W_1 min $(1.25d_n)$
		1型 (d_w-d_m)	2型 (d_w-d_m)	2型 $(G-d_m)$	max $(5d_n)$	min $(4.75d_n)$		
6	+0.12 −0.36	0.6	1.2	2.1	30	28	21	7.5
7	+0.14 −0.42	0.7	1.4	2.45	35	33	25	8.8
8.7	+0.17 −0.52	0.87	1.74	3.05	44	41	30	10.9
9.5	+0.19 −0.57	0.95	1.9	3.35	48	45	33	11.9
10.3	+0.21 −0.62	1.03	2.06	3.6	52	49	36	12.9
11	+0.22 −0.66	1.1	2.2	3.85	55	52	39	13.8
12	+0.24 −0.72	1.2	2.4	4.2	60	57	42	15
13	+0.26 −0.78	1.3	2.6	4.55	65	62	46	16.3
13.5	+0.27 −0.81	1.35	2.7	4.75	68	64	47	17
16.7	+0.33 −1.00	1.67	3.34	5.85	84	79	58	21
19	±0.95	1.9	3.8	6.65	95	90	67	24
20.6	±1.0	2.06	4.12	7.2	103	98	72	26
22	±1.1	2.2	4.4	7.7	110	104	77	28
23	±1.15	2.3	4.6	8.05	115	109	81	29
26	±1.3	2.6	5.2	9.1	130	123	91	33
30	±1.5	3.0	6.0	10.5	150	142	105	38
35	±1.75	3.5	7.0	12.25	175	166	123	44

表 A.2 表 A.1 中所列 8 级普通精度链的试验要求和极限工作载荷(暂用附加名义尺寸)

名义尺寸 d_n/mm	验证力(验收)/ kN	最小破断力/kN	极限工作载荷/t	制造验证力/kN
6	22.7	45.4	1.1	27
7	30.8	61.6	1.5	37
8.7	47.6	95.2	2.4	57
9.5	57	114	2.8	68
10.3	67	134	3.3	80
11	77	154	3.8	92
12	91	182	4.6	109
13	107	214	5.4	128
13.5	115	230	5.8	138
16.7	176	352	8.9	211
19	227	454	11.5	272
20.6	267	534	13.5	320
22[a]	305	610	15.5	366
23	333	666	16.9	400
26[a]	425	850	21.6	510
30	566	1 132	28.8	679
35[a]	770	1 540	39.2	924
注：名义尺寸 25.4 mm 已纳入其他普通精度链的国家标准中，但未列入本标准。				
[a] 本尺寸在其他普通精度链的国家标准中未列出。				

ICS 53.020.20
J 80

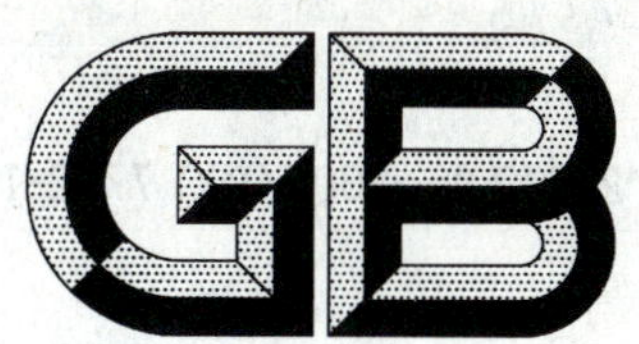

中华人民共和国国家标准

GB/T 24817.1—2009/ISO 7752-1:1983

起重机械　控制装置布置形式和特性
第1部分:总则

Lifting appliances—Controls—Layout and characteristics—Part 1:General principles

(ISO 7752-1:1983,IDT)

2009-12-15 发布　　2010-07-01 实施

中华人民共和国国家质量监督检验检疫总局
中国国家标准化管理委员会　发布

前　言

GB/T 24817《起重机械　控制装置布置形式和特性》分为以下5个部分：

——第1部分：总则；

——第2部分：流动式起重机；

——第3部分：塔式起重机；

——第4部分：臂架起重机；

——第5部分：桥式和门式起重机。

本部分为GB/T 24817的第1部分。

本部分等同采用ISO 7752-1:1983《起重机械　控制装置　布置形式和特性　第1部分：通用原则》(英文版)。

本部分等同翻译ISO 7752-1:1983。

为了便于使用，本部分作了下列编辑性修改：

——"ISO 7752的本部分"一词改为"GB/T 24817的本部分"；

——删除了ISO 7752-1:1983的前言；

——对参考文献中的国际标准用已采用为我国的标准代替对应的国际标准。

本部分由中国机械工业联合会提出。

本部分由全国起重机械标准化技术委员会(SAC/TC 227)归口。

本部分起草单位：北京起重运输机械研究所。

本部分主要起草人：刘涛。

起重机械　控制装置布置形式和特性
第1部分:总则

1　范围

GB/T 24817 的本部分规定了起重机控制装置的基本原则和要求。

本部分涉及用于载荷定位控制装置的布置形式,可作为制定特殊类型起重机控制装置标准的通用基础。

2　术语和定义

下列术语和定义适用于 GB/T 24817 的本部分。

2.1

司机　driver

操纵起重机定位载荷的人。

3　基本要求

3.1　起重机控制装置采用动力驱动的作用是便于司机在远距离的控制台上用动力移动起重机使载荷定位。

3.2　尽可能地将操纵杆(踏板或按钮)布置在司机手或脚能方便操作的位置。控制装置的运动方向也应尽可能地布置得适合人们肢体的自然运动。例如:用脚操纵的控制装置,其操纵方向应采用脚踏方向而不应采用脚的横向运动方向。

3.3　用来操作起重机控制装置所需的力应与使用频次有关,并根据人类工效学原理随起重机类型不同而变化;实际操作时为了不引起司机的疲劳,对手操纵杆不应超过 160 N,对脚踏板不应超过 300 N。

4　安全操作

运行控制装置的布置应将对人身伤害和财产损失的可能性减为最小。

为了安全,在有可能的情况下(例如:对某些电动起重机),应在每个控制台附近设置紧急停止装置。

5　司机的疲劳

起重机的控制装置应符合起重机的工作性质,并采用人类工效学原理设计和布置,使司机的疲劳减为最小。

6　操纵杆和踏板

6.1　在控制台和控制动作的相对方位不变情况下,控制装置的运动方向应和惯用的控制动作逻辑相关。例如:操纵杆式起升控制装置,操纵杆朝司机扳动的动作方向与载荷向上运动的方向相对应。

这些准则适用于坐着或站着操纵的控制装置以及站坐两用式操纵的控制装置。

6.2　控制装置的位置设计应保证:在正常操作一个或多个控制装置时,不容易误碰其他的控制装置。

6.3　在某些必要和合适的位置,操纵杆应备有制动器、棘爪或其他机构方便操作。所有操纵杆在其脱挂或松挡后应能自动回复到中间位置。

6.4　操纵杆采用棘爪装置时,处于"非工作"或"空挡"位置的棘爪应能被其他预设的棘爪装置识别出来。

6.5 在每个控制装置上或靠近位置，应有识别其功能的文字或符号标志，清晰地标明起重机的运动方向。

6.6 如采用遥控站，应设有啮合压力释放时能回到非工作位置的控制装置。在这些情况下，应有对各种运动均有效的紧急停止功能。

若设有报警装置，其音响或视觉报警信号应能在遥控站上被察觉。

参 考 文 献

[1] GB/T 8420 土方机械 司机的身材尺寸与司机的最小活动空间(GB/T 8420—2000,eqv ISO 3411:1995).

ICS 53.020.20
J 80

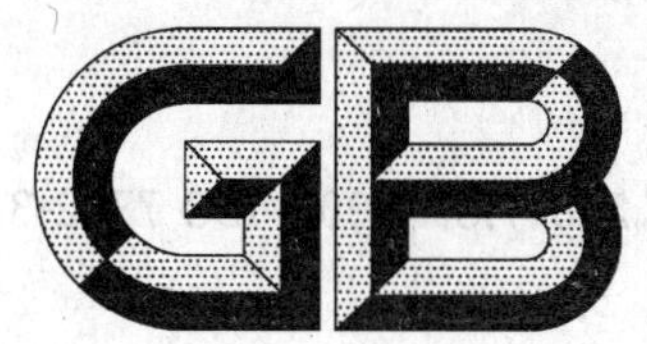

中华人民共和国国家标准

GB/T 24817.3—2009/ISO 7752-3:1993

起重机械　控制装置布置形式和特性　第3部分:塔式起重机

Cranes—Controls—Layout and characteristics—Part 3:Tower cranes

(ISO 7752-3:1993,IDT)

2009-12-15 发布　　　　2010-07-01 实施

中华人民共和国国家质量监督检验检疫总局
中国国家标准化管理委员会　发布

前　言

GB/T 24817《起重机械　控制装置布置形式和特性》分为5个部分:

——第1部分:总则;

——第2部分:流动式起重机;

——第3部分:塔式起重机;

——第4部分:臂架起重机;

——第5部分:桥式和门式起重机。

本部分为GB/T 24817的第3部分。

本部分等同采用ISO 7752-3:1993《起重机械　控制装置　布置形式和特性　第3部分:塔式起重机》(英文版)。

本部分等同翻译ISO 7752-3:1993。

为了便于使用,本部分还作了下列编辑性修改:

——"ISO 7752的本部分"一词改为"GB/T 24817的本部分";

——删除ISO 7752-3:1993的前言;

——对于ISO 7752-3:1993引用的国际标准,用已被采用为我国的标准代替对应的国际标准;

——规范性引用文件中ISO 4306-1:1990《起重机　术语　第1部分:通用术语》和ISO 4306-3:1991《起重机　术语　第3部分:塔式起重机》现在均有了新的版本,它们分别为2007版和2003版,因此在转化ISO 7752-3时均引用其最新的版本。

本部分由中国机械工业联合会提出。

本部分由全国起重机械标准化技术委员会(SAC/TC 227)归口。

本部分起草单位:北京建筑机械化研究院、北京建研机械科技有限公司。

本部分主要起草人:孙艳秋、李静。

起重机械　控制装置布置形式和特性　第3部分:塔式起重机

1　范围

GB/T 24817 的本部分规定了在 GB/T 6974.1 和 GB/T 6974.3 中所定义的塔式起重机(以下简称塔机)控制装置的特殊要求,以及用于载荷定位的基本控制装置的布置。

注:对于起重机控制的基本原则和要求,见 GB/T 24817.1。

本部分适用于下述起重机的控制装置:

——建筑和一般施工用、可拆卸的塔机;

——永久竖立的塔机;

——平头式塔机;

——码头和造船用塔机。

本部分不适用于下述起重机的控制装置:

——可配备塔式起重装置的流动式起重机;

——带有或不带臂架的安装塔柱。

2　规范性引用文件

下列文件中的条款通过 GB/T 24817 的本部分的引用而成为本部分的条款。凡是注日期的引用文件,其随后所有的修改单(不包括勘误的内容)或修订版均不适用于本部分,然而,鼓励根据本部分达成协议的各方研究是否可使用这些文件的最新版本。凡是不注日期的引用文件,其最新版本适用于本部分。

GB/T 6974.1　起重机　术语　第1部分:通用术语(GB/T 6974.1—2008,ISO 4306-1:2007,IDT)

GB/T 6974.3　起重机　术语　第3部分:塔式起重机(GB/T 6974.3—2008,ISO 4306-3:2003,IDT)

GB/T 24817.1　起重机械　控制装置布置形式和特性　第1部分:总则(GB/T 24817.1—2009,ISO 7752-1:1983,IDT)

3　术语和定义

GB/T 6974.1、GB/T 6974.3 和 GB/T 24817.1 确立的术语和定义适用于 GB/T 24817 的本部分。

4　技术要求

塔机附加特殊要求如下:

a)　手柄或操纵杆的操作力不应超过 100 N,踏板的操作力不应超过 200 N。

在任何情况下,推荐使用如下数值:

——对于左右向的操纵杆,操作力为 5 N~40 N[1];

——对于前后向的操纵杆,操作力为 8 N~60 N[1];

——对于踏板,操作力为 10 N~150 N。

b)　控制装置的定位和设计应能减少由于疏忽而使起重机和载荷产生运动的可能性。

1)　对于"游戏手柄"型控制装置,操作力推荐为 5 N~10 N。

5 基本控制装置

基本控制装置应按图1进行布置，并遵循以下一般原则：

——右边：载荷起升和下降、塔机行走；

——左边：动臂或小车变幅、塔机回转。

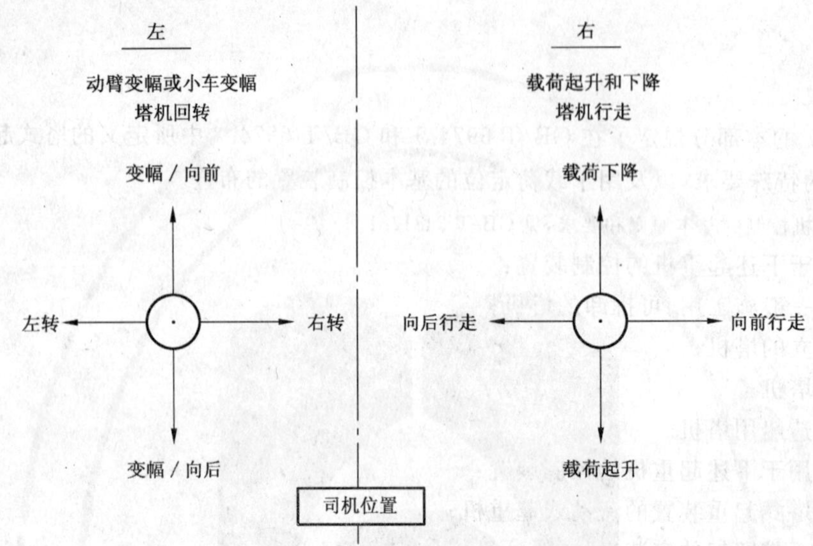

图1 塔机控制装置布置

5.1 关节轴承或万向节型操纵杆

当使用关节轴承或万向节型操纵杆时，塔机的运动应与表1中所示的操纵杆运动方向一致。

表1 塔机运动和操纵杆运动方向

塔机运动	操纵杆运动方向
载荷起升、向内变幅、小车或臂架向内运动（如果臂架能水平移动）	靠近司机方向（杆向后运动）
载荷下降、降低臂架、小车或臂架向外运动（如果臂架能水平移动）	离开司机方向（杆向前运动）
向右回转	杆扳向司机右边
向左回转	杆扳向司机左边
起重机行走	根据司机的位置，与司机所希望的运行方向有关，扳向司机的左边或者右边

5.2 轮式操纵装置

对于轮式操纵装置，塔机的运动应与表2中所示的手轮转动方向一致。

表2 塔机运动与手轮转动方向

塔机运动	手轮转动方向
载荷起升、向内变幅、向右回转、小车或臂架向内运动（如果臂架能水平移动）	顺时针旋转
载荷下降、向外变幅、向左回转、小车或臂架向外运动（如果臂架能水平移动）	逆时针旋转

ICS 53.020.20
J 80

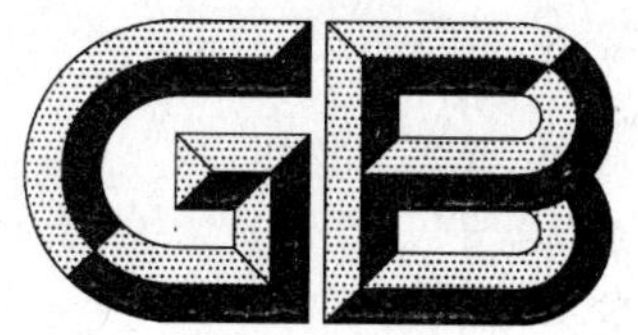

中华人民共和国国家标准

GB/T 24817.4—2009/ISO 7752-4:1989

起重机械 控制装置布置形式和特性 第4部分:臂架起重机

Cranes—Controls—Layout and characteristics—
Part 4:Jib cranes

(ISO 7752-4:1989,IDT)

2009-12-15 发布 2010-07-01 实施

中华人民共和国国家质量监督检验检疫总局
中国国家标准化管理委员会 发布

前　言

GB/T 24817《起重机械　控制装置布置形式和特性》分为以下5个部分：

——第1部分：总则；

——第2部分：流动式起重机；

——第3部分：塔式起重机；

——第4部分：臂架起重机；

——第5部分：桥式和门式起重机。

本部分为GB/T 24817的第4部分。

本部分等同采用ISO 7752-4:1989《起重机　控制装置　布置形式和特性　第4部分：臂架起重机》(英文版)。

本部分等同翻译ISO 7752-4:1989。

为了便于使用，本部分作了下列编辑性修改：

——"ISO 7752的本部分"一词改为"GB/T 24817的本部分"；

——删除了ISO 7752-4:1989的前言；

——ISO 7752-4:1989引用的其他国际标准，用已被采用为我国的标准代替对应的国际标准；

——对ISO 7752-4:1989中图1里的"起升(见4.1.3)"位置调整到"副起升"和"主起升"之间。

本部分由中国机械工业联合会提出。

本部分由全国起重机械标准化技术委员会(SAC/TC 227)归口。

本部分起草单位：北京起重运输机械研究所。

本部分主要起草人：刘涛。

引　言

臂架起重机的司机经常要操纵不同型号或不同制造厂的起重机。GB/T 24817 的本部分规定了臂架起重机工作循环中基本控制器的布置及动作方向,以减少操作人员在紧急情况下的混乱及误操作。

起重机械　控制装置布置形式和特性
第4部分:臂架起重机

1　范围

GB/T 24817的本部分规定了按GB/T 6974.1定义的除塔式起重机、流动式起重机和铁路起重机以外的臂架起重机(以下简称"起重机")运行、回转、起升、变幅的基本控制装置的布置要求和操作方向。

2　规范性引用文件

下列文件中的条款通过GB/T 24817的本部分的引用而成为本部分的条款。凡是注日期的引用文件,其随后所有的修改单(不包括勘误的内容)或修订版均不适用于本部分,然而,鼓励根据本部分达成协议的各方研究是否可使用这些文件的最新版本。凡是不注日期的引用文件,其最新版本适用于本部分。

GB/T 6974.1　起重机　术语　第1部分:通用术语(GB/T 6974.1—2008,ISO 4306-1:2007,IDT)

GB/T 24817.1　起重机械　控制装置布置形式和特性　第1部分:总则(GB/T 24817.1—2009,ISO 7752-1:1983,IDT)

3　基本要求

臂架起重机的基本控制装置应符合GB/T 24817.1,但其操纵控制装置需用的力不应超过:

—— 手柄和操纵杆,100 N;

—— 脚踏板,200 N。

4　基本控制装置的布置

4.1　带双向操纵杆的固定长度或铰接臂的起重机

双向操纵杆基本控制装置应按图1所示布置。

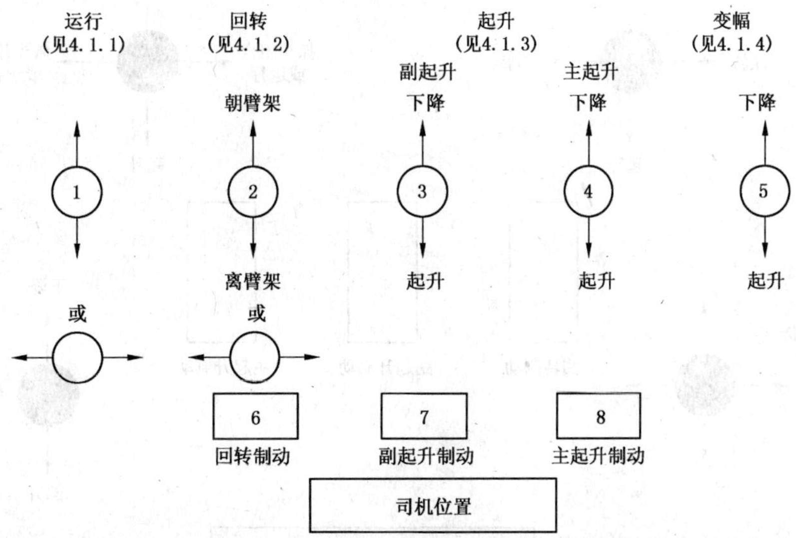

图1　带双向控制装置的固定长度或铰接臂的起重机用控制装置简图

4.1.1　运行控制器——手柄1

4.1.1.1　手柄操作方向与起重机运行方向一致

按起重机运行方向移动手柄。

中间位置停止运行并制动。

4.1.1.2 手柄操作方向与起重机运行方向不一致

确认手柄操作方向是起重机运行所需方向后，移动手柄。

中间位置停止运行并制动。

注：要注意 GB/T 24817.1，它要求起重机的运动方向在每个控制器位置上都被确认。这对于手柄操作方向与起重机运动方向不逻辑相关特别重要。

4.1.2 回转控制器——手柄 2

4.1.2.1 前后推动的手柄

向前推手柄则朝着臂架回转（如司机室在起重机右侧便向左回转；在左侧或中间便向右回转）。

4.1.2.2 左右扳动的手柄

向左扳动手柄便向左回转，向右扳动手柄便向右回转。

4.1.2.3 4.1.2.1 和 4.1.2.2 的手柄中间位置允许起重机自由回转或保持在某一位置。踏下脚踏板 6（如装设）可回转或保持原位。

4.1.3 起升控制器——手柄 3 和脚踏板 7（如装设）、手柄 4 和脚踏板 8（如装设）

向后拉手柄，载荷起升。

中间位置切断动力并制动。如未装设自动制动器，则踩下踏板制动。

向前推动手柄，载荷下降（如起重机装有动力下降装置）。

用手柄 4 控制主起升机构，用手柄 3（如装设）控制副起升机构或其他功能。

4.1.4 变幅控制器——手柄 5

向后拉手柄，向内变幅。

中间位置停止变幅。

向前推手柄，向外变幅。

注：要注意 GB/T 24817.1，它要求起重机的运动方向在每个控制器位置上都被确认。这对于手柄操作方向与起重机运行方向不逻辑相关特别重要。

4.2 带多向操纵杆的固定长度或铰接臂的起重机

多向控制装置应按图 2 所示布置。

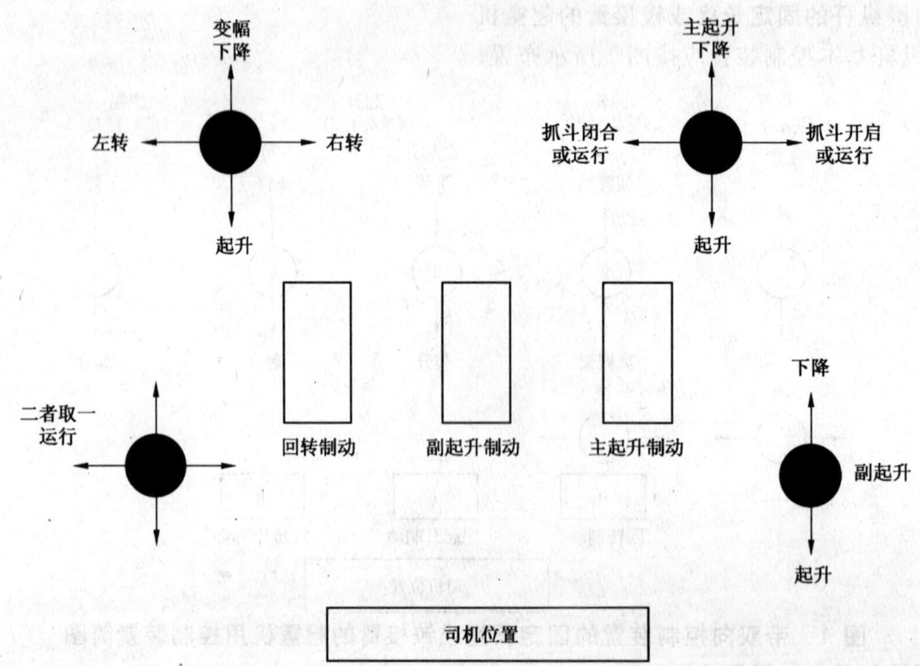

图 2 带多向控制装置的固定长度或铰接臂的起重机用控制装置简图

ICS 53.020.20
J 80

中华人民共和国国家标准

GB/T 24817.5—2009/ISO 7752-5:1985

起重机械 控制装置布置形式和特性 第5部分:桥式和门式起重机

Lifting appliances—Controls—Layout and characteristics—Part 5:Bridge and gantry cranes

(ISO 7752-5:1985,IDT)

2009-12-15 发布　　　　2010-07-01 实施

中华人民共和国国家质量监督检验检疫总局
中国国家标准化管理委员会　发布

前　言

GB/T 24817《起重机械　控制装置布置形式和特性》分为5个部分：

——第1部分：总则；

——第2部分：流动式起重机；

——第3部分：塔式起重机；

——第4部分：臂架起重机；

——第5部分：桥式和门式起重机。

本部分为GB/T 24817的第5部分。

本部分等同采用ISO 7752-5:1985《起重机械　控制装置　布置形式和特性　第5部分：桥式和门式起重机》(英文版)。

本部分等同翻译ISO 7752-5:1985。

为了便于使用，本部分还作了下列编辑性修改：

——“ISO 7752的本部分”一词改为“GB/T 24817的本部分”；

——删除ISO 7752-5:1985的前言；

——对ISO 7752-5:1985引用的其他国际标准，用已被采用为我国的标准代替对应的国际标准。

本部分由中国机械工业联合会提出。

本部分由全国起重机械标准化技术委员会(SAC/TC 227)归口。

本部分起草单位：大连重工·起重集团有限公司、北京起重运输机械设计研究院。

本部分主要起草人：桂佩康、马小平、李继玉、何铀。

引　言

GB/T 24817 的本部分规定了桥式和门式起重机的控制装置及其布置形式，以缓和起重机司机在紧急情况下的紧张情绪或减少对起重机的误操作。而 GB/T 24817.1 则对所有类型起重机规定了控制装置的一般原则。

起重机械　控制装置布置形式和特性
第5部分:桥式和门式起重机

1　范围

GB/T 24817的本部分规定了所有由GB/T 6974.1定义的桥式和门式起重机的大车运行、小车运行、回转、司机室驱动以及载荷起升和下降等基本控制装置的布置、要求及动作方向。

2　规范性引用文件

下列文件中的条款通过GB/T 24817的本部分的引用而成为本部分的条款。凡是注日期的引用文件,其随后所有的修改单(不包括勘误的内容)或修订版均不适用于本部分,然而,鼓励根据本部分达成协议的各方研究是否可使用这些文件的最新版本。凡是不注日期的引用文件,其最新版本适用于本部分。

GB/T 6974.1　起重机　术语　第1部分:通用术语(GB/T 6974.1—2008,ISO 4306-1:2007,IDT)

GB/T 24817.1　起重机械　控制装置布置形式和特性　第1部分:总则(GB/T 24817.1—2009,ISO 7752-1:1983,IDT)

3　一般要求

3.1　桥式和门式起重机的基本控制装置应符合GB/T 24817.1的要求,只有如3.2注明的除外。

3.2　手柄上的作用力取决于起重机的工作任务。推荐使用以下数值:

a)　操作手柄:
——向前/向后:60 N;
——向左/向右:40 N。

b)　脚踏板开关:150 N。

4　基本控制装置的布置

桥式和门式起重机的控制装置要尽可能布置在司机的附近与前方,如图1或图2所示。

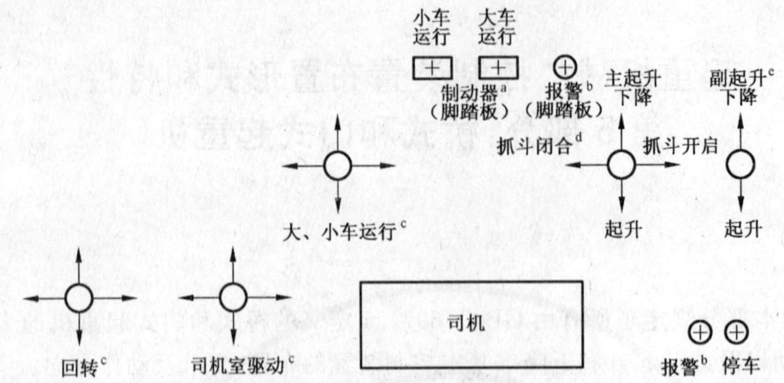

[a] 可用普通释放式脚踏板。

[b] 任选位置。

[c] 手柄(操纵杆)操纵方向与动作方向一致。

[d] 或其他的承载装置。

[e] 可选项。

图 1

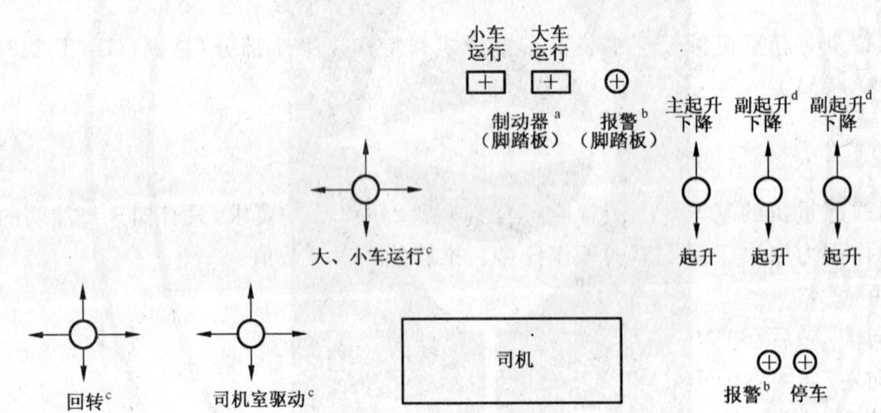

[a] 可用普通释放式脚踏板。

[b] 任选位置。

[c] 操纵方向与运动方向一致。

[d] 可选项。

图 2

ICS 53.020.20
J 80

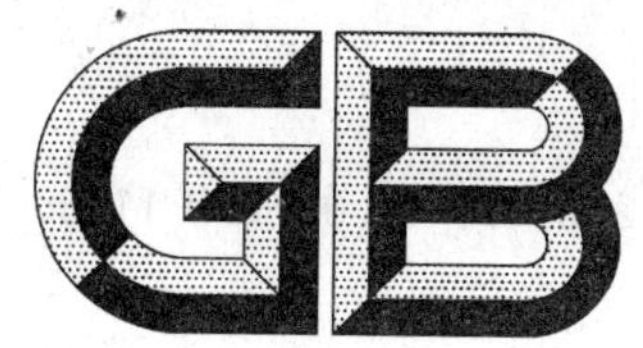

中华人民共和国国家标准

GB/T 24818.1—2009/ISO 11660-1:2008

起重机　通道及安全防护设施
第1部分:总则

Cranes—Access, guards and restraints—Part 1: General

(ISO 11660-1:2008, IDT)

2009-12-15 发布　　2010-07-01 实施

中华人民共和国国家质量监督检验检疫总局
中国国家标准化管理委员会　发布

前　言

GB/T 24818《起重机　通道及安全防护设施》分为4个部分：

——第1部分：总则；

——第2部分：流动式起重机；

——第3部分：塔式起重机；

——第5部分：桥式和门式起重机。

本部分为GB/T 24818的第1部分。

本部分等同采用ISO 11660-1:2008《起重机　通道及安全防护设施　第1部分：总则》(英文版)。

本部分等同翻译ISO 11660-1:2008。

为了便于使用，本部分作了下列编辑性修改：

——“ISO 11660的本部分”一词改为“GB/T 24818的本部分”；

——删除国际标准的前言；

——用小数点“.”代替作为小数点的逗号“,”；

——对ISO 11660-1:2008中引用的其他国际标准，用已被采用为我国的标准代替对应的国际标准；

——参考文献中所列的国际标准，用已被采用为我国的标准代替对应的国际标准；对于未被采用为我国标准的国际标准，均被直接列出；

——对“不连续梯子侧杆端部间的间距”用 g_1 表示；对“不连续两段扶手/把手间的间距”用 g_2 表示。

本部分的附录A为资料性附录。

本部分由中国机械工业联合会提出。

本部分由全国起重机械标准化技术委员会(SAC/TC 227)归口。

本部分起草单位：长沙建设机械研究院、北京起重运输机械研究所、长沙中联重工科技发展股份有限公司。

本部分主要起草人：李桂芳、阳云华。

起重机　通道及安全防护设施
第1部分:总则

1　范围

GB/T 24818的本部分确定了GB/T 6974.1中所定义的起重机在正常操作、维护、检查、安装、拆卸和遇到突发性情况时,到控制台和其他区域通道的通用要求,以及对在起重机上或起重机附近的人员不被运动部件、下落物体、转动部件所伤害的安全防护设施的通用要求。

GB/T 24818.3、GB/T 24818.5和ISO 11660-2分别规定了不同类型起重机及起重设备关于通道及安全防护设施的特殊要求。

当特殊要求与通用要求不符时,可使用与通用要求不同的尺寸,以达到相同程度的保护。

2　规范性引用文件

下列文件中的条款通过GB/T 24818的本部分的引用而成为本部分的条款。凡是注日期的引用文件,其随后所有的修改单(不包括勘误的内容)或修订版均不适用于本部分,然而,鼓励根据本部分达成协议的各方研究是否可使用这些文件的最新版本。凡是不注日期的引用文件,其最新版本适用于本部分。

GB 5226.2　机械安全　机械电气设备　第32部分:起重机械技术条件(GB 5226.2—2002,IEC 60204-32:1998,IDT)

GB/T 6974.1　起重机　术语　第1部分:通用术语(GB/T 6974.1—2008,ISO 4306-1:2007,IDT)

3　术语、定义和符号

3.1　术语和定义

GB/T 6974.1确立的以及下列术语和定义适用于GB/T 24818的本部分。

3.1.1

直梯　rung ladder

用于与水平面的夹角大于75°,并由侧杆和供双脚蹬踏的踏杆组成的通道。

3.1.2

阶梯　stepped ladder

用于与水平面的夹角大于60°,并由侧杆和供双脚蹬踏的踏板组成的通道。

3.1.3

楼梯　stair

用于与水平面的夹角不大于50°的通道。

3.1.4

坡道　ramp

与水平面的夹角小于或等于20°的没有梯级的斜平面。

3.1.5

走道 walkway

供工作人员在起重机上各部件之间行走或爬行的基本水平的通道。

3.1.6

休息平台 rest platform

在梯子或楼梯的梯段间,每隔一定距离所安装的供人员休息的平台。

3.1.7

平台 platform

供有关人员从事操作、维护、检查和修理工作的水平面。

3.1.8

扶手 handrail

任意两位置之间为手提供扶持不间断支撑的装置。

3.1.9

把手 handhold

供单手抓握的装置。

3.1.10

踢脚板 toeboard

设置在平台周边,用于防止物体掉落的立板。

3.1.11

驻脚台 foothold

供一只或两只脚踩放的装置。

3.1.12

人孔 manhole

供人员通过,能安装盖板的通道孔。

3.1.13

天窗 hatch

供人员通过,且装有带铰链门的通道孔。

3.1.14

动力通道 powered access system

由动力而非人力驱动的通道,该通道仅供起重机操作员专用。

3.1.15

随身保护装置 personal protective equipment

穿着的或随身携带的,用于保护个人避免各种危险的任何设施或器具。

3.2 符号

a——踏步进深(级距);

b——横档高度;

c——把手净长;

d——踏板(踏杆)中心到直立面距离;

e——梯子到后部障碍物距离;

f——梯子轴线到侧面障碍物距离;

g_1——不连续梯子侧杆端部间的间距;

g_2——不连续两段扶手/把手间的间距；

h——踏步间距；

i——踏杆间距；

k——踏杆直径/宽度；

m——踏板(踏杆)宽度；

n——扶手/把手的直径/宽度；

p——踏板深度；

q——把手到安装面的距离；

r——扶手/把手下部到基面/驻脚台的垂直距离；

s——扶手/把手最高位置到梯子/楼梯上部工作平台/休息平台面的垂直距离；

t——扶手/把手边与梯子侧杆/踏杆外缘间的间距；

u——人体可以通过的两个平行扶手/把手间的间距；

v——基面/楼梯面到扶手/栏杆的距离；

v_1——中间横杆的下部到踢脚板上边缘的距离；

v_2——中间横杆的上部到扶手/栏杆下部的距离；

w——基面/楼梯面到踢脚板上边缘的距离；

y——基面/楼梯面到踢脚板下边缘的距离；

z——踏板(踏杆)到扶手/把手的距离。

4 通道

4.1 通道分类

对 GB/T 24818 的本部分来说，可分为以下两类通道：

——1 类通道：不需要携带随身保护装置条件下使用的通道；

——2 类通道：要求使用随身保护装置和 1 类通道中没有特殊规定的通道。

4.2 通道的选定

4.2.1 选定通道的方法

进入控制台、需要定期检查和维护的机构或起重机的其他部件的通道，都应配备诸如阶梯、楼梯、直梯、走道、驻脚台和平台，必要时应配以扶手、把手和其他附件。

通道应有进入司机室和走道的安全入口。

对于定期安装和拆卸的起重机，应设置为适合该作业要求的通道。通道的设计应当保证起重机的顺利拆装。

对于高度较大的起重机，通往司机室的通道可优先选用动力通道。如配置的通道为动力通道，则起重机的设计应与此相协调，此时应配置 2 类通道作为补充。

制造商在决定所提供的通道时，还应考虑到下列因素：

——使用频率；

——装备或工具的搬运；

——到顶部的垂直距离；

——用途，如维护、检查、走道。

图 1 中给出不同通道的工作角度范围。

应按如下优先次序设置通道的型式：楼梯、直梯、阶梯，同时应优先采用固定装配的安全配置(如：护圈、侧保护)，其次再考虑随身保护设施。

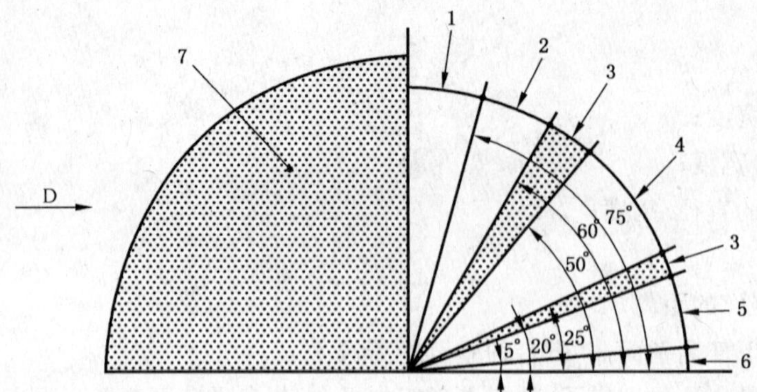

1——直梯；

2——阶梯；

3——避免使用区；

4——楼梯；

5——坡道；

6——走道；

7——禁区。

D——爬升的入口方向。

图 1　不同通道类型所适应的工作角度范围

4.2.2　通道形式的选定

通道应按以下原则选定：

——通往控制站和启动装置的通道：1 类通道；

——用于一个月多于一次维护的通道：1 类通道。

下列情况可采用 2 类通道：

——用于维护周期超过一个月的通道，这种通道应设计为在没有随身保护装置情况下可防止从高处跌落；

——用于安装和拆卸的通道。

注：关于维护定义，见 GB/T 22416.1—2008 中 3.2"计划性维护（定期维护）"。

4.2.3　防高处跌落的保护装置

表 1 概括了第 6 章、第 7 章、第 9 章中定义的各种通道及与通道类型相应的保护装置。

表 1　各种类型通道的保护装置

通　道	1 类通道		2 类通道	
	固定保护装置	随身保护装置	固定保护装置	随身保护装置
楼梯	需要（侧保护）	不需要	需要（侧保护）	需要
阶梯	需要（侧保护）	不需要	需要（侧保护）	不需要
直梯（驻脚台）	需要（护圈）	不需要	需要（护圈）	需要
走道	需要（侧保护）	不需要	需要（侧保护）	需要

5　一般要求

5.1　任何通道应设有可同时使用的三个支撑点（两只手和一只脚，或两只脚和一只手）。

5.2　人体需从梯子的踏杆侧移到另一支撑面，踏板或踏杆到支撑面上最近边的距离应在最大半径为 0.3 m 的球半径内（见图 2）。

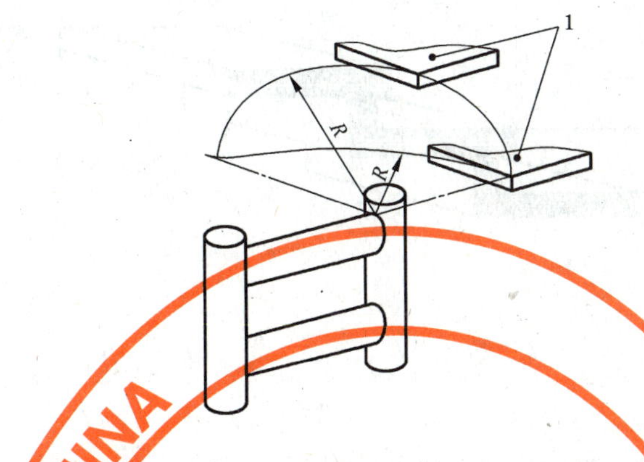

1——支撑面。

R——球体半径。

图 2 踏板或踏杆到支撑面最近边的距离

5.3 通道及行走站立区域应：

——有指定工作位置，如：铰接式臂架上的平台需要从指定的臂架位置进入；

——考虑人员数量、随身携带物(如工具和零备件)；

——采用阻燃的、表面防滑(见附录 A)的材料，且不能积存液体。

5.4 每个控制站的固定通道上应至少有一个出口。当这个出口不能从起重机或控制站的任何工作位置到达该固定通道时，应设置另一备用出口。

5.5 任何通道基面上的孔隙，包括人员可能停留区域之上的走道、驻脚台或平台底面上的狭缝或空隙，都应满足如下要求：

——不允许直径为 20 mm 的球体通过；

——当长度等于或大于 200 mm 时，其最大宽度为 12 mm。

5.6 用于支撑手的物件应光滑。边沿应为圆角(最小半径 2 mm)或倒角(最小尺寸 2 mm×2 mm)。

在把手和驻脚台末端，应有把手或踏杆的横档。

5.7 当通道配用活动梯时，应有可靠固定活动梯子端部的装置，防止梯端移动。

这些梯子应符合 GB/T 24818 的本部分有关梯子的要求。

5.8 在有相对运动的起重机结构处设置的通道，应按下述优先次序配置联锁装置、加锁、信息提示/贴警示标志，来避免绊倒、挤压、跌落的危险。

6 楼梯和阶梯

6.1 踏板应具有防滑性，外部边缘(突出部位)应没有尖锐的棱缘。

6.2 踏板构造应尽量不积存污垢并便于清除存积的脏物。

6.3 踏板在下列情况下应无永久变形：

——2 000 N 的力通过直径为 125 mm 的圆盘，施加在踏板的任何位置；或

——施加 4 500 N/m^2 的均布载荷。

6.4 1 类通道的楼梯应在两侧设置扶手和中间横杆(见第 10 章和表 7)。

如果楼梯与连续面的距离小于 0.2 m，可省略中间横杆。

所有阶梯两侧都应设置扶手或把手(见第 10 章)。

踏板应有相同的踏步间距。从基面到第一个踏板的距离应该与楼梯或梯子的踏步间距相同，但是为了满足基面和第一个踏板之间的移动要求，或者满足标准构件的安装要求，则上述距离可以改变。

楼梯和阶梯的尺寸应符合图 3、表 2 和表 3 的要求。

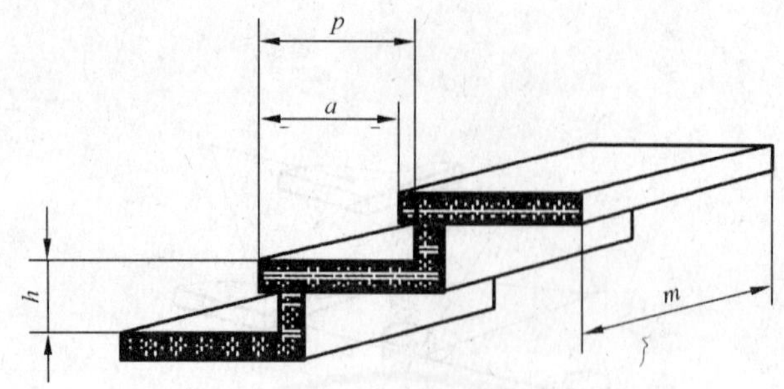

a——踏步进深(级距);

h——踏步间距;

m——踏板宽度;

p——踏板深度。

图 3 楼梯和阶梯的尺寸参数

表 2 楼梯尺寸

单位为米

参数[a]	1 类通道		2 类通道	
	最小	最大	最小	最大
踏板宽度 m	0.45	—	0.32	—
踏步间距 h[b]	0.18	0.25	0.18	0.25
踏板深度 p	0.24	—	0.20	—
踏步进深 a[b,c]	0.15	0.27	0.15	0.27
基面到踏板的高度	—	0.6	—	0.7

[a] 见图 3。

[b] 应遵循如下公式:$0.6<(2h+a)<0.66$;推荐值是:$(2h+a)=0.63$。

[c] 踏步进深也称级距。

表 3 阶梯尺寸

单位为米

参数[a]	1 类通道		2 类通道	
	最小	最大	最小	最大
踏板宽度 m	0.45	—	0.32	—
踏步间距 h[b]	0.23	0.30	0.23	0.30
踏步进深 a[b,c]	0.08	—	0.08	—
基面到踏板的高度	—	0.6	—	0.7

[a] 见图 3。

[b] 表 2 中的 h 和 a 公式不适合阶梯。

[c] 踏步进深也称级距。

7 直梯和驻脚台

7.1 直梯

7.1.1 侧杆应可用于抓握,应没有尖锐的棱缘。

7.1.2 在踏杆中心 0.1 m 范围内施加 1 200 N 力,踏杆应无永久变形。

7.1.3 应急梯子应符合 7.1.1 和 7.1.2 的要求。

7.1.4 固定在表面上的直梯或踏杆应当遵循以下要求：

——为了满足基面和第一个踏杆之间的移动要求，或者满足标准构件的安装要求，除从基面到第一个踏杆的距离可以改变外，其余踏杆应有相同的踏步间距；

——在进入或离开梯子的通道处，应设置把手（见第10章、图4和表7）。

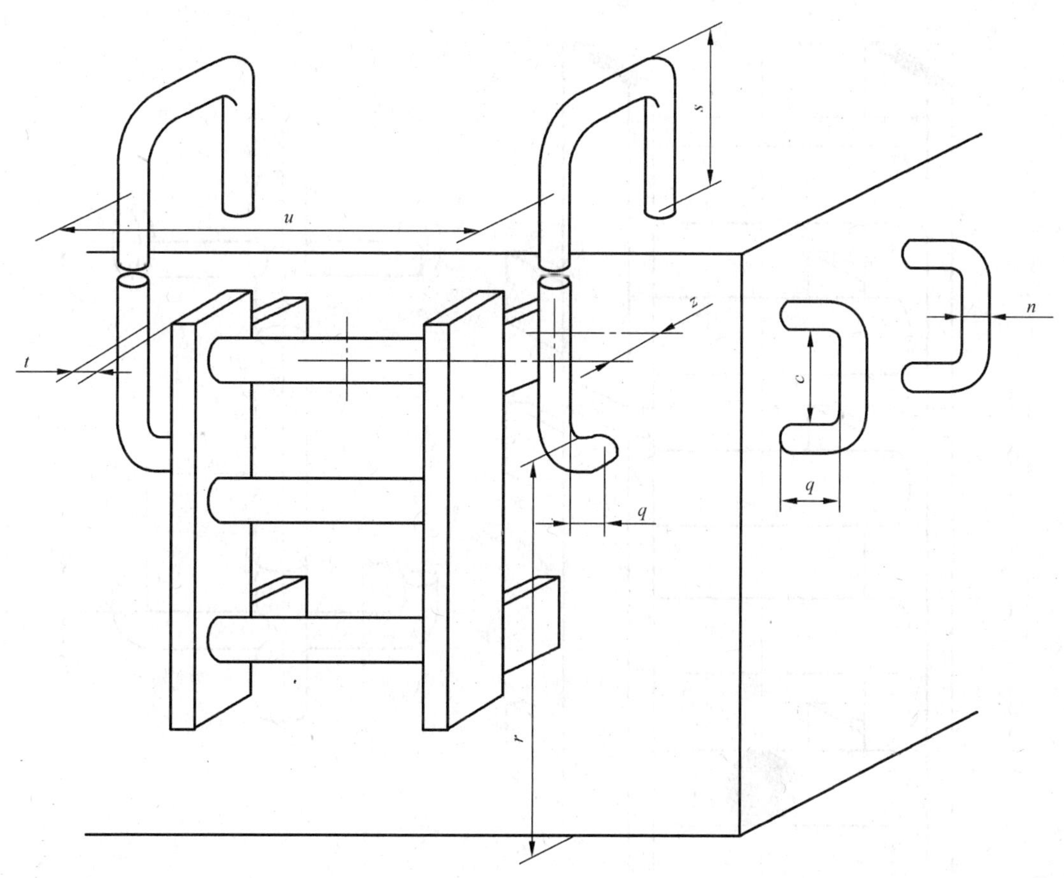

c——把手净长；

n——扶手/把手的直径/宽度；

q——把手到安装面的距离；

r——扶手/把手下部到基面/驻脚台的垂直距离；

s——扶手/把手最高位置到梯子/楼梯上部工作平台/休息平台面的垂直距离；

t——扶手/把手边与梯子侧杆/踏杆外缘间的间距；

u——人体可以通过的两个平行扶手/把手间的间距；

z——踏杆到扶手/把手的距离。

图4 把手/扶手的尺寸参数

7.1.5 通往走道、平台或休息平台的直梯，只要符合下列条件之一，就不需要设置把手：

——有超出走道、平台或休息平台至少1 m的二根扶手（见第10章）；

——梯子侧杆超出走道、平台或休息平台平面至少1 m；

——一个扶手和梯子的一侧杆均超出走道、平台或休息平台面至少1 m。

1类通道的梯子存在从高于5 m的位置跌落危险时，应设置护圈（见第8章）。

1 类通道的梯子每隔 6 m 至少应有一个休息平台。

应采用梯段或其他方法防止人员从高于 6 m 的位置跌落。在任何可能情况下，梯段应错开。

踏杆应是圆形或带圆角的截面。

直梯及踏杆的尺寸应符合图 5、图 6 和表 4 的要求。

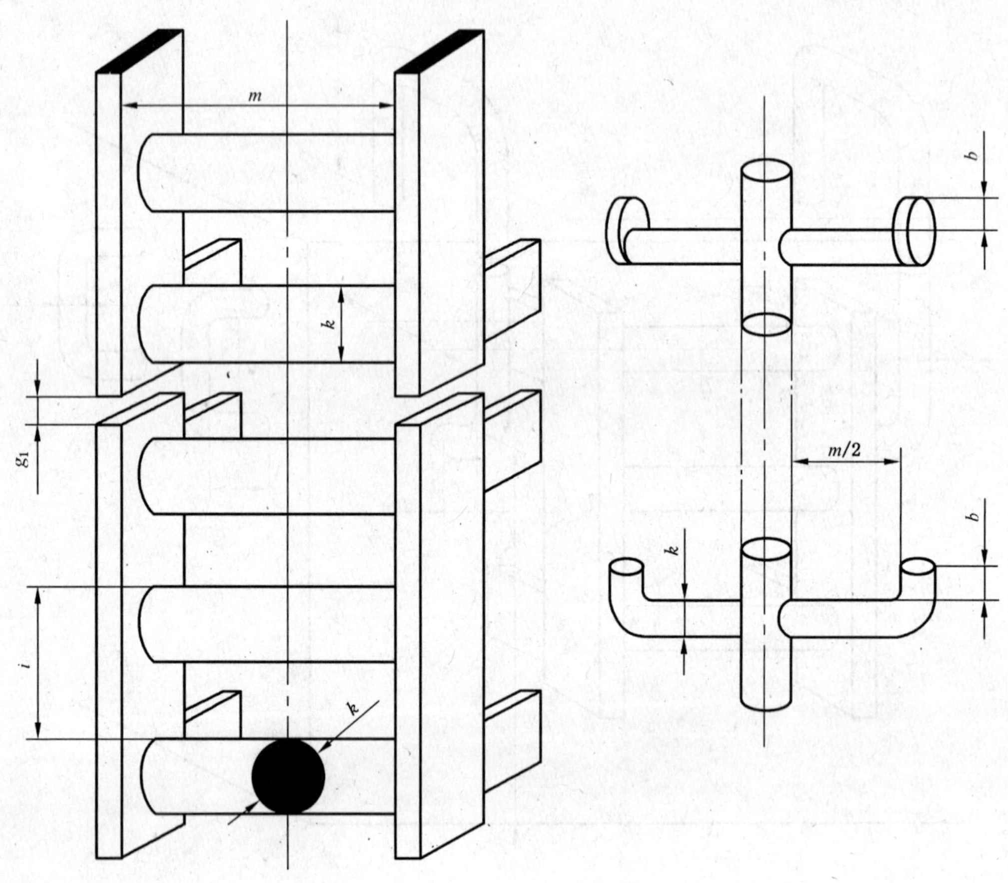

b——横档高度；

g_1——不连续梯子侧杆端部间的间距；

i——踏杆间距；

k——踏杆直径/宽度；

m——踏杆宽度。

图 5 直梯尺寸参数

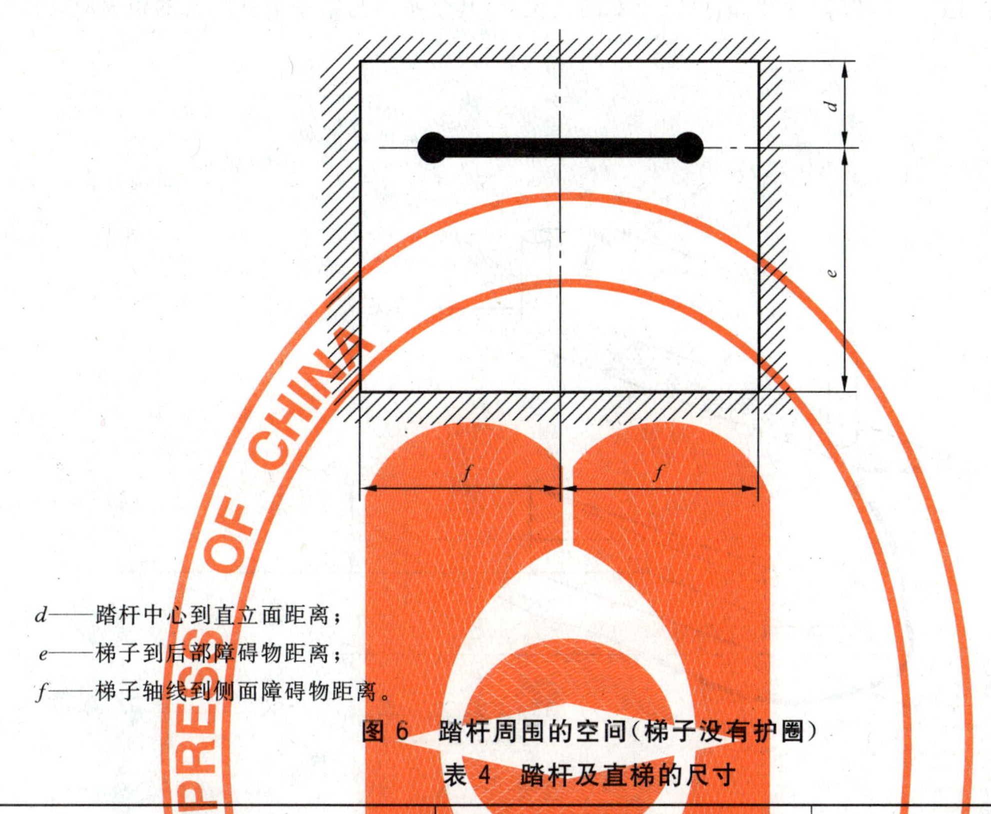

d——踏杆中心到直立面距离；
e——梯子到后部障碍物距离；
f——梯子轴线到侧面障碍物距离。

图6 踏杆周围的空间(梯子没有护圈)

表4 踏杆及直梯的尺寸

单位为米

参数[a]	1类通道		2类通道	
	最小	最大	最小	最大
踏杆间距 i	0.23	0.30	0.23	0.30
基面到踏杆的高度	—	0.6	—	0.7
踏板(踏杆)中心到直立面距离 d	0.15	—	0.15[b]	—
踏杆直径/宽度 k[c]	0.016	0.040	0.016	0.040
横档高度 b	0.02	—	—	—
踏杆宽度 m	0.30	—	0.30[d]	—
不连续梯子侧杆端部间的间距 g_1	$g_1 \leqslant 0.01$ 或 $g_1 \geqslant 0.05$[e]		$g_1 \leqslant 0.01$ 或 $g_1 \geqslant 0.05$[e]	
梯子轴线到侧面障碍物距离 f	0.30	—	0.25	—
梯子到后部障碍物距离 e	0.7	—	0.7	—

[a] 见图5和图6。
[b] 不连续的障碍物处，可以减少0.1 m。
[c] 圆截面的直径，或是规则多边形内切圆直径，或是其他形状截面的上表面截面宽度。
[d] 只搁一只脚，见图5。
[e] 禁止间隙在0.01 m～0.05 m的范围。

7.2 驻脚台

根据驻脚台的形状不同，驻脚台可采用与梯子踏杆相类似的尺寸或图7中给出的尺寸。m 和 d 的数值见表4，u 和 z 的数值见表7。

在进入或离开驻脚台处应设置把手(见第 10 章、图 7 和表 7)。

驻脚台应有相同的踏步间距。除需满足基面和第一个驻脚台之间的移动要求，或者满足标准构件的安装要求，基面到第一个驻脚台的距离可以改变的情况外，其余基面与第一个驻脚台的距离应与踏步间距一致。

单位为米

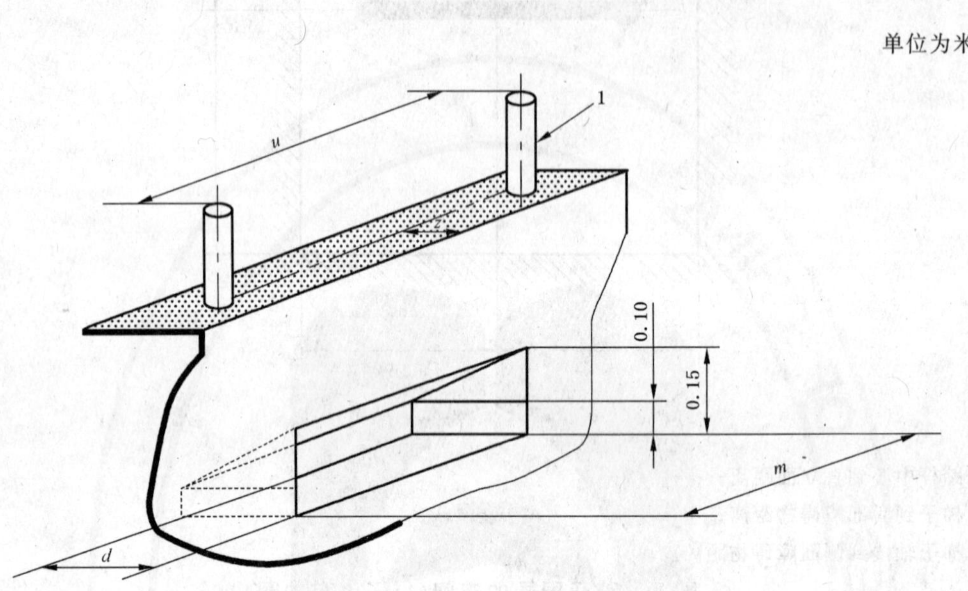

1——扶手。

d——踏板中心到直立面距离；

m——踏板宽度；

u——人体可以通过的两个平行扶手/把手间的间距；

z——踏板到扶手/把手的距离。

图 7　驻脚台的尺寸

8　护圈

8.1　除安装在结构件内且结构件本身能提供相同程度保护的梯子无需安装护圈外，其他存在有从高于 5 m 处跌落危险的梯子，都应设置护圈。相同程度的保护应同时符合下面两个条件：

——结构件的垂直面不允许直径为 0.6 m 的球体水平通过；

——结构件的内部净空与护圈的空间相当(见图 8 的示例)。

护圈的尺寸应符合表 5 的规定。

护圈之间应由沿圆周均布的 3 根或 5 根竖条连接而成。无论如何，应有 1 根竖条被固定在正对着梯子的轴线方向。

有竖条的护圈强度，应能承受在任意 0.1 m 长度范围内的任意一点施加 1 000 N 的垂直均布力，卸载后应无永久变形。

对于宽度小于或等于 1 m 的平台(垂直于梯子测量)，最下层护圈与栏杆之间的间距应减小，以防止人员跌落。

注：可以把护圈和栏杆连接起来，或设置相同程度的保护(见图 9)。

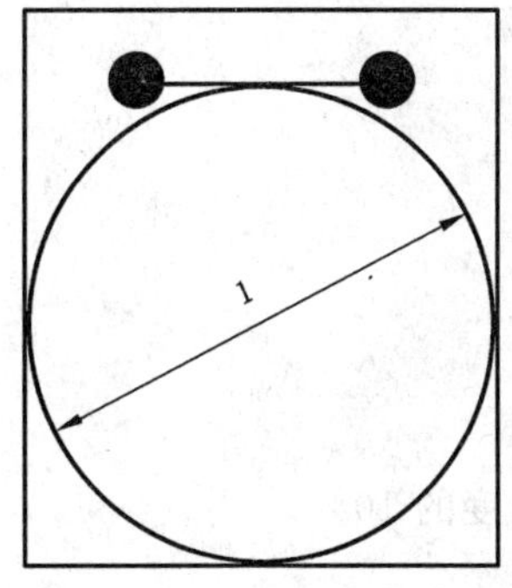

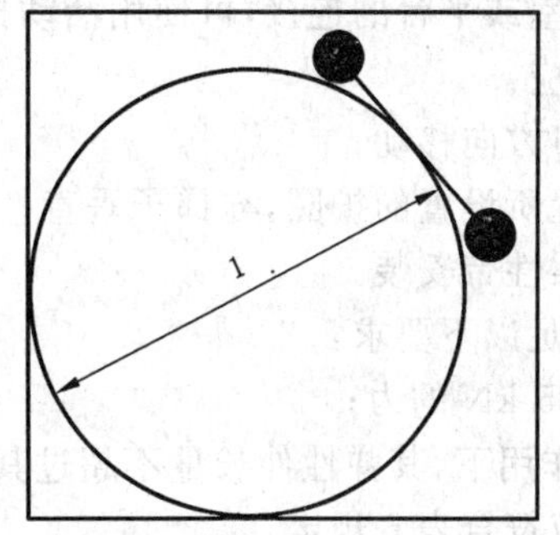

1——内切圆直径＝护圈直径。

图 8 结构件的内部净空

表 5 护圈的尺寸

单位为米

<table>
<tr><th colspan="2" rowspan="2">参　数</th><th colspan="2">1 类通道</th><th rowspan="2">2 类通道</th></tr>
<tr><th>最小</th><th>最大</th></tr>
<tr><td colspan="2">基面到第一个护圈的垂直距离</td><td>2.2</td><td>2.5</td><td rowspan="7">如果设置了护圈，则与 1 类通道护圈尺寸相同</td></tr>
<tr><td colspan="2">护圈内径</td><td>0.7</td><td>0.8</td></tr>
<tr><td rowspan="2">护圈间距</td><td>3 根竖条</td><td>—</td><td>0.9</td></tr>
<tr><td>5 根竖条</td><td>—</td><td>1.5</td></tr>
<tr><td colspan="4">活动护圈</td></tr>
<tr><td colspan="2">护圈内径</td><td>0.60</td><td>0.65</td></tr>
<tr><td colspan="2">护圈间距</td><td>—</td><td>0.8</td></tr>
</table>

单位为米

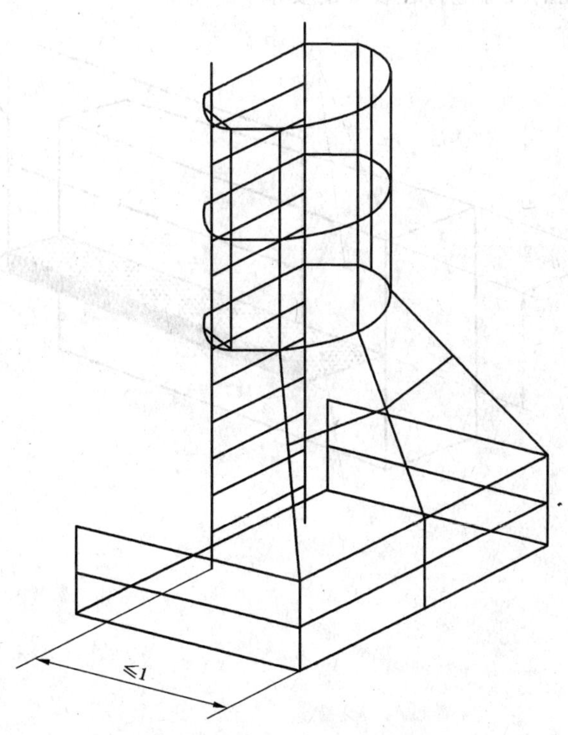

图 9 增加保护装置的示例

8.2 与可移动的司机室或平台的连接,可使用活动护圈。

8.3 直梯的活动护圈应:

——沿着梯子入口方向移动;

——所有操作位置所设置的护圈,与梯子垂直;

——至少用5根柔性带安装。

8.4 每根柔性带应满足以下要求:

——最小能承受25 kN的力;

——在10 kN力作用下,其弹性伸长量不超过其长度的10%。

活动护圈的尺寸应符合表5规定。

9 走道、坡道、平台和人孔

人员可能停留的所有平面,应能承受如下载荷而无永久变形:

——2 000 N力通过直径为125 mm圆盘,施加在平面上任何位置;或

——施加4 500 N/m^2 的均布载荷。

如果人孔盖只能容纳一个人,其承载力不应小于1 250 N,用此要求替代以上要求。

高于1 m的走道、坡道、休息平台和平台应设置把手或扶手。如果平台的敞开侧跌落的高度超过3 m,应设置侧保护(见第10章)。

沿连续面设置的走道,当连续面可防止跌落时,该侧可不设置栏杆(见图10),连续面的要求如下:

——$h+w\geqslant 1.25$ m;或

——$h\geqslant 0.7$ m。

2类通道的平台尺寸,应考虑4.2.1中的因素,高度与任一边的最小长度的关系应符合图11中的要求,也可见第11章。

2类通道的走道和坡道尺寸,应考虑4.2.1中的因素,高度与宽度的关系应符合图11中的要求,也可见第11章。

走道、坡道、平台和人孔的尺寸应符合表6的要求。

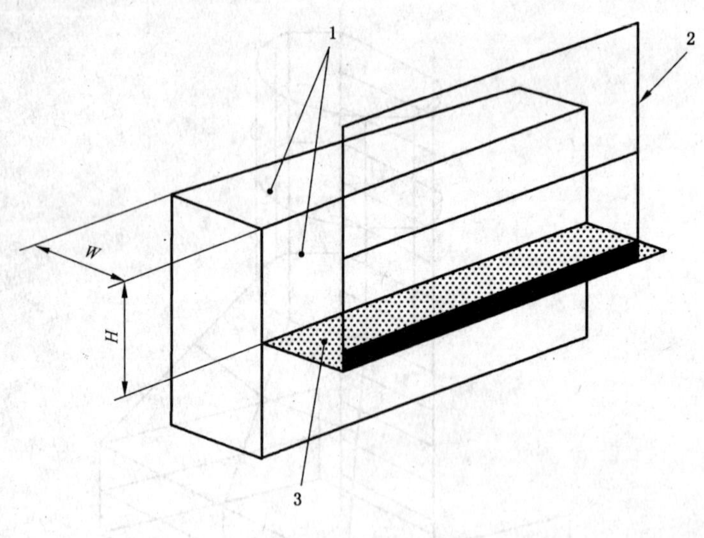

1——连续面;

2——侧保护;

3——走道。

H——连续面高度;

W——连续面宽度。

注:连续面包括如多孔式的、缝隙式的、网格式的表面。

图10 沿着连续面的走道

单位为米

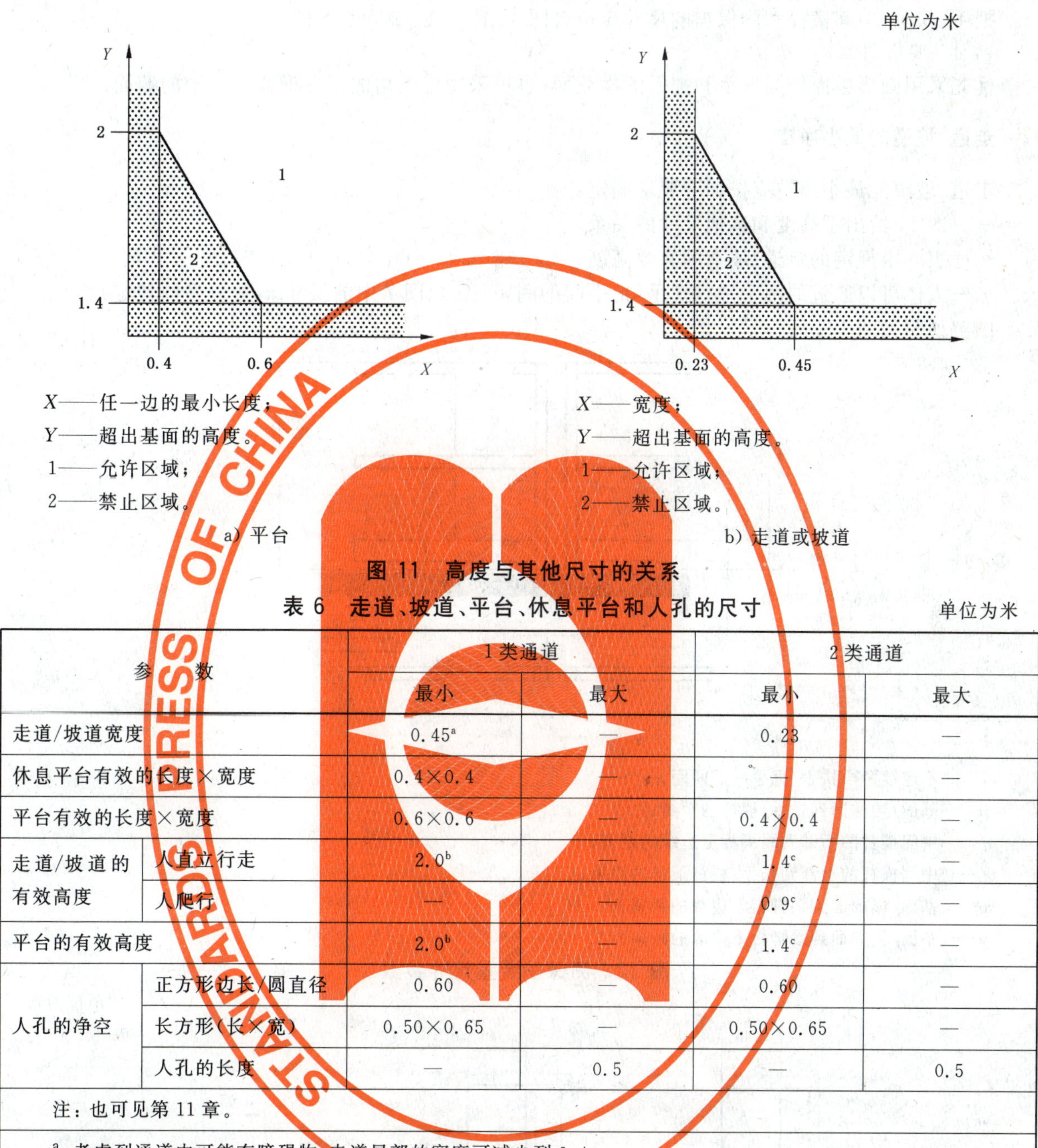

X——任一边的最小长度；
Y——超出基面的高度。
1——允许区域；
2——禁止区域。

a) 平台

X——宽度；
Y——超出基面的高度。
1——允许区域；
2——禁止区域。

b) 走道或坡道

图 11　高度与其他尺寸的关系

表 6　走道、坡道、平台、休息平台和人孔的尺寸

单位为米

参数		1 类通道		2 类通道	
		最小	最大	最小	最大
走道/坡道宽度		0.45[a]	—	0.23	—
休息平台有效的长度×宽度		0.4×0.4	—	—	—
平台有效的长度×宽度		0.6×0.6	—	0.4×0.4	—
走道/坡道的有效高度	人直立行走	2.0[b]	—	1.4[c]	—
	人爬行	—	—	0.9[c]	—
平台的有效高度		2.0[b]	—	1.4[c]	—
人孔的净空	正方形边长/圆直径	0.60	—	0.60	—
	长方形(长×宽)	0.50×0.65	—	0.50×0.65	—
	人孔的长度	—	0.5	—	0.5
注：也可见第 11 章。					

a 考虑到通道内可能有障碍物，走道局部的宽度可减少到 0.4 m。

b 障碍物最大长度达 1 m 时，该尺寸可减少到 1.4 m，此时障碍物上要有明显标记。

c 作为维护用的通道，应采用 1 类通道的数值。

10　把手、扶手、中间横杆和侧保护

把手应按人员移动方向定位。

扶手和连续把手的设置应与人员的行进方向平行。

侧保护应由扶手、中间横杆和踢脚板，或其他至少能提供同等程度保护的方式来实现。

走道、坡道或休息平台上的侧保护，因某个与楼梯或梯子连接的入口断开时，入口处不需设置保护。

在平台入口断开处无侧保护而有跌落风险时，该断开处应设置能自动关闭的保护装置，该装置不能朝外打开，如门。

不允许使用链条和绳等柔性物作为侧保护。

把手、扶手、中间横杆和侧保护的尺寸应符合图4、图7、图12和表7的要求。

注：也可见第11章。

优先采用圆形截面作为扶手和把手的横截面，也可采用带圆角的正方形或长方形的截面。

11 走道、坡道的最小净空

走道、坡道的最小净空应按如下要求确定：

——图11给出了高度和其他尺寸的关系；

——表6中规定的走道、坡道的有效高度；

——人体可以通过的两个平行扶手/把手间的间距（图4、图7中的尺寸 u，按表7的规定）。

图解说明见图13。

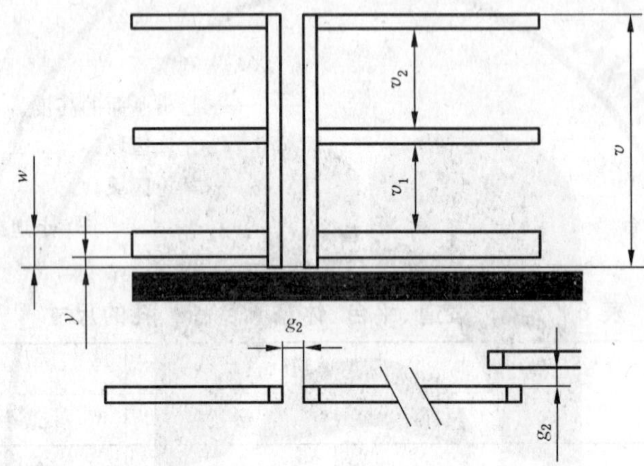

g_2——不连续两段扶手/把手间的间距；

v——基面/楼梯面到扶手/栏杆的距离；

v_1——中间横杆的下部到踢脚板上边缘的距离；

v_2——中间横杆的上部到扶手/栏杆下部的距离；

w——基面/楼梯面到踢脚板上边缘的距离；

y——基面/楼梯面到踢脚板下边缘的距离。

图12 侧保护装置尺寸参数

单位为米

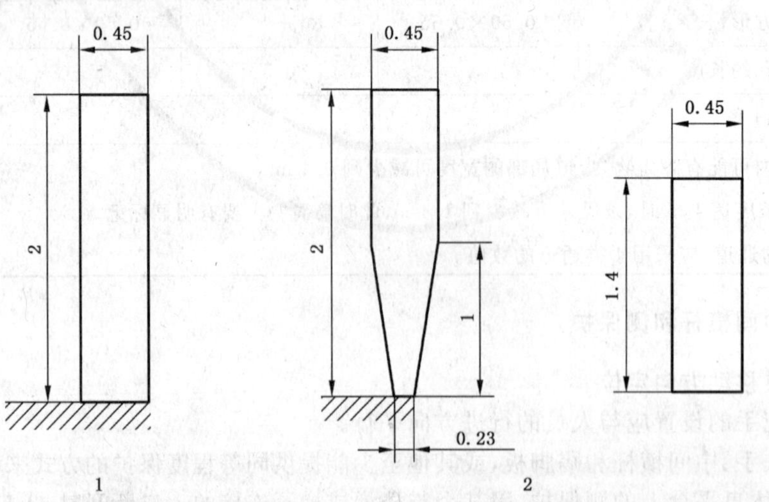

1——1类通道；

2——2类通道。

图13 走道和坡道的最小净空

表 7　把手、扶手和侧保护装置的尺寸

单位为米

<table>
<tr><th colspan="2" rowspan="2">参　　数[a]</th><th colspan="2">1 类通道</th><th colspan="2">2 类通道</th></tr>
<tr><th>最小</th><th>最大</th><th>最小</th><th>最大</th></tr>
<tr><td colspan="2">扶手/把手的直径/宽度 n</td><td>0.016</td><td>0.043</td><td>0.016</td><td>0.043</td></tr>
<tr><td colspan="2">把手净长 c</td><td>0.15</td><td>—</td><td>0.15</td><td>—</td></tr>
<tr><td colspan="2">踏板(踏杆)到扶手/把手的距离 z</td><td>0</td><td>0.2</td><td>0</td><td>0.2</td></tr>
<tr><td colspan="2">把手到安装面的距离 q</td><td>0.075</td><td>—</td><td>0.075</td><td>—</td></tr>
<tr><td colspan="2">基面/楼梯面到扶手/栏杆的距离 v</td><td>1.1</td><td>—</td><td>1.1</td><td>—</td></tr>
<tr><td colspan="2">中间横杆的下部到踢脚板上边缘的距离 v_1</td><td>—</td><td>0.5</td><td>—</td><td>0.5</td></tr>
<tr><td colspan="2">中间横杆的上部到扶手/栏杆下部的距离 v_2</td><td>—</td><td>0.5</td><td>—</td><td>0.5</td></tr>
<tr><td rowspan="2">基面/楼梯面到踢脚板上边缘的距离 w</td><td>走道</td><td rowspan="2">0.10</td><td rowspan="2">—</td><td>0.05</td><td rowspan="2">—</td></tr>
<tr><td>平台</td><td>0.10</td></tr>
<tr><td colspan="2">基面/楼梯面到踢脚板下边缘的距离 y</td><td>—</td><td>0.01</td><td>—</td><td>0.01</td></tr>
<tr><td colspan="2">扶手/把手下部到基面/驻脚台的垂直距离 r</td><td>1.0</td><td>1.6</td><td>1.0</td><td>1.6</td></tr>
<tr><td colspan="2">扶手/把手最高位置到梯子/楼梯上部工作平台/休息平台面的垂直距离 s</td><td>1.1</td><td>—</td><td>1.1</td><td>—</td></tr>
<tr><td colspan="2">扶手/把手边与梯子侧杆/踏杆外缘间的间距 t</td><td>0.075</td><td>0.200</td><td>0.075</td><td>0.200</td></tr>
<tr><td colspan="2">人体可以通过的两个平行扶手/把手间的间距 u</td><td>0.45</td><td>—</td><td>0.45[b]</td><td>—</td></tr>
<tr><td colspan="2">不连续两段扶手/把手间的间距 g_2</td><td>0.05</td><td>0.20</td><td>0.05</td><td>0.20</td></tr>
<tr><td colspan="6">a　见图 4 和图 7。
b　这个尺寸应当要考虑宽度比较小的走道、坡道(见表 6 中的 2 类通道和图 13)。当最大长度达到 4 m、最小高度为 2 m 时,这个距离可以减少到 0.3 m。</td></tr>
</table>

12　天窗

应只需克服其重力就可打开天窗。对于在休息平台和走道上的天窗,还应配有一种活板门在打开位置能安全可靠的定位装置。平台上的天窗能自动关闭,例如用重力。

打开天窗的力不应超过 135 N。

13　安全防护设施

13.1　运动部件的防护

诸如主动轮、伸出的轴端、车轮、传动带、链条、联轴器、齿轮、钢轨轮和滑轮等运动部件,在正常操作、维护或调整过程中可能会构成危险,应安装防护设施。当需要维护或调整时,这些防护设施可以被移走或暂时不使用。

这些防护设施应承受 90 kg 的体重而无永久变形,除非这些防护设施被安装在禁止站立或在起重机正常操作和维护期间所围禁的那些地方。

13.2　物体坠落的防护

起重机部件中诸如齿轮、滑轮、滚轮、罩、盖和箱子,在正常操作期间有可能构成危险时,应按能防止其坠落进行设计、装配和固定。

罩、防护设施和通道门应采用铰链或其他能防止其坠落的方法安装。

当为铰链形式时,应用插销、锁、自重的作用,保持其稳定在开和关的位置。

14　电气的防护

电气保护应当遵循 GB 5226.2 的规定。

附　录　A
（资料性附录）
防滑表面的示例

下面列举防滑表面的示例：

——凸起的花纹防滑：依靠凸起的花纹产生磨擦（见图 A.1）；

——网状式防滑：依靠棱形孔的边产生磨擦（见图 A.2）；

——涂砂式防滑：表面涂上含砂的油漆或在油漆没有干之前涂砂；

——弹性胶面防滑：高磨擦有织纹的片式材料，一面带有金刚砂性质的磨粒，背面带有压力粘合剂的塑料片。

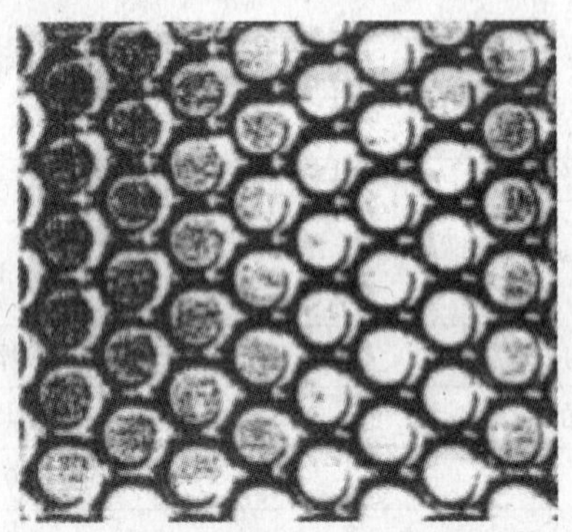

图 A.1　凸起的花纹防滑表面

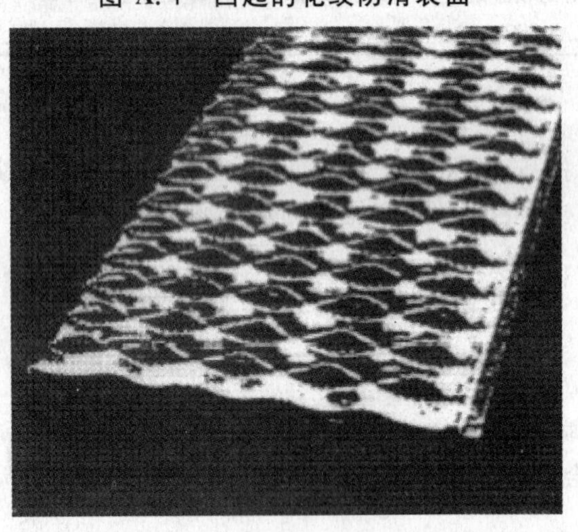

图 A.2　网状式防滑表面

参考文献

[1] GB/T 15706.1 机械安全 基本概念与设计通则 第1部分:基本术语和方法(GB/T 15706.1—2007,ISO 12100-1:2003,IDT).

[2] GB/T 15706.2 机械安全 基本概念与设计通则 第2部分:技术原则(GB/T 15706.2—2007,ISO 12100-2:2003,IDT).

[3] GB/T 22416.1—2008 起重机 维护 第1部分:总则(ISO 23815-1:2007,IDT).

[4] GB/T 24818.3 起重机 通道及安全防护设施 第3部分:塔式起重机(GB/T 24818.3—2009,ISO 11660-3:2008,IDT).

[5] GB/T 24818.5 起重机 通道及安全防护设施 第5部分:桥式和门式起重机(GB/T 24818.5—2009,ISO 11660-5:2001,IDT).

[6] ISO 11660-2 起重机 通道及安全防护设施 第2部分:流动式起重机.

ICS 53.020.20
J 80

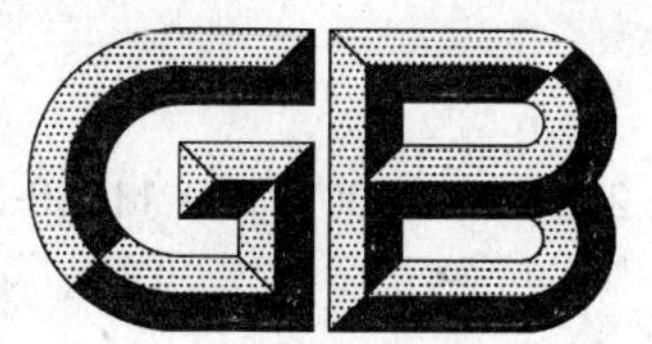

中华人民共和国国家标准

GB/T 24818.3—2009/ISO 11660-3:2008

起重机　通道及安全防护设施 第3部分:塔式起重机

Cranes—Access, guards and restraints—
Part 3: Tower cranes

(ISO 11660-3:2008, IDT)

2009-12-15 发布　　2010-07-01 实施

中华人民共和国国家质量监督检验检疫总局
中国国家标准化管理委员会　发布

前　言

GB/T 24818《起重机　通道及安全防护设施》分为4个部分：

——第1部分：总则；

——第2部分：流动式起重机；

——第3部分：塔式起重机；

——第5部分：桥式和门式起重机。

本部分为GB/T 24818的第3部分。

本部分等同采用ISO 11660-3:2008《起重机　通道及安全防护设施　第3部分：塔式起重机》(英文版)。

本部分等同翻译ISO 11660-3:2008。

为了便于使用，本部分作了下列编辑性修改：

——"ISO 11660的本部分"一词改为"GB/T 24818的本部分"；

——删除国际标准的前言；

——用小数点"."代替作为小数点的逗号","；

——对ISO 11660-3:2008引用的以及参考文献中列出的国际标准，用已被采用为我国的标准代替对应的国际标准；对于未被采用为我国标准的国际标准，在本部分中均被直接引用。

本部分由中国机械工业联合会提出。

本部分由全国起重机械标准化技术委员会(SAC/TC 227)归口。

本部分起草单位：北京建筑机械化研究院、长沙建设机械研究院、抚顺永茂建筑机械有限公司、长沙中联重工科技发展股份有限公司。

本部分主要起草人：蒋慧、李桂芳、李奇志、阳云华。

起重机 通道及安全防护设施 第3部分:塔式起重机

1 范围

GB/T 24818 的本部分规定了 GB/T 6974.3 所定义的塔式起重机(以下简称塔机)的通道及安全防护的特殊要求。

GB/T 24818.1 规定了 GB/T 6974.1 所定义的起重机在正常操作、维护、检查、安装和拆卸过程中进入控制台和其他区域的通道的一般要求。在总则中还涉及起重机的安全防护设施,防止起重机上和周边的人员遭受运动部件、下落物体或转动部件的伤害。

2 规范性引用文件

下列文件中的条款通过 GB/T 24818 的本部分的引用而成为本部分的条款。凡是注日期的引用文件,其随后所有的修改单(不包括勘误的内容)或修订版均不适用于本部分,然而,鼓励根据本部分达成协议的各方研究是否可使用这些文件的最新版本。凡是不注日期的引用文件,其最新版本适用于本部分。

GB/T 23821 机械安全 防止上下肢触及危险区的安全距离(GB/T 23821—2009,ISO 13857:2008,IDT)

GB/T 24818.1—2009 起重机 通道及安全防护设施 第1部分:总则(ISO 11660-1:2008,IDT)

3 术语和定义

GB/T 24818.1 确立的术语和定义适用于 GB/T 24818 的本部分。

4 通道

4.1 总则

塔机的控制台和所有需要检查或进行定期维护的其他部分,均应通过楼梯、直梯、工作走道和休息平台进入。

为了进行安装/拆卸、检查、经常性维护或高处部件的更换,塔机(包括臂架)应备有辅助设备如扶手、把手、平台、安全装置等,以确保工作人员的安全并方便他们进入工作场所。

4.2 要求

4.2.1 通道的一般设计要求

4.2.1.1 与 GB/T 24818.1 的一致性

通道的设计要求应符合 GB/T 24818.1—2009 的规定,与 GB/T 24818 的本部分的对照情况见表 1。

表 1 通道的设计要求

GB/T 24818.1—2009	标 题	GB/T 24818.3—2009
5.8	运动部件间的挤压危险	4.2.1.2
6	楼梯	4.2.1.3
7	直梯	4.2.1.4
9	人孔和天窗	4.2.1.5

4.2.1.2 运动部件间的挤压危险

在运动部件间可站人的地方应至少有 0.5 m 的安全距离。当不满足上述条件时,应安装防护设施(当可能时)和警示牌。

4.2.1.3 楼梯

除 GB/T 24818.1 给定的尺寸外,推荐踏板的尺寸如下:

——踏步高度:200 mm;

——踏板宽度:500 mm。

4.2.1.4 直梯

对所有的塔机,第一段梯子不应超过 10 m。

另外,对自行架设式塔机,应满足下列要求:

——1 类通道梯子的梯段应防止人员从高于 10 m 的位置跌落。

——1 类通道梯子应至少每隔 10 m 有一个休息平台。

——在断电等情况时,能通过备用的出口撤离升降控制台。当梯子被用于此目的时,GB/T 24818.1 中规定的尺寸将不适用。GB/T 24818.1—2009 的表 4 中踏板宽度 m 可减至 0.2 m,踏杆中心到直立面的距离 d 可减至 0.1 m,至少允许用一只脚使用直梯。

4.2.1.5 人孔和天窗

如果塔机结构不允许更大的尺寸:

——对 GB/T 24818.1—2009 中的 1 类通道,孔及窗口实际的最小尺寸应为:上回转式塔机 0.55 m×0.55 m;自行架设式塔机 0.50 m×0.50 m。

——对 GB/T 24818.1—2009 中的 2 类通道,孔及窗口实际的最小尺寸应为:0.50 m×0.40 m。

4.2.2 水平臂架上的通道

4.2.2.1 总则

如果不可能降低臂架至地面进行目测检查,则应该装有一个固定在小车上的挂篮。另外,沿臂架应设置走道直至机构,该走道同时应安装:

——侧保护;或

——人员防跌落保护装置。

当在安装/拆卸、修理或维护中,挂篮不能使用时,应沿臂架全长设置人员防跌落保护装置。

4.2.2.2 走道

走道的宽度应符合 GB/T 24818.1—2009 中表 6 的 2 类通道。

当能在臂架中间行走时(即:走道至上端的距离等于或大于 1.8 m),走道的每一边都应安装踢脚板,踢脚板最小高度为 0.03 m。当走道至上端的距离小于 1.8 m 时,踢脚板只需安装在一边(见图 1)。

4.2.2.3 走道、扶手和钢丝绳位置

制造商在决定走道、扶手和钢丝绳位置时,应考虑臂架的尺寸。

4.2.2.4 挂篮

挂篮的长和宽最小应为 0.50 m×0.35 m。

制造商在决定挂篮时应考虑人员的质量和数量。

侧保护应符合 GB/T 24818.1—2009 中表 7 的 2 类通道。

对挂篮使用的说明和标志应包括:

——如何到达挂篮;

——允许的载荷和人数;

——存在危险的警示,如剪切、缠绕。

单位为米

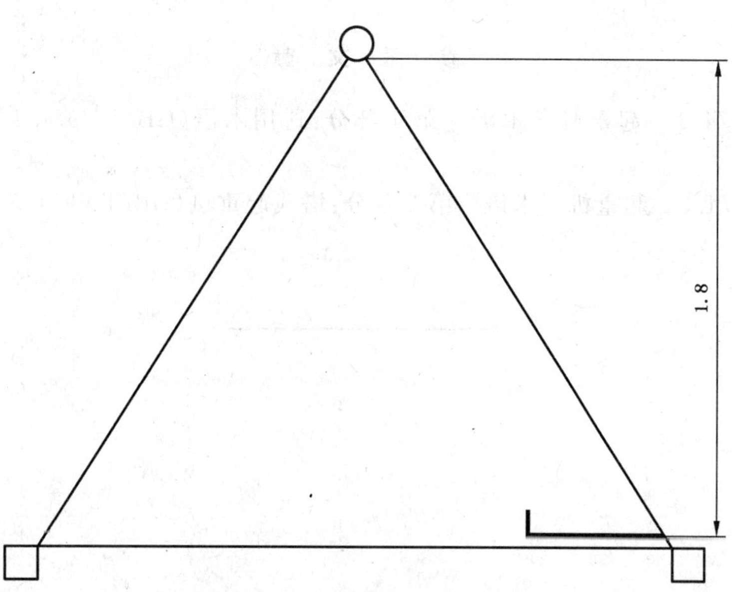

图 1　一边有踢脚板的走道

5　防护设施

5.1　运动部件的防护

在进入控制台的过程中，运动部件应有符合 GB/T 23821 中规定的安全距离或有可移动的或固定的防护设施保护。

在走道或工作平台上可使用的防护设施应按用途进行设计(见 GB/T 24818.1)。

如果塔机构造不允许有该防护设施，则应有警示，如：

——上回转式塔机中，回转支承座、回转支承和回转平台连接处内的狭小空间；

——自行架设式塔机中，底架、回转支承和机构平台之间。

5.2　塔机部件坠落的防护

塔机部件如齿轮、滑轮、滚轮、罩和箱子的设计、装配和固定应能防止其在正常操作期间坠落。

罩、防护设施和通道门应装有铰链或其他能防止其坠落的装置。

小车的设计应满足：

——车轮不会因断轴而滑出轨道；且

——小车不会坠落。

回转机构的输出齿轮应有罩或其他装置以防止其因破裂而坠落。

参 考 文 献

［1］ GB/T 6974.1 起重机 术语 第1部分:通用术语(GB/T 6974.1—2008,ISO 4306-1:2007,IDT).

［2］ GB/T 6974.3 起重机 术语 第3部分:塔式起重机(GB/T 6974.3—2008,ISO 4306-3:2003,IDT).

ICS 53.020.20
J 80

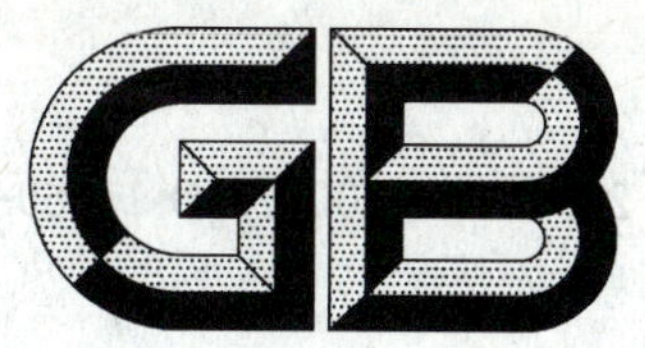

中华人民共和国国家标准

GB/T 24818.5—2009/ISO 11660-5:2001

起重机　通道及安全防护设施　第5部分:桥式和门式起重机

Cranes—Access,guards and restraints—Part 5:Bridge and gantry cranes

(ISO 11660-5:2001,IDT)

2009-12-15 发布　　2010-07-01 实施

中华人民共和国国家质量监督检验检疫总局
中国国家标准化管理委员会　发布

前　言

GB/T 24818《起重机　通道及安全防护设施》分为4个部分：

——第1部分：总则；

——第2部分：流动式起重机；

——第3部分：塔式起重机；

——第5部分：桥式和门式起重机。

本部分为GB/T 24818的第5部分。

本部分等同采用ISO 11660-5:2001《起重机　通道及安全防护设施　第5部分：桥式和门式起重机》(英文版)。

本部分等同翻译ISO 11660-5:1995。

为了便于使用，本部分还作了下列编辑性修改：

——"ISO 11660的本部分"一词改为"GB/T 24818的本部分"；

——删除国际标准的前言；

——对ISO 11660-5:2001引用的其他国际标准，用已被采用为我国的标准代替对应的国际标准；

——ISO 11660-5:2001参考文献中的ISO 4306-1:2007，因在第1章引用，故将其移入第2章规范性引用文件，并改为GB/T 6974.1。

本部分由中国机械工业联合会提出。

本部分由全国起重机械标准化技术委员会(SAC/TC 227)归口。

本部分起草单位：大连重工·起重集团有限公司。

本部分主要起草人：桂佩康、庄云海、毕庶贤。

起重机　通道及安全防护设施
第5部分:桥式和门式起重机

1　范围

GB/T 24818的本部分规定了由GB/T 6974.1定义的桥式和门式起重机在通道及安全防护设施上的特殊要求,并给出了桥式和门式起重机在各种预期使用条件下相关设备的选用标准。

2　规范性引用文件

下列文件中的条款通过GB/T 24818的本部分的引用而成为本部分的条款。凡是注日期的引用文件,其随后所有的修改单(不包括勘误的内容)或修订版均不适用于本部分,然而,鼓励根据本部分达成协议的各方研究是否可使用这些文件的最新版本。凡是不注日期的引用文件,其最新版本适用于本部分。

GB 5226.2　机械安全　机械电气设备　第32部分:起重机械技术条件(GB 5226.2—2002,IEC 60204-32:1998,IDT)

GB/T 6974.1　起重机　术语　第1部分:通用术语(GB/T 6974.1—2008,ISO 4306-1:2007,IDT)

GB/T 24818.1—2009　起重机　通道及安全防护设施　第1部分:总则(ISO 11660-1:2008,IDT)

3　通道

3.1　总则

本条是对通往安装在高架或地面轨道上的桥式和门式起重机的工作通道,以及对这一类型起重机日常和紧急维护、修理的通道要求。

3.2　厂房内或高架轨道上的桥式起重机

3.2.1　通往起重机的通道平台

在司机室内操纵的桥式和门式起重机应将供司机出入的通道平台固定在起重机的支承结构上。

表1给出的推荐的通道形式,应符合GB/T 24818.1—2009中的表6给出的通道形式和尺寸。

表1　推荐的通道形式

通道距地面高度/ m	推荐的通道形式
1～15	楼梯 斜梯 直梯
15～25	楼梯
>25	电动通道 楼梯

3.2.2　通道平台

通往起重机的正常通道应从通道平台进出。通道出入口应采用以下自行关闭装置加以保护,如:

——内开式板门或栅栏门;

——上下或左右推拉门;

——垂直铰接护栏。

通道平台与相应的起重机平台的高低差应在10 mm之内，或搭接成高度在180 mm～250 mm范围内的台阶。

通道平台与相应的起重机平台的间隙应符合图1的要求。如果不能满足这些要求，则应设置消除可能出现剪切、挤压和坠落危险的其他装置，如：联锁装置。

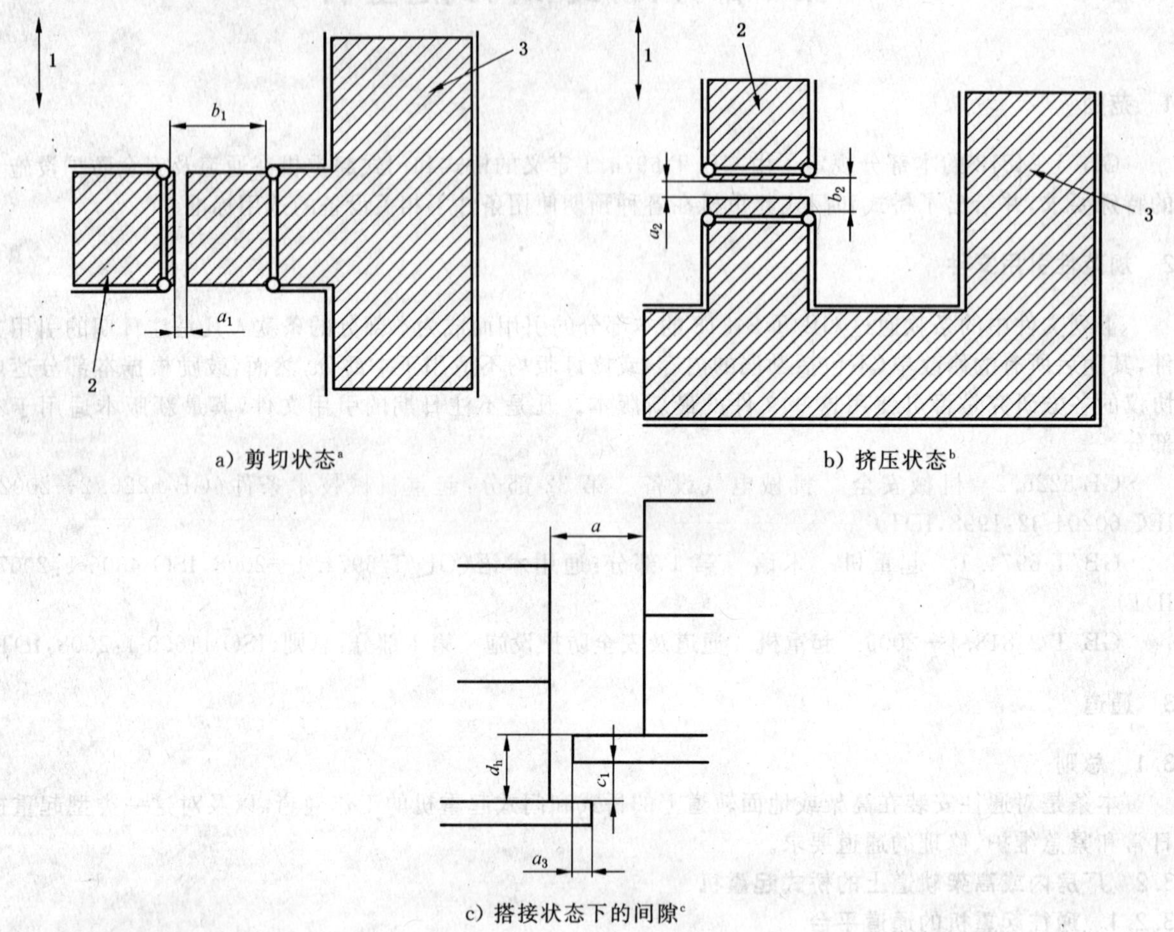

1——起重机运行方向；

2——起重机平台；

3——固定通道。

a——b_1 或 b_2。

[a] 剪切状态：

50 mm≤a_1≤100 mm；

400 mm≤b_1≤500 mm。

[b] 挤压状态：

150 mm≤a_2≤250 mm；

200 mm≤b_2≤300 mm。

[c] 剪切和挤压状态(搭接状态)：

a_3≤150 mm；

c_1≥150 mm；

$|d_h|$<10 mm(无搭接)，或 180 mm≤$|d_h|$≤250 mm(有搭接)。

图1　通道平台间隙

3.2.3　起重机上的备用通道

3.2.3.1　总则

司机或维护人员进入司机室的通道可以设置在起重机结构上。按照GB/T 24818.1—2009的要求，桥架上的任何高架走道或平台、小车或大车上的走道均应在其所有的暴露面设置栏杆和围护板(参见图 2 和图 3)。在现有厂房内无法达到这些要求的情况下，则应设置备用安全装置以便安全出入。

在无法采用楼梯或斜梯的场合，通往起重机桥架和小车的通道可以采用直梯。

单位为毫米

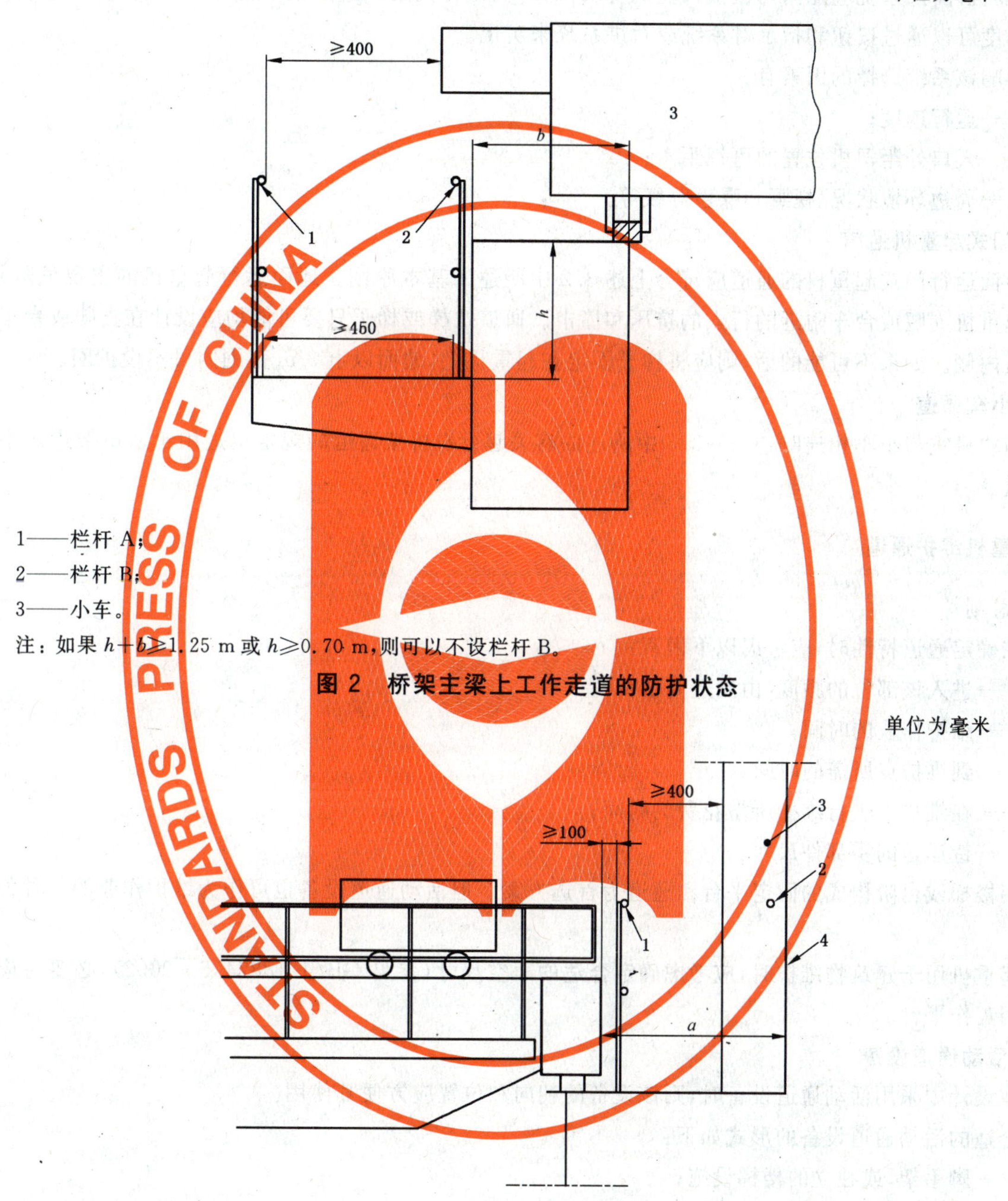

1——栏杆 A;

2——栏杆 B;

3——小车。

注：如果 $h+b \geqslant 1.25$ m 或 $h \geqslant 0.70$ m，则可以不设栏杆 B。

图 2　桥架主梁上工作走道的防护状态

单位为毫米

1——栏杆 A;

2——栏杆 B;

3——立柱;

4——墙壁。

注 1：如果 $a \geqslant 600$ mm，则栏杆 A 可以不设；如果 $a \geqslant 1\ 000$ mm，则栏杆 B 可以不设或只设栏杆 A。

注 2：护栏距电气部件的距离大于等于 100 mm 并小于 500 mm 时，为解决安全问题，固定平台护栏应设置两根中间横杆以防止双脚踏入危险区域。此外，为避免发生挤压危险，可将护栏高度分为三阶，以便在护栏未设开口处能向起重机方向翻越。

图 3　厂房上的工作走道　防护状态

3.2.3.2 通行控制

进入所有起重机均应经过司机的许可。

当下列因素致使人员进入起重机受阻时,用户/供应商应考虑使用"登机许可"系统。

"登机许可"系统应能向司机报告登机要求,而司机则可向要求进入的人给予登机许可。这一登机许可制度可以通过按钮和指示灯系统或对讲系统来实现。

影响该系统选择的因素有:

——运行速度;

——入口处距司机位置的可视距离;

——周边环境状况、视野和噪声等级等。

3.3 门式起重机通道

地面运行门式起重机的通道应符合上述3.2中所述的基本原则。地面运行起重机的主要危险是:对在起重机支腿或台车附近的行人的挤压和撞击。通道扶梯或梯子只要可能均应设计在支腿或台车运行轨道内侧。如果不可能的话,则应将梯子固定在起重机上,地面以上3 m范围内可不设护圈。

3.4 小车通道

当司机室与小车相连时,3.1~3.3中所述的有关起重机桥架通道的规定也适用于从桥架进入小车的通道。

4 起重机维护通道

4.1 总则

在确定通道特性时,应考虑以下因素:

——进入该部位的频度(由制造商估算);

——维护作业的时间;

——到维护点所需的时间;

——在维护点进行维护所需花费的时间;

——待运送的零部件尺寸。

用楼梯或台阶构成的固定平台和通道为首选方案。但活动通道设备也可作为维护作业的一种替代方案。

起重机用于建筑物维护时,应考虑确定合适的净空尺寸(参见GB/T 18874.5—2002),必要时应设置专用工作平台。

4.2 活动通道设备

在设计中采用活动通道设备时,则该设备的朝向和位置应方便其使用。

合适的活动通道设备的形式如下:

——脚手架,或独立的楼梯设施;

——电动升降台或吊笼。

用长度在2 m以上的轻便梯作为任何起重机的辅助通道都是不安全的。

4.3 局部平台的使用

使用局部平台进入起重机最有可能进行维护和修理的特定区域是4.2中所述的通道系统的推荐用备选方案。这些平台可以通过活动通道设备进入,或者从起重机门架或起重机梁本身进入。

如果通道从起重机大车轨道进入,则应从大车轨道的通道至局部平台之间设置连续栏杆和梯级或梯子。局部平台应在有暴露面的位置设置栏杆。在起重机结构本身设有等同于图2所示的限制装置时,则结构附近可不设栏杆。

5 净空

5.1 屋顶净空

屋顶净空的定义是从起重机最高点至屋架下的最小距离。

在各种情况下都应考虑屋顶净空,以防止起重机和厂房之间的相互影响。由于积雪导致厂房屋顶变形也应考虑。

当起重机设有固定通道装置和平台时,对于表面不连续的屋顶(桁架结构),其屋顶净空至少应为400 mm。

5.2 司机通道净空

通往司机控制站正常通道的最小净空高度为2 m。

5.3 维护通道和维护平台净空

维护通道和维护平台的最小净空高度应为1.8 m,通道长度不超过1 m时,净空高度可减到1.4 m。在净空高度减小的地方,应做适当标记。

6 紧急出口

在起重机大车和小车的各部位均无通向固定通道的情况下,应设置一个当起重机因事故停机时从司机室逃离,或因其他紧急情况需要逃生的备用出口装置。

在起重机运行所覆盖的建筑面积中至少25%没有放置机器或货物时,以及正在搬运的货物不含危险,如:高热(>100 ℃)、有毒、腐蚀等物质时,采用表2中给出的装置则是适合的。

在上述条件得不到满足的情况下,则应在起重机大车和小车的各个部位提供通往司机室的固定通道。

表2 允许的紧急出口装置

从地面到司机室地面或附近平台的高度/m	装置
1～5	绳梯、结绳或带安全锁的绳子
1～10	伸缩梯或折叠梯
1～15	惯性卷筒和安全带

7 安全防护

7.1 电气防护

桥式和门式起重机上的电气设备应符合GB 5226.2中相关条款的规定。

7.2 机械防护

除GB/T 24818.1的要求外,下述各条(也)适用于桥式和门式起重机:

——对在室内地面或地面轨道上运行的起重机,应在端梁或最前面的台车沿起重机运行的两个方向上设置轨道清扫器;

——应对处于固定通道区内的开式齿轮、链式传动及类似的传动装置加以防护;

——考虑支承发生意外损坏,应对导向滚轮加以防护以防发生坠落事故。

参 考 文 献

[1] GB/T 18874.5—2002 起重机 供需双方应提供的资料 第5部分:桥式和门式起重机(eqv ISO 9374-5:1991).

ICS 29.140.99
K 71

中华人民共和国国家标准

GB 24819—2009/IEC 62031:2008

普通照明用LED模块 安全要求

LED modules for general lighting—Safety specifications

(IEC 62031:2008,IDT)

2009-12-15 发布 2010-11-01 实施

中华人民共和国国家质量监督检验检疫总局
中国国家标准化管理委员会 发布

前　言

本标准的全部技术内容为强制性。

本标准等同采用 IEC 62031:2008《普通照明用 LED 模块　安全要求》(英文版)。

本标准等同翻译 IEC 62031:2008。

为了便于使用,本标准做了下列编辑性修改:

a) “IEC 62031”改为“本标准”,“IEC 62031 号标准”一词改为“GB 24819”;

b) 删除了 IEC 62031 的前言,保留了 IEC 62031 的引言;

c) 本标准已注意到 IEC 62031 标准中的“镇流”含义是限流、稳流的作用,这与气体放电光源正常工作所应的“镇流”的含义有所不同;

d) 对 IEC 62031 部分条款中使用的“模块”与“LED 模块”之处进行了调整;

e) 对于 IEC 62031 引用的其他国际标准中有被等同采用为我国标准的,本标准采用我国的这些国家标准或行业标准代替对应的国际标准,其余未有等同采用为我国标准的国际标准,在本标准中均被直接引用(见本标准第 2 章)。

本标准的附录 A 为规范性附录,附录 B、附录 C 为资料性附录。

本标准由中国轻工业联合会提出。

本标准由全国照明电器标准化技术委员会(SAC/TC 224)归口。

本标准起草单位:广州电器安全检验所、北京电光源研究所、中山市古镇照明工程研发中心、深圳市森浩高新科技开发有限公司、上海亚明灯泡厂有限公司、生辉照明电器(浙江)有限公司、南京汉德森科技股份有限公司、中山市华艺照明股份有限公司、霍尼韦尔朗能电器系统技术(广东)有限公司、国家电光源质量监督检验中心(上海)。

本标准起草人:李自力、吴凤萍、屈素辉、黄志桐、李明远、严华峰、沈锦祥、周 鸣、彭照富、付宝成、俞安琪、李维升。

引　　言

《普通照明用 LED 模块 安全要求》标准第一版正式认可该新的电光源(有时被称为固态光源)的相关测试需求。

标准的条款代表来自半导体工业和那些传统电光源领域的专家的技术理解。

它适用于两种类型的 LED 模块:带整体式和外部式控制装置的。

普通照明用LED模块　安全要求

1　范围

本标准规定了普通照明用发光二极管(LED)模块的一般要求和安全要求：

——在恒定电压、恒定电流或恒定功率下工作的不带整体式控制装置的LED模块；

——采用250 V以下直流或1 000 V以下50 Hz或60 Hz交流电源的自镇流LED模块。

注1：单独的控制装置的安全要求由GB 19510.14规定。其性能要求由GB/T 24823规定。

注2：用于电源电压的、普通照明用的并带有整体式控制装置和灯头(替代现有相同灯头的灯)的LED模块(自镇流灯)的要求由IEC 60968规定(该IEC标准的修订件或扩大范围的新编辑版本正在准备中)。

用于非电源电压的、普通照明用的并带有整体式控制装置和灯头(替代现有相同灯头的灯)的LED模块(自镇流灯)的要求正在研究中。

注3：本标准各项要求中提到的两种LED模块(带整体式和不带整体式控制装置的)，用"模块"一词表示。如果仅表示不带整体式控制装置的LED模块时，则用"LED模块"一词表示。

2　规范性引用文件

下列文件中的条款通过本标准的引用而成为本标准的条款。凡是注日期的引用文件，其随后所有的修改单(不包括勘误的内容)或修订版均不适用于本标准，然而，鼓励根据本标准达成协议的各方研究是否可使用这些文件的最新版本。凡是不注日期的引用文件，其最新版本适用于本标准。

GB 19510.1—2009　灯的控制装置　第1部分：一般要求和安全要求 (IEC 61347-1:2007,IDT)

GB 19510.14—2009　灯的控制装置　第14部分：LED模块用直流或交流电子控制装置的特殊要求(IEC 61347-2-13:2006, IDT)

GB 19651.3—2008　杂类灯座　第2-2部分：LED模块用连接器的特殊要求(IEC 60838-2-2:2006,IDT)

IEC 60598-1:2003　灯具　第1部分：一般要求和试验及修订1(2006)

IEC 62471:2006　灯和灯系统的光生物学安全

ISO 4046-4:2002　纸、纸板、纸浆及其术语　词汇　第4部分：纸和纸板的等级和加工产品

3　术语和定义

下列术语和定义适用于本标准。对于LED和LED模块领域的术语和表达，参见GB/T 24826。

3.1

发光二极管　LED

包含一个P-N结的固体装置，当受到电流激发时能发出光辐射。

[GB/T 2900.65中，定义845-04-40]

3.2

LED模块　LED module

一种组合式照明光源装置。除一个或多个发光二极管(LEDs)外，还可进一步包括其他元件，例如光学、机械、电气和电子元件，但不包括控制装置。

3.3

自镇流LED模块　self-ballasted LED-module

设计为直接连接到供电电源的LED模块。

注：如果自镇流LED模块装有灯头，则认为其是自镇流灯。

3.4

整体式 LED 模块 integral LED module

一般设计成灯具的一个不可替换的部件的 LED 模块。

3.5

整体式自镇流 LED 模块 integral self-ballasted LED module

通常设计成灯具的一个不可替换的部件的自镇流 LED 模块。

3.6

内装式 LED 模块 built-in LED module

一般设计安装在灯具、接线盒、外壳或类似装置内部的、可替换的 LED 模块，在未采取特殊的保护措施时，它不应安装在灯具等之外。

3.7

内装式自镇流 LED 模块 built-in self-ballasted LED module

一般设计安装在灯具、接线盒、外壳或类似装置内部的、可替换的自镇流 LED 模块，在未采取特殊的保护措施时，它不应安装在灯具等之外。

3.8

独立式 LED 模块 independent LED module

其设计使其能与灯具、接线盒、外壳或类似装置分开安装或放置的 LED 模块。独立式 LED 模块根据其分类和标志，应具有所有涉及安全的保护措施。

注：控制装置不必集成在模块内。

3.9

独立式自镇流 LED 模块 independent self-ballasted LED module

其设计使其能与灯具、接线盒、外壳或类似装置分开安装或放置的自镇流 LED 模块。独立式自镇流 LED 模块根据其分类和标志，应具有所有涉及安全的保护措施。

注：控制装置可以集成在模块内。

3.10

额定最高温度 rated maximum temperature

t_c

在正常工作条件和在额定电压/电流/功率或最大额定电压/电流/功率范围工作时，模块的外表面（如果有标示，则在标示位置）可能出现的最高允许温度。

4 一般要求

4.1 模块的设计和结构应能使其在正常使用过程中（参见制造商的说明书）不对使用者或周围环境造成危害。

4.2 除另有规定外，LED 模块的所有电气测量均应在制造商规定的温度允许范围内及无对流风的环境中进行。应采用电压限值（最小/最大）、电流限值（最小/最大）或功率限值（最小/最大）和最小频率进行试验，除非制造商指明最典型的组合状态外，电压/电流/功率/温度的所有组合状态（最大/最小）都要进行试验。

4.3 对于自镇流 LED 模块，要采用标称电源电压的容差限值进行电气测量。

4.4 没有独立外壳的整体式模块应按 IEC 60598-1:2003 的 0.5 章定义的灯具的整体部件处理。该类模块应安装在灯具内，使用本标准进行测试。

4.5 独立式模块除符合本标准外，还应符合本标准中没有包括的 IEC 60598-1:2003 的相应条款的要求。

4.6　如果模块是由工厂灌封的组合部件，则在进行任何测试时不应将其打开检验。如果需要检验模块和测试其电路，则应与制造商或销售商联系，让其提供专为模拟故障状态试验的模块。

5　试验说明

5.1　本标准所述试验均为型式试验。

注：本标准所提出的要求和公差均与制造商提交的型式试验样品所进行的试验有关。某一制造商的型式试验样品的合格并不能保证其全部产品符合本安全要求。制造商有责任保证产品的一致性，除了进行型式试验之外，还可采取例行试验和质量保证措施。

5.2　各项试验均应在 10 ℃～30 ℃的环境温度下进行，但另有规定时除外。

5.3　用于型式试验的样品应包含能满足型式试验中一个或多个条款用途，但另有规定时除外。

通常，全部试验要在每一种类型的模块上进行；如果试验时涉及到一系列类似的模块，则应与制造商取得一致意见.以该系列中每一种功率的产品或从该系列中选取有代表性的产品进行全部试验。

5.4　如果一个模块的光输出已发生易察觉的变化，则该模块不应用于做进一步的试验。

注：通常，50 %的值的变化表明模块已发生不可逆的变化。

5.5　对于给在 SELV 下工作的 LED 模块供电的独立式电子控制装置，还应符合 GB 19510.14—2009 附录 I 中的要求。

试验的一般条件在附录 A 中给出。

6　分类

按照安装方法，模块可分为：

——内装式；

——独立式；

——整体式。

对于整体式模块，IEC 60598-1:2003 中 1.2.1 的注释适用。

7　标志

7.1　内装式或独立式模块的强制性标志

a)　来源标志(商标、制造商名称或销售/供应商名称)。

b)　型号或制造商的类型符号。

c)　下述之一：

——额定电源电压或电压范围、电源频率；或/和

——额定电源电流或电流范围、电源频率(电源电流可在制造商的产品说明书中给出)；或/和

——额定输入功率或功率范围。

d)　标称功率。

e)　为保证安全所应的连接的位置和用途的标示。如果有连接导线，则线路图上应明确给出标示。

f)　t_c 值，如果该值涉及到模块上的某一个确定的位置，则应标明该位置或在制造商的产品说明书中作出规定。

g)　对于保护眼睛的标志，见 IEC 62471:2006 的标志要求。

h)　内装式模块上应有能将其与独立式模块区分开的标志。标志应标在包装上或模块上。

注：符号尚在考虑中。

7.2　标志的位置

7.1 的 a)、b)、c)和 f)所述标志应标在模块上。

7.1 的 d)、e)、g)和 h)所述标志应标在模块上的明显位置或在模块的说明书中给出。

整体式模块不要求有标志,但 7.1 的 a)～g)的内容应在制造商的技术文件中给出。

7.3 标志的耐久性和清晰度

标志应清晰耐久。

7.1 的 a)、b)、c)和 f)所述标志的合格性通过目视和用一块浸水的光滑布轻轻擦拭标志 15 s 来检验。

试验后标志仍应清晰明了。

7.1 的 d)～h)所述标志的合格性通过目视法检验。

8 接线端子

螺纹接线端子应符合 IEC 60598-1:2003 第 14 章的适用要求。

无螺纹接线端子应符合 IEC 60598-1:2003 第 15 章的适用要求。

连接件应符合 GB 19651.3—2008 的适用要求。

9 保护接地装置

GB 19510.1—2009 第 9 章的要求适用。

10 防止意外接触带电部件的措施

GB 19510.1—2009 第 10 章的要求适用。

11 防潮和绝缘

GB 19510.1—2009 第 11 章的要求适用。

12 介电强度

GB 19510.1—2009 第 12 章的要求适用。

13 故障状态

13.1 一般要求

当模块在预期的使用期间内可能出现的故障状态下工作时,其安全性不应降低。GB 19510.1—2009 第 14 章的要求适用,此外还应进行下列试验。

13.2 过载状态

试验应在附录 A 所述的环境温度下进行。

接通模块电源,监测功率(在输入端)并使达到额定电压、电流或功率时下的输入功率增加到 150%。试验继续进行直到模块达到热稳定状态。如果 1 h 内温度变化不超过 5 K,则认为达到了稳定状态。应在 t_c 标志点测量该温度。模块应能承受过载状态至少 15 min,如果温度变化≤5 K,则该时限可以处于稳定期间内。

如果模块包含一个限制功率的自动保护装置或电路,则模块要经受 15 min 的功率限制的工作条件。如果自动保护装置或电路能有效地限制功率超过这段时间,且只要模块满足 4.1 和 13.2 最后一段试验的符合性,则模块的该试验合格。

过载试验后,使模块工作在正常条件下,直到达到热稳定。

如果模块上没有产生火、烟雾或可燃气体,并且能承受 15 min 的过载状态,则该模块故障性能可靠。为了检验熔化材料是否对安全性造成了危害,可将 ISO 4046-4:2002 的 4.187 所述的薄棉纸铺在模块下,试验期间薄棉纸不应被引燃。

14 制造期间合格性测试

见附录 C。

15 结构

木料、棉织物、丝绸、纸和类似纤维材料不应被用作绝缘。
合格性用目视检验。

16 爬电距离和电气间隙

IEC 60598-1:2003 第 11 章的要求适用。

17 螺钉、载流部件和连接件

GB 19510.1—2009 第 17 章的要求适用。

18 耐热、防火及耐漏电起痕

GB 19510.1—2009 第 18 章的要求适用。

19 耐腐蚀

GB 19510.1—2009 第 19 章的要求适用。

附 录 A
（规范性附录）
试 验

见 GB 19510.1—2009 附录 H 的 H.1、H.2、H.4、H.7 和 H.11.2；忽略 H.1.3 中第 1 段的内容。在所有的章条中用“模块”代替“灯”、“（灯）控制装置”或“镇流器”。

附　录　B
（资料性附录）
LED 模块和控制装置的组成系统图

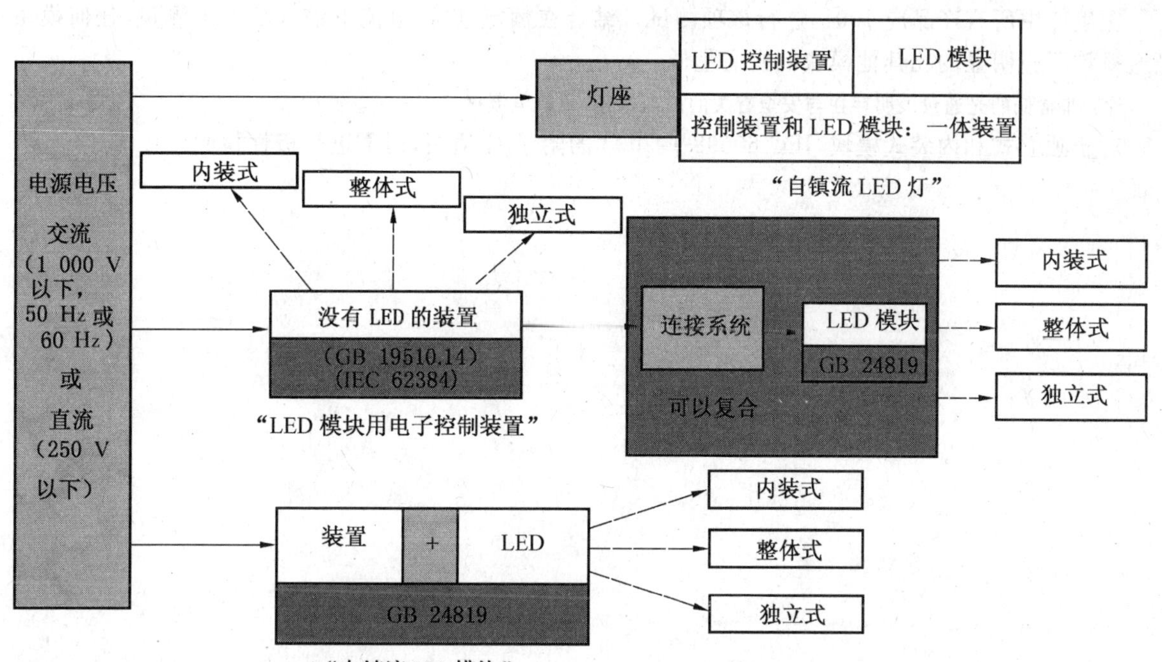

图 B.1　LED 模块和控制装置的组成系统图

附　录　C
（资料性附录）
制造期间的合格性测试

在生产中所有产品应100%进行该项测试。结合在额定电压/电流下输入功率的测量，任何模块的光通量均不应明显的比其他模块的光通量低。

注：非常低的光通量表明存在与安全有关的内部损耗，比如电流桥。

对于独立式和内装式模块，IEC 60598-1:2003 的附录Q适用，但不进行极性检验。

参 考 文 献

[1] GB/T 2900.65 电工术语 照明(GB/T 2900.65—2004,IEC 60050(845):1987,MOD)

[2] GB 16844 普通照明用自镇流灯的安全要求(GB 16844—2008,IEC 60968:1999 IDT)

[3] GB/T 24823 LED模块用直流或交流电子控制装置 性能要求

[4] GB/T 24826 普通照明用LED和LED模块的术语和定义

ICS 97.140
Y 81

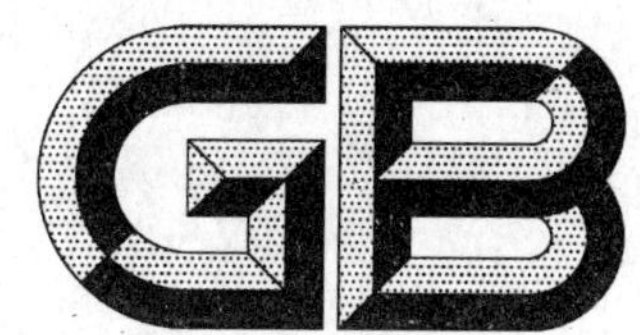

中华人民共和国国家标准

GB 24820—2009

实验室家具通用技术条件

General technical requirements for laboratory furniture

2009-12-15 发布　　2010-11-01 实施

中华人民共和国国家质量监督检验检疫总局
中国国家标准化管理委员会　发布

前言

本标准中6.5、6.6为强制性条款，其余为推荐性条款。

本标准的技术内容参考了BS EN 13150：2001《实验台　尺寸、安全要求及试验方法》、BS EN 14056：2003《实验室家具　设计和安装指南》、BS EN 14727：2005《实验室家具　实验室储物柜　要求和试验方法》，并根据实验室家具的特点作了如下修改和补充：

——增加术语和定义、符号、产品分类、要求和检验规则；

——用符号“L”代替“l”表示升或长度；

——增加了参考文献。

本标准的附录A为资料性附录。

本标准由中国轻工业联合会提出。

本标准由全国家具标准化中心归口。

本标准主要起草单位：上海市质量监督检验技术研究院、北京家具行业协会、中国家具协会办公家具专业委员会、北京市木材家具质量监督检验站。

本标准参加起草单位：北京武进现代办公设备有限责任公司、北京鸣远实验家具有限责任公司、北京森雷普实验室设备有限公司、上海飞域实验室设备有限公司、北京市丽日办公用品有限责任公司、北京东方中科达科技有限公司、北京史泰博商贸有限公司、山东欧普科贸有限公司、河北吉荣家具有限公司、北京舒雅轩家具厂。

本标准主要起草人：何法涧、刘文智、罗菊芬、招寿田、罗炘、刘俊峰、胡秀文、吴招促、姜成、李军、杨磊。

实验室家具通用技术条件

1 范围

本标准规定了实验室家具的术语和定义、符号、分类、要求、试验方法、检验规则及标志、包装、贮存、运输、使用说明。

本标准适用于学校、医院、科研、质检等单位实验室用物理实验台、化学实验台、生物实验台、操作台及储物柜等普通实验室家具。

本标准不适用于实验室用椅、凳和特殊实验室(如老化、退化的评估、发热效应、人类工程学及防火等)使用的家具。

2 规范性引用文件

下列文件中的条款通过本标准的引用而成为本标准的条款。凡是注日期的引用文件,其随后所有的修改单(不包括勘误的内容)或修订版均不适用于本标准,然而,鼓励根据本标准达成协议的各方研究是否可使用这些文件的最新版本。凡是不注日期的引用文件,其最新版本适用于本标准。

GB/T 1732—1993 漆膜耐冲击性测定法

GB/T 2828.1—2003 计数抽样检验程序 第1部分:按接收质量限(AQL)检索的逐批检验抽样计划

GB/T 3324—2008 木家具通用技术条件

GB/T 3325—2008 金属家具通用技术条件

GB 4793.1 测量、控制和实验室用电气设备的安全要求 第1部分:通用要求

GB/T 4893.1 家具表面耐冷液测定法

GB/T 4893.2 家具表面耐湿热测定法

GB/T 4893.3 家具表面耐干热测定法

GB/T 4893.4 家具表面漆膜附着力交叉切割测定法

GB/T 4893.7 家具表面漆膜耐冷热温差测定法

GB/T 4893.8 家具表面漆膜耐磨性测定法

GB/T 4893.9 家具表面漆膜抗冲击测定法

GB 5296.6 消费品使用说明 第6部分:家具

GB 6566 建筑材料放射性核素限量

GB/T 6739—2006 色漆和清漆 铅笔法测定漆膜硬度

GB 7231 工业管道的基本识别色、识别符号和安全标识

GB/T 9286 色漆和清漆 漆膜的划格试验

GB/T 10357.1—1989 家具力学性能试验 桌类强度和耐久性

GB/T 10357.4—1989 家具力学性能试验 柜类稳定性

GB/T 10357.5—1989 家具力学性能试验 柜类强度和耐久性

GB/T 15102—2006 浸渍胶膜纸饰面人造板

GB 15763.2—2005 建筑用安全玻璃 第2部分:钢化玻璃

GB/T 17657—1999 人造板及饰面人造板理化性能试验方法

GB 18584 室内装饰装修材料 木家具中有害物质限量

GB/T 21747—2008 教学实验室设备 实验台(桌)的安全要求及试验方法

QB/T 3827　轻工产品金属镀层和化学处理层的耐腐蚀试验方法　乙酸盐雾试验(ASS)法
QB/T 3832　轻工产品金属镀层腐蚀试验结果的评价
ISO 4589-2:1996　塑料　通用氧指数测定其燃烧性　第2部分:室温试验

3　术语和定义

下列术语和定义适用于本标准。

3.1
结构　structure
操作台支撑部分,包括框架、工作台和腿。

3.2
操作面　workbench
具有支撑结构和满足所需服务的工作台面。

3.3
操作台　work table
由结构和操作面连接构成的家具,又称实验台。

3.4
设施区　service zone
用于分布设施(如水、电、气等)的区域。

3.5
独立式部件　free-standing unit
与建筑物没有结构连接、独立存在的部件。

3.6
固定式部件　built-in unit
直接或通过其他单元与建筑物结构连接的部件。

3.7
壁挂式部件　wall-mounted unit
完全由建筑物的一个或多个墙体支撑的部件。

3.8
顶挂式部件　top mounted unit
由屋顶支撑的部件。

3.9
活动部件　mobile unit
配备滑道、轮子或脚轮的部件。

3.10
启闭装置　latching device
能够自动控制门处于全开、全关的装置。

3.11
锁定机构　locking mechanism
防止活动部件在误操作时被打开的装置。

4　符号

本标准使用了表1、图1中的符号。

表 1　操作台主要尺寸的符号及说明

序号	名　称	符号	说　明
1	台面高度	h_1	操作面上表面与地面的垂直距离
2	操作台高度	h_2	操作台上试剂(或设备)架上表面与地面的垂直距离
3	底板高度	h_3	操作台底板下沿与地面的垂直距离
4	台面总深度	d_1	操作台前、后端面间水平距离,包括可能的设施区
5	净操作面深度	d_2	操作台前、后端面之间的水平距离,除了挡板和可能的设施区
6	试剂(或设备)架悬置深度	d_3	操作台顶/搁板超出试剂(或设备)架置物区的水平距离
7	设施区深度	d_4	操作台面总深度减去净操作面深度,即单面 d_1-d_2,双面 d_1-2d_2
8	台面宽度	L	操作台面左、右端面间水平距离

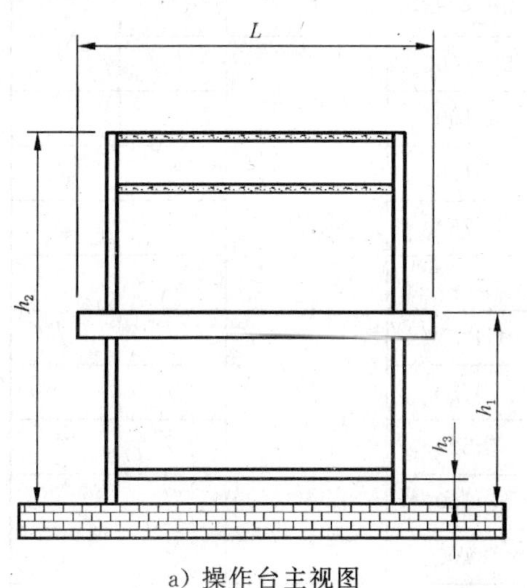

a) 操作台主视图

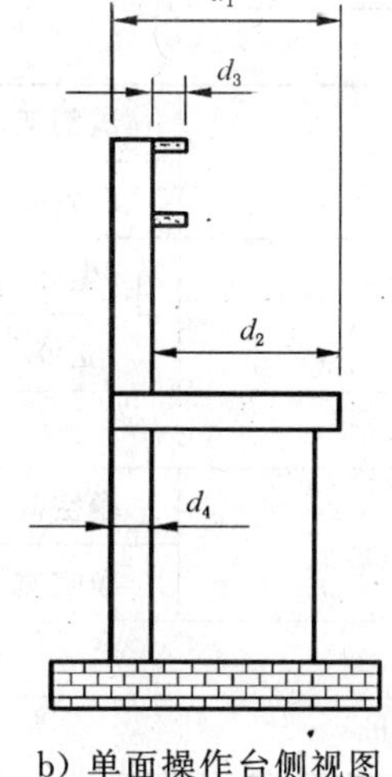

b) 单面操作台侧视图

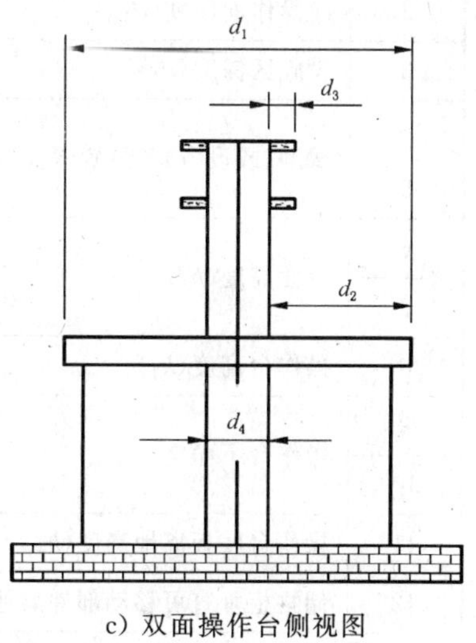

c) 双面操作台侧视图

图 1　操作台主要尺寸示意图

5　分类

5.1　按用途分类

a)　操作台:如物理、化学、生物实验台,仪器实验台、天平台、洗涤台、超净工作台等;

b)　储物柜:一般用于储存药品、毒品、器皿等物品的实验室用柜类。

5.2　按柜体用料分类

a)　木制柜:柜体用料为人造板和(或)实木;

b)　钢制柜:柜体用料为金属材料;

c)　混合材料柜:柜体用料为钢制和木制混合材料。

5.3　按结构分类

a)　固定式:与建筑物地面或墙体固定连接;

b)　独立式:与建筑物没有结构连接,独立存在;

c)　组合式:由两个或两个以上的单体组合而成。

5.4　按操作台布局分类

a)　一字型:操作台采用一字形布置方式;

b)　L 型:两相邻操作台采用 L 字形布置方式;

c)　U 型:三相邻操作台采用 U 字形布置方式;

d) 岛型:操作台布置在实验室中间。根据布置位置,又可分为:

——岛式中央操作台:操作台整体位于实验室中间;

——半岛式中央实验台:操作台的一端靠墙;如果操作台的一条长边靠墙,则称为侧边实验台。

6 要求

6.1 主要尺寸

操作台、储物柜主要尺寸应符合表2的规定。

表2 主要尺寸

单位为毫米

序号	检验项目		要求:主要尺寸	要求:尺寸级差	项目分类:基本	项目分类:一般
1	台面宽度(L)		600～1 800	300		√
2	净操作面深度(d_2)		600～900	50		√
3	设施区深度(d_4)		50～400	10		√
4	试剂(或设备)架悬置深度(d_3)	试剂架	≤150			√
5		设备架	≥150			√
6	台面高度(h_1)	坐姿	≤760			√
7		立姿	≤900			√
8	操作台高度(h_2)		≤1 750			√
9	操作台下净空	净空高	≥580		√	
10		净空宽	≥520		√	
11	操作台底板离地高度(h_3)		≥150		√	
12	储物柜垂直可移动部件离地高度		≥100		√	

注:有特殊要求的实验室家具,其尺寸要求由供需双方协定,并书面明示;其中“立姿”是指站立,或坐于高椅或高凳的姿势。

6.2 外形尺寸偏差及形状位置公差

操作台、储物柜外形尺寸偏差及形状位置公差应符合表3的规定。

表3 外形尺寸偏差及形状位置公差

单位为毫米

序号	检验项目		要求		项目分类:基本	项目分类:一般
1	外形尺寸偏差	受检产品标识尺寸与实测值偏差(配套或组合产品的外形尺寸偏差应同取正值或负值)	宽	±5		√
			深			
			高			
2		嵌入式、内置式设备台面开槽(口)尺寸	[0,+5]			√
3	形状位置公差	台面、正视面板翘曲度	对角线长度≥1 400	≤3.0		√
			700≤对角线长度<1 400	≤2.0		√
			对角线长度<700	≤1.0		√
4		台面、正视面板平整度	≤0.2			√
5		底脚平稳性	≤1.0			√

表 3（续）

单位为毫米

<table>
<tr><th rowspan="2">序号</th><th colspan="4">检验项目</th><th colspan="4">要　求</th><th colspan="2">项目分类</th></tr>
<tr><th>基本</th><th>一般</th></tr>
<tr><td rowspan="4">6</td><td rowspan="9">形状位置公差</td><td colspan="2" rowspan="4">柜体邻边垂直度</td><td rowspan="4">正视面板、框架</td><td rowspan="2">对角线长度</td><td>≥1 000</td><td colspan="2">长度差≤3</td><td rowspan="4"></td><td rowspan="2">√</td></tr>
<tr><td><1 000</td><td colspan="2">长度差≤2</td></tr>
<tr><td rowspan="2">对边长度</td><td>≥1 000</td><td colspan="2">对边长度差≤3</td><td rowspan="2">√</td></tr>
<tr><td><1 000</td><td colspan="2">对边长度差≤2</td></tr>
<tr><td rowspan="2">7</td><td colspan="2" rowspan="2">位差度</td><td colspan="4">门与框架、门与门相邻表面间的距离偏差(非设计要求)</td><td>≤2.0</td><td></td><td>√</td></tr>
<tr><td colspan="4">抽屉与框架、门、抽屉、拉篮相邻表面间的距离偏差(非设计要求)</td><td>≤1.0</td><td></td><td>√</td></tr>
<tr><td>8</td><td colspan="2">分缝</td><td colspan="5">所有分缝(非设计要求时)≤2.0</td><td></td><td>√</td></tr>
<tr><td rowspan="2">9</td><td rowspan="2">抽屉</td><td>下垂度</td><td colspan="5">≤10</td><td></td><td>√</td></tr>
<tr><td>摆动度</td><td colspan="5">≤10</td><td></td><td>√</td></tr>
</table>

6.3 木工及外观要求

6.3.1 操作台面不应有裂缝、渗透现象(基本项目)。

6.3.2 操作台面不应有污物、杂质(一般项目)。

6.3.3 木制件、饰面人造板、玻璃件、木工要求均应符合 GB/T 3324—2008 表 4 中“木制件外观、人造板外观、玻璃件外观、木工要求”的规定。

6.3.4 金属件外观要求应符合 GB/T 3325—2008 表 4 中“金属件外观要求”的规定。

6.4 用料要求

操作台、储物柜用料要求应符合表 4 的规定。

表 4　用料要求

序号	用料	要　求	检验方法	项目分类	
				基本	一般
1	木材	不应使用有活虫尚在侵蚀的木质材料，实木类材料应经杀虫处理	视检	√	
2		木材含水率应为 8%至产品所在地区年平均木材平衡含水率+1%	按 GB/T 3324—2008 中 6.3.4 规定进行	√	
3	饰面人造板	静曲强度、内结合强度、含水率、24 h 吸水厚度膨胀率、握螺钉力应符合 GB/T 15102—2006 中表 3 或表 4 的要求	按 GB/T 17657—1999 中 4.9、4.8、4.3、4.5、4.10 规定进行	√	
4	玻璃部件	任何≥0.06 m^2 垂直玻璃部件应符合 GB 15763.2 的要求	按 GB 15763.2—2005 规定进行	√	

6.5 有害物质限量(基本项目)

6.5.1 木家具中有害物质限量应符合 GB 18584 的规定。

6.5.2 天然石材放射性应符合 GB 6566 中 A 级规定。

6.6 安全性要求

操作台、储物柜安全性要求应满足表 5 的规定。

表 5　安全性要求

序号	要　求		检验方法	项目分类	
				基本	一般
1	活动部件间距离/mm	≤8 或≥25	按 GB/T 3324—2008 中 6.1 进行	√	
2	与人体接触的零部件不应有毛刺、刃口、尖锐的棱角和端头		视检	√	
3	折叠产品应折叠灵活，应无自行折叠现象			√	
4	需保留液体的操作台面，应在其所有边上配有挡水板，挡水板与台面拼接应牢固、接缝应紧密，挡水板与挡水板对接应无错位		将水注入台面与挡水板形成的槽内，24 h后查看是否渗水	√	
5	所有垂直滑行的前卷门，在高于闭合点 50 mm 的任一位置，不应自行移动		将卷门置于高于闭合位置 50 mm 处以上，检查是否有自行滑落情况	√	
6	所有可拉伸的部件，应装配有效的限位装置，当其包括装载物在内质量超过 10 kg 时，在拉手处施加 200 N 力，该部件不应被拉脱；或者在其前端面贴一警示标签，说明该部件易被拉脱		检查是否安装限位装置；检查是否贴有警示标签。如无标签则在拉手处向拉脱方向施加 200 N 力，检查该部件是否会被拉脱	√	
7	活动部件的轮子或脚轮应至少有两个具有锁定装置		视检	√	
8	不靠墙的实验台，应在其试剂架顶/搁板的后面和开口端的边缘安装不低于 30 mm 的挡条		按 GB/T 3324—2008 中 6.1 进行	√	
9	抽屉和柜门前端面上部的操作台应做斜边或相应的泛水处理，避免台面液体的滴落残留或滴入柜体内		视检	√	
10	操作台面接缝应平整、紧密，不应渗水、开缝		将水滴在接缝处，24 h 后查看是否渗水	√	

6.7　阻燃性(基本项目)

实验室家具台面材料氧指数应不小于 35。

6.8　理化性能

6.8.1　排水管理化性能(基本项目)

排水管耐冷热温差检验后应无裂缝、渗漏水现象。

6.8.2　操作台台面理化性能

操作台台面理化性能应满足表 6 的规定。

表 6　操作台台面理化性能

序号	项目	试验条件		要　求	项目分类	
					基本	一般
1	耐磨	磨损值/(mg/100 r)		≤80		√
		表面情况	图案：磨 100 r	应保留 50%以上花纹		√
			素色：磨 350 r	应无露底现象		√
2	耐划痕	1.5 N，划一周		无整圈连续划痕	√	
3	抗老化	调制(23±2)℃，(50±5)%，48 h 老化(45±5)℃，65%～90%，72 h		无开裂	√	
4	耐龟裂性	(20±2)℃，(24±1)h		不低于 1 级	√	

表 6（续）

序号	项目	试验条件	要　求	项目分类	
				基本	一般
5	耐冷热循环	(80±2)℃，(120±10)min，(−20±3)℃，(120±10)min；四周期	无裂纹、鼓泡、起皱和无明显变色	√	
6	耐水蒸气	水蒸气，(60±5)min	无凸起、龟裂和明显变色	√	
7	耐干热	(180±1)℃，20 min	不低于 3 级	√	
8	物理实验台面抗冲击	耐冲击试验机，冲击高度 1 m	冲击凹坑直径≤10 mm	√	
9	物理实验台面防静电	测阻仪	$\geqslant 1.0\times10^{5}\,\Omega$	√	
10	化学实验台面抗化学试剂	少许试液，24 h	光泽和颜色允许有轻微变化	√	
11	物理、化学实验台面耐高温	(120±3)℃，2 h	无裂纹	√	
12	生物实验台面耐污染[a]	少许试液，24 h	不低于 3 级	√	
注：有特殊要求的实验室家具，其理化性能要求由供需双方协定，并书面明示。					
[a] 试液包括 GB/T 17657—1999 中 4.37 规定的食用酱油、食用醋、咖啡、色酒、黑色鞋油、碳酸钠水溶液。					

6.8.3　操作台柜体以及储物柜表面理化性能

操作台柜体及储物柜的表面理化性能应满足表 7 的规定。

表 7　操作台柜体以及储物柜表面理化性能

序号	检验项目		试验条件	要求	项目分类	
					基本	一般
1	金属喷漆(塑)涂层	硬度	≥H		√	
2		冲击强度	3.92J	无剥落、裂纹、皱纹	√	
3		耐腐蚀	24 h 乙酸盐雾试验(ASS)	不低于 7 级	√	
4	金属电镀层	附着力	不低于 2 级		√	
5		耐腐蚀	24 h 乙酸盐雾试验(ASS)	不低于 7 级	√	
6	木制件及人造板饰面	耐液	10%碳酸钠和 30%乙酸，24h	无明显的变色、鼓泡、皱纹等	√	
7		附着力	每组割痕包括 11 条长 35 mm，间距 2 mm 的平行割痕，2 组	不低于 3 级	√	
8		耐湿热	70 ℃，20 min	不低于 3 级	√	
9		耐干热	80 ℃，20 min	不低于 3 级	√	
10		耐冷热温差	温度(40±2)℃，相对湿度 98%～99%，和(−20±2)℃，3 周期	无鼓泡、裂缝和明显失光	√	
11		抗冲击	木制表面(漆膜)冲击器，200 mm	不低于 3 级	√	
12		耐磨	图案：磨 100 r	应无露底现象	√	
			素色：磨 350 r	应无露底现象		
13		浸渍剥离性	Ⅱ类浸渍剥离	胶层或贴面、封边条与基材间无剥离、分层现象	√	
注：有特殊要求的实验室家具，其理化性能要求由供需双方协定，并书面明示。						

6.9 力学性能

6.9.1 操作台力学性能

操作台力学性能应满足表 8 的规定。

表 8 操作台力学性能

序号	项目	试验条件	要求	检验项目分类	
				基本	一般
1	水平静载荷试验	力 600 N,10 次	应符合 GB/T 10357.1—1989 第 8 章的规定	√	
2	垂直静载荷试验	主桌面:力 2 000 N,10 次 辅助桌面:力 500 N,10 次		√	
3	持续垂直静载荷	载荷 1.25 $\mathrm{kg/dm^2}$,24 h		√	
4	搁板弯曲试验	载荷 1.25 $\mathrm{kg/dm^2}$,24 h	加载时,搁板挠度≤跨距/200 卸载后,搁板挠度≤跨距/1 000 并符合 GB/T 10357.1—1989 第 8 章的规定	√	
5	独立操作台水平冲击稳定性试验	质量 50 kg 跌落高度 40 mm	不应倾翻,并符合 GB/T 10357.1—1989 第 8 章的规定	√	
6	独立操作台垂直加载稳定性试验	无抽屉:力 1 000 N 有抽屉:力 750 N		√	
7	活动操作台跌落	跌落高度:150 mm,10 次	应符合 GB/T 10357.1—1989 第 8 章的规定	√	
8	水平耐久性试验	力:150 N、200 N、250 N、300 N 循环次数:5 000 次、10 000 次、15 000 次、20 000 次		√	
9	垂直耐久性试验	力:300 N、400 N、500 N 循环次数:5 000 次、10 000 次、15 000 次、20 000 次	应符合 GB/T 10357.1—1989 第 8 章的规定	√	
10	垂直冲击试验	跌落高度:150 mm、200 mm、300 mm,10 次		√	
注:序号为 8、9、10 的试验条件由供需双方确定,无要求时,则在检验报告中注明所使用的试验条件数值。					

6.9.2 储物柜力学性能

储物柜力学性能应满足表 9 的规定。

表 9 储物柜力学性能

序号	项目	试验条件	要求	项目分类	
				基本	一般
1	搁板稳定性试验	水平力≥搁板重量的 50%	空载搁板应安全不脱落	√	
		垂直力 100 N	空载搁板不应倾翻	√	
2	搁板弯曲试验	均布载荷:1.0 $\mathrm{kg/dm^2}$ 加载时间:金属、玻璃、石材搁板:1 h;其他搁板:7 d	加载时,搁板挠度≤跨距/200;应符合 GB/T 10357.5—1989 第 9 章的规定	√	
			卸载后,搁板挠度≤跨距/1 000;应符合 GB/T 10357.5—1989 第 9 章的规定	√	
3	搁板支承件强度试验	载荷:1.0 $\mathrm{kg/dm^2}$,冲击能 1.66 N·m,10 次	位移≤3.0 mm;应符合 GB/T 10357.5—1989 第 9 章的规定	√	

表 9（续）

序号	项目	试验条件	要　求	项目分类	
				基本	一般
4	拉门强度试验	质量 30 kg,10 次	应符合 GB/T 10357.5—1989 第 9 章的规定	√	
5	拉门水平静载荷试验	力 80 N,10 次		√	
6	拉门猛开试验	质量 3.0 kg,10 次		√	
7	拉门耐久性试验	质量 2.0 kg,循环次数 50 000 次,速率 6 次/min		√	
8	移门和侧向启闭的卷门猛开猛关试验	质量(W^a+4.0)kg,10 次		√	
9	移门和侧向启闭的卷门耐久性试验	循环次数 20 000 次		√	
10	抽屉猛关试验	质量 5 kg,速度 1.3 m/s 质量 35 kg,速度 1.0 m/s		√	
11	抽屉和滑道强度试验	力 250 N,10 次		√	
12	抽屉和滑道耐久性试验	50 000 次		√	
13	抽屉结构强度试验	力 70 N,10 次		√	
14	翻门强度试验	力 200 N,10 次		√	
15	翻门耐久性试验	循环次数 20 000 次		√	
16	垂直启闭的卷门猛关试验	30 次		√	
17	垂直启闭的卷门耐久性试验	10 000 次		√	
18	顶板的垂直静载荷试验[b]	力 1 000 N,10 次		√	
19	过载试验	7 d		√	
20	空载稳定性试验	力矩 200 N·m	不应倾翻	√	
21	活动部件垂直加载稳定性试验	载荷见表 10		√	
22	装有脚轮的台底柜的限位装置试验	相对水平面倾斜度为 5°的地面,载荷见表 10	不应移动	√	
23	主体结构和底架的强度试验	力 300 N,10 次	位移≤15 mm,并符合 GB/T 10357.5—1989 第 9 章的规定	√	

[a] 刚好移动门所需的质量。

[b] 实验室储物柜中所有顶面到地面距离不大于≤1 050 mm 家具。

表 10 所需载荷

项目	要求
搁板、折板、底板	1.00 kg/dm^2
内部高度≤100 mm 的拉篮	0.65 kg/dm^2
其他拉篮	0.20 kg/dm^2
净高≤110 mm 的可拉伸部件	0.35 kg/dm^2
其他抽屉	0.20 kg/dm^2

7 设计和安装指南

设计和安装指南参见附录 A,不作为实验室家具技术要求。

8 试验方法

8.1 检验小试样的制取

检验用小试样宜在实验室家具上直接制取,也可用相同的材料和工艺制作。

8.2 检验程序

检验程序应遵循尽量不影响余下检验项目正确性的原则。实验室家具安装完后,先进行外观、尺寸及形状位置公差检验,再进行加工要求检验,最后进行破坏性检验的项目试验。

8.3 检验项目分类

检验项目分为基本项目、一般项目。

8.4 检验项目及检验方法

8.4.1 主要尺寸、外形尺寸偏差及形状位置公差的测定

主要尺寸(6.1)及外形尺寸偏差(表 3 中序号 1、序号 2)的测定按 GB/T 3324—2008 中 6.1 规定进行。

形位公差(表 3 中序号 3～序号 9)的测定按 GB/T 3324—2008 中 6.2 规定进行。

8.4.2 木工及外观检验

操作台面的渗透性检验:将水洒在台面上,24 h 后观察是否渗水。

其他按 GB/T 3324—2008 中 6.4.2 规定进行。

8.4.3 用料检验

用料要求的检验方法见表 4。

8.4.4 有害物质限量的测定

8.4.4.1 木家具中有害物质限量(6.5.1)的测定按 GB 18584 的规定进行。

8.4.4.2 天然石材放射性(6.5.2)的测定按 GB 6566 的规定进行。

8.4.5 安全性要求的检验

安全要求的检验方法见表 5。

8.4.6 阻燃性的测定

按 GB/T 2406—1993 的规定进行。

8.4.7 理化性能试验

按表 11 的规定进行。

表 11　理化性能试验

序号	检验项目(条款号)			检验方法
1	排水管面理化性能(6.8.1)	排水管理化性能		将排水管放置于温度为 80 ℃,相对湿度为 95%的恒温恒湿箱中处理 2 h 后,立即置入温度为(0±2)℃的低温冰箱中处理 2 h 为一个试验周期。 从一箱转入另一箱的时间不超过 2 min。连续进行三个周期。试验结束后,试件置于室温中存放 24 h,然后往管中注入(90±2)℃的热水,检查管道的裂纹、渗透水情况。
2	操作台面理化性能(6.8.2)	耐磨		按 GB/T 17657—1999 中 4.38 进行
		耐划痕		按 GB/T 17657—1999 中 4.29 进行
		抗老化		按 GB/T 17657—1999 中 4.45 进行
		耐龟裂性		按 GB/T 17657—1999 中 4.30 进行
		耐冷热循环		按 GB/T 17657—1999 中 4.31 进行
		耐水蒸气		按 GB/T 17657—1999 中 4.21 进行
		耐干热		按 GB/T 17657—1999 中 4.42 进行
		物理实验台面抗冲击		按 GB/T 17657—1999 中 4.44 进行
		物理实验台面防静电		按 GB/T 17657—1999 中 4.48 进行
		化学实验台面抗化学试剂		按 GB/T 21747—2008 中 6.3.8 进行
		物理、化学实验台面耐高温		按 GB/T 17657—1999 中 4.18 进行
		生物实验台面耐污染		按 GB/T 17657—1999 中 4.36 进行
3	操作台柜体以及储物柜的理化性能(6.8.3)	金属喷漆(塑)涂层	硬度	按 GB/T 6739—2006 进行
			冲击强度	按 GB/T 1732—1993 进行
			耐腐蚀	按 QB/T 3827 进行检验,按 QB/T 3832 评定
			附着力	按 GB/T 9286 进行
		金属电镀层	耐腐蚀	按 QB/T 3827 进行检验,按 QB/T 3832 评定
		木制件、饰面人造板	耐液	按 GB/T 4893.1 进行
			附着力	按 GB/T 4893.4 进行
			耐湿热	按 GB/T 4893.2 进行
			耐干热	按 GB/T 4893.3 进行
			耐冷热温差	按 GB/T 4893.7 进行
			冲击强度	按 GB/T 4893.9 进行
			耐磨	按 GB/T 4893.8 进行
			浸渍剥离性	按 GB/T 17657—1999 中 4.17.4.1b)进行

8.4.8　力学性能试验

操作台力学性能(6.9.1)、储物柜力学性能(6.9.2)试验应按表 12 的规定进行。

表 12 力学性能试验

<table>
<tr><th>序号</th><th colspan="2">检验项目(条款号)</th><th>检验方法</th></tr>
<tr><td rowspan="11">1</td><td rowspan="11">操作台
力学性能
(6.9.1)</td><td>水平静载荷试验</td><td>按 GB/T 10357.1—1989 中 7.1.2 进行</td></tr>
<tr><td>垂直静载荷试验</td><td>按 GB/T 10357.1—1989 中 7.1.1.1、7.1.1.2 进行</td></tr>
<tr><td>持续垂直静载荷</td><td>按 GB/T 10357.1—1989 中 7.1.1.3 进行</td></tr>
<tr><td>搁板弯曲试验</td><td>按试验条件加载,在搁板前边缘的中点,测量垂直变形量,精确到 0.1 mm,用此变形量除以两支承点间距离(即跨距)。</td></tr>
<tr><td>独立操作台水平冲击稳定性试验</td><td>把止滑块放在操作台的腿端,使其定位在地板上,进一步定位冲击位置。使用水平冲击器冲击操作台顶部边缘最不稳定的位置,其跌落高度为 40mm。试验结束后,检查操作台的整体结构,并按 GB/T 10357.1—1989 中第 8 章评定试验结果。
水平冲击器包括一个被膨胀到(74.5±5)kPa 的篮球和附有一个保留皮带的弹性网状物的球形环状底座。球托应包括一个外径 150 mm 和内径 90 mm 的木材(或木制)圆环,它的后面将附在冲击器的主体上,并且前面形状适合于球(见图 2)。</td></tr>
<tr><td>独立操作台垂直加载稳定性试验</td><td>把操作台放在试验地面上,利用加载垫,在可能最不稳定的边上任一点,垂直向下施加 1 000 N 的力,载荷的重心应离实验台面外缘 50 mm(见图 3)。
在操作台的一个短边的中心,用垂直力重复该试验。如果操作台结构不同(即,如果操作台不对称),在另一长边重复上述试验,然后再在另一短边试验。
如果操作台在固定结构上装配了抽屉,施加 0.5 kg/dm^3 的载荷。
拉出对稳定性最有不利影响的组合抽屉。例如:当没有限单屉开启装置时,拉出所有抽屉;但当有该装置时,仅拉出每层最大的抽屉。抽屉应充分拉出,直到抽屉限位所允许的长度,在距离操作台边缘 50 mm 处的前中心施加 750 N 的垂直载荷(见图 3)。
如果操作台失去平衡,应予以记录,并按 GB/T 10357.1—1989 中第 8 章评定试验结果。</td></tr>
<tr><td>活动操作台跌落</td><td>按 GB/T 10357.1—1989 中 7.1.4 进行</td></tr>
<tr><td>水平耐久性试验</td><td>根据产品种类及使用场所不同,分别选取施加的力和循环次数。
按 GB/T 10357.1—1989 中 7.2.1 进行。</td></tr>
<tr><td>垂直耐久性试验</td><td>根据产品种类及使用场所不同,分别选取施加的力和循环次数。
按 GB/T 10357.1—1989 中 7.2.2 进行。</td></tr>
<tr><td>垂直冲击试验</td><td>根据产品种类及使用场所不同,分别选取施加的力和循环次数。
按 GB/T 10357.1—1989 中 7.1.3 进行试验,使垂直冲击器自由跌落到台面的以下位置:
——在距离最长边的中心 100 mm 的位置,冲击 10 次;
——在距离角边缘 100 mm 的位置,冲击 10 次;
——对于不同几何形状,“最长边的中心”为距离尽可能远离台面支承件 100 mm 的点。</td></tr>
</table>

表 12（续）

序号	检验项目(条款号)		检验方法
2	储物柜力学性能(6.9.2)	搁板稳定性试验	在空载搁板前缘中间施加一超过搁板质量50%的水平力，记录搁板移动情况。 在距离空载搁板前缘25 mm的任一点，向下施加100 N的垂直力，记录搁板倾翻情况。
		搁板弯曲试验	按试验条件加载，在搁板前边缘的中点，测量垂直变形量，精确到0.1 mm，用此变形量除以两支承点间距离(即跨距)。搁板支承点较多时，测量并记录最大挠度。
		搁板支承件强度试验	按GB/T 10357.5—1989中6.1.2进行
		拉门强度试验	按GB/T 10357.5—1989中7.1.2进行
		拉门水平静载荷试验	将门完全打开，从距门外边沿100 mm的水平中心线处，在门打开的方向上，垂直于门平面施加一80 N的力，10次。如果门完全打开角度大于135°时，则取135°。
		拉门猛开试验	按GB/T 10357.5—1989中7.1.3进行
		拉门耐久性试验	按GB/T 10357.5—1989中7.1.1进行
		移门和侧向启闭的卷门猛开猛关试验	按GB/T 10357.5—1989中7.2.2进行
		移门和侧向启闭的卷门耐久性试验	按GB/T 10357.5—1989中7.2.1进行
		抽屉猛关试验	按GB/T 10357.5—1989中7.5.3进行
		抽屉和滑道强度试验	按GB/T 10357.5—1989中7.5.4进行
		抽屉和滑道耐久性试验	按GB/T 10357.5—1989中7.5.1进行
		抽屉结构强度试验	按GB/T 10357.5—1989中7.5.2进行
		翻门强度试验	按GB/T 10357.5—1989中7.3.2进行
		翻门耐久性试验	按GB/T 10357.5—1989中7.3.1进行
		垂直启闭的卷门猛关试验	按GB/T 10357.5—1989中7.4.2进行
		垂直启闭的卷门耐久性试验	按GB/T 10357.5—1989中7.4.1进行
		顶板的垂直静载荷试验	按GB/T 10357.1—1989中7.1.1.1进行
		过载试验	在对活动部件试验后，按照以下原则，在所有存放区域，增加载荷。 如果搁板的数量不取决于结构，将其内部高度(mm)除以300，取较小的整数，即为试验过程中所应用的搁板数。 对底部的载荷应为250 kg/m^2； 对第一搁板的载荷应为150 kg/m^2； 对第二搁板的载荷应为100 kg/m^2； 对第三及以下搁板的载荷应为65 kg/m^2； 对顶面的载荷应为50 kg/m^2。 如果试件体积$V>0.225$ m^3，载荷应乘以因子R。 $R=1.2/(0.75+2V)$ 式中：V——试件体积，单位为立方米(m^3)。 如有必要减少载荷时，应从底部的载荷中除去。 加载时间为7 d。

表 12(续)

序号	检验项目(条款号)		检验方法
2	储物柜力学性能(6.9.2)	空载稳定性试验	具有操作面的自立式试件,在非承载时,施加 200 N·m 的向外翻转力矩,记录试件稳定情况。 试验期间,所有的门、折板和可拉伸部件应闭合。
		活动部件垂直加载稳定性试验	按 GB/T 10357.4—1989 中 5.2 进行
		装有脚轮的操作台底柜的限位装置试验	将操作台底柜放置于相对水平面倾斜度为 5°的地面上(或类似装置),仅在两个脚轮上使用止动装置。 向试件施加制造商所指定的最大载荷或按表 10 中给出的载荷。 检查在没有施加水平力,承载或非承载的情况下,试件是否顺着倾斜的地面(或类似装置)向下移动。
		主体结构和底架的强度试验	按 GB/T 10357.5—1989 中 8.1 进行

单位为毫米

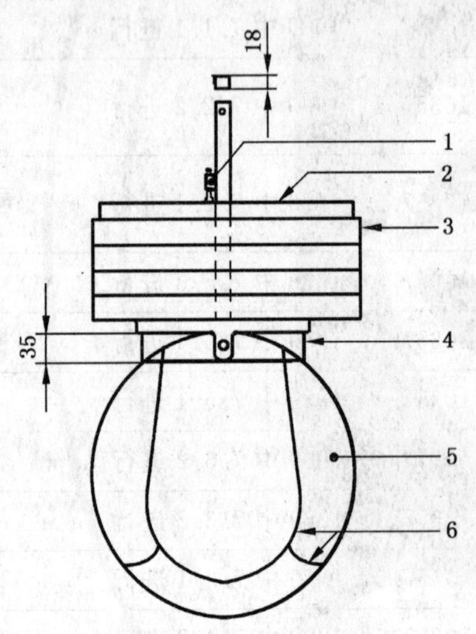

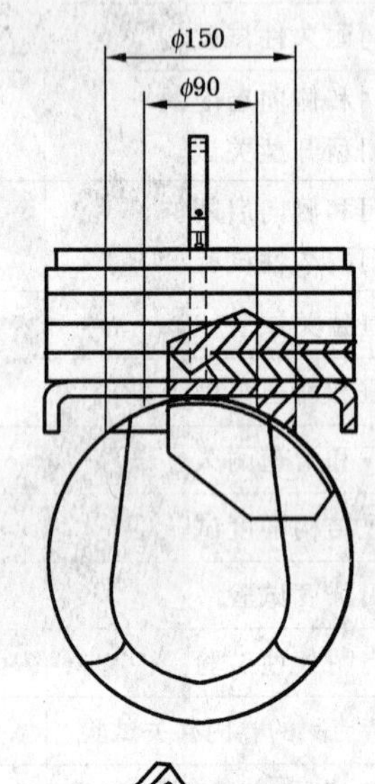

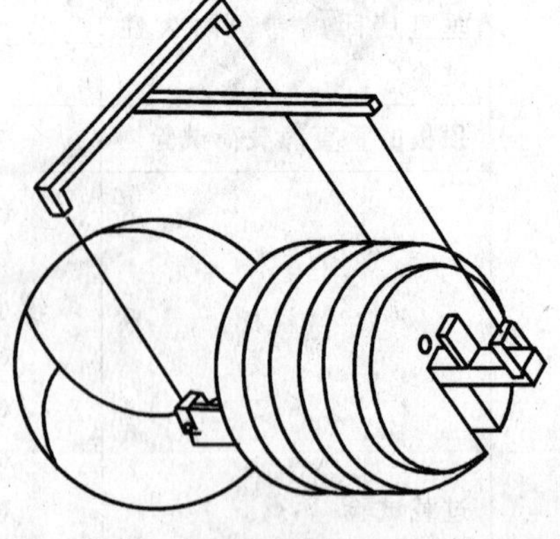

1——安全夹子;

2——载荷;

3——续加载荷;

4——木制球形球状底座;

5——篮球;

6——有弹性的定位皮带。

图 2 水平冲击器

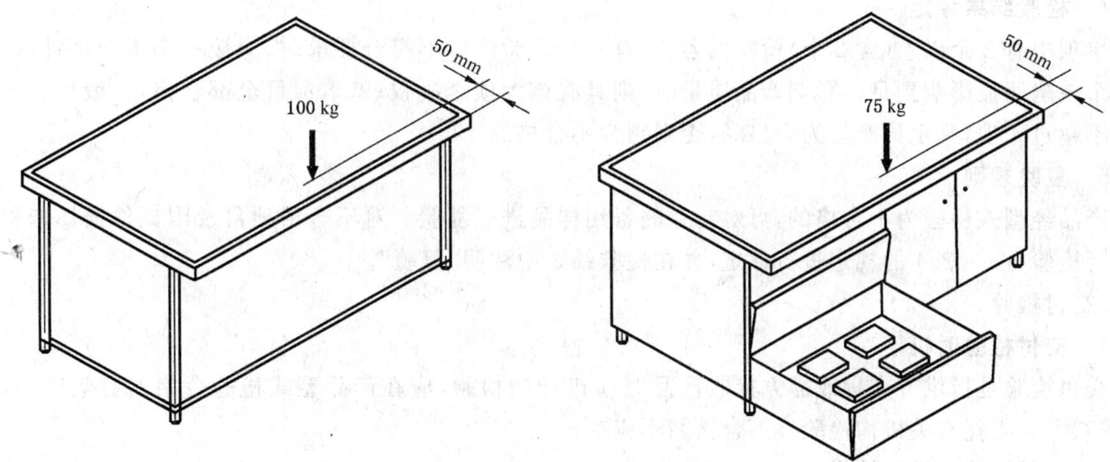

图 3　垂直加载稳定性试验

8.5　试验报告

应至少包含下列内容：

a)　本标准编号；

b)　试件试验前的有关技术数据及其缺陷；

c)　任何不同于本标准的试验细节；

d)　每项试验和全部试验结束后，试件出现的缺陷或结果；

e)　试验日期；

f)　试验机构的名称和地址。

9　检验规则

9.1　检验分类

产品检验分型式检验、交付检验。型式检验是对产品质量进行全面考核检验；交付检验是产品出厂或交货时必须进行的规定项目检验。

9.2　型式检验

9.2.1　型式检验时机

有下列情况之一时，应进行型式检验：

a)　新产品或老产品转产试制定型时；

b)　正式生产后，如结构、材料、工艺有较大改变，可能影响产品性能时；

c)　正式生产后，定期或累计一定产量后，应周期性进行一次型式检验。检验周期一般为一年；

d)　产品长期停产后，恢复生产时；

e)　出厂检验结果与上次型式检验有较大差异时。

9.2.2　型式检验组批与抽样

9.2.2.1　组批

一般以生产厂一次提交用户的同类产品为一批，或者以同一批原材料（主要指柜体材料和台面材料）加工的产品为一批。

9.2.2.2　抽样规则

在同一个批次中随机抽取 2 件样品，其中 1 件封存、1 件送检。

9.2.3　检验项目

安装完毕的产品，按本标准第 6 章要求及 10.1 进行检验。

9.2.4 检验结果评定

单项中有2个以上(含2个)检验内容,若有一个检验内容不符合要求时,应按一个不合格计数;若某一个缺陷明显影响到足以影响产品质量时,则具有该大项否决权;基本项目全部合格,一般项目不合格项不超过4项,判定该产品为合格品,否则判为不合格品。

9.2.5 复验规则

产品经型式检验为不合格的,可对封存的备用样品进行复验。对不合格项目及因试件损坏未检项目进行检验,按9.2.4的规定进行评定,并在检验结果中注明"复验"。

9.3 交付检验

9.3.1 交付检验时机

交付检验是指供方交货或需方接收产品时应进行的检验,应在产品型式检验合格的有效期内,由供、需双方或委托有关机构检验。不合格品不应交付。

9.3.2 交付检验组批与抽样

9.3.2.1 组批

一般以生产厂一次提交用户的同类产品为一批或者以同一批原材料(主要指柜体材料和台面材料)加工的产品为一批。

9.3.2.2 抽样规则

抽样检验程序执行GB/T 2828.1—2003中规定,采用正常检验一次抽样,检验水平为一般检验水平Ⅱ,接收质量限(AQL)为6.5,其抽样方案(批量、样本量、接收数及拒收数)见表13。

表13 抽样方案(批量、样本量、接收数及拒收数) 单位为件(套)

批 量	样本量	接收数(Ac)	拒收数(Re)
2~15	2	0	1
16~50	8	1	2
51~90	13	2	3
91~150	20	3	4
151~280	32	5	6
281~500	50	7	8
501~1 200	80	10	11
1 201~3 200	125	14	15

9.3.3 检验项目

本标准中6.1~6.3、6.4表4中序号1和序号2、6.6,必要时,由供需双方协议,增加检验项目。

9.3.4 检验结果的判定

9.3.4.1 单件产品的判定:同9.2.4的规定。

9.3.4.2 批产品质量经抽样检验的结果按表13规定判定:样本中不合格品数小于或等于接收数Ac时,判定本批次产品为合格批;样本中不合格品数大于或等于拒收数Re时,则判定本批次产品为不合格批。

10 标志、包装、贮存、运输、使用说明

10.1 标志

标志在标签或包装中提供。标志的内容至少包括制造商中文名称、商标、地址和通讯信息,检验合格证明和出厂日期。

以下标牌应安装在实验室家具适当和明显的位置,标牌的内容为:

a) 制造商名称和/或商标；

b) 产品类型；

c) 生产日期。

制造商也可以通过标牌 GB 24820—2009，指明该实验室家具符合该国家标准。

10.2 包装

需要时，产品应有适宜的包装，以防碰撞损伤。

10.3 贮存

产品应存放于通风、干燥、清洁的环境中，防止污染、日晒或受潮，堆放时应加衬垫物，以防挤压损坏变形。

10.4 运输

产品在运输过程中应加衬垫物或包装的保护，以防损伤或日晒雨淋。

10.5 使用说明

应与实验室家具一起提供使用说明书，使用说明书应符合 GB 5296.6 要求，其中至少包括以下内容：

a) 主要尺寸、主要原辅材料名称及执行标准编号；

b) 产品安装和调试要求及注意事项；

c) 操作说明及注意事项；

d) 安全说明，如有害物质限量、天然石材放射性等；

e) 维护和清洁说明；

f) 备用零件清单。

附 录 A
（资料性附录）
设计和安装指南

A.1 范围

本指南对实验室用操作台和储物柜的设计、安装提供建议，包括实验室设施及其连接和配件。其涵盖的内容包括设计、制造、安装和新实验室的使用或者旧实验室的改造。

注1：注意国家有关水、电、气方面的规定。

注2：注意国家在建筑方面的规定和要求，如楼层承载。

注3：在实验室设备及家具使用过程中，实验室所属单位和实验室使用者有责任进行风险评估和采取适当的预防措施。

注4：注意在实验室建设和安装过程中，国家关于责任转移的相关规定。

A.2 贮存和处置

安装之前，家具宜存放在一个安全的地方，采取适当措施使损伤或恶化减到最小的风险。在实验室装修之前和装修期间，仔细保护存放或安装在实验室的家具。制造商要随产品带上说明书。

适当检查实验室和临时存放地方的入口。在紧急情况下，也许需要从窗户搭脚手架进入。以下几点要特别注意：

a） 门的尺寸；

b） 楼梯和楼梯平台；

c） 电梯装载量和尺寸；

d） 走廊尺寸、走廊方向的变化以及潜在的障碍物。

家具安装在实验室时，供应商和安装方宜对家具移入实验室所需空间进行沟通。

A.3 实验室的安装条件

如果实验室空气温度或相对湿度与家具存放处差异较大，不宜安装家具。

如果家具必须要在新建筑没有干透之前安装，宜缓慢加热和除湿一段时间。除湿机宜优先于加热除湿。如果仅仅加热除湿，需保证通风良好。

当安装活动的和可再定位的家具时，宜在安装之前，修整所有表面，包括那些被家具遮盖的表面。这样可最大程度的减少重新装饰和修整，且有利于日后的布局变动。

建议在安装之前，尽可能的完成装修和铺设地板。在已经安装好家具的地方，宜由随后的人员有效的加以保护。

A.4 固定地面和壁挂式家具

按照制造商建议的方法，将需要固定的家具固定在地面或支撑墙上。

固定地面的操作台底部结构、储物柜底座或其腿部的框架类型宜有与操作面相水平这一规定。壁挂式家具也有类似的规定。

如果家具可能覆盖铺地物，在铺装铺地物之前，需要安装一个连续的竖立支架，以便清洁和消毒，并将家具固定在地面上。

当固定实验室家具时，宜考虑方便清洁。

A.5 活动放置和可再定位家具

活动家具宜有锁定装置,可再定位家具宜配备水平装置。

在要求的位置,放置活动和可再定位家具时,可调整这些装置,使所有组件齐整,成一直线。宜按照制造商说明书固定组件。

A.6 高度可调家具

高度可调家具宜有调整装置,可调水平和锁定。

A.7 家具的设施分布区

实验室家具布局中,中心区用于分布设施。

一般来说,如果一个建筑物的设施同时服务于其他区域,其不应该设在实验室家具的中心。

设施宜按以下类型分组和编码:

a) 电:照明和动力;

b) 通讯;

c) 水;

d) 蒸汽:蒸汽和冷凝水;

e) 气;

f) 排泄物。

注:注意上述适用的国家规定或标准。

冷凝水管道和蒸汽管道宜热绝缘。所有管道宜固定,以使在使用过程中不会变形。

A.8 输入设施

建筑物中设施设备连接点的位置,取决于家具的布局。宜避免在地板内进行电连接。

注:在地板内进行电连接,在很大程度上,限制了设施和家具的重新布局,除非实验室有高架地板、管道、设施空间或类似的布局。

墙上的连接要求容易够得着。

活动设备宜考虑安装设施护柱。

宜考虑到以下规定:

a) 提供设施进入、连接和维修的空间;

b) 提供操作台与设施隔离的装置;理论上来说,隔离和保护点宜设在毗邻实验室出口的位置。高架的多用户或教学环境可作为必要的备选方案;在每个操作台或工作组的交接处,可提供局部隔离的措施,以免相互影响;

c) 个人保护,例如:适当的额定剩余电流装置或断路器、停止按钮、气体或蒸汽阀、减压阀。

各种设施宜考虑使用如下的隔离设备:

1) 通风:无需特殊设备;

2) 水:用合适材料做成的阀门或旋塞隔离;

3) 废物:用虹吸管或稀释腔分离;

4) 蒸汽:用合适材料做成的阀门或旋塞隔离;

5) 一般气体:进行隔离并减压至操作台或排烟柜安全使用的水平;宜在实验室内,距离气体来源尽可能近的地方进行减压;

6) 可燃气体:主要由安装在离实验室出口近的旋塞控制;

7) 特殊气体:隔离并减压至仪器可以使用的水平;宜在实验室内,距离气体来源尽可能近的地方进行减压;有害气体建议限流;对于有害气体,还建议,在减压阀出口安装安全阀门和隔膜阀,将有害气体排在建筑物外安全地方;高纯度气体的最后过滤,可保护所使用的仪器;

8) 电:隔离和保护方法,宜按照 GB 4793.1,提供紧急跳闸设施(停止按钮或负荷开关),以在实验室内至少一个位置控制所有操作台的出口;所有操作台的出口和某些固定设备宜受到保护;

9) 通讯设备:对于通讯和数据传输线,宜注意电磁兼容性。

A.9 设施安装

在建筑设施终端及其所涉及到的家具之间,宜允许存在一定的误差。

对于电力和通讯设备,公差来自于电缆和电线的灵活性。如有要求,管道设施宜考虑导管布线。

固定家具的设计方法,与活动和可再定位家具不同。

对于固定家具的设施连接,建筑设施终端位置与家具接口间的误差,既可以

a) 采取刚性的手工制作的连接管或导管弥补;也可以

b) 采取柔韧的连接管或导管弥补。

对于活动家具的装配,采用柔韧的连接装置可以有利于其移动和更换位置。柔韧的连接装置的长度宜与建筑设施出口网络相适应,此网络是为将来家具和设备的拆迁和重新连接而提供。

A.10 设施输出端口

A.10.1 操作台水平输出端口

A.10.1.1 概述

操作台输出端口宜考虑到安装在操作台或毗邻操作台的仪器的连接点,或操作区附近的液体和气体传送和处置。

模块化布局宜考虑安全和便利两方面。如需要更多连接,宜设置多个输出端口。

电源插座宜位于防止液体渗透的位置。

除紧急喷淋器及洗眼器外,每个水或者蒸汽的输出端口,宜设有一个相连的滴杯、盆或水槽。

不宜设置水平的蒸汽输出端口。

操作台输出端口的设计和安装,宜经得起实验室的正常磨损,设计宜符合以下几点:

a) 配件宜具有刚性,经得起频繁连接和重接,并在经受由于仪器运动而造成的突发应力时,仍与输出端口相连接;其设计易于进行刚性固定;

b) 按照 GB 7231 的要求,输出端口宜进行彩色编码和标识,易于识别;

c) 在使用时,宜尽量减少由于靠近不相容的设施(如水、电)所产生的危险;电源插座也宜位于距离可燃气体阀门尽可能远的地方;除专用组合配件外,不同设施输出端口的中心距宜不小于 75 mm;

d) 与输出端口的连接方法宜简单、明显,且不会造成不当使用;插头宜采用非互换式,水和一些气体的连接宜采用锯齿状收敛尾部,螺母与螺杆或螺母与垫圈的连接宜机械拧紧,并密封;

e) 在适当的位置,输出端口宜能控制流量,且一经设置,宜经得起偶然运动或增量蠕变;

f) 所有部件和材料宜与所用设施相配,并有外部涂层,可防止实验室通常试剂的侵蚀;在溢出液

存在下能形成一个电解槽的金属部件宜避免使用；

g) 穿过操作台的输出端口，宜有防潮性和抗试剂性的措施；

h) 为方便与输出端口的连接，水平连接点与操作面或台面板之间，宜提供适当的空间。

A.10.1.2 水

在设置滴杯的地方，出水口宜设在滴杯之上，操作面和出水口之间的最小距离为225 mm，以容纳下方的器皿。

正常使用时，阀门宜有常规的关闭装置，在水流压力高和/或流量精确控制的地方，宜专门设计。

阀门及系统的设计，宜满足最大600 kPa的工作压力，特殊装置可能需要更高的压力。

A.10.1.3 废水

宜安装集水装置，以收集从操作台出水口流出的水滴。

滴杯和嵌入式水槽宜由合适的材料制成，以应付废液倾倒其上；如果滴杯或水槽安装在操作台面，则对其上面或下面宜进行适当的密封；宜安装排水格栅，以阻止直径大于8 mm的物体通过。

滴杯排水口宜使用内径最小为38 mm的连接管，既可以有存水弯也可直连。

操作台内置式水槽宜符合上述滴杯的规定，并有自动排水基座。

宜避免溢出的液体不受控制地从实验室滴杯或水槽流入水系统。举例来说，这可能意味着使用边缘有嘴的滴杯/水槽区域，并在设计中，考虑溢出的液体进入水系统之前，与废物分离。

在每个或组操作台，都宜设置截流系统。需指出的是，设置分离罐的系统，在排水口处不宜设置截流，因为除有回排或采取特殊装置外，会发生空气阻塞。

A.10.1.4 气体

A.10.1.4.1 可燃气体

按国家规定，可燃气体设施的出口宜安装气阀。

注：可燃气体包括天然气、丙烷、丁烷或其混合物。其他气体，如乙炔或氢气，不包括在内。

当气阀在“关”的位置时，可通过手轮或操作杆的位置明确表示。宜安装防止气阀意外打开的装置。

A.10.1.4.2 其他非可燃气体

在流速需要细调或需要高纯度的地方，宜使用专用阀门。

针对其他气体的阀门，宜适于不超过大气压力1 000 kPa以上的最大操作压力。

某些设备可能需要比这高得多的压力，宜专门设计，以满足这些参数。

特殊气体的出口阀，对于要处理的气体，宜专门设计以便于操作和制造；制造商宜确保润滑剂、密封垫和材料(如金属和塑料)避免发生危险。

注：特别危害，诸如，氧气与油脂的接触，乙炔与铜合金或银合金的接触。

A.10.1.5 电器插座

电器插座，包括额定电压和非标准电压的电源插座、电讯设备输出端口和计算机网络输出端口，其安装宜尽量降低液体溅入其中的风险。输出端口不能安装在背面，在那里，插头可能会不慎脱落。

电器插座应符合适用的国家法规，宜适当的选用金属包裹插座或塑料插座。计算机和其他通讯输出端口，宜符合相关的国家标准。

如电器设备内置于实验室家具中，设备外壳或保护层的选择，宜考虑预见到水、颗粒和腐蚀性物质的渗入或暴露于机械损伤或易燃气体和蒸汽的情况，且设备宜遵守适用的国家标准。

对于电工学、物理(机电)或电子学的操作台，可能会接触危险电压，宜采取下列措施：

a) 至于是可行的，操作面和配件(包括插座)，宜由绝缘材料制成；人在使用操作台时可能接触到的金属制品，除实验仪器外，宜包覆绝缘材料；实验仪器和未绝缘的金属制品，宜接地；

b) 实验室操作台附近的金属制品，宜尽可能少；即置于其他地方，不能移动的金属制品，宜接地；

c) 电源宜符合适用的国家规定；

d) 实验室操作台的电力装置，宜符合 GB 4793.1；

e) 每个操作台宜位于容易到达紧急跳闸按钮或带有保险丝开关的地方，以便紧急情况时，使操作台和周围环境断电。

A.10.1.6 通讯输出端口

对于规定与电讯服务商提供的设施进行连接的标准，宜遵从执行。

计算机设备与网络的连接，宜与 A.10.1.5 的要求一致。

当规划此设备的空间时，宜考虑到将来可能的扩展功能。

A.10.2 移动设备

除了电源配电系统所提供的设备外，家具和设备可能需要设立单独输出端口，以设置和分布一些特殊设备。这些输出端口也可适用于一般设施，但其对这些需求是有限的。

宜考虑到可能需要使用的设备，如压缩机、真空泵和高压气筒等。

使用便携式设备可能会有特别危险，因为电缆、连接管和管道易受机械损伤或误用。这些设备宜适当地评价和保护。

移动设备的连接，宜与 A.10.1 的要求一致。

A.11 用户手册

在印刷的手册中，实验室家具制造商宜对家具的操作和维修提供明确的建议。

a) 家具、配件的简要说明及如何安装，这包括固定地面或壁挂式家具的指导；

b) 操作面材料的性质及其抵抗性（如化学侵蚀），使购买者确定是否适合其预定目的；

c) 各组件及配件维护和保养的说明；

d) 净化程序及表面材料去污的说明；

e) 可拆卸、再定位家具及相关设施布局的说明。

A.12 所需空间和尺寸

A.12.1 一般需要的空间

除非国家标准另有规定，否则操作面和设备之间宜保留下列空间：

a) 操作台或设备处有一位工作人员，其空间通常不要求其他人通过，在操作台或工作站前面与正对的墙、其他家具或设备或步行通道之间的最小距离 1 000 mm[见图 A.1a)]；

b) 操作台或设备处有一位工作人员，其空间需要第二人通过，在操作台或工作站前面与正对的墙、其他家具和设备之间的最小距离 1 000 mm[见图 A.1b)]；

c) 操作台、家具或设备之间的通道的最小距离 900 mm[见图 A.1c)]，此时两边都没有工作空间允许一次通过一人；

d) 两位工作人员背对背，其空间通常不要求第三人通过，当一人工作时允许另一人从其背面通过，在操作台、工作站或设备前面的正对面之间的最小距离 1 400 mm[见图 A.1d)]；

e) 两位工作人员背对背，其空间需要第三人通过，在操作台、工作站或设备前面的正对面之间的最小距离 1 450 mm[见图 A.1e)]，当工作时允许第三人从中通过。

注：需要残疾人通过时，可能需要更多的空间。

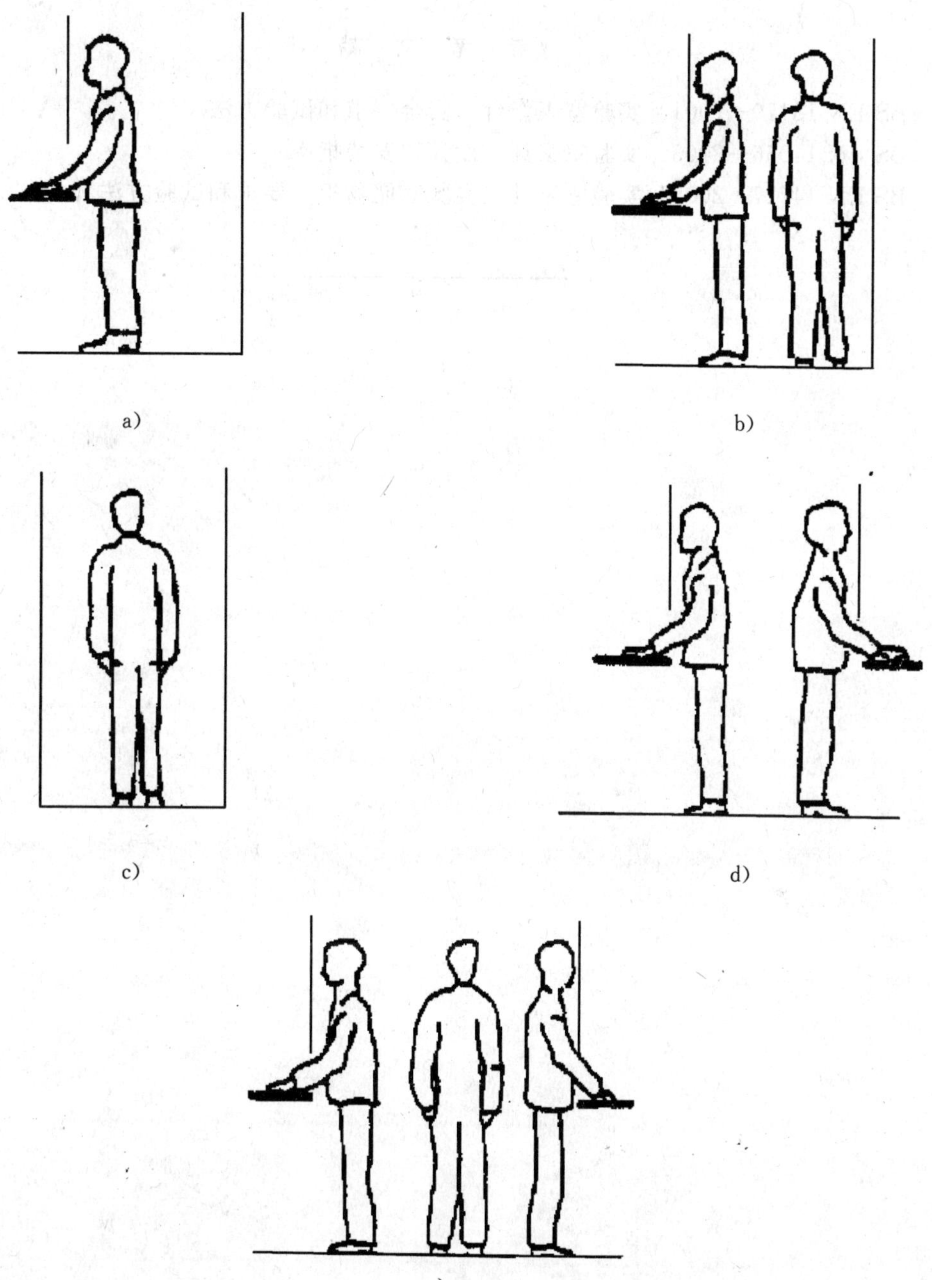

a)

b)

c)

d)

e)

图 A.1 典型的工作者或工作空间配置

A.12.2 排烟柜和安全柜

宜考虑排烟柜和微生物安全柜，与实验室家具、配件和供气输出端口有关的位置。

排烟柜和微生物安全柜的安装距离，受以下因素影响：

a) 针对排烟柜和微生物安全柜性能的空气技术要求；

b) 一般实验室安全规定的紧急通道和通向出口的大小。

A.12.3 紧急装置的安装

宜考虑紧急喷淋及吸烟装置的位置。

参 考 文 献

［1］ BS EN 13150—2001　实验室工作台　安全要求和试验方法

［2］ BS EN 14056—2003　实验室家具　设计和安装指南

［3］ BS EN 14727—2005　实验室家具　实验室储物柜　要求和试验方法